U0236889

中国南方水土保持

第一卷 南方地区水土保持技术原理

主编 金志农

江西科学技术出版社

江西·南昌

图书在版编目（CIP）数据

中国南方水土保持／金志农主编. -- 南昌：江西科学技术出版社，2021.12
ISBN 978－7－5390－7161－9

Ⅰ.①中… Ⅱ.①金… Ⅲ.①水土保持－研究－中国 Ⅳ.①S157

中国版本图书馆 CIP 数据核字（2019）第 293550 号

国际互联网（Internet）地址：
http：//www.jxkjcbs.com

选题序号：ZK2019538

图书代码：B19372－101

出 版 人　温　青
选题策划　袁冬萍　杜智波
责任编辑　范春龙　朱　丽
装帧设计　朱云浦　傅司晨
责任印制　夏至寰　张智慧

中国南方水土保持

金志农　主编

出版发行	江西科学技术出版社
社址	南昌市蓼洲街 2 号附 1 号
	邮编:330009　电话:(0791)86623491　86639342(传真)
印刷	江西千叶彩印有限公司
经销	各地新华书店
开本	787 mm × 1092 mm　1/16
字数	2100 千字
印张	143
版次	2021 年 12 月第 1 版
印次	2021 年 12 月第 1 次印刷
书号	ISBN 978－7－5390－7161－9
定价	350.00 元

插柳谷坊

北川老县城入口处泥石流拦沙坝

抬田后的耕地

小流域综合治理措施配置示意图

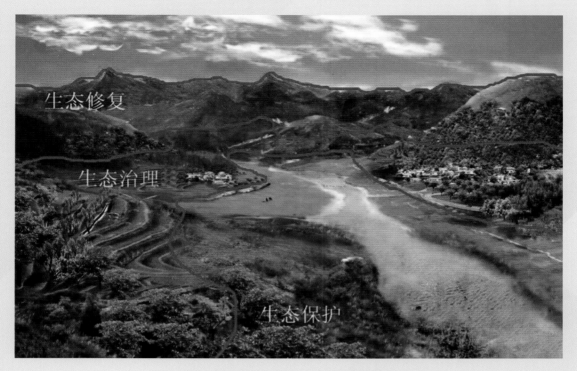

生态清洁小流域"三道防线"示意图

丽江玉龙雪山国际高尔夫俱乐部项目临时苫盖和临时拦挡

山水城市格局

生态滞留池实景图

江西省德兴市舒家大坞山塘

江苏沿海滩涂沙地

护岸工程前后对比图

溪浪小流域的生态护坡

新建西安至成都客运专线广元（省界）至江油段工程+网格护坡和挡渣墙

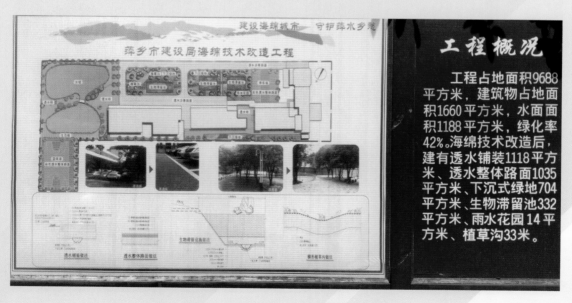

萍乡市建设局海绵城市总体方案图

不规则形蓄水池

坡式护岸

《中国南方水土保持》
编辑委员会

《中国南方水土保持》编写工作办公室

主　　任：李　凤

副　主　任：黄荣珍　鲁向晖

工作人员：赵建民　王荚文　张海娜　黄国敏　朱丽琴

《中国南方水土保持》分卷编辑委员会

第一卷 南方地区水土保持技术原理

主　　编：樊后保

副 主 编：(按姓氏拼音为序)

丁文峰　桂发亮　何丙辉　黄荣珍　梁　音　刘士余

万小星　吴长文　张　旭　张海娜　赵建民

各章作者：

第一章　梁　音　曹龙熹　朱绪超　田芷源　郭红丽

田　刚　王　欣　石海霞　李　宇

第二章　黄荣珍　刘　鑫　朱丽琴　江淼华　王金平

第三章　张海娜　朱振亚

第四章　何丙辉　陈展鹏　江　辉　万迪文

第五章　赵建民　王玺洋　鲁向晖

第六章　刘士余　盛　菲　邹显花

第七章　丁文峰　柳　红

第八章　吴长文

第九章　桂发亮　白　桦

第十章　张　旭　万小星　赵亚娟　濮　诚

附　录　鲁向晖

本卷统稿：黄荣珍　张海娜

序 一

我国南方地区气候温暖湿润,农耕文明历史悠久,历来人口众多、经济繁荣。但同时有些地区由于植被遭到破坏,导致了水土流失。

水土流失的现象受到了中央、地方以及社会各界的普遍重视,相关水土保持部门先后启动了"长江流域水土流失综合治理""长江中上游防护林""沿海防护林""淮河太湖流域防护林""珠江流域防护林"等保护工程。

随着中国特色社会主义进入新时代,生态文明纳入"五位一体"的社会主义现代化建设总体布局,"绿水青山就是金山银山""山水林田湖草是生命共同体"等理念深入人心。作为生态文明建设的重要组成部分,水土保持面临着新的机遇与挑战。

由于地区间气候、地貌、土壤、植被等条件的差异,水土保持治理模式和具体措施也不尽相同。在长期的治理过程中,各地水土保持部门有许多实践经验有待总结。因此,编撰一套反映中国南方地区水土流失规律、水土保持技术模式和成功经验的著作是迫在眉睫的。

由南方水土保持研究会组织编写的《中国南方水土保持》分为三卷,即第一卷 (南方地区水土保持技术原理)、第二卷 (南方地区主要侵蚀地水土保持)、第三卷 [中国南方各省(区、市)水土保持],全书系统论述了中国南方地区不同类型水土流失的发生发展规律和相应的防治技术体系与模式。

本书由南方水土保持研究会主持编写,编撰者来自全国各大专院校、科研院所、流域机构、水土保持监管部门和生产单位,本书系统、全面地对南方地区水土流失规律与水土保持经验进行了分析、总结,既具有一定的理论高度,又富积各地成功的典型案例。这一著作的面世不仅对我国南方地区的水土保持、生态文明建设具有借鉴意义,也是我国南方水土保持教学、科研、管理实践的重要参考文献。

2020 年 12 月 17 日

序 二

中华文明几千年来生生不息、持续发展的一个重要原因是对水土资源的合理利用与科学管理。农田水利、水土保持、施肥技术在我国已有几千年的发展历史,这些存在的因素使得农田土壤肥力得以保持和提升,我们用不足世界6%的水土资源养活了全球近1/5的人口,中华民族在水土保持技术方面历久弥坚,使中国成为了一个拥有十几亿人口的泱泱大国。

早在大禹治水时期,禹为"司空"。"司空"乃"三公"之首,主"平水土"。"平水土"就是水土保持。在中国南方发现的江西万年县仙人洞、湖南道县玉蟾岩、广西桂林甑皮岩等多处史前水稻栽培遗址均位于山丘区,这说明万年前人类在驯化野生稻的同时,已经开始平整土地,并修筑了原始的引水蓄水工程,发展农田水利和水土保持。五千年前在长江三角洲出现的河姆渡、良渚等古文明,农田和水利建设已经达到了相当高的水平,这是我国古代南方文明的滥觞。

我国南方与西南地区现仍保存有江西上堡客家梯田、广西龙胜壮瑶梯田、云南红河哈尼梯田等具有几百年甚至上千年历史的古梯田。在古代缺乏先进测量技术,甚至金石并用的时期,陡峻的山岭间修筑如此宏伟,上下多达百层、层层叠叠的梯田,堪称奇迹!这充分展示了中国古典文化中"自强不息、天人合一"的精髓。梯田建设中透露的因地制宜的思想、巧夺天工的技巧和朴素的水土保持原则,至今也值得人们思考、借鉴。

但是随着人口增长,对南方山地的不断开发,唐宋以后,以长江流域为代表的南方地区,在"湖广熟、天下足"的同时,水土流失已经初露端倪,烟波浩渺的云梦泽已经淤塞成江汉平原,洞庭湖、鄱阳湖区水位上升、水面面积增加,荆江逐渐成为地上河,荆江大堤成型。

20 世纪中后期，中国南方水土流失已经发展到相当严重的程度，专家学者提出了"警惕长江变黄河"，水土流失成为了制约三峡工程等重大水利工程的关键问题。对长江、珠江上游喀斯特岩溶山区的石漠化以及西南高山峡谷地带的地质灾害与干热河谷治理显得尤为困难。近 30 余年来，相关部门通过开展"长治"等重点工程，南方水土保持取得了显著成效，也出版了诸多学术著作。但是，南方地区水土流失规律、治理经验与模式仍缺乏系统和深入的总结，这些都难以满足新时代水土保持发展的要求。

随着中国特色社会主义进入新时代，"绿水青山就是金山银山"的理念深入人心，党的十九大报告中进一步将生态安全上升到国家安全战略层面。《中国南方水土保持》就是在这样一个大的背景下应运而生的。这是由南方水土保持研究会牵头，南方各省与水土保持有关的教学科研机构、行政主管部门及生产单位共同编写完成的一部学术著作。丛书共包括三卷，分别是第一卷（南方地区水土保持技术原理）、第二卷（南方地区主要侵蚀地水土保持）和第三卷［南方各省（区、市）水土保持］，分别从理论、技术、实践三方面系统阐述了南方地区不同类型水土流失的基本规律和相应的治理措施。本书的编写集合了我国南方水土保持教学、科研、管理和实践力量，对新时代水土保持和生态文明略作美芹之献。

本书逻辑清晰、系统性强、特色鲜明、联系实际，在总结南方几十年来水土保持实践的基础上，把经验上升到理论高度，因此有较高的学术价值和应用价值，可以用来指导小流域治理、生产建设项目水土保持、海绵城市建设、退化生态系统修复与矿山等废弃地整治等水土保持生态治理工程。本书既立足南方，面向全国，又可以为亚热带、边缘热带国家的水土保持与生态修复提供一定的借鉴。上述国家主要集中在亚、非、拉，多属于欠发达国家，本书的出版也是我国水土保持业界主动融入"一带一路"倡议，促进世界和谐发展的一次尝试。

世界水土保持学会主席：

2020 年 12 月 8 日

前　言

　　在人类文明演进的历史长河中,人类仅凭借着粗糙的打制石器,从事简单的采集和捕猎活动,度过了漫长岁月,创造了原始文明。新石器时代,人类发明了磨制石器、陶器和青铜器,过上了定居生活,开展了原始农业和畜牧业,掌握了食物的生产过程,进入原始的农耕经济时代,开始农耕文明。自人类发明灌溉型农业和人工栽培作物,人类又进入农业文明。人类发展至此,依然处于被自然主宰或依赖自然的地位。18 世纪的"工业革命"使人类掌握了机器这一锐利"武器",从而具有了探索自然、征服自然的能力,也让人类步入了工业时代,至今持续 300 余年。人类在改造自然和发展经济方面取得了辉煌成就,创造的物质财富超过此前人类历史积累的物质财富总和。但是,人类在征服大自然的同时也饱受了大自然无情的惩罚,水土流失日益严重,资源日趋萎缩,环境遭到破坏,生态明显恶化,资源环境陷入了不堪重负的境地。面对工业发展带来的严重环境后果,人类开始呼唤生态文明的到来。党的十八大将生态文明建设纳入"五位一体"总体布局,将生态文明建设提升到了国家发展战略层面,此举历史上前所未有,将对我国乃至世界的未来发展产生深远的影响。

　　水土流失是当今我国最重要的环境问题之一,其危害早已被社会认知,其治理成为了生态文明建设的重要一环。20 世纪 80 年代以来,随着长江洪灾和三峡工程论证,中国南方水土流失问题引发了各界关注,在专家学者惊呼"警惕长江变黄河"的同时,相关部门开始了"长治"等重点工程。40 余年来,南方水土保持取得了显著成效,也出版了诸多学术专著。我国幅员辽阔,自然地理条件南北差异明显,"南土北水"的格局十分明显,相对其他地区而言,南方地区水土流失规律、治理措施仍缺乏深入系统的总结。因此,南方水土保持研究会牵头,联合南方 16 省(区、市)与水土保持有关的教学科研机构、行政主管部门及生产单位 147 名专家、学者,历时 3 年共同编写了 3 卷本《中国南方水土保持》(获得国家出版基金支持),这在相关理论著作出版中是少有的。该书的编写是一项具有开拓性的工作,既是对中国南方地区几十年来水土保持实践工作的总结,具有较强的实用性;又把经验上升到理论高度并有所创新,具有较高的学术价值。

这套书包括三卷,即第一卷(南方地区水土保持技术原理)、第二卷(南方地区主要侵蚀地水土保持)和第三卷[南方各省(区、市)水土保持]。全书主要论述南方地区水土流失主要类型、主要侵蚀策源地的水土流失规律与防治措施、南方各省(区、市)的水土流失与水土保持。内容涉及:南方地区水土流失类型与规律,水土保持林草、工程、农业耕作技术,生产建设项目水土保持,小流域治理,城市化水土保持与海绵城市建设,水土保持信息化管理;林下、经果林地、坡耕地、矿山等南方主要侵蚀策源地的水土流失规律与防治措施,水库库区与水源地水土保持以及岩溶石漠化地区、红壤丘陵区崩岗、西南高山峡谷、干热(干温)河谷、江河湖海沿岸岸滩侵蚀与季节性风蚀治理等特殊类型水土流失的治理技术体系与模式;南方16省(区、市)水土流失现状、影响因素,水土保持措施、技术模式;从理论、技术、实践三方面系统论述了南方地区不同类型水土流失的发生、发展规律和相应的治理措施。

这套书地域特色鲜明,充分反映了我国南方地区以水力侵蚀为主,侵蚀类型多样、空间结构复杂,降水多但季节性干旱突出的水土流失特点。作者以"保土调水"为核心提出了主要侵蚀策源地水土流失防治技术与模式,系统性强、逻辑清晰。本书可为亚热带、热带地区的水土保持与生态修复提供理论依据,既是我国南方水土保持工作者对生态文明的建言献策,也是融入"一带一路"的一次自觉尝试。

这套书的编写得到了许多专家和学者的关注和支持,中国科学院院士孙鸿烈研究员和现任主席宁堆虎研究员还专门为本套丛书作序,在此一并致以衷心感谢!

这套书编写是集体智慧的结晶。但是,水土保持知识浩如烟海,涉及地域、单位和人员面广而人多,引用的资料汗牛充栋,在此对于所引文献之原作者表示衷心感谢,但万密必有一疏,难免挂一漏万,遗漏之处真诚敬请读者海涵。

本书适合水土保持科研、教学、管理及其他从业人员,相关专业的研究生及高年级本科生阅读。

主编: 左长清

2020 年 12 月于南昌瑶湖之畔

目 录
CONTENTS

中国南方水土保持

第一卷·南方地区水土保持技术原理

第一章

南方地区
水土流失
类型与规律

第一节　水土流失主要类型及特征

水土流失是指在水力、重力、风力等外营力作用下,水土资源和土地生产力的破坏和损失,包括表层土壤的侵蚀及水的损失。水土流失与土壤侵蚀是有本质区别的,土壤侵蚀是指土壤、土壤母质及岩屑、松软岩层被破坏、剥蚀、转运和沉积的全部过程。在不同营力作用下,土壤侵蚀发生发展过程中所呈现的各种形式或形态,称为土壤侵蚀类型。现代土壤侵蚀是在自然因素和人为因素共同作用下的过程。本书所说的南方地区包括广东、浙江、福建、湖北、安徽、江西、湖南、海南、重庆、广西、贵州、江苏、上海、四川、云南、西藏和港澳台地区(下同),总土地面积是 390.34 万 km²。其地质、地貌、气候、土壤、植被类型多变,以及悠久的耕垦历史和社会经济变化,形成和发展了多种多样的土壤侵蚀类型。国内外学者在影响土壤侵蚀的诸多复杂因子中,以侵蚀外营力作为划分土壤侵蚀类型的依据。影响我国南方土壤侵蚀的外营力主要有水力、风力、重力等,即形成水力侵蚀、风力侵蚀和重力侵蚀。这几种侵蚀类型在我国南方地区均有发生,且具有明显的地带性分布规律。

一、水力侵蚀

水力侵蚀是指地表土壤或地面组成物质在降水、径流作用下被剥蚀、冲蚀、剥离搬运和沉积的过程。水力侵蚀是地球上分布最广、危害也最为普遍的一种土壤侵蚀类型。全球侵蚀区域中水蚀约占 50%,主要发生在北纬 50°～南纬 40°的湿润、半湿润与半干旱地区,中国的水力侵蚀,尤以年降水量为 400～600mm 的森林草原和灌丛草原地区比较严重,其中以黄土高原地区为代表。水力侵蚀的形态主要划分为两大类,即面蚀和沟蚀,其中面蚀可分为溅蚀、片蚀和细沟侵蚀,沟蚀可分为浅沟、切沟、冲沟和河沟侵蚀。

（一）水力侵蚀的作用过程

1. 溅蚀过程

溅蚀即为雨滴击溅侵蚀，是指裸露的坡地受到雨滴的击溅作用，土壤结构破坏和土壤颗粒产生位移的现象。溅蚀过程大致分为4个阶段。

（1）干土溅散

降雨初期，由于地表土壤水分含量较低，雨滴开始溅起的是干燥土壤颗粒。

（2）湿土溅散

随着降雨历时的延长，地表土壤颗粒被水分所饱和，此时溅起的是含水量较高的湿土颗粒。

（3）泥浆溅散

由于土壤团粒结构受到雨滴击溅而破碎，随着降雨的持续，地表呈现泥浆状态阻塞了土壤孔隙，从而影响水分下渗，促使地表径流产生。

（4）地表板结

由于雨滴击溅不断破坏地表土壤原有结构，因而降雨后地表土壤会发生板结现象。

当雨滴降落在有一薄层水的土壤上时，分离土粒要比落在干土上容易。在地表积水深度等于雨滴直径以前，随着地表积水深度增加，雨滴溅蚀会增强，但是积水深度超过雨滴直径后，雨滴溅蚀就会明显减弱。

2. 地表径流侵蚀过程

地表径流是侵蚀发生最主要的外营力之一。它在流动过程中，不仅能侵蚀地面，形成各种形态的侵蚀沟谷，同时又可将被侵蚀的物质沿途堆积。地表径流主要来自大气降水，也接受地下水或融冰水的补给。地表水流可分为坡面水流和沟谷水流两种。坡面水流包括坡面薄层的片流和细小股流，往往发生在降雨时或雨后很短时间内，以及融冰化雪时期；而沟谷水流是指河谷及侵蚀沟中的水流。

流域中从降水到水流汇集于流径出口断面的整个物理过程，称为径流形成过程。降雨开始后，除少量雨水直接落在与河网相通的不透水面和河槽水面上成为径流外，其余大部分降水并不立即产生径流，而是先消耗于植物截留、下渗、填洼和蒸发，经历一个流域蓄渗阶段。降水通过蓄渗阶段，一部分从地面汇入河网,另一部分通过表层土壤流入河网,还有一部分从地下进入河网,然后在河网中从上游向下游、从支流向干流汇集到流域出口断面,经历一个流域汇流阶段。上述径流形成过程可概化为产流过程和汇流过程。

(1)产流过程

降雨开始以后,一部分雨水被植物茎叶所截留,称为植物截留。植物截留量一般只有几毫米,对径流的影响较少,但对森林流域则不可忽视,特别是久旱不雨,植物截留的水量通过蒸发再回归到大气之中。另一部分雨水则被土壤吸收下渗,当降雨强度小于下渗强度时,降落在地面的雨水将全部渗入土壤;当降雨强度大于下渗能力时,雨水除了按下渗速率入渗外,超出下渗能力的部分便形成地面径流,通常称它为超渗产流,其降雨叫超渗雨。下渗雨水除土壤蒸发和植物蒸腾损耗外,余下的水量补充土壤含水量。当上层包气带的水量超过田间持水率时,多余的水量继续下渗,通过浅层地下径流和深层地下径流补给河流。还有一部分雨水在一些分散的低洼地带蓄积起来,称为填洼。因此产流过程与滞蓄和下渗有着密切的关系。水文学中将扣除损失之后形成径流的那部分雨水称为净雨,形成地面径流那部分雨水称为地面净雨,形成地下径流的那部分雨水称为地下净雨。

(2)汇流过程

汇流过程主要包括坡面汇流和河网汇流。

坡面汇流是指降雨产生的水流从它产生地点沿坡地向河槽的汇集过程。坡地是产流的场所,包括坡面、表层和地下3种情况。坡面汇流习惯上被称为坡面漫流,是超渗雨沿坡面流往河槽的过程,坡面上的水流多呈沟状或片状,汇流路线很短,因此汇流历时也较短。大暴雨的坡面漫流容易引发暴涨暴落的洪水,这种水流称为地面径流。表层汇流或壤中流是雨水渗入土壤后,表层土壤含水量达到饱和,后续下渗雨量沿该饱和层在土壤孔隙间流动,注入河槽的过程。由于壤中流的发生条件和表现形式较为复杂,往往将它并入地面径流。下渗水分到达地下水面后,经由各种途径注入河流的过程称为地下汇流,这部分水流称为地下径流。浅层地下径流通常指冲积层地下水所形成的径流,它位于地表以下的一个无压饱和含水层中,补给来源主要是大气降水和地表水的渗入。深层地下径流由埋藏在隔水层之间含水层中的承压水所形成,它的水源较远,流动缓慢,流量稳定,不随本次降雨而变化。

一般坡面漫流的流程不长,约为数米至数百米,在沿途不断有坡面漫流汇入河网的同时,也有壤中流和地下径流汇入河网。进入河网的水流,从上游到下游,从支流到干流汇集,最后全部先后流经流域出口断面,这个汇流过程称为河网汇流。对于比较大的流域,河网汇流时间长,调蓄能力大,当降雨和坡面漫流停止后,它产生的径流还会延续较长时间。

(二)水力侵蚀的特点和主要类型

1. 面蚀

面蚀主要发生在坡耕地、稀疏草地和林地,是降雨和径流对地表面相对均一的侵蚀方式,包括溅蚀、片蚀和细沟侵蚀。

(1)溅蚀

溅蚀是水力侵蚀的初始阶段。雨滴降落时所产生的动能,直接打击地面,使土壤颗粒剥离、分散,当有的颗粒被击溅到空中而产生位移的现象,即为溅蚀。溅蚀发生在地面产流之前,溅蚀的同时破坏了土壤表面结构。雨滴击实土表溅散的细粒,堵塞土壤孔隙而导致地表形成结皮,从而阻滞降水入渗,促使形成地表径流。此时的侵蚀过程由溅蚀而转为降雨径流侵蚀过程,土壤颗粒由局部的击溅位移而转为坡面薄层水流全面的悬移。

(2)片蚀

随着雨滴溅蚀及地表径流的产生,土壤颗粒被薄层水流均匀剥离和搬运的现象称为片蚀,土壤的流失以悬移方式为主,一般发生在坡度小于3°的缓坡耕地。在某些稀疏的次生林地或荒坡草地,地面植被覆盖极差,加之不合理的放牧造成牲畜的过度践踏,在雨滴侵蚀和不连续薄层径流作用下,形成了斑块状的侵蚀,称为鳞片状侵蚀。如果耕地和林草地上发生的片蚀继续发展,尤其遇暴雨冲击情况下,坡耕地片蚀过程很快被细沟侵蚀所代替,鳞片状侵蚀也可演变成浅穴状或细沟状侵蚀。

(3)细沟侵蚀

细沟侵蚀是指坡面薄层水流汇集成线形小股水流对地面冲刷而形成的细小沟状侵蚀。细沟是发生在坡耕地上的初始沟,其纵剖面与斜坡一致,细沟横断面呈U形,深度不超过耕层,犁耕后可消灭其痕迹,故归为面蚀。细沟侵蚀是我国坡耕地上最常见的侵蚀类型,在黄土区、黑土区、紫色土区及南方的黄壤、红壤区,细沟侵蚀的发生发展规律基本类同。

2.沟蚀

在细沟状面蚀的基础上,分散的地表径流集中成股流,强烈冲刷地表,切入地面带走土壤、母质及破碎基岩,形成大小侵蚀沟的过程,称为沟蚀,它是常见的水力侵蚀形式之一。由沟蚀形成的沟壑称为侵蚀沟,其沟深和沟宽均超过20cm,侵蚀沟呈直线型,有明显的沟沿、沟坡和沟底,用耕作方式无法平复。由于地质条件的差异,不同侵蚀沟的外貌特点及土质状况不同,但典型的侵蚀沟组成基本相似,侵蚀沟一般由沟顶、沟沿、沟底及水道、沟坡、沟口和堆积扇组成。沟蚀所涉及的面积不如面蚀范围广,但对土地的破坏程度远比面蚀严重,把完整的坡面切割成沟壑密布、面积零散的小块坡地,使耕地面积减少,对农业生产的危害极大。沟蚀的发生还会破坏道路、桥梁或其他建筑物。根据侵蚀沟的外貌特征,可将其分为浅沟、切沟和冲沟。

(1)浅沟侵蚀

在细沟状面蚀的基础上,由分散的小股径流汇集成较大的径流,既冲刷表土又下切底土,形成横断面为宽浅槽形的浅沟的一种侵蚀形式。浅沟侵蚀在初期与细沟状面蚀相同,下切深度在0.5m以下,逐渐加深到1m左右,沟宽一般不超过沟深,宽深比值接近1。浅沟侵蚀没有明显的沟头跌水,正常的耕作已不能复平,沟道的横断面呈V形。浅沟下端一般与切沟或冲沟相连。

(2)切沟侵蚀

浅沟侵蚀继续发展,冲刷力量和下切力增大,沟深切入母质中,有明显的沟头,并形成一定高度的沟头跌水的一种侵蚀形式。不同切沟深度可达5～10m,沟的宽度远小于深度,一般3～10m,宽深比值较小。切沟侵蚀有明显的沟头跌水,跌水深度多超过2m,跌水产生垂直方向的侵蚀力,沟底下切是沟道发展的主要方向。沟道横断面仍呈V形。切沟侵蚀是侵蚀沟发育的盛期,是沟头前进、沟底下切和沟岸扩张均十分激烈的阶段,也是防治最困难的阶段。

(3)冲沟侵蚀

切沟侵蚀进一步发展,水流更加集中,下切深度变大,沟道横断面呈U形沟壑的一种侵蚀形式。冲沟侵蚀是侵蚀沟发育的末期。冲沟侵蚀河底纵断面与原坡面有明显差异,上部较陡,坡底的跌水消失,形成凹形缓坡,坡度在冲沟下游变化不大。沟道宽深比逐渐由小变大,一般冲沟由浅沟、切沟发展而来,下接河沟或河川。

（三）水力侵蚀的空间分布

水力侵蚀分布范围广，以大别山为北屏，巴山、巫山为西障，西南以云贵高原为界，东南直抵海域，包括台湾、海南岛以及南海诸岛。土壤侵蚀主要集中在长江和珠江中游，以及东南沿海的各河流的中、上游山地丘陵。南方山地丘陵区温暖多雨，有利于植被的恢复和生长，地面植被覆盖好，雨量丰沛，年降水量达 1000～2000mm，且多暴雨，最大日雨量超过 150mm，1h 最大雨量超过 30mm，因而地面径流较大，年径流深在 500mm 以上，最大达 1800mm，径流系数为 40%～70%，降雨侵蚀力强。加之炎热高温、风化作用强烈，地面花岗岩、紫色砂页岩及红土又极易破碎。因此，在植被遭到破坏的丘陵岗地，土壤侵蚀相当严重。

二、重力侵蚀

重力侵蚀又称块体运动，是指坡面岩体、土体在重力作用下，失去平衡而发生位移的过程。重力侵蚀的主要形式有崩塌、滑坡、泻溜等。

（一）重力侵蚀的主要类型和作用过程

1. 崩塌

当斜坡岩土的剪应力大于抗剪强度时，岩土在剪切破裂面上未发生明显位移，即向临空面突然倾倒、崩落岩土体碎裂、顺坡翻滚而下的现象称为崩塌。崩塌多发生在坡度大于 60° 的陡坡，软硬相间或裂隙发育的岩层碎石土和垂直节理发育的黏土岩。崩落体是崩落向下运动的部分，而崩落面是崩塌发生后在原来坡面上形成的新斜面。崩塌的特征是崩落面不整齐，崩落体停止运动后，岩土体上下之间层次被彻底打乱，形成犹如半圆形锥体的堆积体，称为倒石堆。发生在土体中的崩塌称为土崩；发生在岩体中的崩塌称为岩崩；规模巨大、涉及大片山体的崩塌称为山崩；发生在海岸或库岸的崩塌称为坍岸；发生在悬崖陡坡上单个块石的崩落称为坠石。崩塌可能造成河流堵塞或阻碍航运，毁坏村镇，以及引起波浪冲击沿岸等灾害。

2. 滑坡

构成斜坡的岩土体在重力作用下，沿坡体内部的一个（或多个）软弱面（带）发生剪切而产生整体性下滑的现象，即为滑坡。滑坡在天然斜坡或人工边坡、坚硬或松软岩土体都可能发生,它是常见的一种边坡变形破坏形式。

（1）滑坡的形成过程

滑坡的形成一般经过蠕动、滑动和剧滑三个发育阶段。不同滑坡完成上述三个阶段的时间差别很大,数天到数年不等,有时甚至只有几分钟。滑坡灾害具有群发性、周期性和突发性的特点。滑坡的特征是滑坡体与滑床之间有较明显的滑移面,滑落后的滑坡体层次虽受到严重扰动,但其上下之间的层次未发生改变。滑坡体由几百、几千立方米到上千万立方米,在山区还常伴生泥石流,危害极大。

（2）滑坡的成因

滑坡是最常见的一种重力侵蚀类型,也是山区最常见的自然灾害之一。滑坡的形成条件主要有以下几点。

①地形。斜坡的地貌特征决定了斜坡内部应力分布状态及地表流水特征,其中斜坡的坡高、坡度、坡向和坡形是决定滑动力大小的主要因素。一般外貌起伏和缓、坡度不大、植被覆盖较好的山坡,大多数比较稳定;但在高陡的山坡或陡崖,斜坡上部的软弱面形成临空状态,加大了滑动力并减小了抗滑力,使斜坡上部土体或岩体处于不稳定状态,最易产生滑坡。易发生滑坡的坡度一般在25°～45°,当受地震的影响,滑坡的坡度为20°～60°。通常滑坡发生的概率阳坡大于阴坡,凸形坡大于直线形坡和凹形坡。凹形山坡不易产生滑动,而下部平缓部分则有阻止滑动的作用;而凸形山坡则相反,山坡下部较不稳定,常因下部产生滑塌而导致山坡上部也发生滑动。

②地质。斜坡的地质结构与物质组成也直接影响着滑坡的发生与否。不同土体、岩体的力学特性不同,它们的抗剪强度和抗风化、抗软化、抗冲刷的能力也不同,发生滑坡的频率也不同。地质构造活动强烈,地震频繁地区,多为滑坡发育的集中场所,强烈的地震往往诱发滑坡的发生。坡体内部的软弱结构面是滑坡发育的重要条件,各种结构面如层面、片理面、断层面、解理面、不同岩层的堆积层界面、地下水含水层的顶底面以及岩石风化壳中风化程度不同的分界面等,常常构成滑动带的软弱面。特别是当岩层结构面的倾向与坡向一致,岩层的倾角又小于斜坡的坡角时,最易发生滑坡。黏土和松散堆积层浸水后,黏结力骤降,大大增加了其可滑性。沉积岩互层地区如夹有软弱层次的薄层页岩泥岩、煤系等地层容易发生滑坡。变质岩系中如含有绿泥石、叶蜡石、云母矿物

的片岩、千枚岩,滑坡也常常成群分布,这些地层常称为易滑地层。

③诱发因素。暴雨,尤其是连续降水后的暴雨,地表水下渗和地下水的补给,往往诱发滑坡的发生。水分浸湿斜坡上的物质,显著地降低其抗剪强度。当黏土含水量增加至35%时,抗剪强度会降低60%以上,泥岩或页岩饱水时的抗剪强度,比天然状态下的抗剪强度降低30%～40%。如果水分在隔水顶板上汇集成层,还会对上覆岩层产生浮托力,降低抗滑阻力。地下水还能溶解土石中易溶性物质,使土石成分发生变化,逐渐降低其抗剪强度。地下水位升高,还会产生很大的静水与动水压力,这些都有利于滑坡的发生。此外,诱发滑坡发生的人为因素主要有植被破坏,不合理的沟道工程、坡地工程、渠道渗水工程,采石、采煤开挖工程和地下采空作业等。

3. 泻溜

泻溜是指在石质山区和红土石山区,陡坡上的土石体受干湿、冷热和冻融的交替作用,造成土石体表面松散和内聚力降低,形成与母岩体接触不稳定的碎屑物质,在重力的作用下,顺坡向下滚落或滑落,形成陡峭的锥体的现象,它是坡地发育的一种方式。碎屑物质断续地顺着坡面向下滚落,在坡麓逐渐形成的锥形碎屑堆积体,称岩屑锥。岩屑锥的坡面角度与泻溜物体的休止角一致,通常为35°～36°。第四纪红色黏土的陡坡岩体,由于冬、春冻融变化中的胀缩以及物理风化作用,常引起泻溜的发生,且多出现在沟道上游陡峭(45°～70°)的阴坡和河流凹岸。此外,坡度45°以上易风化的土石山区的裸露陡坡也易发生泻溜。

促进泻溜发展的主要因素是水分或温度变化引起的膨胀与收缩、植被缺乏、沟道发育的阶段性以及人为活动的影响。此外,矿山开采时废渣、废石堆放不合理,以及交通线路、水利工程建设施工都可能引起泻溜的产生。下面以红土泻溜为例,说明泻溜的形成过程。

(1)风化裂隙形成阶段

红土层中裂隙包括纵向裂隙与交错裂隙,纵向裂隙是指红土层土体缓慢失水而收缩,产生垂直于土体表面的裂纹,一般深15～20cm、宽0.6～0.7cm,其分布密度较小。交错裂隙由于冷热、干湿骤变,使土体中水分及温度随之急剧变化而产生平行或斜交于土体表面的裂纹,一般宽1mm左右,致使土体表层呈鳞片状分离。

（2）疏松层形成阶段

产生裂隙的土体表层，由于干湿、冷热的交替变化，促使细小的块状土体不断分裂成更细小的土屑，形成厚达 10～15cm 的地面疏松层。

（3）泻溜发生阶段

地面疏松层一旦遭到破坏，大量土屑不断地沿坡面向下滚动或滑落，就形成泻溜。泻溜物质与下部土屑撞击，使下部疏松层也同时发生泻溜，直至坡角小于该类物质的休止角时，才逐渐减缓或停止。

（二）重力侵蚀的特征和空间分布

重力侵蚀的主要外营力是由地心引力而产生的重力作用，但是土体下渗水分、土体性质、岩石结构、地形条件等也有着不可忽视的影响作用。

斜坡（包括山坡、岸坡、人工边坡）上松散堆积物或风化基岩，由于本身重量而沿斜坡向下运动或垂直下落，且地表水、地下水以及地震等因素在块体运动中起促进和触发作用。块体运动是一种固体或半固体物质的运动，可以是快速的运动，也可以是不易觉察的缓慢移动或蠕动。块体运动发生时，会破坏沿途可能遇到的基岩，同时运动的物质本身也会遭受破坏。

斜坡形态指斜坡的高度、长度、剖面形态、平面形态以及临空条件等，均影响斜坡的稳定性。均质斜坡坡度越陡，坡高越大，稳定性越差。平面上呈凹形的斜坡较凸形的斜坡稳定。同是凹形斜坡，斜坡等高线曲率半径越小，斜坡越稳定。

岩土体性质包括岩土体的坚硬程度、抗风化能力、抗软化能力、抗剪强度、颗粒大小、形状及透水性大小等，它们影响斜坡形成、发展和稳定状况，因此块体运动有区域性，如花岗岩和厚层石灰岩地区以崩塌为主，而黄土地区则以滑坡为主。区域构造比较复杂，褶皱较为强烈，新构造运动较为活跃的地区，通常斜坡稳定性较差。

促使斜坡上物质向下运动的动力是重力，当重力克服了物体的惯性力和摩擦阻力时，物体就要向下运动。在这个过程中，水也是重要的影响因素，它能促进块体运动的发生。这不仅因为水可以增大斜坡上物质的重量，更重要的是水对斜坡有软化作用，尤其是对滑动面的润滑作用，从而降低松散物质颗粒之间的黏结力以及整个物体和基底之间的摩擦阻力。地下水在流动中具有渗透力，其方向与水流方向一致,能促进沉积物或岩石的破坏。每当洪水退后,这时两岸的地下水会向河流排泄,其流向与渗透力的方向指向岸坡下方,从而破坏河岸的稳定性,加上洪水水流冲刷坡面、切割坡麓,河岸易发生坍塌。此外,斜坡的负荷超过斜坡所能担负的重量、流水或波浪的掏蚀使斜坡过陡、水的冻结和融化交替发生、滥肆开采斜坡下部的岩石等,都会促进块体运动的发生。地震或人工爆炸时也易发生块体运动,这是因为震动产生的冲击力减小摩擦阻力,触发了块体运动的发生。

植物固定斜坡的作用主要表现在树木根系有利于防止浅层滑坡,此外,也有利于防止崩塌、滑塌等块体运动的发生,但是随着坡度的增大,树木的作用减少。

重力侵蚀通常是突然发生,给人们带来很大灾害,特别在山区,无论是交通、厂矿、城镇还是大型水利枢纽建设都会遇到这个问题。

重力侵蚀主要发生在山区、丘陵区侵蚀活跃的沟壑和陡坡上,在陡坡和沟谷的两岸坡壁,其中下部一部分被水流淘空,由于土壤及其成土母质自身的重力作用,不能继续保留在原来的位置,分散地或成片地塌落。

(三)重力侵蚀的危害

重力侵蚀危害严重,毁坏房屋,伤及人畜;埋没农田,摧毁工程;阻碍交通,中断运输。

三、崩岗侵蚀

(一)崩岗侵蚀的形成过程和发展规律

在花岗岩风化壳发育地区,植被破坏后,局部坡面出现较大的有利于集流的微地形,面蚀加剧,多次暴雨径流导致红土层侵蚀流失,于是片流形成的凹地迅速演变成为细沟、浅沟和冲沟。随着径流的不断冲刷,冲沟不断加深和扩大,其深宽比值不断增大,下切作用进行的速度比侧蚀速度快,冲沟下切到一定深度便形成陡壁。陡壁形成之后,剖面出露沙土层,斜坡上的径流在陡壁处转化为瀑流。瀑流强烈地破坏其下的土体,在沙土层中很快形成溅蚀坑,溅蚀坑的不断扩大,逐渐发展成为龛。龛上的土体吸水饱和,内摩擦角随之减小,抗剪强度降低,在重力作用下便发生崩塌,形成雏形崩岗。崩塌产物大部分随流水带走,使沙土层再次暴露出来,在地面径流和瀑流的影响下又形成新的龛,再度发生崩塌,如此反复形成崩岗地貌。总之,崩岗侵蚀大多数由面蚀、沟蚀引发,然后由冲沟发展而成,其侵蚀阶段大致经历冲沟沟头后退、崩积堆再侵蚀、沟壁后退、冲出形成堆积扇等4个阶段,其中,崩积堆再侵蚀是最主要的侵蚀阶段。

崩岗一般是由侵蚀沟演变发育而成,但也有小部分是因坡脚受沟道径流淘刷,致使土体失稳而形成弧形或新月形崩岗。它的发生发展大体可分为以下4个阶段。

1. 初始发育阶段

初始发育阶段也称即将形成阶段。地表承接天然降水后,坡面产生的地表径流由最初的薄层漫流,在地形及地面的沙粒、石头、树桩、草丛等影响下,逐渐形成股流,土壤侵蚀由最初的溅蚀发展成面蚀,继而形成细沟侵蚀。随着降水量的增加、时间的延长,径流加大,在微地形及地被物的作用和影响下,地表径流汇聚成股流,其冲刷力不断增加。有的股流沿着地面原有的低凹处流动,依靠自身冲刷力而成细沟侵蚀,逐步发育成浅沟侵蚀。这种侵蚀在直线形坡上大致成平行状排列,沟距也大致相等,进一步发育会形成条形崩岗;在凹形坡上呈树枝状分布,进一步发育会形成爪形或瓢形崩岗。

2. 快速发展阶段

快速发展阶段也称剧烈扩张阶段。处于此阶段的崩岗也称为活动型崩岗。随着径流不断增大,冲刷力越来越强,浅沟不断发展,沟底下切,形成切沟侵蚀。沟头溯源前进,沟壁扩张迅速,沟道深、宽均超过1m。此时,沟底已切成疏松的沙土层或碎屑层,并出现陡坎跌水。这对崩岗沟头溯源前进及其发育都起着重要作用。因为疏松的沙土层或碎屑层在跌水的冲击下,陡坎底部被掏空,上部土体因悬空,再加上花岗岩中的云母分化节理加速土壤入渗失稳而崩塌。崩塌产生了新的垂直面,这样周而复始,沟头不断前进,沟壁不断扩张,切沟越来越大,沟底越来越深。在此过程中,沟道中的细小水流汇集成大的水流,与所挟带的泥沙冲刷沟底,使沟底迅速加深,侵蚀基准面不断下降,沟坡失去原来的稳定性。同时,流水还冲淘沟壁底部,或由于雨水沿着花岗岩风化体裂隙渗入土内,土粒吸水膨胀,重力增大,黏聚力减小,这些均会造成沟壁崩塌、扩张加剧,形成崩岗。总之,这一阶段,在溯源侵蚀、下切、扩展的叠加作用下,崩岗发育非常活跃,形成宽阔高大的崩岗。其特点是,沟床的纵剖面与原坡度已完全不一致,下部沟床比降趋于平缓。

3.趋于稳定阶段

趋于稳定阶段也称半固定阶段。处于此阶段的崩岗也称为半固定型崩岗。崩岗经过剧烈扩张崩塌后,由于溯源侵蚀造成崩岗沟头接近分水岭,或两侧侵蚀使崩壁到达山脊附近。这时,上坡面进入崩岗的径流大大减少,很难完全冲走崩塌在坡脚下的堆积物,无形中起到了一个护坡的作用,而沟床的比降也大为减小,流水冲刷力逐渐减弱。崩岗内的陡壁土体因失稳而崩塌下来的泥沙堆积在崩壁下,使其坡面角度接近休止角,并逐渐出现了植被,崩岗发育便趋于停止。

4.稳定阶段

稳定阶段也称固定阶段。处于此阶段的崩岗也称为固定型崩岗或死崩岗。在这阶段,崩岗内沟床趋于平缓,沟内已无集中径流冲刷。崩壁坡脚也因上面崩塌下来的土体堆积,不再被冲走而达到稳定休止角度,不再崩塌。随着表层土体稳定,植被逐渐生长,形成稳定的崩岗。

（二）崩岗侵蚀的特征

1.侵蚀量大、暴发性强

崩岗的一个显著特点就是侵蚀量大、爆发性强。据阮伏水（2003）对福建省的调查分析:单个崩岗年产沙量可达 $500 \sim 1000m^3$,崩岗的侵蚀模数一般为 $30000 \sim 50000t/(km^2 \cdot a)$,严重的每平方千米可超过 10 万 t。南方红壤区崩岗沟壑区面积为 11.14 万 hm^2,在过去 70～120 年的时间里,崩岗侵蚀共产生泥沙 92.9 亿 t,年均产沙量约 6723.9 万 t,其中广东、江西、湖南和福建的崩岗产沙量分别占崩岗总产沙量的 76.9%、17.5%、2.8% 和 1.9%,4 个省合计已经超过了 99%。按照 6 省(广东、湖北、湖南、安徽、江西和福建)的年产沙总量计算,11.14 万 hm^2 的崩岗沟壑区,平均的土壤侵蚀模数高达 5.90 万 $t/(km^2 \cdot a)$,这个侵蚀模数是国标中剧烈侵蚀标准的 4 倍左右。江西省崩岗典型调查数据显示,单个崩岗的年土壤侵蚀量为 3.0 万 ~ 35.0 万 t,年均土壤侵蚀量为 12.4 万 t。据福建省安溪县水保站调查测算,崩岗区年土壤侵蚀模数可达 3 万 ~ 5 万 $t/(km^2 \cdot a)$,纯崩岗的侵蚀模数最高达 15 万 $t/(km^2 \cdot a)$。湖南省桂东县从 1996 年以来新增崩岗 6538 个,年产沙量高达 280 万 m^3。

2. 分布海拔低、沟谷深

调查发现,多数崩岗分布于海拔 50～500m 的花岗岩或红色砂砾岩丘陵区,海拔 ≤50m 的台地和 >500m 的中低山分布较少。原因是海拔 ≤50m 的台地面积较小且多被开发为农地,坡度缓不利于崩岗发育;海拔 >500m 的中低山因坡度普遍较大,风化壳较薄,人类活动相对较少,也不利于崩岗的发育。海拔在 50～500m 的花岗岩丘陵区,风化壳厚度较大,人类活动频繁,坡地植被容易受到破坏,易引发崩岗侵蚀。如广东省五华县、德庆县,福建省安溪县、长汀县,江西省赣县区、兴国县、宁都县、南康县,湖南省桂东县等,85% 的崩岗均发生在海拔 300m 以下的低丘上,在这一高程范围内,几乎完全由残积红土组成。崩岗侵蚀一般是从山麓或山腰开始,进而发展到山坡以上,崩岗的深度和宽度一般在 5m 以上,有的崩岗深达数十米,面积达数公顷。有的崩岗上从分水岭、下至山脚沟深一般为十几米,有的高达数百米。考察中发现,有的崩岗已经越过了分水岭,崩到了山脊线的另一面。崩岗侵蚀所产生的沟谷多且深,地表支离破碎,如广东省五华县崩岗侵蚀面积 190km²,共有大小崩岗 22117 处,其中崩岗深宽均在 10m 以上的就有 8376 处,占崩岗总数的 38%;深宽在 40～50m 的有 3350 个,个别深宽达 70～80m。

3. 土壤疏松瘠薄、酸性强,造林种草难成活

由于花岗岩、砂岩、砂砾岩地区发育的土壤颗粒较粗,粒径 2～0.05mm 的占 30% 以上,粗砂和砾石较多,<0.01mm 的黏粒仅占 20%。颗粒间黏结力极小,由此形成的土壤结构松散、透水性强、保肥力差,经过剧烈流失,土壤有机质含量不足 1%,土壤中氮、磷、钾含量仅有 15～30mg/kg,造林种草成活率低,植物生长缓慢。

(三)崩岗侵蚀的空间分布

我国崩岗侵蚀具有明显的地带性分布,崩岗侵蚀主要分布在年平均气温 >16℃、≥10℃ 积温约 5000℃ 亚热带、平均降雨量 1000mm 以上的湿润地区,高温高湿的环境背景为华南地区母岩风化提供良好条件,使其发育形成深厚的风化壳,为崩岗的发育提供必要的物质基础。另外,降雨量大、高强度暴雨频发亦为华南地区崩岗发育提供了动力基础。崩岗侵蚀具有明显的岩性分布,崩岗绝大部分分布在花岗岩母岩地区,红砂岩有少量分布,其他母岩零星分布。崩岗

的岩性分布与其风化壳的物理性质有着密切的联系,花岗岩发育形成的土壤抗剪强度小,是造成该母岩地区崩岗大规模发育的重要原因,花岗岩风化壳上密下松的特殊结构亦有利于崩岗发育,风化壳颗粒组成决定着其物理性质,是影响崩岗发育的最根本因素之一。崩岗侵蚀具有明显的垂直性分布,>97%的崩岗分布在海拔 100～500m 的丘陵地区,平原阶地、山区都很少有崩岗分布。5°～25°坡度级上的崩岗数量和面积百分比都>70%,是崩岗分布的主要坡度级。丘陵地区可以形成较深厚的风化壳,同时,该地区坡面具有一定的坡度,径流冲刷侵蚀力大,单位坡长上高差大,土体的重力势能大,在径流能量和重力势能双重作用下很容易形成崩岗。

四、化学溶蚀

我国土壤的化学溶蚀现象主要发生在西南岩溶地区,在该地区发生的石漠化现象又被称为喀斯特石漠化,是指在亚热带脆弱的喀斯特环境背景下,受人类不合理经济社会活动的干扰破坏所造成的土壤严重侵蚀,基岩大面积出露,土地生产力严重下降,地表出现类似荒漠景观的土地退化过程。

(一)南方岩溶石漠区的侵蚀过程和影响因素

石漠化的发生、发展过程实际上就是人为活动破坏生态平衡所导致的地表覆盖度降低的土壤侵蚀过程。表现为:人为因素→林退、草毁→陡坡开荒→土壤侵蚀→耕地减少→石山、半石山裸露→土壤侵蚀→完全石漠化(石漠)的逆向发展模式。作为一种区域渐发性的生态系统退化过程,其变化与生态环境的相互作用机制是认识石漠化过程的关键。

喀斯特石漠化是强烈的人类经济活动与脆弱的生态环境相互作用的综合结果,主要受以下方面的影响:碳酸盐岩系的抗风蚀能力强,成土过程缓慢;山多坡陡的地表结构不利于水土资源的保存;岩溶山区特殊的土体剖面结构加剧了斜坡上的水土流失和石漠化;降水的影响;人口增长过快,农业人口多,土地负荷压力大;对土地掠夺式经营,耕种方式落后;土地资源结构与农村产业结构错位,缺乏替代产业支撑,石漠化治理资金不足。

（二）南方岩溶石漠区的侵蚀特征和空间分布

1. 侵蚀特征

已有的研究表明，喀斯特地区的土壤侵蚀作用表现出以下特征：更多地被侵蚀土粒为短距离搬运，具明显的季节性特征，实际的表土侵蚀比水文观察结果更为严重；与表土物理侵蚀相伴存在的化学侵蚀更是严重，某些流域的化学侵蚀速率达 $0.2mm/hm^2$，超出平均水平的 $2\sim3$ 倍。由于严重的化学侵蚀，相应地导致了氮、磷、钾等养分的大量流失。因此，西南喀斯特地区与黄土高原土壤侵蚀的发生机制和环境效应存在着显著的不同：黄土高原主要以物理侵蚀为主，而喀斯特地区不仅存在着严重的物理侵蚀作用，而且侵蚀土粒存在着显著的短距离搬运现象，其机制远较黄土区复杂，同时有相当一部分地区则以化学侵蚀为主。

2. 空间分布

目前，我国西南岩溶省份对石漠化问题高度重视，采用"3S"技术对喀斯特石漠化的分布现状展开了大范围的调查工作。采用的划分标准往往是根据地表形态的宏观变化，而没有考虑土地退化的微观机制（在目前的研究程度下也无法考虑），因而，至目前为止还没有严格科学意义上的划分标准，也没有统一的石漠化评价指标体系。但无可否认的是，西南岩溶山地的石漠化程度已经相当严重。贵州省中度以上石漠化面积占到全省的 7.66%；广西壮族自治区石漠化加重的趋势仍未得到改变，仍以每年 3%～6% 的速度在发展；云南省喀斯特地区主要分布在滇东区、滇西北区、澜沧江和怒江中段，其石漠化面积已达 21490km²。石漠化土地主要分布在长江上游的金沙江、乌江流域和珠江上游的红水河、南北盘江、左江、右江流域以及国际河流红河、澜沧江、怒江流域。以贵州省为例，强度石漠化集中分布于水城—安顺—惠水—平塘一线及其以南地区，中度石漠化和轻度石漠化亦连片分布于这一线附近及其西南地区，在毕节地区和黔中分布也较广，在黔东北和黔北则为零星分布。

（三）岩溶石漠化的危害

岩溶石漠化加速了生态环境恶化，主要表现为水土流失、自然灾害频繁和生态系统退化，常导致土地资源丧失和非地带性干旱，不但加剧了喀斯特地区的贫困，而且危及长江和珠江中下游地区的生态安全。

1. 生态环境恶化

（1）水土流失

据统计，目前云南、贵州和广西三省（区）水土流失面积达 17.96 万 km²，占土地总面积的 22.3%，其中，中强度水土流失面积 6.61 万 km²，占水土流失总面积的 36.8%。随着喀斯特地区生态环境的不断恶化，水土流失呈不断加剧的趋势。例如，贵州省 20 世纪 50 年代的水土流失面积为 2.5 万 km²，到了 60 年代，扩大到 3.5 万 km²，70 年代末为 5 万 km²，1995 年则高达 7.67 万 km²，占全省总面积的 43.5%，而目前已经接近 50%。强烈的水土流失不但使宝贵的土壤丧失殆尽，还对水利工程的安全运行构成威胁。据测定，红水河流域水土流失面积占土地总面积的 25% 以上，每立方米河水含泥沙量为 0.726kg，流域土壤年均侵蚀模数为 1622t/km²。

（2）灾害频发

喀斯特石漠化引起的自然灾害灾种多、强度大、频率高、分布广，甚至叠加发生、交替重复。随着喀斯特地区生态环境的不断恶化，各种自然灾害普遍呈现周期缩短、频率加快、损失加重的趋势。据统计，1951—1987 年的 36 年间，贵州省农作物受灾年份就有 34 年，平均年受灾面积 70 万 hm²，占同期农作物播种面积的 25%。1985—1990 年仅旱灾一项累计受灾面积 610 万 hm²，平均每年 101.6 万 hm²。1995 年的特大水灾，给贵州省造成的经济损失高达 63.1 亿元。

（3）生态系统退化

中国西南喀斯特片区人口压力很大。例如，贵州地区人口密度达 209 人/km²，比全球陆地的平均人口密度 38 人/km² 高 4.5 倍。高负荷的人口压力，叠加在脆弱的喀斯特环境之上，使喀斯特区域生态系统遭到严重破坏。石漠化导致喀斯特地区土、水环境要素缺损，环境与生态之间的物质能量交换受阻，植物生境严酷。不仅导致生态系统多样性类型正在减少或逐渐消失，而且使植被发生变异以适应环境，造成喀斯特山区的森林退化，区域植物种属减少，群落结构趋于简单化，甚至发生变异。在石漠化山区，森林覆盖率不及 10%，且多为旱生植物群落，如藤本刺灌木丛、旱生性禾本灌草丛和肉质多浆灌丛。

2. 吞噬人类基本的生存条件

（1）土地丧失

土地石漠化导致极其珍贵的土壤大量流失，土壤肥力下降、保墒能力差，可耕作资源逐年减少，粮食产量低而不稳。

（2）干旱缺水

石漠化导致植被稀少、土层变薄或基岩裸露,加之喀斯特地表、地下景观的双重地质结构,渗漏严重,入渗系数一般达0.3~0.5,裸露峰丛洼地区可高达0.5~0.6,导致地表水源涵养能力急剧降低,保水力差,使河溪径流减少,井泉干枯,土地出现非地带性干旱和人畜饮水困难。贵州省喀斯特山区尚有355.81万人和254.81万头牲畜的饮水亟待解决。

3. 贫困问题加剧

部分区域由于生态环境极度恶化,已丧失了最基本的生存条件,当地居民不得不迁徙他乡,另谋生路。许多地区陷入"越穷越垦,越垦越穷"的恶性循环,石漠化成为喀斯特地区农民贫困的主要根源。

4. 危及两江中下游的生态安全

喀斯特石漠化地区因植被稀疏、岩石裸露,涵养水源的功能衰减,迟滞洪涝的能力明显降低。同时,流域面上的土壤,由于受集中降雨的冲刷侵蚀,泥沙随地表径流入河,成为河流泥沙的主要来源。20世纪80年代贵州省河流悬移输沙量为6625万t,平均输沙模数为376t/（km²·a）,其中喀斯特强烈发育的乌江流域年输沙量约为1990万t,南北盘江年输沙量为2760万t。根据1998年贵州省水电厅资料,全省土壤年侵蚀总量估计已达2.8亿t,大部分泥沙进入长江和珠江,在两江中下游淤积,导致河道淤浅变窄,湖泊面积及其容积逐年缩小,使蓄、泄洪水能力下降,直接威胁到长江、珠江下游地区的生态安全。

五、冻融侵蚀

冻融侵蚀是指多年冻土地区,土体或岩石风化体中的水分反复冻融而使土体和风化体不断冻胀、破裂、消融、流动而发生蠕动、移动的现象。

冻融侵蚀主要发生在高寒高山区域,以中国西部的青藏高原、新疆天山等一些高山地区分布最多,黑龙江流域的大、小兴安岭也有分布,平均海拔多在4500m以上,以自然常态侵蚀为主。森林植被的破坏和工程建设等不同程度地加速冻融侵蚀。

（一）冻融侵蚀类型

冻融侵蚀按其冻融的作用和过程可分为冻融风化、冻融扰动、冻融泥流和冻融滑塌。

1. 冻融风化

岩土体孔隙和裂隙中充填的水分,随气温下降而发生冻结、膨胀,使周围岩土体破裂;随气温上升,冻体消融,水分再次填充。如此周而复始,岩土体风化崩解成微小颗粒,易被水力、风力搬运、移动,即冻融风化。

2. 冻融扰动

多发生于多年冻土区冻土上部的冻融活动层。冬季时,该活动层由地表向下冻结,底部因多年冻结的阻挡,水分不能下渗,所以使活动层下部未冻结的含水层因受冻胀挤压而引起塑性变形,产生了各种不规则微褶皱,即冻融扰动,可加剧冻融风化。

3. 冻融泥流

发生在斜坡上的一种冻融侵蚀现象。当冻土层上部解冻时,融水使岩土体表层细粒物质达到饱和状态,使该土层具有一定的塑性,在重力作用下,沿斜坡的冻融界面向下坡缓慢地移动,形成冻融泥流。

4. 冻融滑塌与塌陷

由于气候骤然变暖或人为活动的影响,多年冻土层中埋藏冰融化,造成上覆土层塌陷;或在坡面上,表层消融,饱和水土层沿冻融界面向下滑动,又称为热融滑塌。在林区人为破坏地表枯枝落叶物及青藏公路修建过程中易出现这种侵蚀现象。

(二)冻融侵蚀的分布及危害

在全国土壤侵蚀遥感调查资料中,把冻融侵蚀作为与水力侵蚀、风力侵蚀并列的三大侵蚀类型,以多年冻土区为划分基础。全国冻融侵蚀的面积为125.4万 km^2,其中青海与西藏两省(区)的冻融侵蚀即占总面积的85.8%。朱显谟等(1989)在其主编的《中国土壤侵蚀类型及分区图》中,把全国划分为三大侵蚀区,即东部水力侵蚀区、西北风力侵蚀区和青藏高原冻融及冰水侵蚀区。这里的冰水侵蚀区是指区域内冰川移动时对地表产生巨大的刨蚀、搬运作用以及冰雪融化时径流对地表的冲刷作用而形成各种特殊的冰蚀地貌。

冻融侵蚀多分布在高原高寒山区,人类活动影响极小,它目前基本上属于自然常态侵蚀范畴。但在有些情况下,冻融侵蚀对人类社会仍能造成较大的危害。因冰川运动、冰雪融水和剧烈的冻融作用,可激发泥流、泥石流,造成掩埋农田、村庄,冲毁桥梁、道路,堵塞水库、江河等灾害,例如贡嘎山泥石流等。

六、混合侵蚀

混合侵蚀也称泥石流,是指在水流冲力和重力共同作用下产生的一种特殊侵蚀类型。泥石流是水土流失区常见的山区灾害,它是岩土体与水相混合的流体沿沟道的运动形式。

(一)泥石流的形成条件和诱发因素

泥石流是山区(包括高原和丘陵)介于挟沙水流和滑坡之间的固体松散物质、水、气混合流。这个定义有三层含义:泥石流发生在山区;泥石流介于挟沙水流和滑坡之间,不包括挟沙水流和滑坡;泥石流是固体松散物质、水、气混合流,不一定是洪流或块体运动。

1. 充足的固体碎屑物质

固体碎屑物质是泥石流发育的基础之一,通常决定于地质构造、岩性、地震、新构造运动和不良的物理地质现象。在地质构造复杂、断裂褶皱发育的地区,岩体破裂严重,稳定性差,易风化,为泥石流提供固体物质。在泥岩、页岩、粉砂岩地区,岩石容易分散和滑动;在岩浆岩等坚硬岩石分布地区,会风化成巨砾,成为稀性泥石流的物质来源。强烈的新构造运动和地震活动,破坏了山体岩体的稳定性,激发崩塌、滑坡,为泥石流提供丰富的固体物质。不良的物理地质现象包括崩塌、滑坡、塌方、岩屑流、乱石堆等,是固体碎屑物质的直接来源,也可以直接转变为泥石流。

2. 充足的水源

降雨、冰雪融化形成的地表水、地下水、湖库溃决水流等都可形成泥石流,最多的是阵雨引发泥石流。我国东部处于季风气候区,降水量大而集中,一般中雨、大雨、暴雨和大暴雨均可引发泥石流,尤其是 1h 降雨强度在 30mm 以上和 10min 降雨强度在 10mm 以上的短历时暴雨。在青藏高原积雪的高山上,当日均温上升(与月均温差为正),多为无雨日或晴日,冰雪迅速融化,易发生融雪融冰型泥石流。冰雪融化有时导致冰湖溃决,或其他原因造成水库溃坝,均会诱发泥石流。在石灰岩地区地表水多转化为地下水,不利于泥石流的形成。

3. 高差大、坡度陡的地形条件

典型的泥石流从上游到下游可划分为侵蚀形成区、过渡区和堆积区。侵蚀形成区多为漏斗状和勺状的地形,最易集中地表径流,滑坡崩塌强烈,是固体物质的主要补给区;过渡区为泥石流流通的地段,需要陡直多跌水的地形,以便不断补充能量和物质,由于沟谷两侧山体相对稳定,不是固体物质的主要补给区;堆积区为泥石流出山口后固体碎屑物质的停淤地段,一般开阔平缓,形成堆积扇区。泥石流的形成通常取决于沟床比降、沟坡坡度和坡向、集水面积和沟谷形态等。研究表明,泥石流沟的流域面积一般小于 $50km^2$,个别可达 $100km^2$ 以上;流域相对高差一般大于 300m。泥石流沟床比降为 5%~30%,以10%~30%发生频率最高,而在平缓沟床中不易发生泥石流。流域沟坡在 10°以上即可发生泥石流,以 30°~70°发生频率最高,这是由于坡面不稳、相对补给增多的缘故。鉴于暴雨的区域性特点,0.5~10.0 km^2 的集水区是泥石流的多发区。我国受太平洋季风影响的东坡、南坡高山区能拦截大量降水,易形成泥石流。

4. 人类不合理的经济社会活动

如植被破坏、陡坡开垦、过度放牧、工程建设处置不当(开矿弃渣、修路切坡、挖渠等),增加径流,破坏山体稳定,均可诱发泥石流的产生,或加大泥石流的规模,加快频率。云南省东川泥石流的强烈活动是明、清以来用薪炼炭,大规模砍伐森林的后果。据不完全统计,全国 23 座露采矿山发生过泥石流。

(二)泥石流的特征和空间分布

1. 泥石流的特征

(1)突发性和灾变性

泥石流暴发突然,历时短暂,一场泥石流过程一般仅几分钟到几十分钟,由于强大的搬运能力和严重的堵塞,会给山区环境带来灾变,包括强烈侵蚀和淤积,以及相伴的滑坡等,呈现灾变性和毁灭性等特点。

(2)波动性和周期性

泥石流活动时期时强时弱,具有波浪式变化特点,可划分为活动期和平静期。如怒江流域自 1949 年以来,有 3 个明显活动期,分别是 1949—1951 年、1961—1966 年和 1969—1987 年。泥石流的活动周期与激发雨量和松散物的补给速度有关,如云南昆明东川黑山沟、猛先河泥石流重现期为 30—50 年,四川雅安陆王沟、干溪沟为 200 年。

(3)群发性和强烈性

由于降雨的区域性和坡体的稳定性,使泥石流发生常具"连锁反应"。1986 年,云南祥云鹿鸣"99 条破菁"同时出现泥石流。据中国科学院成都山地灾害研究所测定,云南东川地区一次泥石流侵蚀模数可达20万～30万t/km²,甚至高达50万t/km²,平均侵蚀深度10cm。

此外,泥石流还有夜发性特点。据统计,云南80%泥石流集中在夏秋季节的傍晚或夜间,西藏也是如此,这与阵性降雨和冰雪融化有关。

2. 泥石流的分布

在国外,泥石流活动强烈、危害严重的有俄罗斯、日本、意大利、奥地利、美国、瑞士、秘鲁和印度尼西亚等。我国泥石流的分布广泛,北起黑龙江双鸭山市,南至海南省昌江黎族自治县,东起中国台湾省,西到新疆维吾尔自治区喀什和慕士塔格山麓,活动强烈、危害严重。据初步统计,全国有29个省(区、市)771个县(市)有泥石流活动,泥石流分布区的面积约占国土总面积的18.6%,有灾害性泥石流沟8500余条。大致以大兴安岭→燕山→太行山→巫山→雪峰山一线为界分为两部分:西部的高原、高山、极高山是泥石流最发育、分布最集中、灾害频繁而又严重的地区;东部的平原、低山、丘陵,除辽东南山地泥石流密集外,广大地区泥石流分布零散,灾害较少。我国泥石流分布特点是:①沿断裂构造带密集分布。②地震活动带成群分布,主要分布于裂度Ⅶ级以上地震区。③在深切的中、高山区,尤其三级阶梯间的过渡地带,普遍有泥石流发育。④气候与泥石流分布。冰川型泥石流分布于海拔很高的青藏高原及周围山地,暴雨型泥石流受季风影响明显,在季风气候的山区,呈片状带状分布,在非季风影响的西北、北部仅在最大降水带的一定坡向和高度上才会出现。

(三)泥石流的危害

泥石流的主要危害是造成人员伤亡和摧毁城乡建筑道路、工厂矿山、水利工程、农田土地(造成经济损失)。

1. 泥石流危害的地域性差异

由于泥石流的发育强度、人口密度和国民经济发展程度在地域上差异很大,所以它们造成的危害在不同地区也有很大差异。在西部地区由于国民经济发展程度较低,而泥石流规模很大,所以危害以人员伤亡为主,尤其是西南地区更是如此。东部地区尽管由于灾害强度较小(规模或破坏面积较小),造成的人员伤亡数量较少,但由于经济发达程度较高,经济损失却与西部不相上下。也就是说,泥石流在西部地区的危害以人员伤亡为主,而东部地区则以经济损失为主。

2. 泥石流对人类的威胁

由于泥石流具有突发性、多发性、阵发性、短暂性（几分钟至2h）、多相性（具有泥沙石块和水组成的不均质的固液两相流体）、非昼性（多发于夏秋季节的傍晚至深夜这一段时间）、能量大、冲击力强、迅速成灾等特点，并伴有崩塌、滑坡及洪水破坏等多重作用，其危害程度往往比单一的滑坡、崩塌和洪水的危害更为广泛，更为严重。

泥石流可直接冲击居民的房屋等建筑物，给人体造成各种创伤、挤压伤、骨折等损伤，可形成感染性伤口，容易引起破伤风等特殊的感染性疾病；还可使人因被埋压或吸入泥浆水而发生呼吸道梗阻，出现气促、胸闷、咽喉部不适、呼吸困难等症状，严重者如不及时抢救，会导致死亡。

泥石流会破坏人类生存环境，将公路、铁路、桥梁等建筑物摧毁，使当地居民与外界的联系中断，运输中断，灾民从外界获取生活物资援助的困难增大；而当地饮水困难和摄食困难，抵抗力下降，容易使灾民发生各种急性传染病。

泥石流能够破坏耕地，使农作物减产或绝收，造成灾民日后生存艰难，如不及时解决温饱问题，灾民的生存能力下降，容易出现饥饿或营养不良等症状，各种疾病的患病率会明显地升高。

第二节 水土流失主要影响因素

一、气候因素

（一）降水对水土流失的影响

南方降雨的最主要特征是降水量大、降水集中，且多以台风暴雨出现。南方地区年均降水量为800~2500mm，远大于全国年均降水量630mm。南方地区降水主要集中在4—9月，这期间降水量约占全年的70%以上。高强度的降雨对地表土壤的破坏和短时间形成的径流作用非常显著,极易诱发严重的水土流失。严重的土壤侵蚀往往就发生在几场暴雨之中,一次大的降雨引起的流失量有时可占全年流失量的80%以上,输沙量则可占全年的60%以上。

我国南方地区是台风多发地区。比如2009年第8号台风"莫拉克"于8月7日23时45分在台湾花莲沿海登陆,台风带来的特大暴雨使降水量刷新了历史纪录,浙江、福建、江西、安徽、江苏、上海6省(市)发生了不同程度的灾情,共造成受灾人口1157.45万人,死亡12人,失踪2人,直接经济损失128.23亿元。

降雨侵蚀力R是反映降雨引起土壤侵蚀的潜在能力。我国R值分布一般存在从东南到西北逐渐降低的趋势。根据有关计算结果,我国南方地区的降雨侵蚀力R值一般是其他地区的3倍以上。

降雨侵蚀力与土壤侵蚀强度之间一般呈正相关。对比分析南方降雨侵蚀力图与水土流失图可以发现,水土流失较为严重的地区多位于降雨侵蚀力值较高的地区。由表1-1-1可以看出,低降雨侵蚀力区、中降雨侵蚀力区、高降雨侵蚀力区三个区域(梁音,1995)中,强度及其以上侵蚀面积分别为1.67万km²、2.20万km²和1.94万km²,分别占各自区内流失面积的18.3%、21.7%和34.7%,这清楚地表明了高强度降雨地区更易发生强度高的水土流失。对于南方地区来讲,由于自身的降雨侵蚀力高,一旦影响土壤侵蚀的其他因子也处于恶劣状态,则更容易诱发和加剧严重的水土流失。

表1-1-1 南方不同降雨侵蚀力类型区内水土流失面积

类型区	区内面积 (万 km²)	流失面积 (万 km²)	占总流失 面积比例 (%)	各级强度侵蚀面积(万 km²)				
				微度	轻度	中度	强度	极强度
低降雨侵蚀区	34.05	9.13	30.80	24.95	4.61	2.85	1.24	0.43
中降雨侵蚀区	47.25	10.12	40.70	37.13	4.38	3.54	1.45	0.75
高降雨侵蚀区	34.43	5.59	22.50	28.83	2.24	1.41	1.47	0.47
合计	115.73	24.84	94.00	90.91	11.23	7.80	4.16	1.65

(二)气温对水土流失的影响

南方地区位于我国热带、亚热带季风气候区,水热资源丰富,对作物生长和水土流失区的植被恢复十分有利。因降水量大且分布集中,植被一旦被破坏,极易产生强烈水土流失。此外,季节性干旱也严重影响侵蚀劣地的植被恢复。

首先,该区光能资源十分丰富,全年日照时数平均为1489~2900h,个别地方达到了3000h以上;平均太阳辐射量为40.6~54.3万J/(cm²·a)。空间上太阳辐射量由南向北递减;时间上5—9月太阳辐射量最高,该时间段的太阳辐射量占全年总辐射量的60%~70%,12—2月太阳辐射量最低,只占全年总辐射量的10%~20%,与植物生长的旺季和非旺季配合较好,利于植被的生长和恢复。

其次,该区年均温为15~25℃,最冷月均温为2~15℃,最热月均温为28~38℃。温度条件南北差异大,华南大部年平均气温为20~22℃,其中海南省大部分地区达23~25℃,是我国年平均气温最高的地区之一;由此往北年平均气温逐渐降低,福建省北部及江南南部为18~20℃,江南中北部浙江省一带为16~18℃。≥10℃的持续时间为224~345d,无霜期294~365d,年积温达到4500~9200℃,可基本满足作物一年两熟或三熟的要求,更能满足用以水土保持的植被生长与恢复的要求。

受湿热气候条件的影响,淋溶作用强烈,从而使风化物中薄粒(0.001mm)在较强水的渗透作用下,发生垂直下移,形成一个上松下薄的不整合结构面。这就造成土壤层内物质物理性质不同的一个界面,可视为"亚界面",它是导致水土流失和土层滑塌的内在因素。

该区热量条件充分,植被生长茂盛,从一定程度上抑制了水土流失的强度,而且冬季气温月均温都在0℃以上,植被在冬季不会枯萎,从而对一年中的流水侵蚀都有削弱作用;降雨集中分布在4—10月,一年中的径流也对应分布于这段时间,流水的侵蚀大都集中在雨季。降雨分布集中致使水土流失的季节变化显著,野外的监测数据表明,从4月份进入雨季到10月份雨季结束,此段时期的水土流失明显加强,占全年的90%以土。冬季12月份以及来年春季4月份的野外侵蚀调查显示,该时段水土流失很微弱。降雨的年际分配不均匀导致水土流失对应有较大的年际变化。

(三)风对水土流失的影响

风力剥蚀、搬运和聚积土壤及其松散母质的过程,简称风蚀。它吹蚀土壤耕作层中的细土、养分,使心土甚至岩石裸露,降低土地生产力;在种植季节使种子裸露,或对幼苗产生机械损害;所产生的尘埃土沙进入大气,还造成环境污染。风的因素包括风速、风向、吹袭持续时间和湍流的程度等。通常风速越大，持续时间越长，风的涡动性越强，土壤的风蚀强度越烈。同时，这些因素又加速土壤水分蒸发，使其变干而加剧风蚀。降水、湿度、温度等因素都直接影响风蚀的严重程度。

南方地区风力侵蚀主要发生在东南沿海地区：主要分布在广东、福建、浙江沿海一带，在海岸有沙滩分布的地方，一般宽 100～200m 或 300～400m，海风扬起滩土沙粒，侵害沿海农田和村庄。

（四）气候因素时空变异对水土流失的影响

在影响土壤侵蚀的因子中，降雨是气候因子，是造成土壤侵蚀的原动力，是主要的驱动因子，而土壤可蚀性、地形、水土保持措施（生物、工程和耕作）等都是陆地表面因子，其中：土壤可蚀性因子通过对土壤质地、有机质和孔隙度等改善来减小降雨对土壤的侵蚀；地形因子通过改变降雨径流的二次分配影响土壤侵蚀；水土保持措施通过增加地表粗糙度、改变微地形、减小降雨对地表的击溅、降低径流二次分配动能来减小土壤侵蚀，另一方面通过生物代谢作用改良土壤来影响土壤可蚀性。参照水利部《土壤侵蚀分类分级标准》（SL 190—2008），根据不同年份的《江西省水土保持公报》统计出赣南地区各时期不同侵蚀强度的面积分布如表 1-1-2。

表 1-1-2　赣南地区不同时期各级土壤侵蚀强度面积分布

年份	微度（km²）	轻度（km²）	中度（km²）	强烈（km²）	极强烈（km²）	剧烈（km²）
1980	27679	1130	8396	1501	392	281
1998	28818	845	6605	1658	932	522
2008	32762	911	3352	1468	538	348
2019	32328	6316	436	181	102	16

从表 1-1-2 可知各个时期不同级别的土壤侵蚀面积分布状况，总体上土壤侵蚀强度明显减弱，表明自 1980 年赣南地区开始实施水土保持重点治理工程以来，水土流失得到了有效控制，尤其是中轻度土壤侵蚀面积有了明显减少，这是因为中轻度土壤侵蚀地区土地资源被破坏程度较轻，所以比较强烈以上水土流失区治理修复更为容易。强烈以上土壤侵蚀面积自 1980 年至 2008 年总体呈下降趋势，但 1980 年至 1998 年正值我国改革开放、经济快速发展时期，大规模的开发建设造成了新的水土流失，致使这一时期强烈以上土壤侵蚀面积有

所增加。1998年至2008年随着国家水土保持重点治理工程的加强和退耕还林还草工程的实施,强烈以上土壤侵蚀面积呈减少态势,到2019年,中度及其以上的土壤侵蚀面积大幅下降,都集中在轻度面积上,说明从2008年到现在,土壤侵蚀强度的减轻极为显著。

通过对不同海拔土壤侵蚀变化面积统计可知:①无论是1980年至1998年期间还是1998年至2008年期间,海拔150m以下土壤侵蚀处于恶化的面积都是最小,海拔600m以上区域侵蚀变化处于稳定的面积都是最大,这是因为海拔低的地方主要为水域、海拔高的地方主要为山地,这些地方受人类活动影响小,故能相对稳定。②土壤侵蚀恶化和改善的区域都比较集中地分布在海拔200~450m的地区。这主要是因为赣南地区海拔200~450m是人类活动比较集中的区域,受人类干扰影响很大。在这个海拔高度范围内,土壤侵蚀状况改善的主要原因:一方面是自然的原因,在无人为干扰的情况下植被正向演替;另一方面是人为的原因,主要是退耕还林和实施封禁治理的结果。在海拔200~450m区域土壤侵蚀恶化的原因,可能是生产建设项目和不合理的人类生产生活活动所致。不同时段土壤侵蚀恶化现象在海拔600m以上的地区也有分布,这可能是人为或自然的火烧山使得植被遭到破坏所致。

为了分析地形、土壤、水土保持生物措施和工程措施因子对土壤侵蚀的影响程度,在ArcMAP支持下,用分析工具(analysis tools)中的随机布点(generate random points)函数,在工作区域随机布设100个样点,得到样点分布图层,然后把该图层分别与各因子图叠加,利用gridspot工具分别在相应图层土获取相应分布点的值,采用SPSS软件分析不同时期各因子对土壤侵蚀的影响程度,结果如表1-1-3所示。

表1-1-3　不同时期各因子与土壤侵蚀的相关系数

年份	K	LS	B	E
1980	0.540	0.256	0.283	0.044
1998	0.400	0.113	0.641	−0.075
2008	0.450	0.094	0.003	−0.058
2019	0.500	0.103	0.321	−0.062

从表1-1-3可以看出,不同时期地表各侵蚀因子对土壤侵蚀的影响显著性不同:1980年土壤可蚀性K、地形LS和水土保持生物措施因子B与土壤侵蚀

的相关性都表现为显著,其中土壤可蚀性、水土保持生物措施因子与土壤侵蚀的相关性表现为极显著;1998 年土壤可蚀性 K 和水土保持生物措施因子 B 与土壤侵蚀的相关性表现为极显著;2008 年只有土壤可蚀性因子 K 与土壤侵蚀的相关性表现为极显著,到 2019 年土壤可蚀性 K 和水土保持生物措施因子 B 与土壤侵蚀极为相关。不论在哪个年代,土壤侵蚀与水土保持工程措施因子 E 值的相关性不强,主要原因是工程措施的范围相对较小,参数很难从遥感数据上获取所致,并不是水土保持工程措施因子的功效不明显。所以,从 1980 年到 2019 年,地表各侵蚀因子与土壤侵蚀的显著性关系越来越差,结合土壤侵蚀的影响因子和土壤侵蚀动态分析结果可知:随着赣南地区水土流失面积的逐渐减小,土壤侵蚀强度在逐渐变弱,对土壤侵蚀影响显著的地表因子也越来越少。这主要是由于 1980 年以来随着赣南地区水土流失治理力度的逐渐加大,植被状况得到明显改善,微地形也得到了改观,所以水土保持生物措施和地形因子对土壤侵蚀的影响越来越小。红壤是赣南地区的主要土壤,其抗侵蚀能力弱,在短时间内其主要特性很难改变,因而土壤可蚀性因子就成为影响该区土壤侵蚀的主导因子。

从以上分析可以看出,不同时期的土壤侵蚀主导因子有所不同:1980 年影响土壤侵蚀的主导因子有土壤可蚀性、水土保持生物措施和地形因子,1998 年的主导因子有土壤可蚀性和水土保持生物措施因子,2008 年只有土壤可蚀性因子,2019 年土壤可蚀性因子与土壤侵蚀的相关性最显著,其次是水土保持生物措施因子。这说明水土流失综合治理可以减少影响土壤侵蚀的主导因子,反之针对不同时期影响土壤侵蚀的主导因子进行有针对性的治理,进而使水土流失治理成效更为显著。

二、植被因素

(一)植被覆盖的演变历史

南方地区温度和降雨适宜植被生长,原是森林茂密、山清水秀的地方,先秦时期森林覆盖度高达 80% 以上,之后随着人口的增长、人类对土地不合理的开发利用、连年战争的破坏以及众所周知的发生在 20 世纪 50—70 年代的 3 次森林大砍伐,使森林资源受到严重的破坏,森林覆盖率大幅度降低,出现森林—灌丛—草坡—裸石荒坡的逆向演替。

南方低山丘陵面积虽然占土地总面积的比重约61%,但是20世纪80年代末期的森林覆盖率为15%~56%,平均为40%。也就是说,理论上至少约有34%的低山丘陵区处于"无植被"的状态。很多水土流失严重的典型地区的森林覆盖率甚至已剧减到不足20%,下降幅度非常明显,由此带来的水土流失的加剧也是触目惊心的,这也直接导致我国南方地区水土流失在20世纪80年代末期达到非常严重的地步。

中华人民共和国成立后,我国开展了大规模的植树造林活动,尤其是自20世纪80年代末期起,南方地区森林覆盖率提高了10~20个百分点(表1-1-4),在减轻水土流失方面起到了非常关键的作用。但是南方地区森林资源面临形势依然严峻,主要表现在森林质量不高,单位面积蓄积量指标低;林龄林种结构不合理,可采资源继续减少;林地被改变用途或占用数量巨大;林木蓄积消耗量呈上升趋势,超限额采伐问题十分严重。

表1-1-4 南方地区森林覆盖率情况

省(区、市)	海南	广东	福建	江西	浙江	湖南	安徽	湖北
2013年(%)	55.38	57.1	65.95	60.0	60.5	57.34	27.53	38.4
2019年(%)	63.00	59.08	66.80	63.1	61.17	59.68	28.65	41.56
省(区、市)	重庆	广西	贵州	江苏	上海	四川	西藏	云南
2013年(%)	42.1	61.8	48.0	15.8	13.13	35.3	11.98	50.04
2019年(%)	45.40	62.3	55.3	23.2	16.90	38.0	12.14	59.70

资料来源:中国林业数据库和各省(区、市)统计公报。

根据第六次森林资源清查统计结果,南方地区森林资源存在三个主要问题:一是森林资源结构较差,林种比例不合理;生态公益林面积(防护林和特用林)少,不足10%;而用材林、经济林、薪炭林等比重较高,约占80%。二是林龄结构不合理,幼林龄和中龄林面积最多,分别占全部林分面积的50%和30%以上;而过熟林、近熟林和成熟林所占比例不足15%,森林水土保持功能不容乐观。三是人工林比重较大,平均达50.5%。

按林业部门规定,面积达到1亩(1亩=666.67m²)以上、郁闭度达到0.2或以上的即为森林,而水土保持更强调地表覆盖度和植被层次结构。目前南方地区在水土流失治理上存在的一个突出问题是"林下流"。很多经过治理的地区树木远看上去很茂密,但林下地表缺少灌草,土壤裸露程度很高,仍然会发生中度甚至强度以上的水土流失。导致"林下流"现象的原因有多种,其中最主要的是:①树种单一,造成林下植被缺失。20世纪80年代初期开始的绿化植树,在南方以马尾松或者其他经济林木如桉树等为主,马尾松会加剧土壤的酸化,导致其他植物难以存活;而桉树由于经济价值高,近年来种植面积迅猛扩张,但其耗水量很大,造成地表干旱,也影响其他植被生长。②造林目的单调,造林方式存在一些问题。早期造林主要是考虑木材的蓄积和经济价值,没有统筹考虑生态环境效益,采用了方便植树的造林形式,如全垦造林等,不仅带来造林初期的水土流失,而且造成成熟林的林下水土流失。③经济林果树下,因锄草、翻耕和大量使用除草剂,造成地表覆盖度低,甚至地表完全裸露,反而加剧水、土、肥的流失(李桂静等,2014)。

（二）主要植被类型及其分布

南方地区主要的植被类型有以下几种。

1. 落叶阔叶林

主要分布于温带地区,在区内的北亚热带山区也有一定面积的分布,主要群系有栎林、锐齿栎林、麻栎林以及栓皮栎林等。

2. 常绿、落叶阔叶混交林

常绿、落叶阔叶混交林是一种过渡类型,在亚热带地区有较广泛的分布,也是亚热带地带性植被类型之一,但较典型的植被类型主要分布在广大北亚热带低山丘陵地区,中亚热带虽有分布,但大多分布于海拔700~1200m的山区,群系多样、类型复杂。

3. 常绿阔叶林

常绿阔叶林是南方地区最具有代表性的森林植被类型,植物区系成分可分为典型常绿阔叶林、季风常绿阔叶林和山顶矮曲林等3个植被亚型。典型常绿阔叶林在本区分布很广,主要有栲树林、青冈栎林、石栎林、红楠林等;季风常绿阔叶林是南亚热带地带性植物类型,也是亚热带常绿阔叶林向热带雨林、季雨林的过渡类型,有栲树、厚壳桂林、木荷林;山顶矮曲林是亚热带山地常绿阔叶林在山顶、山脊生态环境特殊条件下发育起来的一种特殊植物群落变型,有杜鹃曲林、荷吊钟矮曲林两个群系组。

4. 季雨林

季雨林是分布在热带干湿交替季节地区的一种森林植被类型,也是热带季风气候带的一种相对稳定的植被类型,主要分布于广东、广西南部沿海低丘、台地上,南亚热带低平地区也有少量分布。

5. 雨林和红树林

雨林分布在热带、温带、亚热带高温、高湿地区,由热带种类组成,森林植被高大、茂密、常绿,在本区只在河谷地带有少量的分布。红树林是一种热带常绿阔叶林,分布在热带、南亚热带的海滩上,多由各种红树林植物种类组成,主要分布于广西、海南、广东、福建、浙江等地的沿海地区,根系发达、枝叶茂盛,对于防止海蚀、防风、保护海岸线、防止水土流失等均有其特殊作用。

(三)人工林地水土流失问题

保护土壤不受侵蚀不能单靠树木本身,而应该更多地依赖于林下的枯枝落叶层、腐殖质层以及低矮的灌草或苔藓层的立体庇护。但是,南方地区存在大片的马尾松林、油茶林、各类果树园地以及近年发展迅猛的桉树林,恰恰就使地表缺乏覆盖。从遥感影像上看,这些地区的植被状况很好,但由于林下缺少灌木或草本植被覆盖,土壤表面裸露程度很高,仍然会发生中度甚至强度以上的水土流失,带来严重的"林下流"的恶果。

我国90%人工林为单一树种的纯林,其中,杉木、马尾松、落叶松和油松四大针叶林的面积占绝对优势,高达80% ~95%以上,而且幼龄占82%。马尾松是极阳性树种,适于高燥的红土和载质土壤,能耐瘠薄的砂砾和干燥荒废的山地,为我国长江流域各省重要的荒山造林的先锋树种,但是松毛虫、松干蚧、松梢螟等危害严重,尤其不宜营造大面积纯林。油茶林主要分布在江西等省,仅江西省面积达666.6 hm²,占全国的1/4,茶油年产量达4万t,形成了以宜春、赣州、吉安为主的三大油茶产区。近年来南方地区桉树发展迅速,片林面积已达11.3万 hm²,且每年大约以1.3万 hm²的速度递增,我国桉树人工林面积已达16.7万 hm²。由于林下土壤环境恶劣、人为全垦造林、锄草、翻耕和大量使用除草剂等原因,造成这些林地地表覆盖度低,甚至地表完全裸露,加剧了水、土、肥的流失,导致"林下流"的产生。

下面以鄱阳湖流域治理问题为例说明"林下流"的产生。鄱阳湖流域面积为 16.2 万 km²,20 世纪 80 年代初,仅赣江上游山区的水土流失面积就占鄱阳湖流域总面积的 35% 以上,每年泥沙流失就达 5335 万 t。自 20 世纪 90 年代初开展了大规模的以小流域治理为基本单元的治山、治水、治穷工作,流域森林覆盖率由 33% 上升到目前的 60%,但是水土流失面积并没有明显降低,年土壤侵蚀量达 1.5 亿 t 以上,入库泥沙多年来基本没有改变。主要原因在于人工林以杉木和松树为主,针叶纯林比例约占 77%,没有形成乔、灌、草配套的水土保持植被条件,难以达到良好的生态保护效果;每年新增造林数十万公顷,普遍采用 "剃头挖心" 的全垦整地方法。砍除全部地面植被炼山,然后挖出植被地下根系,对保持水土十分重要的草、灌植被遭受毁灭性破坏,全垦造林后第一年水土流失在强度以上,侵蚀量达 8000t/hm² 以上,需 3 年以后才能转为轻度流失;大规模的植树造林活动后,森林覆盖率虽然迅速提高,但是单位面积林木蓄积量由 4.6 万 m³ 下降到了 3.0 万 m³。

三、土壤因素

(一)主要土壤类型的形成及其空间分布

南方地区土壤类型多样,由于资料数据的局限性,本节土壤因子的成果范围是指南方红壤区,即长江以南但不包括云贵川的全部地区。该区域归属于多个不同的土纲,如铁铝土、初育土、半水成土、盐碱土、淋溶土、人为土等。土壤类型主要有黄棕壤、黄壤、红壤、赤红壤等地带性土壤,以及紫色土、石灰土和水稻土等非地带性土壤,这里以南方红壤地区为例,其范围内各类型土壤的分布面积和比例如表 1-1-5 所示。

表 1-1-5 南方红壤区土壤类型面积分布

土纲	土类	面积(万 km²)	比例(%)
	红壤	40.10	46.20
	赤红壤	8.35	9.02
铁铝土纲	黄壤	5.01	5.77
	砖红壤	2.42	2.79
	燥红土	0.18	0.15

土纲	土类	面积（万 km^2）	比例（%）
淋溶土纲	黄褐土	0.15	0.17
	黄棕壤	0.80	1.00
初育土纲	粗骨土	1.45	1.07
	紫色土	2.70	3.18
	红黏土	0.05	0.00
	石灰岩土	2.49	2.80
	火山岩土	0.10	0.11
	石质土	0.17	0.19
	新积土	0.02	0.02
	风沙土	0.15	0.17
半水成土纲	潮土	1.17	1.35
	山地草甸土	0.07	0.08
水成土纲	沼泽土	0.03	0.03
盐碱土纲	滨海盐土	0.10	0.11
人为土纲	水稻土	19.45	22.40
其他	河流、海岛、盐田等	1.78	2.05
总面积		86.74	98.66

红壤发育于热带和亚热带雨林、季雨林或常绿阔叶林下，因缺乏碱金属和碱土金属而富含铁、铝氧化物，呈酸性。因成土母质不同，红壤的物质组成和风化状态大不相同，对土壤的理化性质、土壤发育的厚度、植被的立地条件以及土壤保持等都会产生重大影响。红壤区的成土母质归纳起来主要有 6 种，分别为岩浆岩类及其风化物、砂页岩及其变质岩类的风化物、碳酸岩类风化物、紫色—紫红色砂页岩的风化物、第四纪红土以及近代冲积与湖积物。

1. 岩浆岩类及其风化物

地质史上红壤区的岩浆岩活动强烈，主要岩浆岩形成在前寒武纪、加里东构造运动时期和燕山运动期，岩基分布范围很广，主要有花岗岩、闪长岩、辉长岩、辉石岩、玄武岩等。岩浆岩主要以酸性花岗岩为主，常形成球状风化壳，在水土保持好的地区，风化壳深厚（席承藩，1991；中国科学院南京土壤研究所土壤系统分类项目组，2001）。花岗岩风化壳垂直变异较大，随着深度增加，粒径 <0.2mm 的颗粒明显减少，沙粒含量增多，粒径 >0.2mm 的颗粒在 70% 以上，壳体松散。在水力以及重力作用下,壳体沿风化壳球状面下滑崩塌,形成崩岗和崩岗群,由此造成的水土流失十分严重,危害性极大,在江西、广东、福建、湖南等地分布较多(杨艳生,1999;牛德奎等,2000)。

2. 砂页岩及其变质岩类的风化物

砂页岩及其变质岩——千枚岩、板岩在该区有广泛的分布,形成于远古代、古生代和中生代,从组成上来分有石英砂岩、粉砂岩、页岩、片岩、千枚岩等。在形成上常与碳酸岩类、紫红色砂岩类和含煤层夹生或互层。砂页岩较易于风化,多为层状风化,具有弱富铝硅铝型的风化壳的特点,微酸性,盐基饱和度50%左右。在水土保持好的地区,土壤发育良好,土层较厚,利于植被的生长与恢复。由于地形和重力的关系,层状风化面易于形成滑动面,产生滑坡。

3. 碳酸岩类风化物

碳酸岩类为含有碳酸钙镁的各类岩石,如石灰岩、白云岩、白云质灰岩、硅质灰岩和泥灰岩等。碳酸岩主要形成于古生代和中生代两个地质时期,因含胶结物不同而呈各种颜色。碳酸岩以化学风化为主,碳酸钙风化为重碳酸后淋失,其他胶结物残留为风化层。因此,由碳酸岩类形成的风化壳,一般有薄且黏的特点,植被的立地条件差,再加上保水能力差,不利于植被的生长与恢复,生态较为脆弱。从南到北碳酸岩类风化壳土壤颜色的亮度由强变弱,即由鲜艳变暗,由红变棕。碳酸岩主要分布于安徽、湖北、湖南等一些地区,而且从南到北有逐渐加大的趋势。

4. 紫色—紫红色砂页岩的风化物

紫色—紫红色砂页岩为形成较晚的沉积岩系,主要在侏罗纪、白垩纪和新近—古近纪三个地质时期形成。紫红色砂页岩实际上是两套不同产状的地层,成岩时间短、组成复杂、结构较为疏松,容易风化。紫色砂页岩风化壳质地不一,有砂、粉砂和泥质之分,而成分也有含碳酸钙和无碳酸钙之别,从而发育成不同类型的土壤,如石灰性紫色土、中性紫色土和酸性紫色土。紫红色砂页岩极易风化,土壤发育弱,土层分化不明显,易遭侵蚀。在紫色—紫红色砂页岩及其风化物的山区,泥石流时有发生。

5. 第四纪红土

第四纪红土是更新世形成的地层,一般带鲜艳的红色,不成岩,故称为第四纪红土层。主要分布于长江和汉水河谷两侧,土层较为深厚。有些地段由于风化和氧化程度不一,土层中含大量的铁锰结核,与周边颜色形成差异,似网状,又称为网纹红土;有些地段,由于全球气候波动,冰期和间冰期交替,土层中夹带多层砾石层。第四纪红土层发育的土壤载重,结构紧实,地表水难以入渗,土层保水能力极差,常造成植物生理性缺水,形成旱灾,不利于植被的生长与恢复。

6. 近代冲积与湖积物

近代冲积与湖积物主要是河流冲积和湖相沉积,组成第 I 级阶地和河漫滩,形成潮土和湖潮土地层,广泛分布于现代的河谷地区。

(二)土壤属性与水土流失之间的关系

1. 红壤

红壤主要分布在长江以南的广大低山丘陵区,占红壤区土壤面积的46.20%,土壤母质类型多样。红壤剖面以均匀红色为基本特征,有些在红土层下,往往具有红色或橙黄红与白色或灰白色等相互交织成斑纹(称为网纹层)。在自然植被下,腐殖质层厚为 20~30cm,有机质含量多为 1%~5%。在侵蚀严重地段,B 层或 C 层出露,表层有机质含量低于 1%,以酸、瘦、黏、板为主要特征,不利于植物的生长与恢复。

2. 砖红壤

砖红壤主要分布在广东省的雷州半岛,位于北纬 20°以南地区。地处热带,年平均气温为 23~26℃,>10℃ 的积温为 7500~9500℃,年平均降水量为1500~2000mm。冬季少雨多雾,夏季多雨,具有高温多雨、干湿季节变化较明显的季风气候特点。原生植被为热带雨林或季雨林,树种繁多,林内攀援植物和附生植物发达,而且有板状根和老茎开花现象,一般分布在低山、丘陵和阶地上。母质为各种火成岩、沉积岩的风化物和老的沉积物,因经长期高温高湿的风化,有的已形成厚达几米甚至几十米的红色风化壳。在湿热气候作用下,土壤中铁铝的富集作用高度发展。

3. 赤红壤

赤红壤是砖红壤与红壤之间的过渡类型。主要分布在我国亚热带的广东南部,福建东南部,位于北纬 22°~25°。赤红壤地区的气温较砖红壤地区低,年平均气温为 21~22℃,>10℃ 的积温为 6500~8000℃,年降水量为 1290~2000mm,全年雨量分配比较均匀,干湿季节变化不太明显。天然植被为南亚热带季雨林,沟谷内常有部分热带植物,且向南逐渐增多;林内也有攀援植物及附生植物。目前,赤红壤上的天然林大部分已被破坏,成为疏林草地。赤红壤的富铝化作用弱于砖红壤。

4. 红黏土

红黏土主要分布于红壤区南部的海南省,是一种发育于古近及新近纪或第四纪红色土剖面尚无明显分异的初育土,表现强烈的母质特性。红黏土土体黏粒含量高、塑性强,呈棱块或大块状结构。生物作用较弱,无明显发生层次,表现强烈的母质特性。

5. 黄壤

其分布与红壤相似,但分布区水分条件较好,雾多、日照少。黄壤与红壤成土过程相同,但还有其特有的黄化过程,即在经常潮湿的环境下,土壤中氧化铁水化而引起土壤剖面成为黄色或蜡黄色。黄壤质地一般较轻,酸度较大,pH 为 4.5～5.5,同时其有机质含量也较同一地带相似植被条件下的红壤高,氮、磷、钾含量也较丰富,植被生长较好。

6. 黄棕壤

主要分布在长江以北的低山和丘陵上,在长江以南,主要分布在海拔较高的地区。在剖面构造中以棕色或红棕色心土层为主要形态特征,呈枝状或环状结构,质地较重,有时候甚至出现黏盘。由于黄棕壤明显地具有黏化过程和淋溶过程,具棕壤特征,但又有弱富铝化过程,pH 为 5.6～6.5,又具有红壤特征,因此明显地表现出过渡性。侵蚀较轻的黄棕壤自然肥力较高,但如果表土层受到侵蚀,黏盘层甚至底土层露出,则肥力大大降低,对于植被的恢复等十分不利。

7. 紫色土

分布在区内各红层盆地内,是区内主要的岩成土壤。由于母岩为紫色砂页岩,岩性疏松,吸热性强,在温暖气候条件下,土层侵蚀和堆积频繁,故成土作用时间短,长期处于幼年阶段。土层中含有较多的碳酸钙,使其长期达不到富铝化阶段。紫色土土层浅薄,有机质累积作用十分微弱,其含量极低,但磷、钾元素的含量相当丰富,为一些作物生长提供了很有利的条件。

8. 石灰土

主要分布在广西、湖南等地,是发育在石灰岩上的一种岩成土壤。由于富含碳酸钙,因而土壤中的盐基淋失大为减缓,也延缓了脱硅富铝作用的进行,故多保持在土壤发育的幼年阶段。另外,除了碳酸盐类矿物(如方解石等)遭到化学溶蚀外,其余矿物并未遭到强烈的化学风化。在植被保存较好的条件下,石灰土是较肥沃的土壤,表层有机质含量可达5%～7%,但易现干旱,土质黏重,雨后易引起土壤板结。

(三)土壤可蚀性因子

红壤地区水土流失主要发生在红壤、赤红壤、砖红壤、紫色土、石灰土上。依据土壤表层0～20cm的容重、pH、游离Fe^{3+}含量、有机质含量、黏粒含量计算出我国南方红壤区土壤可蚀性K值(梁音和史学正,1999)。结果表明,土壤可蚀性K值由高至低依次为赤红壤土(K值0.047,面积3.0%)、紫色土(K值0.045,面积2.1%)、黄红壤(K值0.032,面积2.6%)、棕色石灰土(K值0.032,面积3.8%)、红壤(K值0.030,面积29.8%)、砖红壤(K值0.029,面积2.8%)、红壤土(K值0.029,面积4.7%)、赤红壤(K值0.0.028,面积11.9%),均属于易侵蚀的土壤。(见表1-1-6)史学正等(1997)利用标准可蚀性小区法测定了我国亚热带地区7种代表性土壤的K值,依次为紫色土(0.057)、普通红壤(0.030～0.057)、黏淀红壤(0.036)、准红壤(0.033)、红色土(0.014),也说明了红壤和紫色土都属于可蚀性较高的土壤。

虽然红壤地区风化壳层厚度可达10～20m以上,但真正的土体浅薄,厚度一般在1～2m,甚至更浅。土层浅、蓄水能力低,暴雨来临,极易形成较大的地表径流,产生较强的径流冲刷力。由于土壤形成是个极为缓慢的过程,一旦流失,则损失惨重,基本无法挽救。实地考察发现,长期的水土流失使南方8省水土流失地区的表层土壤不断流失,坡耕地和坡地经济林土壤退化严重,粗骨化、沙砾化现象日趋严重,抗蚀力也日趋恶化,土壤流失速度逐步加速,生产力在逐步降低,可利用能力正在逐步丧失。

表1-1-6　南方红壤地区土类及其亚类的土壤可蚀性K均值与面积

土类	亚类	K值	面积(km²)	比例(%)
湿润铁铝土	11 砖红壤	0.017	32891.52	2.75
	12 红色砖红壤	0.015	281.4	0.02
	13 黄色砖红壤	0.016	4679.03	0.89
	14 砖红壤性土	0.016	102.85	0.01
	15 赤土	0.016	1080.01	0.14

土类	亚类	K 值	面积（km²）	比例（%）
简育湿润铁铝土	21 赤红壤	0.016	142885.55	11.93
	22 黄色赤红壤	0.013	225.12	0.02
	23 赤红壤性土	0.028	36142.59	3.02
	24 赤红土	0.014	5862.71	0.49
湿润富铁土	31 红壤	0.021	356400.2	29.7
	32 黄红壤	0.018	31050.95	2.04
	33 褐红壤	0.022	2709.7	0.23
	34 红壤性土	0.017	50095	4.78
	35 红泥土	0.009	11319.48	0.95
铝质常湿雏形土	41 黄壤	0.014	122103.83	10.2
	42 表潜黄壤	0.011	12022.31	1.05
	43 黄壤性土	0.015	7885.8	0.02
	44 黄泥土	0.010	4597	0.38
紫色湿润雏形土	111 紫色土	0.025	24817.12	2.07
	112 紫泥土	0.023	874.14	0.07
钙质湿润富铝土	121 红色石灰土	0.019	16525.9	1.38
	122 棕色石灰土	0.018	44899.53	3.75
	123 黄色石灰土	0.013	31339.02	2.62
	124 黑色石灰土	0.008	3277.42	0.27
	125 耕种石灰土	0.012	1571.05	0.13

四、地质地貌因素

（一）地质构造和主要地貌类型

1. 地质运动与构造

南方地区处于我国南方地质运动构造带,该地质构造带西至龙门山、红河—元江深断裂,北至城口—房县—襄樊—广济深断裂和郯城—庐江深断裂的区域。几个地质历史时期的地质构造运动,构建了南方地区地形与地貌的总体轮廓,对后期的人类活动、植物生长以及水土流失都产生了重大影响。

首先,二叠纪发生的海平面升降变化、构造运动和中三叠世发生的印支运动,使得中国南方主体逐渐从海盆转变为陆相沉积。

其次,中侏罗世末期强烈的燕山运动席卷了整个地区,其中,湘西北地区的褶皱运动使震旦纪至晚侏罗世的地层全部褶皱,并伴有纵向断层,构成一系列的背斜山及向斜谷地;湘中、湘东南地区的断块运动,形成一系列的褶断山、断块山地和山间盆地。

再次,古近纪末期的喜马拉雅上升运动,该区基本形成新生代盆地,并隆起成为陆地,处于强烈上升区的黄山、九华山、黄岗山等都成为海拔1000m以上的山地,其断陷带则构成山间盆地;洞庭湖区、鄱阳湖区仍处于继续下沉的状态,成为新构造盆地。

最后,新近纪开始的地壳发展进入了新构造期发展阶段,大部分地区处于相对稳定或遭受风化剥蚀的状态,如湘南、湖北、江西等低山丘陵地区;第四纪更新世全球的气候波动,冰期和间冰期交替出现,部分中山地区曾多次发生过山岳冰川,留下了第四纪冰川的剥蚀地貌、冰川堆积地貌及冰渍物的遗迹;大部分地区以河相沉积和洞穴堆积为主,局部地区有滨海沉积,如浙江省的杭嘉湖平原。

2. 地形地貌

南方地区主要位于第二、第三级阶梯,受地质构造与运动的深刻影响,地势东西差异大,山地、丘陵、平原谷地都有分布。根据地形和地理位置,南方地区主要地形区有:长江中下游平原(江汉平原、洞庭湖平原、鄱阳湖平原、长江三角洲平原)、珠江三角洲平原,江南丘陵、南部沿海丘陵区,南岭山脉、武夷山脉等山地地区。

南方地区山地脉络清晰,明显受地质构造控制,走向具有规律性。北东走向的山地在总体上控制了该区的地貌格局,西列山地包括武陵山、雪峰山、十万大山等,中列山地包括幕阜山、九岭山、万洋山、诸广山、大容山、云开大山等,东列山地包括天目山、仙霞岭、武夷山脉、戴云山、莲花山等。位于红壤区北部的桐柏山、大别山、青龙山、九万大山等均为北西向;位于红壤区南部的南岭山地为东西向,由5个高峻的花岗岩岩簇所组成,地形较破碎,西高东低,是我国东部一条极为重要的自然地理分界线。受地形限制,山地人口历来比较稀少,植被保存较好,是该区水源林、用材林的主要基地,历史上水土流失并不明显。由于近代大规模的砍伐森林,原始植被稀疏,次生林和人工林广泛分布,水土流失比较明显。

丘陵主要位于山地外围和一些盆地内，由于主要山地阻隔，丘陵不是连片分布，而是呈块状散布在主要山地和平原谷地之间。其中，江南丘陵区为南岭山地、武夷山地与长江中下游平原之间的广大丘陵地区。由于幕阜山、罗霄山脉等山地的分隔，江南丘陵区分为鄂东南丘陵区（位于幕阜山与江汉平原之间）、皖南丘陵区（介于天目山、自际山与长江中下游平原之间）、湘西丘陵区（位于湘西沅水和澧水谷地两侧）、湘中丘陵区（位于长衡盆地内）、赣西丘陵区（位于赣江河谷两侧）、赣东丘陵区（位于怀玉山和武夷山地两侧）等，均以低缓丘陵为主。南部沿海丘陵区包括浙闽丘陵和两广丘陵，位于武夷山地、南岭山地和海岸之间（雷州半岛除外），以丘陵台地为主。丘陵地区人口密度较大，是农、林、牧、副等各业用地交织的地区，土地承受压力较大，人地关系极不协调，目前植被破坏严重，是强度和中度水土流失的主要分布地区。

平原谷地主要包括长江中下游平原、中部盆地和河谷平原以及南部沿海平原。面积虽然不大，但却是该区乃至全国的重要农业生产基地。平原谷地地势较低，多是外来集水区和泥沙沉积区，一般为无明显流失区。由于城市化发展过于迅速，由工程建设引起的水土流失和城市水土流失也日渐显现。

综合南方地区地形、地貌及水系格局，该区首先表现为山丘与谷地（包括主要河流）相间排列。自北向南的地貌结构顺序为淮阳山地—长江中下游平原（主要包括洞庭湖平原、鄱阳湖平原）—江南低山丘陵和南岭山地—南部平原（包括南宁盆地、珠江三角洲等）；自西向东的地貌结构顺序为武陵山地，雪峰山地—湘江谷地、洞庭湖区—幕阜山、罗霄山脉—赣江谷地、鄱阳湖平原—武夷山地—东部沿海平原（包括闽江三角洲等）。其次，由于南岭山地位于该区南部，地貌轮廓主体也可看成是分别以洞庭湖、鄱阳湖和杭州湾为基底，以湘江、赣江和富春江为中轴并向北或东北倾斜的并列凹斜面。这些结构的过渡性地带，也正是水土流失发生较为严重的区域。

（二）地质地貌条件对水土流失的影响机制

我国大部分地区在第四纪以来均表现为强烈的抬升，形成了地势差，大部分沟谷及山区河流都处于下切之中，在南方部分省区表现较为突出。以珠江流域为例，该区是新构造运动的上升区域，新构造运动上升的地区一般容易发生水土流失，如粤东的河源、龙川、紫金、梅县、新丰、惠东等都属于上升区域，也是水土流失严重的地区(唐克丽,2004)。

南方地区低山和丘陵交错,地形破碎,坡度大,高低悬殊,起伏显著,造成了极易侵蚀的地形条件。

(三)水土流失地形因子

1. 坡面地形因子

坡长对水土流失的影响研究始于 1950 年。郭新亚等(2015)通过径流小区研究了坡长对黔西北地区坡面产流产沙的影响,结果表明,坡面产流量随坡长增加呈先减少后增加再减少的趋势;而产沙量在低雨强时随坡长增加无明显的变化,在中、高雨强时,随坡长增加而增加。然而,在红壤区,坡耕地产沙量和坡长间呈幂函数关系。由此可见,坡长和土壤侵蚀量的关系十分复杂,随着坡长增加,侵蚀量并非简单增加、减少或者不变,而是取决于降雨特性、土壤性质等因素;当雨强较小时,地表径流量也不能简单用坡长与雨强的乘积代替,而只有当坡面土层渗透性差、雨强大、水分饱和或全坡面均匀入渗时,地表产流量才可用坡长与雨强的乘积计算。其次,坡度是对山地水土流失影响较大的另一个坡面因子。一般山坡越陡,水土流失越严重。然而,产沙产流量随坡度增加而增加并非总是连续的,往往存在一个临界坡度。如茶园土壤仅在坡度 >30°时,才易产生水土流失。另外,坡度的不同,还会影响土壤水分入渗。Ribolzi et al. (2014)研究表明,在较高强度的降雨事件中,30% 坡度下侵蚀地壳的水分渗透性低;而 75% 坡度时,地壳结构则具有较高的水分渗透性。

即使在坡长、坡度相同的条件下,坡段(坡地的土、中、下段)、坡形(凹坡、凸坡、平直坡)和坡向(阳坡、阴坡)不同,也会造成水土流失存在差异。研究表明,坡下段一般较上、中段水土流失严重,因为坡下部和坡脚处于受水土流失严重威胁的坡段,它接受来自壤中流和地表径流汇集而来的叠加径流。因此,在坡脚处,种植多年生植物,有利于缓解水土流失造成的养分损失。Fu et al. (2011)研究发现,上坡土壤溅蚀在缓坡总溅蚀中占很重要的地位,只有坡度 > 36°时,上坡产生的溅蚀才可以忽略。因此,不同坡段对水土流失的影响,还与坡度存在密切的关系。此外,凸坡比平直坡、凹坡易受侵蚀。坡向对水土流失的影响也很大,一般阳坡的温度波动大,夏天增温快,土壤易干燥。如果阳坡植被生长较差,一旦遭到破坏就难以恢复,容易产生水土流失。

2. 其他地形因子

除坡面地形因子外，山坡地的开发程度及侵蚀基底状况对水土流失也会产生重要的影响。在降雨过程中，地表微地形也会滞蓄部分降雨，但随着坡度的增加，坡面变陡，地表微地形的滞蓄作用开始下降，滞蓄水分的贡献变小。另外，海拔相对高差（起伏高度）会影响水土流失的强弱。山地地形起伏越大，为重力侵蚀提供的势能越高，水土流失越严重。在山地，梯田的地形形态对水蚀和耕作侵蚀也会产生重要影响。在有堤埂的梯田中，耕作侵蚀在土壤侵蚀过程中起主导作用，水蚀作用较弱；而在无堤埂的梯田上，耕作侵蚀和水蚀在土壤侵蚀中均扮演重要的角色，会在梯田的上、下部位存在水土流失。总之，地形是山地水土流失发生发展的基础，因此，在山地水土流失治理过程中，应科学合理地改变坡度，缩短坡长，改造小地形。

五、人类活动因素

（一）人类活动和经济社会要素的基本情况

1. 土地利用特征

南方地区土地利用程度（土地利用面积/土地总面积）较高，林地、耕地较多，牧草地、园地较少，土地利用方式以农林业用地为主，未利用土地所占面积比例不大；土地变化的速度快，耕地流失严重、人地矛盾突出；坡耕地水土流失严重，土地质量下降，效益低。

（1）土地利用结构以农、林为主

国家土地利用详查数据资料（中国环境资源网）显示，江南丘陵区的土地利用率为 90.2%，全区的土地利用结构为耕地占 14.9%、园地占 2.0%、林地占 64.9%、牧草地占 0.7%、居民地和独立工矿用地占 3.0%、交通用地占 0.5%、水域占 4.2%、未利用土地占 9.8%，总耕地面积为 7.7 万 km^2；东南沿海区的土地利用率为 91.5%，全区的土地利用结构为耕地占 21.5%、园地占 5.8%、林地占 50.4%、牧草地占 0.5%、居民地和独立工矿用地占 5.0%、交通用地占 0.6%、水域占 7.6%、未利用土地占 8.5%，总耕地面积为 6.7 万 km^2。可见两大区域的土地利用以林地为主，其次为农用耕地，未利用土地所占比例都小于 10%。

（2）土地利用变化速度快

近年来，随着城镇化、工业化的进展，我国南方的土地利用变化迅速。区内土地利用总的变化趋势是耕地、林地、未利用土地大量减少，与之相对应的是城镇工矿居民地以及水域面积增加。

南方地区减少的林地，多为高覆盖度草地和郁闭度大于30%的天然林和人工林；边远贫困地区的林地减少明显，而发达地区森林资源得到了一定的保护；水域是各地类中面积增加较多的一类，绝大部分来自水田；建设用地的增加十分显著，主要占用了耕地和林地（周航等，2013）。

（3）土地使用不合理、土地质量下降、效益低

在现有土地中，土地生产潜力没有得到充分发挥，存在大量的低产田、中低产园地、中低产林地、中低产水面，还有大量的荒滩荒水没有得到有效的开发利用。农业种植结构不够完善、土地类型的比例关系不够合理，也是导致红壤农业生产力低的重要原因（赵其国等，2006）。

水土流失、土地经营不善是造成土地质量下降的主要原因。由于水土流失，致使不少耕地土体变薄、耕层变浅、砾石增多、土地沙化、土质变劣，肥力下降。另外，对土地的重用轻养，也是土地质量下降的重要因素。

南方地区土地不合理超强度利用，生产效益降低，粮食、油菜、花生、甘蔗等作物单产低于全国平均水平；园地平均单产只相当于全国平均水平的49.6%；林业用地的单位面积活立木蓄积量不足全国平均水平的一半；水面利用水平不高，大大低于全国平均水平。

（4）耕地中坡耕地多，水土流失严重

由于人口的增长以及原有耕地的减少，山区百姓对耕地需求强烈，被迫转向坡耕地开发。按照传统要求，坡度大于25°的坡地不能够开垦，但南方不少山区，山高坡陡，坡度小于25°的坡地很少，满足不了当地百姓的需要。在考察中发现，35°以上的坡地乃至于45°坡地也有的被开垦成为旱地。由于财力、物力的限制，水土保持措施跟不上，许多坡耕地都是在无任何水土保持措施或非常简陋的水土保持措施下耕种，水土流失十分严重（傅涛等，2001）。

2. 经济地位

南方地区具有多样化的自然条件，丰富的水、热、土地、生物和矿产资源，在我国农业和经济的持续发展中发挥着重要的作用，是我国具有战略意义的经济

区域。该区是粮、油、果、茶和木材的重要生产基地,粮食产量占全国的 1/3,水稻生产占全国的 3/4;该区也是我国重要的沿海、沿江和沿边开发、开放区,工商业发达,贸易、进出口等发展十分迅速,是经济增长异常活跃的地区之一。

农村产业结构的状况及其演变,可以反映农村经济的发展水平及其发展方向。南方地区各省(区、市)第一产业增加值占其国内生产总值的比重都比较小,只有海南省的比重超过了 20%,其余都小于 20%,特别是浙江、广东两省的比重分别只有 3.74% 和 4.03%(表 1 - 1 - 7)。广东、浙江、上海等多数省市第一产业人员占从业人员的比重都大于 40%。

表 1 - 1 - 7   南方地区各省(区、市)2017 年产业结构比例

区域	GDP 总产值（亿元）	产值（亿元）			产业结构（%）		
		第一产业	第二产业	第三产业	第一产业	第二产业	第三产业
全国	820754.30	62099.50	332742.70	425912.10	7.57	40.54	51.89
广东	89705.20	3611.41	38008.06	48085.73	4.03	42.37	53.60
浙江	51768.26	1933.92	22232.08	27602.26	3.74	42.95	53.32
福建	32182.09	2215.13	15354.29	14612.67	6.88	47.71	45.41
湖北	35478.09	3528.96	15441.75	16507.38	9.95	43.52	46.53
安徽	27018.00	2582.27	12838.28	11597.45	9.56	47.52	42.92
江西	20006.31	1835.26	9627.98	8543.07	9.17	48.12	42.70
湖南	33902.96	2998.40	14145.49	16759.07	8.84	41.72	49.43
海南	4462.54	962.84	996.35	2503.35	21.58	22.33	56.10
重庆	19500.27	1339.62	8596.61	9564.04	6.90	44.10	49.00
广西	20396.25	2896.27	9300.69	8199.29	14.20	45.60	40.20
贵州	13540.83	2020.78	5439.63	6080.42	14.90	40.20	44.90
江苏	85900.94	4076.70	38654.90	43169.04	4.70	45.00	50.30
上海	30133.86	98.99	9251.40	20783.47	0.30	30.70	69.00
四川	36980.22	4282.80	14294.00	18403.42	11.58	38.65	49.77
西藏	10920.09	1691.63	4291.95	4936.51	15.49	39.30	45.21
云南	16531.34	2310.73	6387.53	7833.08	13.98	38.64	47.38

数据来源:国家统计局 http://www.stats.gov.cn/。

南方地区区内经济发展水平的不平衡还体现在空间分布上。产业结构以工业为主导的地区主要分布在浙江、福建和广东等沿海省份,在湖北省武汉市周围也有少量分布;大部分地区是以农业为主导型,主要分布在内陆省份离省

会较远的地区,以及海南省的绝大部分地区。浙江、广东和福建等省的绝大多数地区实现了工业化,江西、安徽、湖南、海南等省则都还是以农业为主,几乎没有工业产值超过60%的地区;湖北省3种类型区分布相对较为均衡。

(二)人类活动对水土流失的主要影响方式

人类活动影响水土流失的最典型表现有:①水土流失的发展历史和发展程度与距居民点的距离成反比,即以居民点为中心,距居民点越近,山林破坏越大,水土流失历史越久,流失强度越高;丘陵区重于山区,低山重于高山,近山重于远山等。②早开发区重于迟开发区,居民点大而密集的地区重于居民点小而分散的地区,人口密度大的地区重于人口密度小的地区,交通方便地区重于交通不便地区,有工矿地区重于无工矿地区,砖瓦窑多的地区重于砖瓦窑少的地区。人类活动对南方红壤区水土流失产生的驱动因素归纳以下。

1.高密度人口压力

西晋、东晋、南宋、明、清时均有大规模的北人南迁事件发生,这加剧了南方地区人为活动,在一定程度上也加剧了水土流失。历代客家人移居集中的住地,如江西赣州地区、福建长汀地区和广东梅州地区都是水土流失较严重的地方。很多研究也表明,近几十年来土地退化最严重的地区多为人口增长速度较快、经济不够发达的低山丘陵地区。

水土流失治理前,人口剧增是导致南方地区严重水土流失问题的根源之一。由表1-1-8可以看出,人口仍将长期是南方资源和环境的一个巨大压力。原因在于:①农业生产方式和技术水平不发达,人们为满足基本的生存需要,不得不毁林开荒、陡坡开垦,破坏了原有植被,加之又缺乏水土保持措施,严重的水土流失就成为必然结果。②由于农村人口剧增,能源日益短缺,农民迫于

表1-1-8 南方地区2000—2018年人口增加情况

省(区、市)	2000年(万人)	2010年(万人)	2018年(万人)
海南	789	869	934
广东	8650	10441	11346
福建	3410	3693	3941
江西	4149	4462	4648
浙江	4680	5447	5737
湖南	6562	6570	6899
安徽	6093	5957	6324

省（区、市）	2000 年（万人）	2010 年（万人）	2018 年（万人）
湖北	5646	5728	5917
重庆	2849	2885	3102
广西	5226	5332	5659
贵州	3756	3479	3600
江苏	7327	7869	8051
上海	1609	2303	2424
四川	8329	8045	8341
西藏	258	300	344

数据来源：国家统计局 http://www.stats.gov.cn/。

生活所需,乱砍滥伐现象日益突出,加速了森林资源的破坏进程,也加大了水土流失的危险性。③由于人口剧增,教育资源跟不上,广大群众的文化水平低,环境保护意识低下,对有关的水土保持法律、法规观念薄弱,不利于水土流失的预防和治理。

2. 砍薪伐林

南方地区煤炭资源缺乏,其他能源发展也远远滞后,长期以来农户基本上是以单一薪柴作为能源。为了解决生活必需的燃料,农户不得不上山砍树、割草、铲草皮、挖草根等用做燃料,这是造成 20 世纪 90 年代以前南方植被受到严重破坏、造林成效低微、水土流失严重的一个重要原因。

在 20 世纪 80 年代,江西省兴国县全县 9 万多农户每年平均缺柴 4 个月,农村缺柴人口占全县总人口的 62.5%,林木砍伐量超过生长量的 2.32 倍。全县砍伐的 12.8 万 m^3 的木材中,80.5% 用做了燃料。全县当时每年需砍伐林地 0.8 万~1.0 万 hm^2,为同期造林面积的 1.5~1.8 倍。福建省安溪全县每年农民炊饭、烘制茶叶、烧制砖瓦需消耗薪柴 65.5 万 m^3。由于薪炭林的生长量远远满足不了薪柴的消耗量,导致乱砍滥伐,造成山地水土流失严重,兴国县和安溪县都成了全国闻名的水土流失严重地区。兴国县（表 1-1-9）1980 年有 22.4 万 hm^2 的山地,水土流失面积竟高达 84.8%,其中强度流失和剧烈流失面积占流失面积的 35.2%,曾被称为"江南沙漠";而安溪县有 6.67 万 hm^2 荒山,占全县水土流失总面积的 63.3%。

表 1-1-9　江西省兴国县 1996 年人口密度与水土流失面积的关系

人口密度(人/km²)	<100	100~150	150~200	200~250	250~300
流失面积(万 hm²)	5.04	3.14	1.71	0.96	1.8
强度以土流失面积(hm²)	282	153	171	585	1108

数据来源:水利部《中国水土流失防治与生态安全》南方红壤卷。

　　虽然自 20 世纪 90 年代起,南方地区在燃料、肥料、饲料三缺的地区,以燃料为突破口,通过推行节能灶、发展沼气池、广种速生薪炭林和调运煤炭、煤气、液化气等一系列措施,在降低水土流失方面取得了显著成效。但是,若按南方地区总农户数为 5650 万户计算,目前的沼气池利用率仅为 3.6%,水电开发率也仅为 28.3%~55.8%,平均为 36.4%,说明开发利用潜力还没有得到充分发挥。如果充分开发、推广,对缓解农村地区能源压力、保护植被资源不受破坏、进一步缓解水土流失,无疑将起到很大的作用(国家统计局,1980—2004)。

　　如果对目前南方农村能源消费构成进行分析,情况仍然不容乐观,虽然其他能源形式的比重在逐步提高,但是薪柴仍然是最重要的农村能源,近些年平均占全部能源的 30%~40%,表明农村能源仍是南方水土保持工作所面临的一个问题。考察发现,21 世纪初南方部分地区由于煤、电、气价格的上涨,如广东省气价涨幅为 17.5%,煤炭价格涨幅为 14.4%,电力价格涨幅为 2.4%,原油和成品油价格涨幅为 32.5%,一些贫困山区又出现了农户被迫重新上山砍薪的现象,这一潜在的危害性值得关注。

　　3. 不合理农业开发

　　根据资料,5°~15°土地面积占总土地面积的 21%,15°~25°占 30%,25°以上占 21%。而在耕地中,坡耕地比重较大。

　　坡耕地是在山区落后的生产力背景下,人口与资源矛盾冲突中出现的产物,坡耕地的开垦存在很大的盲目性,不合理的开垦利用甚至超强度的掠夺式经营,如贪多求快、急功近利、不按水土保持标准修筑山坡梯田,不仅无法获得稳定的经济效益,反而造成大面积的水土流失,这是导致南方低山丘陵地区严重水土流失的重要原因之一。

　　顺坡开垦现象在南方地区一直比较严重。由于人为松耕,坡耕地的土壤表层受到破坏,土壤颗粒多呈分散状态,黏结力下降,水土流失加剧,侵蚀类型以水力侵蚀为主,侵蚀形式表现为坡耕地的层状面蚀、沙砾化面蚀、细沟状面蚀等,地表径流量和土壤侵蚀量很高。一般坡耕地的水土流失比表土层没有受到破坏的自然裸露坡地要高10倍左右(傅涛等,2001)。陈良(2004)的观测研究表明,在同等降雨条件下,坡耕地的径流量是梯田的4.1倍,是封育的林草地的1.8倍;土壤侵蚀量是梯田的5.2倍,是封育的林草地的3.4倍。实地调查也发现,不同利用方式年均土壤流失厚度是:顺坡耕地22mm,草地13mm,疏林草地10mm,坡式梯田6mm,一般林地低于2~3mm。有关学者研究了江西典型红壤坡改梯后的水土保持效应,结果表明蓄水保土效益显著提高,蓄水效益高达67.6%,保土效益达85.0%以上(胡建民等,2005)。

根据《中华人民共和国水土保持法》规定,>25°的坡耕地必须退耕还林,>25°的坡耕地必须要有严格的水土保持措施。实地调查发现,一些坡度<15°以下的坡耕地,由于缺乏水土保持措施或水土保持措施不到位,水土流失也非常严重。坡耕地侵蚀不仅导致丧失大量表土,土壤结构变差,质地变粗,肥力退化和农业减产,更严重的是造成河流、水库淤积。南方坡耕地引起的水土流失形势一直非常严峻,急需治理。

4.高速开发建设

(1)城市及开发区建设

城市及开发区建设过程中引发的水土流失问题由来已久,城市开发一般是从平原地区开始,原无明显的侵蚀,但随着建设用地向岗地丘陵的扩展,原来的林草植被遭破坏,加上无序开发,大面积的松散堆积物裸露闲置,从而加剧了严重的水土流失。

开发区建设是20世纪90年代以来各地为招商引资、开发房地产而进行的一种大规模的土地开发行为,这种现象在沿海以及经济发达的城市地区尤为普遍,其面积已从以往的几平方千米发展到现在的动辄十几甚至二十几平方千米。根据资料的汇总,南方地区近2—3年来各类开发区数量最高时合计约3200个,其中,浙江省约730个、广东省约500个、江西省约140个、安徽省约330个、湖南省约230个、海南省约90个、福建省约140个、湖北省约230个。在这么多的开发区中,至少有1/3是处于开而不发的闲置状态。开发区建设造成的水土流失主要发生在开发平台,开发平台多数为推土或填土形成,初期由于土质疏松,在暴雨径流的作用下很容易发生水土流失,如果缺乏水土保持措施,侵蚀模数可达到10万$t/(km^2 \cdot a)$以上。在江西省的调查发现,全省兴建的

110 多个工业园区中,编制水土保持方案的不足三成;在已申报水土保持方案的园区中,有的并未按水保方案实施工程,造成的水土流失面积超过 400km²。在湖南省的调查发现,由于建设乡村公路和经济开发区以及矿产资源的开采,1991 年以来全省新增水土流失面积达 1200km²,并且以每年约 170km² 速度增长。

（2）交通建设

"要想富,先修路",随着经济社会的迅猛发展,南方地区交通建设发展也非常迅速,对用地的需求也非常高。根据国家统计局资料,2007—2017 年期间南方地区铁路里程由 0.282 万 km 增加到 0.496 万 km（表 1 - 1 - 10）。铁路和公路建设对自然环境的扰动很大,在建设过程中,施工会造成沿线大面积的裸露地表,特别是一些开挖边坡或堆积边坡,如果没有及时采取水土保持措施,会产生强烈的水土流失,变相增加了建设的成本（张松阳等,2002）。

表 1 - 1 - 10　南方地区各省（区、市）2007—2017 年铁路里程增长量

省（区、市）	铁路（万 km）	
	2007 年	2017 年
海南	0.004	0.001
广东	0.022	0.042
福建	0.016	0.032
浙江	0.013	0.026
江西	0.026	0.043
湖南	0.029	0.047
安徽	0.024	0.043
湖北	0.026	0.042
重庆	0.011	0.019
广西	0.029	0.051
贵州	0.015	0.028
江苏	0.015	0.027
上海	0.003	0.005
四川	0.030	0.044
西藏	0.003	0.008
云南	0.016	0.029
合计	0.282	0.486

数据来源:国家统计局 http://www.stats.gov.cn/。

一般认为,坡度为30°的山坡,开挖6m宽的公路后,斜坡坡度将增大至45°,每100km需要移动土石方量为123万 m³,这些移动后的土石渣比较疏松,堆放在山坡河谷旁,就成为水土流失的源地。福建省的情况表明,1949年以后因为公路建设导致被倒入河流的土石约3200万 m³;鹰厦线1957—1962年期间共发生塌方土石量约230万 m³;双湖公路寿宁段工程全长71km,征用土地面积1.1万 hm²,挖土石总量为234万 m³,预计增加水土流失面积0.745km²,增加侵蚀量1.71万 t,侵蚀模数达2.2万 t/(km²·a)。2000年建成的连接粤东和闽西地区的梅坎铁路全线长143km,施工土石方总数为8.6亿 m³,废弃土石方80万 m³,由于在建设过程中没有很好地重视水土保持,造成水土流失1.66万 hm²,给沿线生态环境带来一定的负面影响(张松阳,2002)。在一些偏僻的地区,乡村级道路建设基本没有考虑水土流失,造成了不可忽视的水土流失问题,这是小型水库泥沙淤积的重要原因。

　　(3)采矿、采石、取土

　　采矿、采石、取土等活动是南方地区最严重的一种人为水土流失类型。虽然无法准确统计出具体采矿、采石、取土场数量,但基本情况是遍地开花、规模不一,多位于接近交通干道的丘陵山地,开采过程中常需采用机械、爆破、人工等方法剥离表土,使原始地形地貌、植被、土壤等遭受整体性的扰动破坏,从而产生严重的水土流失。

　　根据研究资料,一面堆土边坡的侵蚀模数可达2万~3万 t/(km²·a),无序开发的土石料场则可高达10万 t/(km²·a),福建省每年因采石造成的水土流失面积达251km²。广东省由于基本建设项目超常规发展,每年石料需求量约为2.5亿万 m³,致使采石场数量迅速增加,最多时达1.2万家。由于发展速度过快、布局不合理、管理难以跟上,出现了乱采滥挖、破坏环境等问题,全省目前还有2375家采石场在运转,加上以前关闭的石场大部分没有复绿,影响环境景观、破坏生态环境的现象仍很突出。位于国家级风景名胜区广州白云山脚下的瑟窝采石场,遗留一个高约150m、横截壁面约4万 m²的废石场,其复绿投入估计要超过10万元;海口国家地质公园主要景区的马鞍岭火山口附近地区石山火山群一带,滥开乱挖火山岩石活动频繁,在石山、永兴一带的采石场至少有60家以上,开采时间长达10多年;江西抚州地区某县大量开采花岗石,全县兴办70~80家石材厂,90%以上是外商,无一向县水保部门报送防治水土流失方案,且开采手段基本上采取传统的通天放炮式,既浪费资源又造成水土流失,《中华人民共和国水土保持法》规定的补偿费、防治费更是无法收取。

5. 政策因素

南方地区以裸露的"红色沙漠""白沙岗"土地和侵蚀劣地为主要特征的严重退化土地,其形成历史至少已有数十年甚至百年。不可否认的是,1949年之后一系列的政策因素以及执行上出现的偏差,加剧了南方的水土流失。如20世纪50—70年代期间的"以粮为纲""向荒山、荒地要粮""大跃进""大炼钢铁""十年动乱"的特殊状态,各类水土保持政策形同虚设,水土保持工作几乎停滞,导致乱砍滥伐现象十分严重,加剧了水土流失。实行家庭联产承包责任制后,农民参与事关集体的水土流失治理积极性逐步降低,对自己承包的土地水土保持投入也减少了。改革开放后,经济建设迅速发展,但由于在一定程度上忽视了配套水土保持措施,诱发了大面积新的水土流失。农业产业结构政策调整后,在经济相对落后的水土流失地区,农户更注重外出打工或非农从业,对土地利用往往"粗放经营"和"重用轻养",对水土保持措施基本没有投入,土地水土保持效果变差。随着我国市场经济的建立与发展,涉及农业生产的基础要素如种子、化肥、农药价格在一定程度得到放开,呈现逐年上涨的趋势,而农产品价格却相对较低,农民实际种地收益长期停滞不前,甚至降低,其农业生产积极性和对水土保持工作的热心越来越差。"两工"取消后,发动广大农户采用"以工抵资"的方式参与水土流失治理失去了法律依据,加之尚没有找到合理的替代或补救措施,致使新时期的水土保持工作面临了前所未有的窘境。

(三) 典型人类活动诱发的水土流失问题

自然因素是水土流失发生的潜在因素,而不合理的人为活动则是产生水土流失的主导因素。

1. 植被破坏

在正常条件下,植被如果不受到外力的破坏,即使在50°~60°以上的极陡坡地和抗冲刷能力很弱的土壤上,在暴雨时也很少形成强水土流失。由于人类大量砍伐森林使植被覆盖率低,则径流系数增大,水土流失就强。

2. 过度放牧

由于过度放牧,草场资源严重退化,由此也引起了严重的水土流失。

3. 陡坡开荒

随着人口的增长,粮食的压力越来越大,以增加粮食为目的而开发陡坡所形成的坡耕地也造成了大量的水土流失。

4. 工程建设

随着全球经济的快速发展,各项工程建设活动日益增多,每年搬动岩土总量达 380 亿 t。工程活动因缺乏有效水土保护措施和存在不良行为等,经常导致或诱发崩塌、滑坡、泥石流等水土流失灾害。

第三节　水土流失演变规律

一、水土流失发展历程

(一)地质历史时期的自然侵蚀

在人类出现之前,地球表面一直受内、外营力的相互作用。在内营力作用下地表形成如高山、峡谷等起伏高差,而外营力则对其不断地加工改造,产生一系列剥蚀、搬运和沉积现象,降低了地表高差,缓解其起伏状况。两者彼此消长,互相依存,呈现既对立又统一的关系。

(二)西周以来人类农业活动造成的加速侵蚀

1. 西周以来

秦汉以前我国农业生产主要采用游耕方法,至西周时转为休耕方法,即通过土地的自然恢复解决地力耗竭的问题。战国时期,随着铁器工具的普遍使用及牛耕技术的推广,人类改造自然的能力增大。各诸侯国积极鼓励垦荒,使新垦耕地的面积不断增大,加之人口的增加,许多地方出现"土地狭小,民人众"的土地紧张局面。为提高土地利用率,同时保持土壤肥力,出现了多种补偿方法,包括粟后种麦或麦后种粟、豆的复种轮作制及人工施肥法等。为提高产量,还发展了自流灌溉和汲水灌溉农业。此时土地利用已经包括高地、平地、低洼地 3 种类型,但坡陀地和低洼地的开发主要在居民点附近。山林、薮泽主要是人们进行采集、渔猎的场所,大部分地区仍是地广人稀,土地紧张也主要是人们不愿到远离居民点的地区开垦土地。水土流失问题虽已显现,但尚不严重。

西汉是我国历史上人口第一次快速增长时期,人口增加近 10 倍。扩大土地开垦面积是我国历史上解决人口增长问题的主要手段。至汉武帝时北方农耕区基本格局已经建立,此后的 2000 年中,我国传统农耕区北界的位置基本稳定,只是随中原汉民族与周边少数民族势力的彼此消长而发生一定幅度的摆动,我国北方地区的耕地面积随社会战乱与稳定局面的交替而出现多次增减。

北方地区农业区的扩展,使一部分草地和林地受到破坏,加剧了自然侵蚀过程。在吕梁山以西、六盘山以东的黄土丘陵区,西汉时期的水土流失量已经比较大。《汉书·沟洫志》上曾有"泾水一石,其泥数斗""河水重浊,号为一石水而六斗泥"的记载,表明至少从西汉时起,黄河泥沙含量高的特点已经出现,黄土高原等北方地区农业开垦引起的水土流失已经较为明显。

对于东汉时期黄河流域的水土流失状况尚有不同的看法。

一种观点认为,从东汉时期开始,北方的游牧民族由于政治、经济等多方面的原因南迁而逐渐占据黄土高原,使前期被开垦的大部分耕地逐渐恢复成草原,土地利用方式也由农业转为牧业,草原植被得以恢复,降低了水土流失量,减少了流入黄河的泥沙量,黄河出现安流局面。

相反的观点认为,晋陕峡谷区畜牧业的发展不是减少水土流失,而是加剧了水土流失。原始的游牧对天然植被的破坏是造成东汉黄河下游水患频繁的主要原因。自公元前 220 至公元前 47 年的 173 年间,原始游牧对草坡的压力越来越大,天然植被完全没有休养生息和自行恢复的条件,水土流失越来越严重,导致东汉黄河水患严重,大水记载不绝于史。

2. 东汉至明清

南方水土流失发生发展的历程,可以追溯到东汉末年。南方地区水土流失加剧主要起因于人类对丘陵山地植被的破坏,开发的次序大体是从平原低地,到低山丘陵,再到深山地区。自夏商至秦汉 2000 多年期间,农业主要集中在黄河流域。西汉之时"江南地广,或火耕水耨,民食鱼稻"。自东汉后期至宋元时期,大批中原土民为避灾荒战乱,纷纷逃往南方,加上铁制农具的普遍使用,南方地区农田开辟扩大,山泽地逐步被开发(郭廷辅,2007)。移民开发破坏了南方低山丘陵地区植被,加剧水土流失。

　　从汉朝至唐、宋,每次战争都引起北方人民的大量南迁;到西晋末年以后,中原一带的人民南迁到长江中下游一带的就达 70 多万;唐朝安史之乱后和宋金对峙时期,北方人民纷纷南迁。据统计,在 1152 年南方人口为 1684 万人,到 1179 年时已达 2950 万人,人口增加了 75%,故宋朝以后,我国的政治、经济、文化重心转移到了南方。尽管在元、明、清朝时,政治重心又回到了北方,但经济和文化的重心依然在南方。这也可以从人口密度上得到印证。汉朝时关中地区的人口密度最高,达 200 人/km² 以上,其余地方也有 100 ~ 200 人/km²,而南方江浙一带,人口密度平均不到 10 人/km²,南方大部分地区都在 3 人/km² 以下;到隋唐时,南北人口之比为 3:7,唐天宝元年时南北人口之比上升到 5:6,明清时期南北人口之比便倒转为 6:4,可见我国历史上人口南迁是一种趋势。由于该区域人口急剧增加,相应的垦耕也大力发展,开始由人少地多变成耕地不足,人们开始大片砍伐森林,开垦土地,许多山间林木砍伐一空,辟为梯田。因此,从宋代开始,暴雨就明显地造成了水土流失,农民针对坡耕地的水土流失,为防止农田冲刷,就修建了大量的山间坡塘。福建先民早在宋代就创造了梯田、区田等既能保持水土又能增加产量的耕作技术,这些措施也很能说明当时的水土流失严重程度。到了明清以后,这种开山造田现象愈演愈烈。清代《泉州府志》记载"农者耕于地,今耕于山",《安溪县志》记载"田畴垅亩,多在崇山复岭之间""大雨旁流,无草木根底为障;土坠于溪,而壅几实矣"。可以看出,古人对破坏植被造成水土流失已有深切体会。

　　不仅如此,北方的许多旱地农作物如粟、麦等,也随着北方人到南方落户而在南方丘陵山区大量推广种植,这样对旱地的面积数量提出了一定的要求。此外,在唐宋元朝时期种茶的技术极其盛行,而南方红壤区正是茶叶的适宜地,得到了大规模开发与种植,此时的森林植被遭到破坏;唐宋时期造船业、冶炼业等工业也比较兴盛,致使商业采伐林木的现象日渐增多,造成了红壤区一定的水土流失。那时候尽管人口密度增加许多,但与现在相比还是比较小的,人为活动引起的水土流失面积小、强度不大,开垦还不可能达到破坏生态环境的地步,因此没有引起人们的足够重视。

　　南方红壤区在巨大的人口压力下,对山地的开发强度加大,其结果是一遇骤雨,泥沙奔泻而下,山上水土流失,山下淤积成灾。如在嘉庆十三年(1808年),徽州休宁乡绅方椿在谈到棚民开垦山地的"六大罪"中,有3条与山地开垦导致水土流失直接相关:一是沙泥随雨陡泻淤塞溪渠、田地以致频年歉收;二是沙泥导致干流河道淤积影响水运交通;三是泥沙阻碍导致洪水泛滥。至20世纪上半叶,我国社会动荡,战乱不断,经济衰退,水土保持措施废弛,水土流失进一步加剧。1840年以后,帝国主义大肆侵入中国,掠夺式地开采矿山、建筑铁路、建立工厂,造成了大量的弃土废渣,导致了较为严重的水土流失问题(万修琦等,2014)。

(三)近代以来人口剧增加速侵蚀急剧发展

在经历明清之际的人口减少后,清康熙至乾隆的期间是中国历史上人口的第二个快速增长期。在巨大的人口压力下,全国各地都加大了对山地的开发强度,尤其是适于山地种植的玉米、花生、番薯、马铃薯等外来旱地农作物在清中期普遍推广后,山地开发明显加速。一些地区"遍山漫谷,皆包谷矣",番薯"处处有之",而马铃薯的传入更使高寒山地成为种植区,致使大量陡坡旱地、山坡地、丘陵地被开发,水土流失加重。除毁林开荒外,伐木烧炭、经营木材、采矿冶炼也是森林破坏、水土流失加重的重要原因。同时清朝中叶到中华人民共和国成立前,属于"战乱"年代,社会动乱不安,民不聊生,各地军阀、商人大肆砍伐森林,牟取暴利,大片原始森林遭受破坏,造成了严重的水土流失,政府也无力治理水土流失,是红壤区水土流失较为严重的阶段(郭廷辅,2007)。

从中华人民共和国成立到20世纪70年代末,在这个阶段,曾经出现了"大炼钢铁""开发万宝山"等运动。在1958年"大跃进"期间,掀起"大炼钢铁""大办食堂"等热潮,乱砍滥伐之风盛行,森林遭到严重破坏,森林覆盖率急剧下降;在"以粮为纲"的号召下,有的地方提出"开垦开到山尖尖,种地种到水边边",导致陡坡开垦和围垦造田现象屡见不鲜。不仅如此,在1978年国家实行山林权下放政策,但由于管理体制未跟上,部分群众心存疑虑,导致先砍伐再栽种的现象发生,使森林再次遭到较大的破坏。该时期也是我国水土流失历史上又一个高峰期,水土流失面积从20世纪50年代初为10.6万 km² 增加到20万 km²以上,生态环境处在最差的时期。

(四)20 世纪 80 年代初至 90 年代中期

从20世纪80年代初到90年代中期,本阶段属于"一边治理,一边破坏"阶段。一方面,以小流域为单元的综合治理为重要标志,治理地区水土流失面积和强度都呈现减少和减弱趋势。据遥感调查,红壤区水土流失面积从 20 世纪 80 年代中期的 25 万 km^2 减少到 20 世纪 90 年代中期的 20 万 km^2,是水土流失治理恢复较为明显的阶段。另一方面,随着农村家庭联产承包责任制的落实,群众发展生产的热情空前高涨,在相应保护措施未能及时跟上的情况下,客观上又形成了开荒扩种的局面。南方诸多山林被毁,陡坡开荒,水土流失加剧。一些地方的水土保持设施遭到严重破坏,多年水土保持成果毁于一旦。各类开发建设活动强度加大,由此引发的水土流失问题也进一步突出。

在水土保持政策方面,国家也出台了相应的政策。如在 1980 年,水利部在山西省吉县召开了水土保持小流域综合治理座谈会,在全国示范推广,红壤区也不例外。从 1981 年 10 月开始,我国的各项工作进入逐步得到恢复并步入正轨的发展阶段,中央和各省把水土保持工作列入重要议事日程,红壤区许多省份的水土保持也随着水土保持机构的恢复得到了加强,一些省份开始恢复或成立水土保持机构,随后地区(市)和县的水土保持机构也相继成立,省级水土保持试验站也逐渐恢复成立。1982 年 6 月,国务院批准发布了《水土保持工作条例》,同年 8 月,全国第四次水土保持工作会议在北京召开。从 1983 年开始,水土流失普查工作在全国逐步推行,历时 3 年完成普查任务,在普查的过程当中,得到各省政府和有关部门的积极配合和支持。同年,经国务院批准,财政部拨专款,水利部根据各地水土流失的特点,在全国范围内启动了首批国家 8 片水土保持重点治理工程,即"八大片",江西兴国县就是其中的一片;1989 年,国家开始在长江上中游实施"长治"工程。在治理方面主要强调小流域综合治理,山水林田路统一规划,而且收到了明显的生态和社会效益,但是总体来说,这一治理模式经济效益差,资金回收速度慢,在管理上基本上还是国家投资,群众投劳,集体经营,亏盈不纠,治理成果难以得到巩固。依法防治水土流失、改善生态环境、发展小流域经济,得到一定的认可。最明显的标志是 1991 年 6 月 29 日,第七届全国人大常委会第 20 次会议通过并颁布实施的《中华人民共和国水土保持法》,是我国水土保持事业发展史上的重要里程碑,标志着水土保持工作逐渐走上法制化的轨道。1992 年,全国第一次水土保持预防监督工作会议后,各省加强了预防监督工作,市县两级的监督机构逐步健全完善。许多地方利用水土保持经费进行开发性治理,治理速度明显加快,治理效益,特别是经济效益明显,它很快形成了示范区并辐射到周围区域,在水土流失防治的认识和实践上有所突破,同年,国务院也召开第五次全国水土保持工作会议。1993 年,国务院印发《关于加强水土保持工作的通知》并批准实施《全国水土保持规划纲要》。

(五)20 世纪 90 年代中期至 21 世纪初

该阶段红壤区水土保持与生态环境建设进入了前所未有的快速发展时期。国家制订了生态环境建设规划和水土保持规划,启动实施了"退耕还林、退牧还草、能源替代、生态移民"等一大批有利于生态改善的工程,同时逐步增加了对水土保持投入。但是,在经济快速发展的同时,各类工程建设和矿产资源开发以前所未有的规模和速度在进行,其强度空前巨大,开发与保护的矛盾十分突出,人为水土流失仍呈不断加剧的趋势。二者相互作用的结果就是:水土流失面积和强度呈平衡状态,在局部地区水土流失有加剧迹象。从遥感监测的结果可以看出,水土流失面积从 1996 年的 19.99 万 km^2 减少到 2002 年的 19.57 万 km^2,减少的幅度很小。但是,在该阶段我国的水土保持管理机构却上了一个新台阶,在 1994 年,国务院在机构改革中批准水利部专门成立了水土保持司。1997 年,国务院召开全国第六次水土保持工作会议,是年 9 月,江泽民总书记关于"治理水土流失,改善生态环境,建设秀美山川"重要批示发表;1998—2000 年间国务院先后批准实施了《全国生态环境建设规划》和《全国生态环境保护纲要》,这些正确政策的制订和执行,使红壤区水土保持进入了全面健康发展的新阶段(郭廷辅,2007)。

在以人为本、落实科学发展观的影响下,生态安全问题日益引起人们的重视。随着社会各界对水土保持工作的认识水平不断提高,水土流失的危害性被大家所了解,水土保持投入得到大幅增加,重点治理范围扩大,治理步伐迅速加快。水土保持工作如何适应新的形势和要求,给水土保持工作提出了更高的要求。随着"三个代表"重要思想和科学发展观的不断深入,特别是生态文明理念的学习,逐渐统一了认识,以人为本,全面、协调、可持续的发展,既适合于经济社会的发展,也同样适合于水土保持工作,应该成为新时期水土保持工作的根本指导思想。水土保持工作应着眼于生态环境的改善,着力于改善群众的生产生活条件。在重点治理项目安排中,把解决群众的燃料问题作为重要的内容,改变了以往用行政手段进行"封、禁、查、罚"的做法,把引入优质牧草种植,以"草—牧—沼"和"猪—沼—果"等多种生态治理模式为推广重点,并作为调整农业结构、建设小康社会和新农村的有效途径之一。

(六)21 世纪初至今

进入 21 世纪,我国全面建成小康社会进入了决战阶段,绿色发展成为主基调。生态文明建设是重中之重,生态兴国、"两山"理论和"山水林田湖草是生命共同体"的生态理念贯穿始终,体现了以人为本、人与自然和谐为核心的绿色发展理念。其中水土保持被融入生态环境建设当中,成为生态环境建设和修复的牛鼻子,只有治理好水土流失才能使生态环境更加优美,让美丽环境成为人民生活质量的增长点。自 1999 年时任福建省委副书记、代省长习近平到长汀考察了水土保持工作,并在 2000 年对长汀水土保持工作做出批示,到 2011 年对《人民日报》有关长汀水土流失治理的报道做出重要批示,到 2012 年做出"进则全胜,不进则退"的重要批示,"长汀经验"和"长汀模式"逐渐在全国推广。随后国务院在 2015 年批准了《全国水土保持规划(2015—2030 年)》,标志着我国水土保持进入了新时代。2018 年水利部党组明确了新时代水利改革发展的总思路为"监管强手段,治理补短板"。进一步提高社会公众对水土保持的关注程度,并全面步入法制化轨道。为实现建设美丽中国的发展目标,水土保持是山水林田湖草共同体的重要组成部分,水土保持率也是美丽中国评价体系中的重要指标之一。2020 年《山水林田湖草生态保护修复工程指南(试行)》的颁布,为科学开展一体化保护和修复提供指引。现代化建设要提供更多优质生态产品以满足人民日益增长的优美生态环境的需要,还自然以宁静、和谐和美丽是新时代的标志。从全国水土保持动态监测结果看,我国水土流失面积从 2011 年的 294.93 万 km² 减少到 2018 年的 273.69 万 km²,减少了 21.23 万 km²,生态环境得到了进一步的修复,强度以上的水土流失面积呈现快速下降趋势,生态环境进一步好转。随着时间的推移,人们的美好生活对水土保持工作提出更高的要求与期望,水土保持是绿色生态发展的前提。

二、水土流失现状

(一)水土流失状况

南方地区包括广东、浙江、福建、湖北、安徽、江西、湖南、海南、重庆、广西、贵州、江苏、上海、四川、云南、西藏和港澳台地区,土地总面积为390.34万km²,占全国总土地面积41.57%。因缺少台湾数据,因此除台湾外的南方地区总土地面积为386.72万km²,该区域2018年共有土壤侵蚀面积593626km²,占总土地面积的15.35%,其中轻度侵蚀面积362718km²,中度侵蚀面积114578km²,强烈和极强烈侵蚀面积116330km²,分别占土壤侵蚀总面积的61.1%、19.3%和19.6%。区域内土壤侵蚀以轻度侵蚀为主(表1-1-11)。

表1-1-11 南方地区水土流失现状

类别		土壤侵蚀模数 [t/(km²·a)]	侵蚀面积 (km²)	占侵蚀总面积 比例(%)
各级侵蚀 面积	轻度	500~2500	362718	61.1
	中度	2500~5000	114578	19.3
	强烈及以上	≥5000	116330	19.6
	合计		593626	100

数据来源:全国水土保持动态监测成果。

(二)省级水土流失面积与强度分布

按省级行政划分来看,各省均有不同程度的水土流失分布。表1-1-12从土壤侵蚀面积占各省境内土地总面积的比例来看,江西、湖北、湖南、广西、重庆、四川、贵州、云南等8省(区、市)侵蚀面积占比在15.00%以上,土壤侵蚀程度较为严重。尤其是重庆市,侵蚀面积为25801km²,占土地总面积的比例高达31.32%。

表1-1-12 南方地区各省(区、市)土壤侵蚀现状

省 (区、市)	侵蚀面积 (km²)	占土地总 面积比例 (%)	各级侵蚀强度的面积及比例					
			轻度		中度		强烈及以上	
			面积(km²)	比例(%)	面积(km²)	比例(%)	面积(km²)	比例(%)
江西	26527	15.88	14896	56.22	7588	28.52	4043	15.26
浙江	9907	9.51	6929	69.94	2060	20.79	918	9.27
福建	12181	9.82	6655	54.63	3215	26.39	2311	18.97
安徽	13899	9.96	6925	49.82	4207	30.27	2767	19.91
湖北	36903	19.85	20732	56.18	10272	27.84	5899	15.99
湖南	32288	15.24	19615	60.75	8687	26.90	3986	12.35
广东	21305	11.86	8886	41.71	6925	32.50	5494	25.79

省 (区、市)	侵蚀面积 (km²)	占土地总 面积比例 (%)	各级侵蚀强度的面积及比例					
			轻度		中度		强烈及以上	
			面积(km²)	比例(%)	面积(km²)	比例(%)	面积(km²)	比例(%)
海南	2116	5.98	1171	55.34	666	31.47	279	13.19
广西	50537	21.35	22633	44.79	14395	28.48	13509	26.73
上海	4	0.06	2	50.00	2	50.00	0	0.00
江苏	3177	2.96	2068	65.09	595	18.73	514	16.18
重庆	25801	31.32	18323	71.02	3634	14.08	3844	14.90
四川	112946	22.22	78820	68.77	15583	14.26	18543	16.97
贵州	48268	27.40	29115	60.32	8442	17.49	10711	22.19
云南	103390	26.24	63299	61.22	15619	15.11	24472	23.17
西藏	94377	4.92	62649	77.76	12688	12.50	19040	9.74

数据来源：全国水土保持动态监测成果。

从侵蚀强度来看，各省（区、市）均以轻、中度侵蚀为主，尤其是浙江和西藏，轻度和中度侵蚀面积占比达90.00%以上。统计强烈及以上的侵蚀面积，广西、广东2省（区）的强烈及以上侵蚀面积占全省（区）侵蚀面积的比例分别为26.73%、25.79%，说明这2个省（区）境内局部土壤侵蚀明显恶化；福建、湖北、江苏、江西和湖南5省的强烈及以上侵蚀面积占比在12.00%~19.00%；西藏、浙江和上海3省（市）区的强烈及以上侵蚀面积均在10.00%以下，强烈及以上土壤侵蚀程度相对较轻，上海市几乎不存在强烈及以上土壤侵蚀。

（三）县市级的水土流失分布特征

从县域尺度分析南方地区的水土流失现状发现：江苏、上海、安徽、浙江和福建等省（市）的各县（市、区）土壤侵蚀面积较小，大多县（区、市）在100km²以下；广西、湖南、江西和广东等省（区）的大部分县（市、区）侵蚀面积较大，在400km²以上，部分县（市、区）超过800km²。从各级侵蚀强度面积占比（／县总面积）来看，湖南和江西两省的南部轻度侵蚀比例较高，超过20.00%；广西、江西、皖西、湘西和湘南各县（市、区）中度侵蚀比例较高；广西、江西、浙江、粤西和粤东沿海多数县（市、区）强烈侵蚀比例大于3.00%；广西、粤西和赣东的山地丘陵区各县（市、区）极强烈侵蚀比例较大；广西、浙江、福建和广东东部沿海区各县（市、区）的剧烈侵蚀较明显（梁音等，2009）。

总结宏观的水土流失分布,本区中的广西、赣南山地丘陵区、湘西山地丘陵区、湘赣丘陵区、浙闽东部沿海山区、粤西粤东山地丘陵区和皖西皖南丘陵山地区,是水土流失较为严重的区域,也是我国典型的水土流失区。

三、水土流失变化

南方地区从 2002 年到 2018 年,土壤侵蚀面积共减少了 22.1 万 km²,减幅超过 41%(表 1-1-13)。从省级行政分布来看,各省水土流失面积的演变趋势各不相同。江西、浙江、福建、安徽、湖北、湖南、江苏、重庆、四川、西藏、云南共 11 个省(区、市)土壤侵蚀面积呈减少态势,其中西藏的土壤侵蚀面积减幅最大,其余广东、海南、广西和贵州等 4 个省(区)的土壤侵蚀面积有增加趋势(中国水土保持 2018 年公报,江苏省水土保持 2018 年公报)。

表 1-1-13 南方地区 2002—2018 年的土壤侵蚀变化

省(区、市)	土壤侵蚀面积(km²)		侵蚀面积变化(km²)
	2002 年	2018 年	
江西	35106	26527	−8579
浙江	18323	9907	−8416
福建	14919	12181	−2738
安徽	18775	13899	−4876
湖北	60843	36903	−23940
湖南	40394	32288	−8106
广东	11010	21305	10295
海南	547	2116	1569
广西	10373	50537	40164
上海	0	4	4
江苏	4105	3177	−928
重庆	52040	30661	−21379
四川	156521	25801	−130720
贵州	73179	112946	39767
西藏	112637	48268	−64369
云南	142562	103390	−39172
合计	751334	529910	−221424

资料来源:全国水土保持动态监测成果。

第四节 水土流失分区及特征

一、分区的目的与意义

水土流失分区的基础是土壤侵蚀分区。所谓水土流失分区就是根据土壤侵蚀的成因、类型、强度在一定区域内的相似性和区域间的差异性所做出的地域划分，即一级区、二级区等，并以图的形式表现出来，使人们对区域水土流失态势空间分异与治理措施空间布设有一个清晰的了解和印象。同样，水土流失分区的目的，是为了指导水土保持措施，根据分区图，可以确定水土流失治理和开发的主攻方向，并为水土保持规划提供科学依据。同时，水土流失分区还是生态环境修复和建设的基础，也是建设和开发现代社会人与环境友好和谐发展的蓝图。南方红壤区（南方山地丘陵区）地域辽阔，区域总面积 124 万 km² 左右，自然生态环境和经济社会存在明显的地域差异，土壤侵蚀过程及其后果，以及侵蚀环境的修复措施也迥然不同。实践证明，水土保持是丘陵山区发展的生命线，是国土整治和江河治理的根本，是国民经济和社会持续发展的基础，为此水土流失分区有着重要的现实意义（水土保持规划，2015）。

二、分区系统

《尚书·禹贡》中把我国划分为 9 个自然地理区，并对这 9 个区的自然地理情况和部分经济地理作了描述，这是中国最早的一个自然区划。中国的综合自然地理区划主要是在新中国成立后才全面开始的，与此同时，地貌、土壤侵蚀等的区划工作也相继进行。朱显谟教授 1958 年根据黄河中游土壤侵蚀研究结果，提出了土壤侵蚀 5 级区划系统，即：①侵蚀地带，②侵蚀区带，③侵蚀复区，④侵蚀区，⑤侵蚀分区。在 1982 年出版的《中国水土保持概论》中，将中国划分为 3 大水土流失类型区，即以水力侵蚀为主的类型区、以风力侵蚀为主的类型区和以冻融侵蚀为主的类型区。在以水力侵蚀为主的类型区中又划分出6个二级类型区：西北黄土高原区、东北低山丘陵与漫岗丘陵区、北方山地丘陵区、南方山地丘陵区、四川盆地及周围山地丘陵区、云贵高原区。这个分区方案和分区图，为进一步编制全国土壤侵蚀区划提供了重要的基础资料。

在水利部颁布的《全国水土保持区划》（办水保〔2012〕512号文）中，根据地势海拔、水热指标等自然条件，将我国划分为8个一级总体格局区，详见表1-1-14。可以看出：南方红壤区归属于山地丘陵地形和水力侵蚀为主的类型区中的一个一级区，称为南方红壤丘陵区（代码为Ⅴ）。在一级区中，又根据优势地貌特征、水土流失特点、植被区带分布特征等，进一步划分二级区域协调区；在二级区中，从区域水土流失防治需求、项目实施管理和防治措施体系确定的角度出发，划定三级基本功能区。考虑到南方红壤丘陵区的特点，根据区域内自然环境因素、土地利用特征、社会经济条件和水土保持目标等要素，在全国一级区划分的基础上（详见表1-1-15），南方红壤区的水土流失分区，再细分为9个二级分区，32个三级分区。本节所有数据均来源于《中国水土保持区划》。

表1-1-14　全国水土保持区划一级分区

一级区名称	土地面积（10000km²）	占国土总面积比（%）	水土流失面积（10000km²）	占水土流失总面积比（%）
东北黑土区	109	11.5	25.3	8.6
北方风沙区	239	25.2	142.6	48.4
北方土石山区	81	8.5	19.0	6.4
西北黄土高原区	56	5.9	23.5	8.0
南方红壤区	124	13.1	16.0	5.4
西南紫色土区	51	5.4	16.2	5.5
西南岩溶区	70	7.4	20.4	6.9
青藏高原区	219	23.1	31.9	10.8

我国南方地区主要包括南方红壤区、西南紫色土区、西南岩溶区、青藏高原区的部分。

表 1 - 1 - 15　南方地区水土保持区划

一级区编码 及名称	二级区编码 及名称	三级区编码 及名称
V 南方红壤区（南方山地丘陵区）	V-1 江淮丘陵及下游平原区	V-1-1ns 江淮下游平原农田防护水质维护区
		V-1-2nt 江淮丘陵岗地农田防护保土区
		V-1-3rs 浙沪平原人居环境维护水质维护区
		V-1-4hr 太湖丘陵平原水源涵养人居环境维护区
		V-1-5nr 沿江丘陵岗地农田防护人居环境维护区
	V-2 大别山－桐柏山山地丘陵区	V-2-1ht 桐柏山大别山山地丘陵水源涵养保土区
		V-2-2tn 南阳盆地及大洪山丘陵保土农田防护区
	V-3 长江中游丘陵平原区	V-3-1nr 江汉平原及周边丘陵农田防护人居环境维护区
		V-3-2ns 洞庭湖丘陵平原农田防护水质维护区
	V-4 江南山地丘陵区	V-4-1ws 浙皖低山丘陵生态维护水质维护区
		V-4-2rt 浙赣低山丘陵人居环境维护保土区
		V-4-3ns 鄱阳湖平原岗地农田防护水质维护区
		V-4-4tw 幕阜山九岭山山地丘陵保土生态维护区
		V-4-5t 赣中丘陵土壤保持区
		V-4-6tr 湘中丘陵保土人居环境维护区
		V-4-7tw 湘西南山地保土生态维护区
		V-4-8t 赣南山地土壤保持区
	V-5 浙闽山地丘陵区	V-5-1sr 浙东山地岛屿水质维护人居环境维护区
		V-5-2tw 浙西南山地丘陵保土生态维护区
		V-5-3ts 闽东北山地丘陵保土水质维护区
		V-5-4wz 闽西北山地丘陵生态维护减灾区
		V-5-5rs 闽东南沿海丘陵平原人居环境维护水质维护区
		V-5-6tw 闽西南山地丘陵保土生态维护区
	V-6 南岭山地丘陵区	V-6-1ht 南岭山地水源涵养保土区
		V-6-2th 岭南山地丘陵保土水源涵养区
		V-6-3t 桂中低山丘陵土壤保持区
	V-7 南方沿海丘陵台地区	V-7-1r 南方沿海丘陵台地人居环境维护区
	V-8 海南及南海诸岛丘陵台地区	V-8-1r 海南沿海丘陵台地及南海诸岛人居环境维护区
		V-8-2h 琼中山地水源涵养区
		V-8-3w 三沙生态维护区
	V-9 台湾山地丘陵区	V-9-1zr 台西山地平原减灾人居环境维护区
		V-9-2zw 花东山地减灾生态维护区

一级区编码 及名称	二级区编码 及名称	三级区编码 及名称
Ⅵ西南紫色土区（四川盆地及周围山地丘陵区）	Ⅵ-1 秦巴山山地区	Ⅵ-1-1st 丹江口水库周边山地丘陵水质维护保土区
		Ⅵ-1-3tz 陇南山地保土减灾区
		Ⅵ-1-4tw 大巴山山地保土生态维护区
	Ⅵ-2 武陵山山地丘陵区	Ⅵ-2-1ht 鄂渝山地水源涵养保护区
		Ⅵ-2-2ht 湘西北山地低山丘陵水源涵养保土区
	Ⅵ-3 川渝山地丘陵区	Ⅵ-3-1tr 川渝平行岭谷山地保土人居环境维护区
		Ⅵ-3-2tr 四川盆地北中部山地丘陵保土人居环境维护区
		Ⅵ-3-3zw 龙门山峨眉山山地减灾生态维护区
		Ⅵ-3-4t 四川盆地南部中低丘土壤保持区
Ⅶ西南岩溶区（云贵高原区）	Ⅶ-1 滇黔桂山地丘陵区	Ⅶ-1-1t 黔中山地土壤保持区
		Ⅶ-1-2tx 滇黔川高原山地保土蓄水区
		Ⅶ-1-3h 黔桂山地水源涵养区
		Ⅶ-1-4xt 滇黔桂峰丛洼地蓄水保土区
	Ⅶ-2 滇北及川西南高山峡谷区	Ⅶ-2-1tz 川西南高山峡谷保土减灾区
		Ⅶ-2-2xj 滇北中低山蓄水拦沙区
		Ⅶ-2-3w 滇西北中高山生态维护区
		Ⅶ-2-4tr 滇东高原保土人居环境维护区
	Ⅶ-3 滇西南山地区	Ⅶ-3-1w 滇西中低山宽谷生态维护区
		Ⅶ-3-2tz 滇西南中低山保土减灾区
		Ⅶ-3-3w 滇南中低山宽谷生态维护区
Ⅷ青藏高原区	Ⅷ-2 若尔盖-江河源高原山地区	Ⅷ-2-1wh 若尔盖高原生态维护水源涵养区
		Ⅷ-2-2wh 三江黄河源山地生态维护水源涵养区
	Ⅷ-3 羌塘-藏西南高原区	Ⅷ-3-1w 羌塘藏北高原生态维护区
		Ⅷ-3-2wf 藏西南高原山地生态维护防沙区
	Ⅷ-4 藏东-川西高山峡谷区	Ⅷ-4-1wh 川西高原高山峡谷生态维护水源涵养区
		Ⅷ-4-2wh 藏东高山峡谷生态维护水源涵养区
	Ⅷ-5 雅鲁藏布河谷及藏南山地区	Ⅷ-5-1w 藏东南高山峡谷生态维护区
		Ⅷ-5-2n 西藏高原中部高山河谷农田防护区
		Ⅷ-5-3w 藏南高原山地生态维护区

三、分区原则

根据上述分析,在划分三级类型区时,必须坚持区内相似性和区间差异性原则、主导因素原则和水土保持主导功能原则,同时必须保证区域连续性和行政边界完整性原则。

（一）区内相似性和区间差异性原则

水土保持区划在考虑自然地理、气候条件和人类活动特点等关键因素的基础上，综合把握区域自然社会条件、水土流失特点等特征，保持各分区水土保持功能、生产发展方向与防治措施布局基本一致性，突出区内的相似性和区间的差异性。

（二）主导因素原则

水土保持区划具有人与自然的双重性，区划中不仅要考虑水土流失因素，还要考虑导致水土流失的上层因素的分异规律。水土保持区划的影响因子众多，以主导因素为主要划分因子进行区划，能反映区域水土保持的本质。

（三）水土保持主导功能原则

水土保持功能主要体现在区域单元内生态环境特点和水土保持设施所发挥或蕴藏的有利于保护水土资源、防灾减灾、改善生态、促进经济社会发展等方面的作用。水土保持主导功能定位是水土保持三级区划的基础，是确立区域水土保持方向的关键。

（四）区域连续性和行政边界完整性原则

水土保持各个分区必须保持完整、连续，在地域上相邻，在空间上不可重复。考虑到我国水土流失的综合防治与水土资源的开发利用均是在行政区范围内决策和实施，为便于分区成果的应用、管理和后续规划，应注重保持行政边界基本完整。

四、分区方案

（一）南方红壤区

以大别山为北屏，巴山、巫山为西障，西南以云贵高原为界，包括湘西、桂西，东南直抵海域并包括台湾、海南岛及南海诸岛；包含 15 个省（区、市）：浙江、上海、江西、福建、广东、海南、湖北、湖南、广西、江苏、安徽、河南及香港、澳门、台湾，涉及 880 个县（市、区）。依据上述分区原则，以地势海拔、气候条件为基础，地貌类型和水土流失类型及强度为骨干，辅以社会经济情况，将南方红壤区进一步划分为9个二级区和32个三级区。

（二）西南紫色土区（四川盆地及周围山地丘陵区）

是以石灰岩母质及土状物为优势地面组成物质的区域,位于秦岭以南、青藏高原以东、云贵高原以北、武夷山以西地区,总面积51万 km²,主要分布有横断山山地、云贵高原,涉及重庆、四川、甘肃、河南、湖北、陕西和湖南7省(市),其中涉及南方地区4省(市)。

（三）西南岩溶区（云贵高原区）

是以石灰岩母质及土状物为优势地面组成物质的区域,位于横断山脉以东,四川盆地以南,雪峰山及桂西以西广大地区,主要分布有横断山山地、云贵高原、桂西山地丘陵等,总面积约70万 km²。涉及四川、贵州、云南和广西4省(区)共274个县(市、区),包括3个二级区,11个三级区。

（四）青藏高原区

是以高原草甸土为优势地面组成物质的区域,位于昆仑山—阿尔金山以南,四川盆地以西的高原地区,主要分布有祁连山、唐古拉山、巴颜喀拉山、横断山脉、喜马拉雅山、柴达木盆地、藏北高原、青海高原、藏南谷地,总面积约219万 km²,涉及西藏、甘肃、青海、四川和云南5省(区),其中南方地区包括3省(区)的136个县(市、区)(全国水土保持规划编制工作小组,2015)。

水土保持分区命名是以地理方位和水土流失发生的主要地貌类型为基础的复合命名。其中,一级分区采用"大尺度区位或自然地理单元 + 优势地面组成物质或岩性"和"大尺度区位或自然地理单元 + 地貌类型组合"作为辅助命名(赵岩等,2013),采用罗马数字编码方式,南方红壤区的代码为V;二级分区采用"区域地理位置 + 优势地貌类型"方式命名,南方红壤二级区为V + 阿拉伯数字编码方式;三级分区采用"地理位置 + 地貌类型 + 水土保持主导功能"方式命名,南方红壤三级区为V + 阿拉伯数字 + 阿拉伯数字和主导功能符号的编码方式。水土保持主导功能包括:水源涵养(h)、土壤保持(保土,t)、蓄水保水(蓄水,x)、防风固沙(防沙,f)、生态维护(w)、农田防护(n)、水质维护(s)、防灾减灾(减灾,z)、拦沙减沙(拦沙,j)、人居环境维护(r)(王治国等,2016)。

表1-1-16 南方红壤水土流失三级区所辖行政范围

分区	行政范围	
	省(区、市)	涉及的县(市、区)(共计880个)
V-1-1ns	上海市	崇明县
	江苏省	楚州区、洪泽县、金湖县、广陵区、邗江区、维扬区、仪征市、宝应县、高邮市、江都市、亭湖区、盐都区、东台市、大丰市、阜宁县、射阳县、建湖县、崇川区(含南通市富民港办事处)、港闸区、通州区、启东市、如皋市、海门市、海安县、如东县、海陵区、高港区、兴化市、靖江市、泰兴市、姜堰市
V-1-2nt	江苏省	盱眙县
	安徽省	瑶海区、庐阳区、蜀山区、包河区、长丰县、肥东县、肥西县、巢湖市、庐江县、大通区、田家庵区、谢家集区、八公山区、琅琊区、南谯区、天长市、明光市、来安县、全椒县、定远县、凤阳县、桐城市、含山县、寿县、禹会区、蚌山区、龙子湖区
V-1-3rs	上海市	黄浦区、徐汇区、长宁区、静安区、普陀区、闸北区、虹口区、杨浦区、闵行区、宝山区、嘉定区、浦东新区、金山区、松江区、青浦区、奉贤区
	浙江省	南湖区、秀洲区、海宁市、平湖市、桐乡市、嘉善县、海盐县、南浔区
V-1-4sr	江苏省	天宁区、钟楼区、戚墅堰区、新北区、武进区、溧阳市、金坛市、沧浪区、平江区、金阊区、虎丘区、吴中区、相城区、苏州市工业园区、常熟市、张家港市、昆山市、吴江市、太仓市、崇安区、南长区、北塘区、锡山区、惠山区、滨湖区、江阴市、宜兴市
V-1-5nr	江苏省	玄武区、白下区、秦淮区、建邺区、鼓楼区、下关区、浦口区、栖霞区、雨花台区、江宁区、六合区、溧水县、高淳县、京口区、润州区、丹徒区、丹阳市、扬中市、句容市
	安徽省	镜湖区、弋江区、鸠江区、三山区、芜湖县、无为县、花山区、雨山区、博望区、当涂县、和县、铜官山区、狮子山区、郊区、铜陵县、迎江区、大观区、宜秀区、枞阳县、宿松县、望江县、怀宁县、郎溪县
V-2-1ht	安徽省	潜山县、太湖县、岳西县、金安区、裕安区、舒城县、金寨县、霍山县、霍邱县
	河南省	浉河区、平桥区、罗山县、光山县、新县、商城县、固始县、潢川县、桐柏县
	湖北省	大悟县、安陆市、新洲区、曾都区、广水市、红安县、罗田县、英山县、麻城市、浠水县、蕲春县、黄梅县、武穴市、黄州区、团风县、随县

续表

分区	行政范围	
	省(区、市)	涉及的县(市、区)(共计880个)
V-2-2tn	湖北省	京山县、钟祥市、襄城区、樊城区、襄州区、老河口市、枣阳市、宜城市
V-3-1nr	湖北省	江岸区、江汉区、硚口区、汉阳区、武昌区、青山区、洪山区、东西湖区、汉南区、蔡甸区、江夏区、黄陂区、新洲区、黄石港区、西塞山区、下陆区、铁山区、枝江市、猇亭区、梁子湖区、鄂城区、华容区、掇刀区、沙洋县、孝南区、孝昌县、云梦县、应城市、汉川市、沙市区、荆州区、江陵县、监利县、洪湖市、仙桃市、潜江市、天门市
V-3-2ms	湖北省	公安县、石首市、松滋市
	湖南省	岳阳楼区、云溪区、君山区、岳阳县、华容县、湘阴县、汨罗市、临湘市、武陵区、鼎城区、安乡县、汉寿县、澧县、临澧县、津市市、资阳区、赫山区、南县、沅江市
V-4-1ws	安徽省	屯溪区、黄山区、徽州区、歙县、休宁县、黟县、祁门县、贵池区、东至县、石台县、青阳县、南陵县、繁昌县、宣州区、广德县、泾县、绩溪县、旌德县、宁国市
V-4-2rt	江西省	信州区、上饶县、广丰县、玉山县、铅山县、横峰县、弋阳县、婺源县、德兴市、贵溪市、昌江区、珠山区、浮梁县、乐平市
	浙江省	萧山区、滨江区、越城区、柯桥区、上虞区、新昌县、诸暨市、嵊州市、婺城区、金东区、浦江县、兰溪市、义乌市、东阳市、永康市、柯城区、衢江区、常山县、龙游县、江山市
V-4-3ns	江西省	东湖区、西湖区、青云谱区、湾里区、青山湖区、南昌县、新建县、安义县、进贤县、庐山区、浔阳区、共青城市、九江县、永修县、德安县、星子县、都昌县、湖口县、彭泽县、月湖区、余江县、东乡县、余干县、鄱阳县、万年县
V-4-4tw	湖北省	通城县、崇阳县、通山县、咸安区、嘉鱼县、赤壁市、阳新县、大冶市
	江西省	武宁县、修水县、瑞昌市、奉新县、宜丰县、靖安县、铜鼓县
V-4-5t	江西省	安源区、湘东区、上栗县、芦溪县、渝水区、分宜县、袁州区、万载县、上高县、丰城市、樟树市、高安市、临川区、南城县、黎川县、南丰县、崇仁县、乐安县、宜黄县、金溪县、资溪县、吉州区、青原区、吉安县、吉水县、峡江县、新干县、永丰县、泰和县、安福县

分区	行政范围	
	省（区、市）	涉及的县（市、区）（共计880个）
V-4-6tr	湖南省	芙蓉区、天心区、岳麓区、开福区、雨花区、长沙县、望城区、宁乡县、浏阳市、荷塘区、芦淞区、石峰区、天元区、株洲县、攸县、茶陵县、醴陵市、雨湖区、岳塘区、湘潭县、湘乡市、韶山市、珠晖区、雁峰区、石鼓区、蒸湘区、南岳区、衡阳县、衡南县、衡山县、衡东县、祁东县、耒阳市、常宁市、平江县、桃江县、安化县、苏仙区、永兴县、安仁县、娄底市娄星区、双峰县、新化县、冷水江市、涟源市、双清区、大祥区、北塔区、邵东县、新邵县、邵阳县、隆回县、新宁县、武冈市、冷水滩区、祁阳县、东安县、零陵区、大祥区
V-4-7tw	湖南省	鹤城区、中方县、沅陵县、辰溪县、溆浦县、会同县、麻阳苗族自治县、芷江侗族自治县、靖州苗族侗族自治县、通道侗族自治县、新晃侗族自治县、洪江市、洞口县、绥宁县、城步苗族自治县、桃源县、泸溪县
V-4-8t	江西省	章贡区、赣县区、信丰县、宁都县、于都县、兴国县、会昌县、石城县、瑞金市、南康市、广昌县、万安县
V-5-1sr	浙江省	海曙区、江东区、江北区、北仑区、镇海区、鄞州区、慈溪市、余姚市、奉化市、象山县、宁海县、定海区、普陀区、嵊泗县、岱山县、椒江区、路桥区、黄岩区、三门县、临海市、温岭市、玉环县、瓯海区、龙湾区、鹿城区、乐清市、洞头县、瑞安市、平阳县、苍南县
V-5-2tw	浙江省	莲都区、松阳县、云和县、龙泉市、遂昌县、景宁畲族自治县、庆元县、青田县、缙云县、磐安县、武义县、永嘉县、文成县、泰顺县、仙居县、天台县
V-5-3ts	福建省	蕉城区、寿宁县、福鼎市、福安市、柘荣县、霞浦县、罗源县、连江县
V-5-4wz	福建省	闽清县、永泰县、延平区、武夷山市、光泽县、邵武市、顺昌县、浦城县、松溪县、政和县、建瓯市、建阳市、梅列区、三元区、将乐县、泰宁县、建宁县、沙县、尤溪县、明溪县、周宁县、古田县、屏南县
V-5-5rs	福建省	鼓楼区、台江区、仓山区、马尾区、晋安区、闽侯县、长乐市、福清市、平潭县、城厢区、涵江区、荔城区、秀屿区、鲤城区、丰泽区、洛江区、泉港区、惠安县、南安市、晋江市、石狮市、金门县、思明区、海沧区、湖里区、集美区、同安区、翔安区、芗城区、龙文区、漳浦县、云霄县、东山县、龙海市
V-5-6tw	福建省	新罗区、长汀县、武平县、永定县、漳平市、连城县、上杭县、宁化县、清流县、永安市、大田县、仙游县、德化县、永春县、安溪县、长泰县、诏安县、南靖县、华安县、平和县

分区	行政范围	
	省（区、市）	涉及的县（市、区）（共计880个）
V-6-1ht	湖南省	宜章县、北湖区、桂阳县、嘉禾县、临武县、汝城县、桂东县、资兴市、炎陵县、双牌县、道县、江永县、宁远县、蓝山县、新田县、江华瑶族自治县
	广东省	韶关市武江区、韶关市浈江区、韶关市曲江区、始兴县、仁化县、翁源县、乳源瑶族自治县、乐昌市、南雄市、阳山县、连山壮族瑶族自治县、连南瑶族自治县、英德市、连州市
	广西壮族自治区	秀峰区、叠彩区、象山区、七星区、雁山区、阳朔县、临桂县、永福县、灵川县、龙胜各族自治县、恭城瑶族自治县、全州县、兴安县、资源县、灌阳县、荔浦县、平乐县、金秀瑶族自治县、富川瑶族自治县
	江西省	大余县、上犹县、崇义县、莲花县、遂川县、井冈山市、永新县
V-6-2th	江西省	安远县、龙南县、定南县、全南县、寻乌县
	广东省	博罗县、龙门县、梅江区、梅县、大埔县、丰顺县、五华县、兴宁市、平远县、蕉岭县、陆河县、揭西县、源城区、紫金县、龙川县、连平县、和平县、东源县、新丰县、清城区、佛冈县、清新县、广宁县、怀集县、封开县、德庆县、端州区、鼎湖区、四会市、从化市、阳春市、信宜市、郁南县、罗定市、云城区、新兴县、云安县
	广西壮族自治区	八步区、昭平县、钟山县、平桂管理区、万秀区、蝶山区、长洲区、苍梧县、藤县、蒙山县、岑溪市、桂平市、平南县、容县、兴业县、北流市
V-6-3t	广西壮族自治区	港南区、港北区、覃塘区、合山市、武宣县、来宾市兴宾区、象州县、横县、武鸣县、上林县、宾阳县、城中区、鱼峰区、柳南区、柳北区、柳江县、柳城县、鹿寨县
V-7-1r	广东省	龙湖区、金平区、濠江区、潮阳区、澄海区、南澳县、湘桥区、潮安县、饶平县、榕城区、揭东县、惠来县、普宁市、城区、海丰县、陆丰市、惠城区、惠阳区、惠东县、荔湾区、越秀区、海珠区、天河区、白云区、黄埔区、番禺区、花都区、南沙区、萝岗区、增城市、罗湖区、福田区、南山区、宝安区、龙岗区、盐田区、禅城区、南海区、顺德区、三水区、高明区、蓬江区、江海区、新会区、台山市、开平市、鹤山市、恩平市、香洲区、金湾区、斗门区、江城区、阳西县、阳东县、茂南区、茂港区、电白县、高州市、化州市、赤坎区、霞山区、麻章区、坡头区、遂溪县、徐闻县、廉江市、雷州市、高要市、吴川市、东莞市、中山市
	广西壮族自治区	青秀区、良庆区、兴宁区、江南区、西乡塘区、邕宁区、海城区、银海区、铁山港区、合浦县、防城区、港口区、东兴市、上思县、钦南区、钦北区、灵山县、浦北县、玉州区、陆川县、博白县、福绵管理区

续表

分区	行政范围	
	省（区、市）	涉及的县（市、区）（共计880个）
	香港特别行政区	/
	澳门特别行政区	/
Ⅴ-8-1r	海南省	龙华区、美兰区、秀英区、琼山区、三亚市、琼海市、儋州市、文昌市、万宁市、定安县、澄迈县、临高县、陵水黎族自治县
Ⅴ-8-2h	海南省	五指山市、屯昌县、白沙黎族自治县、保亭黎族苗族自治县、琼中黎族苗族自治县、昌江黎族自治县、乐东黎族自治县、东方市
Ⅴ-8-3w	海南省	三沙市
Ⅴ-9-1zr	台湾省	台北市、新北市、基隆市、桃园县、新竹市、新竹县、苗栗县、台中市、彰化县、云林县、嘉义市、嘉义县、台南市、高雄市、屏东县、宜兰县、南投县、连江县、金门县、澎湖县
Ⅴ-9-2zw	台湾省	台东县、花莲县

表1-1-17　西南紫色土区（仅包含南方地区）三级区所辖行政范围

分区	行政范围	
	省（区、市）	涉及的县（市、区）（仅南方地区）
Ⅵ-1-1st	湖北省	茅箭区、张湾区、郧县、郧西县、丹江口市
Ⅵ-1-3tz	四川省	九寨沟县
Ⅵ-1-4tw	四川省	利州区、朝天区、青川县，旺苍县、市南江县、通江县，达州市万源市
	重庆市	城口县、巫山县、巫溪县、奉节县、云阳县
	湖北省	竹山县、竹溪县、房县、谷城县、南漳县、保康县、夷陵区、远安县、兴山县、秭归县、当阳市，神农架林区、东宝区、巴东县
Ⅵ-2-1ht	湖北省	宜昌市西陵区、伍家岗区、点军区、宜都市、长阳土家族自治县、五峰土家族自治县、恩施市、利川市、建始市、宣恩县、来凤县、鹤峰县、咸丰县
	重庆市	黔江区、武隆县、石柱土家族自治县、酉阳土家族苗族自治县、彭水苗族土家族自治县、秀山土家族苗族自治县
Ⅵ-2-2ht	湖南省	石门县，永定区、武陵源区、慈利县、桑植县、花垣县、保靖县、永顺县、吉首市、凤凰县、古丈县、龙山县

分区	行政范围	
	省（区、市）	涉及的县（市、区）（仅南方地区）
Ⅵ-3-1tr	四川省	通川区、达州区、宣汉县、开江县、大竹县、渠县、邻水县、华蓥市
	重庆市	万州区、涪陵区、渝中区、大渡口区、江北区、沙坪坝区、九龙坡区、南岸区、北碚区、渝北区、巴南区、长寿区、梁平县、丰都县、垫江县、忠县、开县、南川区、綦江区
Ⅵ-3-2tr	四川省	金堂县、青白江区、锦江区、青羊区、金牛区、武侯区、成华区、新都区、郫县、温江区、涪城区、游仙区、三台县、盐亭县、梓潼县、中江县、旌阳区、罗江县、广汉市、顺庆区、高坪区、嘉陵区、南部县、营山县、蓬安县、仪陇县、西充县、阆中市、船山区、安居区、蓬溪县、射洪县、大英县、广安区、岳池县、武胜县、巴州区、平昌县、元坝区、剑阁县、苍溪县
Ⅵ-3-3zw	四川省	汶川县、茂县、安县、北川羌族自治县、平武县、江油市、什邡市、绵竹市、大邑县、都江堰市、彭州市、邛崃市、崇州市、雨城区、名山县、荥经县、天全县、芦山县、宝兴县、汉源县、石棉县、金口河区、沐川县、峨眉山市、峨边彝族自治县、马边彝族自治县、屏山县、洪雅县
Ⅵ-3-4t	四川省	翠屏区、宜宾县、南溪县、江安县、长宁县、高县、蒲江县、龙泉驿区、双流县、新津县、丹棱县、东坡区、彭山县、青神县、雁江区、安岳县、乐至县、简阳市、市中区、沙湾区、五通桥区、犍为县、井研县、夹江县、江阳区、纳溪区、龙马潭区、泸县、合江县、自流井区、贡井区、大安区、沿滩区、荣县、富顺县、市中区、东兴区、威远县、资中县、隆昌县、仁寿县
	重庆市	大足区、荣昌县、璧山县、江津区、永川区、合川区、潼南县、铜梁县

表 1-1-18　西南岩溶区三级区所辖行政范围

分区	行政范围	
	省（区、市）	涉及的县（市、区）（仅南方地区）
Ⅶ-1-1t	贵州省	南明区、云岩区、花溪区、乌当区、白云区、小河区、开阳县、息烽县、修文县、清镇市、红花岗区、汇川区、遵义县、绥阳县、凤冈县、湄潭县、余庆县、正安县、道真仡佬族苗族自治县、务川仡佬族苗族自治县、西秀区、平坝县、普定县、镇宁布依族苗族自治县、紫云苗族布依族自治县、福泉市、贵定县、瓮安县、长顺县、龙里县、惠水县、都匀市、铜仁市、江口县、玉屏侗族自治县、石阡县、万山区、思南县、印江土家族苗族自治县、德江县、沿河土家族自治县、松桃苗族自治县、黄平县、施秉县、三穗县、镇远县、岑巩县、麻江县、凯里市

分区	行政范围	
	省（区、市）	涉及的县（市、区）（仅南方地区）
VII-1-2tx	云南省	宜良县、石林彝族自治县、麒麟区、马龙县、陆良县、师宗县、罗平县、富源县、沾益县、宣威市、红塔区、江川县、华宁县、通海县、澄江县、峨山彝族自治县、个旧市、开远市、蒙自县、建水县、石屏县、弥勒县、泸西县、镇雄县、彝良县、威信县
	四川省	叙永县、古蔺县、珙县、筠连县、兴文县
	贵州省	钟山区、六枝特区、水城县、盘县、桐梓县、习水县、赤水市、仁怀市、关岭布依族苗族自治县、兴仁县、晴隆县、贞丰县、普安县、威宁彝族回族苗族自治县、赫章县、毕节市、大方县、黔西县、金沙县、织金县、纳雍
VII-1-3h	贵州省	三都水族自治县、荔波县、独山县、天柱县、锦屏县、剑河县、台江县、黎平县、榕江县、从江县、雷山县、丹寨县
	广西壮族自治区	融安县、融水苗族自治县、三江侗族自治县
VII-1-4xt	广西壮族自治区	德保县、靖西县、那坡县、凌云县、乐业县、田林县、西林县、隆林各族自治县、右江区、田阳县、田东县、平果县、南丹县、天峨县、凤山县、东兰县、巴马瑶族自治县、金城江区、罗城仫佬族自治县、环江毛南族自治县、都安瑶族自治县、大化瑶族自治县、田阳县、宜州市、隆安县、马山县、忻城县、大新县、天等县、龙州县、凭祥市、宁明县、江州区、扶绥县
	贵州省	兴义市、望谟县、册亨县、安龙县、罗甸县、平塘县
	云南省	文山县、砚山县、西畴县、麻栗坡县、马关县、广南县、富宁县、丘北县
VII-2-1tz	四川省	西区、东区、仁和区、米易县、盐边县、西昌市、盐源县、德昌县、普格县、金阳县、昭觉县、喜德县、冕宁县、越西县、甘洛县、美姑县、布拖县、雷波县、宁南县、会东县、会理县
VII-2-2xj	云南省	东川区、禄劝彝族苗族自治县、昭阳区、鲁甸县、盐津县、大关县、永善县、绥江县、水富县、巧家县、会泽县、永胜县、华坪县、宁蒗彝族自治县、永仁县、元谋县、武定县
VII-2-3w	云南省	古城区、玉龙纳西族自治县、泸水县、兰坪白族普米族自治县、剑川县、漾濞彝族自治县、巍山彝族回族自治县、永平县、云龙县、洱源县、鹤庆县
VII-2-4tr	云南省	五华区、盘龙区、官渡区、西山区、呈贡县、晋宁县、富民县、嵩明县、寻甸回族彝族自治县、安宁市、大姚县、楚雄市、牟定县、南华县、姚安县、禄丰县、宾川县、大理市、祥云县、弥渡县、易门县
VII-3-1w	云南省	腾冲县、瑞丽市、潞西市、梁河县、盈江县、陇川县

分区	行政范围	
	省（区、市）	涉及的县（市、区）（仅南方地区）
Ⅶ-3-2tz	云南省	临翔区、凤庆县、云县、永德县、镇康县、双江拉祜族佤族布朗族傣族自治县、耿马傣族佤族自治县、沧源佤族自治县、隆阳区、施甸县、龙陵县、昌宁县、南涧彝族自治县、景谷傣族彝族自治县、景东彝族自治县、镇沅彝族哈尼族拉祜族自治县、墨江哈尼族自治县、宁洱哈尼族彝族自治县、孟连傣族拉祜族佤族自治县、澜沧拉祜族自治县、西盟佤族自治县、元江哈尼族彝族傣族自治县、新平彝族傣族自治县、双柏县、元阳县、红河县、金平苗族瑶族傣族自治县、绿春县、屏边苗族自治县、河口瑶族自治县
Ⅶ-3-3w	云南省	思茅区、江城哈尼族彝族自治县、景洪市、勐海县、勐腊县

表 1-1-19　青藏高原区三级区所辖行政范围

分区	行政范围	
	省（区、市）	涉及的县（市、区）（仅南方地区）
Ⅷ-2-1wh	四川省	阿坝县、若尔盖县、红原县
Ⅷ-2-2wh	四川省	石渠县
Ⅷ-3-1w	西藏自治区	安多县、申扎县、班戈县、尼玛县、当雄县、日土县、革吉县、改则县
Ⅷ-3-2wf	西藏自治区	仲巴县、普兰县、札达县、噶尔县、措勤县
Ⅷ-4-1wh	四川省	理县、松潘县、金川县、小金县、黑水县、马尔康县、壤塘县、康定县、丹巴县、九龙县、雅江县、道孚县、炉霍县、甘孜县、新龙县、德格县、白玉县、色达县、理塘县、巴塘县、乡城县、稻城县、得荣县、泸定县、木里藏族自治县
Ⅷ-4-2wh	云南省	福贡县、贡山独龙族怒族自治县、香格里拉县、德钦县、维西傈僳族自治县
	西藏自治区	昌都县、江达县、贡觉县、类乌齐县、丁青县、察雅县、八宿县、左贡县、芒康县、洛隆县、边坝县、比如县、索县、嘉黎县
Ⅷ-5-1w	西藏自治区	隆子县、错那县、林芝县、米林县、墨脱县、波密县、朗县、工布江达县、察隅县
Ⅷ-5-2n	西藏自治区	城关区、林周县、尼木县、曲水县、堆龙德庆县、达孜县、墨竹工卡县、乃东县、扎囊县、贡嘎县、桑日县、琼结县、曲松县、加查县、日喀则市、南木林县、江孜县、萨迦县、拉孜县、白朗县、仁布县、昂仁县、谢通门县、萨嘎县
Ⅷ-5-3w	西藏自治区	措美县、洛扎县、浪卡子县、定日县、康马县、定结县、亚东县、吉隆县、聂拉木县、岗巴县

五、分区概述

(一)V-1 江淮丘陵及下游平原区

江淮丘陵及长江下游平原区东临黄海、东海,南靠杭州湾—浙北与皖南山区一线,西接大别山区,北连华北平原。行政区划涉及江苏、安徽、浙江、上海4个省(市),共154个县(市、区),辖区面积13.05万 km²。该区地势总体低平,地形以平原为主,局部地区有山地、丘陵、岗地。平原主要有江淮下游的沿江、滨海沙土、江北冲积平原,太湖周边的苏南、浙北水网平原等,山丘岗地主要分布在西侧江淮上游地区,南侧太湖周边地区,有江淮、沿江丘陵及太湖周边丘陵区,高程多在海拔300m以内(吴淞高程,下同)。区内气候温和、四季分明、降雨充沛、空气湿润,是典型的亚热带季风气候区。地带性植被为落叶阔叶、常绿阔叶混交林,天然植被通常被人工植被和农田植被所替代。该区地理位置优越,水陆交通便捷,分布有重要的粮、棉、油生产基地,东南部长三角地区是我国人口密度、城市化率、社会经济发展水平最高的区域之一。据各省最新的水土流失遥感调查统计,该区自然水土流失面积约7528.0km²,占区域总面积的5.77%,以轻、中度为主,主要分布在山地与丘陵岗地。由于区内人口密度高,经济活动频繁,人为水土流失比较严重(周航等,2013)。

(二)V-2 大别山—桐柏山山地丘陵区

该区在中国中部地区,桐柏山和大别山沿线山地丘陵区,地处鄂、豫、皖3省交界处,共52个县(市、区),总面积约5.58万 km²。该区属于北亚热带向暖温带过渡地带,多年平均气温13.2～15.7℃,无霜期180～220d,日照时间1990～2650h,≥10℃年积温4500～5500℃,年平均降水量800～1400mm。该区地形复杂,地貌类型以山地丘陵为主,海拔200～1000m;母质大部分以花岗岩、片麻岩为主,易风化,抗蚀性差;土壤以黄棕壤和水稻土为主;地带性植被为落叶阔叶混交林;位于长江与淮河的分水岭,区内有江河支流与大型水库。该区农业发达,是重要的粮、棉、油、烟集中生产区。水土流失以轻度、中度水蚀为主,局部有强烈和极强烈水蚀。水土流失主要分布在岗丘坡耕地和"四荒"地。

(三)V-3 长江中游丘陵平原区

该区位于湖北省南部和湖南省北部,行政区划涉及58个县(市、区),总面积约 6.58 万 km²。区内属于北亚热带季风气候,多年平均气温 16.2℃,全年无霜期 256d,多年平均日照时间 1967h,≥10℃年积温 4700~5600℃,年平均降水量约 1136mm。该区地貌类型以冲积平原为主,地势由西北向东南微倾,平均海拔 35~50m;成土母质主要有变质岩、砂岩、页岩和花岗岩,土壤类型主要有水稻土、黄棕壤和潮土等;植被类型以常绿阔叶、落叶阔叶混交林为主;主要河流有汉江、泾河、天门河等长江支流。水土流失以轻度、中度水蚀为主,局部有强烈水蚀。水土流失主要分布在疏幼林、缓坡耕地以及湿地区。

(四)V-4 江南山地丘陵区

该区北起长江以南、南到南岭;西起云贵高原、东至东南沿海,包括幕阜山、罗霄山、黄山、武夷山等。主要岩性为花岗岩类、碎屑岩类;主要土壤为红壤、黄壤、水稻土等。行政区划涉及 226 个县(市、区),总面积约 36.52 万 km²。区内属于亚热带季风气候,该区地貌类型以土石山为主,含有丘陵和剥蚀地貌,湖冲积击平原;植被类型以常绿阔叶林为主。该区是中国重要的农业区之一,矿产资源种类多,林业、水力等资源也较丰富。水土流失以轻度、中度水蚀为主,局部有强烈水蚀。

(五)V-5 浙闽山地丘陵区

浙闽山地丘陵区地处我国东南沿海,濒临东海和南海,土地总面积 1.72×10^5 km²。该区属于亚热带季风气候,四季分明,雨量丰沛,区内多年平均气温 18~20℃,≥10℃积温为 4500~6500℃,多年平均降水量为 1400~2200mm,年平均日照时数为 1700~2400h,无霜期为 260~354d,最大风速 24.0~52.3m/s。该区地势由内陆山区向沿海地区倾斜,地貌类型以低山丘陵为主,内陆大部分为山地丘陵区,沿海地带分布有低平的冲积平原。成土母岩主要有火山砾岩、变质岩、花岗岩等。土壤类型多样,地带性土壤主要有红壤和黄壤,还分布有粗骨土、水稻土、潮土、滨海盐土等类型。植被种类繁多,生长旺盛,地带性植被主要有亚热带常绿阔叶林、针叶林、针阔混交林等。地表水资源总体较为丰富,但水资源时空分布不均。

该区主要涉及福建全省,浙江省的宁波市、温州市、金华市、舟山市、台州市和丽水市。涉及 15 市,130 个县(市、区)。总人口 5803.57 万,人口密度 337 人/km²,农作物播种面积 2332.91km²。2009 年国内生产总值 23206.52 亿元,人均 GDP 为 39987 元,其中农林牧渔业产值 1763. 69 亿元,占该区 GDP 的 7. 6%。该区地方财政年收入总计为 984. 17 亿元。区域发展实行分类指导,合理调整和优化产业布局,大力推进产业带建设,趋向于区域、城乡共同发展(周航等,2013)。

(六)V-6 南岭山地丘陵区

该区地处湘南、广西、广东以及江西南部,行政区划涉及 132 个县(市、区),总面积约 25. 82 万 km²。区内属于中亚热带季风性气候,成土母质为花岗岩、流纹岩类风化物、紫色和紫红色砂岩风化物、红土及冲积、湖积物,土壤类型主要为红壤、黄壤、水稻土、石灰土;植被类型为常绿阔叶林。该区山多林广,对农业发展不利,但是水力资源丰富,亦是有色金属矿产重要分布带。水土流失以轻度、中度水蚀为主,局部有强烈水蚀,并有石漠化和崩岗分布。水土流失主要分布在坡耕地、石漠化、崩岗和炼山造林区。

(七)V-7 南方沿海丘陵台地区

该区位于粤东、粤西沿海,珠江三角洲及北部湾沿海地区,行政区划涉及广东汕头、潮州、惠州、广州、深圳、佛山、江门、珠海、茂名、湛江及广西南宁、北海、钦州等市的 91 个县(市、区)和香港、澳门 2 个特别行政区,总面积约 10. 78 万 km²。区内属于南亚热带季风雨林气候,多年平均气温 21 ~ 23℃,全年无霜期大于 326d,≥10℃年积温 7000 ~ 8300℃,年平均降水量 1600 ~ 2000mm。该区地貌类型由沿海冲积平原、丘陵台地、山地组成,平均海拔 168m;成土母质为碎屑岩、花岗岩和沉积物,土壤类型主要为赤红壤和水稻土;植被类型为常绿阔叶林、常绿季雨林、北热带雨林、热性竹林、热性灌丛和红树林;区内有珠江三角洲河网、韩江、榕江、漠阳江、鉴江、南流江等。区域内土地垦殖率 0. 20,人口密度 641 人/km²。该区是中国重要的制造业基地、服务业基地和信息交流中心,是经济全球化的主体区域。水土流失以轻度到强烈水蚀为主,局部有极强烈水蚀,并有崩岗分布。水土流失主要分布在崩岗和经济建设区。水土流失面积 14637km²,占土地总面积的 14. 5%。

(八)V-8 海南及南海诸岛丘陵台地区

该区地处海南岛、南中国海,辖西沙群岛、中沙群岛、南沙群岛及其海域。行政区划涉及 22 个县(市、区)。区内属于热带季风气候,该区地貌类型主要为海蚀堆积台地,成土母质为花岗岩、玄武岩和沉积物,土壤类型主要为砖红壤、赤红壤和水稻土;植被类型为热带雨林、季雨林。水土流失主要分布在坡耕地、沟蚀、崩岗、林下地区,以及沟岸塌陷、扩张。

(九) V-9 台湾山地丘陵区

该区地处台湾省,行政区划涉及 21 个县(市、区),总面积约 3.58 万 km²。区内属于中亚热带季风海洋性气候,多年平均气温 21~23℃,年平均日照时数 1400~2400h,≥10℃ 年积温 3800~7500℃,年平均降水量 1700~3500mm。该区地貌类型主要以山地平原为主;土壤类型主要为红壤和黄壤;植被类型为常绿阔叶林、热带雨林、季雨林。该区有特色茶叶经济作物,香蕉、椰子等大宗果树。水土流失以微度、轻度水蚀为主,局部有中度水蚀。

(十) VI-1 秦巴山山地区

该区位于秦岭东段、甘肃省东南部以及大巴山地区。全区地势向东南倾斜,地貌类型以中低山为主。属北亚热带半湿润季风气候,降雨时空分布不均,该区成土母质主要为第三纪红砂岩、石灰岩、紫色砂岩的风化物,以及近代的冲积物与洪积物。植被类型以亚热带常绿阔叶林、亚热带山地常绿落叶阔叶混交林为主,植物垂直分异明显。

(十一) VI-2 武陵山山地丘陵区

该区位于武陵山山地丘陵区、大巴山向江汉平原过渡带,土地总面积 7.58 万 km²。该区地质构造上属复背斜结构。地貌类型属武陵山地中低山地貌,山高坡陡,高低悬殊。该区属亚热带季风湿润气候,全年冷暖分明,日照充足,雨水丰沛,降雨时空分布极不均匀。土壤类型以黄壤、黄棕壤和红壤为主。植被资源丰富、不仅有常绿、落叶阔叶林,而且从低山到高山分布着多种针叶与阔叶树种。

(十二) VI-3 川渝山地丘陵区

该区主要位于四川盆地、成都平原以及龙门山和峨眉山山地丘陵区,土地总面积 14.96 万 km²。地貌主要由丘陵和低山构成,总的趋势是西北低东南高。该区大部分为山岭,属中亚热带湿润季风气候区,该区雾多,湿度大,降雨充沛。土壤类型以紫色土为主,地带性植被为常绿阔叶林,亚热带针叶林广为分布,垂直性分布明显。该区以水力侵蚀为主,还存在崩塌、滑坡等重力侵蚀和泥石流混合侵蚀等类型,主要表现为面蚀和沟蚀。

(十三)Ⅶ-1 滇黔桂山地丘陵区

该区主要位于云南和贵州,土地总面积 38.07 万 km²。该区地质构造比较简单,地层平缓。地貌主要以高原面低山丘陵地貌为主,气候属中亚热带季风气候。该区成土母质主要是碳酸盐,土壤以黄壤、石灰土为主。该区主要植被类型为亚热带针叶林、热带亚热带常绿和落叶阔叶灌丛。水土流失主要发生在山丘地带,表现为面蚀,石漠化现象严重。

(十四)Ⅶ-2 滇北及川西南高山峡谷区

该区位于云南北部以及四川的西南部,土地总面积 17.31 万 km²。该区地貌类型以高山峡谷为主,有少量宽缓地分布,高山、深谷、丘陵、平原和盆地相互交错。该区属亚热带季风气候,干雨季分明,高温干旱。土壤类型以红壤为主,植被以亚热带常绿阔叶、落叶阔叶混交林为主,植物种类丰富。土壤侵蚀类型以水力侵蚀为主,其次为重力侵蚀。土壤岩性松脆、抗蚀性低,容易形成水土流失和山洪灾害。

(十五)Ⅶ-3 滇西南山地区

该区位于云南西南部,土地总面积 14.40 万 km²。该区地貌类型主要为中低山宽谷盆地,气候属南亚热带季风气候,是冷热变化不明显的静风区,夏热多雨,冬暖干旱,该区土壤以赤红壤、红壤为主,植被类型以亚热带落叶阔叶林为主。该区水热条件丰富,适于植物的生长,但地面组成物质较松散,降雨量大且集中,导致沟蚀严重。该区土壤在高湿多雨的气候下易风化,遇水易分解,抗冲抗蚀能力差,水土流失严重。

(十六)Ⅷ-1 若尔盖—江河源高原山地区

该区位于青藏高原中部以及东北部,土地面积 42.44 万 km²。该区特征地貌为中起伏、大起伏山地、高平原、丘陵和沼泽,气候类型为大陆性高原寒温带湿润、半湿润气候,土壤类型以黑毡土为主,区域内植被良好,草木生长茂盛,植被类型以高原高寒草甸、草原和亚高山落叶阔叶灌丛为主。该区土壤侵蚀类型为水蚀和风蚀。

(十七)Ⅷ-2 羌塘—藏西南高原区

该区位于青藏高原西北部以及雅鲁藏布江、朗钦藏布以及森格藏布等河流的上游,土地总面积 67.76 万 km²。该区为西藏最寒冷干燥地区;土壤类型中寒钙土占绝对优势;植被类型主要为高寒草原植被。

(十八)Ⅷ-3 藏东—川西高山峡谷区

该区位于青藏高原东南部、四川省西部,土地总面积 35.22 万 km²。地貌以高山峡谷为主,属大陆性季风高原气候,气温较低,温差大,降雨量少而集中;土壤类型以黑毡土和草毡土为主,该区森林资源丰富,植被类型以高山革质常绿落叶灌丛和高原山地寒温性针叶林、常绿阔叶林为主。

(十九)Ⅷ-4 雅鲁藏布河谷及藏南山地区

该区位于雅鲁藏布江中下游、青藏高原中部以及南部,土地总面积 24.92 万 km²。该区地貌类型主要为极大起伏山地、大起伏山地;气候属温带高原湿润半湿润气候;土壤类型主要为草毡土、黄壤、暗棕壤、黑毡土等;植被类型主要为河谷灌丛、山地针阔叶混交林、高山草甸等(全国水土保持规划,2015)。

第二章

南方地区水土
保持理论基础
与功能

第一节　水土保持理论基础

　　水土保持学的显著特征是应用性、交叉性、综合性,在长期的生产实践中,水土保持学伴随、融合其支撑学科的发展而发展,综合各类要素、各种单元、各样措施,统筹兼顾、整体施策、系统防治。在不同的发展阶段和历史时代,水土保持肩负着不同的任务和使命,与之相应的社会定位和时代角色也相异,为了更好地服务和指导新时代水土保持工作和生态环境建设,本章特地精选了水土保持相关的理论基础,包含可持续发展理论、生态文明理论、山水林田湖草生命共同体理论、恢复生态学理论、"两山"理念等。可持续发展理论是经济、社会和生态三个方面可持续性的和谐统一,经济发展是条件、社会持续是目标、生态持续是基础,其为水土保持提供了理论支撑。生态文明理论包括生态理念、生态行为、生态制度以及生态产品等层面,可为水土保持提供理论指导。山水林田湖草生命体理论特征包括整体性、系统性、尺度性、均衡性,体现了系统思维观,着眼整体和全局,可为水土保持和生态修复提供重要的理论支撑。恢复生态学理论研究修复人类活动引起的原生生态系统生物多样性和动态损害,其中竞争、演替和定居限制理论等恢复生态学基础理论是水土保持生态修复的科学依据。"绿水青山就是金山银山"的"两山"理念深刻揭示了生态环境保护和经济发展之间的辩证统一关系,是生态文明思想的核心内容和生态文明建设的指导思想,可为水土保持工作提供重要的理论支撑。上述相关理论对于丰富水土保持的理论内涵及切实推动当前和今后一段时间水土保持工作具有重要的理论与实践意义。

一、可持续发展理论

　　可持续发展已成为全世界谋求经济、社会和自然协调发展的共同模式,对于可持续发展,《我们共同的未来》(1992)一书中将其定义为"既满足当代人的需要又不危害后代人满足其自身需要的能力的发展";牛文元(2008)将其界定为:"人类向自然的索取同人类向自然的回馈相平衡、人类对当代的努力能够同人类对后代的贡献和努力相平衡、人类为本区域的努力能够同时考虑到其他区域乃至全球的利益"三者同时兼具的发展;孙瑛等(2003)将其定义为人类能动地调控"自然、社会、经济"三维复合系统,在不超越资源与环境承载能力的条件下,促进经济持续发展,保持资源永续利用,不断、全面地提高生活质量,既满足当代人的需求,又不损害后代人满足其需求的能力。

综上所述,完整意义的可持续发展应当是经济、社会和生态(自然、资源和环境)三个方面可持续性的和谐统一,其中经济发展是条件,社会持续是目标,生态持续是基础。生态可持续意指人类在追求经济发展时,必须同时注意保护生态环境,包括保护生命支持系统,保持地球生态的完整性,保证资源的永续利用,控制环境污染,改善环境质量,保持良好的生态环境,使人类的发展保持在地球的承载能力之内。经济的持续发展需与有限的自然承载能力相协调,只有生态可持续性获得保证,才能使得持续的发展具有可能性。没有生态的可持续,就没有整体的可持续发展,而通过可持续发展又能够实现生态的可持续性(孙瑛等,2003)。保护好人类赖以生存与发展的大气、水、土地和森林等自然环境与自然资源,防治环境污染和生态破坏,是我国必须长期坚持的战略性任务和基本国策。

1992年联合国环境与发展大会通过的《21世纪议程》中第十一章至第十四章涉及水土保持,内容包括制止滥伐森林、防沙治旱、山区可持续发展和农业、农村可持续发展。可持续发展为水土保持提供了理论支撑,而水土保持是可持续发展在水土流失区的实践形式和实现可持续发展的重要基础措施(何乃维,1995;郭廷辅,1996),因为水土保持的核心是维护、改良和合理利用水土资源,内容涉及资源利用、水利、林业、农业、牧业等各个方面。通过水土保持可以恢复和增强地球生命支持系统的功能,提高持续发展的能力,特别是通过水土保持可以防治土地退化,提高土地生产力,保障水土流失区经济社会稳定,促进经济社会可持续发展(齐实,1999)。

二、生态文明理论

21世纪是生态文明的时代,这已成为全人类的共识。什么是生态文明?

不同的学者和专家给出了不同的定义。著名生态学家叶谦吉从生态学及生态哲学的视角,在国内率先提出生态文明就是人类既获利于自然,又还利于自然,在改造自然的同时又保护自然,人与自然之间保持着和谐统一的关系(刘思华,2008)。春雨(2008)指出,生态文明是人类社会跨入一个新的时代的标志,是当代知识经济、生态经济和人力资本经济相互融通构成的整体性文明,具体为人与自然、发展与环境、经济与社会、人与人之间关系协调、发展平衡、步入良性循环的理论与实践。陈寿朋认为,生态文明包括生态意识文明、生态法治文明和生态行为文明等三个主要方面的要素:生态意识文明是人们正确对待生态问题的一种进步的观念形态,涵盖进步的意识形态思想、生态心理、生态道德以及体现人与自然平等、和谐的价值取向;生态法治文明是人们正确对待生态问题的一种进步的制度形态,涵盖生态法律、制度和规范;生态行为文明是一定的生态文化观和生态文明意识指导下,人们在生产和生活实践中的各种推动生态文明向前发展的活动(任雪山,2008)。

不同的生态文明定义对应着各异的本质特征。刘湘溶(1999)基于生态伦理视角认为生态文明以人与自然、人与人(社会)和谐共生、良性循环、全面发展、持续繁荣为基本宗旨,以建立可持续的经济发展模式、健康合理的消费模式以及和睦和谐的人际关系为主要内涵,以建设资源节约型、环境友好型以及天人和谐、人际和谐型社会为目标,"和谐"是其核心价值观;杨通进等(2007)认为生态文明最重要的特征是强调人与自然的和谐,经济模式是生态经济,强调人类整体利益的优先性,倡导全球治理和世界公民理念,突显自然的整体性及其内在价值的有机自然观是生态文明的重要价值理念;春雨(2008)基于哲学的整体论视角,指出生态文明的主要特征为审视的整体性、调控的综合性、物质的循环性和发展的知识性。

尽管对于生态文明的内涵和特征有着种种不同的解释,但其特点描述均可归纳为生态理念、生态行为、生态制度以及生态产品等层面。一是人与自然和谐相处的生态文明理念。人与自然是一个有机整体,人的生存发展依赖于人类所生存的自然界所提供的物质、能量和信息。人类既有利用自然的权利,也有保护地球免受人类活动威胁的义务,人类利用和改造自然的程度不能超过自然生态系统的承载能力,人类有责任为子孙后代留下一个清洁、干净和健康的地球。二是有利于实现经济社会可持续发展的生态经济模式。要实现产业结构的生态化,要发展循环经济,实现物质的多次、循环利用,要进行生化技术创新,为发展生态经济提供技术支撑。三是有利于地球生态系统稳定的生态消费方式。这要求人类摒弃过去"消费理念至上"的消费主义、享受主义价值观,建立从资源环境实际出发的适度消费、绿色消费等生态消费观。四是公正合理的生态制度。从国际层面来看,主要是指建立应对生态危机的全球治理机制,倡导全球治理和世界公民理念;从国内层面来看,主要是指建立生态化的法律、法规和制度以及生态化的考核评价体系。当然,建设生态文明最终要落实到生态产品的生产与消费上,生态产品是生态文明的物质形态和实体保障(毛明芳,2010)。

生态文明为水土保持提供了理论指导,反过来,水土保持为生态文明的实现提供基础支撑,因为水和土壤资源是一切生物繁衍生息的根基,是人类社会生存和发展的基础性资源。历史一再证明,人类对自然无节制的开发利用和掠夺,导致水土资源破坏、引发生态灾难,能够从根本上毁灭一个民族或区域的文明。

三、山水林田湖草生命共同体理论

党的十九大报告指出,要坚持人与自然和谐共生,统筹山水林田湖草系统治理,建设美丽中国,为人民创造良好生产生活环境。对于山水林田湖草生命共同体,吴钢等(2019)认为,其是以生态系统生态学为支撑,基于流域生态学、恢复生态学和景观生态学诠释山水林田湖草生命共同体的时空区域尺度及流域内部各生态系统之间的耦合机制,通过复合生态系统理论构建山水林田湖草生命共同体的社会、经济、自然生态系统的"架构"体系,指出流域可持续发展是山水林田湖草生命共同体的最终发展目标。余新晓等(2019)提出,生命共同体中山水林田湖草要素之间并非相互隔离,而是一个有机的统一体,这六个要素组成的生命共同体是社会发展的环境基础:人与生物圈内的各生态系统之间存在着极为密切的共生关系,也同样是这个生命共同体中重要组成部分。李达净等(2018)则将"人"突显出来,认为"山水林田湖草—人"生命共同体揭示了自然生态系统各要素的相互作用及其人地协同格局,其本质是以人为主体的社会经济系统与山水林田湖草等自然资源要素组成的自然生态系统在特定区域内通过协同作用形成,共同构成了人与自然共生、共存、共享的复合体系,即自然—社会复合生态系统。

山水林田湖草生命共同体特征包括整体性、系统性、尺度性、均衡性,需要进行统筹治理,本质上要求在治理工作中贯彻自然价值理念,保证资源可持续利用、生态环境可持续发展,与传统意义上的保护修复最大的区别是以多要素组成的环境服务功能提升作为指导方向,同时统筹山水林田湖草系统治理的原理,主要包括生态学原理、环境科学原理、系统工程学原理(余新晓等,2019)。李达净等(2018)概括山水林田湖草—人生命共同体的特征为整体性、主导性、结构性、动态性,其中整体性是生命共同体的核心,即山、水、林、田、湖、草、人各要素通过能量流动、物质循环和信息传递,组成一个互为依托、互为基础的生命共同体;主导性即生命共同体的主导因素是"人",其能否健康有序地发展取决于人类的主观意识和行为模式,包括制订的相关政策、法规、经济发展模式和农林业生产方式;结构性即山、水、林、田、湖、草、人在生命共同体中的位置和相互作用各不相同,应明确各要素所构成的景观特征和形成机制,从整体与部分的关系权衡"山水林田湖草"自然生态系统与人类社会经济系统的合理配置,积极推进各要素的均衡优化布局和科学高效利用;动态性即山、水、林、田、湖、草、人各要素在时间尺度和空间尺度上都在不断发生变化,组合而成的共同体也处于不断变化和发展的动态过程中,因此其生态修复工程不能一成不变,需要因时、因地、因事统筹规划与布局,找到最优解决方案,以不断满足人民日益增长的优美生态环境需要(图1-2-1)。

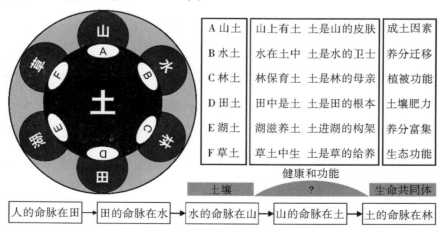

图1-2-1　土壤与山水林田湖草各要素之间的关系(梁音等,2019)

总之,山水林田湖草系统理念体现了对生态系统整体性和系统性的尊重,反映了山水林田湖草系统各生态系统之间的协同性和有机联系(邹长新等,2018)。山水林田湖草系统理念和特征可为水土保持和生态修复提供重要的理论支撑,反过来,水土保持可为生命共同体健康提供前提条件,因为土壤是生命共同体的核心,而水土保持的关键又是保持土壤(梁音,2019)。

四、恢复生态学理论

恢复生态学是研究生态系统退化的原因、退化生态系统恢复与重建的技术与方法、生态学过程与机制的科学(彭少麟,1996)。国际恢复生态学会(Society for Ecology Restoration,SER)对于恢复生态学的最新定义为研究修复人类活动引起的原生生态系统生物多样性和动态损害的一门学科,内涵包括帮助恢复和管理原生生态系统完整性的过程,该完整性包括生物多样性临界变化范围,生态系统结构和过程、区域和历史内容,可持续发展的文化实践等(任海等,2019a)。

关于恢复生态学的研究内容,形成的共识包括:①气候、土壤等自然因素及其作用与生态系统的响应机制,生物生境重建尤其是乡土植物生境恢复的程序与方法。②地表固定、表土储藏、土壤恢复、重金属污染土地生物修补等。③生态系统的恢复力、生产力、稳定性、多样性和抗逆性。④生态系统退化过程的动态监测、响应机制及其模拟、预警与预测。⑤从先锋到顶级不同级次生态系统发生、发展机制与演替规律研究。⑥人为因素对生态系统的作用过程与机制,生态系统退化的诊断与评价指标体系。⑦植物自然重新定植过程及其调控技术,包括种子库动态及种子库在自然条件下的萌发机制、杂草的生物控制、生物侵入控制、植物对环境的适应、植物存活、生长与竞争。⑧植被动态,重建生态系统植被动态、外来植物与乡土植物的竞争关系。⑨微生物和动物在生态恢复中的作用。⑩干扰生态系统恢复的生态原理;恢复生态学的生态学理论基础;生态系统结构、功能优化配置重构理论和生态工程规划、设计及实施技术;生态系统功能(生产力、养分循环)恢复理论与技术;各类生态系统恢复与重建技术;恢复区的生态系统管理技术;典型退化生态系统恢复的优化模式、试验示范与推广(任海等,2019a)。

恢复生态学研究或生态恢复实践中涉及的主要生态学理论(内容)包括:

生态因子作用（包括主导因子、耐性定律、最小量定律等）、生态位（供恢复用的种类选择和参考群落）、竞争（关于种间资源竞争）、演替（生态恢复是帮助生态系统实现自己的演替）、定居限制（帮助种类在恢复早期克服定居困难）、干扰（因某些系统的组成变化而需要恢复）、互利共生（真菌、种子扩散者或传粉者与植物间的正相互作用）、护理效应（某些种类对其他种类的帮助）、啃食/捕食限制（影响植物种群的更新）、干岛屿生物地理学（表明面积更大和连接更多可以帮助恢复）、生态系统功能（生态系统中的能量流与物质流是生态系统稳定的基础）、生态型（适应相应的环境时可增加恢复成功率）、遗传多样性（遗传多样性高的群落会有更大的进化潜力和长期繁荣）等。其中，竞争、演替和定居限制理论是恢复生态学的基础（任海等，2019b）。

在自身发展过程中，恢复生态学也产生了包括状态过渡模型及阈值、集合规则、参考生态系统、人为设计和自我设计、适应性恢复等相关理论（任海等，2014）。①状态过渡模型及阈值：即恢复的概念模型，是指生态系统是一个不断变化的、非线性的、具有非平衡态且具有多稳定状态的系统，不同稳定态之间有阈值存在。②集合规则：是指一个植物群落的物种组成基于环境和生物因子对区域物种库中植物种的选择与过滤的组合规则，它意味着生物群落中的种类组成是可以解释和预测的。③参考生态系统：是指基于环境的随机性和全球变化导致不确定性，生态恢复选定的参考生态系统（恢复的目标）是后者（结构、发展过程中的任何状态）多个变量及各个变量一定的变化范围。④人为设计和自我设计：人为设计理论是指通过工程方法和植物重建可直接恢复退化生态系统，但恢复的类型可能是多样的，其把物种生活史作为植被恢复的重要因子，并认为通过调整物种生活史方法可以加快植被恢复；自我设计理论认为只要有足够的时间，随着时间的进程，退化生态系统将根据环境条件合理地组织自己，并会最终改变其组分。⑤适应性恢复：是指生态恢复的目标不是重建历史上的系统状态，而是要结合生态、经济和社会客观实际，帮助系统获得自我发展和维持的能力（任海等，2014）。

水土保持生态修复是生态恢复的一种形式，恢复生态学及其理论是水土保持生态修复的科学依据。

五、"两山"理念

从福建"长汀经验"到浙江安吉余村"美丽乡村",习近平总书记"绿水青山就是金山银山"的"两山"理念在实践中得到了完美的诠释。对于"两山"理念的深刻内涵,王勇(2019)从经济学角度阐述了其内涵,认为"绿水青山"是优质或稀缺的自然生态环境(经济系统利用之前的生态环境),及与优质生态环境相关联的生态产品和服务;而金山银山是与收入水平相关的民生福祉,体现为经济和社会发展两个范畴,前者体现为货币化价值和经济收益概念,后者体现为非货币化价值和民生幸福概念。赵建军等(2016)指出,"从理论上看,'两山'理念是马克思主义中国化在人与自然和谐发展方面的集中体现;从实践上看,'两山'理念是当代中国发展方式绿色化转型的本质体现;从理念本身的价值上看,'两山'理念是中国特色社会主义生态文明理论的重要组成部分"。杨莉(2019)认为"两山"理念是在人与自然和谐统一的理论基础之上,以经济发展与生态环境保护协同并进为主要内容,做到经济发展与生态环境保护两者间的辩证统一,切实解决我国社会主义发展过程中的生态困境,实现以人民为中心的生态价值追求,积极推进我国生态文明的建设,为我国开启全面建设社会主义现代化国家的新征程提供坚实的理论基础。

常纪元(2019)提出,对"两山"理念的深层次理解,不仅是说绿水青山如何重要,怎样爱护绿水青山,也是指在高质量工业化和农业产业化的进程中将绿水青山变成生态要素和生产要素,在严格保护和高效开发利用绿水青山的同时,持久地保护好绿水青山。林坚等(2019)认为,"绿水青山就是金山银山"理论反映了发展理念和发展方式的深刻转变,体现的是一种绿色发展观,其深刻揭示了生态环境保护和经济发展之间的辩证统一关系,这种辩证统一关系可分为六对关系和五种思维。这六对关系分别是绿水青山包含金山银山;绿水青山可以转化为金山银山;绿水青山保障支撑着金山银山;绿水青山超越金山银山;人与自然是生命共同体;人类必须保护绿水青山。五种思维分别为辩证思维、系统思维、底线思维、战略思维、绿色思维,即把握好环境保护与经济发展关系的辩证思维,掌握好"山水林田湖草是一个生命共同体"的系统思维,坚持好发展底线、生态红线的底线思维,理解好生态文明建设背后的战略思维,运用绿色思维、坚持绿色发展。王金南(2017)将"两山"理念理论内涵归纳为:绿水青山是自然资产、生态产品与服务;绿水青山是区域与城市生态竞争力;绿水青山是发展绿色低碳产业的基础资源;绿水青山是人民生活幸福的品质保障。

"两山"理念作为生态文明思想的核心内容和生态文明建设的指导思想,可为水土保持工作提供重要的理论支撑。

第二节　蓄水保水与水源涵养功能

蓄水保水是水土保持的主要功能之一,通过生物措施、工程措施和农耕措施,发挥其在降水和地表径流集蓄中的作用。在缺水地区,蓄水保水功能对于农作物种植以及人畜饮水具有直接作用;而在丰水区域,洪涝灾害频发,蓄水保水功能主要体现在拦蓄、抑蒸、减缓地表径流、改善小气候,在丰水季节调节河流洪峰,在枯水季节补充河流水量。水源涵养功能主要体现在通过林草植被拦蓄地表水,增强土壤下渗,提高水分有效蒸腾,调节区域水分循环,调节径流、缓洪缓枯、保护和改善水体水质,同时促进降水增加等作用为江河湖泊和供水水库提供水源。

一、蓄水保水功能

蓄水保水既是水土保持的主要功能之一,也是水土保持的主要目的之一。在干旱半干旱地区降水量低、水资源短缺,常出现季节性缺水,通过水土保持生物措施和工程措施,发挥其在降水和地表径流集蓄中的作用,对缺水地区的农作物种植以及人畜饮水具有重要意义。然而,在我国南方降水充沛,洪涝灾害频发,水土保持的蓄水保水功能主要体现在拦蓄、抑蒸、减缓地表径流、改善小气候,在丰水期调节河流洪峰,在枯水期补充河流水量,对流域生态安全起着重要的调控作用。尤其是南方的红壤生态脆弱区,在充沛的降雨下,水土流失十分严重,土壤养分贫瘠、植被难以生长,蓄水保水则成了该区生态恢复的首要任务。

水土保持蓄水保水功能通常以地表植被、根系土壤为主要研究对象,探讨其蓄水保水的能力,同时也关注沟、埂、台、田、蓄水池和塘坝等水土保持工程措施的蓄水保水效果。显然工程措施是在特定条件和特定需求下人类对自然环境的改造,受经济、社会等因素的制约,具有一定的局限性。因此,水土保持工作更注重提高生态环境自然条件下的蓄水保水能力,而森林的理水功能在其中扮演着重要角色。

森林是陆地生态系统和生态环境建设的主体,是可更新的、人类发展不可缺少的自然资源。水是生命的源泉,地球的血液,是人类赖以生存的物质条件。森林和水之间存在着千丝万缕的联系,"山清水秀"与"山穷水尽",就是这种关系的真实写照。水是森林与人类联系最为密切的纽带,它与森林的关系一直是人们关注的热点问题之一。森林通过林冠层和林下植被、枯枝落叶层、根系土壤层对降水进行调节,发挥森林的理水功能(图1-2-2)。

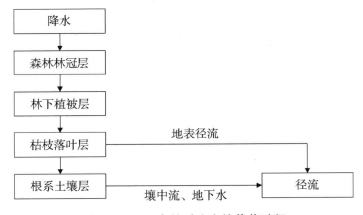

图1-2-2 森林对降水的截蓄过程

森林植被通过对水分循环过程中降水的调控成为控制水土流失的关键因素(王礼先等,1998)。林冠层的蓄水效果因其树种、郁闭度、林冠结构等的不同而有所差异(余新晓,2004);林下植被层受林冠层郁闭度的影响,物种及生物量均有所不同,截蓄效果差异明显(Jiang et al.,2019);枯枝落叶层的吸持和拦截降水的能力,在落叶较多的阔叶林表现更为明显,尤其是枯枝落叶转化为腐殖质后吸水量可以提高到自重的2~4倍(宋永昌,2016);森林土壤则像海绵一样,吸收林内降水并很好地加以蓄存,是陆地生态系统的主要储水体,被誉为"绿色水库"(黄荣珍等,2006)。

（一）林冠截留和林下植被层

林冠层是大气降水进入森林所接触到的第一个交互面，也是森林对水分循环影响的初始作用层。在降雨继续期间某段时间内林冠上空的雨量即林外雨量，从中减去林内雨量和树干茎流雨量，剩下部分即该段降雨时间内从树体表面通过蒸发返回到大气中的雨量和降雨终止时树体表面还保留的雨量，这部分雨量即称为该段时间内的林冠截留雨量（鲍文等，2004）。

降水进入森林生态系统所经历的第一次分配就是林冠截留，被拦截的降水最终经过蒸发重新回到大气中。林冠截留以及截留降水的蒸发在森林生态系统水分循环和水量平衡中占有重要的位置。森林林冠层对降水的截留，使林内降水量、降水强度和降水分布等发生显著变化，并对林地整个水文过程产生影响。对一次降雨而言，通常截留量与降雨量呈对数函数关系，即截留量会有一个饱和的上限。这是因为林冠截留主要由树木枝叶对雨水的吸附和降雨过程中被截留部分的蒸发组成，降雨开始时，枝叶表面对雨水有较强的吸附能力，降雨持续进行，吸附能力越来越小，但由于蒸发的存在，林冠对降雨仍有一定的截留作用，只是截留强度变得很小。

林冠层对降雨的截留是一个复杂的过程，它受降雨量、降雨强度、降雨历时、前期环境状况以及林种、林龄、林分密度等多种因素的影响和制约。研究表明，林冠截留量的多少主要受气象条件和森林条件的共同支配，其中树种、森林结构、林龄、蓄积、季节等是主要支配因素（中野秀章，1983）。杜妍等（2019）在对苏南地区的马尾松进行了实验研究之后得出以下结论：降雨等级与林冠截留量和截留率之间的关系是降雨等级越高截留量也越高，但是截留率却降低。刘文耀等（1992）在我国滇中地区的研究表明，常绿阔叶林的林冠截留率为11.9%～28.8%，云南松针叶林的林冠截留率为10.3%～22.9%；树干茎流率则分别为0.5%和0.3%，说明在同一地区不同树种的林冠截留率不同。据刘世荣等（1996）的研究，我国主要森林生态系统的林冠年截留量变动在134.0～626.7mm，变动系数为14.27%～40.53%，截留率平均值为11.4%～34.3%，说明我国不同森林生态系统的林冠截留功能存在较大的差异。陈步峰等（1998）对热带山地天然更新雨林的研究表明，林冠截留具有年、季变化的特征，林冠截留率的年变化幅度为11.0%～17.6%，旱季、雨季变化分别在14.4%～31.4%和

11.5%~19.4%,其中树干茎流率年平均为7.1%,雨季月变化2.2%~12.4%。江森华等(2019)对亚热带典型森林穿透雨和树干茎流的定位观测(图1-2-3)表明,米槠次生林的林冠平均截留率为25%,树干茎流率为5%;杉木人工林的林冠平均截留率为20%,树干茎流率为2%。

图1-2-3 穿透雨(左)和树干茎流(右)收集装置图(江森华 拍摄)

不同森林由于树叶、树枝和树干在空间上的不一致,森林从一种类型转变为另一种类型,会改变林冠层对降雨的吸持与截留。Swank et al. (1974)研究发现,落叶林转化为针叶林后树干茎流量和溪流量都减少了,在这个研究中截留量的改变可能与落叶树向上的枝形以及针叶树低垂的枝形有关,因为向上偏直立的枝形更容易把降水转变为树干茎流。而亚热带地区的米槠次生林转换为杉木人工林后,树干茎流明显减少,主要是因为杉木冠幅较小、树皮吸水能力强(Jiang et al.,2019)。国内外多项研究表明,乔木林下降雨能量的变化是研究森林水土保持作用的重要组成部分,降雨动能是产生土壤侵蚀的原动力。林冠的枝叶具有聚集雨滴的作用,使透过林冠层的降水形成新的雨滴谱,雨滴径级和质量通常比天然雨滴大,在降落地表的过程中,它们可能被充分地加速到具有一定能量,林冠距地面8m以上,水滴落地时的速度可以达到终点速度的95%,这种能量可对土壤的破坏作用增大(吴钦孝,2005)。同时,林冠也具有削减降雨动能的作用,当大暴雨时,林冠层就起到良好的缓冲和消减降雨动能作用,减少暴雨对地表的击打,相较于裸露的效果十分显著。森林通过树冠和林下植被层截留部分降水,其截留量的多少因降水的种类强度和森林本身的特点、位置等因素而有很大差异,可以从百分之几到80%以上。余新晓等(1989)的研究认为,乔木层不仅可以起到缓冲降水对土壤直接侵蚀能量,甚至可以直接削减降雨侵蚀能量。对此,雷瑞德等(1988)认为,林冠对降雨动能的削减效应是会改变的,当华山松林冠下限高度超过 7m、降水量大于 5mm 时,林冠对降雨的动能削减作用就减弱,此时,透过林冠层的降水,若林地无地被物保护,有可能引起更大的土壤侵蚀。周跃等(1998)在西南高山峡谷区对云南松林叶滴溅蚀的研究表明,在高强度降水的雨季早期,由于林冠的缓冲作用,叶滴的溅蚀量较低;在集中降水的雨季中期,滴溅量最大;到雨季后期,雨量充分但强度减弱,虽截留率最高,滴溅量比早期多 32%。可见,林冠层对水土保持的影响,它与降水特征和林冠结构之间存在的关系等,均有待今后进一步深入、系统的研究。

综上所述,林冠的降水截留作用具有重要的水文意义,它影响林地的水分循环和水量平衡。然而,也有研究者认为林冠层截留对水土保持的作用有限。他们认为,一方面能产生良好林冠截留效应的降水中,非侵蚀性降水占的比重大,而对于造成严重水土流失的暴雨,截留量占降水量的比重较小,若有前期降水则更显微不足道;另一方面,林冠枝叶对雨滴的聚集作用,使透过林冠的降水形成的新雨滴谱,还可能加重对林地的土壤侵蚀。因此,有学者表示,乔木的林冠层主要的作用在于产生足够的枯枝落叶层而不是对降水侵蚀力进行削减(汪有科等,1994)。

林下植被层截留降雨作用的大小主要取决于自身的生长及特征,即枝叶量的多少和吸水能力的强弱。林内灌木草本层的生长发育受林冠层的制约,在不同林下生长的植物其生物量不同,因此,它对降雨截留的变异性较大。刘向东等(1989)在六盘山区对山杨林、白桦林、辽东栋林林下灌木草本层的测定表明,其截留率分别为 2.3% ~12.6%、1.8% ~112.6%、4.5% ~16.0%。程积民等(1987)在子午岭的测定表明,在天然乔木复层林内乔木层的林冠截留量可占总截留量的 50% ~60%,灌木层占 20% ~25%,草本植物层占 10% ~15%。汪有科等(1994)在黄土丘陵区的测定结果表明,当乔木层对大气降水的年截留率为 15% ~35%时,灌木草本层的截留量可占 1.8% ~16.0%,灌木纯林林冠对降水的截留效应则非常显著。郭百平等(1997)利用人工降雨研究林冠截留作用,结果表明,在降雨条件相同时,不同郁闭度沙棘林的初损值从降雨开始到地面产流这段时间的降水量不同,郁闭度越大,初损值也越大,反映了同一灌木树种,郁闭度不同其截留作用的差异。刘向东等(1994)指出,灌木草本层对降雨动能的削减也可分为两部分:一部分是截留降水所减少的降雨动能,其数量可按截留率计算,为大气降水总动能的 2.0% ~ 15%;另一部分为透过该层滴入地表土壤的降水减少的降雨动能,由于它滴落的高度较低,动能被大大削弱,其数量可按该层的覆盖率计算。Jiang et al. (2019)通过定点观测我国亚热带地区的米槠次生林(常绿阔叶林)和杉木人工林(常绿针叶林)的穿透雨、树干茎流、地表径流、降雨等指标,并用我国传统的"浸泡法"估算了两种森林林下层(包括林下植被和凋落物层)对降雨的截留作用,得出了两种森林类型对降雨的再分配模型(图 1 - 2 - 4)。结果表明,较高的林下植被覆盖(通常出现在林冠较疏的森林中),可以增加截留损失和土壤渗透,从而减少地表径流。

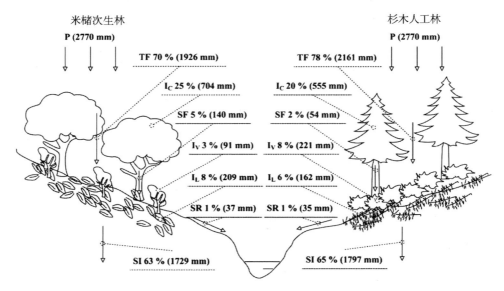

图 1 - 2 - 4　米槠次生林和杉木人工林对降雨的截留过程及分配比例

注:P - 降雨;TF - 穿透雨;SF - 树干茎流;I_c - 林冠截留;I_v - 林下植被截留;I_L - 凋落物截留;SR - 地表径流;SI - 土壤渗透。资料来源:Jiang et al.,2019。

综上所述,林下植被层的截留量受林冠层和林下植被自身的影响,因此,林下植被的截留量差异性较大。它对穿透降水起到一定的截留作用,且由于其高度较低,能明显减少降雨对土壤的侵蚀能量,是森林水土保持的重要层次。

(二)枯枝落叶层

枯枝落叶层是指位于矿质土壤上方的所有已死植物体,它是森林生态系统的特有层次,可为森林土壤提供机械保护作用,以免除下层土壤受雨滴的直接打击,降低冲蚀的能力,增加土壤的渗透率等。枯枝落叶层对降水的截留量的大小与落叶的种类、蓄积量、蓄水容量、分解程度、堆积状态、干湿状态、干燥速度、降雨性质等有关,其中湿润次数和干燥速度则与当地气候密切相关。森林枯枝落叶层具有较大的水分截留能力,对土壤水分的补充和植物水分的供应具有明显影响。枯枝落叶层的蓄积量及其持水特性是研究枯枝落叶层保持水土、涵蓄降水的基础。

降雨经过林冠层的截留后,以穿透雨和树干茎流的形式进入林内,被林下植被和凋落物层再次分配,将对林内地表径流的产生起着决定性作用。林下层的截留与林冠层不一样,在林冠层空气流动活跃,蒸发量大,而在林下受到林冠的遮拦,太阳辐射少,空气也相对稳定,林内蒸发量较小,因此林下层的截留量主要取决于林下植被和凋落物的持水能力及其生物量(Putuhena et al.,1996)。森林枯落物层具有较好的吸水、持水能力,能够吸收地表径流、抑制土壤水分蒸发,加之其覆盖于地表,起到抵挡降雨的击溅,阻缓径流,拦蓄泥沙,减轻面蚀等作用。其吸持水能力与其种类、干重、湿度、分解程度、累积状况,以及前期水分状况、降雨条件等气象因子密切相关。凋落物的最大持水量可达到自身干重的2~4倍,最大持水率可达到309.54%(熊婕等,2014)。对于森林死地被物层的水分传输和水量转化的现场观测比较困难,而其含水量的时空异质性增加了研究的难度,目前常用的是室内"浸泡法"或"淋溶法",即采集样品带回室内用网袋分装浸泡,或者置于一定的容器内用模拟降雨淋溶。

枯枝落叶层是影响森林水量平衡及土壤发育的重要因素,枯枝落叶的数量及持水量、持水率主要取决于林木生物学特性和林木的生长环境。国外学者早在19世纪70年代就开始对林下凋落物进行了研究,我国在20世纪70年代末开始这项工作,并取得了一定的研究成果,大部分研究偏重枯枝落叶在增加土壤肥力、改善物质循环中的作用,也有不少研究关注枯枝落叶层的水文效应。与林冠层相比,枯枝落叶层覆盖在地面,对防止雨滴击溅、保护林地土壤的效果更为明显(余新晓,2004)。大量研究表明,森林在其一个生命周期内所枯死和凋落的有机物质比活的森林植物体本身要多2~3倍,每年凋落的枯枝落叶干重能达到1~5t/hm²(李传文,2006)。凋落物的持水能力与降雨量有关,凋落物的持水量在降雨初期,随着雨量的增加而增加,但是随着降雨过程的继续,其持水量增加的速度逐渐减缓,最后达到稳定值,此后,凋落物层就丧失了继续持水的能力。当林内降雨量大于凋落物层的最大持水量时,最大持水能力与凋落物的雨前含水量有关。降雨间隔期越长,则持水能力越强。凋落物的持水能力还与坡位、坡面、坡形、海拔高度等地形因素有关。阳坡蒸发量大,凋落物的含水量小于阴坡,故其凋落物的持水能力强于阴坡。在坡地上,会产生沿坡面向下的重力分力,促使水分沿着坡面向下移动,从而降低凋落物的持水能力(林明磊,2008)。周丽丽等(2012)对福建三明莘口教学林场不同发育阶段杉木人工林凋落物的持水特性研究表明,最大持水量表现为老龄林(11.8t/hm²) > 中龄林(7.73t/hm²) > 幼龄林(4.24t/hm²);最大持水率表现为中龄林(477.48%) > 幼龄林(376.57%) > 老龄林(291.98%)。我国森林枯落物现存量的地理分布呈现由高纬、高海拔森林向低纬度、低海拔森林递减的规律。因此,我国森林枯落物的持水功能也就呈现出随纬度和海拔高度的增大而增强的格局(刘世荣等,1996)。凋落物层还具有一定的过滤泥沙的作用,并能够有效地防止水资源的物理、化学和生物的污染,从而改善水体的水质。总之,森林凋落物层在减轻降雨对地表的侵蚀、阻缓径流、拦蓄泥沙、改善水质等方面具有重要的作用。

枯枝落叶层覆盖地表,具有增加阻力的作用。对油松和山杨林地枯枝落叶层阻延径流速度的实验表明,当径流深为1mm、坡度为30°时,无枯枝落叶层覆盖的坡面径流速度分别是覆盖0.5cm油松和山杨枯枝落叶层径流速度的6倍和13倍(赵鸿雁等,2001)。枯枝落叶层对径流的阻滞作用,具有减小径流对地表的冲刷,延长径流汇集时间,削减洪峰流量的重要意义。研究表明,在坡长60m的坡面上,天然次生林的汇流时间较长,人工林的汇流时间次之,而裸露荒坡的汇流时间仅需5.9min,林地的汇流时间是荒坡的1.8~7.7倍,说明林分阻延径流的作用十分明显(吴长文等,1995)。

林地由于枯枝落叶层的存在,削弱了雨滴对地面的击溅和径流对土壤的冲刷。通过对比研究凋落物去留对土壤侵蚀的作用表明,包括凋落物在内的地表覆盖,可以有效增加地表粗糙度,减小地表径流流速,提高地表土壤的抗蚀、抗冲性能,从而大大减少土壤流失量(吴钦孝等,1997;赵鸿雁等,2001)。如在福建省三明市的研究显示,木荷和杉木人工林林内地表清除枯枝落叶层后产生的地表年径流深分别为385.62mm和682.76mm,是保留枯枝落叶层的1.61和1.79倍;泥沙流失量分别为668.95kg/hm²和1116.70kg/hm²,是保留枯枝落叶层的2.46和2.52倍(郭剑芬等,2006)。虽然经过许多学者的大量研究证明凋落物在防止土壤侵蚀中起着巨大的作用(金铭等,2006;孙艳红等,2006;胡淑萍等,2008),但是,由于森林凋落物层的组成结构、分解程度、含水量的空间变异性及其分层边界的模糊性等,使得有关凋落物层水文效应的研究难以被精确定量化。有学者的研究表明,林地溅蚀量随枯枝落叶层厚度的增加而急剧减小,当山杨和油松林内枯枝落叶层厚度为1.0cm时,溅蚀量可分别比裸地减少79.5%和97.5%;当厚度为2.0cm时,则林下无溅蚀发生(韩冰等,1994)。汪有科等(1993)研究表明,枯落物的抗冲能力随其厚度递增,其中枯落物能减轻土壤冲失主要是由于它能降低径流速度,当有0.5cm厚度枯落物层时,可降低径流速度80%~90%。

枯枝落叶层保持水土的另一个重要功能是增加土壤的入渗能力,其作用原理主要由两方面因素组成:一是枯枝落叶层对地表的覆盖,减轻了雨滴的冲击,使土粒不被分散,孔隙不被堵塞;二是枯枝落叶层的积累和分解为土壤提供了大量的有机质,从而改变了土壤结构,促进了根系发育,增加了土壤中的粗、细孔隙。对黄土丘陵半干旱区人工沙棘林的研究表明,沙棘林地的土壤容重小于农地,沙棘林地的土壤入渗速率在整个入渗时段均大于荒坡,在入渗初期可达荒坡的2倍,稳渗率为1.54mm/min,较荒坡高0.38mm/min(陈云明等,2003)。热带山地雨林系统的枯枝落叶丰富,腐朽木多,林地水分入渗快,地表径流小。当土层深70cm、降水量小于30mm时,进入林地的降水将全部被土壤吸持;当降水量在30~50mm时,有36.5%~56.3%的降水渗漏,45.0%~32.8%的降水被土壤吸持和滞留储存(潘义国,2008)。

综上所述,枯枝落叶层覆盖地表,不仅可以截留降水,削弱甚至消灭降雨侵蚀力,还能降低径流速度,增加土壤入渗,减少土壤溅蚀,在保水蓄水、防止土壤流失方面发挥着重要的作用。

(三)根系土壤层

土壤是森林生态系统水分和养分的主要储蓄库,是森林圈和大气圈水分的主要调节器。森林土壤由于森林植被的作用而形成有别于其他土壤的特殊结构,比其他土壤具有保持更多水分的能力,是森林理水调洪功能的核心组成成分(黄荣珍等,2002)。根据土壤渗透能力和降雨强度的大小,人们常把地表径流的产生方式分成两种:蓄满产流和超渗产流(周国逸,1997;王云琦等,2004;余新晓等,2004)。所谓的蓄满产流即是降雨强度小于土壤的渗透速率,当土壤含水量达到饱和时溢出地表形成地表径流。超渗产流则是降雨强度大于土壤的渗透速率,单位时间内过多的水量来不及渗透(即使此时的土壤含水量并未饱和),从而产生的地表径流。

随着山坡水文学的发展,人们创建了水量平衡场或者坡面径流小区来观测坡面地表径流的产生过程及其对土壤侵蚀带来的影响(Yang et al.,2018;Xu et al.,2019)。这种方法在我国北部的黄土高原地区以及南方的红壤侵蚀区得到广泛应用(Jiao et al.,2007;Goebes,2015),主要用于探讨土地利用方式的改变对地表径流及土壤侵蚀的影响。在中国南方,降雨是土壤侵蚀的主要驱动因子,雨滴的击溅作用及径流的冲刷作用是坡地产沙的主要原因。土壤侵蚀与陆地生态系统的养分流失、生产力衰退以及流域生态系统的营养富集、碳排放增加有着紧密的联系。已有的研究表明,地表径流及土壤侵蚀与降雨特征有着紧密的联系(江淼华,2003;张喜旺等,2010;江淼华等,2012),一般认为地表径流量与降雨量呈显著的线性相关,而土壤侵蚀量则与降雨强度呈显著的函数关系(付林池等,2014)。在下垫面一致的情况下,土壤侵蚀量主要由降水的侵蚀能力决定。

同时不同起源和类型的森林所形成的森林土壤其结构和性能有很大的不同,理水调洪能力变化大,其主要性能与地面水库有相似之处,也可以用库容和水位来表示。土壤蓄水能力取决于土壤容重和孔隙度等物理性质,而林木根系和枯枝落叶改善了上述性质,使得土壤蓄水和透水能力增强。同样,在不同的森林土壤中,森林土壤的壤中流也是有很大的差别,壤中流的变化对于坡面的稳定和平衡有极为重要的作用。

二、水源涵养功能

水土保持的水源涵养功能主要体现在通过林草植被的拦蓄地表水,增强土壤下渗,提高水分有效蒸腾,调节区域水分循环,调节径流、缓洪缓枯、保护和改善水质,并能促进降水增加等作用为江河湖泊和供水水库提供水源。水源涵养重要地区主要分布在河川上游的水源区,对于调节径流,合理开发利用水资源以及防治水、旱灾害具有重要意义。森林的水源涵养功能主要表现在对降雨的再分配作用上。而这种作用是通过森林植物、枯枝落叶和森林土壤三个作用层对降雨的拦蓄作用而实现的。

（一）调节径流

径流包括地表径流、壤中流和地下径流,森林植被对径流产生的影响主要包括林分对降水进行再分配、阻滞地表径流、延缓水分入渗等。黄明斌等（1999）通过对黄土高原森林植被的研究发现,在郁闭度相同的情况下,森林小流域较自然草地小流域有较小的径流量,森林的覆盖增强了水分小循环,削弱了水文大循环,说明森林对流域径流具有调节作用。段文军等（2015）通过对漓江上游森林植被的实验,表明只有较大的降水才能反映地表径流特征及森林生态系统对地表径流的影响。森林对地表径流的影响主要随着累积雨量的增大,其影响程度不断减少。晋西黄土坡无林流域和森林流域的雨季径流对比,表明有林地具有减少流域径流总量、径流深度和径流系数的作用,森林植被覆盖度较高的小流域径流深和径流系数低于森林覆盖率较小的流域（刘卉芳等,2005）。

森林植被能增加土壤入渗率,从而减少地表径流的形成。由于森林土壤下渗率作用强,降水能迅速进入土壤沿着孔隙流动,形成壤中流,森林植物根系吸水作用使得土壤水分向根际区汇集,从而保持土壤湿度。在雨季,降水量充沛、地表下渗率增加,大大促进了地下径流的形成,但在干旱地带容易形成相反效果,植物强烈的蒸腾作用阻止了降水对地下水的补充,使得地下径流补给减小。《自然》（*Nature*）的最新文章指出,预测水流对森林管理变化的响应,对于可持续管理水资源至关重要,但是,关于森林覆盖率变化对径流影响的研究结果尚不清楚,而且很大程度上是不可预测的（Evaristo et al.,2019）。尽管如此,森林植被的水文效应主要反映在改变天然降水分配比率如调节降水汇流历时这一点上,得到了普遍认可。

（二）削洪抗旱

森林作为"绿色水库"对洪水起着减缓作用,和水库的作用相当,起着削丰补枯的功能。在降水充沛季节,森林通过林冠截留、枯枝落叶吸持和土壤的保水作用对降水进行再分配。众多实验数据表明,森林确实有调洪的作用,主要表现在它的截留作用,使雨水径流总量减小和使雨水汇流时间滞后。但是如果前期已发生降雨,森林植被充分湿润条件下,其作用主要通过其粗糙度对降雨汇流运动产生影响。具有良好结构的森林生态系统，其粗糙度大，对雨水汇流的滞后作用大，但是对降雨形成汇流的削减作用很小。暴雨发生的时间、强度、历时及其空间分布对流域洪水的形成影响很大。暴雨强度小或历时短，相对于有茂密森林分布的大流域来说，发生洪水的可能性很小；若暴雨发生在前期降雨之后，而且强度大、历时长和分布的面积广时，森林就较难发挥出显著的调蓄作用。森林是陆地生态系统的主要组成部分，对降雨量、径流量等多因素的影响情况，非常复杂，尚存在一些争论。

（三）净化水质

随着生活水平的不断提高，水质量的优劣日益成为人们关注的重点，森林与水质的关系于20世纪60年代在土壤稳定性研究工作中开始被关注，森林生态系统的林冠层、枯枝落叶层和土壤层具有特殊的结构和性质，可以改变降水和径流的化学成分。陈步峰等（1999）对山地雨林生态系统的研究表明，山地雨林土壤岩石微量元素在高温、高湿环境诱导下，各种生物、物理化学特性在强烈进行，山地雨林天然更新林系统总径流输出的 $NH_4^+ - N$、酚、Pb、Cd、Cu、Zn、As、Mn、Fe 含量较降雨更为优质，各项指标含量相应仅为地面水质标准1类的14%、40%、27%、36%、62%、28%、18%、14%和2%。降雨穿过生态系统输出时，雨林系统有效地贮滤了这些物质，尤其对 COD、$NH_4^+ - N$、酚、Cu、Zn、Cd、Fe 贮滤强度分别达44.4%、23.7%、40.2%、8.9%、57.0%、27.7%、88.3%，这说明了山地雨林生态系统具有较为显著的水质贮滤、净化效能。

森林对水质的调节还体现在泥沙含量方面，在孙阁（1988）的研究中认为，林地影响河流产沙的原因有很多，但关键的是土壤是否有植被覆盖，通过对16个小流域不同土地利用现状和产沙情况进行研究得出如表1-2-1所示的结果，森林植被阻截了大气降水，削弱引起地表侵蚀的降水动能，使得产沙量减少，也减少了部分径流的泥沙含量，对提高水质有较为重要的作用。

表1-2-1　不同土地利用现状与产沙的对比表

土地利用	流域个数	年平均值（mm）		年均产沙量（t/hm²）
		降雨	径流	
农田	3	1321	406	49.75
草场	1	1295	381	3.61

土地利用	流域个数	年平均值（mm）		年均产沙量（t/hm²）
		降雨	径流	
废弃林地	3	1295	178	0.29
伐光阔叶林地	3	1295	127	0.22
松类植被	3	1372	25	0.04
松阔林	3	1295	229	0.04

资料来源：孙阁，1988。

　　此外，地被物完好的采伐地带土壤流失量甚微，而无地被物覆盖的地段，土壤流失比较严重。通过定位观测对比亚热带次生林采伐迹地的 3 种更新方式（人工促进天然更新、杉木人工林、米槠人工林）初期的水土流失，结果表明，采用炼山种植人工林第一年的土壤流失量约是人工促进天然更新方式的 20 倍，水土流失主要发生在地表覆盖小于 40% 并且降雨量高（>80mm）的降雨事件中（图 1 - 2 - 5）；并指出，当地表覆盖率达到 40% 以上时，可以显著降低该区的土壤流失量，这为南方山区的水土保持提供有益参考（Xu et al.，2019）。

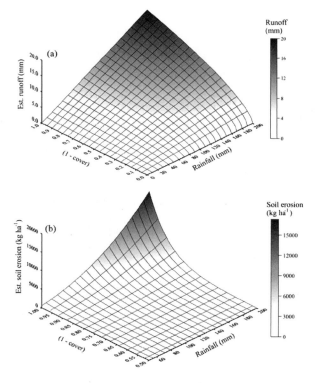

图 1 - 2 - 5　径流量和土壤流失量对降雨量和地表覆盖度的响应图（引自 Xu et al.，2019）

第三节　土壤保持与拦沙减沙功能

土壤保持功能主要体现在保护土壤资源,维护和提高土地生产力等方面的作用,生物、工程和农耕措施通过各自方式削弱外营力侵蚀力、增强土体抵抗力,提高土壤抗冲性、抗蚀性、渗透性、抗剪性,土壤保持在空间尺度上主要表现在生态系统尺度或区域水土保持设施所发挥的作用。拦沙减沙功能主要体现在通过水土保持各种技术措施,减少土壤侵蚀和冲刷,减少径流和河流泥沙含量,减少泥沙进入河道等,从而达到拦截和减少入江(河、水库、湖)泥沙的作用。

一、土壤保持功能

水土保持的土壤保持功能主要体现在保护土壤资源,维护和提高土地生产力等方面的作用,林草措施、工程措施、农业耕作措施通过各自方式削弱外营力侵蚀力、增强土体抵抗力。不同措施类型土壤保持的作用相异,林草措施的泥沙拦截能力是裸地的 3 ~ 7 倍(张海波,2014),坡面工程措施减沙量平均可达83%(袁希平,2004),聚土免耕耕作措施比常规平作可减少泥沙 83%(朱波等,2002)。水土保持的土壤保持功能在空间尺度上主要表现在生态系统尺度或区域水土保持设施所发挥的重要性,南方丘陵山地不同生态系统土壤保持能力差异悬殊,其中,湿地生态系统可高达 783. 61t/hm^2,林草主导型生态系统(草地、灌丛、森林)大于农田(表 1 - 2 - 2)。

表 1 - 2 - 2　南方丘陵山地带各生态系统单位面积土壤保持量

类型	2000 年(t/hm^2)	排序	2005 年(t/hm^2)	排序	2010 年(t/hm^2)	排序
湿地	783. 61	1	839. 61	1	1184. 36	1
草地	286. 64	2	307. 14	2	320. 56	2
灌丛	252. 75	3	276. 73	3	280. 67	3
森林	131. 48	4	147. 37	4	154. 15	4
农田	129. 23	5	139. 39	5	142. 62	5
城镇	67. 40	6	71. 48	6	75. 41	6
裸地	43. 87	7	36. 88	7	49. 32	7

数据来源:张海波,2014。

（一）林草措施的土壤保持功能

林草是土壤的绿色保护伞，森林及其林下灌木草本茂密的枝叶、枯落物能够截留降雨，阻挡、减弱雨水对土壤的直接打击和冲刷，降低降雨侵蚀破坏力，同时枯落物能够覆盖和固定土壤、腐殖质能够增加土壤蓄水性和透水性，减少地表径流的流量、减缓径流速度，从而使径流破坏力得以削弱、土壤侵蚀得以减轻；林草庞大的根系系统纵横交错，对土壤有很强的黏附和固结作用，可很好提升根系层土壤、土体抵抗力，从而保护土壤不易遭受径流冲刷和重力破坏，减轻地表土壤侵蚀、滑坡和泥石流的危害。除了防御水力侵蚀和重力侵蚀，林草还能阻滞气流，抵御大风对土壤的直接吹击、侵蚀，降低风力侵蚀破坏力。

地被物具有增加地表粗糙度、降低地表径流动能、削弱地表径流挟沙能力的作用。随着枯落物厚度的增加，其抗冲性增强，10～20cm 厚枯枝落叶层可以减少土壤冲刷量 90%～100%（葛东媛，2011）。林草根系具有重要的固持土壤和改善土壤结构功能，首先，通过在土体中穿插、缠绕、网络、固结，大大提高了土壤的抗侵蚀性能，植物根系固持强弱与土壤结构、根量和根抗力的大小有关（朱显谟等，1993）。土壤对侵蚀外营力分离和搬运作用的敏感程度可用土壤抗侵蚀性来表征，国外将其笼统定义为可蚀性，朱显谟将其区分为抗蚀性能和抗冲性能两个方面（陈引珍，2007）。植物根系也具有提高土体抗剪性的作用，其对土体抗剪强度的影响程度主要取决于土壤中根表面积和根抗拉力的大小，前者在移动时会增加与土体间的摩擦力，后者因不易被拉断，而使根表面与土体间产生的摩擦阻力得到充分发挥，从而对土体产生较大的固持力，使斜坡保持稳定（陈引珍，2007）。其次，森林和灌草通过自身的生长发育过程，提供枯落物、死根、根系分泌物等有机物质，改善土壤的理化性质如土壤容重、孔隙度、质地、腐殖质和各种养分状况，而这些土壤理化性质又与土壤的抗侵蚀性能和抗剪切性能紧密相关。随着林灌草的结构向着良性发展、土壤理化性状不断改善，土壤抗侵蚀和抗剪切性也随之有所提高。

1. 提高土壤抗冲性

土壤抗冲性是指土壤抵抗径流和风等外营力机械破坏和推移的能力，它主要与土壤的内在物理性和外在的生物因素有关。吴蔚东等（1999）用冲刷单位重量（g）的土壤所需的水量（L）表示土壤的抗冲性，研究得出相对于对照（裸地、花生地），百喜草可明显提高土壤的抗冲性能，不同百喜草处理的表层土壤的抗冲性表现出明显的差异：百喜草（留茬）＞百喜草（不留茬）＞裸地（对照

1）＞花生地（对照2），其土壤抗冲性的比值为8.37:4.67:4.36:1。作为一种优良的水土保持草种，百喜草地上部分匍匐生长、可对土壤表面起着良好的保护作用，其宽扁的匍匐茎及其生长的叶片对地表的被覆率＞95%，即使其地上1cm以上部分植株被人为割除，其对土壤表面的覆盖也超过80%。同时，匍匐茎上生长出的侧根又对匍匐茎起固定作用，在径流冲刷过程中，一方面，匍匐茎减缓了水流速度、降低了径流的动能，使径流对土壤的分散和输送能力降低，从而使径流的侵蚀力下降；另一方面，匍匐茎及其侧根避免了流水对大部分土壤表面的直接冲刷，增强了土壤抵抗径流将土粒分离出土体的能力，也增加了径流输沙过程中的阻力，提高了表土的抗冲性。基于上述双重作用，保留一定地表覆盖的百喜草表层的土壤冲刷量大大低于不留覆盖的表土层，更高于裸地和农用花生地（表1-2-3，吴蔚东等，1999）。

表1-2-3　百喜草对表层土壤抗冲性的影响

抗冲性（L/g）	时间（min）								
	0.5	1	3	5	7	9	11	13	15
百喜草（留茬）	21.74	40.82	96.77	144.93	186.67	195.65	200.00	195.49	209.79
百喜草（不留茬）	19.05	28.35	63.50	76.05	93.65	83.15	91.48	104.43	116.96
裸地	13.79	22.60	44.61	57.97	68.13	78.77	87.82	98.30	109.29
花生	2.65	4.11	9.32	12.13	14.50	17.15	20.10	22.86	25.05

数据来源：吴蔚东等，1999。

与裸露地相比，不同森林类型［竹林、阔叶针叶混交林（杉木、南酸枣和木荷）、针叶林、阔叶林］在冲刷过程中均表现出更高的抗冲性（丁军等，2002）。具体表现为：在3种雨强条件（4.0、3.0、2.0mm/min）下直径1～2mm的根系密度与土壤（第四纪红壤砾石层上形成的红壤）抗冲性增强效应均呈显著正相关，直径≤1mm根系密度与土壤抗冲增强值均呈极显著正相关。这与黄土高原＜1mm的植物根系可以极显著强化土壤的抗冲性（李勇等，1992）和杨玉梅等（2010）的研究结果类似，与吴蔚东等（1999）研究得出的百喜草下土壤（红黏土性红壤）的抗冲性与剖面中根系的分布之间无显著相关不同，后者认为可能因为红黏土性红壤本身极为黏重、抗冲性很强，且土壤中分布的根系数量远远少于李勇等报道的黄土中根系分布的数量，因而提高抗冲性效果并不明显。丁军等（2002）还提出不同雨强下根系对土壤抗冲性增强值俱随土层深度增加而减小，且根系对土壤抗冲性增强值在小雨强下＞中雨强下＞大雨强下，小雨强下根系对提高土壤抗冲性作用比大雨强和中雨强更明显。

在湖南丘陵岗地,周清等(2001)的研究表明,红壤表土层 0～4cm 土壤抗冲性主要受植被类型的影响,亚表层土壤抗冲性主要受母质影响,抗冲系数随土壤物理性黏粒(<0.01mm)及游离氧化铁含量的增大而增大。土壤利用类型对土壤抗冲性有较大影响,林地的土壤抗冲系数远大于相同母质耕地,第四纪红土红壤抗冲系数>板页岩红壤>花岗岩红壤。高珍萍等(2015)在江西赣南研究显示,第四纪红黏土的抗冲性表现为林地>草地>裸地,花岗岩土壤的抗冲性表现为草地>林地>裸地,红砂岩土壤的抗冲性表现为林地>草地>裸地,林地、草地的抗冲性比裸地更强。以裸地来比较不同母质发育的土壤抗冲性,抗冲系数表现为花岗岩土壤<红砂岩土壤<第四纪红黏土(图1-2-6)。长江中上游地区土壤抗冲性随土壤类型变化由大到小依次为:红壤>黄壤>棕壤>石灰土>紫色土>褐土(表1-2-4)。抗冲性沿土壤剖面垂直变化规律分为 3 种类型:土壤质地主导型、农业耕作主导型、腐殖质层影响型。前一种抗冲性随土壤深度单调增加,后 2 种为抛物线形变化趋势(李云涛等,2006)。

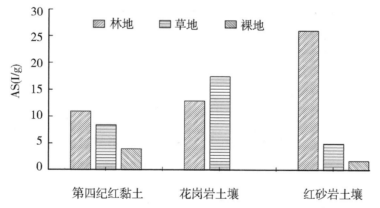

图1-2-6 **赣南红壤的抗冲系数**(高珍萍等,2015)

表1-2-4 **长江中上游地区不同土壤类型的抗冲系数**

土壤深度	不同土壤类型抗冲系数(L/min·g)							
(cm)	壤质红壤	砂质红壤	壤质黄壤	砂质黄壤	紫色土	棕壤	石灰土	褐土
0～10	36.62	0.58	13.01	0.06	5.73	9.9	8.51	0.02
20～30	89.47	2.27	24.93	3.16	8.01	17.72	16.49	0.06
40～50	87.27	16.52	25.41	2.05	18.7	18	20.29	0.28

数据来源:李云涛等,2006。

有植被覆盖的土体,其抗冲刷能力显著增强,土壤抗冲刷性能的强化效果可达 30% ~76%,植被恢复后土壤的有机质含量、土壤黏聚力、水稳性团聚体数量、有效磷、非毛管孔隙度及渗透系数等抗侵蚀指标分别比恢复前提高了6、2.5、4.1、6、2 和 4.5 倍,其土壤抗冲性指标综合增强了 20 多倍(马中浩,2016)。花岗岩侵蚀地不同治理模式土壤抗冲系数由大到小分别为条沟草灌带 > 风水林 > 全坡面播草 > 芒萁地 > 封禁 > 裸露地 > 开垦地。治理措施封禁、风水林、全坡面播草、芒萁地、条沟草灌带的冲刷产沙量处于低水平平衡状态,3 种冲刷流量(1.5L/min,2.5L/min,3.5L/min)连续冲刷 15min 下,产沙量变化范围分别为 0.01 ~1.12g、0.02 ~1.53g、0.02 ~2.57g;开垦治理和裸露地冲刷产沙量最大,产沙量变化范围分别为 0.08 ~65.20g、0.07 ~60.56g、0.24 ~80.60g(孙丽丽等,2019)。

土壤抗冲刷系数与粉粒体积分数极显著负相关,与砂粒体积分数呈显著正相关;土壤抗冲性与土壤总孔隙度、土壤体积含水量、饱和导水率、水稳性团聚体等土壤理化性质指标相关度也较大(马中浩,2016)。土壤容重、细砂粒(0.25 ~0.05mm)含量、>0.25mm 水稳性团聚体、稳渗率、初始入渗率均与紫色丘陵区土壤抗冲性呈正相关关系(史东梅等,2008)。同时,土壤抗冲性存在着明显的地域分异规律,土壤抗冲系数在全国地域分布上具有自北向南、自东向西逐渐变大的水平分异规律(张爱国等,2002)。

2. 提高土壤抗蚀性

土壤抗蚀性指土壤抵抗径流对其分散和悬浮的能力,是影响土壤侵蚀的最基本因素,也是判断土壤抵抗侵蚀营力破坏的性能和土壤质量的主要参数之一。其主要取决于土壤与水的亲和力以及土粒间的胶合力,受土壤有机质含量、水稳性团聚体含量、土壤的颗粒组成、渗透性、土壤紧实度等内在因素和降雨、土地利用状况等外在因素影响。抗蚀性差的土壤,遇水快速分散,降雨时土壤结构易被破坏,分散的土粒进而堵塞土壤孔隙,降低渗透能力,引起地表泥泞呈泥浆状,加剧径流的增加,不仅造成分散的土粒随径流而移动,同时加速冲刷的发展。

植被能够明显提高土壤抗蚀性。植被通过凋落物、细根和菌根等自肥方式补充土壤有机质,从而改善土壤理化性质,增强土壤抗蚀性。凋落物和细根都是森林土壤主要的有机碳来源,在被微生物不断分解的过程中,凋落物形成不同大小的颗粒有机质(POM),微生物活动过程中产生大量的多糖物质会以

POM 为核心,形成不同大小土壤等级结构(Lehmann et al.,2007)。同时,凋落物在分解和淋溶的过程中形成的 DOC(可溶性有机碳)是微生物生长的重要物质和能量来源,从而发挥重要的间接团聚作用,增加土壤水稳性团聚体的数量和质量。在细根的生长过程中,其根尖可以分泌多糖和糖醛酸等黏性物质,根毛可以分泌氨基酸、有机酸和单糖等微粒,根系表皮衰老可产生细胞有机物质,所有这些分泌物可以像胶水一样帮助土壤颗粒团聚(Daly et al.,2015),同时也减低变湿速率和提高稳定性。根系分泌物在被释放的同时,也改变了土壤的化学和物理特征并构成了微生物高度宝贵资源,促进微生物的生长,使得根际土壤比非根际土壤具有更加丰富的微生物多样性(Qu et al.,2016),而微生物的活动可以改善土壤的团聚状况。细小根系,尤其是根毛穿插在土体中还可防止土体在水中分散、破碎。

通常用来表征土壤抗蚀性的指标主要包括水稳性团粒、微团聚体、有机胶体和无机黏粒等 4 类(表 1 - 2 - 5)。

表 1 - 2 - 5　常用的土壤抗蚀性的指标

水稳性团粒类	微团聚体类	有机胶体类	无机黏粒类
水稳性指数	分散率	有机质	<0.05mm 粉黏粒含量%
>0.25m 水稳性团粒含量%	分型维数		<0.01mm 物理性黏粒含量%
>0.5 水稳性团粒含量%	结构系数		<0.002mm 黏粒含量%
平均重量直径	分散系数(CI)		结构性颗粒指数
几何平均直径			团聚度

沈慧等(2000)运用土壤有机质含量、水稳性团聚体含量等各项指标对不同树种组成、不同林龄水土保持林的土壤抗蚀性能进行分析和评价研究,得出油松阔叶树混交林与油松纯林相比,其土壤水稳性团聚体含量高、有机质含量较高,抗蚀性能高,提出对于表层土壤而言,水土保持林具有提高土壤抗蚀性能的重要作用,其土壤抗蚀性能随着林龄的增长不断增强。同时,阔叶林的土壤抗蚀性能优于针叶纯林和针阔混交林,各种植物群落土壤抗蚀性能依次为林龄时间最长的天然林、退耕时间较长的人工林、新退耕还林地。同时,林地、草地的表层土壤抗蚀性大于农地,同一土壤剖面从上到下,土壤抗蚀性逐渐减弱(葛东媛,2011)。

黄进等(2010)以土壤水稳性指数、团聚体特征、有机质含量(SOM)为指标,研究了浙江省桐庐县不同类型生态公益林土壤层的抗蚀性(表1－2－6),发现各种生态公益林土壤抗蚀性能均好于无林地,其中青冈林在各指标上都表现最好;通过应用灰色关联分析构建土壤抗蚀性等级评价体系(表1－2－7)还得出,青冈林地土壤抗蚀性等级为较强,香檀林地、杉木林地、马尾松林地、毛竹林地、板栗林地土壤抗蚀性等级为中等,无林地土壤抗蚀性等级为较弱。同时,研究结果表明土壤水稳性指数和有机质含量(SOM)随土层厚度的增加而下降(黄进等,2010)。

表1－2－6　土壤抗蚀性分级标准

抗蚀性等级	有机质含量(g/kg)	水稳性指数	>0.25mm 水稳性团聚体含量(%)	团聚度(%)	分散率(%)
强(1级)	60	1	85	75	15
较强(2级)	46.25	0.8	71.25	57.5	35
中等(3级)	32.5	0.6	57.5	40	55
较弱(4级)	18.75	0.4	43.75	22.5	75
弱(5级)	5	0.2	30	5	95

数据来源:黄进等,2010。

表1－2－7　各林分类型土壤抗蚀性评价结果

样地类型	指标实测值与评价等级的灰色关联度					评价结果
	强	较强	中等	较弱	弱	
青冈林	0.5407	0.6865	0.6666	0.5900	0.4778	较强
香樟林	0.4980	0.6700	0.7484	0.7043	0.6174	中等
马尾松林	0.4953	0.6920	0.8090	0.6781	0.5872	中等
杉木林	0.4720	0.7141	0.7913	0.6685	0.5478	中等
板栗林	0.4742	0.6857	0.7874	0.7028	0.6007	中等
毛竹林	0.5014	0.6824	0.7170	0.6951	0.5957	中等
无林地	0.4299	0.5813	0.7691	0.8210	0.7477	较弱

数据来源:黄进等,2010。

杨玉盛等(1999)研究了侵蚀赤红壤不同治理措施(以生物措施为主,辅以工程措施)后抗蚀性能的提高情况,得出27年生的杨梅土壤抗蚀性能最好,其次为6年生的大叶相思、28年生的荔枝和龙眼以及6年生的荔枝园地,对照地(马尾松小老头林,林下盖度15%)土壤抗蚀性能最差(表1－2－8)。认为采用受蚀性指数(E_{VA})、土壤有机质、结构体破坏率、>1mm 水稳性团粒含量及侵蚀率等指标可以较好地表征赤红壤抗蚀性;而土壤有机质与 E_{VA}、结构体破坏率呈极显著的负相关,与 >1mm 水稳性团粒含量、>0.5mm 水稳性团粒含量呈极显著的正相关关系,揭示出土壤有机质与大部分土壤抗蚀性指标间具有显著的相关性,提出在严重侵蚀地采取措施增加土壤有机质含量,如引进豆科植物、增加果园(荔枝、龙眼)筱盖或敷盖,是增强土壤抗蚀性和改良地力以及提高治理综合效益的关键。

表 1 - 2 - 8　侵蚀赤红壤不同治理措施抗蚀性能

治理措施	结构体破坏率(%)	水稳性团聚体的平均重量直径 E_{MWD}(g/kg)	>1mm 水稳性团粒含量(g/kg)	>0.5mm 水稳性团粒含量(g/kg)	有机质含量(g/kg)	团聚状况(g/kg)	团聚度(%)	分散率(%)	持水当量(g/kg)	侵蚀率(%)	受侵蚀指数(E_{VA})
对照 I (光板地)	77.50	0.21	57.80	127.50	3.16	68.0	14.01	88.33	213.3	66.86	32.48
6 年生大叶相思地	67.96	0.38	89.0	175.8	5.89	145.8	28.79	78.42	246.2	59.15	18.12
6 年生荔枝园地	48.50	1.15	255.2	381.3	14.14	166.0	36.64	76.71	318.1	63.53	6.32
对照 II (马尾松小老林)	74.02	0.27	72.2	153.6	8.88	105.0	19.37	81.72	227.8	69.74	23.36
28 年生荔枝	57.4	0.77	193.7	271.6	11.12	223.2	40.57	65.35	257.4	44.41	9.28
28 年生龙眼	60.70	0.69	167.0	250.2	9.64	206.2	38.14	69.02	249.3	44.95	11.07
27 年生杨梅	46.39	1.23	242.7	406.2	13.34	155.9	28.71	74.56	293.1	67.91	6.26

数据来源:杨玉盛等,1999。

邱陆旸(2016)研究了浙江省瓯江流域源头区 5 种主要林种的林地土壤抗蚀性,得出松林地土壤 >用材竹林地土壤 >灌木林地土壤 >经济林地土壤 >茶园地土壤,土壤机械组成、土壤养分及土壤团聚体与土壤抗蚀性之间存在十分显著的相关性,即土壤黏粒含量、有机质含量(SOM)、全氮含量(TN)、水稳性团粒含量越高,粒径越大,砂粒含量越低,则土壤抗蚀性越强。提出林地土壤抗蚀性的主要因素包括水稳性团粒类因子、粉黏粒含量与土壤团聚度因子、细黏粒含量因子,其中 >0.5mm 水稳性团粒含量、>0.25mm 水稳性团粒含量和结构体破坏率可较为便捷准确地评价浙江省瓯江流域源头区林地土壤抗蚀性强弱。同时,研究区不同林地表层土壤抗蚀性显著高于下层土壤,不同地势条件下土壤抗蚀性也不同,同种林地坡顶位置土壤抗蚀性一般弱于坡底土壤;另外,不同林地随坡位变化土壤抗蚀性产生变化的趋势不同。

陈建威等(2017)研究了水土保持林、林草结合、果林清耕、撂荒裸地等 4 种治理模式下的第四纪红壤的土壤抗蚀性,结果表明:不同生物治理模式下土壤抗蚀性差异明显,土壤抗蚀指数表现为水土保持林 > 林草结合 > 果林清耕 > 撂荒裸地,且同一治理措施上层土壤抗蚀性优于下层土壤。土壤抗蚀指数随浸水时间的增加而减小,两者呈 3 次函数关系。

葛东媛(2011)用土壤团粒水稳性指数研究了其抗水蚀能力,得出 0 ~ 20cm 土层水稳性指数介于0.419 ~ 0.883;具体表现为退耕10年硬头黄竹林(0.883)>非退耕撑绿竹林 > 退耕 10 年撑绿竹林 > 退耕 5 年撑绿竹林 > 退耕 5 年硬头黄竹林 > 非退耕硬头黄竹 > 农耕地(最低 0.419);20 ~ 40cm 土层水稳性指数显现为退耕 10 年硬头黄竹林(0.817) > 非退耕撑绿竹林(0.789) > 退耕 5 年撑绿竹林(0.699) > 退耕 5 年硬头黄竹林(0.633) > 非退耕硬头黄竹(0.584) > 退耕 10 年撑绿竹林(0.534) > 农耕地(最低 0.503)。各土层平均水稳性指数表现为退耕 10 年硬头黄竹最高,达到了 0.8377,归因于其具有较为发达的鞭根系统;其次为非退耕撑绿竹,为 0.7913;最低为农耕地,仅为 0.5003。

章明奎等(2000)在对浙江省丘陵区土壤抗蚀性能的研究中发现,不同的土地利用方式由于对土壤有机质含量产生的影响不同,使得水稳性团聚体含量不同,导致林地土壤抗蚀性能明显高于荒地、旱地、竹园、菜地、茶园、果园等的抗蚀性能。杨玉盛等(1996)研究了长汀县河田严重侵蚀地不同治理模式下土壤抗蚀性能,结果证明模式封山育林的抗蚀性能最优,其次为模式乔、灌、草,再次为模式杨梅,而模式牧草的抗蚀性能最小。

3. 提高土壤渗透性

土壤渗透性是指降落到地面的雨水从土壤表面渗入土壤形成土壤水的快慢程度,体现了土壤表面将地表径流转化为壤中流、地下径流的能力,是反映土壤侵蚀发生可能性的重要指标,渗透性越强或渗透速率越大,表示降水后大部分降水很快通过土壤非毛管孔隙转入地下水,不易形成地表径流,地表径流量越小,则径流能量和冲刷力越小,使得水土流失得到有效控制,土壤理水调洪功能和抗侵蚀能力越强。其与土壤结构、质地、孔隙度、有机质、土壤湿度和温度有关,其中,起决定性作用的是孔隙结构。

土壤渗透速率分为初渗率和稳渗率,与初渗率达到显著相关水平的土壤因子较少,仅有非毛管孔隙度和土壤有机质等指标(张大鹏,2012),这主要与初渗阶段水流不稳定、影响因素较多、无明显变化规律有关。而稳渗率则与土壤最大持水量、非毛管孔隙度、土壤有机质等因子达到了显著性相关水平,这主要是因为土壤渗透达到稳定阶段后,消除了部分因素的影响,进而呈现出较好的变化规律。与土壤渗透性相关性较高的水稳性团粒类指标主要有土壤团聚度、>0.5mm水稳性团粒含量、>0.25mm水稳性团粒含量、几何平均直径(mm)、平均重量直径(mm)等5项指标;无机黏粒类指标中团聚状况与土壤稳渗率呈显著水平相关。土壤抗蚀性能显著影响土壤渗透性能,尤其是在水稳性团聚体含量方面,对土壤渗透能力影响较大,因此在生产经营过程中应尽可能避免破坏土壤团粒,以提高其土壤的渗透能力和林地的水源涵养功能(张大鹏,2012)。

土壤入渗作为降雨—径流循环中的关键一环,是研究地表径流和坡面侵蚀的起点,也是探讨流域产流机制的前提和基础。土壤入渗性能的好坏直接影响到森林植被保持水土和涵养水源功能的发挥,成为评价森林水源涵养功能的重要指标之一,对森林流域径流形成机制和水文状况具有十分重要的意义。林木根系不仅能网络固持土壤,其腐烂根系孔穴又是土壤水、气的重要通道;有机质含量高的土壤,结构好,大小孔隙适中。因此土壤孔隙率是林木根系、土壤有机质、土壤结构、土壤剖面构造等因素对土壤渗透性影响的综合反映(张金池等,1994)。

赵洋毅等(2014)研究发现,滇东喀斯特石漠化地区各种植被治理形式下,植被因素较土层因素对土壤入渗能力的影响更显著,土壤越深,其渗透性能越差。同时,红壤丘陵区不同植物品种由于根系特点不同,土壤入渗能力有所差别,因为植被品种能显著影响土壤渗透性(魏玲娜等,2013)。根系通过穿插、网络及固结作用来黏结土壤单粒,改善土壤团粒结构和土壤孔隙状况,其中直径≤1mm的须根能有效提升土壤抗侵蚀能力,根系分泌物及腐殖质的胶结作用使土粒团聚,加之须根的交叉、压挤及环绕,水稳性团聚体更易构成,土壤孔隙度变大,土壤容重下降,土壤抗冲击与分散能力、孔隙的稳定性、土壤饱和渗透系数得到相应提高,加快了水分入渗土壤的速度,减少地表径流,继而提高了土壤的抗侵蚀能力(李建兴等,2013)。

增加土壤的入渗能力也是森林生态系统枯枝落叶层保土功能的重要内容,一方面枯枝落叶层的积累和分解为土壤提供了大量的有机质,从而改变了土壤结构,促进了根系发育,增加了土壤中的粗、细孔隙;二是枯枝落叶层对地表的有效覆盖,减轻了雨滴的冲击,使土粒不被分散,孔隙不被堵塞(陈引珍,2007)。在热带山地雨林系统中,枯枝落叶丰富、腐朽木多,林地水分入渗快,地表径流小。当土层深度达到70cm、降雨量小于30mm时,进入林地的降雨将全部被土壤吸持;当降雨量在30~50mm时,有25.0%降雨渗漏、58.5%的降雨被土壤吸持和滞留;当降雨量在50~100mm时,有36.5%~56.4%的降雨渗漏,32.8%~45.0%的降雨为土壤滞留储存(陈步锋等,1998)。

对于草本根系,一方面可使根土复合体渗透系数增大,另一方面土粒在根茎连接处形成微型土坝,减缓径流流速,使径流沿程渗透水量增大,直接增加地表径流入渗,此两点是根土复合体渗水量增大的主要原因(邓佳,2015)。草本根系对土壤渗透性的影响因其径级不同而不同,径级过大或过小对土壤渗透性的增强作用都将降低;土壤渗透性参数随草本根长密度、根表面积密度增大而增大(李建兴等,2013),其中草本根长密度可作为根系改良土壤、提高土壤入渗能力的指标。

土壤的渗透性能越好,地表径流就越少,径流的冲刷力和破坏力就越小,土壤的侵蚀量也会相应地减少,水源涵养能力也越强。土壤的水分渗透性能不仅直接影响着大气—植物—土壤连通体中水分循环,还影响地表径流的数量以及伴随着的洪水和土壤侵蚀的威胁程度。

4. 提高土壤抗剪性

土壤抗剪强度是指土壤在剪切应力的作用下抵抗土粒或土团持续被剪切而引起的剪切变形破坏的阻力,它由土粒间的载聚力、相互联结的抵抗变形力、颗粒表面间的抗滑力组成,是区域水土流失评价中反映土壤力学特性的重要指标之一。当雨滴击打土壤表面时,土壤颗粒间的剪力即粒间产生的剪切破坏是决定土粒分散的主要作用因素,林草植被通过截留水分削弱降雨的垂直压力,可以减少对土壤抗剪垂直应力的大小,进而达到缓冲降雨而减少对土壤的侵蚀作用。

土壤抗剪强度的直接影响因素主要为其力学性质,包括内摩擦角、黏聚力、垂向压力等,土壤理化性质、根系以及坡度、土地管理措施等通过含水量、孔隙度、黏粒含量、容重间接改变这些因子,进而影响抗剪强度。土壤内摩擦角和黏聚力是反映抗剪强度的重要参数,与其成正相关关系(杨帅,2017)。土壤含水量作为影响抗剪强度的一个重要因素,通常随含水量增大,土壤抗剪强度先增加后减小,在土壤底层不透水或透水性很差的情况下,土壤表面水分含量大幅增高、抗剪强度大幅下降,易于发生土壤侵蚀。土壤容重体现了土体密实程度和总孔隙度,容重越大,土壤抗剪强度随之呈现较快的直线增长,原因在于容重的变化,改变了土壤摩擦力、黏聚力等力的大小。土壤抗剪强度很大程度上受土壤内摩擦角的影响,不同土壤层次抗剪强度的变化趋势与内摩擦角变化趋势基本一致,可直接通过土壤结构特点来推求土壤的抗剪强度值(陈引珍,2007)。

森林植被通过截留作用削弱降雨的垂直压力,从而减少对土壤抗剪垂直应力的大小,达到缓冲降雨、减少对土壤的侵蚀破坏。研究发现,相对于降雨前的抗剪强度,降雨后的土壤抗剪强度能很好地对土壤的流失量进行预测(杨帅,2017),同时,土壤抗剪力也可对土壤的可蚀性产生重要的影响(潘剑君,1995)。可见,土壤的抗剪强度影响着土壤侵蚀的产生。

植物根系通过根与土的协同作用,可以改善土壤团聚状况,提高土壤稳定性,有助于提升土壤抗剪强度。研究表明,根系主要是通过增加土壤黏聚力使抗剪强度增强,从而实现固坡抗蚀效应(谌芸等,2010)。植物根系的向水性有智能化、动态化排水的作用,通过含水量间接影响土体力学性质,进而提升土壤抗剪强度。随土层加深,根系数量由多到少、根系分布由密到疏,土壤抗剪强度增幅随之降低,土壤抗剪强度与植物根量有着明显的正相关性。草本植物根系能显著改善土体力学性质,且对内摩擦角的提高作用更加明显(李建兴等,2013)。土壤抗剪强度随根系密度的增加而增强,但这种增强作用存在临界值(Li et al.,2014)。同时,植物种类的差异导致其根系形态及几何构型不同,进而使土壤抗剪强度的增强效应存在差异。除根系外,植物地上生物量与土壤抗剪强度也呈正线性相关(杨帅,2017)。与此同时,死根对于土壤抗剪强度有显著影响(马中浩,2016)

土壤的抗剪强度受土壤物理性质影响很大,不同森林植物群落类型下土壤的容重、水分等基本性质不同,决定了其抗剪性能也不同。一般情况下,随着土壤容重和土壤水分基质势增加,土壤抗剪强度随之增加,土壤的抗剪强度和水分含量呈反比关系。对于裸露的土壤,在土壤深层不透水或透水性很差的情况下,会导致土壤表层水分含量较高,削弱了土壤颗粒四周的分子膜力学大小,易于发生土壤侵蚀(杨帅,2017)。另外,由于森林土壤孔隙度、容重、含水量和土壤颗粒组成不同,直接导致土壤黏聚力和内摩擦角等抗剪性的两项指标产生差异,进而造成不同植物群落下土壤抗剪性的不同。同时,土壤稳定性与植物根量关系紧密,根量大,土壤抗剪强度也大,土壤抗剪强度与植物根量存在明显的相关性。

(二)工程措施土壤保持功能

南方坡面水土保持工程措施主要有梯田、水平沟和鱼鳞坑等。在不同地区对梯田措施的土壤保持效益研究表明:与坡耕地相比,红壤坡地坡改梯后保土效益可达85%以上。虽然坡改梯初期的新修梯田性能不够稳定,但经过几年的耕种其性能就会趋于稳定,水—土—养分流失大为减少,因而比坡地生产力和产量更高(张国华等,2007)。因为设计标准、修前地形、修建方法和耕作维护等因素不同,造成梯田质量差异巨大,影响其减水减沙效益的发挥。相对于水平梯田,前埂后沟、内斜式、标准水平、外斜式梯壁田面植草4种梯田能够大大提高梯田的保土效益(表1-2-9)。

表1-2-9 不同类型梯田径流小区泥沙量

梯田类型	措施处理	2001年 (kg)	2002年 (kg)	2003年 (kg)	2004年 (kg)
水平梯田(对照)	梯坎田面裸露	55.12	104.31	75.02	107.29
标准水平梯田	梯壁田面植草	1.87	2.27	2.26	8.87
前埂后沟梯田	内侧排水沟、梯壁田面植草	2.46	1.13	0.72	0.59
内斜式梯田	台面内斜1°、梯壁田面植草	2.57	2.24	2.46	2.45
外斜式梯田	台面外斜1°、梯壁田面植草	1.72	3.01	7.20	18.73

数据来源:胡建民等,2005;张国华等,2007。

赣北第四纪红壤的研究显示,土壤保持效果表现为梯田区组(除梯壁裸露)>牧草区组>耕作区组(除果树+清耕耕作)。与裸露对照(第4小区)相比,梯田区组>0.05mm、牧草区组、耕作区组土壤微团聚体含量平均分别提高13.85%、13.86%、11.55%。梯田区组、牧草区组、耕作区组的结构破坏率分别为36.82%、32.65%、46.25%,WSA(>0.5mm水稳性团聚体质量百分数)分别为 51.78%、56.37%、41.93%，E_{VA}（受蚀性指数）分别为 8.31%、6.42%、9.78%，EMWD（湿筛水稳性团聚体平均直径）分别为 1.21、1.59、1.16mm；梯田区组能够改善土壤团聚状况，提高团聚度、WSA，增加 EMWD，降低土壤分散率、土壤侵蚀率、土壤结构破坏率和 E_{VA}，除团聚度与果树＋清耕耕作方式相比达到显著外，其他指标水平均达到极显著。梯田区组对土壤抗蚀性综合改良效应为水平梯田（前埂后沟、梯壁植草）＞外斜梯田（梯壁植草）＞内斜梯田（梯壁植草）＞标准水平梯田（梯壁植草）＞水平梯田（梯壁裸露）（喻荣岗，2011）。

水平沟是指在坡面上沿等高线修筑的用于拦截坡面径流的一种长条形、沟状整地工程技术，与坡面上部横向布设的截水沟相比，水平沟常常布设于坡度较大（10°~25°）的丘陵坡地，主要用于荒坡地、林下侵蚀坡地等较完整坡面的整地造林与植被恢复（表 1-2-10）。另外，水平沟技术也可用在坡耕地上，结合等高植物篱等植物技术，在沟内种植香根草、紫穗槐等；也可结合农业耕作技术实施水平沟耕作。而截水沟往往布设在林地与坡耕地交界处，用于拦截坡面上部地表径流，防止上部径流、泥沙对下部、下游的危害。

表 1-2-10　不同坡度和雨强下不同耕作措施紫色土耕地的保土量

坡度	雨强（mm/min）	顺坡耕作（对照）	平坡耕作	水平沟耕作
10°	53.95	0	1.09	1.34
	72.02	0	－－	0.45
15°	53.95	0	1.59	1.83
	72.02	0	－－	1.4
20°	53.95	0	0.33	0.82
	72.02	0	0.62	1.15
25°	53.95	0	0.64	0.93
	72.02	0	0.58	1.48

数据来源：王海雯，2008。

在江西省第四纪红黏土区域针对鱼鳞坑的调查（程艳辉，2010）显示，在 5°坡地上，鱼鳞坑保土率可达 85%；15°坡地上保土率可达 53%（表 1-2-11）。该鱼鳞坑半径、深分别为 1.2m 和 0.6m，沿坡面等高线布设、上下呈"品"字形交错排列，类似鱼鳞状的半圆形土坑，坑内植树。调查结果表明该区域内缓坡荒地鱼鳞坑实施效果欠佳，其损坏率平均达 40%，平均土壤淤积厚度达 69%，主要原因可能是本区域降雨量大，鱼鳞坑容易积蓄泥沙，且积蓄的泥沙未及时清理,经过一段时间积累、淤积后,遇到较大的降雨,鱼鳞坑容积大幅缩小,坡面产生大量径流,从而冲毁鱼鳞坑。因此,该区域应用鱼鳞坑技术时,在整地、植树、管护的初期,需要及时清理坑内蓄积的泥沙,同时为防止坑内过量积水,鱼鳞坑坑底可沿坡面修成一定倾斜的坡度,以便排掉过量径流,确保树苗的正常生长,或者扩大鱼鳞坑的尺寸。

表 1-2-11　鱼鳞坑措施保土效益

坡度	平均土层厚度(cm)	保土率(%)	完好坑数(个)	冲毁坑数(个)	措施损坏率(%)
5°	51	85	50	23	34
15°	32	53	44	31	46

数据来源:程艳辉,2010。

(三)农业耕作措施土壤保持功能

农业耕作措施主要通过改变微地形、增加地表植被覆盖、改良土壤理化性状等 3 种方式实现减轻径流冲刷、保持土壤的目标。改变微地形,包括顺坡耕作、横坡耕作(等高耕作)、等高沟垄耕作(如水平沟种植、垄作区田等)等增加地面糙度措施。增加地表植被覆盖,包括间作、等高带状间作、套种和轮作等调整作物结构的措施。改善土壤理化性状,包括少耕、免耕和覆盖措施等增强土壤抗侵蚀性能的措施。

坡耕地上采取耕作措施(如水平沟草粮等高带状间作,水平沟种草等)后具有显著的延迟径流发生时间、强化降水入渗、减少径流量和减少坡面产沙量的作用。增强降水入渗和削减坡面产沙量强弱依序为:水平沟种草 > 水平沟草粮等高带状间作 > 传统种植谷子 > 休闲地(夏江宝等,2004)。在不同耕作措施的减流减沙和改善土壤肥力效益方面,热带地区坡耕地采用横坡耕作后,93% ~98%的土壤流失得到控制;在赣北红壤坡地,果园套种作物增加覆盖可减少土壤侵蚀65%以上(谢颂华等,2010);采用聚土覆盖垄作可减少土壤侵蚀量93.1% ~95.8%(郜彦忠等,1993);四川紫色土坡耕地上,采用聚土垄作栽培法能减少土壤侵蚀量45% ~49%(彭世琪,1990)。

殷庆元等(2015)研究得出生物地埂表土相较于梯田土壤具有明显更高的抗冲系数,而裸埂(对照)表土抗冲性仅与梯田表土相当。红壤新、老梯田几种生物埂处理的平均表土抗冲系数是红壤裸埂的4.4 ~6.7倍,红壤新、老梯田自然植被埂抗冲系数都极显著高于对照($P < 0.01$),老梯田皇竹草埂抗冲系数显

著高于裸埂（$P<0.05$）。黄红壤皇竹草埂、新修梯田自然植被埂的平均表土抗冲系数分别是对照裸埂的3.3倍和1.7倍，不过差异均不具显著性。生物埂抗冲性增强，主要应归因于植物根系对土壤的缠绕固结作用，大量的须根具有强大的抗拉能力和弹性，以及其网络缠结、根土黏结及根系生物化学等作用，能够很好地强化土壤抗冲性能，尤其小于$1.0\sim2.0$mm径级的植物根系，能够显著地稳定土层结构，增加粒径>2mm水稳性团聚体，增强土壤抗冲能力的（殷庆元等，2015）。新修梯田生物地埂未表现出土壤性质及其可蚀性的明显优化，而老梯田地埂植物的长期存在可以增加土壤有机质含量，增大土壤紧实度，有效改善土壤物理性状和团聚体分布特征，提高土壤抗冲和抗蚀能力，增强地埂稳定性，有利于梯田水土保持效应的有效持续发挥。

根据四川盆周地山地黄壤坡耕地横坡垄作坡面的研究，随玉米生育期推进，横坡垄作10°和15°坡面土壤团聚体GMD（几何平均直径）、MWD（平均质量直径）、SC（土壤团粒稳定性系数）、AD（团聚度）均显著增加，D（分形维数）均显著降低，DC（分散系数）和SFR（土壤结构体破坏率）降低，土壤团聚状况趋于良好，土壤结构逐渐优化，稳定性增强，且横坡垄作对土壤团聚和稳定作用更加明显。与顺坡垄作相比，横坡垄作坡面SAI（土壤抗蚀性）随玉米生育期推进显著增加；横坡垄作10°坡面SAI显著高于15°坡面，$0\sim10$cm土层SAI显著高于$10\sim20$cm层，因此，应提高大坡度下层土壤稳定性。横坡垄作坡面SAI与有机质、容重均呈极显著正相关。玉米根系特征参数中，横坡垄作坡面SAI与根系密度、根系表面积、根系体积、总根长及各根径根长均呈显著正相关。因此，增加土壤有机质和选取根系发达的玉米品种，可达到防治研究区玉米季坡耕地土壤侵蚀的目的。另外，土壤含水量、容重和玉米根系均对SS（土壤抗冲性）有较大影响，横坡垄作坡面SS与含水量呈显著线性函数关系，与容重呈极显著线性函数关系，实施横坡垄作可通过提高含水量和容重，间接增强黄壤坡耕地SS，除平均根径外，横坡垄作坡面SS与各根系参数均达极显著正相关，根系发达的玉米品种能增加土壤的固持保土能力，有助于增强SS（杨帅，2017）。

周晓晨等（2017）研究得到，常规管理条件下，在$0\sim10$cm土层，间作模式的土壤抗蚀指数显著大于单作模式，土粒的抗分散能力强，其中玉米/马铃薯间作较玉米单作、马铃薯单作团聚体破坏率分别降低了35.71%和32.88%；而玉米/大豆间作较玉米单作、大豆单作团聚体破坏率分别降低了42.22%和

26.40%，其 > 0.25mm 团聚体的数量分别增加了 66.01%、29.58%，在 10 ~ 20cm 的土层中，玉米/大豆间作的团聚体破坏率较玉米单作、大豆单作分别显著降低了 22.75% 和 16.67%，其 > 0.25mm 团聚体的数量较玉米单作增加了 42.28%；与单作模式相比，间作模式的农作物根长、根表面积、根体积均有显著改善，且与团聚体的破坏率呈显著负相关。马志鹏等（2016）研究了玉米单作、大豆单作和玉米/大豆间作模式下坡耕地红壤（砂质红壤）抗蚀性的差异，结论是不同种植模式之间土壤抗蚀性指数在 0 ~ 10cm 和 20 ~ 30cm 土层之间差异显著，在 10 ~ 20cm 土层差异不显著；不同深度土层范围内，间作模式土粒抵抗分散能力均最强，且其土壤流失量较单作减少，作物根系量、根系表面积、总根长、根系体积和根尖数与土壤流失量呈显著负相关。玉米/大豆间作可以通过改善根系特征，提高土壤有机质含量，进而提高土壤抗蚀性。由此可见，在坡耕地红壤地区，农作物合理的间作及其丰富的根系能有效增加土壤有机质，减低团聚体破坏率，增强土壤结构稳定性，减少水土流失。

不同施肥处理对红壤旱地土壤理化性状和抗蚀性影响，程谅等（2019）以长期定位施肥试验小区为研究对象，研究了 CK（荒草地）、T1（不施肥）、T2（施有机肥）、T3（施氮磷钾肥）和 T4（氮磷钾肥与秸秆配施）5 种处理的土壤理化性状及土壤抗蚀性。结果表明：①荒草地开垦后，土壤容重降低，土壤孔隙度和含水量升高；相较于不施肥，施肥提高土壤有机质含量、改善土壤物理性质作用更为明显。②衡量不同施肥处理土壤抗蚀性的 2 个最佳指标为 > 0.25mm 水稳性团聚体含量和结构破坏率。③使用主成分分析综合指数表示不同处理土壤抗蚀性依次为：T2 > CK > T3 > T4 > T1，荒草地开垦后，耕种会降低土壤抗蚀性，但施肥能略微提升土壤抗蚀性，而施有机肥提升最为明显。

二、拦沙减沙

水土保持的拦沙减沙功能主要体现在通过水土保持各种技术措施，减少土壤侵蚀和冲刷，减少泥沙进入河道等，从而达到拦截和减少入江（河、库、湖）泥沙的作用。泥沙下泄，导致下游地区河床抬高，水库淤积，洪涝灾害频发，严重威胁人民群众生产生活安全，在南方植被稀少、地表裸露、河流输沙量大的地区尤为突出。

长江委水文局等单位研究了嘉陵江流域实施以"长治"工程为主体的水土保持工程前后嘉陵江泥沙的变化情况，采用了3种方法进行研究，得到的结果具体以下：①水文控制站实测泥沙减少情况。水文资料统计显示，宜昌、寸滩、朱沱、北碚4个水文站1988年以前实测年平均输沙量为5.23亿t、4.60亿t、3.15亿t、1.36亿t，1990—1998年年平均输沙量4.23亿t、3.75亿t、2.95亿t、0.494亿。②"水土保持效益计算法"推算拦沙减沙情况。据推算分析，1989—1996年较之"长治"工程实施前水土保持措施每年就地减蚀拦沙约3046万t，扣除天然降雨、水量变化因素、人类活动增沙、水库群拦沙以及沿程河道冲淤调整等因素影响后获得，由于水土保持措施的减蚀拦沙作用，嘉陵江不同支流1989—1996年的平均年输沙量较1988年前减少4.0%～17.2%，其中渠江减少8.9%，涪江减少13.0%，干流区间（武胜）减少4.0%，嘉陵江出口（北碚）减少8.3%。③"水文计算法"推算控制站减沙情况。据推算，扣除降雨因素影响后，嘉陵江各控制站1989—1996年期间年均输沙量与1988年之前的相比，渠江（洛渡溪）减少36.7%，涪江（小河坝）减少30.9%，干流区间（武胜）减少40.9%，嘉陵江出口（北碚）减少40.7%。利用"水文计算法"得到的减沙幅度远大于"水土保持效益计算法"，原因在于"水文计算法"涵盖了防护林工程、水利工程、河道采砂及淤积、引水、采金等综合影响后的减沙效果（郭廷辅，2014）。

孙佳佳等（2010）研究得出，在自然降雨条件下，坡面产沙量从小到大依次为：乔灌草小区＜乔草小区＜乔灌小区＜马尾松纯林小区＜裸露小区，且产沙量随着降雨强度的增加而增加。高强度降雨条件下，乔灌草小区、乔草小区、乔灌小区、马尾松纯林小区、裸露小区的土壤侵蚀模数分别为12.82t/(km²·h)、19.76t/(km²·h)、27.41t/(km²·h)、80.35t/(km²·h)、174.78t/(km²·h)。与裸露小区相比，乔灌草措施减沙率为93.30%，减沙作用分别比乔灌措施、乔草措施、马尾松纯林措施高5.20%、2.90%、21.50%。与马尾松纯林覆盖模式相比，马尾松林草覆盖的减蚀减沙效益明显提高，因此研究者认为林草结合的植被覆盖模式，减蚀减沙的水土保持功能更强。

钟莉娜（2018）利用InVEST模型参数库并结合福建建溪流域的具体情况修正了不同景观类型的泥沙拦截率，得到耕地、林地、草地、园地、建筑用地的泥沙拦截率分别为43.3%、92.5%、67.9%、56.7%、5.0%。

在赣北红壤坡面水土保持措施研究表明，与裸露对照相比，几种水土保持措施柑橘＋百喜草全园覆盖、柑橘＋作物（横坡间作）、柑橘清耕、柑橘＋水平梯田（梯壁植草）的滞流效应分析，这些水土保持措施具有一定的减少地表径流和泥沙效益，其减流率在 21.16% ~ 75.32%，减沙率在 38.08% ~ 80.57%（郑海金等，2011）。林草覆盖措施的年均减沙率在 99% 以上，农林间作措施的年均减沙率在 75% 以上，柑橘清耕的年均减流率在 58% 以上，林果梯田措施的年均减沙率在 89% 以上。在林草覆盖措施中，全园覆盖、带状覆盖、带状覆盖＋间作作物的减沙效都在 99% 以上（李桂静，2015）。

第四节　防风固沙与农田防护功能

防风固沙功能主要体现在通过防风固沙措施来增加地表覆盖度，起到固沙紧土、降低风速、改变风向、增加地表湿度和改良土壤等作用，从而削弱风力侵蚀能力。农田防护功能主要体现在通过生物、工程和农耕措施，达到减少水力侵蚀、风力侵蚀和重力侵蚀危害，改善农田小气候，增加土壤水分，提高土壤养分，增加粮食产量等作用。

一、防风固沙功能

我国南方干旱与大风同步地区，在植被破坏情况下，疏松沙质地表因风力作用，形成类似沙丘景观，造成土地潜力衰退，形成类似沙漠化环境。因此，南方水土保持防风固沙功能主要体现在通过防风固沙措施来增加地表覆盖，起到固沙紧土、降低风速、改变风向、增加地表湿度和改良土壤等作用，从而削弱风蚀能力，更主要的是对这些地区进行高效的开发利用，成为特定的产业基地。

（一）固沙紧土

水土保持林具有固持土壤的作用，主要是通过林木的根系固持土壤，以及地上部分的枯枝落叶过滤地表径流内的固体物质而实现的。各种植物的根系都有固持土壤的作用,但以森林最好。森林植被根系分布深而且广,在水平和垂直方向上均有固持、网络土壤的作用。另外,林木之间的根系纵横交错、相互缠绕,构成一个密集、复杂的网络体系,使表土、心土、母质连成一体。同时,深根性树种和浅根性树种形成的混交林,由于根系呈多层分布,可促进土壤和母质层之间的过渡层不明显,使风化土层和基岩之间的分界成为渐进状态,可消除土壤滑落面的形成(杨均科,2013)。其次,林木强大的根系从土壤深层吸收水分,并通过枝叶的蒸腾减低深层土体的含水量,使土层内特别是滑动面处的潜流减少,所有这些对于消除滑坡、泥石流和洪泥都是十分有益的。

我国南方沿海沙地分布范围广,当主风与海岸垂直时,植被破坏,使风沙活动蔓延,甚至可上低山丘陵,造成山地积沙。而防护林可以起到良好的防沙固沙作用,例如,福建省漳浦县经过多年的沿海防护林工程的建设,沿海沙地面积得到非常有效的治理和控制,沙地向耕地的"沙改田"进程显现良好势头,土地利用发生了较大的变化,区域的植被覆盖率显著提升,景观稳定性显多样化发展。1986 年至 2003 年漳浦县沙化区域,沙化轻度增加、中度减少、重度有所增加、极重基本不变,沙化总体情况呈现减少的趋势(余坤勇等,2010),2003 年的固沙效应总体上比 1988 年的固沙效应理想(图 1 - 2 - 7,贺小说,2012)。

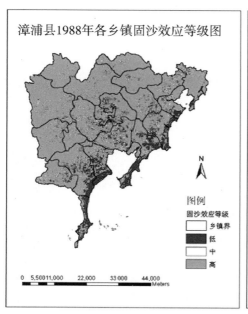 

图 1 - 2 - 7　1988、2003 年漳浦县各乡镇固沙效应分级(贺小说,2012)

沿海沙地与我国北方荒漠相比,气候条件有极大差别,而且临近海岸有不定期潮水淹及,含有一定的盐分;从海滩刮向陆地的流动沙粒带有海生动物的有机物质,肥力较高;近海沙地的地下水位一般较高。此外,与内陆流动沙地相同,地下水位淡水低,土壤组成以细沙、粗细沙为主,属于高容水沙地,也有少量粗沙地;流动性大,植被稀少,常形成流动沙丘,距海较远的固定沙地,已有杂草生长,沙地含水量低。解决的途径只有一条,造林种草,恢复和发展植被,建立沿海综合防护林体系,发展生态经济,沿海造林应选择耐盐、抗盐性较高的树种(表1-2-12)。

表1-2-12　主要耐盐树种耐盐程度、耐高水位程度情况

树种	刺槐	苦楝	白榆	桑	乌桕	紫穗槐	臭椿	加杨	柽柳
土壤含盐量最高临界值(%)	0.3	0.25	0.20	0.20	0.25	0.40	0.25	0.10	0.7
地下水位最高临界值(m)	1.0	0.9	1.5	耐水湿	耐水湿	耐水湿	不耐水湿	较耐水湿	耐水湿

在沿海海岸水土流失严重地区,为拦截沙流和固定海边流沙,削弱风力对骨干林带的不良影响,在海岸前堤后方应特别注意灌草的选择(图1-2-8)。此处风速大,盐分重,沙地贫瘠而流动,不适宜林木生长,因此,需建立灌草缓冲带,而且密集的灌草丛其地上部分能给水流造成很大阻力,地下部分根系固结网络表土的能力很强;同时,灌木林落叶在一定历史条件下,能迅速形成一定厚度的枯枝落叶层。灌草植被的选择应遵循抗性强、耐贫瘠、耐盐耐涝的原则,缓冲带的宽度根据地形、坡度、风力大小、沙害程度等因素,一般在30~100m,甚至达到几百米以上(陈祥伟等,2005)。

图1-2-8　江苏沿海滩涂沙地(王金平　摄)

在南方沿海低山丘陵坡地上营造乔灌木混交林或种植灌木防冲林带,对过

滤沉积来自上方的径流泥沙，保护下方的农田、草地有着良好的作用。另外，在水库周围滩地、河流两岸，为防止流水冲刷、波浪冲淘，可采用一些耐水湿的灌木树种，以其发达的根系和密集、柔软的枝条，可以固结土壤，减少径流和冲刷量，起到缓冲水流对岸边冲淘破坏的作用，这种功能是其他任何工程措施难以比拟的。从气候条件来看，在降雨量满足植物生长的地区应以植物直接固沙为主，在必要时辅以工程措施，随着降雨量减少，植物成活难度增大，多半采用机械固沙和植物固沙相结合的方法，在极端干旱植物难以生长的地方就转变为以工程固沙为主；当然在有灌溉条件的地方，植物固沙仍然是最好的方法。一般说来，植物固沙优于机械固沙，因为植物可以世代演替，长久地使流沙固定。就目前所采用的材料来看，机械固沙一般只能维持 2～3 年，固沙效果逐年降低。而植物固沙则不然，固沙效果是逐年增加的。植物枯落物的分解不仅可以改良土壤，同时也有固结土壤的作用，更重要的是植物还有经济利用价值，能产生经济效益。

（二）降低风速

在自然界中，空气的流动即产生风，或称气流，通常是以湍流（或乱流）的形式进行的，不仅具有水平方向的运动，同时也有垂直方向的运动。由于这些大小不等和强度不一的水平气流和垂直气流间的相互作用，时而合流，时而碰撞，造成风速时而大小不一，时而强弱不等，呈现出害风的阵性。土壤风蚀是指在以风力为主要外营力的作用下导致地表物质分散的物理过程，是造成环境恶化和土地生产力下降的主要原因之一（张帅等，2018）。南方沿海地区是我国经济最发达、城市化进程最快、人口最稠密的地区，在国民经济和社会发展的全局中有着举足轻重的地位和作用，但每年因风暴潮等自然灾害造成了大量的直接经济损失。虽然对于海啸、台风等自然灾害的科学预测和有效控制较难进行，但可以通过建设沿海防护林体系，作为抵御台风、海啸等自然灾害的第一道屏障，以减轻这些灾害的破坏力（李玥，2010）。另外，沿海地带不仅暴风多，而且常风也多，风速也大于内陆，而且越靠近海洋，风速越大，海岸地带风力一般比内陆大一二级。据各地气象资料统计，沿海地带年平均风速 5～7m/s。8 级及以上的大风日数，南方地区除福建北、广东西、广西沿海外，一般多在 4 级以上，6 级以上大风日数就更多。6 级风风速为 10.8～13.8m/s，风速达到 5m/s

时,就可吹动细沙;当风速达到 6~8m/s 时,可使细沙沙粒跳跃式飞速前进。同时,风对干燥的沙层吹动较容易,对湿润的沙层则先吹干表面后才能使沙粒移动。而海陆风的规律是,白天由海洋刮向大陆,而夜间则由陆地吹向海洋。白天沙层表面干燥,而夜间则较湿润。加上台风也是刮向大陆,经过海滩和海边沙丘地带,形成风沙流。在登上海岸时,一般都要受海岸角分离作用,产生回流沉降堆积,这正是海岸沙堤形成的原因之所在(陈绶柱等,2001)。但进入陆地一段距离后,它将采用风蚀及扬沙一样的运动,相继产生风沙流和传输中遇阻沉积等过程。只是由于海岸边沙粒较粗,含水量较大,形成的风沙流强度相对较低,风蚀、压埋的危害也相对较小。如岸上有林带或片林,产生的危害将更小。通过研究上海沿海防护林林带抗风效能发现,林带疏透度、风向交角和林带间距对杨树、水杉和水杉杨树混交林林带的防风效能均有一定影响,林带最优参数组合为林带宽高比为 1.0、林带疏透度 35%、林带高度 24m 和林带带间距 14H(李玥,2010)。另外,水杉杨树混交林的防护效能高于水杉林、杨树林、榆树榉树混交林等防护林(图 1-2-9),风向对水杉杨树混交防护林带的影响趋势为:当风向与水杉林带(β=35%)交角小于 30°时,防护效果随偏角的增加影响不大;但当风向与林带交角大于 30°时,防护效果将大大降低(图 1-2-10)(李玥,2010)。

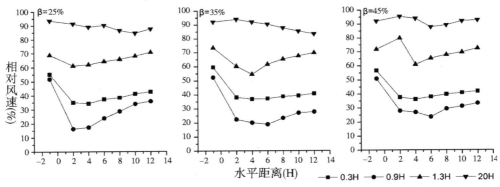

注:β 为疏透度

图 1-2-9 上海沿海防护林不同疏透林带沿流相对风速比较

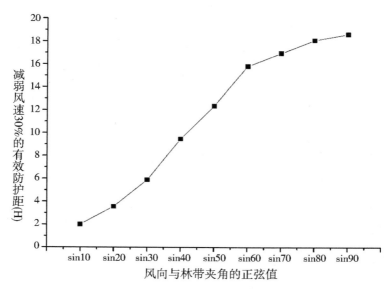

图 1 - 2 - 10　风向对上海沿海水杉杨树混交林带防风效应的影响

（三）增加地表湿度

植被通过对水分循环与过程的生物调控成为控制水土流失的关键因素。防护林植被可以通过林冠截留、枯枝落叶层持水和土壤蓄水来发挥其水源涵养、水土保持、滞洪蓄洪和改善水质等生态服务功能。林分有减少土壤侵蚀的作用,林下枯落物层可以起到吸持和拦截降水、抑制降雨侵蚀力和减少径流冲刷的作用,同时林下灌草层对降雨的截留作用可以避免降雨对土壤的直接冲刷,灌草和草本植物根系可以增强土壤的抗冲性和抗蚀性。枯枝落叶层位于林冠层和土壤层之间,主要由林木、林下植被凋落物及枯死的植物残体组成。枯落物层形成疏松海绵状覆盖物,具有较好的吸水、持水能力,能够吸收地表径流、抑制土壤水分蒸发,起到保护植被和土壤的作用。枯落物层对降水的拦截能力也有所差异,这种能力受枯落物组成、分解状况、水分状况等多种因素影响。综合各种研究结果得出,枯落物的最大持水量可达到自身干质量的 2～4 倍,最大持水率可达到 309.54%。研究表明,麻栎林落物层最大持水量可高达 39.213t/hm²,其次是毛竹林(38.182t/hm²)、杉木林(17.734t/hm²)和马尾松林 (6.765t/hm²)(黄进,2011)。

（四）改良土壤

土壤是植物与母岩、气候相互作用,经过漫长的发育时期形成的,其中植被是最积极、最活跃的因素。凋落物的归还、死地被物层的分解以及植物根系等因素直接作用于土壤。森林是地球上生产有机物质最多的一种植物群落,林木通过其强大的根系向深层土壤吸收无机盐分,再通过庞大的树冠进行光合作用制造有机物质,这样便为提高土壤肥力提供了物质基础。无论是针叶林还是阔叶林,光合作用生产的有机物质比它从土壤中吸收的无机物质多得多。因此,林内每年都有大量的凋落物积累,经过微生物的分解,土壤腐殖质含量大大增加,而土壤中腐殖质含量的多少反映了土壤肥力的高低。江苏省处长江三角洲地区,海岸线裹覆连云港、盐城和南通三市,全省海岸线长约967km,拥有全国25%以上的滩涂,面积近65.2万hm^2,且每年都在持续淤长。当今社会经济的飞速发展导致了土地资源的日益短缺,而苏北泥质海岸带就有着十分宝贵的后备土地资源。但这些土地资源的土壤发育时间短、盐分含量高、养分含量低、地下水位埋藏浅,土壤沙化、盐碱化严重,故目前尚无法对其进行有效的开发利用。据研究,在江苏沿海地区,刺槐防护林在0～20cm土层内的有机物质含量分别比水杉和农田(开垦15年)高28.7%和83.1%;全氮含量则分别高24.4%和55.1%,并且林分的年龄、密度越大,改良土壤的效果就越好。而且,在江苏沿海,裸地、刺槐、杨树纯林、苦楝＋桑、白蜡＋桑、刺槐＋杨树混交林,研究其土壤特性发现,随着防护林不断生长,其改土功能增强,与对照相比,防护林土壤容重、pH降低,孔隙度升高;刺槐林土壤有机质、速效氮、速效磷最高,刺槐＋杨树混交林土壤速效钾最高,而苦楝＋桑、白蜡＋桑混交林土壤变化较小,总体来说,刺槐林改土效果最佳(艾鹏,2012)(图1-2-11,图1-2-12)。另外,不同水土保持耕作措施,可以改善土壤理化性质,提高土壤入渗力,减少地表径流。由于作物根系的生长以及人为耕作施肥等活动,土壤理化性质明显改善,入渗能力显著提高。在我国沿海平原沙土区,农耕地与裸地相比,表层土壤容重可减少15.1%～28.0%,非毛管孔隙率增加50%～160%,水稳性团粒含量,抗冲能力均提高几倍至几十倍,有机质含量提高2～4倍;土壤入渗能力也有较大提高。

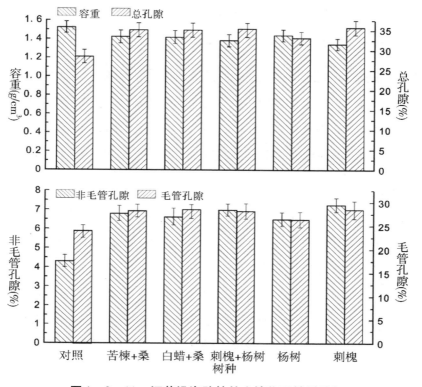

图 1 - 2 - 11　江苏沿海防护林土壤物理性质特征

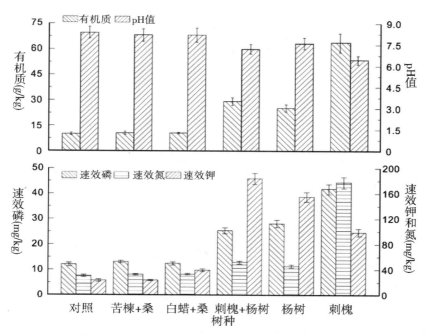

图 1 - 2 - 12　江苏沿海防护林土壤化学性质特征

二、农田防护功能

水土保持的农田防护功能主要体现在通过林草措施(如农田防护林、水土保持经济林等)、工程措施(如地埂、水平台阶、梯田等)和耕作措施,达到减少水蚀、风蚀和重力侵蚀危害,改善农田小气候,增加土壤水分,提高土壤养分,增加粮食产量等作用。面源污染、土地退化等危害,直接与水土流失有关,水土流失导致土壤颗粒及其养分流失,降低了土壤肥力,造成土壤硬石化、沙化等,严重影响农业生产,威胁粮食安全。

(一)改善农田小气候

1.林带对气流结构的影响

林带附近流场结构特征,目前尚无严格的数学分析,采用的试验方法主要是借助烟流法,在风洞中观察林带附近的流场结构特征。即利用发烟器在野外发出烟,观察烟雾随气流通过林带的情况,来研究林带附近气流运动特征(钟中等,1997)。当风遇到紧密结构林带时,如同遇到不透风的障碍物样,在林带迎风面首先形成涡旋(风速小,压力大),气流全部被抬升,从林带上方越过,流线在林带迎风面上倾斜很厉害,在林冠上方形成流线密集区,表明气流速度增大。而越过林带的气流在背风面迅速下降,形成一个剧烈的紊流区,分不出任何一条流线,表现出强大的涡旋。在林带的迎风面,尤其是背风面较短距离内,能较大程度地降低风速,但其防护距离较小。这主要是林带背风面上下方的风速差、压力差和温度差的共同作用所致(陈祥伟等,2010)。

当气流遇到通风结构林带时,迎风面气流受林带阻拦,分成3部分:部分被抬升,部分则向下倾斜,由树干部分的通风孔道穿过林带,并在背风面扩散;第三部分则均匀透过林冠,在林冠背后形成紊流区,形成小的涡旋。由于从林带下方穿过的气流受狭管效应的影响,气流的流速稍有增大,具有较大的冲力,故在背风面形成的大气旋不在林缘,而是在林缘5H~7H处,并在林带背风面的较大距离内形成一个弱风速区。

当气流遇到疏透结构林带时,迎风面来的气流受林带阻挡,一部分被抬升,流线向上倾斜,在林冠上方形成流线密集区,但其密集程度较紧密结构林带弱得多。另一部分气流则均匀穿过林带,受树干、枝叶的拦阻和摩擦,大股气流变成无数大小不等、强度不一和方向相反的小股气流,此时气流的能量被大量消耗,风速也随之减弱。由于穿过林带气流的作用,越过林带的气流不能在背风面林缘处形成满旋,而是在距离5H(树高)~10H处产生漩涡,在林带背风面的较大距离形成一个弱风速区。

2. 林带对风速的影响

不同结构林带对空气湍流性质和气流结构的影响是不同的,因而对降低害风风速和防护效果也存在差异(张金池等,2011)。紧密结构的林带对气流的影响使林带前后形成2个静高压的气枕,越过林带上方的气流成垂直方向急剧下降,因而在林带前后形成2个弱风区。紧密结构的林带其特点是整个林带上、中、下部密不透光,疏透度小于0.05,中等风速下的透风系数小于0.35。背风面1m高处的最小弱风区位于林带高度的1倍处,防护有效距离相当树高的15倍。图1-2-13A为紧密结构林带模型附近相对风速的速度场,由图看出,在林带附近风速降低值最大,但是,它的防护距离较短。以降低害风风速25%为有效防护作用的话,那么在15H内即为有效防护距离。

通风结构的林带不同于紧密结构的林带。由于通风结构的林带下部有一个通风孔道,这种林带结构是以扩散器的形式而起作用的。从外形上看,上半部为林冠,下半部为树干。林冠层的疏透度为0.05~0.3,而下部的疏透度大于0.6,透风系数0.5~0.75。背风面1m高处最小弱风区位于林带高度6~10倍处。从图1-2-13B中发现,林带的下部及其附近的风速几乎没有什么降低,有时甚至比空旷地的风速还要大一些。所以,通风结构的林带下部及其附近很容易产生风蚀现象,尤其当林带下部的通风孔比较大时,风蚀现象更加严重,在设计这种林带时应特别注意。但是,通风结构的林带在防护距离上比紧密结构林带要大得多,在25H处害风的风速才恢复到80%。

疏透结构的林带是3种结构林带中较理想的类型。从图1-2-13C中可知,疏透结构的林带不仅能较大地降低害风的风速,而且防护距离也较大。在背风面的30H处,害风的风速才恢复到80%。从外形看,林带上、中、下部枝叶分布均匀,有均匀的透光孔隙。其疏透度0.1~0.5,透风系数0.35~0.6。其背风面1m高处的最小弱风区出现在相当林带高度的4~10倍处。当然,营造这种林带在树种选择与配置上须特别注意,而且当林带郁闭后还应经常抚育,否则很容易形成紧密结构的林带。

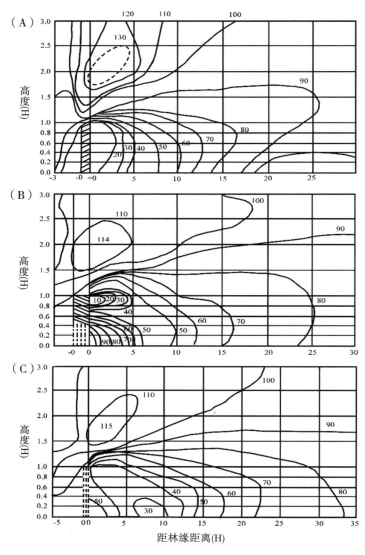

A,紧密结构;B,通风结构;C,疏透结构

图1-2-13 不同结构模型林带附近相对风速分布特征(%)

　　主林带走向是决定农田林网防护效应的重要因素之一,林带与风向交角的大小与林带防风效应密切相关。相关研究表明,林带与主要害风风向交角90°时防风效应最大,当风向交角由90°逐渐减小时,防风效应降低(表1-2-13)。另外,王磊等(2017)研究江苏徐淮平原农田林网防风效果发现,在新造农田防护林背风面的1～20H内,随着距林带距离的增加,林带防风效能逐渐提高,新造林的迎风面1H和背风面1H的风速频数百分比差异不大。实际上,农田防护林带的防护作用和防护距离与林带的结构、高度、横断面形状和交角等因素

有直接的关系,应该具体问题具体分析,不能一概而论。另外,林带风速降低后,引起了一系列气候因子的变化,改善了气候条件,给农作物稳产高产创造了有利条件。我国黄淮海地区,在小麦灌浆期有一段持续时间较长的干热风,常使小麦减产。据观测,同未栽植泡桐的农田比较,栽植泡桐(7 年)的农田,风速降低 35% ~58%,地面蒸发减少 20% ~40%,空气温度增加 9% ~29%,土壤湿度提高 24%,温差缩小。这样有效地减轻干热风危害,为小麦生长创造了良好的环境条件,使小麦增产 10% ~30%,获得桐粮双丰收。

表 1 - 2 - 13　　林带与风向交角大小对降低风速的影响

风向交角	降低风速(%)					
	林带背风面					1 ~20H 平均风速降低
	1H	5H	10H	15H	20H	
90°	36.0	44.0	44.0	42.0	40.0	41.2
60°	/	45.7	40.7	17.3	18.5	30.6
30°	47.6	45.3	38.1	20.2	16.7	33.6

3. 林带对空气温度的影响

农田防护林带防风效应的直接后果是削弱了林带背风面的能量交换、改变林带附近热量收支各分量,从而引起空气温度的变化。一般地说,在晴朗的白天,由于太阳辐射使下垫面受热,热空气膨胀而上升并与上层冷空气产生对流,而另一部分辐射差额热量被蒸发蒸腾和地中热通量所消耗。这时在有林带条件下,由于林带对短波辐射的影响,林带背阴面附近及带内地面得到太阳辐射的能量较小,故温度较低,而在向阳面由于反射辐射的作用,林缘附近的地面和空气温度常常高于旷野。同时,在林带作用范围内,由于近地表乱流交换的改变导致空气对流的变化,均可使林带作用范围内的气温与旷野产生差异。在夜间,地表冷却而温度降低,愈接近地面气温降低愈烈,特别是在晴朗的夜间很容易产生逆温。这时由于林带的放射散热,温度较周围要低,而林带内温度又比旷野的相对值高。宋兆民等(1982)在江苏省昆山的研究表明,秋季林带有增加空气温度的作用,且林带的增温作用近林带处大于远离林带处,林带背风面1H 处气温提高 0.7℃;5 ~10H 处气温提高 0.3℃;15H 处气温提高 0.2℃。张鑫童(2012)研究农田林网 0 ~20H 范围内空气温度变化特征发现,观测期平均温度的最大值出现在距林带 1H 处,同时也是极大值处,最小值出现在距林带

0.5H 处,且 0.5H 处与 1H 处的平均温度差距明显。观察距林带不同距离处的平均温度可以发现,农田防护林网内平均温度随距林带距离的增加,表现出先迅速升高再缓慢降低的趋势,且平均温度降低的幅度逐渐减小(图 1-2-14)。

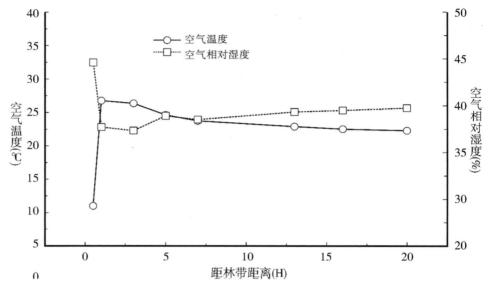

图 1-2-14　农田林网内空气温湿度随距离的变化(张鑫童,2012)

4. 林带对空气湿度的影响

在林带作用范围内,由于风速和乱流交换的减弱,使得林网内作物蒸腾和土壤蒸发的水分在近地层大气中逗留的时间要相应延长。另一方面,由于风速减弱,降低了防护区内的水分蒸发,使地面的绝对湿度和相对湿度通常较旷野高。这就有利于保障作物的对水分的需要,有效防止作物失水、土壤无效蒸发造成的干旱等危害。因此,近地面的绝对湿度常常高于旷野。一般绝对湿度可增加水汽压 0.5~1hPa,相对湿度可增加 2%~3%,是影响作物蒸腾与水分吸收的重要生态因子。在比较湿润的情况下,林带对空气湿度的提高不很明显;在比较干旱的天气条件下,特别是在出现干热风时,林带对于提高近地层空气湿度的作用是非常明显的。大量观测资料表明,农田林网内的蒸发比旷野小,蒸发减小量与风速有关,风速越大,蒸发减小越明显。许多学者对水面蒸发研究的结果表明,水汽梯度的垂直变化是由于林带使其附近的风速和湍流交换程度降低,改变了空气中水汽浓度的分布规律引起的,同时也对水面蒸发、土壤蒸发和植物蒸腾产生一系列的影响(张平贵,2007)。张鑫童(2012)研究农田林网 0~20H 范围内空气湿度特征发现平均相对湿度的最大值出现在距林带

0.5H 处,最小值出现在距林带 3H 处,且 0.5H 处的相对湿度与其他各观测点有明显差距。李勇美等(2012)对江苏沿海农林复合经营的研究表明,杨树林带相对湿度萌动期增加 0.31% ~ 6.11% ,展叶期增加 0.31% ~ 2.93% ,全叶期增加 0.43% ~ 2.98% ;水杉林带相对湿度萌动期增大 4.09% ~ 6.17% ,展叶期增大 0.57% ~ 2.84% ,全叶期升高 2.21% ~ 2.28% 。

(二)增加土壤水分

土壤湿度决定于降水和实际蒸发蒸腾,而林带可以使这两个因素改变,它既可以增加降水,也可减少实际的蒸发蒸腾,因而在林带保护范围内,土壤湿度可显著增加,使作物在较好的水分平衡状态下生长和发育,减轻土壤与大气干旱带来的不良影响。但是,在干旱的气候条件下,由于林带能使实际蒸发蒸腾量增加,因而受保护地带的土壤就有可能比旷野还干燥。此外,由于构成林带的林木本身的生长,林带根系所及的地域,土壤含水量有一定的降低,造成所谓的"胁地"现象,但这一区域的范围很小,一般不超过 1H 的距离。总体而言,林网保护下的农田土壤含水量,较无林带保护的旷野高,而且越是气候干燥地区或干热风时期,这种效应越显著。李晓倩等(2009)在对旱作区农田防护林降低风速、减少土壤蒸发的状况进行研究时发现,林带背风面 0 ~ 10cm 土层的土壤含水量与旷野相比平均提高 9.4% 。张鑫童(2012)研究发现(图 1 – 2 – 15),农田林网在 0 ~ 20H 范围内,0 ~ 10cm 土层土壤含水率的最大值出现在距林带

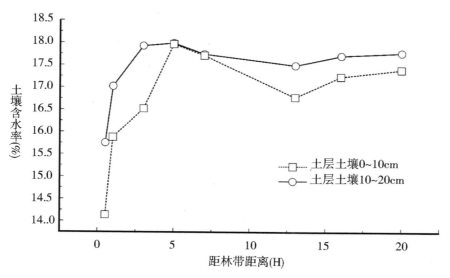

图 1 – 2 – 15　农田林网内土壤含水率随距离的变化(张鑫童,2012)

5H 处,同时也是极大值处,最小值出现在距林带 0.5H 处,距林带 13H 处为该土层土壤含水率的极小值点。10 ~ 20cm 土层土壤含水率的最大值和极大值均出现在距林带 5H 处,最小值和极小值分别在距林带 0.5H 和 13H 处出现。李勇美等(2012)在江苏沿海研究表明,林农复合经营下林木萌动期土壤含水量比林外高 1.87% ~ 2.87%,展叶期土壤含水量比林外高 2.01% ~ 3.28%,全叶期土壤含水量比林外高 1.86% ~ 3.01%。

(三)提高土壤养分

林中的枯枝落叶及地下微生物的分解作用使其共生培肥,一方面改善土壤结构,促进土壤熟化过程,从而增强土壤自身的增肥功能和农田持续生产力;另一方面则增加了土壤微生物种群数量和提高了土壤酶活性,能有效地提高土壤肥力水平。已有的研究表明,在林带保护的农田中,土壤微生物数量和腐殖质含量明显提高,并表现出距林带愈近,其数量愈大、含量愈高的现象。有学者在江苏省徐州农田防护林区,对土壤酶活性进行了研究,结果发现林带根系活动能明显提高土壤酶活性,在林带附近土壤酶活性较高,随着与林带距离的增加土壤酶活性变小,根际土土壤酶活性明显高于非根际土。但是,研究还发现受到自毒效应影响,农田防护林杨树多代连栽后,土壤物理性状变差,土壤养分含量及 pH 逐代下降;脲酶、蔗糖酶、过氧化氢酶和碱性磷酸酶活性均逐代降低;微生物总量逐代减少。而不同树种轮栽后土壤物理性质的恶化程度降低,土壤养分消耗得到缓和,对土壤酸化程度降低,对土壤脲酶和蔗糖酶的正化感效应增强,微生物总量得到提高(陈丽莎,2013),人工杨树林连栽 30 ~ 40 年即会产生自毒作用,引起连栽障碍,需人工杨树林连栽 30 年后改变种植方式,实施间作或轮作等方式以改善根际土壤微生物的环境、减少连作障碍的发生(陆茜,2016)。

第五节 防灾减灾与生态维护功能

防灾减灾功能主要体现在通过工程措施、生物措施和农耕措施来防治洪涝、崩塌、护坡和泥石流等灾害,起到减少、减弱洪涝和地质灾害发生的重要作用。生态维护功能主要体现在通过造林种草和封山育林育草,保护湿地河道工程等措施,提高和保护林地、草地,维护森林系统多样性,防治草地沙化,减少入河入库泥沙,从而达到维护森林、草原、湿地等生态系统功能的作用。

一、防灾减灾功能

水土保持的防灾减灾功能主要体现在通过工程措施减少和减弱地质灾害发生的重要作用。崩塌、滑坡、泥石流和山洪等灾害是水土流失的几种特殊类型,这些灾害具有很强的破坏力,严重影响了人们的公共财产和生命安全。水土保持工程措施包括排水工程、削坡、减重反压、抗滑挡墙、抗滑桩、铺固和护岸及堤防工程、沟道疏浚工程、排洪渠、排导工程、拦挡工程、沟道治理工程等。

森林是绿色大水库,具有低成本、高效益,其与山洪泥石流的发生频率关系密切。森林通过林冠截留、枯枝落叶层吸收,以及雨水在林内土壤入渗来削减和降低雨量及雨强,从而减少地表径流量。森林植被能增大地表粗糙度,减缓径流流速,增加下渗水量,以延长地表产流和汇流时间。此外,森林植被阻挡了雨滴对地表的冲蚀,减少了流域的产沙量。因此,保护森林、恢复植被对山洪、泥石流有抑制作用。

(一)防治洪涝功能

洪涝,指因大雨、暴雨或持续降雨使低洼地区淹没、渍水的现象。1998 年,长江发生全流域特大洪水,据统计,全国共有 29 个省(区、市)遭受了不同程度的洪涝灾害,直接经济损失达 1660 亿元。何乃维等(1999)以大量数据分析1998 年洪水特征,指出洪峰水位超高的根源在于长江流域森林植被遭到破坏,水土流失增加。而水土保持是减少洪涝灾害的有效途径,其中水土保持工程措施如坡地修建水平梯田,可拦截地表径流和泥沙量分别超过 85% 和 95%(张海英等,2002)。截流沟、鱼鳞坑、谷坊、塘坝等工程措施亦有显著的蓄水拦泥作用。水土保持耕作措施如等高耕作、深耕密植等可改善土壤理化性能,减少土壤侵蚀的产生,提高农作物产量。

水土保持林草措施如封山育林,可提高地表覆盖率,改善生态环境。与无林地相比,有林地可多蓄水 $300m^3/hm^2$,有效消减了洪水径流量(张海英等,

2002）。黄岗水土保持站实测资料也显示，与同等降水条件下的荒坡地相比，松栎混交林（6年生）可削减洪峰73%（何乃维等，1999）。黄山市流域的森林覆盖率由1955年（平均次降水量239.5mm）的60%下降到1959年（最大次降水量167.5mm）的35%，但洪峰水位从相对升高5.65m增加到6.99m（宛志沪，2008）。可见，森林覆盖率与洪峰流量密切相关。

（二）防治泥石流功能

泥石流是指在山区或者其他沟谷深壑，地形险峻的地区，因为暴雨、暴雪或其他自然灾害引发的山体滑坡并携带有大量泥沙以及石块的特殊洪流。泥石流具有突然性以及流速快、流量大、物质容量大和破坏力强等特点。2010年8月，甘肃省甘南藏族自治州舟曲县发生强降雨引发泥石流灾害，造成大量人员伤亡、财产损失。据不完全统计，长江上游100万km² 范围内即有15万余处大小滑坡，1万多条泥石流沟道，每年发生滑坡、泥石流重大灾害数十起，造成千百人员伤亡，直接经济损失达1亿元（廖纯艳等，2007）。

防治泥石流灾害主要遵循"疏导、拦挡、排导"等灾前防御理念，通过改善基础设施、科学合理规划土地、设置泥石流防治措施等可在很大程度上减轻泥石流灾害（苏志满，2011）。在泥石流灾害综合防治措施体系中，水土保持林草措施是重要手段之一，尤其在坡面泥石流的暴发和形成过程中起到较好的抑制作用。植被根系所形成的网状结构锚固层，可增强对土体的抗拉、抗蚀强度，能削减水体动力、减少土体储量，从而缓解甚至消除坡体表面的侵蚀效应（高延超等，2013）。但有研究显示，当发生强降雨，且超过一定阈值时，植被稳定滑坡、崩塌等土石体的效果是有限的，大规模低频泥石流仍会发生，特别是在沟谷泥石流中出现中厚层崩滑体时，植被防止重力侵蚀的作用减弱（施蕾蕾等，2008；陈晓清等，2006；高延超等，2013）。在防治泥石流过程中，水土保持工程措施同样非常重要，且效果极佳，如拦沙坝、谷坊坝、护坡等可控制泥石流的发生；停淤场、拦沙坝等可拦蓄、控制和调节泥石流；排导槽、导流堤等可实施泥石流安全泄洪（吴昊，2018）。矿山泥石流是一种人为泥石流，具有频率高、危害大等特点。罗阳等（2018）针对攀枝花徐家沟矿山泥石流，提出了生物工程、岩土工程、监测预警相结合的防治模式，及"清理沟道＋放坡＋单边防护堤＋拦挡坝"的防治措施。

二、生态维护功能

水土保持生态维护功能主要体现在通过造林、种草和封山育林、育草，保护湿地河道工程等措施，提高和保护林地、草地面积，维护森林系统多样性，防治草地沙化，减少入河入库泥沙，从而达到维护森林、草原、湿地等生态系统功能的作用。森林、草原和湿地生态系统，可以提供维持生物多样性、调节气候、净化环境和减轻自然灾害等生态服务功能。

（一）提高生物多样性

生物多样性是生物及其环境形成的生态复合体以及与此相关的各种生态过程的综合，包括动物、植物、微生物和它们所拥有的基因以及它们与其生存环境形成的复杂的生态系统（蒋志刚，1997）。它是自然界生物资源多种多样的标志，是对生态平衡规律的简明阐述，也是衡量生产发展与客观规律是否相符的主要指标（朱学雷等，2006）。一个区域、一个生态系统的保护是否完整，在很大程度上要以其生物多样性的保护和利用是否合理来决定。然而，森林减少，草地、农田沙化严重，湖泊、湿地萎缩等，不仅造成了区域生态环境质量下降，而且增加了自然灾害发生的频率与危害程度。在生态脆弱区域，植被组成常表现为种属单一、群落类别单调，如南方的稀疏马尾松林（杨艳生等，1995）。同样，具有植物种类丰富、起源古老等特点的福建植物生物多样性，由于阔叶林面积锐减、森林资源质量下降、濒危野生植物比例上升、外来物种入侵等问题，使生物多样性保护受到严重威胁（黄义雄等，2003）。

要保护和提高生物多样性，自然恢复是最好的办法。在南方，日照充足，雨量丰富，能够为植被的生长和恢复提供良好的水热资源。对于水土流失较轻的区域，可依靠自然演替，无须人工协助进行恢复。其中，封山育林是自然恢复的典型方法，通过围封、保护，对生态系统停止人为干扰，依靠生态系统自我调节能力和自组织能力向有序的方向进行演化。该方法可缩短森林覆盖所需时间，在保持水土、提高生物多样性、改善微气候等方面效果显著，同时大大节省人力、物力和财力（高鹏等，2007）。

对于水土流失中等程度以上的区域，除了利用生态系统这种自我恢复能力外，还需辅以人工措施（如调整土地利用结构、退耕还林还草等），使遭到破坏的生态系统逐步恢复或使生态系统向良性循环方向发展，即生态恢复。生态恢复的目标是创造良好条件，引导、加速自然演化的过程，促进一个群落发展成为由当地多样的物种所组成的完整生态系统（刘法英等，2012）。江西省千烟洲就是退化生态系统恢复的典型代表（徐雯佳等，2008），经过多年的小流域综合治理和开发，水土流失得到有效控制，生态环境得到明显改善。该区治理以生态恢复为原则，植被由治理前的灌草丛现已发展为比较丰富的群落类型，并且形成了"丘上林草丘间塘，河谷滩地果渔粮"的立体模式，提高了生物多样性，使生物群落构成多元化。

（二）调节气候和净化环境

在水土流失综合治理中，因地制宜地开展封禁管护和水土保持林草建设，可有效提高植被覆盖率。而植被覆盖变化则通过改变一些地表属性（如反照率、粗糙度、土壤湿度等）影响辐射及水分平衡过程，从而对区域温湿度产生影响（李巧萍等，2004）。森林是气候的天然空调器。夏季，林冠枝叶不仅能大大削弱太阳辐射，缓和气温变化，而且能蒸散大量水分，提高林内空气湿度。与少林地相比，夏季森林地区气温一般低 4 ~ 5℃，相对湿度高 10% ~ 20%（刘梅香等，2012）。冬季，有林地能减弱风速，蒸散的水分不易扩散，这样能防止热量快速散失，其林内温度可高于无林地 2 ~ 4℃（陈金和，2009）。关于城市小气候的研究亦显示，气温与绿地率呈负相关，与建筑率呈正相关；随着城市的发展，建成区面积扩张，不断增加的人工下垫面导致温度增高，因此，为了减少热岛效应，维持良好的生态环境和较高的绿地率至关重要（鲍淳松，2002）。

植物通过光合作所制造的氧气比其呼吸作用所消耗的氧气高 20 倍（陈金和，2009）。它是天然的吸碳制氧工厂，也是人类生存环境的绿色屏障。植物净化环境功能主要体现在吸收有毒气体、滞尘降尘、杀灭病菌和降低噪声四个方面。

植物是有毒气体的净化所。大气中有很多有毒有害气体，如二氧化硫、氟化氢、氯气、甲醛、铅汞蒸气等，其中二氧化硫因数量最多、分布最广、危害最大，成为大气污染的"元凶"（陈波等，2009）。植物叶片吸收二氧化硫后，便形成毒性较小的亚硫酸和亚硫酸盐，再将其转化为硫酸盐，只要大气中二氧化硫浓度不超过一定限度，植物就不会受害，并能不断对二氧化硫进行吸收，起到净化空气的作用。据测定，1hm^{2}柳杉林一年可吸收大气层中的二氧化硫达720kg（陈金和，2009）。封海宁（2007）通过现场实测及人工模拟熏气实验发现，一棵旱柳一天可净化的二氧化硫量达128.7g，刺槐可净化16.6g，杨树可净化112.9g。一般而言，落叶树吸收二氧化硫的能力比常绿阔叶树更强，针叶树则较弱（邹晓东，2007）。对于其他有害气体，有研究显示，吊兰、合果芋等植物在密闭空间24h后，可降低空气中60%的甲醛含量（Wolverton et al.，1984）；雪铁芋在密闭空间72h后，可降低空气中近90%的二甲苯含量（Sriprapat et al.，2014）。

植物是天然的除尘器。粉尘是大气主要污染物之一，而植物叶片能降低和吸附粉粒，如茂密的树林能降低风速，使空气中的大颗粒尘埃降落，特别是某些植物的叶面粗糙多毛，有的分泌黏液和油脂，更能吸附、滞留大量飘尘。蒙上尘埃的植物，一经雨水冲洗，又能迅速恢复吸附的能力。与露天广场空气含尘量相比，处于生长季的林木，其含尘量平均浓度可降低42.2%，冬季树木枝干也能降低18%（黄晓鸾等，1998）。草坪吸附粉尘的能力较强，比裸露地面可高出70倍（刘梅香等，2012）。1966年在联帮德国汉堡，对几乎无树木的城区进行灰尘量测定，结果显示灰尘年平均值超出850mg/m^2，是郊区年平均值的8倍以上（黄晓鸾等，1998）。

植物是天然的防疫员。大气中通常含有多种细菌，如球菌、杆菌、丝状菌、芽生菌等（李梓辉，2002）。植物具有较好的杀菌效果，主要表现在两方面：一是植物能减少空气中的灰尘，使细菌失去了滋生的场所，因而抑制了细菌扩散，减少了细菌的数量；二是有些植物（如胡桃、桧柏、柳杉、悬铃木、柠檬等）所分泌的挥发性物质，本身具有抑菌或杀菌作用（马定国等，2003）。据测定，桧柏一昼夜能分泌杀菌素30～60kg/hm^2，可杀死霍乱、结核、痢疾等病菌（郎俊霞，2017）。不同类型的区域，空气中的含菌量差异较大，如在1m^{3}的空气中，森林含菌量约为55个，绿地上的含菌量是其5～9倍，公园里约是其20倍，而市区街道上是其500～700倍，百货公司则超过7000倍（刘梅香等，2012）。植物除了能杀灭空气中的细菌，还能杀灭土壤和水中的细菌，如污水从30～40m宽的林带通过后，其含菌量比经过无林地面可减少50%（黄晓鸾等，1998）。

植物是自然界的消声器。噪声是一种环境污染，影响人们的正常休息、干扰学习和工作，还可能引起多种疾病。植物能够从三方面来降低噪声：一是反射，树林中浓密的树叶和细枝能够阻挡噪声的传播，并使噪声向各个不同的方向发生反射,而反射增加了噪声的路径,可减弱噪声的能量;二是吸收,植物叶片上分布的气孔和带有的绒毛对噪声有一定的吸收作用,可衰减噪声的强度;三是干扰,噪声波的传播会引起树叶的振动,虽然幅度较小,但也消耗了噪声的能量,使噪声不断减弱乃至消失(王华,2007)。对于枝叶茂盛、上下叶片分布匀称的树木所形成的绿墙,不仅占地较少,还可降低噪声 10 ~ 20dB(陈金和,2009)。关于公路上绿化树木减噪的研究表明,噪声随树木的密集程度及绿地宽度的增加而减弱(黄晓鸾等,1998)。但刘佳妮(2007)研究发现,树木密度过高会对低频声音的衰减有负作用,在密度相同时,交错排列的降噪效果最好。聂蕾(2019)研究显示,乔灌草的复层配置能够在不同高度和层次上对噪声形成遮挡,使降噪效益最大化。

第三章

南方地区水土
保持林草技术

第一节　概述

　　我国南方地区主要以山地、丘陵地貌为主,水土流失灾害频繁,生态环境形势严峻,保护和建设生态环境已成为我国南方社会经济发展中的重点。在南方红壤丘陵区和西南土石山区两个水力侵蚀二级类型区中,西南高山峡谷区严重的崩塌、滑坡等重力侵蚀及泥石流,西南石灰岩石质山地大规模的"石漠化",中南至东南花岗岩石质山地的"崩岗"等,都属于南方地区典型水土流失类型。上述生态退化和灾害的根本原因是森林面积的急剧减退和森林质量的降低,以及水土流失导致的地表土壤损失、水源涵养和调节洪峰等生态功能的减弱甚至丧失。水土保持林草技术就是在水土流失地区营造的以调节地表径流,防止土壤侵蚀,减少河湖渠库泥沙,削减江河洪水危害,改造不良自然环境,从而促进农业高产稳产,保障工矿交通建设和水利、水土保持等工程安全的防护林和草本体系。水土保持林草要适应性强,容易繁殖,蓄水保土作用大;营造投资最小,抗灾防护作用最大,并具有一定的经济效益,促进林、牧、副业生产。但是,由于自然和人为因素的影响,森林和草地毁坏、地表覆盖率减少、自然灾害频繁、水土流失加剧、荒漠化面积扩大、生物多样性减少等问题愈发严重,水土保持林草技术是防止水土流失、改善生态环境、建设生态文明的根本性措施。

一、水土保持林草的作用

　　水土保持林草作为水土流失治理的三大技术措施之一,是小流域综合治理措施的组成部分,也是山丘区经济社会发展、精准扶贫的重要手段之一。

(一)水土保持林的作用

　　水土保持林是在水土流失地区,以调节地表径流、防治土壤侵蚀、减少河流和水库泥沙淤积等为主要目的,并提供一定林副产品的天然林和人工林(《中国水利百科全书》第二版编辑委员会,2006)。它是水土保持林业技术措施的主要组成部分。主要作用表现在：调节降水和地表径流，通过截留对降水进行再分配，地表覆盖物的增加以减少雨水的侵蚀，改善微生物环境以及改善局部小气候等。

1. 保持土壤、涵养水源

借助乔、灌木林冠层对降水的截留，改变落在林地上的降水量和降水强度，从而有利于减少雨滴对地表的直接打击能量，延缓降水渗透和径流形成的时间。林地上形成的松软的死地被物层，包括枯枝落叶层和苔藓、地衣等低等植物层，及其下发育良好的森林土壤，地表粗糙度大、水容量多、渗透系数高，发挥着很好的调节径流作用。这样，一方面可以达到控制坡面径流泥沙的目的，另一方面有利于改善下坡其他生产用地的土壤水文条件。

2. 固持土壤、防止侵蚀

根据各种生产用地或设施特定的防护需要，如陡坎固持土体，防止滑坡、崩塌，以及防冲护岸、缓流挂淤等，通过专门配置形成一定结构的水土保持林，依靠林分群体乔、灌木树种浓密的地上部分及其强大的根系，以调节径流和机械固持土壤。至于林木生长过程中生物排水等功能，也有着良好的稳固土壤的作用。水土保持林和必要的坡面工程、护岸护滩、固沟护坝等工程相结合，往往可以取得良好的效果。

3. 水土保持林的其他作用

水土保持林还有防风固沙、保护农田的功能。林地枯落物与微生物和土壤动物共同改良土壤、增强地力；林冠层的反射、蒸发和蒸腾作用使辐射与热量交换更为复杂，从而调节局部温度，提高空气湿度；同时水土保持林中的防护林还有降低风速、减少蒸发等作用。

（二）水土保持种草的功效

人工种草包括陡坡地退耕种草和荒坡种草两方面，是南方地区保持水土、解决"三料"、发展畜牧业的重要措施之一。人工种草必须与发展牲畜业相结合，以草定畜、草畜平衡，做到饲草与牲畜协调发展。人工种草要选择产草量高、固土作用强、品质优良、牲畜爱吃的草种，兼顾保持水土和发展牲畜两个方面。

草本植物生长快、茎叶繁茂、能较快覆盖地表使其免受溅蚀；其密集的植株增加了地表粗糙度,能滞缓径流、拦滤泥沙;地下根系网络固持土壤,增加抗蚀力;草的根、茎、叶腐烂后增加土壤腐殖质与团粒结构,改善土壤的理化性质,减小土壤密度,增加孔隙度、透水性与贮水能力。

在严重水土流失地区,一般均缺乏饲料、肥料与燃料,种植优良草本植物既能保持水土,又能为发展畜牧业提供一定数量的饲料,如苜蓿、黑麦草、宽叶雀稗等牧草既是良好饲料,又能改良土壤、提高地力。种草还可提供柴草、菌草,此外,有些草本植物可用于编织,实行综合利用,开展多种经营,增加经济收入(任宏雷,2016)。

二、新时期水土保持林草

十九大报告要求必须树立和践行"绿水青山就是金山银山"的理念,坚持节约资源和保护环境基本国策;并提出统筹山水林田湖草系统治理,实行最严格的生态环境保护制度,建设美丽中国。"两山"理念是中国生态文明建设的重要指导思想之一,新时代中国推动生态文明建设,建设美丽中国,务必坚持"两山"理论作为重要指导思想。

"生命共同体"理论科学界定了人与自然的内在联系和内生关系,蕴含着重要的生态哲学思想。山水林田湖草是一个生命共同体,阐释了水资源与其他自然生态要素之间唇齿相依的共生关系。山是流域水资源与水土流失的策源地,治水就应做好山区的水土保持和水源涵养;森林被称为"绿色水库",具有涵养水源、调节河川径流、防止水土流失、保护土地资源的功能;草是先锋植物,被美誉为"地球皮肤",不仅能固沙保土,还为灌木和乔木以及其他生物的生长创造条件;农田是天然透水性土地,深耕深松以土蓄水,是水资源保护的重要途径;湖泊是调蓄洪水的主要水域空间,是水资源的重要载体,保护水域也就是保护水资源。

因此,南方地区生态文明建设必须坚持山水林田湖草是一个生命共同体,切实践行"绿水青山就是金山银山"的理念。水土保持林草是生命共同体的重要组成,也是践行"两山"理论、加快转变经济社会发展方式的重要手段,更是生态文明建设的重要内容之一。因此,水土保持林草措施被赋予新的重要意义。

第二节　南方地区立地区划和立地分类

一、南方地区的立地区划

20 世纪 50 年代,我国引进了苏联的生物地理群落学派和生态学派的林型学,将林型作为组织森林经营类型的主要因素,并将宜林地划分为不同的立地条件类型。80 年代后期,原林业部资源司组织开展《中国森林立地类型研究》,划分并建立了 4482 个立地类型,综合划分 1703 个立地类型组,495 个立地类型小区,使立地类型具有实用性和可操作性(詹昭宁和邱尧荣,1996)。

根据《营造林总体设计规程》(GB/T 15782—2009)的规定,我国立地区划系统为:立地区域→立地带→立地区→立地亚区。中国共划分为 3 个立地区域、16 个立地带、65 个立地区、162 个立地亚区。南方地区主要的立地区划类型以下。

(一)东部季风立地区域

Ⅳ. 北亚热带立地带

Ⅳ1 江淮丘陵平原立地区

Ⅳ1(1)江淮平原立地亚区

Ⅳ1(2)江淮丘陵立地亚区

Ⅳ1(3)沿江平原立地亚区

Ⅳ2 桐柏山、大别山山地丘陵立地区

Ⅳ2(1)大别山山地丘陵立地亚区

Ⅳ2(2)桐柏山山地丘陵立地亚区

Ⅳ3 秦巴山地丘陵立地区

Ⅳ3(1)伏牛山南坡中低山立地亚区

Ⅳ3(2)秦岭南坡山地立地亚区

Ⅳ3(3)武当山低山丘陵立地亚区

Ⅳ3(4)汉江中上游谷地盆地立地亚区

Ⅳ3(5)大巴山北坡中山立地亚区

Ⅴ. 中亚热带立地带

Ⅴ1 天目山黄山山地立地区

Ⅴ1(1)杭嘉湖平原立地亚区

Ⅴ1(2)天目山北部黄山北坡低山丘陵立地亚区

Ⅴ1(3)天目山南部黄山南坡低山丘陵立地亚区

Ⅴ2 武夷山仙霞岭立地区

Ⅴ2(1)浙江沿海丘陵低山立地亚区

Ⅴ2(2)浙东南低山丘陵立地亚区

V2(3)金衢盆地立地亚区

V2(4)闽北浙西南中山立地亚区

V3 武夷山戴云山立地区

V3(1)闽东沿海丘陵立地亚区

V3(2)闽中低山丘陵立地亚区

V3(3)闽西南低山丘陵立地亚区

V4 两湖平原立地区

V5 湘赣丘陵立地区

V5(1)幕阜山九岭山低山丘陵立地亚区

V5(2)于山低山丘陵立地亚区

V5(3)湘赣丘陵盆地(红岩盆地)立地亚区

V5(4)罗霄山武功山低山丘陵立地亚区

V6 南岭山地立地区

V6(1)南岭山地北坡立地亚区

V6(2)南岭山地南坡立地亚区

V7 三峡武陵山雪峰山立地区

V7(1)川东鄂西中低山丘陵立地亚区

V7(2)武陵山低山丘陵立地亚区

V7(3)雪峰山北部低山丘陵立地亚区

V7(4)雪峰山南部低山丘陵立地亚区

V8 三江流域低山丘陵立地区

V8(1)三江流域北部中低山立地亚区

V8(2)三江流域南部低山丘陵立地亚区

V9 四川盆地周围山地立地区

V9(1)四川盆地北缘(大巴山南坡)山地立地亚区

V9(2)四川盆地西缘(九顶山、峨眉山)山地立地亚区

V10 四川盆地立地区

V10(1)四川盆地东部丘陵低山(平行岭谷)立地亚区

V10(2)四川盆地中部丘陵立地亚区

V10(3)成都平原立地亚区

V11 川滇黔山地立地区

V11(1)川滇黔山地北部低山丘陵立地亚区

V11(2)川滇黔山地南部中低山立地亚区

V12 贵州山原立地区

V12(1)贵州山原北部低中山立地亚区

V12(2)贵州山原中南部低中山立地亚区

V13 云南高原立地区

V13(1)川滇金沙江峡谷立地亚区

V13(2)滇中高原盆谷立地亚区

V13(3)滇西高山纵谷立地亚区

Ⅵ.南亚热带立地带

Ⅵ1 台北台中立地区

Ⅵ1(1)台北台中山地立地亚区

Ⅵ1(2)台北台中滨海低丘台地立地亚区

Ⅵ2 闽粤沿海台地丘陵立地区

Ⅵ3 粤桂丘陵山地立地区

Ⅵ3(1)珠江三角洲立地亚区

Ⅵ3(2)西江流域北部立地亚区

Ⅵ3(3)西江流域南部立地亚区

Ⅵ4 黔桂石灰岩丘陵山地立地区

Ⅵ4(1)桂中丘陵台地立地亚区

Ⅵ4(2)黔南桂北丘陵山地立地亚区

Ⅵ4(3)桂西北石灰岩丘陵山地立地亚区

Ⅵ4(4)桂西北高原边缘立地亚区

Ⅵ5 滇南山原立地区

Ⅵ5(1)桂西滇东南山原立地亚区

Ⅵ5(2)滇西南山原立地亚区

Ⅵ6 滇中南中山峡谷立地区

Ⅶ.北热带立地带

Ⅶ1 台南立地区

Ⅶ1(1)台南立地亚区

Ⅶ1(2)澎湖列岛立地亚区

Ⅶ2 粤东南滨海丘陵立地区

Ⅶ3 琼雷立地区

Ⅶ3(1)雷州半岛丘陵台地立地亚区

Ⅶ3(2)海南岛北部沿海丘陵台地立地亚区

Ⅶ3(3)海南岛中部丘陵立地亚区

Ⅶ4 桂西南石灰岩丘陵山地立地区

Ⅶ4(1)左江谷地以东丘陵立地亚区

Ⅶ4(2)十万大山低山丘陵立地亚区

Ⅶ4(3)左江谷地以西丘陵低山立地亚区

Ⅶ5 滇东南峡谷中山立地区

Ⅶ6 西双版纳山间盆地立地区

Ⅶ7 滇西南河谷山地立地区

Ⅶ8 东喜马拉雅山南翼河谷立地区

Ⅷ.南热带立地带

Ⅷ1 琼南—西、中、东沙群岛立地区

Ⅷ1(1)琼东南丘陵台地立地亚区

Ⅷ1(2)琼西台地立地亚区

Ⅷ1(3)西沙、中沙、东沙群岛立地亚区

Ⅸ.赤道热带立地带

Ⅸ1 南沙群岛立地区

（二）青藏高原立地区域

Ⅻ.青藏高原寒带立地带

Ⅻ1 北羌塘高原立地区

ⅩⅢ.青藏高原亚寒带立地带

ⅩⅢ1 江河源头立地区

ⅩⅢ2 那曲—玛多高原立地区

ⅩⅢ3 南羌塘高原立地区

ⅩⅣ.青藏高原中温带立地带

ⅩⅣ1 柴达木盆地立地区

ⅩⅣ1(1)柴达木盆地东部立地亚区

ⅩⅣ1(2)柴达木盆地西部立地亚区

ⅩⅣ2 青海东部立地区

ⅩⅣ3 藏南立地区

ⅩⅣ3(1)东喜马拉雅山北翼立地亚区

ⅩⅣ3(2)雅鲁藏布江河谷立地亚区

ⅩⅣ3(3)雅鲁湖盆立地亚区

ⅩⅣ3(4)藏西南高原立地亚区

ⅩⅣ4 藏西立地区

ⅩⅤ.青藏高原暖温带立地带

ⅩⅤ1 青藏高原东北缘立地区

ⅩⅤ1(1)洮河白龙江立地亚区

ⅩⅤ1(2)藏东立地亚区

ⅩⅥ.青藏高原亚热带立地带

二、南方地区的立地分类

20世纪80年代后期原林业部资源司组织开展的《中国森林立地类型研

究》(詹昭宁和邱尧荣,1996),为我国森林立地类型的划分奠定了重要基础。该分类的理论基础是森林生态学、生态经济学和地域分异规律,认为立地分类实质是林地自然生产力的分类,它体现林地土壤肥力等级。分类过程中坚持科学性和实用性相结合、综合多因子并突出主导因子等原则,另外有林地和无林地只是林业经营中的不同阶段,两者在一定条件下可相互转化,故应对有林地和无林地统一划分立地类型。这些原则对南方地区立地分类具有重要指导意义。

依据立地基底、立地形态特征、立地表层特征和生物气候条件四大立地要素〔《营造林总体设计规程》(GB/T 15782—2009)〕,我国森林立地分类系统划分为:立地系列→立地纲→立地目→立地类型组→立地类型→(立地亚型),立地命名采用三名法:立地目-立地类型组-立地类型(亚型)。其中立地类型主要根据中小尺度的立地形态结构划分,通常有坡上部、坡中部、坡下部、山脊部、山鞍部、山洼、坡地、坡麓缓地、阳向陡坡、阴向缓坡、阶地、溪旁、沿河长堤、坪坝等。

参照湖南省立地类型划分以及南方其他省份立地类型划分的经验做法(李芬兰,1987;范金顺等,2012),根据地形部位、土层厚度、植被覆盖度、海拔高度、母质母岩等,将南方地区的立地类型分为肥沃型、中等肥沃型、瘠薄型三大类33 小类(如表 1 - 3 - 1)。

表 1 - 3 - 1　南方地区的立地类型划分及其代码

类型等级	Ⅰ.肥沃型	Ⅱ.中等肥沃型	Ⅲ.瘠薄型
地形部位	平地、谷地及山坡下部	山坡中部	山顶山脊及山坡上部
土层厚度	80cm 以上	41～80cm	41cm 以下
植被盖度	70% 以上	40%～70%	40% 以下

海拔	母质母岩	代码		
	1. 花岗岩类	11	12	13
	2. 板页岩类	21	22	23
	3. 砂砾岩类	31	32	33
	4. 石灰岩类	41	42	43
800m 以下	5. 紫色岩类	51	52	53
	6. 红色黏土类	61	62	63
	7. 河湖冲积物类	71	72	73

续表

类型等级	Ⅰ.肥沃型	Ⅱ.中等肥沃型	Ⅲ.瘠薄型
	群山密集区	群山开阔区	孤立山区
海拔高度		代码	
801～1000m	81	82	83
1001～1200m	91	92	93
1201～1600m	94	95	96
1601m 以上	97	98	99

三、南方地区的立地控制

对立地条件很差的贫瘠型立地类型,土壤结构破碎,养分贫瘠,植被不容易恢复,在这种立地条件下,主要是要改良土壤,增加土壤养分,为植被恢复创造有利条件(徐仁扣,2013)。改良贫瘠型立地主要是增加土壤的团聚体结构和养分,改善的方式主要有:①在贫瘠林地上栽植绿肥作物或对土壤有改良作用的树种,使土壤得到改良后再造林。②在造林的同时种植绿肥作物,绿肥作物与造林树种混生或间作。③在主要树种或喜光树种林冠下混植固氮作物或小乔木,以提高土壤肥力。④保护林内凋落物,林内的凋落物层是林木与土壤之间营养元素交换媒介,是林木取得营养的重要源泉。在营林中,可以通过营造针阔混交林或发展林下灌木层来提高林内的凋落物,禁止焚烧或抱取林内枯落物。应及时将凋落物与表土混杂,加速分解并释放养分。常用的植物有紫云英、苕子、草木樨、紫穗槐、赤杨、木麻黄、类芦等。

南方风化花岗岩和红黏土侵蚀劣地,土壤肥力低,保水性能差,不利于植物生长,若直接种上树草,很难达到有效的保持水土的目的,因此需要采取科学合理的技术和方法,构造水肥条件较好的立地条件,使先锋植物能生根立苗。这类劣地可以采取以下治理模式:①花岗岩侵蚀劣地"客土"治理模式。采用堆沤腐熟的桐籽枯饼肥＋田土按一定比例拌匀配成客土肥,结合水平竹节沟,种植一年生湿地松、木荷、枫香、胡枝子、百喜草苗。这种技术能促进发芽和分枝分蘖,提高成活率和生长量,形成快速覆盖,进而改变立地条件。②"类芦"的治理模式。类芦适应性强、根系发达、植丛高大、生物生长量大,能有效地防止水土流失,是优良的多年生乡土绿化水保植物。采用挖小穴,用类芦苗分兜栽植,刮掉尾梢,仅留根兜,同时添加少量客土作基肥,后追施一次尿素即可。

还有一种立地改良措施可通过林木的抚育措施来实现,主要措施包括平茬、修枝、接干等。林木抚育的目的在于提高幼树形质,调节种间关系,促进幼树更好地向培育方向发展,迅速达到郁闭,保证幼树迅速生长,增加林分的稳定性。具体水土保持林抚育措施见本章第三节和第四节。

第三节 南方地区水土保持林营造技术

一、水土保持林种选择

(一)水土保持林种选择依据

水土保持林种选择的基本要求:①林种生态学特性与立地条件相适应。②树种枝叶茂盛、根系发达。③适应性强、稳定性好、抗性强。④充分利用优良乡土林草种,适当推广引进取得成功的优良林草种。

安排林种的原则以土地的适宜性和限制性为原则,根据水土流失特点与土地利用方向安排水土保持林:①以小流域为基本单元。②全面规划,长短结合。③考虑林种的特性、地形条件、水土流失特点。④形成完整的水土保护体系与可持续的产业体系。

(二)水土保持林树种的选择

针对南方地区土壤肥力低,保水性能差的特点,应选择抗逆性强、低耗水、保水保土能力好、低污染和具有一定景观价值的乔木、灌木,重视乡土树种的选优和开发。具体选择按区域划分见表1-3-2。

表 1 – 3 – 2 南方地区（按区域）主要林种

区域	主要乔木树种	主要灌木树种
长江区	马尾松、云南松、华山松、思茅松、高山松、落叶松、杉木、云杉、冷杉、柳杉、秃杉、黄杉、柏木、滇柏、墨西哥柏、冲天柏、麻栎、栓皮栎、青冈栎、高山栎、元江栲、榛树、桢楠、檫木、光皮桦、白桦、红桦、西南桦、响叶杨、意大利杨、红椿、臭椿、苦楝、旱冬瓜、桤木、榆树、朴树、旱莲、木荷、黄连木、珙桐、山毛桦、鹅掌楸、川楝、楸树、滇椒、榨木、刺槐、昆明朴、柚木、银桦、相思、女贞、铁刀木、枫香、毛竹	马桑、紫穗槐、化香、绣线菊、月月青、车桑子、盐肤木、狼牙齿、绢毛蔷薇、报春、爬柳、杜鹃、山胡椒、乌药、箭竹、白花刺、火棘
南方区	马尾松、华山松、黄山松、湿地松、火炬松、柳杉、池杉、水杉、落羽杉、柏木、侧柏、栓皮栎、茅栗、麻栎、小叶栎、梅树、化香树、川桦、光皮桦、红桦、毛红桦、杉木、青冈栎、青檀、刺槐、银杏、茶杆竹、孝顺竹、杜仲、旱柳、苦楝、樟树、朴树、白榆、楸树、檫木、小叶杨、意大利杨、黄连木、木荷、榉树、枫香、南酸枣、朴树、乌桕、喜树、枫杨、泡桐、毛竹、漆树	密枝杜鹃、紫穗槐、胡枝子、夹竹桃、茅栗、化香、白檀、海棠、野山楂、冬青、红果钓樟、绣线菊、马桑、水马桑、蔷薇、黄荆
热带区	马尾松、湿地松、火炬松、黄山松、南亚松、杉木、柳杉、木荷、红荷、枫香、藜蒴、红锥、鸭脚木、台湾相思、大叶相思、马占相思、粗果相思、窿缘桉、赤桉、雷林 1 号桉、尾叶桉、巨尾桉、刚果桉、山乌桕、麻栎、苦栎、杜英、马蹄荷、楹类、栲类、构类、石梓、格木、阿丁枫、红苞木、水冬瓜、任豆、杜英、火力楠、蝴蝶果、黄樟、阴香、南酸枣、木莲属、南岭黄檀、泡桐、榕属、毛竹	蛇藤、米碎叶、龙须藤、小果南竹、杜鹃

资料来源：引自《水源涵养林建设规范》（GB/T 26903—2011）。

二、水土保持林地恢复技术

20 世纪 80 年代以后，现代生态学突破了传统生态学的界限，涌现出一批新的研究方向和热点，恢复生态学也逐渐成为退化生态系统恢复与重建的指导性学科。水土流失地的生态恢复依据恢复生态学理论。

（一）适生树种选择

水土保持林地树种选择不当，造林立地不能满足造林树种的生态学特性，导致人工林生长不良，难以成林、成材。不同区域生态恢复的树种选择参考表1 – 3 – 2。

（二）种植点配置与密度控制

造林密度偏大或保存率太低对植物生长都会产生影响。密度过大，营养面积与生长空间不能满足幼树的需要;保存率低则长期得不到郁闭,林木难以抵抗不良环境条件与杂灌木的竞争。根据立地条件、树种生物学特性及营林水平,确定造林密度,以稀植为主。南方地区主要造林树种的适宜造林密度见表1-3-3。

表1-3-3 南方地区主要树种适宜密度

树种	长江中游地区 (株/hm²)	东南沿海地区 (株/hm²)	长江中上游地区 (株/hm²)
香椿、臭椿	900~1500	—	—
柳树	800~2000	800~2000	800~2000
栓皮栎、麻栎、槲栎、鹅耳枥	1500~2500	—	1100~2000
马尾松、湿地松	—	1667~3300	1200~3000
木荷、楠木	—	1000~2500	1050~1800
相思树	—	1667~3300	—
杉木、柳杉	—	—	1050~3600
华山松	—	—	1200~300

资料来源:引自《水源涵养林工程设计规范》(GB/T 50885—2013)附录E。

种植点的配置决定了整地方式。对整地方式来说,应采用穴状整地、鱼鳞坑整地、水平阶整地、水平沟整地、窄带梯田整地等整地方法。具体整地规格及应用条件见表1-3-4。

表1-3-4 南方地区整地规格及应用条件

整地类型	整地规格	整地要求	应用条件
小穴		原土留于坑内,外沿踏实不作埂	地面坡度小于5°的平缓造林地小苗造林
大穴	干果类果树直径1.0m,松土深大穴度0.8m;鲜果类果树直径1.5m,松土深度1.0m	挖出心土做宽0.2m,高0.1m的埂,表土回填	适用于坡度小于5°的地段栽植各种干鲜果树和大苗造林
鱼鳞坑整地	长径0.8~1.5m,短径0.5~0.8m,坑深0.3~0.5m	坑内取土在下沿做成弧状土埂,高0.2~0.3m。各坑在坡面上沿等高线布置,上下两行呈"品"字形相错排列	坡面破碎、土层较薄的造林地营造水源涵养林
水平阶整地	树苗植于距阶边0.3~0.5m处。阶宽1.0~1.5m,反坡3°~5°	上下两阶的水平距离以设计造林山地坡面完整、坡度在15°行距为准	山地坡面完整、坡度在15°~25°的坡面营造水源涵养林

整地类型	整地规格	整地要求	应用条件
水平沟整地	沟口上宽 0.6~1.0m，沟底宽 0.3~0.5m，沟深 0.4~0.6m，沟半挖半填，内侧挖出的生土用在外侧作埂	水平沟沿等高线布设，沟内每隔 5~10m 设一横档，高 0.2m。树苗植于沟底外侧	山地坡面完整、坡度在 15°~25° 的坡面营造水源涵养林
窄带梯田整地	田面宽 2~3m，田边蓄水埂高 0.3~0.5m，顶宽 0.3m	田面修平后需将挖方部分用畜力耕翻 0.3m 左右，在田面中部挖穴植树，田面上每隔 5~10m 修一横挡，以防径流横向流动	坡度较缓、土层较厚的地方营造果树或其他对立地条件要求较高的经济林树种

资料来源：引自《水源涵养林工程设计规范》（GB/T 50885—2013）附录 D。

水土保持林的造林配置以小班为单位配置造林模式，地形破碎的山地采用局部造林法。

1. 种植行配置

种植行走向按不同地段分别确定：①在较平坦地段造林时，种植行宜南北走向。②在坡地造林时，种植行宜选择沿等高线走向。③在沟谷造林时，种植行应呈雁翅形。

2. 种植点配置

不同配置方式的适用条件为：①长方形配置适宜于平缓坡地水源涵养林的营造。②三角形配置适宜于坡地水源涵养林的营造。③群状配置适宜于坡度较大、立地条件较差的地方水源涵养林的营造，也适宜次生林改造。④自然配置适宜于地形破碎的水源涵养林的营造。

（三）混交林的营造

水土保持林的林型主要是以营造复层混交林为主。

1. 混交类型

在立地条件好的地方优先采用主要树种与主要树种混交；在立地条件较好的地方优先采用主要树种与伴生树种混交；在立地条件较差的地方优先采用主要树种与灌木树种混交；在立地条件较好，通过封山育林或人工林与天然林混交形成的水源涵养林，优先采用主要树种、伴生树种和灌木树种综合混交。

2. 混交方法

行间混交:适用于大多数立地条件的乔灌混交、耐阴树种与阳性树种混交。

带状混交:适用于种间矛盾大、初期生长速度悬殊的乔木树种混交,也适用于乔木与耐阴亚乔木混交。

块状混交:适用于种间竞争性较强的主要树种与主要树种混交,规则式块状混交适用于平坦或坡面规整的造林地,不规则式块状混交适用于地形破碎、不同立地条件镶嵌分布的地段。

植生组混交:适用于立地条件差及次生林改造地段。

3. 抚育管理和抚育方法

具体水土保持林种的抚育管理和抚育方法参见本章第六节。

（四）不同区域水土保持林的营造案例

1. 长江区

长江上游地区面积广大,地貌类型复杂,气候差异大,植被类型丰富多样。植被的水源涵养和水土保持对维系长江流域水环境功能发挥了重要作用,是重要的水源涵养区(郭廷辅,2014)。长江区主要树种营造配置模式见表1-3-5。

表1-3-5　长江区主要树种营造配置模式

配置模式	适用条件	整地方法	造林密度 （穴或株/hm²）	适宜混交化
川西云杉、高山松、青冈栎、冷杉	高山峡谷	鱼鳞坑或穴状整地	3300	行间混交1:1
马尾松或湿地松、杉木与木荷或枫香、栎类、楠木等混交	中低山丘陵区	穴状整地	2500	行间混交1:1
滇柏或柏木、侧柏、藏柏与龙须草	中低山厚土	大穴整地	母竹栽植330~900	不规则块状展区
华山松或云南松（栽针保阔）	白云质砂石山地	小穴整地	6000~9000	
华山松或云南松（栽针保阔）	中山黄棕壤高原山地	小穴整地	4000~6000	

2. 南方丘陵区

南方丘陵山地作为我国主体生态功能区划中"两屏三带"国家生态安全格局的重要组成部分,位于长江流域与珠江流域的分水岭及源头区,主要为加强植被修复和水土流失防治,从而发挥华南和西南地区的生态安全屏障作用。南方丘陵区主要树种营造配置模式见表1-3-6。

表1-3-6 南方丘陵区主要树种营造配置模式

配置模式	适用条件	整地方法	造林密度 (穴或株/hm²)	适宜混交比
杉木或马尾松与木荷或枫香、栎类、桤木、南酸枣等混交	中低山区	穴状整地	2500	1:1
湿地松或火炬树与木荷、枫香、栎类、桤木混交	丘陵区	穴状整地	3300	1:1
杉木或马尾松与毛竹混交	中低山厚土	穴状整地	杉木1875,毛竹630	3:1
喜树、任豆与吊竹或木豆混交	石灰岩山地	穴状整地	1350~1800	带状混交2:1

3. 热带区

南方副热带、热带季雨林、雨林区,包括滇南山地雨林和常绿阔叶林区、海南山地雨林和常绿阔叶林区,是我国仅有的热带雨林,也是滇南和海南河流的水源涵养林。热带区主要树种营造配置模式见表1-3-7。

表1-3-7 热带区主要树种营造配置模式

配置模式	适用条件	整地方法	密度 (穴或株/hm²)	透宜混交比
马尾松、木荷、麻栎混交	山坡上部、山脊、山顶	穴状整地	3450	随机混交 5:3:2
马尾松、红荷木、台湾相思	山坡上部、山脊、山顶	穴状整地	3450	随机混交 4:3:1
青冈栎、石栎、南酸枣、化香、石斑木	山坡中下部、谷地厚土	穴状整地	3900	比例 4:3:1:1:1
刺栲、台湾相思、鸭脚木、红荷木	山坡中下部、谷地厚土	穴状整地	3900	比例 3:4:1:2
马尾松或湿地松与台湾相思混交	丘陵红赤壤	穴状整地	3705	带状混交 3:2

第四节　南方地区水土保持林地更新技术

一、可持续经营技术

为实现水土保持林地的可持续发展,必须遵守森林可持续经营理论。森林可持续经营是实现一个或多个明确规定经营目标的过程,使得森林的经营既能持续不断地得到所需的林业产品和服务,同时又不造成森林与生俱来的价值和未来生产力不合理的减少。

近自然森林经营技术也是水土保持林业可持续发展所依赖的基础。与以往人工林经营目标、经营体系要素和过程的单一性不同,近自然森林经营是以原始森林的结构和动态为参照对象的比较分析和应用为首要特征,在培育近自然森林的高层目标指导下进行立地和生境区划的调查,根据具体生境空间单元的特征确立经营目标,进而制订可实现这个目标的经营计划并进行相应的设计和施工,检查目标(近自然森林)实现的程度。近自然森林经营实施技术体系从过程的角度可总结为:经营及作业设计调查技术、群落生境制图及经营计划技术、目标树单株木林分作业体系等主要方面。

(一)经营及作业设计调查技术

近自然森林经营调查包括立地条件调查、植被调查及样地调查等,并结合调查结果对经营的相关因子,如林分结构、立地条件评价、林分近自然度等进行量化估计,为进一步制订林分近自然森林经营规划做准备。

(二)群落生境制图及经营计划技术

群落生境野外调查图,必须包括道路、水域、等高线和高程点,以及林班、小班区划界限和常规小班注记信息。群落生境制图是从传统的立地条件分类图演化而来,是反映立地条件、森林类型、林分近自然度、自然保护及经营目标和措施的一系列专题图。近自然森林经营规划的基础、分析、目标和结果都是以群落生境图的形式表达出来。

（三）目标树单株木林分作业体系

近自然森林经营林分作业体系是以单株林木为对象进行的目标树抚育管理体系。把所有林木分类为目标树、干扰树、生态保护树和其他树木等4种类型，使每株树都有自己的功能和成熟利用时点，都承担着生态效益、社会效益和经济效益；分类后需要永久地标记出林分的特征个体——目标树，并对其进行单株木抚育管理。目标树的选择指标有生活力、干材质量、林木起源、损伤情况及林木年龄等方面。标记目标树就意味着以培育大径级林木为主对其持续地抚育管理，并按需要不断择伐干扰树及其他林木，直到目标树达到目标直径，并有了足够的第二代下层更新幼树时即可择伐利用。在这个抚育择伐过程中，根据林分结构和竞争关系的动态分析，确定每次抚育择伐的具体目标(干扰树)，并充分地利用自然力，通过择伐实现林分的最佳混交状态及最大生长量和天然更新，实现林分质量的不断改进。

二、水土保持林结构优化技术

水土保持林的结构优化技术就是进行成林管理，即对人工林的组成和密度及其林木个体的生长发育进行管理和控制，包括人工修枝、抚育间伐、采伐更新及低价值人工林的改造，目的是最大限度地发挥森林的生态防护功能和经济功能。

（一）人工修枝

主要应用于人工林的幼龄期和壮龄期。有些林木在自然生长情况下，往往主干低矮弯曲，侧枝粗大且多，影响材质，需要修枝。通过修枝适当地控制树冠的生长，可以改善林分通风透光条件，提高树干质量，加速干材生长，缩短成材的年限，并减少病虫危害。通过修枝，还可获得一定数量的薪材及嫩枝饲料和肥料，增加短期效益。

摘芽也是修枝的一种形式，为了改善树冠质量而摘除部分侧芽的一种抚育措施。阔叶树在造林后当年或者第二年开始摘芽，保留主干顶部的一个壮芽，摘除部分侧芽。针叶树种从造林后3~5年开始，摘除主干梢头的侧芽，连续进行3~5年。摘芽的季节应在春季侧芽已伸长抽枝，但茎部尚未木质化前进行。

（二）抚育采伐

从幼林郁闭起到主伐前一个龄级为止，为促进留存林木的生长而进行的采伐，简称抚育伐，又称间伐或抚育同伐。一般将抚育采伐分为除伐、疏伐和卫生伐三类。除伐主要是在混交林幼林中除去非目标树种；疏伐是在纯林中调整林分密度，伐除部分株数；卫生伐是为改善林分卫生状况，伐去一些病虫害木。

抚育采伐的方式及其强度因树种和立地条件不同而异。

1. 选择砍伐木

选择砍伐木时需考虑到林木分级、树木干形品质、病虫害状况等。做法有两种：一种是重点放在某些优良木单株生长，从较早时期即将这些优良木选定，并对它们做标志，一直保留到最终采伐（主伐）；二是重点放在全林分生长上，即在每次采伐时重新选择保留木。前者多用于用材林特别是大径材培育上，后者多用于防护林培育中。

2. 采伐强度

即采伐木株数占伐前总株数的百分比或伐木蓄积量（或胸高断面积）占伐前蓄积量（或胸高断面积）的百分比。依树种生长特性、林种及立地条件而定，水土保持林和水源涵养林及立地条件差的，宜采用较小的采伐强度，一般小于25%，否则，郁闭度迅速下降且不易恢复，会严重影响防护效能。用材林及立地条件好的林分可大些，但一般不要超过30%~40%。

3. 采伐时期

包括抚育伐的开始时期、两次采伐之间的时间间隔期、抚育采伐的结束期，如何确定三个时期，因树种及抚育采伐种类而异。

（三）采伐更新

人工林成林生长到某一成熟年龄时，要进行采伐，称之为主伐。主伐后对采伐迹地进行清理和更新。

1. 主伐方式

按照一定的空间配置和一定的时间顺序，对成熟林分进行采伐。主伐方式可分为以下几种。

（1）皆伐

皆伐作业简单，便于机械化，有利于林分改造和采用新树种造林，适用于人工更新,但容易引起水土流失、干旱,破坏森林的防护作用,此法多用于用材林。防护林一般不用皆伐,某些防护林,如水源涵养林和水土保持林甚至禁止皆伐。

（2）渐伐

渐伐的目的是使林木逐渐稀疏,防止林地突然裸露,造成水土流失或环境恶化,分阶段伐除,逐渐实现伐前更新。采用渐伐,环境条件变化小,天然更新（也可人工更新）比较有保证,适用于自然条件不良的防护林和风景林,但采伐技术和组织工作复杂,不利于机械作业,成本高。

（3）择伐

择伐应严格按照"采小留大,去劣留优"的原则进行,择伐对森林环境改变小,易于维持林地生态系统,适于山地防护林,特别是水土保持林和水源涵养林,但采伐技术难度大、成本高。

2. 林下地被保护及采伐迹地清理

在正常条件下,采伐作为森林经营的一种必然过程,对林地造成的扰动是难以避免的,这在生态脆弱的水土流失地区或坡度陡峻的山区,可能导致严重的水土流失,甚至难以恢复更新。因此,应通过采伐迹地的清理,做好林下地被的保护工作。

采伐迹地清理是森林采伐、集材后,对迹地留下的枝丫、梢头、废材等采伐剩余物以及影响更新的藤条、灌木等进行清除的技术措施,又称伐区清理。对于促进更新,消灭病虫害,防止火灾发生和提高土壤肥力有着重要的意义。可通过运出、就地利用、堆积、撒铺和火烧进行。在水土流失地区,如果清理方法不当,可能造成大量的水土流失。最好的办法是撒铺,就是将剩余物截成长1m以下的小段,均匀撒铺或带状平铺于地面任其腐烂,有利于防止水土流失。

3. 林地更新

林地更新是林木采伐后,通过天然或人工方法,使新一代林地重新形成。林地更新通常分为天然更新和人工更新。天然更新是通过天然下种或伐根萌芽、根系萌蘖等形成新林,能充分利用自然力,节省劳力和资金,通常用于交通不便、人口稀少地区的森林更新,水源涵养林常用此法。人工更新系采用人工种植的方法更新形成幼林,方法同造林。小流域的防护林若条件许可,应尽可能采取人工更新,时间短、成林快、质量高,但投资高,有时可将天然更新和人工更新结合起来,以节省劳力和资金。

总之,水土保持人工林成林管理在各个生长期有着不同的特点。幼壮龄林期,林木高、径生长都很旺盛,尤以高生长为快,称为高生长阶段。因为高、径和材积的增长,树冠不断扩大,逐渐形成相互挤压的现象,此时应开始进行第一次抚育伐,伐去一些生长矮小和相互影响生长的树木,伐后要保持间距大略相等,抚育强度为20%～30%。中龄林期,高生长放慢,直径生长开始加快,称为直径生长阶段。这个时期林木生长要求有较大的营养面积,此时应进行第二次抚育伐,伐去生物量小、生长不良及有病虫害的林木,抚育强度30%～40%。近熟龄林期林木高生长很慢,直径仍有一定的生长,林分生长要求更多的生长面积,此期林木除受特殊灾害外很少死亡,主要伐去生长落后和不良的树木,抚育强度30%～40%。成熟龄林期,林木高径生长放慢,甚至停止生长,防护效能下降,此时应采取主伐更新。从水土保持角度考虑,禁止采用皆伐,而应采取渐伐或择伐。

三、水土保持林业迹地更新技术

(一)低价值人工林改造

低价值林分改造已成为水土保持林经营的一项重要任务,也是科研工作的重要课题。由于低价值林分,尤其次生林的低价值林分常常占有较好的立地类型,通过林分改造,能很快地获得经济效益。

1. 低价值人工林的成因及特点

中国南方存在一些生产力低、质量差与密度太小的人工林与天然次生林。在这些林分中有的由于密度小、树种组成不合理,而不能充分发挥地力;有的生长不良,树下弯扭、枯梢,或遭病虫害与自然灾害后生长势衰退,它们成林不成材。这些林分不能按经营要求提供用材,或产量很低,也不能较好地发挥防护作用,这些林分称为低价值林分。由于低价值人工林产生的原因不同,因而改造的方法也不一样。其形成原因大致可以归纳为下列几种:造林树种选择不当,整地粗放,栽植技术不当,造林密度偏大或保存率太低,缺少抚育或管理不当等。

2. 低价值人工林改造的对象

低价值林分改造的主要对象有:①"小老头"人工林。②生长衰退无培育前途的多代萌生林。③非目的树种组成的林分。④郁闭度在 0.3 以下的疏林地。⑤遭受严重自然灾害的林分。⑥生产力过低的林分。⑦天然更新不良、低产的残破近熟林。⑧大片低效灌丛。确定改造的对象以及确定何时进行改造，还得考虑经济条件。所以林分改造既要考虑必要性，还得考虑可行性。

3. 低价值人工林分改造技术

在人工林培育过程中由于树种选择不当，没有做到适地适树，幼林抚育不及时，造林密度过大，间伐没有跟上等原因形成的人工林，或表现为多年生长极慢甚至停止生长的。对此类林分进行改造的方法如下。

（1）更换树种

对于树种选择不当形成的低价值人工林，应更换树种，重新进行造林。再换树种时，可根据需要保留部分原有树种，以便形成混交林，原树种保留比例以不超过 50% 为宜。

（2）抚育管理

对低价值人工林，只要采取适当的抚育措施，就可以使幼林得到复壮。一是要采取深松土的抚育措施，深松的间隔期以 3—4 年为宜。在间隔期内，每年应进行 1～2 次一般性土壤管理，如浅松土和除草。如密度过稀，应在林中空地补植大苗，以便达到全面郁闭；二是平茬复壮，对于那些萌蘖力强的树种，因人畜破坏而形成的低价值人工林分，常采用平茬的方式进行复壮。

（3）间伐

对于密度过大而形成的低价值人工林，可采取抚育间伐使之复壮。另外，修枝、种植绿肥、混交具有改良土壤作用的乔灌木树种等措施，也能够改造低价值人工林。

（二）次生林改造

1. 次生林的特点

次生林在树种组成、林分结构、起源、生长状况等方面与原始林相比，有着很大的差别。主要表现为：树种组成较单一；年龄小、年龄结构变动大；生长迅速、衰退较早；林分分布不均匀。

2. 次生林改造的对象

次生林改造的对象包括：①由经济价值低的树种组成的林分，或是立地条件不适合树种要求,使林木生长不良、生长率低、生长势过早衰退的林分。②生长衰退无培育前途的多代萌生林。③林木材质差,干形不良,或遭受过雪折、风倒、火灾等造成林况恶化的残破林分。④病虫害严重必须尽早采伐的林分。⑤天然更新不良,低产的残破近熟林。⑥林木分布不均,林中空地较多,林分郁闭度不到0.3的疏林地。⑦没有特殊用途而立地条件优越的大片灌丛。

3. 次生林改造的技术措施

为了使低价值次生林能更好地发挥森林的防护功能和提高生长量,提供更多的木材与林副产品,必须对它们进行改造。次生林改造技术措施包括以下几种。

(1)全面改造

此措施适用于非目的树种占优势而无培育前途的林分,或者大多数难以成材的林分。此方法一般适用于地势平缓或植被恢复快、不易引起水土流失的地方。根据改造面积的大小,可分为全面改造和块状改造。全面改造的面积不得超过 $10hm^2$,块状改造面积控制在 $5hm^2$ 以下。

(2)林冠下造林

一般适合于林木稀疏、郁闭度小于0.5的低价值林分。在林冠下进行播种或植苗造林,提高林分的密度。林冠下造林能否成功,关键是选择适宜的树种。引入的树种既要与立地条件相适应,又要能与原有林木相协调。

(3)抚育采伐、伐孔及林窗造林

这是一种将抚育采伐与空隙地造林相结合的方法。这种方法适用于郁闭度大,但组成树种一半以上属于经济价值低劣,而目的树种不占优势或处于被压状态的中、幼龄林;适用于小面积林中空地、林窗或主要树种呈群团状分布,平均郁闭度小于0.5的林分,以及屡遭人为或自然灾害破坏,造成林相残破疏密不均,尚有一定优良目的树种的林分。

(4)带状采伐,引进优良树种

此方法主要应用于立地条件好,由非目的树种形成的低价值次生林。改造时,把需改造的林分分带状伐开,形成带状空地,在带内用目的树种造林,待幼树长大后再逐次将保留带伐完。这种改造方法能较好地保持一定的森林环境,减轻霜冻危害;侧方遮阴也有利于幼苗、幼树的生长;且施工较容易,便于机械化作业。

（5）综合改造

在设计改造措施时应因林制宜,采取不同的措施。有培育前途的中、幼龄林应进行抚育采伐,在稀疏处或林中空地造林;对成熟林首先皆伐利用,而后造林。对于镶嵌性强、目的树种多但分布不均匀,郁闭度小的林分将抚育、采伐、造林结合进行。

总之,在迹地更新中要充分利用植物的种间关系。如在马尾松林和湿地松林内,乔木与檵木的根际效应无显著差异,根系之间表现出竞争关系(莫雪丽等,2018),考虑到檵木细根生物量与马尾松相近,且养分吸收能力高于马尾松,建议马尾松林分中可将檵木部分去除。虽然湿地松林内存在类似情况,但仍需综合考虑乔木和灌木的根系生物量、养分吸收能力等情况,以指导林下植被管理。

四、南方水土保持林改造案例

南方红壤区存在大片的马尾松林、油茶林、果林和桉树林,由于林下土壤环境恶劣、人为全垦造林等原因,仍然会发生中度,甚至强度以上的水土流失(鄂竟平,2008),成为红壤区水土流失的一大特点(《中国水土流失与生态安全·南方红壤区卷》)。关于马尾松林下水土流失的问题,很多学者提出了有效的治理措施。

对于林下阔叶树种丰富的马尾松纯林和混交林,运用林窗经营技术,科学调整松林密度促使地带性阔叶树种的恢复性生长是一种简单易行、效果好、成本低的林相改造措施,适宜大面积推广。对于林下植被稀少的马尾松林,结合松林密度调整和一些耐阴性优良乡土阔叶树种的引入,也可达到林相改造的目的(江波,2010)。

1. 抚育改造型

对马尾松林已出现向常绿、落叶阔叶林和针阔混交林演替迹象的林分,辅以人工抚育改造措施。在保留原有残次林分中生长较好的马尾松,根据树种特性与土壤、海拔高度分别以块状、带状及不规则混交插入香椿、苦槠、木荷、枫香、檫树、五角枫、光皮桦、青冈、樟树、马褂木、杜仲、刺槐、白榆、香果树、兰果树、杜鹃、浙江楠、白玉兰、黄山栾树、红李、深山含笑、银杏、南酸枣、七叶树、杜英、枸杞、金橘等观赏树种,主要留养木荷、青冈、甜槠、苦槠、冬青等,形成针阔叶混交林与秋季观叶观果林。

2. 更新改造型

对典型的无林下植被的马尾松残次林,进行条、块状更新改造,采取丛团式布置,不全垦,上、中、下留有保留带,营造既有观赏价值又有经济价值的针阔乔灌混交林,以及名特优新干鲜水果生态经济林。主要树种与林下植物有南酸枣、杜仲、桤木、马褂木、紫穗槐、薄壳山核桃、香椿、枣树、柿树、棕榈、紫苏、爬墙虎及其他适宜引种到本地的国内外名特优干鲜水果品种。

第五节　南方地区水土保持种草技术

在水土流失区,种草是一项时间短、见效快的水土保持措施。草本植物生命力强,可刈割多次,能充分利用光、热、水、气、养等条件,尤其是多年生草类,种植一次可持续利用多年,耕种管理简便,大大降低了劳动强度。草本植物多数抗逆性较强,病虫害少,能大幅度减少农药、杀虫剂的用量,减少环境污染,降低生产成本。在荒滩、荒坡、荒沙、退耕地、撂荒地、退化草地、沟道、坝坡、梯田田坎、河岸、水库周围、海滩、湖滨及工程建设区的弃土斜坡等地种植草本植物,既可充分利用闲置资源,提高土地利用率,又可发展当地经济。总结起来,草业技术措施在水土保持中的作用主要有蓄水保土、减免侵蚀,改良土壤、提高地力,提供"三料"、促进多种经营等。发展草业无论是对控制水土流失、改善生态环境,还是对发展畜牧业、促进农村多种经营及增加农民收益都具有重要的意义。

一、人工种草技术

(一)人工种草的重点位置

根据《水土保持综合治理技术规范》(GB/T 16453.1 - 16453.6—2008)的

规定,人工种草防治水土流失的重点位置包括以下几种地类:①陡坡退耕地、撂荒、轮荒地。②过度放牧引起草场退化的牧地。③沟头、沟边和沟坡。④土坝、土堤的背水坡、梯田田坎。⑤资源开发、基本建设工地的弃土斜坡。⑥河岸、渠岸、水库周围及海滩、湖滨等地。

(二)南方草种选择

在水土流失地区,作为草业用地的立地条件一般都较差,当地经济条件也较差,因此,要求水土保持草种必须具有抗逆性强、保土性好、生长迅速、经济价值高等特点。同时,草种选择还应满足适地适草的要求,即根据种草地的立地条件来选择草种。具体要求以下。

1. 根据地面水分状况选择

干旱、半干旱地区选种根系发达、耐旱的旱生草类,如多年生黑麦草、狗牙根、高羊茅、狼尾草、雀稗等。一般地区选种对水分要求中等、草质较好的中生草类,如苜蓿、鸭茅、假俭草等。水域岸边、沟底等低湿地选种耐水渍、抗冲力强的湿生草类,如芭茅、田菁、水烛、香蒲、美人蕉、千屈菜、再力花、水生鸢尾等。水面、浅滩地选种能在静水中生长繁殖的水生草类,如水浮莲、茭白、眼子菜、苦草、狐尾藻等。

2. 根据地面温度状况选择

(1)暖季型草

也称为夏型草。最适生长温度为 25～30℃,它的主要特点是冬季呈休眠状态,早春开始返青,复苏后生长旺盛。进入晚秋,一经霜害,其茎叶枯萎褪绿。在暖季型草坪植物中,大多数只适应于华南栽培,如野牛属、结缕草属、狗牙根属、地毯草属、蜈蚣草属、雀稗属、钝叶草属、画眉草属、狼尾草属、莎草属等。

(2)冷季型草

也称为冬型草。它的主要特征是耐寒性较强,在夏季不耐炎热,春、秋两季生长旺盛,有一部分品种,可在我国中南及西南地区栽培,如早熟禾、高羊茅、黑麦草。

3. 根据土壤酸碱度选择

在 pH 为 6.5 以下的酸性土壤上,选种百喜草、糖蜜草等耐酸草类;在 pH 为 7.5 以上的碱性土壤上,选种芨芨草、芦苇等耐碱草类;在 pH 为 6.5～7.5 的中性土壤上,选种小冠花等中性草类。长江流域不同生态环境的主要水土保持草种见表1-3-8。

表1-3-8 不同生态环境主要水土保持草种

气候带	荒山、牧坡	退耕地、轮歇地	堤防坝坡、梯田坎、路肩	低湿地、河滩、库区
热带、南亚热带	葛藤、毛花雀稗、剑麻、百喜草、知风草、山毛豆、糖蜜草、象草、坚尼草、芭茅、大结豆、柱花草	柱花草、香茅草、无刺含羞草、山毛豆、宽叶雀稗、印尼豇豆、紫花扁豆、百喜草、大翼豆	百喜草、香根草、凤梨、葛藤、柱花草、黄花菜、紫黍、非洲狗尾草、岸杂狗牙根	香根草、双穗雀稗、杂交狼尾草、小米草、稗草、毛花雀稗、非洲狗尾草
中亚热带、北亚热带	龙须草、弯叶画眉草、葛藤、坚尼草、知风草、菅草、芭茅、毛花雀稗	苇状羊茅、牛尾草、鸡脚草、象草、三叶草、无芒雀麦、印尼豇豆	岸杂狗牙根、串叶松香草、香根草、黄花菜、芒竹、弯叶画眉草、药菊、白三叶草、牛尾草、小冠花、细叶结缕草	小米草、稗草、五节芒、杂交狼尾草、双穗雀稗、香根草、水烛、芦竹、杂三叶草

资料来源:引自《水土保持综合治理技术规范》(GB/T 16453.1-16453.6—2008)。

二、退化草地恢复技术

在南方水土流失区,存在大面积退耕还草地及撂荒地。这些土地自然恢复的植被产草量较低,资源潜力未得到充分发挥。因此,对这些土地进行人工干预,重新加入物质和能量,采取促使草地植被恢复和改良的措施,再建高效的、良性循环的草地生态系统,既是防治水土流失的需要,也是实现草资源可持续发展的需要。为此,应采取草地松土及草地补播措施。

(一)退化草坪更新

长期使用草坪会使表层土壤板结,影响根系生长,造成草坪退化。在这种情况下,草坪亟须改造。草坪更新时,首先要弄清草坪退化的原因,对症下药,有的放矢地提出改良措施。

退化草坪的更新包括坪床准备、草种选择、建植和建成草坪管理4个环节。只是在进行坪床准备时,应考虑原有草坪情况。如果原有草坪中含有大量一年生禾草和阔叶杂草,可用选择性除草剂;如果原草坪中有大量多年生杂草,则需使用灭生性除草剂;若存在较厚的枯草层,需进行较深的垂直刈割;而枯草层较薄或没有时,可进行几次浅的垂直刈割或打孔;表层土壤严重板结时,则进行高密度打孔,待芯土干燥后进行拖耙,破碎芯土并耙平。

(二)受损草坪修补

即使在正常的养护管理下,由于气候、使用等原因,也难免会发生一些危害草坪质量的情况,如足球场的球门区草坪。由于草坪受害面积较小,通过修补的办法即可,方法有两种:①当时间不紧迫时,可以采取补播种子的办法。要先清除枯死的植株和枯草层,露出土壤,再将表土稍加松动,然后撒播与原草坪一样的种子。播种前可采取浸种、催芽、拌肥、消毒等播前处理措施。②时间紧,立即就要见效果的情况下,可采取重铺草皮方法。重铺草皮成本较高,但由于具有快速定植的优点,故常被采用。重铺时,先标出受害地块,铲去受害草皮,适当松土和施肥,压实、耙平后,即可铺设草皮,铺设的新草皮应与原有草坪草一致。用堆肥和沙填补满草皮间的空隙并镇压,使草皮紧贴坪面,保证坪面等高。

第六节　南方地区水土保持林体系及配置

我国南方山地丘陵区水土流失严重,根据自然条件、土地利用状况和水土流失特点,进行水土保持林体系的合理配置,充分发挥其改善生态环境和水土保持的动能,达到控制水土流失的目的。水土保持林体系是指在一个区域或流域范围内,根据自然条件、土地利用状况和水土流失特点,规划和营造的以水土保持林为主体,与其他林种相结合所形成的多林种、多树种、多层次的人工复合生态系统。在这一体系中,各林种合理配置,充分发挥防护功能与效益,达到控制水土流失和改善生态环境之目的。

一、南方地区水土保持林体系

（一）南方地区水土保持林的类型

水土保持林种类的划分与地貌密切相关,同时也受灾害性质及社会经济需求的影响。水土流失区造林的主要作用是控制水土流失,但在不同的地貌条件下,造林的目的有所区别,如在山地丘陵区的陡坡以防止土壤侵蚀为主;在一些海拔较高的山地,又以涵养水源为主;在水库、河川地区,以护库、护岸、固滩为主;在饲草资源缺乏的地方,还要充分考虑改善群众生活,提高经济水平,解决农村能源和饲草等问题。因此,水土保持林除保持水土外,还具有多种功能。

在生产实践中,水土保持林的种类大多用"地形(或小地貌) + 防护性能 + 生产性能"或"地形(小地貌) + 防护性能(或生产性能)"进行命名,如护坡薪炭林、护坡经济林,坡面水土保持林等(李凯荣和张光灿,2012)。现将不同水土保持林体系组成的种类进行归纳和总结,见表1-3-9。

表1-3-9　水土保持林的种类

类型	种类	地形(或小地貌)及土地利用类型	防护与生产性能
分水岭防护林	山顶防护林	石质和土石山脉顶部的荒草地、耕地	保持水土,涵养水源,保护农田,获取大径材
坡面防护林	坡面水土保持林	较陡的山坡、沟坡,矿区开发的裸露坡面	防止各类坡面侵蚀,一般禁止生产活动
	坡面护牧林	较缓的山坡、沟坡草地	防止侵蚀,刈割牧草或放牧
	护坡用材林	缓坡、坡麓、塌地	防止侵蚀,获取木材
	护坡经济林	平缓的向阳坡面	防止侵蚀,获取经济林果
	坡地农林复合经营	较缓的山坡、耕地	防止坡耕地侵蚀,获取木材或取条
	梯田地埂林	梯田地埂或坎坡	防止埂(坎)侵蚀,取材、取条或其他林副产品
侵蚀沟道和山地沟道防护林	沟头防护林	沟头荒地或耕地	防止水蚀与重力侵蚀,一般禁止生产活动
	沟边防护林	沟边荒地或耕地	防止水蚀与重力侵蚀,一般禁止生产活动
	沟底防冲林	沟底荒滩、荒草地	防止水流冲刷,一般禁止生产活动
	坝坡防护林	拦泥坝坡	防止水蚀,一般禁止生产活动

类型	种类	地形（或小地貌）及土地利用类型	防护与生产性能
水库、河川防护林	水库防护林	水库坝坡、库岸及周边	防止水流冲刷、库岸坍塌，过滤挂淤，一般禁止生产活动
	护岸护滩林	河岸、河滩	防止水流冲淘、河岸坍塌，固岸，挂淤护滩，一般禁止生产活动

（二）水土保持林体系的空间配置

在小流域范围内，水土保持林体系的合理配置，要体现各个林种具有生物学的稳定性，显示其最佳的生态经济效益，从而达到流域治理持续、稳定、高效、和谐的人工生态系统建设目标。水土保持林体系空间配置主要是做好流域内各个林种的水平配置和立体配置。

水平配置是指水土保持林体系内各个林种在流域范围内的平面布局和合理规划。水平配置要根据当地自然条件、地形特征和水土流失特点，以土地合理利用为基础，坚持"因地制宜，因害设防"的原则，处理好上、中、下游，坡、沟、川和左、右岸之间的关系。在林种组成上要突出水土保持林和水源涵养林的核心地位，把控制水土流失和改善山区生态环境放在首位，兼顾经济效益，充分体现水土保持林体系水平结构的合理布局与配置。

立体配置是指合理搭配的乔灌草种在林分内分层配置，形成多层次的立体结构。从森林水源涵养、保持水土的机制而言，以木本植物为主体的生物群体及其环境综合体涵养水源作用最大。因此，要想充分发挥防护林涵养水源、保持水土效应，必须营造乔、灌、草相结合的多树种、多层次的异龄混交林结构。坡面防蚀林（水流调节林）的最佳结构应是乔、灌、草、地被物组成的多层次立体结构。所以，在水土保持林、水源涵养林的经营活动中，林下要形成丰富的地被物和枯枝落叶层，否则将会造成水土保持造林和营林的失败。

二、南方地区主要的水土保持林

南方水土保持林体系的营造主要从树种选择、结构配置等方面进行介绍，包括分水岭防护林、坡面水土保持林、梯田地埂防护林、沟道水土保持林和库岸（滩）水土保持林以及特殊立地水土保持林（李凯荣和张光灿，2012）。长江中上游重点水土流失区的主要立地类型及适生树种见表1-3-10。

表1-3-10 长江中上游4片重点水土流失区的主要立地类型及适生树种

类型区	立地类型	适生树种
四川盆地丘陵（海拔200~500m，钙质紫色土）	粗骨土、丘顶薄层紫色土、	马桑
	丘坡薄层紫色土	马桑、桤木、黄荆、乌桕
	丘坡中、厚层紫色土	桤木、柏木、马桑、刺槐
	低山阴坡中、厚层黄壤、紫色土	柏木、桤木、麻栎、枫香
	低山阳坡薄层黄壤、紫色土	黄荆、马桑、桤木、乌桕
贵州高原西北部中山、低山（海拔900~1500m）	低山、土薄、中层酸性紫色土	光皮桦、栓皮栎、麻栎、枫香、响叶杨、蒙自桤木、毛桤木、马尾松、茅栗、山苍子、胡枝子、其他灌木类
	山坡薄层钙质土及半裸岩石灰岩山地	马桑、月月青、小果蔷薇、悬钩子、化香、朴树、灯台树、响叶杨、黄连木
四川、云南金沙江高山峡谷区	干热河谷荒坡，海拔325~1000m南亚热带半干旱气候	余甘子、山毛豆、木豆、小桐子、新银合欢、赤桉、台湾相思、木棉
	低山山坡，海拔1000~1500m，北亚热带半湿润气候	蒙自桤木、刺槐、马桑、余甘子、乌桕、栓皮栎、麻栎、滇青冈、化香
	低中山山坡，海拔1500~2500m，北亚热带湿润气候	蒙自桤木、华山松、云南松、刺槐、马桑、栓皮栎、麻栎
	中山山坡，海拔2000~2500m，暖温带湿润气候	云南松、华山松、山杨、灯台树、高山栲、苦槠、丝栗栲、野核桃、山苍子、石栎类
	高中山山坡，海拔2500~3200m，温带湿润气候	云南松、华山松、高山栲、红桦、箭竹
湖南衡阳盆地丘陵	丘陵、低山红壤（一般土层深厚）	马尾松、湿地松、枫香、木荷、栓皮栎、麻栎、苦槠、米槠、白栎、盐肤木、杨梅、山茶、胡枝子、其他灌木类
	低丘钙质紫色土（主要为薄层土）	草木樨（先锋草本）、南酸枣、黄荆、六月雪、乌桕、白花刺、小叶紫薇；个别厚层土处：柏木、刺槐、黄连木、黄檀

（一）分水岭防护林

1. 树种配置

营造分水岭水土保持林,必须综合考虑坡度、坡向等地形因素和植被因素,甚至社会经济因素,对山、水、田、林、路、湖、草进行综合治理,贯彻工程措施与生物措施相结合,以生物措施为主的原则。要选择适合当地气候、土壤条件的生长迅速、寿命长、根系发达的树种。

根据南方地区小流域综合治理和生产实践总结得到分水岭防护林常用的主要树(草)种,主要包括:乔木有云南松、华山松、桤木、光皮桦、木荷、柠檬桉、大叶相思、马占相思、绢毛相思、铁刀木、黄槐、灰木莲等;灌木树种有紫穗槐、胡枝子、马桑、紫薇、六月雪、黄荆条、黄檀、刺蔷薇、芦竹等;草本有狗牙根、三节芒、野艾蒿、火棘、葛藤、常春藤、光叶含羞草等。

分水岭防护林的配置树种应以灌木为主,实行乔灌结合,栽植成疏透结构的林带。高山、远山的分水岭地带,可封山育林育草,也可在完成工程措施后全部造林或带状造林。丘陵、漫岗分水岭的立地条件较好,应以乔木为主,适当混交灌木。

2. 林带设置

沿岭脊设置林带,选择生长迅速而且抗风、耐旱的树种。

3. 整地方式

根据坡度大小和坡面破碎程度,因地制宜地采用水平沟、反坡阶等整地措施,以有效地拦截径流防止土壤冲刷,并为苗木成活和幼苗生长创造良好条件。

4. 复层混交

混交林不仅能合理利用土地,而且生长稳定,有利于改良土壤,拦蓄径流,在立地条件较差,水土流失严重的地方,应增加落叶丰富、具有阻水吸水和改良土壤能力的灌木比例。

5. 采用抚育保护方式

为迅速增加植被保护幼林,应强调封山育林,严禁人畜破坏。林分过密影响生长时,可适当间伐,但以不破坏水土保持林的防护效益为原则,灌木平茬亦应轮流隔行或隔株进行。

（二）坡面防护林

1.坡面水土保持林

由于过度放牧、樵采等引起严重水土流失的山地坡面,大多土层浅薄,土壤干旱瘠薄,立地条件差,需要营造水土保持林防止坡面进一步侵蚀。不仅如此,山地道路、水利工程或山区矿山开发而出现的大面积坡面裸露地方,坡面水土流失严重,容易引发山体滑坡、泥石流等灾害发生,配合必要的工程防护措施营造水土保持护坡林可以收到良好的护坡效益。

坡面水土保持林的营造应以混交林为主,一方面要通过细致的整地集水保水工程,形成有利于幼树成活和生长的生境条件;另一方面要选择合适的树种,进行合理的配置,通过良好的管理措施,为目的树种的生长及其稳定创造良好的条件,同时发挥其涵养水源、调节坡面径流的作用。

（1）乔、灌木带状混交

沿坡面等高线,结合水土保持整地措施,先造成灌木带(灌木柳、紫穗槐或马桑等),灌木成活后,经第一次平茬,再在带间栽植乔木树种。

（2）乔、灌木行间混交

乔、灌木同时栽植造林,采用乔、灌木行间混交。

2.坡面水源涵养林

森林土壤具有良好的结构和植物腐根形成的孔洞,渗透快、蓄水量大,一般不会产生超渗产流和饱和径流,即使在特大暴雨情况下形成坡面径流,其流速也比无林地大大降低。

水源涵养区的山地,虽然水土流失严重,但保留着质量较好的立地和乔灌草植物,多采用封山育林措施,再加上人为合理的干预,可较快地达到恢复森林的效果。封山育林基本上是模仿自然群落形成和发展的过程。恢复和培育森林的目标可遵循生态学原理,形成多树种、多层次、异龄化的林分结构,可采用乔灌草、针阔叶、深根和浅根树种、耐阴和喜光树种、速生和慢性树种、改良土壤作用不等的树种以及经济价值高低不同的树种等组合成不同的林分结构。

坡面水源涵养林的造林树种应具备根量多、林冠层郁闭度高、林内枯枝落叶丰富等特点。因此,最好营造针阔混交林,除主要树种外,要考虑合适的伴生树种和灌木,以形成混交复层林结构。同时选择一定比例深根性树种,加强土壤固持能力。在立地条件差的地方,可考虑以对土壤具有改良作用的豆科树种作为先锋树种;在条件好的地方,则要用速生树种作为主要造林树种。在我国西南中低山区实行针阔、常绿落叶、乔灌草混交,形成复层混交结构,主要采用松栎、杉檫、桤柏、柏栎、柏木与刺槐、冷杉、云杉、桦木、柏木、桤木、马桑等混交,取得了良好的效果。

水源涵养林在幼林阶段要特别注意封禁,保护好林内地被物层,以促进养分循环和改善表层土壤结构,尽快发挥森林的水源涵养作用。当水源涵养林达到成熟年龄后,要严禁大面积砍伐,一般应进行弱度间伐或采取择伐的方式。重要水源涵养林区要禁止任何方式的采伐。

(1)结构配置

水源涵养林的造林配置以小班为单位配置造林模式。地形破碎的山地采用局部造林法,形成人工林与天然林块状镶嵌的混交林分。

(2)抚育管理

水源涵养林营造后应封山育林。饮用水源保护林一般不允许抚育。其他水源涵养林除 GB/T 18337.1 确定的特殊保护地段外,可以适当开展抚育活动。

饮用水源保护林和下列地段的水源涵养林应划建封禁管护区:坡度大于35°、岩石裸露的陡峭山坡的水源涵养林;分水岭山脊的水源涵养林;大江大河上游及一级支流集水区域的水源涵养林;河流、湖泊和水库第一重山脊线内的水源涵养林。

一般水源区水源涵养林和库区水源涵养林可以进行轻度抚育,岸线水源涵养林可以根据立地条件进行必要的抚育活动。

(3)抚育方法

当郁闭度大于 0.8 时,可进行适当疏伐,伐后郁闭度保留在 0.6～0.7。遭受严重自然灾害的水源涵养林应进行卫生伐,伐除受害林木。

水源涵养林因人为干扰或经营管理不当而形成的人工低效林,符合下列条件之一时可以进行改造:①林木分布不均,林隙多,郁闭度低于 0.2。②年近中龄而仍未郁闭,林下植被盖度小于 30%。③病虫鼠害或其他自然灾害危害严重的林地。

改造方式有补植和综合改造。补植主要适用于林相残破的低效林,根据林分内林隙的大小与分布特点,可以采用下列两种补植方式:①均匀补植,用于林隙面积较大,且分布相对均匀的低效林。②局部补植,用于林隙面积较小、形状各异,分布极不均匀的林分。综合改造主要用于林相老化和自然灾害引起的低效林。带状或块状伐除非适地适树树种或受害木,引进与气候条件、土壤条件相适应的树种进行造林。乔木林一次改造强度控制在蓄积量的 20% 以内,灌木林一次改造强度控制在面积的 20% 以内。

3. 护坡薪炭林

发展护坡薪炭林的目的主要在于解决农村生活用能源,控制坡面的水土流失,减轻或防止对森林植被的破坏,达到以林保林的目的。薪炭林营造投资少,见效快,生产周期短;薪炭林作为燃料对环境的污染较小;使用方便,低价安全,热值高。

薪炭林造林地的选择应距村庄较近,交通方便,经济利用价值不高,或选择水土流失比较严重的荒坡地。树种选择,一般选择耐干旱瘠薄、萌蘖能力强、耐平茬、生物产量高、易燃烧和热值高的乔灌木树种。

我国南方适宜的薪炭林树种主要有各种栎类、桉类、马尾松、大叶相思、银桦和铁刀木等,具体如:火炬松、栓皮栎、马尾松、麻栎、黑松、白栎、窿缘桉、辽东栎、赤桉、刺槐、直干蓝桉、南酸枣、大叶桉、余甘子、蓝桉、刚果 12 号桉、蒿柳、尾叶桉、松江柳、雷林 1 号桉、枫香树、北沙柳、化香树、火炬树、木荷、木麻花、紫穗槐、铁刀木、翅荚木、耳叶相思、马占相思、台湾相思、朱缨花、银荆、马桑、光皮桦、慈竹、桤木、芒、大叶栎等。

然而,随着经济发展及生态文明建设的提出,坡面薪炭林的营建和发展受限。只有既能解决人民生活困难,还提高人民经济收入的林分才能得到当地群众的欢迎、重视和爱护。

4. 护坡经济林

发展护坡经济林不仅可以获得林果产品和取得一定的经济收益,为农村经济发展增添活力,带动农村经济发展,而且可以控制坡面的水土流失。在山地坡面得到治理的条件下,一些退耕地、弃耕地,以及水肥条件较好的背风向缓坡地,可以发展经济林,坡度应低于 25°。

在树种(品种)选择上,根据适地适树、优质丰产高效的原则,按经营方向和市场需求,选择当地生产潜力大、市场前景好的树种(品种);引进外来树种(品种),要通过试种、示范,成功后方可大面积推广和发展;基地建设的优良品种率应达到 100%。果品类基地建设应合理配置早、中、晚熟和鲜食、加工品种。总之,树种选择要充分考虑当地的自然条件和适宜性(表 1 – 3 – 11)。

表 1 - 3 - 11　南方经济林栽培区化及栽培品种

栽培区	亚区	树种
IV 北亚热带	IV$_1$ 四川盆地北缘山地工业原料亚区	落叶栎类、栓皮栎、漆树、油桐、核桃、板栗、茶树等
	IV$_2$ 甘肃南端丘陵山地木本油料亚区	油桐、乌桕、栓皮栎、棕榈、杜仲、柿树、茶树、花椒、枣、核桃、漆树。天然竹类有淡竹、慈竹。曾引种油橄榄、毛竹。局部地区还可以栽培柑橘
	IV$_3$ 陕南秦巴山地木本油料及工业原料亚区	核桃、普通油茶、油橄榄、黄连木、水冬瓜、乌桕、油桐、板栗、柿树、漆树
	IV$_4$ 湖北木本油料及干鲜果亚区	油茶、油桐、乌桕、板栗、柿、杜仲、厚朴、银杏、柑橘、桃、李、茶、蚕桑等。安陆银杏、罗田甜柿、板栗全国著名
	IV$_5$ 豫南低山丘陵干鲜果品亚区	油茶、油桐、板栗、枣、厚朴、杜仲、苹果、梨、桃、李等
	IV$_6$ 皖中丘陵平原干鲜果品亚区	油茶、油桐、乌桕、桑、杜仲、厚朴、板栗、青檀、山苍子、茶等。金寨板栗、六安茶全国有名
	IV$_7$ 苏中低丘平原干鲜果品亚区	主要是生态防护林
V 中亚热带	V$_1$ 苏南宜溧低山丘陵鲜干果桑茶亚区	枇杷、杨梅、柑橘、板栗、银杏、桑、茶树、油桐、毛竹、美国山核桃、乌桕
	V$_2$ 皖南山地丘陵干鲜果桑茶亚区	青檀、板栗、山核桃、茶、桑蚕、油茶、油桐、乌桕、银杏、棕榈、山苍子、杜仲、厚朴、三桠、枇杷、猕猴桃等
	V$_3$ 浙江鲜干果桑茶亚区	油茶、油桐、乌桕、枇杷、杨梅、厚朴、柑橘、香榧、山茱萸、棕榈、银杏、漆树、山核桃等
	V$_4$ 闽中—闽北干鲜果茶与木本油料亚区	油茶、油桐、油橄榄、乌桕、板栗、锥栗、厚朴、漆树等
	V$_5$ 鄂东南低山丘陵木本油料及果茶亚区	油茶、油桐、板栗、银杏、杜仲、柑橘、桑、茶树等
	V$_6$ 江西木本油料、茶及果茶亚区	油茶、油桐、千年桐、乌桕、板栗、樟树、竹类等
	V$_7$ 湖南木本油料及干鲜果亚区	油茶、油桐、乌桕、湖南山核桃、板栗、枣树、银杏、杜仲、厚朴、毛竹、水竹、茶、樟树等

栽培区	亚区	树种
	V₈粤北山地丘陵木本油料、果茶亚区	油茶、油桐、千年桐、山苍子、松脂、板栗、南华李、枣树、茶树、蚕桑等
	V₉桂北低山丘陵木本油料、果茶亚区	油茶、油桐、银杏、柑橘、柚、板栗、樟树等
	V₁₀贵州木本油料及工业原料林亚区	油桐、油茶、核桃、乌桕、木姜子、山苍子、板栗、柿树、漆树、五倍子、栓皮栎、棕榈、杜仲、樟树等
	V₁₁云南(中亚热带)木本油料、果、茶及工业原料林亚区	核桃、野核桃、油桐、油茶、乌桕、漆树、松脂、竹类、板栗等
	V₁₂四川木本油料、果、茶及工业原料林亚区	油桐、白蜡、花椒、咖啡、紫胶等
VI 南亚热带	VI₁闽东南沿海丘陵果、茶亚区	香蕉、荔枝、龙眼、柑橘等
	VI₂台北台中低山丘陵果、茶亚区	柑橘、香蕉等
	VI₃粤中丘陵台地果、茶、桑亚区	柑橘、橙、荔枝、龙眼、香蕉、番石榴、杨桃、木瓜、芒果等
	VI₄桂中低山丘陵木本油料、干鲜果、茶亚区	油桐、油茶、山苍子、樟树、柑橘、柚、橙、猕猴桃、板栗等
	VI₅桂南丘陵台地鲜果、香料亚区	荔枝、龙眼、香蕉、芒果、黄皮果、柑橘、八角、肉桂、樟树等
	VI₆滇中南低山丘陵、茶及工业原料林亚区	香蕉、茶、八角、紫胶等
VII 北热带	VII₁台南丘陵台地果、茶亚区	香蕉、龙眼、芒果、木瓜、咖啡、胡椒、山地茶叶等
	VII₂雷州低丘台地果、胶、香料亚区	桉树、香蕉、椰子、咖啡、龙眼、芒果、荔枝、大蕉、木菠萝等
	VII₃琼北低丘台地橡胶、果及饮料亚区	橡胶、椰子、胡椒、香蕉、龙眼、芒果、咖啡等
	VII₄滇南中地山台地胶、果亚区	橡胶、咖啡、槟榔、木菠萝、红毛丹、香蕉、荔枝、龙眼、芒果、版纳柚、茶树等
VIII 中热带	VIII₁琼南台陵台地胶、油料、果亚区	橡胶、槟榔、腰果、椰子、油棕、胡椒、香蕉、龙眼等
	VIII₂东沙、中沙、西沙群岛亚区	难以发展经济林

资料来源:节选自《中国经济林栽培区划》(何方,2000)。

经济林营建后要加强看护,中耕除草,防止人畜等危害,也要防治虫害,新栽的幼树特别要防止害虫危害新发的嫩芽。冬季寒流到来前要进行防寒保护。

另外,在规划经济林时,还应考虑水源和交通条件,如果取水困难,可修建旱井、水窖、水塘等集雨设施。

5.坡面农林复合经营

坡面农林复合经营的目的就是在稳定基本农田,培肥地力,加固梯田地埂的同时,通过农作物、经济作物、果树等的合理配置,充分利用单位面积农田上的光、热、水、肥等条件,大幅度地提高土地生产力和总体经济效益;坡耕地上实行农林间作,可以横坡拦截和调节地表径流,控制水土流失,同时可增加农作物的产量。

(1)坡面农林复合经营类型

①坡耕地上的农林间作。坡耕地是水土流失的主要策源地,因此在流域治理中,在确保基本农田的基础上,对坡度较大的坡耕地逐步退耕还林。采用坡耕地农林间作的形式是一项行之有效的过渡办法。在南方多栽植剑麻、火棘、马桑、桑条、山茶树等。一些地区在坡耕地上也栽植乔木树种和价值较高的经济林木,如松、杉、杜仲、樟树和苹果、梨、杏、枣、柿、花椒、茶等,实行短期林粮间作,在林分郁闭以前,种植谷物和豆类、马铃薯、花生等。林分郁闭以后,完成退耕还林。

②梯田地埂防护林。梯田地埂防护林根据其功能类型分为防护林和经济林,主要是针对土埂和石埂梯田,为防治田坎或田埂侵蚀而设置的水土保持林体系。在梯田地埂上造林,不但不占用林资源总量,还增加控制水土流失,实现梯田地埂林网化,是实现村庄、梯田林网化的有效途径。

(2)树种选择

梯田地埂坡度陡,干土层厚,水肥条件差,选择梯田造林树种时,因各地情况有别。树种选择要掌握"适地适树因地制宜"的原则。选择树种的一般标准为:适应性强、耐旱耐瘠薄、萌生能力强、速生能力好、耐平茬、根系发达,生物量大、热值高。一般可选择紫穗槐、胡枝子等灌木树种和桑、枣、茶、花椒等经济林树种。

(3)配置与设计

梯田地埂的侧坡一般较陡,造林以插条、压条为主,不易插条和压条的树种可采用植苗或直播造林。

①水平梯田地坎造林:a. 选择造林点位置。选择梯田地坎造林点时,既要考虑到将串根和遮阴的影响调节到最小限度,又要考虑耕作和采条的方便,这就应根据具体情况而定。一般在地坎外坡的1/2或1/3处造林,这样可使树冠投影绝大部分控制在地坎上,根系几乎全部分布在田坎的土层中,也有利于采条和耕作。当地坎较矮,坎高1m左右且较陡时,应在上部或中部造林,可采用单行密植。采取这种形式造林,灌木生长较快,能迅速起到防风和阻拦地表径流的作用。当地坎较高,大于2m以上且较陡时,应在中部或下部造林,可栽植2~3行灌木,成"品"字形排列。地坎不太高、坡度较缓时可在中上部或中部造林。栽植2~3行灌木,成"品"字形排列。株行距一般视坎埂高度而定,高者宜宽,矮者宜窄。b. 地坎插条、压条造林。地坎插条造林,可在春、秋两季进行,以秋季较好。秋季温度低、风较小、雨水多、墒情好,枝条处于休眠状态,埋入土中,有利于发芽生根。这种造林方法,最好在修筑地埂坎的过程中,将插穗压在地埂中,既省力,成活率也高。c. 地坎植苗造林。植苗造林的树种有紫穗槐、胡枝子、桑树等。

除以上营造灌木外,有些地区在保证农业生产的前提下,可栽植一些干鲜果等经济价值较高的树种。例如南方不少地区利用梯田地埂和梯田栽植茶树,保持水土效果也很好。

②坡式梯田地坎造林:由于坡式梯田地坎高差较小,可在地坎上营造1~2行灌木林带,成"品"字形排列。这种造林方式,每年应进行起高垫低、里切外垫的方法加高地坎,通过人工培土和灌木本身的拦截泥沙作用,使坡式梯田逐年变成水平梯田。

③坡地生物地坎造林:在人少地多的地区,可在坡地沿等高线水平方向营造2~4行灌木型地坎林。采取这种营林方法,通过灌木茂密枝条的拦泥作用,以及平茬后的人工培土,逐年形成梯田。待灌木长起后,最好在梯田地坎内侧50cm处,挖30~40cm深宽的地坎沟,防止灌木串根,影响农作物生长发育。

④坡地石埂地坎造林:这种石埂地坎造林方法,适用于石质山区取石方便的坡地。造林时,灌木越长,基茎越粗,根系越多,并钻进石缝中盘绕挤压,使石坎更为牢固。在利用旧石埂造林时,可将处在适当部位的小石块砸(敲)碎掏洞插条,然后用湿土填实。

⑤坡耕地农田防护林:坡耕地上农田防护林的布设位置,要根据不同的地形来决定,凸形斜坡,防护林带应布设在中下部;凹形斜坡,应在坡的中上部布设一条林带;直线形斜坡,防护林带应布设在中部。

防护林带的配置以下:

①纯灌木类型:适用于干旱地区或半干旱地区的山坡地上。

②乔灌混交类型:适用于半干旱地区的山坡坡面,若坡面立地条件较差,先以灌木为先锋树种,待土壤改良后,再配置成乔灌混交类型。

③乔木与乔木混交类型:适用于立地条件较好、坡面较长、土层较厚的山坡坡面,可以获得一定的小径级木材。一般林带宽度 10~20m,采用行间混交或者株间混交。

④果树灌木混交类型:适用于立地条件较好、土层厚、避风向阳、光照充足的阳坡或半阳坡坡面,可以配置果树灌木混交林带,不仅具有良好的防护作用,而且获得显著的经济效益。

(4)抚育管理

新造地埂幼林地要封闭式保护管理,及时检查成活率,对缺株断行的应在下一季造林时及时补植,补植树种须与原规划树种种类、规格相同:成活率在40%以下的造林地要重新整地造林。及时防治病虫鼠害,统一组织农户清理地埂杂草,防止对幼树造成破坏。对栽植的经济林树种要注意树形修剪,灌木树种根据生长情况每 3~5 年进行平茬利用,促进林木更新复壮。

6. 裸露石质坡面植被恢复

首先,随着我国的城镇化建设速度的加快,铁路建设、高速公路建设、矿石开采、房地产开发等一系列原因致使山体遭到破坏,山体裸露斑块,破坏生态系统并严重影响山体美观度;而这些裸露的边坡,尤其石质边坡无法提供植物生长的条件,是边坡生态治理中难度较大的一项工程,其中坡度及坡面的稳定性对植物的生长有很大的影响。坡度越陡,植物根系伸入土中的深度则越浅,植物不易生长。裸露坡度在 35°以下时,植物从周围自然侵入的机会大,但坡度超过 35°以上时,自然植物难以侵入。坡度在 45°~50°以上时,仅靠植物根系的抗剪力无法满足坡面表土的稳定,为防止坡面土壤滑落,必须采取一定的工程措施,才能种植植物。其次,土质的硬度太高(即达到石质状态时),植物的根无法伸入土壤中,使植物无法生长。石质边坡植被恢复,就在这种不具备植物生长条件的岩石、混凝土等坡面上喷撒 10~15cm 的植物生长基质及植物种子,使边坡得以绿化,恢复生态效应,同时还在边坡凸凹不平的地方采用塑石技术使整个边坡更具景观性。

近年来,国内众多研究者针对裸露石质边坡的植被重建和改造进行了研究,形成了如植被混凝土生态防护技术(孙钦花,2010;高星,2018)、厚层基材喷附植被护坡技术(TBS 植被护坡技术)(杨雷,2018)、植物纤维毯生态防护技术(生态植被毯铺植)(颜春水,2013)、三维网植被护坡技术(罗艺伟等,2014)、生态灌浆(赵方莹等,2006)、长袋植生带生态护坡技术(吴训虎,2017)等技术,这些技术在国内石质边坡生态植被恢复工程实施中得到了普遍的应用,取得了一定的成效。

(1)覆土治理技术

对坡面相对平整、碎石较多、覆土易形成暂时覆盖的局部边坡采取覆土措施,同时沿着边坡等高线,利用木板设置固定隔板进行拦挡,减轻降雨对坡面土壤的冲刷。选用 1 年生植物容器苗,沿等高线呈品字行挖穴整地种植。每穴施生物菌肥作为基肥,将事先吸足水的保水剂与土壤充分混合回填压实,地表覆土。大豆和宽叶雀稗种子混合撒播。种植时间宜选择在梅雨季节进行,以利成活。后期管护以浇水和追肥(撒施)为主。通过对边坡进行覆土,同时采取相应的工程和植物措施构建新土体后,坡面植物根系通过吸收水分,逐渐嵌入坡体土壤,增大土壤颗粒之间的摩擦系数,提高了坡面稳定性。随着植被的生长,植物茎叶对坡面的覆盖度逐步提高,不断生长的根系可涵养水分,有效地减少地表水形成的冲刷径流,从而降低雨水对坡体表层土壤的侵蚀危害,对边坡形成二重保护,使坡面抗侵蚀能力得到加强(谢建华,2018)。

(2)无覆土治理技术

对坡面不平整、块石较大、分布较集中、缝隙较大、覆土易被冲刷形成排水通道的边坡,采取移动式营养钵措施。选择较好的表土客土填入营养钵内,种植葛藤后施生物菌肥,添加保水剂与土壤充分混合覆土压实。在无覆土条件的坡面,先固定摆放好营养钵,种植后通过浇水施肥确保成活率(谢建华,2018)。

(3)"高次团粒"系列喷播技术

在荒地或被破坏的岩质、土质坡体上,辅以工程手段建植木本植物群落的施工方法(马芳,2007)。岩体坡面上的植物配置为:草本类包括黑麦草,灌木类:马棘、胡枝子、紫穗槐、锦鸡儿;乔木类包括刺槐、火炬树、臭椿、白榆树。

植被恢复措施为:去除松动的岩石和浮石后,局部整形,然后敷设植生毯,再铺设金属网,最后用连续纤维绿化施工法喷播。本系列施工方法的一个特点是"施工后无须养护"。喷播后,种子发芽、幼根生长至稳定状态需要 2～3 个月的时间,为了获得快速的早期绿化效果,在此时间段内,酌情考虑浇水养护。养护期限视喷播时间与降雨量情况而定。植物的生长状态由于坡面的朝向、地形、地质、降雨量的不同,早期会出现部分生长不均匀的现象,因此应从坡面全体的生长状态来进行评价。

(4)客土喷播技术

关于岩石边坡绿化,有喷混植生、厚层基材技术、TBS 等多种不同称谓,但其实质均为客土喷播技术。客土喷播技术是一种整合土壤学、植物学、生态学理论的生态防护技术,通过团粒剂使客土形成团粒化结构,加筋纤维在其中起到类似植物根茎的网络加筋作用,从而造就有一定厚度的具有耐雨水、风侵蚀,牢固透气,与自然表土相类似或更优的多孔稳定土壤结构,并将其混合草种喷播到岩石边坡上,孕育植物生长,形成边坡防护层,能有效抵抗风蚀和雨水冲刷,防止水土流失,美化生态环境(李国保和王秀英,2019)。

液压喷播技术又称湿法喷播技术,是将种子、保水剂、肥料、覆盖料、土壤稳定剂等一起混合,并通过高压喷枪喷射到坡面上的一种机械化种植技术。该技术施工效率高,操作简单,对边坡高度、坡面平整度等无严格要求,建植苗生长整齐等特点(陈济丁,1998)。

喷混植生技术有"干喷"和"湿喷"两种,液力喷混植生即是"湿喷"(吴向宁和张玉昌,2007)。"干喷"是利用空压机提供的压力降混合干料喷到坡面上,在出口处与水泵泵出的水混合,在坡面形成较紧密的喷混基材种植层。"湿喷"是搅拌机将各种物料加水拌和均匀后,倒入喷湿机中,通过泵经湿料输送管送到喷嘴处,再经过空压机将混合物料吹到坡面上。

液压喷播和喷混植生技术可以快速重建坡面植被,水土保持护坡效果明显,但面临着喷播草种过于单一、植被的生态稳定性较差的弊端(陈学平,2009)。

(5)岩石边坡植被护坡工程

岩石边坡植被护坡工程是特殊的复合材料系统,在坡面构建各种各样的基质—植被综合保护体系,其护坡功能主要通过植被、引导基质与工程措施的协同作用来实现,可形成基岩—基质—植被的有机整体,达到稳固坡面的目的。岩石边坡植被护坡技术具有突出的优点和潜能,现已逐渐替代传统的护坡技术而成为岩石坡面防护的重要技术手段,其应用技术通常有框架内植草护坡(王广月等,2003)、植被型生态混凝土护坡和厚层基材喷射护坡(李绍才,2004)。

（6）裸露坡面生态恢复的植被技术体系

裸露坡面复绿的效果好坏,植物的选择十分关键,应该遵循以下原则(吴向宁和张玉昌,2007)。

①灌草藤的立体配置。这是生态治理中防止复绿植物退化的有效途径。工程实践表明,单一草种虽然可实现快速绿化,但经常退化,通过灌草藤的立体配置,灌木的深根有加锚杆的作用,草本的浅根有加筋作用,两者结合有良好的护坡效果,再加上藤本植物,对坡面起到更好的绿化覆盖效果。

②豆科与非豆科植物组合应用。利用豆科植物根系的固氮作用实现低养护条件下氮营养的长期可持续供给。

③乡土植物应用为主。这些植物在长期的自然选择中形成了对当地土壤、气候等生态因子的良好适应能力,在无养护和低养护条件下乡土植物能够较成功的适应。

裸露坡面生态恢复抗旱耐瘠植物有:变色牵牛、茶条木、畏芝、大叶女贞、饿蚂蟥(红掌草)、越南葛藤、海刀豆、百慕大、假鹰爪、老鼠耳、牛耳枫、扭肚藤、百喜草、铺地木蓝、宛田红花茶、山杜英、山石榴、石楠、石山火棘、桂林紫薇、首冠藤、台湾相思、火棘、芒萁、五色梅、香叶树、小叶铺地榕、斜叶榕、野牡丹、银合欢、余甘子、柘木等(吴向宁和张玉昌,2007)。

（三）侵蚀沟防护林

沟道水土保持林在改善沟道生态环境的作用中处于重要的地位。南方土石山丘地区的沟道水土保持林根据地形、地貌、地质条件分为两类,分别为土质沟道和石质沟道。水土保持林业生态工程体系主要是针对这两种沟道进行建设,根据沟道的具体特点设置防护林、用材林和经济林。

土质沟道系统具有深厚"土层"的沿河阶地、山麓坡积或冲洪积扇等地貌上所冲刷形成的现代侵蚀沟系。土质侵蚀沟道的水土保持林工程的目的和意义在于,通过稳定沟坡,控制沟头前进、沟底下切和沟岸扩张的目的,从而为沟道全面合理利用、提高土地生产力创造条件。在石质山地和土石山地通过沟道水土保持林的配置,以分散调节地表径流,固持土壤,同时增加林草覆流,提高农业生产力,增加林副产品收入,在发挥其防护作用的基础上争取获得定量的经济收益。

土质侵蚀沟的形成和发展受侵蚀基准面的控制,有其自身的发展规律。一般可以将其发育分为 4 个阶段,如表 1 - 3 - 12 所示。

表 1 - 3 - 12　侵蚀沟的形成与发展阶段

时期	侵蚀特征	治理措施
第一阶段	①溯源侵蚀。②下切速度快。③沟深 0.5~1.0m	农业措施径流比较大时,修筑梯田吸收径流
第二阶段	①沟顶有明显滴水,下切、扩张、前进剧烈,以向深发展为主。②侵蚀沟断面呈现"V"字形沟底水路合一。③沟底纵坡大,开始形成支沟	①距居民点较远又无力治理,采用封禁的办法。②离居民点较近、对交通、村镇、农田等构成威胁时,要采取工程与生物相结合的治理措施,防止沟头前进,沟底下切
第三阶段	①上游沟顶前进减弱,沟顶分叉较多。②中游沟底与水路分开,沟底呈"U"形。③下游沟底宽度较大,局部有崩塌发生	生物与工程措施相结合,沟头、沟底、沟岸要进行全面治理
第四阶段	①沟顶接近分水岭。②沟底接近邻近侵蚀曲线。③沟岸扩张已经接近自然倾斜角或成为稳定的立壁	①进行农业、牧业、林业利用。②防止新一轮侵蚀开始

石质沟道多处在海拔高、纬度相对较低的地区,降水量较大,自然植被覆盖度高。石质沟道具有坡度大,径流易集中;漏斗形集水区;沟道的底部为基岩,基岩呈风化状态、沟道有疏松堆积物时,易暴发泥石流,土层薄,水土流失的潜在危害性大。灾害性水土流失是洪水、泥石流的特点。石多土少,植被一旦遭到破坏,水土流失加剧,土壤冲刷严重,土地生产力减退迅速,甚至不可逆转地形成裸岩,完全失去生产基础。石质沟道水土保持林在石质山地和土石沟道通过沟道防护林的配置,以控制水土流失,充分发挥生产潜力,防治滑坡与泥石流,稳定治沟工程和保持沟道土地的持续利用。

1. 树种选择

(1)土质沟道水土保持林树种选择

土质沟道的沟底防护林应选择耐湿、抗冲、根蘖性强的速生树种,以湿地松、桤木为常见，还可选择柏木、马尾松、云南松、华山松、光皮桦、木荷、麻栎、栓皮栎、槲栎、墨西哥柏、枣、刺槐、油桐、乌桕、桉、大叶相思、马占相思、绢毛相思、铁刀木、黄槐、灰木莲等。

沟坡防蚀林应选择抗蚀性强，固土作用大的深根性树种，乔木树种主要有湿地松、桤木、柏木、马尾松、云南松、华山松、光皮桦、木荷、麻栎等；灌木可以选择紫穗槐、马桑、刺蔷薇等；条件好的地方，可以考虑种植经济树种，如桑、枣、板栗、茶、核桃等。

（2）石质沟道水土保持林树种选择

①南方山地一般沟道防护林树种：杉木、马尾松、栎类、樟、楠、檫等。

②喀斯特山地沟道防护林树种：柏木、刺槐、苦楝、白榆等。

③稳定沟道树种：沟道发展到后期，沟道中（特别是在森林草原地带）应选择水肥条件较好，沟道宽阔的地段，营造速生丰产用材林。速生丰产林主要配置在开阔沟滩（兼具护滩林的作用），或经沟道治理、淤滩造地形成土层较薄、不宜作为农田或产量较低的地段。南方地区沟道内的速生丰产用材林树种可选择杉木、湿地松、马尾松等。

④河川地、山前阶台地、沟台地经济林栽培：宽敞河川地或背风向阳的沟台地，各种条件良好，适宜建设经济林栽培园。主选树种有：桃、葡萄等；在水源条件不具备情况下，可建立干果经济林，如核桃、柿、板栗、枣等。

⑤沟川台（阶）地农林复合生态工程：沟川台（阶）地具备建设农林符合生态工程的各项条件，如果园间种绿肥、豆科作物，丰产林地间种牧草，农作物地间种林果等，经济林地间种蔬菜、药材等。

2.配置与设计

（1）土质沟道水土保持林配置与设计

土质沟道根据不同发育特点，采用相应的配置。

稳定的沟道，农业利用较好。选择水肥条件较好、沟道宽阔的地段，发展速生丰产用材林。还可以利用坡缓、土厚、向阳的沟坡，建设果园。造林地的位置可选在坡脚以上沟坡全长的2/3处。

沟道的中、下游侵蚀发展基本停止，沟系上游侵蚀发展较活跃，则沟道内可进行部分利用。在有条件的沟道修筑沟壑川台地、建设基本农田；沟头防护采用工程与林业措施相结合，如木石拦沙坝，修筑拦沙坝群等；在已停止下切的沟壑,如不宜于农业利用时,最好进行高插柳的栅状造林。

沟道的整体侵蚀发展都很活跃,整个沟道不能进行合理的利用。对这类沟系的治理可从两方面进行:一是距居民点较远又无力治理,采用封禁的办法;二是距居民点较近处,在沟底设置拦沙坝群,固定沟顶、沟床的工程措施应与生物措施相结合。

①进水凹地、沟头防护林配置方式。可根据集水面积大小进行配置:集水面积小、来水量小时在沟头修筑涝池,全面造林;集水面积极小时,把沟头集水区修成小块梯田,在梯田上造林;集水区比较大、来水量比较多时,要在沟头修筑一道至数道封沟埝,在埝的周围全面造林;在集水面积大、来水量多时,修数道封沟埝,在垂直水流方向营造密集的灌木林带。

②沟底拦沙坝工程。在比降大、水流急、冲刷下切严重的沟底,必须要结合拦沙坝工程造林形成的森林工程体系,主要形式有木石拦沙坝(可在局部缓流外设置)、编篱柳拦沙坝和柳磴石拦沙坝(图1-3-1)。沟底拦沙坝工程的作用是抬高侵蚀基准,防治沟道下切,需遵循顶底相照的原则。同时,谷坊工程在位置的选择上应遵循先支后干、肚大脖细、地基坚实且离开弯道的原则,在数量上也需根据沟道长度和谷坊高度决定。

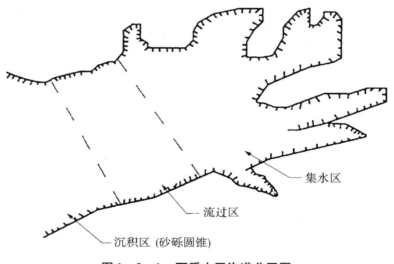

集水区

流过区

沉积区 (砂砾圆锥)

图1-3-1 石质山区沟道分区图

③沟底防护林配置方式。为了拦蓄沟底径流,防止沟道下切,缓流挂淤,在水流缓、来水面不大的沟底,可全面造林或栅状造林;在水流急、来水面大的沟底中间留出水路,两旁全面或雁翅状造林。a.沟底栅状或雁翅状造林:此方法

适用于比降小。b. 水流较缓（或无长流水）冲刷下切不严重的支毛沟,或坡度较缓的中下游沟道,一般采用紧密结构横向栽植 3～5 行树木。c. 全面造林:一般是在支毛沟上游,冲刷下切强烈,河床变动较大,沟底坡度 >5% 时,结合木石拦沙坝或植物谷坊,全面造林,造林时注意留出水路。一般多采用插柳造林,也可用其他树种。

④沟坡防蚀林配置方式。沟坡防护林主要是稳定沟坡,防止扩展,充分利用土地,发展林业生产造林时,先在沟坡中下部较缓处开始,然后再在沟坡上部造林。一般来说,坡脚处是沟坡崩塌堆积物的所在地,土壤疏松,水分条件比较好,可栽植经济林。一般在坡脚 1/3～1/2 处,造片林。

⑤沟沿防护林配置方式。沟沿防护林应与沟边线的防护工程结合起来,在修建有沟边埂的沟边,且埂外有相当宽的地带,可将林带配置在埂外,如果埂外地带较狭小,可结合边埂,在内外侧配置,如果没有边埂则可直接在沟边线附近配置。

在沟沿营造深根性灌木树种,靠外侧营造乔灌木混交林带;如果沟坡没有达到自然倾斜角(黄土 65°～80°、黄黏土 65°、壤土 45°、砂土 33°)时,可以预留崩塌线。造林结构可以靠沟沿栽植 3～5 行紧密结构的灌木带,紧靠灌木带营造乔灌异龄、复层混交林。

(2)石质沟道水土保持林配置与设计

具体的配置要点包括以下 6 点:①高中山水源涵养林,中低山和丘陵山地水土保持林。②集水区全面造林,乔灌混交林、异龄复层林。③侵蚀严重的荒坡封山育林。④主伐时分区更新轮伐。⑤配合林草措施,建立沟道谷坊群(集中使用)、骨干控制工程。⑥在地形开阔、土层较厚的坡脚农林牧综合利用。

在山地坡面得到治理的条件下,在主沟沟道可适当进行农业经济林利用;在一级支沟或二级支沟的沟底有规划地设计沟道工程;在沟道下游或接近沟道出口处,在沟道水路两侧多修筑成石坎梯田或坝地,并在坎边适当稀植一些经济林树种和用材林树种。

为防治山地泥石流,坡面营造水土保持林时,在树种选择和林分配置上应使之形成由深根性和浅根性树种混交异龄的复层林。成林的郁闭度应达到0.6 以上。并注意采取适合当地条件的山地造林坡面整地工程(如反坡阶、水平沟、反坡梯田等)。

稳定的沟道中应选择水肥条件较好、沟道宽阔的地段，营造速生丰产用材林。沟道有水源保证的可引水灌溉，生长期要加强抚育管理。

宽敞河川地或背风向阳的沟台地，各种条件良好，适宜建设经济林栽培园。

沟川台（阶）地具备建设农林复合生态工程的各项条件，如果园间种绿肥、豆科作物，丰产林地间种牧草，农作物地间种林果等，经济林地间种蔬菜、药材等。

①集水区水土保持林的配置。为防止土石山地和石质山地水土流失的继续发展，特别是泥石流的发生，必须在整个集水区宜林的坡面上，营造乔灌混交复层异龄林，使成林的郁闭度达到 0.6 以上，且使深根性树种和浅根性树种相互搭配，利用林木根系强大的网络固持作用将土壤、母质、基岩凝聚成一个整体，削弱和防止鳞片状的面蚀、山剥皮侵蚀以及石洪、泥石流等固体物质的来源量。如果在侵蚀极为严重的地段，坡度又大于 50°，不宜人工造林，应对这些荒坡、荒山采取封山封坡育林措施，就地利用林草资源逐步地增加植被覆盖率。在沟道的集水区洪水流量大，沟底又多为较大的石砾和块石时，陡坡沟道受洪水冲淘强烈，侵蚀严重，此时应在与流水线方向垂直处用石头垒起护岸堤坎，增强对洪水的顶冲缓流作用。在沟道中间应修筑干砌石谷坊，尤其在各支沟与干沟的转折处，注意设置密集的谷坊群，以增强对石洪的抵抗力，抬高侵蚀基准面，使沟道淤积的细沙形成川台，然后在川台上栽植一些耐水湿的树种，以缓流挂淤。若沟道两侧的坡积、塌积区坡度较小，土层深厚，可以营造一些深根性树种（如油松、核桃楸），以固持坡面，稳定沟道。

②流过区（中游地段）水土保持林的配置。流过区沟道狭窄，流量大，流速湍急。若流量过大，谷坡过陡，流速过急，应在沟道中间留出一定宽度的水路，再在其两侧营造根系发达、耐水湿的树种构成沟底防冲林，发挥缓洪挂淤的作用。一般的沟道宜修建坚固的干砌石谷坊，并按照顶底相照的原则形成谷坊群，待泥沙淤积后再营造沟道防冲林。

③沉积区水土保持林的配置。在沟道下游或接近沟道出口处，将沟道水路两侧多修筑成石坎梯田或坝地，并在坎边适当稀植一些经济树种和用材树种。

3. 抚育管理

对于沟道水土保持林的抚育管理技术，参见本章第三节。根据不同造林方法而营建的林型，采用相应方法进行林地的抚育和管理。此外，由于沟道内土淤积快,土层深厚,土体相对黏重,土壤水充足,其他草本植物生长迅速。抚育管理的关键是松土和除草,包括除草松土、正苗、除藤蔓植物,以及对分枝性强的树种进行幼林保护等。

(四)水库河川防护林

1. 水库防护林

在水库周围及上游沟道采取水土保持综合治理措施,是控制和减少水库泥沙淤积的一项重要内容。其中,因害设防地配置水库防护林,形成由坡面到沟道,由沟系到库区的防护林体系对减少水库泥沙的淤积,效果极为显著。水库防护林可以固定库岸,拦截并减少入库泥沙,延长水库的使用寿命;有效地削弱波涛的冲击力量,控制浪蚀;减低风速,改变气流的结构和方向,减少水库水面蒸发;提高塘库的景观价值和美学吸引力。

(1)树种选择

水库、护岸(堤、滩)林带的造林树种应具有耐水淹、耐淤埋、生长迅速、根系发达、萌芽力强、易繁殖、耐旱、耐瘠薄等特性。另外,应考虑树种的经济价值及兼用性。南方地区的水库、河岸(滩)林的主要适宜树种见表 1 – 3 – 13。

表 1 – 3 – 13　南方地区的水库、河岸(滩)水土保持林主要适宜树种表

区域	主要植树造林树种
长江上中游地区	柳杉、水杉、池杉、加杨、响叶杨、滇杨、柳树、樟树、楠木、刺槐、乌桕、桉树、丛生竹、枫杨
中南华东(南方)地区	金钱松、水杉、池杉、落羽杉、加杨、毛白杨、楸树、薄壳山核桃、枫杨、苦楝、白榆、国槐、乌桕、黄连木、檫木、栾树、梧桐、泡桐、枣树、喜树、香樟、榉树、垂柳、旱柳、银杏、杜仲、毛竹、刚竹、淡竹、木麻黄、窿缘桉、杞柳、合欢
东南沿海及热带地区	湿地松、加勒比松、黑松、木麻黄、窿缘桉、巨尾桉、尾叶桉、赤桉、刚果桉、台湾相思、大叶相思、马占相思、粗果相思、银合欢、光荚含羞草(勒仔树)、露兜类、红树类

资料来源:引自《生态公益林建设技术规程》GB/T 1833 (7)3 – 2001。

关于选择接近水面或可能漫水地的造林树种的耐水浸能力,杜天真和冼自强(1991)于鄱阳湖测定金樱子、丝棉木、柞树、狭叶山胡椒、黄栀子、杞柳可耐水浸 90 ~ 120d;乌桕、垂柳、旱柳、池杉、加杨、桑树、三角枫等耐水浸 60 ~ 70d;而樟树、枫香、苦橡、枫杨、紫穗槐、悬铃木、水杉等水淹至根颈部位不至造成死亡(一般可耐水浸 30d 左右)。同一树种耐水淹性能的强弱还与立地条件、本身

的生长发育情况、年龄、水淹季节等有关,坡面形态和其地质状况不同,应根据实际情况选择。

（2）配置与设计

水库防护林的配置包括三大部分:进水道过滤挂淤林、水库沿岸防护林和坝体前方低湿地防护林。

①进水道过滤挂淤林配置。水库上游常常有许多沟道,每条沟道都包含了一定的集水面积。当降雨产生坡面径流时,坡面上的部分土壤颗粒便随之移动,伴随着坡面径流的不断汇集,泥沙量不断增加,最后径流全部汇集沟道形成集中股流,随着股流冲刷量的增加,使得沟道内的泥沙碎屑物移向下游,

随水流一起进入水库。因此,上游及其库区沟道一方面是水库水量的主要来源,另一方面又是库区泥沙来源的主要通道。为了控制上游集水区的泥沙,同时起到固定沟床、防止冲刷、减少水库淤积的作用,首先应在这些沟道集水区的坡面上配置水土保持林,如果坡面为耕地,不能全面造林时,应在径流和泥沙的主要汇集凹地处营造乔灌混交林带或灌木林带。在下游栅状造林进行挂淤,若集水区面积较小,上游来水量不大时,可营造数条灌木带。当沟道很长时,可以分段造林,由3~5个灌木带组成一段。若集水区面积很大,沟道宽阔,流量较大时,可营造乔灌混交林带进行挂淤,一般乔木带宽10~15m,灌木带宽15~20m,乔灌带相间配置组成一段,灌木段配置在上游段,乔木林配置在下游段,每段由2~3个乔木带和2~3个灌木带组成(图1-3-2)。

②水库沿岸防护林的配置。在设计水库沿岸防护林时,应具体分析研究水库各个地段的库岸类型、土壤母质性质,与水库有关的气象水文资料,如高水位、常水位、低水位等持续的时间和出现的频率,主风方向,风速大小,泥沙淤积等特点,然后根据水库周边的实际情况进行分地段设计。水库沿岸防护林由靠近水面的防浪林和其上坡的防蚀林组成。如果库岸为陡峭类型,基部为基岩母质,则无须设置防浪林,根据具体条件可在距离低水位线一定距离处配置以防风和防蚀为主的防护林带。因此,水库沿岸防护林带的重点主要是针对由疏松母质组成、具有一定坡度(30°以下)的库岸类型,包括靠近水位的防浪林、防风林和防蚀林。在这种情况下,应首先确定水库沿岸防浪林的营造起点。水库沿岸防护林带的营造起点一般由正常水位线或略低于此线的位置开始。

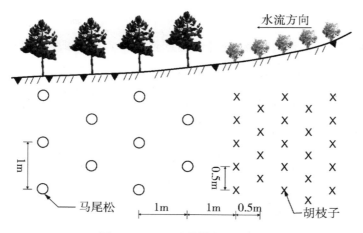

图 1 - 3 - 2　乔灌带状混交林

——防浪林配置:沿防浪林带的营造起点位置配置 5 ~ 20 行耐水湿的灌木林带(图 1 - 3 - 3)。如果库岸为疏松的沙质黄土,岸坡陡峭,常因风浪冲淘坍塌严重,必须结合工程措施(如修筑水平阶、窄条梯田等)营造灌木林带,或者在库岸坍塌堆积较为稳定后,再进行造林。在高水位以上,常常立地条件变得干燥,应采用较耐干旱的树种,特别是为了防止库岸周围泥沙直接入库,可在林缘配置若干行灌木,形成紧密结构。

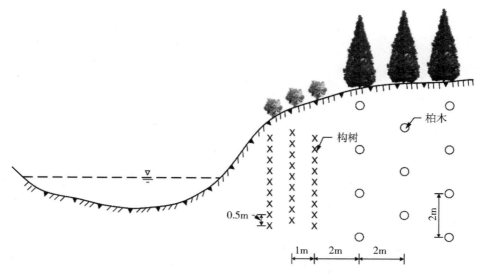

图 1 - 3 - 3　库岸防护林

——防风林配置:防风林主要起减小风速、降低水面蒸发和拦截固体物质及径流的作用。防风林设置在防浪林的上方,一般栽植耐水湿的乔木树种(如青杨、美杨、枫杨、垂柳等)和灌木,形成疏透型结构的乔灌混交林带,林带宽度依水库面积大小、风速大小及风向、坡度的情况等因素确定,多采用 10~20m。若坡度较陡峭,水土流失严重,林带应加宽到 30m 以上,林带采用密植造林。

——防蚀林的配置:防蚀林是为了防止岸边土壤侵蚀以及其地表径流携带的大量泥沙进入水库,发挥拦泥挂淤作用,防蚀林位于水库最高水位线以上,该地土壤比较干燥,因此应栽植耐干旱、速生、生物产量高的乔木树种(如意杨、臭椿、油松等)以及紫穗槐、火棘、胡枝子等灌木树种,组成乔灌混交林,使其地表形成较为深厚的枯枝落叶层,最大限度地减少泥沙入库量。

③坝体前方低湿地防护林的配置。对于坝体前方低湿地,土壤大多比较肥沃,水分条件好,宜用作培育速生丰产林,选择一些耐水湿和耐盐渍化土壤的造林树种,如垂柳、杨树类、丝棉木、三角枫、桑树、乌桕、池杉、枫杨等,林分结构主要决定于生产目的和立地条件。造林时需要注意应离开坡脚 8~10m,以避免树木根系横穿坝基造成隐患。

④回水线上游沟道拦泥挂淤林。回水线上游沟道应营造拦泥挂淤林,并与沟道拦泥工程相结合,如土柳谷坊、石柳谷坊,还应与当地流域综合治理相结合。

2. 河川护岸护滩林

营造河川防护林不但可以减缓河川水流速度,而且还可以减少水流携带泥沙的能力,保护河岸地表免遭水流的侵蚀,起到护岸固滩的作用。

(1)河川护岸林的配置

河川汇集了整个流域的径流和泥沙,而且在其流经过程中对河岸及河床造成侵蚀及淤积,由于河岸地质构造不同,基岩性质各异以及流水的性质不同,使河流形成了弯曲的河床,平缓河岸和陡峭河岸的交错存在,因此,护岸林可分为平缓河岸和陡峭河岸两种类型进行配置。

①平缓河岸防护林的配置。平缓河岸立地条件较好,护岸林的设置应依据河川的侵蚀程度、洪水期河水上涨到岸边幅度的大小、河流的流量以及周围的土地利用情况来确定。若岸坡侵蚀和崩塌不严重,岸坡较缓,洪水期河水上涨到岸边的幅度不大时,可在岸坡临水一侧栽植 3~5 行耐水湿的灌木林,紧靠灌木林,再栽植 20~30m 宽耐水湿的杨柳类树种,形成护岸林带(图 1-3-4)。如果河流洪水漫延范围很大,护岸林带的宽度应加大到 50~200m 宽。

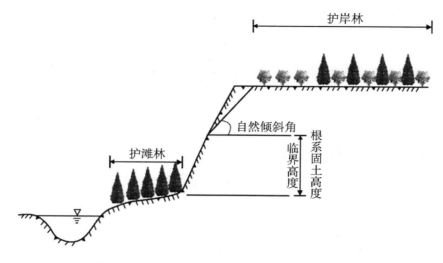

图 1 - 3 - 4　侵蚀不太严重的平缓河岸护岸林

在崩塌严重的河岸地段,上部比较平坦,岸边应采用速生的深根性的树种(如刺槐、柳树、加杨等)营造宽 20～30m 的林带,林带边缘距河岸边应留出 3～5m 的空地,紧接着栽植 3～5 行耐水湿的灌木(图 1 - 3 - 5)。

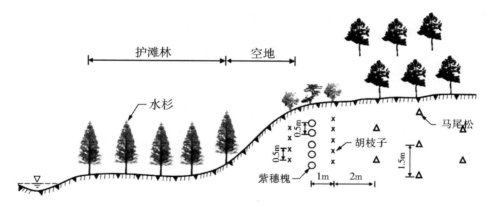

图 1 - 3 - 5　侵蚀严重的平缓河岸护岸林

②陡峭河岸防护林。河流陡岸多为流水顶冲地段,冲淘剧烈,容易坍塌。因此,陡峭河岸应配置以护岸防冲为主的防护林。陡岸造林应考虑两方面:一是河水冲淘,二是重力崩塌侵蚀河岸。若河岸高差小于 3～4m,可以直接从岸边开始造林;若河岸高差大于 3～4m,应在岸坡留出自然倾斜坡的平距,先在坡上的自然倾斜角内营造 2～3 行根系发达的灌木纯林或混交林,然后根据河岸侵蚀和土地利用情况等,营造乔灌行间或株间混交林带,如刺槐和紫穗槐混交、旱柳与紫穗槐混交等(图 1 - 3 - 6)。当河岸较宽,面积较大时,尽可能与河岸

间的空地相结合。如果河流的冲淘力量随流域面积的增大而加强,则流量越大河流的冲淘作用越猛烈。此时,必须在河岸修筑永久性的水利工程,如堤防、丁字坝及砌石护岸等工程措施,在此基础上营造护岸林。堤防建成后,还应植树护堤,保证堤防的安全。

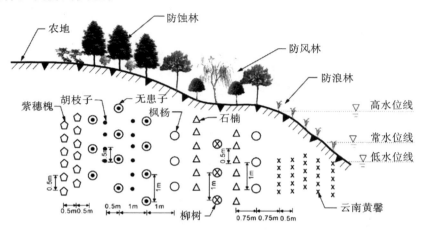

图 1-3-6 陡峭河岸护岸林

（2）河川护滩林的配置

河川地除常流水河床外,在河道的一侧或两侧往往形成由流水泥沙沉积形成的平坦滩地,这些滩地,枯水时期一般不浸水,在洪水期有时浸水。护滩林的主要作用就在于通过在洪水时期短期浸水的河滩或河滩外缘营造乔灌木树种,达到缓流挂淤、抬高滩地、保护河滩,为直接在河滩地上农业生产或营造大面积的速生丰产林创造条件。

在河床两岸或一岸,当顺水流的方向的河滩地很长时,可营造雁翅状防护林。在河床两侧或一侧营造柳树雁翅状丛状林带（图 1-3-7）。为了预防水冲、水淹、沙压和提高造林成活率,可采取深栽加杨、柳树。每年初冬或早春,丛状林分普遍进行一次平茬,诱发萌蘖,增加立木密度,增强林分缓流落淤能力。到了汛期,应及时清理浮柴和扶正被冲林木、泥沙压埋的树丛,为林分正常生长发育创造条件。

（3）抚育管理

对于水库、河岸（滩）水土保持林的抚育管理技术,参见本章第三节,根据不同造林方法而营建的林型采用相应的方法进行林地的抚育和管理。

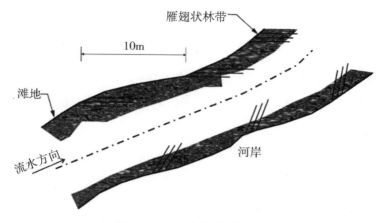

图1-3-7 雁翅状护滩林

　　制订水库、河岸(滩)水土保持林营造、管理、更新的发展规划,在确保防护功能的基础上,提高经济效益。要建立管理专业队伍,对苗木选育、栽培、抚育、更新、采伐、加工等进行全程管理。造林树种在保证防护效果的前提下,选用经济价值高的树种,提倡营建混交林,特别在不淹水的大堤背水面可丰富造林树种,保持水库、河岸(滩)水土保持林持续稳定的综合效益。

第七节　南方地区特殊立地水土保持林

一、石漠化地区水土保持林

(一)概况

　　石漠化是"石质荒漠化"的简称,是指在热带、亚热带湿润、半湿润气候条件和岩溶极其发育的自然背景下,受人为活动干扰,使地表植被遭受破坏,导致土壤严重流失,土地生产力衰退或丧失,基岩大面积裸露或砾石堆积的土地退化现象,是荒漠化的一种特殊形式。石漠化已经成为我国现阶段突出的生态环境问题之一,是西南岩溶地区的灾害之源、贫困之因、落后之根,严重制约着石漠化地区的经济社会发展,已成为这些地区生态环境建设和经济发展的亟待解决的重要难题。

（二）结构

石漠化地区林业生态工程配置模式主要包括单物种治理模式、乔灌配置模式、灌草配置模式、灌藤配置模式、多种植物配置等（胡培兴等，2015）。

1. 单物种治理模式

单物种治理模式的植物有：喜树、任豆、赤桉、桉树等。其中，喜树属岩溶地区的适生树种，能加速石漠化土地的恢复，是集生态、经济效益于一体的生态经济型模式，通常营造纯林，适合在亚热带石漠化地区推广。任豆耐干旱、贫瘠，生长迅速、根系穿透力强，具根瘤，易萌蘗，故又名"砍头树"，大面积推广任豆树可加快石漠化地区植被恢复进程，适合在珠江流域的岩溶山地河谷地带推广。赤桉适宜在石漠化区域生长，且生长速度快，郁闭成林早，树干干形好，既能做工业原料林，并具有很强的萌芽更新能力，适宜在年均气温在 18℃ 以上，降水充沛的热带、南亚热带泥质石漠化区域推广。在基岩裸露较少的石漠化荒山荒地山脚与低洼地、部分无灌溉条件的低产石旮旯地，还可以营造小径材短轮伐期桉树林，此模式适宜在滇东南半干旱石漠化地区推广。

2. 乔木与灌木配置模式

乔灌配置模式有：圆柏与车桑子、旱冬瓜与车桑子、木豆与核桃（胡培兴等，2015）。

圆柏与车桑子配置中，能较快形成稳定乔灌、针阔混交林，促进岩溶生态系统修复，本模式适宜在滇中乃至云南大部分干旱地区中度及以上石漠化区域推广。对潜在石漠化和轻度石漠化土地实行"造、管"并举，种植旱冬瓜与车桑子，实现生态、经济、社会效益协调发展，该模式适宜在滇中乃至云南大部分潜在石漠化和轻度石漠化山地、重要水源涵养林地推广。在轻度、中度石漠化宜林地、无立木林地及旱地，木豆与核桃混交可形成复层混交林，能提高森林涵养水源、保持水土功能，该模式适宜在南、北盘江河谷地带石漠化土地上推广。在石灰岩遍布、基岩裸露率高，水土流失严重，石漠化比重高的地区，根据自然生态环境，以人工造林为核心，"造、封、管"多措并举，选择耐干旱、耐瘠薄、根系发达、萌芽能力强、生长快，具有一定经济效益的新银合欢、余甘子等树种造林，该模式适宜在金沙江干热河谷地区推广。在土层浅薄、基岩裸露度大的区域，选用川柏造林,尽量保存林下原有灌木和草本,或适当栽植灌木,恢复植被,并形成复层林相,提高防护效益,改善生态环境,本模式适宜在丹江库区上游的汉江两岸以及石灰岩山地类似立地类型推广。

3.灌木与藤本、草本植物配置模式

针对石漠化土地分布集中,成土母岩多为纯灰岩,以石灰土为主,基岩裸露率高,土被破碎的恶劣生态环境,通过选择耐干旱瘠薄的车桑子、金银花,增加地表盖度,逐步改变小生境,同时可为农户解决新材,依托药材实现农民增收,本模式适宜在车桑子、金银花适生的干热河谷区域推广。在土层深厚的轻度、中度石漠化宜林地、无立木林地及旱地,通过"见缝插针"的办法种植任豆和吊丝竹,形成混交林,加速岩溶山地植被恢复,该模式适宜在南亚热带岩溶洼地区域推广(胡培兴等,2015)。

4.多种植物配置

对基岩裸露程度大,石漠化现象严重,植被群落结构简单,森林覆盖率低的区域,选择对土壤要求不严、能相互促进的马尾松、枫香形成针阔混交林,实现地表较早覆盖,形成相对稳定的岩溶生态系统,该模式适宜石灰岩为主的地区推广。柏木、枫香、马尾松等树种,耐干旱瘠薄,适应性广,天然更新快,在基岩裸露的石缝里都能生长,枫香、马尾松喜光,柏木幼龄耐荫蔽,三个树种具有互补性,有利于林木生长和林分稳定,该模式适宜在湖南省岩溶地区石漠化地区推广。另外,杜仲是一种经济价值较高的中药材,对土壤的要求不太高;柏树耐干旱瘠薄,成活率、保存率高,是治理石漠化土地的先锋树种,两者混交种植具有较强的互补性,适宜在海拔500m以下的低山河谷地段,水热相对充足,基岩裸露率50%以下的中度、重度石漠化地区推广。

(三)技术措施

1.林业技术措施

加强林草植被保护与恢复是石漠化治理的核心,是区域生态安全保障的根基。采取封山育林育草、人工造林、森林抚育等多种措施,提高林草植被盖度与生物多样性,促进岩溶地区生态系统的修复,防治土地石漠化。

(1)封山育林育草

对具有一定自然恢复能力,人迹不易到达的深山、远山和中度以上石漠化区域划定封育区,辅以"见缝插针"的方式补植补播目的树种,促进石漠化区域林草植被正向演替,增强生态系统的稳定性。植被综合盖度在70%以下的低质低效林、灌木林等石漠化与潜在石漠化土地均可纳入封山育林育草范围。

（2）人工造林

植树造林是岩溶生态系统恢复的最直接、最有效、最快速的措施。根据不同的生态区位条件,结合地貌、土壤、气候和技术条件,针对轻度、中度石漠化土地上的宜林荒山荒地、无立木林地、疏林地未利用地、部分以杂草为主的灌丛地及种植条件相对较差的坡耕旱地、石旮旯地,因地制宜地选择岩溶地区乡土先锋树种,科学营造水源涵养、水土保持等防护林。根据市场需要和当地实际,选用"名、特、优"经济林品种,积极发展特色经果、林草、林药、林畜、林禽等特色生态经济型产业,开展林下种养业,延长产业链。根据农村能源需要,选择萌芽能力强、耐采伐的乔灌木树种,适度发展薪炭林。

（3）森林抚育

通过调整树种组成、林分密度、年龄和空间结构,平衡土壤养分与水分循环,改善林木生长发育的生态条件,缩短森林培育周期,提高木材质量和工艺价值,发挥森林多种功能。对幼龄林采取割灌修枝,透光伐措施;对中龄林采取生长伐措施;对受害木数量较多的林分采取卫生伐措施;对防护林和特用林采取生态疏伐、景观疏伐措施;对低质低效林采取树种更新等改造措施,确保实施森林抚育后能提高森林质量与生态功能,构建健康稳定、优质高效的森林生态系统。

2. 草业技术措施

发展草食畜牧业是兼顾生态治理、农村扶贫和调整农业产业结构,促进农业产业化发展的重要举措。岩溶地区整体气候湿润,降雨充沛,雨热同季,黑山羊、黄牛等牲畜培育历史悠久,且部分中高山地区及土层瘠薄地区仅适合于草本植物营养体的生长与繁衍,通过因地制宜地开展草地改良、人工种草等措施恢复植被,提高草地生产力;按照草畜平衡的原则,充分利用草地资源以及农作物秸秆资源,合理安排载畜量,加强饲料贮藏基础设施建设,改变传统放养方式,发展草食畜牧业。

（四）案例分析:滇池流域石漠化地区植被恢复技术研究

昆明市林业科学研究所马骏等(2010)从2005—2008年以及昆明市林业科

技推广总站 2011—2013 年对滇池流域石漠化地区植被恢复技术进行了研究，结果引述以下。

1. 滇池流域石漠化现状及自然概况

滇池流域自然地貌从外到内依次为中山山地、丘陵、淤积平原和滇池水域 4 个层次。滇池流域属亚热带低纬高原山地季风气候，多年年平均气温 14.7℃，极端最高气温 31.59℃，极端最低气温 -7.8℃；年温差小，昼夜温差大，一天内昼夜温差可达 20.0℃；冬季霜冻较严重，全年平均无霜期 285d；年平均降水量 953mm，蒸发量达到 1409～2088mm。主要土壤类型有山地红壤、紫色土等。原生植被主要为中亚热带半湿润常绿阔叶林，地带性植被类型有元江栲、高山栲、滇青冈、黄毛青冈等乔木林群落。在长期人类活动影响下，原生植被基本上已经受到破坏，发育成为以云南松和稀疏灌草丛为主的次生植被类型，代表植物有铁仔灌丛、火棘灌丛、杜鹃花灌丛；旱茅、白茅、扭黄茅、火绒草等草丛，盖度小于 25%。

2. 植被恢复技术

滇池流域岩溶区原生植被破坏严重，植被类型已退化为矮灌、草本植物，由于流域特殊的气候条件，植被自然恢复能力极弱，采取人工造林措施是恢复该区域植被最有效、最快的途径，选择适宜的造林树种及造林技术措施是造林成功的前提与关键。

（1）造林树种选择

该区域主要造林树种包括：乔木树种有云南松、华山松、云南油杉、旱冬瓜、川滇桤木、滇青冈、麻栎、藏柏、冬樱花、球花石楠、黄连木、三角枫、墨西哥柏、滇合欢、枫香、刺槐，灌木树种有清香木、火棘、车桑子、马桑、苦刺等，藤本植物有金银花、地石榴、野蔷薇等（张志宏，2016）。

（2）造林配置模式

在树种配置方面，选择多树种、不同季相树种，以不规则点状混交模式配置。根据生长情况及景观配置效果，初步筛选出冬樱花—火棘—藏柏、旱冬瓜—火棘—野蔷薇、旱冬瓜—藏柏—火棘 3 种混交模式，推广示范常绿—落叶树种混交（球花石楠—冬樱花等）、针叶—阔叶树种混交（藏柏—清香木等）、乔木—灌木树种混交（藏柏—火把果等）、不同季相树种混交（冬樱花—球花石楠—清香木等）4 种混交造林模式（马俊等，2009）。该混交模式有利于形成近自然森林、促进生物多样性,特别是近几年滇中持续干旱、霜冻、低温等自然灾害频发,部分适应性强的乡土树种也出现受灾死亡等现象,多树种不规则点状混交不易因林木成片死亡而导致大面积林窗。

造林时根据土层深浅及岩石裸露情况,宜乔则乔、宜灌则灌、宜藤则藤,形成乔、灌、藤复层林分。

①针阔混交。云南松、华山松、墨西哥柏、藏柏等针叶树与川滇桤木、旱冬瓜、冬樱花、滇合欢、球花石楠、麻栎、滇青冈等阔叶树混交。

②阔阔混交。川滇桤木、旱冬瓜、冬樱花、滇合欢、球花石楠、麻栎、滇青冈、黄连木等阔叶树间混交。

③乔灌混交。云南松、墨西哥柏、藏柏、川滇桤木、冬樱花、滇合欢、球花石楠等乔木与清香木、车桑子、火棘、马桑、苦刺等灌木混交。

④乔、灌、藤混交。墨西哥柏、川滇桤木、冬樱花、滇合欢、球花石楠、麻栎、滇青冈、黄连木等乔木与清香木、火棘、马桑、苦刺、金银花、野蔷薇等灌木、藤本植物混交。

二、干热河谷区水土保持林

(一)概况

干热河谷的概念最早源于云南当地所称的"干坝子"。当地农民凡是农事缺水的盆地(云南称坝子)叫干坝子。干热河谷是指地处湿润气候区以热带或亚热带为基带的干热灌丛景观河谷。随着人类活动强度的持续强化,干热河谷地区森林覆盖率不断减小、生物多样性锐减、土地退化、水土流失、土壤肥力下降,地质灾害、气象灾害频发,生态环境问题日益凸显,造成的损失越来越大。

(二)结构

面对不同区域干热河谷区的生态环境恶化状况和自然条件、经营条件,必须构建多树种、多层次、异龄化的林分结构,乔、灌、草不同的种植模式与不同生态类型的树种措配种植,形成多功能的模式效应。干热河谷退耕还林建设采用的技术模式,按照效益和结构可分为经济林模式、生态林模式、用材林模式和林草混交立体模式4种模式类型。

1. 经济林模式

该模式适合于干热河谷土壤厚度≥45cm的壤土,坡度在8°~20°的坡耕地,可以通过种植密度较高的纯林、种植早熟鲜食水果为主,以高产出、高投入的规模经营为主。

2. 生态林模式

该模式主要目的在于保持水土、涵养水源、恢复植被、保护金沙江流域土壤流失,建立生态保护屏障。可以选择主根深、侧根发达的阔叶树种和落叶丰富的高大乔木树种,以及抗旱、抗瘠薄、适应性较强的乡土树种造林;通过一定比例的针阔混交、乔灌混交,高标准营造人工混交工程林为主,种植乔灌、乔草带状混交或块状混交林,同时开展封山育林、封山护林,达到建立树种多样、群落稳定、功能互补、经济效益良好与生态环境健康稳定的治理目标。主要造林树种有滇榄仁、黄荆、金合欢、黄檀、相思类、银合欢、山合欢、山毛豆、余甘子、车桑子、仙人掌、大翼豆、龙须草等。

3. 用材林模式

该模式主要培育本地的农用材和装饰材,主要是赤桉、柠檬桉、旱冬瓜、云南松。立地条件一般的地方,可选择人工培育的营养袋苗;立地条件好的地方可选择直播造林。

4. 林草混交立体模式

该模式充分利用金沙江河谷的土壤、光照、水资源,应用生物群落内各层生物之间不同生态特性的共生关系,分层利用营养空间,达到乔木、灌木与草本立体配置,形成经济功能多样、生态效应稳定的复合混交林分模式。模式中乔木经济价值高,灌木生长迅速,覆盖度高,草本以牧草为主,以短养长,长短结合,切实巩固退耕还林成果建设。

(三)技术措施

干热河谷的地形因子和气候条件是影响植物生长的主要因子,坡位和坡向为干热河谷立地类型划分的主要依据,能够明显地反映金沙江干热河谷不同立地类型水分条件的差异,直观而可靠地表现出干热河谷立地自然分域状况。根据上述立地类型划分的原则和依据,将金沙江干热河谷的立地类型划分为四种类型(表1-3-14)。

表 1 - 3 - 14　立地类型表

Ⅰ - 坡上灌丛区	Ⅱ - 阴坡类型	北坡、西北坡、东坡、东南坡、东北坡
	Ⅰ2 - 阳坡类型	南坡、西坡、西南坡
Ⅱ - 坡下草丛区	Ⅱ1 - 阴坡类型	北坡、西北坡、东坡、东南坡、东北坡
	Ⅱ2 - 阳坡类型	南坡、西坡、西南坡
Ⅲ - 坡足冲积区		
Ⅳ - 谷底平坝区		

1. 坡上灌丛区（Ⅰ）

坡上灌丛区（Ⅰ）是干热界限以下至坡下草丛区（Ⅱ）上限之间的这段区域。海拔高度处于干热区中的最高地带，水分条件亦最好；受人畜破坏也不如坡下频繁和剧烈；植被为次生性旱生灌丛，其中有不少萌生栎类，是干热河谷稀树灌草群落向亚热带针阔叶林的过渡地带。

2. 坡下草丛区（Ⅱ）

坡下草丛区是坡上灌丛区（Ⅱ）下限至坡足冲积区或谷底平坝区边界之间的区段。此区地表冲刷严重，土壤瘠薄、燥热、受人为干扰破坏程度较大。植被为旱生性中高草丛，灌木稀少，一般以扭黄茅（茅刺草）为主。疏灌草丛群落季相变化明显：旱季一片黄、雨季一片绿，水湿条件一般不如坡上灌丛区（Ⅰ）。

3. 坡足冲积区（Ⅲ）

干热河谷区森林覆被率低，旱季、雨季分明，降水集中，河谷面山植被稀少，地表径流强烈，受雨水冲刷，大量冲击物被冲至坡足堆积，形成大面积的坡积裙、冲积扇或泥石流滩。常见植物有牛角瓜、小桐子、扭黄茅等。

4. 谷底平坝区（Ⅳ）

主要是指金沙江河谷谷底的平坝农田区、四旁地及附近浅丘，它是干热河谷立地条件最好的类型。土壤层厚，质地较细，土壤肥力高，灌溉条件好，是粮食和经济作物主要生产区。本区生长的树种多为喜热耐旱的树种，主要有木棉（攀枝花）、小桐子、刺球花、凤凰木、赤桉、番木瓜、香石榴、白头树等。

5. 植被恢复造林措施

（1）坡改梯经济林恢复措施

在退化较轻的坡地，经坡改梯后种植经济林（龙眼），林下种植柱花草、扭黄茅、孔颖草。

（2）冲沟内和沟头坡面生态林恢复措施

在退化严重的冲沟内和沟头坡面,坡度 > 20°,植被盖度 < 25%,用农家堆肥客土后,冲沟内种植金合欢、酸角等,林下和林间自然生长杂草,主要草种有扭黄茅等,主要植被有:金合欢、酸角、假杜鹃、银合欢、扭黄茅、大叶千斤拔、田菁、羽芒菊、叶下珠。沟头坡面的沟内种植木棉等,林下和林间自然生长杂草,主要草种有扭黄茅等。主要植被有:木棉、羊蹄甲、凤凰木、扭黄茅、大叶千斤拔、田菁。

6. 乔、灌、草结合的人工生态恢复模式

（1）生态林恢复模式

以分类经营为指导,合理配置林草结构和植被恢复方式。在水土流失和风沙危害严重,15°以上的斜坡陡坡地段、山脊等生态地位重要地区,要全部营造生态林草。配置乔灌草模式,乔木树种以银合欢或赤桉为主,在中间带状撒播或穴状点播车桑子、木豆、黄荆。造林地应加强封育保护,禁止采割践踏,促进林地植被恢复。剑麻栽种在林地周围,2~3 年即可形成生物围栏,具有生态效益、机械保护等双重功能。这样,乔、灌、草、生物围栏,即银合欢（赤桉）—车桑子（黄荆、木豆）—山草—剑麻相结合,可营造最佳人工生态恢复模式。

（2）经济林生态恢复模式

在 15°以下地势平缓、立地条件适宜且不易造成水土流失的地方发展经济林、用材林和薪炭林。在有灌溉条件的地段可发展青枣、石榴、甜橙等经济林果。在中间套种皇竹草、黑麦草、玫瑰茄等。皇竹草、黑麦草饲养牛羊,厩肥施入林地又能促进经济林木的生长发育,形成种植、养殖相结合的最佳经济生态恢复模式。

7. 特殊造林恢复措施

地块相对平整,土层厚度 ≥40cm 以上,且具备水源条件的选择种植经济林,树种以葡萄、龙眼、芒果、台湾青枣、金丝小枣等名、特、优、稀早熟水果为主,种植模式采用复合高效的林农矮秆作物套种模式。

地块坡度 ≤20°以下的缓坡地,土层厚度 ≤40cm 以下,且不具备水源条件的地块选择种植生态林,树种选择赤桉、柠檬桉、酸豆树、木棉、银合欢、黄檀、印楝、车桑子等,种植模式一般采用乔—灌（如:赤桉—车桑子）。

地块坡度 ≥25°陡坡地带,土层厚度 ≤20cm 以下,土地质量差,区域性植被相对较好,干旱侵蚀突出,选择造林的林种为生态林,树种选择山合欢、新银合欢、余甘子、云南松、剑麻、车桑子、金合欢等。种植模式采用灌—草(如:新银合欢—剑麻)或乔—灌—草(如:云南松—新银合欢—剑麻)等模式。

地块坡度≥25°以上陡坡地带,土层厚度<20cm以下,土地质量差,树种选择余甘子、金合欢、银合欢、榄仁树、车桑子、剑麻等,种植模式采用灌—草(如:金合欢—剑麻)或乔—灌—草(如:滇榄仁—车桑子—剑麻)等模式。

(四)案例分析:攀西干旱干热河谷退化生态系统的恢复与重建对策

谢以萍等(2004)对攀西干旱干热河谷退化生态系统的恢复与重建对策进行了研究,引述以下。

1. 基本特征

攀西地区干旱河谷和干热河谷的气候分别属典型中亚热带和南亚热带干湿季分明的季风气候,金沙江流域即雷波至攀枝花段,因河谷走向与西南暖流方向垂直,焚风效应明显,形成降雨稀少、蒸发强烈的干热河谷。土壤分布有明显地带性,由于气候由北至南逐渐变干变热,土壤呈现由酸至微酸、中性、微碱。在金沙江干热河谷1000~1300m以下形成燥红土,而安宁河、雅砻江下游1000~2000m地段形成红壤、黄壤。金沙江干热河谷植被在海拔1300m以下形成稀疏灌草丛。由于长期适应干热生态环境的结果,大多具有耐热抗旱的旱生形态结构:根系发达、叶面积小、硬质、多刺、被毛或饱含浆汁等。其主要植被种类有:木棉、番木瓜、山黄麻、榄仁树、牛筋树、罗望子、番石榴、红椿、滇合欢、黄连木、细叶楷、黄杞、木蝴蝶、小桐子、余甘子、车桑子、牛角瓜、羊蹄甲、白花刺、黄茅、芸香草。

2. 退化现状

近几十年来,人类活动加剧,在人为因素(伐木毁林、开山造田、过度放牧)和自然因素(如火灾、干旱)作用下使该区域森林资源锐减,生态系统功能退化,主要表现在森林结构单一,生物多样性退化;水土流失加剧,土壤退化;草地生产力下降,草场退化;生物物种数量少,珍稀生物物种多;干热河谷延长,河谷变热。

3. 恢复与重建对策

攀西干旱干热河谷面积巨大,生态环境复杂,气候类型多样,立地条件千差万别,利用生态学和经济学原理,需有计划、有步骤、分阶段地恢复与开发,使恢复和重建后系统经济功能和生态功能强大,系统稳定,生物物种数量和多样性增加(刘刚才,2011)。

（1）封山育林

对坡度大的河谷两岸实行全封育林,对放牧任务重的区域应轮封育林。把封山与造林、抚育相结合。在立地条件差的干热河谷区,先造草本、灌木,在草、灌郁闭后再造乔木,禁止人为破坏。

（2）退耕还林还草

攀西干旱干热河谷主要选择:印度楝、银合欢、甜橙、巨尾桉、余甘子、桑、石榴、荔枝、板栗、核桃、直干桉、花椒、红树莓、枇杷等经济树种,主要草种有黑麦草、紫花苜蓿、百三叶。

（3）荒山造林

攀西干旱干热河谷造林时利用生态学原理,多营造混交林,做到乔、灌、草立体配置,深根与浅根树种、喜光与耐阴树种相搭配。

三、崩岗地带水土保持林

崩岗一词最早由曾昭璇先生提出,是指山坡土体受到水力和重力的综合作用发生崩塌的现象,主要发生在抗蚀性弱、疏松、深厚、透水性强的以花岗岩风化壳为母质的南方红壤低山丘陵区(马媛等,2016),在广东省分布普遍,湘南、赣南及福建、贵州、广西等地也较常见。崩岗具有爆发力强和侵蚀量大等特点,对当地土地资源、生态环境等造成了严重的危害。

（一）结构

崩岗是红壤区典型的侵蚀最严重、危害最大的土壤侵蚀方式,其本身就是个复杂的系统。崩岗由崩壁、崩积堆、洪(冲)积扇三部分组成。在崩岗发育的过程中,有些部分会消失,有些部分则会出现。如当崩岗侵蚀越过分水岭时其集水坡面就会消失,崩壁离崩岗口的距离比较近时,水流对崩积体的冲刷还没有形成沟道就已经把泥沙带出崩岗口,但随着崩壁的向前推进,沟道就会慢慢形成。在崩岗侵蚀地貌中,崩壁、崩积堆、洪(冲)积扇三者自上而下依次排列,它们共同组成崩岗侵蚀地貌系统。

(二)技术措施

基于崩岗不同发育阶段,结合交通便捷程度、植被状况以及当地需求等因素,分"三型"类别治理,即开发型、生态型和修复型(图1-3-8)。

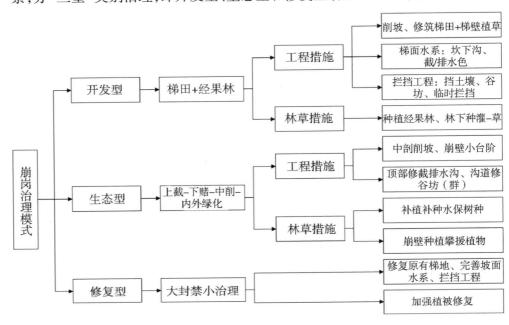

图1-3-8 崩岗治理模式示意图(莫明浩等,2019)

对地形破碎,但交通便利、靠近村庄的活动剧烈的崩岗群,可采用开发型治理模式。结合崩岗的实际,以种植经果林为主,恢复土地资源的有效利用,促进形成当地产业。主要采取以工程为主,植物措施为辅的治理方法,具体治理措施为:在坡顶营造水土保持林;坡面进行削坡,根据坡面的具体情况,选定小台阶的宽度、高度和外坡,从上到下逐步加大宽度,缩小高度,同时放缓外坡,在台阶面上开挖水平沟,入肥土,植树种草,达到级级蓄水(谢建辉,2006),可种植果树或其他经济作物(如杨梅、脐橙、油茶、樟树等),在梯田上配套排水沟、沉沙池等小型蓄排水工程;在崩岗沟内和沟口修建谷坊,在坡面下部修建拦挡工程,防止泥沙下泄。削坡采用人工或机械,采取"挖高填低、辟峰平沟、避水固坡、因山就势、环山等高、相互衔接"的方法,整治成反坡梯田(李小林,2013)。

对植被覆盖较好或交通不便、远离村庄的半稳定型崩岗群,可采用生态型治理模式。以治坡、降坡、稳坡"三位一体"的模式,种植景观林草植被,实现生态系统的修复和生态景观的美化。对于坡面破碎、崩岗集中的区域,坚持植物措施与工程措施相结合,对沟头集水区、崩岗冲刷区和沟口冲积区顺地形分别采取"治坡、降坡、稳坡"的方式,疏导外部能量,治理集水坡面、固定崩积体,稳定崩壁;削坡台面种植适生景观树草种及花卉(如金鸡菊、蛴蟆菊等),梯壁采用植生草毯＋梯壁植草(雀稗、狼尾草等)措施;在坡面下部,靠近道路、农田、水塘的区域修建拦挡工程(浆砌石谷坊、生态袋谷坊等)。对被弃荒的稳定型崩岗,可采用修复型治理模式,利用南方红壤区雨热资源丰富的特点,采取大封禁和小治理相结合的方法,如在崩壁穴植营养杯灌木类(杜鹃)、藤本(络石)或草类植物,在沟底或沟岸边缘种植葛藤、爬山虎等藤本植物,以及采用牛粪、磷肥加泥浆与马尾松、杉树、木荷种子及草籽搅匀后喷淋于崩壁的治理方法(陈志明等,2007)。通过恢复植被来平整崩塌区,完善蓄排水系统为主,营造健康的生境。

(三)案例分析:治理崩岗的一种生物新技术

在我国红壤山地的部分地区,由于人为和自然等诸多因素的影响,造成严重的水土流失。在原地貌未遭严重破坏的水土流失区域采用封山育林、禁牧等自然修复和种草、种树的人工治理;而由于雨水汇流,地表径流冲刷等因素形成的崩岗,采用常规种草种树的方法无法从根本上解决问题,其上种植的草、树在形成固定根之前,常常就已经被雨水冲走。案例选择福建省长汀县开展的以生物技术为主的治理措施研究为例,通过在崩岗区表面种植速生植物,固土护坡,防止雨水冲刷地表,从而快速形成高密度植被,为水土流失治理和生态环境保护提供重要的理论依据和技术支撑(董晓宁,2014)。实施的技术方法主要以下。

1.坡面平整与装土料网袋护坡

将崩岗形成的凹凸不平的坡面修整成斜坡平面。将坡面凸出部分所挖下来的土壤作为原料,拌入 1/5～1/4 的猪粪、鸡粪或鸭粪等有机肥料,将混好有机肥料的土壤装入尼龙编织网袋,将网袋靠坡面叠垒,将网袋扁而平地放在坡面底下,袋的底部朝外,袋口处朝内。每层的袋与袋之间靠紧,上下层之间的袋子按缝隙错开,网袋摆放均匀整齐,形成一个平稳的坡面。

2.崩岗治理区植物品种选择与种植技术

品种选择与搭配根据冷暖季牧草间作,木草本、高大与矮生植物搭配,禾本科、豆科等多科属的植物混播的原则,选择生长速度快、根系发达、生命力旺盛、植被覆盖密度大而广、适应性强、有较强防冲刷力的品种,如宽叶雀稗、百喜草、狗牙根、香根草、苎麻、银合欢、截叶胡枝子、多花木兰、紫花苜蓿、黑麦草、三叶草、大翼豆、扁豆、木豆等。

3. 排水系统

护坡排水管布置:在叠垒的网袋间放置塑料排水管,管的同一侧锯小口,小口的深度为排水管直径长度的1/3,摆放时小口向下,防止排水管堵塞。

（1）护坡排水

①护坡顶部排水:根据崩岗治理坡面顶部的雨水流量,沿着护坡面顶部边缘挖条排量足够大的排水沟。排水沟相对水平,有落差的地方安装水泥管,其出水口超出落水坡面,落水处建水泥池接水,防止雨水冲击地面形成水坑,避免再次造成水土流失。

②护坡底部排水:在护坡根基外侧筑护台,护台外侧挖排水沟,排水沟的宽度要能满足护坡雨水排放的流量。

（2）排水沉淀池

根据崩岗区面积,在其下游挖一口规模相适应的水池,将护坡顶部和护坡底部的泥水引至池子内,沉淀后自行排出。定期清理沉淀池泥沙。

（3）生态排水沟

在护坡顶部和底部排水沟的沟底和沟外侧种植匍匐矮生的牧草,如狗牙根、百喜草、宽叶雀稗等。播种后用尼龙编网袋覆盖排水沟,沟底用石块分散压住网袋,沟边用土埋住网袋。在沟边扦插杂交狼尾草、皇竹草等,发达的根系形成坚固的沟渠保护网。

由于崩岗面修整得有一定坡度和斜平面,使叠垒在坡上的尼龙袋,受地球引力作用构成整体力学原理,护坡层紧贴坡面形成一体,十分牢固。尼龙网袋将肥料和土壤紧紧裹在袋内,保护表土和肥料不被雨水冲刷流失,从而保证了植物种子的成活率。尼龙袋内的土壤肥力高、保水保肥能力好,为植物的生长提供了充足的养分,使种子能够很快地发芽、生长、扎根,在尼龙网袋还未腐烂化解之前,速生植物的根系已经纵横交错牢牢地扎入土坡深处,形成茂密的保护层,牢固地维系在土坡之上。这样就可以完全发挥植被的蓄水缓流作用,阻挡住因雨水冲刷而造成的表层土壤流失,从而达到崩岗生态治理的效果。

崩岗治理区快速形成高覆盖率的茂密植被,不仅能有效阻止崩岗的进一步发展,避免了水土流失对农田的破坏和水源的污染,而且极大地增加了生物产量和生物多样性,丰富了水土流失治理区生态系统的种质资源,进一步推动生态系统内动植物群落的发展。

四、沿海防护林

沿海防护林,简称"海防林",是指沿海以防护为主要目的的森林、林木和灌木林。其中,沿海基干林带,即国家沿海特殊保护林带,具体划定为:沙岸200m、泥岸100m、岩岸临海一面坡面。

目前沿海防护林体系是建立一个符合沿海地区自然条件和经济规律,集生态、经济和社会效益为一体,自然和人工相结合,以木本植物为主体的生物群体。这个群体的结构,其外延包括农、林、牧、渔各业之间的相互地位、相互关系,即相互协调与合理布局;其内涵包括内部各组成要素的相互连接和相互作用,即体系自身的格局、结构和效益,做到防护林与用材林、经济林等多林种布局,带、片、网等多种模式配置,乔、灌、草等多树种结合,从整体上形成一个因害设防、因地制宜的综合防护林体系。

(一)类型

依据防护目的与造林形成分类,典型的沿海防护林体系由以下空间结构组成。

1.前缘促淤造陆消浪林

在潮上带和潮间带营造耐盐、耐湿、耐瘠薄的先锋植物,目的是为了削浪、促淤、造陆、保堤。

2.海堤基干林

海堤基干林带是沿海防护林体系的主体,其目的是固土护堤、防潮抗灾,同时兼有防风、防飞盐、防雾、护鱼、避灾功能。

3.片林

海堤向内陆部分垦区,营造速生丰产林、果园、银杏园等商品林,不仅具有很高的经济效益,而且具有区域性的防风、防飞盐、防雾等功能。

4. 农田林网

可以改善农田生态环境，保障农作物丰产稳收。

5. 围村林

在居民点的房前屋后植树造林形成围村林，具有保护人民生命财产安全和生活安定的功能。

沿海防护林除了按照海岸类型规划以外，也可以按照不同的林种来分类，不同林种的林带结构与配置特点也有所不同。沿海防护林常见的林种主要有：防浪林林带、沿海水源涵养林、水土保持林、沿海农田防护林和沿海四旁绿化林等。

（二）结构与配置

林带结构决定着林带的生态稳定性及功能性。防护林的结构性常用疏透度作为区别结构优劣的重要标志之一，具有最适疏透度的疏透结构林带往往具有较为理想的防护效益（王克勤和涂璟，2018）。

1. 防浪林林带结构与配置

防浪林是指在潮间带的盐渍滩涂上造林种草，以达到防浪护堤和促淤为主要目的的一个特殊的林种，同时兼有防风、防飞盐、防雾、护鱼、避灾等功能。适宜在盐渍滩涂上生长的树种或草本，可用于营造防浪林。

在海岸线以下植树种草，在涨潮涌浪时，由于林冠的阻挡，可防御海浪冲毁堤坝，同时也可以促使淤泥在林下淤积。我国热带和亚热带沿海的潮间带，以营造红树林为主，在广东、海南沿海也有水松林。

防浪林的宽度一般均在百米至千余米上，应根据海岸线以下适宜造林种草的宽度和防浪护堤的需要而定。水松林一般营造在高潮位线与海岸线之间。

2. 沿海水源涵养林和水土保持林林带结构与配置

我国沿海地区丘陵山地和海洋岛屿，由于坡度普遍较大，土壤比较干燥，以及易遭暴雨等原因，水土流失比较严重，根据有关部门统计，平均每年每平方千米水土流失约为3000t。因此，搞好沿海山丘坡地的绿化是沿海防护林体系建设的重要内容。

营造水源涵养林和水土保持林的树种，应选择根系发达、树冠繁茂，较耐干旱瘠薄的树种。其整地方式一般以采用块状整地比较好，原有植被尽可能保留,造林密度要求适当大些。造林后要加强幼林的管护,促使提早郁闭成林。适宜撒播造林的树种,则采用撒播造林为好,可减少因整地造林对植被的破坏。

3. 沿海农田防护林林带结构与配置

对于沿海农田防护林结构的研究,目的在于探求并建立合理的林分组成和搭配方式,以发挥其最大的防护效益,保护农作物稳产、高产,即发挥其生态效益和经济效益。

营造沿海农田防护林应该根据当地自然条件、灾害情况来考虑,同农田水利基本建设、交通道路建设、村镇建设规则同步进行,在江南沿海水网平原地区。一般可沿江、河、渠、堤、路及村庄农舍来规划设计营造农田防护林。做到既绿化了"四旁",又不占或少占耕地,并起到较好的防护作用。康立新等(1998)在5种密度林农复合模式中发现,以农林比例5:1,株行距采用小株距、大行距(4m×12m)配置形式的综合经济效益最高。

沿海农田防护林规划同一般的农田防护林规划设计内容相同,也包括林带方向、带间距离、林带宽度、林带结构、树种选择及配置等,但在具体的设计上有所不同。

(1)林带方向

理论上来说,主林带走向与主风方向相垂直,其防风效果最佳。但是沿海平原地区的主风方向往往不是固定不变的,尤其是台风的主风方向是呈旋转性的。所以沿海地区的主风方向比较难以确定。因此,要根据防护区内主要作物的种类来考虑林带的走向。一般作物的花期和果熟期最容易遭受风害,所以必须了解花期和果熟期的主风方向来确定林带的方向,一般可沿路、河、沟、堤、渠设计,既可做到少占耕地,又达到绿化"四旁"的目的。林网最好采用1:1正方形,也可根据实际需要扩大为1:2或1:3等长方形网络。

(2)带间距离

带间距离的大小直接关系到防护效能的发挥和对耕地的影响。带间距离要根据林带的有效防护距离来确定。林带的主要树种壮龄时的平均树高称作林带高度,林带高度减去保护区内农作物(或果树)的平均树高即为林带有效高度。主林带的带间距离一般为林带有效高度的15~20倍,副林带的带间距离为林带有效距离的20~30倍。例如,浙江省玉环县沿海平原的文旦防护林,其主要树种是木麻黄,设计林带平均树高为15m,文旦树高为3m,那么林带有效高度为12m。由于文旦需要防冬季的干冷风,更主要是防御台风,所以主风方向难以确定。

林网设计部分主林带与副林带,带间距离确定为林带有效高度的15倍,带间距离则为12m×15倍,即180m。如果保护区内的农作物为水稻,水稻高度为1m,木麻黄林带的有效高度就是14m;带间距离确定为林带有效高度的20倍,那么水稻区的带间距离就是280m。

(3)林带宽度

林带两侧边行之间的距离再加每边各1m的林缘称作林带宽度。合理的林带宽度就是要求在能够最大限度地发挥林带防护效果的前提下,尽可能少占用土地。根据各地的经验,以窄带小网络的农田防护林网的防护效果较为理想,林带占地比较少。如浙江省玉环县解放塘农场四分厂的文旦防护林,主副林带均由2行木麻黄组成,行距1~1.5m,株距1.5~2m,即林带宽度为3~3.5m。一般沿路、河配置,即种植在河岸及路旁,林带基本上不占耕地,而且胁地少,又可起到护岸、护路及行道树的作用,而且防护效果较理想,林网内的风速降低率达到50%以上。

常受强风袭击的滨海外缘基干林带立地条件特殊,当台风侵袭时,还受浪潮冲击,致使沙土流失,威胁林带本身的巩固。外缘基干林带一般宽30~70m,复杂地段可宽到50~100m以上而且要密植造林,植距1.0~1.5m。林地宽度永久性主林带的宽度需要植树6~8行,副林带不少于4行,以保证林带能够抗击台风和维持林带的稳定性。

(4)林带树种选择

农田防护林树种必须选择速生高大,树冠较窄而浓密,寿命长,抗风力强,不易风折和风倒,主根深长,侧根不远深,能适应当地的土壤和气候条件,并具有较高经济利用价值的树种。

在沿海盐碱土、潮土地带,宜选择木麻黄、桉树、白榆、落羽杉、水松、杂交柳、杂交杨、女贞、柏木、乌桕、棕榈、刺槐、绒毛白蜡等。

平原农区可选择荔枝、蒲葵、柑橘、柿、梨、桑、文旦等果树,可极大地提高防护林的经济效益,减少林、农争地的矛盾。

（5）林带结构

林带结构是由林带宽度、林带断面形状、造林密度、树种、种植点配置和管护措施来决定的。主要有紧密结构林带、透风结构林带和疏透结构林带。从防护作用来看，一般以疏透结构林带较为理想。

农田防护林一般以窄带小网络为好，林带较窄，透风系数就较高，所以应该适当提高造林密度，栽植点呈三角形配置，可以提高防护效能，修复技术主要是植苗补植和林带自株移植。

根据"因害设防，因地制宜"的原则，在沿海受台风危害且树木易破坏的地区，考虑到台风路径多、风向旋转和风力大等因素，防风林特别是海堤基干林带宜营造单株树受风压最小的林带（如屋脊形）；在强风发生较少地区，宜多营造通风而低矮的梯形断面林带。改变林带断面形状是提高基干林带防风效应的有效途径。

4.沿海四旁绿化林带结构与配置

四旁绿化是沿海防护林体系的重要组成部分。沿海地区自然环境和立地条件繁杂多样，必须全面灵活地应用森林培育的原理和方法，因地制宜多林种、多树种造林，造、封、管、护并举，才能保证造林成功，并获得良好效果。

（1）沿海沙地特性与树种选择

不同地区的沿海沙地种类和性质不尽相同，根据距海远近、风和海水等作用的情况，将沙地分为潮积滨海沙土、风积滨海沙土和残积滨海沙土等类型。

①潮积滨海沙土与树种选择。潮积滨海沙土主要分布在海滩的高潮线以外和潮水沟两侧，范围不宽，一般100m至数百米。这种沙土母质是靠潮水涨落力差带来的矿物质粒（主要为石英砂）和游生动物残体（如破碎的贝壳）所组成。由于长期受潮水的侵袭影响，土壤含盐最高，一般在0.2%以上，局部高达0.6%~1.2%，土壤呈碱性，pH7.5~9.0，按土壤可分沙质滩涂和泥质滩涂。沙质滩涂的土壤质地较疏松，透气透水性能较好，土壤含盐量较少；泥质滩涂的土壤淤泥黏性大，透水性差，易板结，不易脱盐，土壤含盐量比沙质滩涂高，碱性强。宜选择适应盐碱沙地生长的抗风、固沙、耐旱、耐贫瘠、耐潮汐盐渍的树种，如木麻黄、相思树、黑松、垂柳、臭椿、苦楝、毛白杨、白榆、桑、梨、杏、柽柳、红树、杞柳、刺槐、紫穗槐等（缪德山，2018）。

②风积滨海沙土与树种选择。风积滨海沙土是潮积滨海沙土形成后的延

续产物。由于潮水涨落差的连续作用和夏季风向吹扬,在海滩的内缘地带重新堆积而形成的风积沙土,其地貌有沙丘、坨岗状沙丘、丘间低地、平沙地、沙堆、沙滩、沙堤等。各类风积滨海沙土质地粗细不一,肥力也不同,宜选择不同的造林树种、草种。如沿岸沙丘和沙滩,宜选择抗风蚀、耐刈割、沙埋,耐海水浸渍的木麻黄、湿地松、桉树、大叶合欢、露兜、夹竹桃、黄槿、柽柳等,或采用桉树—木麻黄、大叶合欢—木麻黄等;福建沿海常用大叶合欢、刺桐、麻疯树、黄槿、苦楝、台湾相思等树种,江苏沿海常用刺槐、紫穗槐、榉树、乌桕、桑树、榆树。

③残积滨海沙土与树种选择。残积滨海沙土的特点是上层为沙,下层为母岩,此类沙土面积不大。由玄武岩残积的沙土多数已改良开垦为农业用地,质地较细,较肥沃。可选择抗风、固沙的湿地松、相思树、大叶合欢、麻疯树、龙眼、荔枝、苹果、梨、苦楝、榆树、杨树、紫薇、女贞、水杉等树种。

④营造混交林。长期以来我国沿海防护林普遍存在着树种单一、结构简单的问题,很多海岸基干林带、农田防护林网,都是单一树种的纯林,没有形成多树种、多林种的林分结构,生态系统稳定性差,致使防护功能先天不足。为提高沿海防护林的防护效能,实现从一般性生态防护功能,向以应对海啸和风暴潮等突发性生态灾难为重点的综合防护功能的扩展,应从沿海实际情况出发,合理安排好林种布局,提倡营造多林种、多树种、多层次、多功能的混交林。如在沿海基干林的更新上,采用"木麻黄—绿化树"的造林模式,即外缘种植木麻黄防风固沙,内缘林窗套种各类景观树种,乔、灌、花、草互相搭配,优化林分结构,实现物种多样化(林福平,2017)。

根据适地适树和造林目的的要求合理选择混交树种。如福建沿海地区海岸基干林带以木麻黄为主要树种,选择大叶相思、大叶合欢、湿地松、窿缘桉、柠檬桉、黑松等为混交树种。

(三)案例分析:东南沿海木麻黄防护林优化配置研究

岳新建(2010)对东南沿海木麻黄防护林优化配置进行了研究,其结果引述以下。

目前,平潭地区防护林体系已经形成了相对稳定的格局,自海岸向内陆梯次配置,构成了保护海岸带生态环境的绿色长廊,逐步降低来自海洋的威胁。

平潭防护林体系由防风固沙林、水土保持林、水源涵养林、农田防护林及城镇绿化、护路林等几部分组成。岳新建（2010）通过遥感土地利用/植被变化分析得出，水土保持林、水源涵养林变化并不大，仅需要进一步封山育林加以保护和恢复，滨海沙地的基干林带、后沿片林以及农田防护林网需要进行优化调整。农田防护林优化调整的重点在于树种的选择、林带宽度以及发展规模。平潭地区农田防护林树种主要是木麻黄，林带结构比较合理，主要问题在于疏于管理，林带老化严重，仅需要对老林带进行修复更新。

1. 木麻黄防护林优化调整的原则

①分区、分类，因地制宜、因害设防。根据主要驱动因子针对性地进行优化调整。②生态、经济、社会效益兼顾，最终达到可持续经营的目的。③林分结构的多样化：注重乡土树种，加强密度管理；在立地条件相对较好的地段，大力发展混交造林，引入优良适生树种，提高防护林体系的生物多样性和综合效益。注重不同树种种间关系的调节，提高林分结构的稳定性。

2. 基干林带优化调整及其技术要点

基干林带营造于滨海强风区的风口沙荒前沿，即在最高潮水线向岸上延伸200m 地带，起挡风固沙防潮作用。福州市基干林带于 1960 年开始营建，主要树种为木麻黄，相继在大风口和各风害澳口营建基干林相互衔接，形成了防风固沙绿色屏障。到了 20 世纪 80 年代，早期的林木进入了近熟期或成熟期，由于自然枯死、病虫害以及人为的乱砍滥伐等原因，疏林地、低效林不断增加。自1985 年起，通过重点营造、完善和填平补齐，平潭县在北起白青东占，沿长江、冠山、流水，经燕下埔、七里埔，南达远中洋埔等关键风口地带营造了长44.49km 的海岸风口环岛基干林。另外，再加上漳州市、泉州市等地的基干林造林及更新实践，形成了前沿大风、干旱沙地困难立地条件下的技术体系。

（1）树种及苗木选择

选择抗风沙能力强、耐干旱贫瘠的树种和苗木是造林、更新成功的关键。木麻黄依然是风口困难立地造林的首选树种，目前主要采用优良无性系造林。如抗风性强、耐瘠薄和速生的优良无性系，如平18、平20、惠安1 号、A13、粤501及莆田20 号、木麻黄701、东1 品系等。

培育高抗性、优质的木麻黄大苗是关键技术的核心部分。首先对每个无性系精选优质小枝（位于树体上部、粗壮有分叉），经过激素处理和水培发根，移植于小营养袋中一年。然后选择生长良好（树高 0.7 ~ 1.0m，地径 0.45 ~

0.57cm)的优质苗,炼苗一年,即采用两年生大苗造林,成活率和保存率都很高（见表1-3-15）。

表1-3-15　抗风沙木麻黄优树选择标准

木麻黄抗风沙(旱)害等级标准	生长量标准	优选地点
0级:基本无风沙害,无枯梢现象,主干明显,树木生长正常	树高大于5m	在近海岸(距海岸直线距离30m范围内)选优林分因风沙害群体枯梢率不低于60%
Ⅰ级:部分小枝受风沙害,小枝枯死率30%以下,主干明显		
Ⅱ级:树冠小枝枯死率30%~80%,能恢复生长	树高比5株优势木大15%以上或胸径大25%以上	在远海岸(距海岸直线距离50m范围内)优选林分因风沙害群体枯梢率不低于30%
Ⅲ级:树冠小枝枯死率80%以上,难恢复生长		
Ⅳ级:树干1/2以上枯死,有的树基部萌芽条丛生	健康无病虫害,生长势强	无风沙害或受害率低的林分不作为选优对象
Ⅴ级:整株地上、地下全部枯死		

（2）采用抗旱造林配套技术

前沿风口位置由于风力大,树木水分蒸腾和土壤水分蒸发快,因此需要一系列保水抗旱措施。首先,要进行苗木修剪,剪掉苗木侧枝及主干的1/3~1/2（松类不可修剪,相思和桉树修1/3）。其次挖深穴整地,穴规格40cm×40cm×40cm或50cm×50cm×50cm;适量客土,施磷肥、客土拌泥浆。春季雨天造林,栽植深度40~50cm。造林方式,强风区可为篱式、丛状、团装等造林方式,岛状或行状三角形配置等多种形式,弱风区可采用带状、小块状等常规方式;造林密度为强风区3600~4500株/hm²,弱风区2500株/hm²左右。

（3）设置沙障、风障,保护幼苗

在风口造林应设置沙障和风障,以减小风沙侵害,保护幼苗。在最前沿,采用木麻黄小径材和枝条编制成风障和沙障,出露高度可根据距海岸的距离和目的而定。沙障层层布设,各道间距为出露高度的3~5倍。在风口后沿流沙危害较小的地带,可采用木麻黄大壮苗（苗高2.0m以上,地径1.5cm以上）进行密植（1m×1m）,三角形配置。在主害风方向设置3~5道,每道3~4行,间隔30~40m。

（4）大力发展混交造林技术

实行乔灌草混交造林，有助于逐步丰富海岸带的生物多样性，改善滨海森林景观。而在基干林位置培育以木麻黄为主的多树种混交造林，这是木麻黄防护林生态系统管理的综合技术之一，关键在于树种的选择。选择当地适生灌木树草种，以达到快速固定流沙的目的，同时灌木树种与乔木形成复合林冠结构，有效降低风速。海岸风口造林的常选树种有相思类树种（如厚荚相思、纹颊相思）、刚果12号桉、湿地松。刚果桉实生苗造林后生长分化严重，宜选择优良家系和无性系。湿地松秋冬季针叶容易干枯、不宜在前沿造林。相思树具有抗风耐盐较耐荫蔽根瘤量多、枯枝落叶量大适应性强、改良土壤，但树冠庞大、根系浅、容易风折或风倒，更新造林时应与木麻黄、刚果桉、湿地松等混交造林，不宜营造大面积纯林。混交造林的类型包括营造多树种单层林造林和复层林。造林方式为多树种带状、小块状或多行混交配置。

（5）加强密度管理

林分密度关系到防护效果的发挥以及林木的成活率、保存率和生长状况。在造林初期，林分密度管理是提高防护林生产力和改善林带结构的有效途径。木麻黄幼林阶段尚未完全郁闭，造林密度对幼林生长及其各器官生物量所占比例大小影响不显著；幼林树高、胸径和单株材积随造林密度增加而减小，当密度增至5000株/hm²以上时，林分高、胸径、单株材积和每公顷蓄积均随密度增加而减小的幅度增大；随着木麻黄林龄的增长，林木分化和自然稀疏增强，林分密度效应会体现的更明显。进入干材阶段后，密度对木麻黄胸径生长有极显著影响，对单株材积亦有显著影响，但对树高和单位面积蓄积量的影响不显著。因此，根据中、幼林的密度效应，基干林带为了保持紧密结构，应密植造林（6000～6667株/hm²以上）；后沿沙地如培养大、中径材，可稀植（密度1667～2500株/hm²）且不间伐；如培养中、小径材可适当密植（3000～4500株/hm²），并注意及时间伐。

（6）林带更新改造技术

对老龄林、过熟林进行改造也是基干林带目前的主要任务。当前主要有林下套种和隔带更新两种方式。林下套种即在原有林带保持相对完整的条件下进行造林，构成复层林带结构，待下层林木生长达到有效防护作用时，伐去上层林带。套种树种的保存率与郁闭度有关，实践表明，当郁闭度小于0.2～0.3时效果较好。因此,在稀林地(低效林)或人为间伐达到适宜郁闭度后再造林。人为间伐的次数应该为 3~4 次,首次间伐控制郁闭度 0.3~0.4,二次间伐控制在 0.2~0.3。隔带更新是对林带结构相对完整,但其防护成熟期已过,功能呈现下降的趋势而采用的。采伐的宽度宽度不宜过大,宽度越大受风害程度加剧,具体宽度应该根据具体位置确定。实践表明,强风区采伐更新宽度应该控制在 20m 以内,弱风区为 20~30m,林带郁闭度控制在 0.3 左右,且前沿应保留 20m 左右的老林带。

3. 后沿片林优化配置研究

后沿片林位于基干林带后沿,风速较小、土壤的熟化程度高,其主要目的是在于进一步削减风速、引进新的树种,提高防护林系统的生物多样性,发挥防护林的经济、生态、社会效益最佳的综合效益。因此合理的树种选择、适宜的配置比例是后沿片林优化的主要方向。现已形成以木麻黄为主栽树种,多种混交模式并存的防护林格局。如将木麻黄与湿地松进行带状混交,对种间关系和林木生长均有利(戴文远等,2008;侯杰等,2006)。

第四章

南方地区水土保持工程技术

第一节 概述

水土保持工程措施是水土保持三大措施之一,是为了保持水土、合理利用资源、防止水土流失危害而修建的各种建筑物,是小流域水土流失综合防护体系的重要组成部分。水土保持工程措施主要通过防护和拦蓄两个方面来防治水土流失,防护是指通过改变小地形达到改变径流形态的目的,从而减少和防止土壤侵蚀的发展;拦蓄是指通过修建各种工程,使已经发生转移的径流泥沙得以拦蓄和利用,能在有限的范围内保持水土,利于生产和发展。南方地区降雨丰富,土壤块体运动多,多丘陵山地地貌,水土流失呈块状分布。根据各措施修建的目的和应用条件,南方水土保持工程措施主要包括坡面治理工程、沟道治理工程和河湖治理工程。坡面治理工程可以减缓或消除地面坡度、加强水分入渗、提高土壤含水量、减小径流搬运能力从而保持水土;沟道治理和河湖治理工程通过拦蓄泥沙、防止沟头前进、沟床下切、沟岸扩张、调节洪峰流量、减少径流中泥沙及固体物质含量,从而达到水土保持的目的。

我国南方水土流失范围广、程度高的地区主要包括南方红壤区、西南紫色土区和喀斯特黄壤区。

红壤发育于热带和亚热带雨林、季雨林或常绿阔叶林植被下,是通过脱硅富铝过程和生物富集作用而发育成的红色呈酸性且盐基高度不饱和的铁铝土。广义的红壤是指我国南部热带、亚热带地区广泛分布着的各种红色或黄色的土壤,包括铁铝土纲的砖红壤、赤红壤、红壤、黄壤等所有土类,以及半淋溶土纲的燥红土,一般统归为红壤系列(赵其国等,2013)。我国南方红壤地区主要分布于长江以南各省的丘陵、台地及山岗地带,包括上海、江苏、浙江、安徽、福建、江西、河南、湖北、湖南、广东、广西和海南 12 个省(区、市),其中江西、湖南两省红壤分布最多。由于红壤区大多分布于丘陵地带,土地瘠薄,且红壤表层疏松,容易发生侵蚀,是我国典型的水力侵蚀区,水土流失严重,土壤侵蚀强度大,曾一度被称为"红色沙漠",已成为我国水土流失重点治理区域之一(张会茹等,2009)。

紫色土是我国南方重要旱作土壤之一,面积约为 16 万 km²,占耕地总面积的 68%,其中以四川盆地分布最为集中。紫色土分布区雨量丰富、降雨集中、暴雨频繁、地表植被覆盖差,而紫色砂泥岩发育的紫色岩层属于胶结不实或钙质胶结,抗蚀力弱,极易风化,使得紫色土区的水土流失非常严重。

黄壤是南方山区主要的土壤类型之一,成土母质为酸性结晶岩、砂岩等风化物及部分第四纪红色黏土(张长印等,2004),广泛分布于亚热带与热带的山地上,以川、黔两省为主,在滇、桂、粤、闽、湘、鄂、赣、浙、皖、台等诸省(区)也有相当面积分布(李秋艳等,2009;欧阳曙光等,2016)。黄壤形成过程中除具有富铝化作用和脱硅作用外,还存在黄化作用。黄化作用是由于在黄壤区这种湿润的生物气候条件,土体一般呈湿润状态,导致氧化铁水化形成一种富含水合氧化铁的针铁矿,使得土壤心土层呈黄色。

黄壤区属季风气候,该区温和湿润,年温差小,相对湿度较高,云雾多,日照少,导致黏土矿物在干湿交替情况下水化度较低,不利于黄壤形成,仅在地势较高处,才有黄壤发育,故黄化层一般较薄,垂直带幅也较窄。同时,喀斯特地区黄壤还具有质地黏重、比水容量小、有效水范围极窄、易发生干旱等特点,为水土流失提供了一定的动力条件和物质基础。同时,由于人口数量不断增长、耕地资源相对减少、社会需求日益增加、生态环境恶化,使得水土流失加剧,黄壤出现酸性较强、养分含量降低、微量元素缺乏、土地生产力降低等现状。研究表明,黄壤 pH 一般为 4.5~5.5。在植被遭受严重破坏的情况下,有机质含量仅20g/kg,甚至更低。氮磷含量普遍较低,钾素含量中等。此外,黄壤中有效微量元素含量不高,不能满足植物正常生长发育的需要(王建等,2003)。

(一)南方水土保持工程措施

南方地区水土保持工程措施主要包括截流工程措施,如梯田、水平沟、鱼鳞坑等;分流工程措施,如排水沟、截水沟等;汇流贮用工程措施,如蓄水池等;坡面水系工程措施,如沟、凼、窖、池、塘、坊、坝、渠等;"五小水利工程"措施,如小水窖、小水池、小泵站、小塘坝、小水渠;土壤改良技术,如对坡耕地和荒地进行梯化。

1.截留工程措施

截流工程措施中目前应用较为广泛的有梯田、水平沟、鱼鳞坑等,这些措施能够有效地改变地形、缩短坡长、拦截径流、强化径流就地入渗、集中就地利用拦蓄的径流、减少水土流失、改良土壤和改善生产条件。

（1）梯田

目前对单一措施研究较多的是梯田。梯田是指在丘陵山区坡地上，沿等高线方向修筑的条状台阶形状田块。但是，传统的水平梯田成本高、土地利用率低，反坡梯田容易被强降雨径流冲毁，隔坡梯田水土保持效果不理想，且土地利用率较低，因此这些传统的梯田都不适用于红壤区独特的自然环境。

我国南方大部分地区普遍应用的梯田主要以土料构筑梯壁，成本低但稳定性很差，容易遭受水力、重力等侵蚀营力的破坏，造成严重的水土流失甚至崩塌。有的梯田梯面外斜或不可设置能蓄能排的内沟、边沟和埂坎，难以增强雨水、肥料就地入渗，从而白白流失，同时也不能及时排走过多的降水，影响梯田的安全。江西省水土保持研究院（宋月茹等，2014）探索出了一项现代坡地生态农业技术——"前埂后沟＋梯壁植草＋反坡梯田"坡面径流调控技术。该技术基于生态工程学、生态学、植物学和水土保持学等各门学科原理，将生态与经济、保护与利用、治理与开发、工程措施与生物措施相结合，组装、集成梯壁植草、前埂后沟和反坡梯田等多项水土保持单项技术，在有效防止水土流失的同时，改善和提高了生态景观，实现了生态效益、经济效益与社会效益的统一，是一项水土流失新型治理措施，也实现了人与自然和谐相处的新型水土保持生态农业模式。

"前埂后沟＋梯壁植草＋反坡梯田"这项新型坡面调控技术设置内斜式梯面（梯面外高内低，略成逆坡），有效地降低了地面坡度，缩短了坡长，起到拦蓄降雨、减少径流的作用。梯面上种植桃、李等经济果木林，幼林地可间种萝卜、大豆、花生、瓜类、薯类、矮化玉米等农作物，可以在提高梯面植被覆盖度、减少水土流失的同时，显著提高了土地利用效率、增加了农民收入，实现了生态效益与经济效益的统一。构筑坎下沟、前地埂，并在地埂、梯壁上全部种植混合草籽进行防护处理，前地埂可拦蓄上部坡面径流，减少冲刷，坎下沟可以拦蓄上方降雨径流，增加入渗，保证大量降雨径流顺利引排。梯壁植草可维护梯壁稳定，防止水、土、肥流失，增加入渗。如果考虑到培肥地力和巩固水土保持效果，也可以在梯梗间和坎下沟边种植一些绿肥或经济作物，如猪屎豆、黄花菜等（徐乃民等，1993）。

（2）坡改梯工程

坡改梯是一种非常有效的治理坡耕地水土流失的措施，明显改善土壤入渗性、降低地表径流，显著提高土壤含水量、土壤蓄水能力和土壤肥力，增强土壤抗蚀性。但是，坡改梯初期的新梯田性能不够稳定，在几年的耕种后才会趋于稳定，表现出比较优越的特点（刘刚才等，2002）。在紫色土坡耕地上，由于临界坡度和临界坡长对土壤侵蚀过程具有显著的影响，因此防治土壤侵蚀的效果随修建梯田的坡度和坡长不同而不同。在不同坡度的坡耕地上实施坡改梯之后，水土保持效益随着坡度的增大而增加，且实施坡改梯措施后的粮食产量也有所增加（高美荣等，2000）。随着坡长的减小，同一块坡耕地需要修建更多的田埂（苏正安等，2009）。

生物梯化是指沿等高线种植灌木或多年生草本植物，形成栅篱植物带。生物梯化能明显减小地表径流的侵蚀力，有利于保护坡地土壤水分和养分资源，促进作物生长发育、提高作物产量，是一项非常有发展前景的坡地水土保持和持续农业管理技术措施（陈旭晖等，1998）。

在欧阳曙光等（2016）提出的坡耕地治理模式中，坡改梯工程包括了石坎坡改梯、半石坎坡改梯、PP 织物袋坡改梯、土坎坡改梯和土坎 + 香根草等高绿篱带坡改梯模式。实验结果表明，实施坡改梯后当年即可显著减轻坡耕地水土流失量，因此在小流域综合治理项目中，坡改梯措施是一项极其重要的首选措施；在几种坡改梯模式中，石坎坡改梯防治水土流失效果虽然最好，但其投资成本太高，在资金投入有限的情况下，往往会受到限制，这一模式适用于重点工程、高标准示范工程及土壤地质条件极不稳定区域的治理活动；半石坎坡改梯防治效果比较好，适用于投资有限、坡面土体松散、基础不稳的坡耕地治理项目；PP 织物袋坡改梯投资少，防治效果也很好，就短期来看极具推广价值；土坎坡改梯虽然防治效果不佳，但明显优于自然坡耕地，并且投资成本较低，对于低山丘陵区坡耕地大规模的治理活动，且在财力资金不充足的情况下，值得大力推广；土坎 + 香根草篱坡改梯的投资成本较低，其防治效果也比较好。

综上可见，坡改梯是一种高投入、高产出的工程措施，综合考虑产出投入比，目前主要在紫色土区中等坡度的坡耕地广泛应用。

（3）水平沟和鱼鳞坑

水平沟是在坡面上沿等高线防线修筑的小型水土保持工程。水平沟通常布设于较大坡度、坡面不平但较为完整、土层较厚的红壤丘陵荒坡地,主要目的是为了分散与拦蓄坡面径流(杨娅双等,2018)。根据地形等条件,水平沟有多种形式的规格和布设方式。在土层较薄的25°以上坡面,一般选用断续式的竹节沟;在15°~25°的坡地,选用以蓄水为主的蓄水沟;在水利条件满足的区域,可以采用蓄排结合为主的水平沟。在设计水平沟时,要充分收集当地坡面植物类型及需水量、降雨条件、径流系数、水文条件、土壤类型、立地条件等方面的资料,计算入沟水量,确定上下两沟间距和沟断面尺寸、宽深比,进行断面校核。同时,要发挥水平沟的边型优势,修筑时通过集中施肥和熟土层回填改善土壤结构和肥力状况,发挥蓄水保肥作用(孙秀艳等,2004)。

鱼鳞坑结合了工程措施与植物措施,是陡坡地(45°)植树造林的整地工程,多挖在土石山区较陡的梁峁坡面或支离破碎的沟坡上,由于这些地区不便于修筑水平沟,故而采取挖坑的方法分散拦截坡面径流。鱼鳞坑从坡顶往下沿等高线呈"品"字形设置的半圆形坑穴,可以提高树木的成活率,由林木植被发挥水土保持长期作用。与其他措施相比,鱼鳞坑蓄水能力较弱,在布设上需要成片布设才能更好地发挥功效(刘艳改等,2018;王进鑫等,1992)。

坡面修建鱼鳞坑有两种状态:一种是当降雨强度小、历时短时,鱼鳞坑不可能漫溢,因此,鱼鳞坑起到了完全切断和拦截坡面径流的作用;另一种是当降雨强度大、历时长时,鱼鳞坑要发生漫溢,因鱼鳞坑的埂中间高、两边低,这样就有效地改变了径流的方向,保证了径流在坡面上往下运动时不是沿直线和一个方向运动,从而避免了径流集中冲刷,坡面径流受到了行行列列鱼鳞坑的节节调节,有效地减弱了径流的冲刷能力(张志强等,1993)。

2. 分流工程措施

南方地区降雨量大且年内分布不均,集中降雨导致土壤来不及下渗,容易形成地表径流,因此,以分流为主的排水沟、截水沟技术在该区得到了广泛的应用。这些技术既适用于梯田、林果坡地、荒坡地的截流分流,也适用于坡耕地坡面的蓄水保土、引水灌溉等。

排水沟属于排除地表水工程,是从坡顶到坡脚,纵向布设或沿坡面倾斜布设,布置在病害斜坡上,往往与截水沟垂直相连或呈"Z"形倾斜布设,充分利用自然沟谷,用于引导和分流坡上部聚集的降雨径流,使径流按照工程布设的路径运行,保证下游的安全。类似竹节沟技术的环山截流沟多用于崩岗侵蚀,用于拦截崩岗顶部的坡面径流,防止径流对崩壁的冲刷,同时沟内蓄积的降雨径流,为沟外侧植被提供充足的水分,保证植被的正常生长(程艳辉等,2012)。可以减小地表水对坡体稳定性的不利影响,拦截斜坡以外的地表水,还能防止斜坡内的地表水大量深入,一方面能够提高现有条件下坡体的稳定性,另一方面允许坡度增加而不降低坡体稳定性。

3. 汇流贮用工程措施

蓄水池措施的广泛应用,是为了更好地利用丰富的降雨资源,缓解因降雨年内分布不均引起的用水矛盾。蓄水池又称涝池、塘堰,目的是拦蓄坡面地表径流,防止水土流失,充分利用降雨,满足人畜饮水及农作物用水而修建的小型蓄水工程,可分为圆形、方形等,蓄水池容积一般为 $50 \sim 200 m^3$。根据其建筑材料,蓄水池可分为土池、三合土池、浆砌石池、砖砌池和钢筋混凝土池等类型(王秀茹,2009)。其位置一般选择在坡面径流汇聚的低凹处,如道路两侧、坡面底部,用来拦蓄并贮存坡面地表径流,供给坡耕地、经济林果地的灌溉或人畜用水。蓄水池往往与排水沟、沉沙池相连,以形成完整的坡面径流水系网络。

谷坊技术是红壤区崩岗治理中普遍采用的汇流贮用技术,一般选择在崩岗沟内谷口狭窄处,或布设在崩塌危险的山脚下,从崩岗沟内上部往下,分层布设,形成梯级谷坊群。用于拦蓄泥沙和过量的坡面径流,同时固定沟床和稳定沟坡(程艳辉等,2012)。

4. 坡面水系工程

在南方地区,坡耕地土壤保水、持水能力弱,旱季缺水,而雨季又不能够充分蓄水,造成坡面水土流失严重。研究表明,水系紊乱是导致坡面水土流失的重要原因。坡面水系工程是引导坡面径流、控制坡耕地水土流失的根本措施,是针对坡耕地水土流失和水土资源保护的小型水利水保工程,也是丘陵山区基本农田建设的主要工程。在南方多雨地区,坡面水系工程在抵御洪涝灾害、促进农作物和经济林果高产稳产、保护坡耕地水土资源等方面起到了重要的作用(何长高等,2001)。

坡面水系工程总的来说是一种以控制水土流失,改善生态环境及农业生产条件为目的的微型水利工程组合体,其形式基本包括沟、凼、窖、池、塘、坊、坝、渠等。根据功能主要可分为以下三种类型,即坡面截留工程、坡面蓄水工程及坡面灌排水工程(吴发启等,2003)。坡面水系工程中有"三沟"和"三池"之说,其中"三沟"指截洪沟、蓄水沟、排水沟,"三池"指蓄水池、蓄粪池、沉沙池。"三沟"和"三池"是坡面水系工程中的主体,也是蓄水保土工程中的主要措施和设施(张永涛等,2001)。根据"高水、高蓄、高用"的原则,将这些工程有机地结合起来,可使坡面径流按水平台阶迂回下山,截短坡面流水线,分段拦截地面径流,防止坡面冲刷,起到滞洪、沉沙、保护坡面水土资源和土壤肥力的作用,促进作物生长,实现土地资源的永续利用(何长高等,2001)。

目前,坡面水系工程的配置也已经基本形成了一套比较成熟的体系,即池、渠、凼配套,蓄、排、灌结合。如此形成沉沙有凼,蓄水有池,排水有沟,并且沟、凼、池相连的坡面水系建设体系。建立起能排能蓄、有引有拦、高水高蓄高用,且沟、凼、窖、池、塘、坊、坝、渠相连,长藤结瓜、分台走水、迂回下山的坡面水系工程,可以有效地截短地面流线、分段拦蓄径流、防止坡面冲刷,以此达到保持坡面土壤水分、滞留洪水、沉沙保土、蓄水抗旱的效果,并解决生活用水困难。建设变水害为水利的小流域坡面排洪防冲、拦蓄调控的坡面水系工程,可以保证各项治理措施充分发挥效果,保护水土资源永续利用,对小流域经济发展,群众脱贫致富,全面建成小康社会,确保国民经济持续、快速、健康发展,对于社会进步具有十分重要的意义(薛萐等,2011)。

南方地区的水土保持工程的重点就在于加强山丘区坡耕地改造及坡面水系工程配套,控制林下水土流失,开展微丘岗地缓坡地带的农田水土保持工作,实施侵蚀劣地和崩岗治理,维护水网地区水质和城市人居环境,保护植被资源。

5."五小水利工程"

以小流域为单元,按照水土流失规律进行小范围石漠化治理,因地制宜采取防范措施,比如缓坡地带,通过坡改梯建设农田,但是在石漠化治理中最重要的是保住水源。遵循水流运动规律,通过"五小水利工程"(小水窖、小水池、小泵站、小塘坝、小水渠)把水的无序冲刷变为有序的运动,串联小水池、小水窖、小塘坝、小水渠形成的体系,不仅能够减弱降雨对土壤的冲刷,还将多余的水积蓄起来,在干旱的时候用于灌溉梯田。

(1)"五小水利工程"的设计(高渐飞等,2012)

①水源工程。按照山区地形特点,采用"蜘蛛布网、长藤结瓜,高水高用、低水低用"设计思路,选定水源。

②调节水池。当水池控制高程高于灌溉农田时,采用从水源点放水到蓄水

池再到灌桩的低压管灌方式;当灌溉高程高于水池控制高程,结合生产道路排水沟、堰塘和天然沟箐,灌溉采取挑浇方式。

③渠道工程。应避免长渗漏情况,如果是土质沟道,沟内应当去除杂草,避免淤积影响泄洪大小,排除安全隐患。

(2)"五小水利工程"的作用(赵家明,2018)

①能够提高山区蓄水能力。工程的展开能够通过一系列制度得到保障,使得山区的蓄水能力得到一定提高,较好地解决一些山区存在的水资源缺乏问题,对于相关山区的洪涝灾害也能够发挥较好的遏制作用。

②能够解决居民用水难问题。山区以往存在的饮水污染与微生物病害等水质问题以及山区居民的用水难问题能够得到较好的解决。

③提高山区引水效率。相关山区的饮水效率将实现较好的提升,以往山区存在的很多水资源相关问题也将因此迎刃而解。

④增强农业灌溉能力。其本身包含的小泵站、小沟渠等构成,能够较好地满足山区的灌溉需求,而这一工程包含的水利基本建设综合规划、水利工程管理体制改革,也能够提高山区居民的参与热情,增强山区农业灌溉能力。

⑤提高防洪水平。由于受雨季与地形地貌等因素影响,山区往往很容易在特定季节出现洪涝灾害,对山区居民的生命财产安全造成了严重的威胁,但随着山区"五小水利工程"的兴建,较好地实现了水资源的高效利用,降低洪涝灾害带来的影响。

⑥改善生态环境。水土流失问题在我国山区较为常见,在山区"五小水利工程"的建设中,水土流失问题能够得到较好的解决,我国生态环境也将因此得到较好的改善。

6.土壤改良技术

南方地区如黄壤区有机质含量较低,土地利用结构不合理,土地利用率低,以黄草落地为主,耕地中石穴地比重大。需要重点对坡耕地及荒地进行梯化,将所有土地重新规划并充分利用,平面上分割成封山育林区、果园、中药材用地、经济林地、旱作农田、鱼塘、房屋、道路等(董光前,2017)。

通过工程措施或生物措施,将土壤矢量及容许流失量控制在最理想的范围内,可以提高土壤性质,增加土壤有机质含量,提高土壤肥力,优化土壤生存环境。

第二节 坡面与边坡防护工程

一、梯田工程

坡耕地是指分布在山坡上,地面平整度差,跑水跑土跑肥严重,作物产量低的旱地。根据我国的相关法规规定,坡度大于25°时应退耕植树种草,坡度小于25°时一般进行坡改梯工程。坡改梯工程是在丘陵山坡地上沿等高线方向修筑的条状阶台式或波浪式断面的田地,即梯田。梯田工程是治理坡耕地水土流失的有效措施,在我国乃至世界坡地的水土流失防治、改造、保持水土和提高生态功能上都占据重要地位,具有显著的蓄水、保土、增产作用。南方地区多山地丘陵,而且降雨丰沛、强度大,易发生水土流失,所以梯田多分布于南方,其中以西南丘陵山区居多。

(一)梯田的水土保持效应

梯田是坡耕地水土保持工程中最主要的措施,坡耕地改修成水平梯田后,改变了原有地形地貌,减缓坡面坡度使田面变得平整,截短坡长,拦蓄径流和泥沙,增加降雨入渗时间,增加入渗率,从而减少了径流和泥沙的流失。姚云峰等(1992)认为,坡改梯之后,改变了微地形,减缓田面坡度,从而起到减蚀的作用,他们认为梯田的作用是减蚀而不是拦泥,因为梯田的水平田面具有减轻或避免土壤侵蚀的作用。他们的研究成果反映了坡面径流的冲刷力与径流系数、降雨强度、坡长的平方、坡度的正弦和余弦的乘积成正比,说明在相同降雨条件下,防治坡面土壤侵蚀的关键是改变坡度、径流系数和坡长。吴发启等(2004)认为降雨因素对水平梯田蓄水保土效益的影响很大,他们通过研究分析陕西省多地多年水文气象的观测资料,得出当次降雨量和降雨强度的乘积 $PI < 20\text{mm}^2/\text{min}$ 时,水平梯田的蓄水保土效益均为 100%;当 $PI > 20\text{mm}^2/\text{min}$ 时,水平梯田的蓄水保土效益随着降雨的增大而降低。焦菊英等(1999)发现,再次降雨量与最大 30min 雨强的乘积 $PI30$ 为 4.4~45mm²/min 范围内,有埂水平梯田的减水和减沙作用均可达 100%,而无埂水平梯田分别为 82% 和 95%。解国荣(2018)以葫芦岛市郝台子小流域为研究对象,应用 SWAT 模型对不同措施下的减流减沙效果进行了分析研究,结果表明,水平梯田、保土耕作、封禁以及果园分别减少土壤侵蚀量为 415.25t、884.95t、1092.38t 以及 1549.22t,减沙效益值分别为 89%、36%、25% 以及 61%,减流效益值分别为 42%、38%、37% 以及 35%,可见水平梯田的减流减沙效果最为理想。

张国华等(2007)利用江西省水土保持生态科技园红壤坡地不同类型梯田小区的观测资料,对不同类型梯田的水土保持效应和柑橘生长情况进行分析,分析结果表明,采取"前埂后沟 + 梯壁植草"方式的水平梯田的蓄水效益比外斜式梯田高 81.4%,保土效益比梯壁不植草的对照水平梯田高 98.2%。张靖宇(2011)对红壤丘陵区不同类型梯田水土保持效益研究中发现,前埂后沟水平梯田和梯壁植草水平梯田具有很好的蓄水减流、保土减沙效益(表 1-4-1),并且梯田措施能有效地改善土壤水分状况,对土壤容重、总孔隙度、毛管孔隙度具有比较显著的改善作用,而对非毛管孔隙度的改善作用不明显(表 1-4-2)。罗林等(2007)在极具喀斯特山区典型性和代表性的贵州省毕节地区对 8°~25°坡耕地建设梯田的保水保土效益进行研究,结果如表 1-4-3 所示,通过 3 年的测定,年平均保水量为 3948kg,保水率为 37.4%;年平均保土量为 17.98kg,保土率为 71.2%。在石漠化不同坡度耕地修筑的梯田保水保土效益具有显著差异,梯田的保水量随着坡度的变陡,梯田的保水量呈线性增加趋势,而保土量则具有显著的 S 形曲线增加趋势。刘斌涛等(2015)对西南土石山区水土保持措

表 1-4-1 不同类型梯田措施的减流减沙效益

处理小区	径流系数 (%)	相对减流效益 (%)	土壤侵蚀模数 (t/km²)	相对减沙效益 (%)
前埂后沟水平梯田	1.88	92.76	11.78	99.58
梯壁植草水平梯田	3.93	85.06	24.28	98.93
梯壁裸露水平梯田	9.48	65.58	785.6	69.01
梯壁植草内斜梯田	3.63	86.29	22.56	99.11
梯壁植草外斜梯田	6.26	76.74	68.28	96.88
清耕果园 CK	27.34	0	4107.18	0

资料来源:张靖宇(2011)。

施水平梯田的 P 值(即在其他条件相同的情况下,修筑水平梯田后的径流小区土壤流失量与平整坡面径流小区的土壤流失量之比)进行研究,得出西南土石山区不同利用方式水平梯田的 P 值(表 1-4-4),可看出水田梯田的保土效益最高,旱作梯田保土效益最低。综上所述,无论是在北方黄土高原还是南方地区,梯田都具有显著的减流减沙作用。

表 1-4-2　不同类型梯田措施的物理性质

处理小区	土壤容重(g/cm²)	总孔隙度(%)	毛管孔隙度(%)	非毛管孔隙度(%)	土壤含水量(%)	最大持水量(%)	毛管持水量(%)	田间持水量(%)
前埂后沟水平梯田	1.28	50.96	44.05	6.91	22.58	39.82	34.42	23.13
梯壁植草水平梯田	1.29	50.55	44.87	5.68	20.9	39.19	34.79	22.41
梯壁裸露水平梯田	1.33	49.29	42.47	6.82	19.72	37.06	31.93	21.4
梯壁植草内斜梯田	1.29	49.56	43.6	5.96	21.1	38.42	33.8	23.06
梯壁植草外斜梯田	1.29	48.88	41.73	7.15	21.06	37.89	32.35	23.44
清耕果园 CK	1.34	48.46	41.07	7.39	20.68	36.17	29.75	20.59

资料来源:张靖宇(2011)。

表 1-4-3　喀斯特石漠化 8°~25°坡耕地建设梯田的保水保土效益

耕地坡度	8°	10°	13°	14°	15°	19°	20°	23°	25°
保水量/kg	2120	3249	2761	1915	2779	5938	5236	6157	5378
保土量/kg	13.28	16.07	17.85	17.96	18.78	16.06	22.31	18.97	20.56

资料来源:罗林等(2007)。

表 1-4-4　西南土石山区不同利用方式水平梯田 P 值

土地利用类型	种植方式	P 值
水田	水田	0.0100
	水旱轮作	0.0528
旱地	旱作	0.1362
	撂荒地	
园地	果园、茶园、果粮间作	0.1035

资料来源:刘斌涛等(2015)。

梯田不仅具有减流减沙的水土保持效应,还对土壤的物理化学性质有着一定的影响(表1-4-5),为作物生长提供良好的土壤条件。坡耕地变成梯田之后,田块的承雨面积变大,接收雨量增加,此外还连续切断了坡面径流和浅层壤中流的流线,拦蓄降雨,使之就地入渗,不产生径流和泥沙,从而增加了土壤含水量(吴发启等,2003)。云南元阳哈尼梯田的有机质含量(39.88g/kg)显著高于同区域坝区水稻土的含量(21.00g/kg)(文波龙等,2009)。紫鹊界梯田区森林各土层土壤主要物理特性(土壤容重、孔隙度和通气孔隙度等)与土壤持水量、入渗速率均显著大于荒坡土壤(段兴凤等,2011)。

表1-4-5　不同年限水平梯田土壤理化性状

梯田修建年份	有机质 (g/kg)	全氮 (g/kg)	全磷 (g/kg)	全钾 (g/kg)	速效钾 (mg/kg)	速效磷 (mg/kg)
1996	11.15	0.74	0.66	18.20	100.42	5.62
2001	5.95	0.42	0.57	17.36	82.84	0.86
2003	7.00	0.50	0.59	17.24	83.56	1.52

资料来源:段兴凤等(2011)。

(二)梯田的分类

根据梯田田面形式,可将梯田分为以下4种类型(袁希平等,2004)。

1. 水平梯田

水平梯田是我国年代久远的水土保持方法,最早起源于稻田,是农业生产发展的产物。梯田的田面呈水平,各块梯田将坡面分割成整齐的台阶,为高标准的基本农田,适宜种植水稻和其他旱作作物、果树等。

2. 隔坡梯田

隔坡梯田是在一个坡面上将1/3~1/2面积修成水平梯田,上方留出一定面积(1/2~2/3)的原坡面,坡面产生的径流汇集拦蓄于下方的水平田面上并在田面产生雨水的叠加效应,改善农地水分状况。这种坡梯相间的复式梯田布置形式即为隔坡梯田。修建隔坡梯田较水平梯田省工50%~75%,特别适用于土地多、劳力少、降于相对较少的地区,可作为水平梯田的一种过渡形式。

3. 反坡梯田(水平阶)

适用于15°~25°的陡坡,阶面宽1.0~1.5m,外高内低,具有3°~5°的反坡,阶面可容纳一定的降水径流。要求暴雨时各台水平阶间斜坡径流在阶面上能全部或大部容纳入渗,树苗栽种在距阶边 0.3 ~ 0.5m 处,适宜种植旱作和果树。

4. 坡式梯田

顺坡向每隔一定间距沿等高线修筑地埂而成的梯田,依靠逐年翻耕、径流冲淤加高地埂,使田面坡度逐渐减缓,最后成为水平梯田。其实是一种渐变形式的梯田。它采用筑地埂,截短坡长,通过地埂的逐年加高,坡耕地在多次农事活动中定向(向坡下)深翻,土壤在重力作用下逐年下移,并由于坡面径流的冲刷作用,逐渐变为水平梯田,也称大埂梯田或长埂梯田。这种梯田具有投入少、进度快,既能保水保肥又能稳定增产的特点。

根据田坎建筑材料坡式梯田可分土坎梯田、石坎梯田、植物坎梯田。土坎梯田适用于土层深厚,年降雨量少的地区;石坎梯田适应于石多土薄,降雨量多的地区;植物坎梯田适用于地面广阔平缓,人口稀少地区(余新晓等,2013)。

(三)梯田的规划设计

1. 耕作区规划

选出坡度较缓、土质较好、距村较近、水源和交通条件比较好,有利于实现机械化和水利化的地方,然后根据地形划分耕作区。在塬川缓坡地区,一般以道路、渠道为骨干划分耕作区;在丘陵陡坡地区,一般按自然地形,以一边坡或峁、梁为单位划分耕作区,一般耕作区以 3 ~ 7hm² 为宜。若耕作区上坡是林地、牧场或荒坡,应该在耕作区上缘开挖截水沟,拦截上方来水,避免耕作区遭受冲刷(余新晓等,2013)。

2. 田块规划

田块的平面形状应顺等高线呈长条形、带状布设。当坡面有浅沟等复杂地形时,田块布设必须注意"大弯就势,小弯取直"。若地块有自流灌溉条件,则田面纵向应保留 1/500 ~ 1/300 的比降,可以根据地形适当加大,但不应超过 1/200。田块长度一般是 150 ~ 200m,若条件限制,也不得小于 100m(余新晓等,2013)。

3. 断面设计

梯田断面设计是确定不同条件下梯田的最优断面,所谓最优断面就是要同时达到三方面的要求:一是要适应机耕和灌溉要求;二是保证安全和稳定;三是要最大限度地省工。而最优断面的关键是确定适当的田面宽度和埂坎坡度（余新晓等，2013）。

梯田的断面要素如图 1 - 4 - 1 所示。

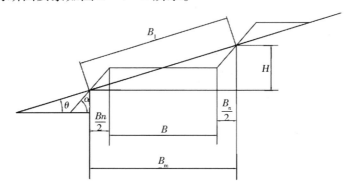

注：θ——地面坡度（°）；H——埂坎高度（m）；α——埂坎坡度（°）；B——田面净宽（m）；B_n——埂坎占地（m）；B_m——田面毛宽（m）；B_1——田面斜宽（m）。

图 1 - 4 - 1　梯田断面要素（余新晓等，2013）

各要素之间的具体计算方法以下：

$$B_m = H \times \arctan\theta \qquad\qquad 式 1 - 4 - 1$$

$$B_n = h \times \arctan\alpha \qquad\qquad 式 1 - 4 - 2$$

$$B = B_m - B_n = H(\arctan\theta - \arctan\alpha) \qquad\qquad 式 1 - 4 - 3$$

$$H = \frac{B}{\arctan\theta - \arctan\alpha} \qquad\qquad 式 1 - 4 - 4$$

$$B_1 = \frac{H}{\sin\theta} \qquad\qquad 式 1 - 4 - 5$$

根据山区农业种植特点，一般设计要求，地面坡度 15°以下时，田宽 8～20m；地面坡度在 15°以上时，田面宽不少于 4m；地面坡度大于 25°时，不适宜修梯田。田面宽度除受到地面坡度限制外，还要受到土层厚度的约束，坡地土层厚度 T 应大于作物生长要求的最小土层厚度 t（一般作物要求最小土层厚度为 0.5m），则修建梯田最大宽度 $B = 2(T - t)\arctan\theta - B_n$。田坎高根据土壤条件和地面坡度确定，一般在 1.0～3.0m（王相国等，2001）。

范玉芳等（2010）采用数字高程模型（DEM）的坡度分析对重庆市三峡库区万州区进行坡度分析。结果表明：在 5°以下的缓坡地、5°～15°的中坡地、15°～25°的陡坡地，为了既能适应机耕和灌溉，又能最大限度地节省土石方量，设计田面宽度应分别在 19～30m、8～20m、7～10m 范围内。由于石坎与田面的非整体性,在满足抗滑移稳定和地基承载力的要求下,1.8m 高石坎需砌筑一轮 30cm×30cm×100cm 的丁字石。同时通过占地分析发现,条石坎占地损失远远少于块石坎。

潘起来等(2005)根据理论分析和工程实际经验,确定了水平梯田的最优断面主要尺寸(表1-4-6)。

表1-4-6 土坎水平梯田最优断面尺寸确定参考数值

地面坡度:θ(度)	田面宽度 B(m)	田坎高度 H(m)	田坎坡度 α(度)
1~5	30~40	11~23	85~70
5~10	20~30	15~43	75~55
10~15	15~20	26~44	70~50
15~20	10~15	27~45	70~50
20~25	8~10	29~47	70~50

资料来源:潘起来等(2005)。

(四)梯田的管护

为加强对梯田的管护,要对梯田区进行定期检查,特别是每年汛期后和每次较大暴雨后的检查。如果发现田坎或田埂处有缺口、穿洞等损毁现象,要及时进行补修。另外,在对梯田田面进行平整后,在地中原有的浅沟处,在雨后也会产生不均匀沉陷,在田面形成浅沟集流,这种情况也要及时注意,待庄稼收割后,及时取土填平。新修的水平梯田,第1年要选择那些适应生土的作物,如豆类、马铃薯等,或者选种一季绿肥作物与豆科牧草,以促进生土熟化。旧有的梯田进行修平后,要在挖方部位多施有机肥,要比平时高一倍左右,还要深耕30cm 左右,以便促进生土熟化(朱林,2018)。

二、坡体固定工程

(一)坡体工程固定措施

坡体工程固定措施指为了防止斜坡岩体和土体的运动、保证斜坡稳定而布设的工程措施,包括挡墙、抗滑桩、削坡和反压填土、护坡工程、滑动带加固措施等。

挡墙又叫挡土墙,是指支撑天然斜坡或人工边坡,保持土体稳定或为阻隔两种不同物质而修筑的墙式构造物(吴湘兴,1991)。挡墙的类型主要有重力式挡墙、扶壁式挡墙和悬臂式挡墙(如图1-4-2)。重力式挡墙一般采用块石和砖、素混凝土材料,它是依靠其自重来抵挡滑坡体的推力而保持稳定的,墙身厚重,结构简单,可分仰斜式和折背式、直立式、俯斜式,仰斜式和折背式一般用于2~10m高度范围;直立式挡墙用于2~8m的高度范围;俯斜式一般用于2~8m高度范围,适用于坡脚较坚固、允许承载力较大、抗滑稳定较好的情况;扶壁式挡墙是一种轻型挡土墙,具有墙身断面较小、自身质量较轻的特点,主要依靠墙自身以及踵板上方填土的重力来确保其结构稳定性,其中墙趾板也能很大程度地保证稳定性(王兴,2018)。扶壁式挡墙由墙面板、扶壁、踵板、趾板所组成,其一般为钢筋混凝土结构。一般来说,在6~12cm高的边坡,应用扶壁式挡墙就可以有效防止边坡滑动(张珊菊等,2003)。悬臂式挡墙一般由立壁、趾板及踵板组成,呈倒T字形,靠底板上的填土重量来维持稳定。悬臂式挡墙适用于地基承载力较低的边坡工程,适用高度不宜超过6m,应采用现浇钢筋混凝土结构(刘长伟,2017)。

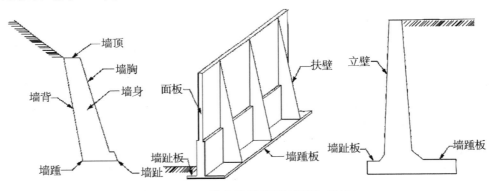

图1-4-2　挡土墙的类型(汤勇,2010)

抗滑桩通过将桩体插入滑动面下的稳定地层,利用稳定地层的锚固作用和被动抗力来平衡滑坡推力,适用于浅层和中厚层滑坡的治理。抗滑桩的锚固深度宜为桩长的1/3~2/5,且桩长一般不大于35m。抗滑桩具有施工快速、桩位灵活、土方量小且抗滑性能好的特点,并且抗滑桩可以和其他边坡治理措施灵活配合使用。

削坡是指通过降低坡度防止不稳定坡面发生滑坡等重力侵蚀的沟坡防护工程,可以减缓坡度、减小削坡体体积,从而减小下滑力,主要用于防止中小规模的土质滑坡和岩质斜坡崩塌。反压填土是在滑坡体前面的阻滑部分堆土加载,以增加抗滑力。填土时土要分层夯实,外露的坡面应干砌片石或种植草皮,要做好地下水引排工程,不能堵住原地下水出口。

护坡工程是一种以边坡稳定为前提,防止坡面侵蚀、风化和局部崩塌为目的的防护性工程措施。常见的护坡工程有干砌片石、混凝土砌块护坡、浆砌片石、混凝土护坡、格状框条护坡、喷浆或喷混凝土护坡、锚固护坡等。当坡面有涌水、坡度小于1:1,高度小于3m的情况下,可用干砌片石和混凝土砌块护坡;浆砌片石和混凝土护坡适用于防止没有涌水的软质岩石和密实土斜坡的岩石风化。坡度小于1:1时用混凝土,坡度1:0.5~1:1的用钢筋混凝土;格状框条护坡是用预制构件在现场装配或在现场直接浇制混凝土和钢筋混凝土。修成格式建筑物,格内可进行植被防护;在基岩裂隙小、没有大崩塌的地方可以进行喷浆或喷混凝土护坡,但不能在有涌水和冻胀严重的坡面喷浆或喷混凝土;在有裂隙的坚硬的岩质斜坡上,可用锚固法,即在危岩上钻孔直达基岩一定深度,将锚栓插入,打入楔子并浇水泥砂浆固定其末端,地面用螺母固定。

滑动带加固措施是指采用机械或物理化学方法,提高滑动带强度,防止软弱夹层进一步恶化。加固方法有灌浆法、石灰加固法和焙烧法。普通灌浆法采用由水泥、黏土、膨润土、煤灰粉等普通材料制成的浆液,用机械方法灌浆。水泥灌浆法对黏土、细砂和粉砂土中的滑坡特别有效。化学灌浆法采用由各种高分子化学材料配制的浆液,借助一定的压力把浆灌入钻孔中,相比于普通灌浆法需要爆破或开挖清除软弱滑动带,化学灌浆法比较省工。石灰加固法是在滑坡地区均匀布置一些钻孔,钻孔要达到滑动面下一定的深度,将孔内水抽干,加入生石灰小块达滑动带以上,填实后加水,然后用土填满钻孔。焙烧法是利用导洞焙烧滑坡前部滑动带的沙黏土,被焙烧后的沙黏土可变得像砖一样结实,使之形成地下"挡墙",从而防止滑坡(王礼先,2005)。

(二)坡体工程固定措施高效配置体系

坡体固定措施的选择必须考虑地质环境条件,包括地质特征、工程地质、水文条件以及不良地质作用等,同时还要考虑边坡的特性如边坡的形成方式、安全等级、使用年限以及边坡上方的荷载等,更重要的还要考虑安全性、经济型、合理性和可实施性。一般情况采用单一的加固措施往往不能同时保证边坡的局部稳定性和整体稳定性,在实践中,多采用多措施组合进行边坡的加固。张家生提出了一种新型的复合式悬臂式挡墙结构——加锚悬臂式挡墙,在悬臂式挡墙立板上加设锚杆后,可以较大地提高挡墙的抗倾覆稳定性和抗滑稳定性,且满足规范要求,并建议加设在最上面一排锚杆距墙顶部应该不小于 1.5m(汤勇,2010)。为了弥补山区陡坡地形上加筋土挡墙抗滑稳定性不足的缺点,曹文昭等(2019)提出抗滑桩 + 加筋土挡墙组合支挡结构,使得抗滑桩和加筋土挡墙的优势得以充分发挥,形成抗滑稳定性高、墙面变形小、地形适应能力强且施工简便的山区陡坡上坡地固定结构。而且在抗滑桩顶部设置承台可以有效减小墙面水平位移、抗滑桩桩身水平位移和各层格栅最大拉力,显著改变抗滑桩桩身弯矩分布形态,提高坡体的稳定性。双排桩结构通过桩顶压顶梁的刚性连接形成门式刚架,与单排桩相比自身具有更大的侧向刚度和抗侧力,但是在土压力较大情况下其变形会超出控制要求,而锚索对支护桩的变形具有较好的控制,对于土压力较大情况(如填土高边坡),如能采取锚索与双排桩结合,则既可减少锚索的道数,并可充分发挥双排桩的刚度以有效控制变形。因此,别小勇等(2018)在高边坡中采用了上部悬臂挡墙、下部双排桩锚索组合支护,通过计算发现锚索施加后支护结构的抗倾覆安全系数提高显著。黄胜(2019)在对成都地区龙泉山脉的金堂大道某处大型滑坡的滑坡体进行地质调查与成因分析后,采用圆形抗滑桩与锚索组合进行整治,圆形抗滑锚索桩的应用,特别是采用机械成孔,不仅降低风险还提高了工程效率,而预应力锚索在圆形抗滑桩上的安装,通过在桩顶设置系梁,以形成锚索抗滑桩的共同受力体系,使滑坡体整治比单一抗滑桩整治效果好、费用低。在路堑高陡边坡中,赵晓彦等(2017)提出坡面锚索与坡脚抗滑桩组合加固措施,既能依靠抗滑桩被动加固作用减少边坡开挖量,争取有效空间,又能充分发挥预应力锚索主动加固作用限制边坡变形,减少抗滑桩设计荷载。针对浅层富水性滑坡,柴卓提出"支撑盲沟 + 抗滑桩"联合措施,通过计算比较联合措施与抗滑桩单一支挡措施,发现联合措施有利于减小抗滑桩桩身截面强度,兼顾"抗滑与治水"的治理目标,技术可行、造价节约、施工快捷,滑坡支挡和坡体地下水的疏干、引排效果明显(柴卓,2019)。卢雪峰(2019)在地形起伏大、地面孤石、河谷冲沟较多、地下水丰富及雨水丰沛地区的边坡采用截水墙、注浆止水帷幕,同时结合抗滑桩、注浆锚管及网格梁等支挡措施,可以有效地控制地面水和地下水,有效加固边坡。捆绑式抗滑桩是在钻孔灌注桩的基础上通过承台将桩顶部绑定形成一个整体,因下部固定在基岩里面,可以看作是两端均被固定。该结构可以看作是数根钻孔灌注圆桩通过将桩顶和底端都以捆绑形式连接而成一种整体式抗滑桩支挡结构。按桩的数量分为双桩组合和多桩组合（王小龙，2014）。针对人工扰动下隧道洞口高陡自然边坡开裂变形现象，龚建辉等（2019）在对川藏铁路东嘎山隧道洞口高陡不稳定岩体进行分析后，提出的以"锚索桩板墙、锚索地梁"为主、喷射混凝土防护为辅设计方案是一种行之有效的加固措施，有效解决了高陡自然边坡的稳定性问题。

因此，坡体固定工程措施常采用多种措施组合进行边坡的加固特别是抗滑桩和挡土墙的结合，由于南方地区降雨量充足，边坡的固定也要重视地表地下水排水工程。

三、蓄排水工程

坡面径流蓄排工程措施是通过修建水利工程，形成一定的容量空间，引导坡面径流，可在一定程度上拦蓄地表径流及其携带的泥沙，从而减少坡耕地径流和泥沙的流失，充分利用水资源。然而，南方地区年降雨量大，年内分配不均，汛期降雨量大且暴雨多，非汛期呈现季节性干旱，因此南方地区的坡面径流调控体系一般以疏导分流为主，同时重视聚流。本小节重点对竹节形水平沟、水平阶这两种蓄排水工程措施进行介绍。

（一）竹节形水平沟

竹节形水平沟（图1-4-3）是指在坡面上沿等高线开挖蓄水水平沟，沟内每隔一定距离修筑横向挡水土埂，水平沟被截成竹节样的长方形蓄水坑，不仅能拦截坡面上部径流，有效贮集沟内径流，为植被的生长发育提供水分，而且还能在坡面径流过大时及时分流，起截流分流与贮集利用的作用。竹节形水平沟

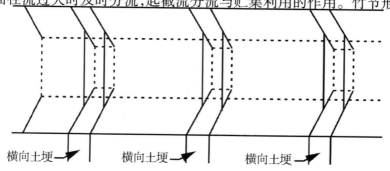

图1-4-3 竹节形水平沟断面图（程艳辉，2010）

主要拦蓄坡段的来水来沙量。竹节形水平沟每个竹节的长度 2～2.5m,宽度 1～1.2m,隔坡长度不等。竹节内均栽植乔木(油松、刺槐等),隔坡段可栽植柠条、沙棘、虎榛子等灌木或播种牧草,形成乔灌(草)混交,梯层结构配置,充分拦蓄降水,防止水土流失(蒋定生,2000)。

　　根据《水土保持综合治理技术规范》(GB/T 16453.2－1996),对于水平沟整地,适用于 15°～25°陡坡,沟口上宽 0.6～1.0m,沟底宽 0.3～0.5m,沟深 0.4～0.6m,沟由半挖半填做成,内侧挖出的生土用在外侧作埂。树苗植于沟底外侧。根据设计的造林行距和暴雨径流情况,确定上下两沟的间距和沟的具体尺寸。坡度陡,土层薄,雨量大,坡面汇流多,沟距应小些,沟深度要大些,沟宽度小些;坡度缓,土层厚,雨量较小时,沟距可以大些,沟的深度可以小些,而宽度可以大些。规定暴雨径流的设计标准按照 10 年一遇 24h 最大降雨量设计,当地径流量可按地面坡度、集水面积等估算求得,可按以下简单计算公式设计其断面(任文海,2012)。

　　假定设计的断面流量 Q 值与当地径流量值相等或稍大,其过水深度 h 为:

$$h = a \times \sqrt[3]{Q} \qquad\qquad 式 1-4-6$$

式中:h——过水深度(m);

　　　a——常数,$a = 0.58～0.94$,一般取值为 0.76;

　　　Q——设计断面流量(m^3/s)。

利用宽深比计算其断面底宽 b 为:

$$\beta = NQ^{0.10} - m \qquad (Q < 1.5m^3/s) \qquad 式 1-4-7$$

$$\beta = N \times Q^{0.25} - M \quad (1.5m^3/s < Q < 50m^3/s) \qquad 式 1-4-8$$

$$b = \beta \times h \qquad\qquad 式 1-4-9$$

式中:β——宽深比系数;

　　　m——设计断面内边坡系数 1～2;

　　　N——常数,一般取 2.6～2.8。

　　通过上式即可求得过水深和沟底宽,同时还应根据不同的施工材料及地形条件确定容积。在设计竹节沟的时候,需要考虑到每个竹节的长度与竹节的宽度及高度。在实际工作中可依下列公式进行计算:

$$Q = F(p - f) + L \times b \times P \times \cos U \times T + W + F \times \delta\Delta_h \qquad 式 1-4-10$$

式中:F——每个竹节的承雨面积(m^2);

p——10年一遇3h暴雨量(mm);

f——竹节形水平沟内土壤入渗水量(mm);

L——竹节形水平沟的隔坡长度(m);

b——每个竹节的长度(m);

U——隔坡段地面坡度(°);

T——隔坡段径流系数;

W——每个竹节隔坡面上的来沙量(m³);

Δh——水平沟蓄水埂安全超高(m)。

为简单计算,设每个竹节的蓄水容积为长方体,则:

$$Q = a \times b \times h \qquad 式1-4-11$$

式中:a——竹节形水平沟垂直等高线方向的宽度(m);

h——每个竹节形水平沟开挖的深度(m)。

将(1-4-11)式代入(1-4-10)式,则得到:

$$h = \frac{F(p-f) + L \times b \times p \times \cos U \times T \times W \times F\Delta h}{a \times b} \qquad 式1-4-12$$

式1-4-12中需要确定的数值有:$f, L, W, \Delta h$等数值。

要确定竹节形水平沟内土壤入渗水量f,需3组数据:①10年一遇3h暴雨量雨强变化过程线。②同时段的土壤入渗速率变化过程线。③坑内开始出现积水的时间。L的确定是按照后期植生的实施密度进行计算得来。由于工程措施是为植生工程服务,因此合理的植被密度决定了水平沟的隔坡长度。一般$L = M/Y$,M为植物在水平沟里面的密度,Y为整个坡面植物密度。W是通过径流小区3年的观测数据积累成的。Δh一般取5~10cm。因此在设计带竹节形水平沟的时候,要收集的资料包括10年一遇24h降雨量,土壤的入渗速率,后期需要在水平沟里种植植物的品种以及密度确定,当地水文资料及多年坡面侵蚀模数。通过这些参数,我们代入方程,可以对当地带竹节形水平沟进行最优化设计(蒋定生,2000;任文海,2012)。

许琴(2010)在小溪河流域对不同处理标准径流泥沙试验小区的降雨、径流过程和土壤侵蚀量进行观测研究,试验中竹节形水平沟断面为梯形,沟底宽0.4m、沟深0.5m、沟顶宽0.6m,沟内每隔5~10m设一横土挡,土挡高度约为0.3m。研究结果发现,防止土壤侵蚀的效果为:果园—水平台地—前埂后沟措施＞乔—灌—草—竹节水平沟措施＞油茶—竹节水平沟措施。在福建省长汀县河田镇18°花岗岩红壤坡面上,进行竹节水平沟、水平阶、鱼鳞坑坡面工程措施水土保持效果研究,竹节水平沟规格为沟距5m,竹节高0.3m,宽0.1m,节距1.5m,沟断面梯形,深0.5m,上宽0.6m,下宽0.4m,迎水面坡面比降1:0.5,挖方的过程中,将挖方土再沟外做土埂,宽0.25m。研究结果发现,竹节水平沟比荒坡小区径流量减少38.14%,泥沙量减少7.64%。3种措施中,竹节水平沟的减流幅度最大,减沙效果小于鱼鳞坑而大于水平阶;水平沟的保土效益是最大的,其次是鱼鳞坑,最后是水平阶(任文海,2012)。通过在花岗岩侵蚀区坡面工程的研究中发现,相比于水平台地、反坡地、撩壕,竹节水平沟对乔、灌、草影响较为明显,增加水分入渗,保持土壤水分作用较为显著,拦水蓄水效果最好(姚毅臣等,1997)。王海雯(2008)通过人工模拟降雨试验研究、大田天然降雨实验观测和数值模拟对紫色土坡耕地水平沟措施的坡耕地水土保持作用进行研究,结果显示水平沟措施在截流、拦沙作用明显优于平坡措施和顺坡措施。通过对水分入渗变化规律的分析,得出雨强强度是53.95mm/h时,最优水土保持性的坡度为10°;雨强为72.02mm/h时,最优水土保持性的坡度15°;20°为本地区水平沟措施的临界坡度,由此可见该措施在本地区适用于0°~20°坡度内。方少文等(2012)在赣南于都县左马小流域的典型红壤坡面进行水保林—水平竹节沟、经果林—工程措施、经济林—绿篱不同措施径流泥沙及氮磷污染输出的试验,水平竹节沟沟底宽0.6m,沟深0.5m,中间留土挡,沟间距4m,结果表明,水保林—水平竹节沟式综合水保措施实施初期,平均减流减沙效果达到近73%,说明植物与水平竹节沟综合措施的保水保土效果较好。

（二）水平阶

水平阶(图1-4-4)是指在坡面比较平整,坡面土层厚度较大,坡度较陡的坡地上沿等高线自上而下,里切外垫,修筑成的阶状台面,台面稍向内倾斜或呈水平阶梯状,其设计类似于反坡梯田。水平阶实质上是梯田的简易形式,是由于坡面规模较小、坡度较陡,修梯田成本高而不实际情况下的一种水土保持措施(刘艳改等,2018)。阶地将坡面分成小的水文单位,减小了径流量,从而影响边坡的水循环,并将水保留在阶地,不参加直接径流转化过程,从而增加某一特定地点的水资源(Baryla,2008)。根据《水土保持综合治理技术规范》

（GB/T 16453.2 – 1996），水平阶适用于 15°~25°的陡坡，阶面宽 1.0~1.5m，具有 3°~5°反坡，也称反坡梯田。上下两阶间的水平距离，以设计的造林行距为准。要求在暴雨中各台水平阶间斜坡径流，在阶面上能全部或大部容纳入渗，以此确定阶面宽度、反坡坡度，或调整阶间距离。树苗植于距边 0.3~0.5m（约 1/3 阶宽）处。

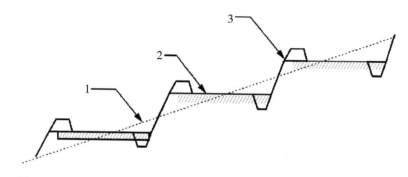

注:1.原地面　2.田面　3.地埂

图 1 - 4 - 4　水平阶（张胜利等,2012）

水平阶的设计要求是:台面外侧稍高于台面里侧，以尽量蓄水，减少水土流失;台坡坡度要视土质的工程性质来定，是坡面坡度加上坡面组成物质的休止角，一般情况在 30°~45°，并随着台阶高度的增加而减小。坡度越小，反坡水平阶对径流和泥沙的拦截效果越明显，反坡水平阶有直接蓄水减沙的水土保持功效（李苗苗等,2011）。在设计的时候有下列要求:①适于 25°以下的荒山坡面。②林木生长设计保证频率年≥75%。③安全聚流比 Ka≥林木生长聚流比 Kc≥1。④求 Ka 时阶面有效蓄水深≤500mm，阶埂加高年限≥3 年。⑤水平阶沿等高线布设，阶宽≥1.5m。⑥防洪安全频率按当地 20 年一遇最大 24h 暴雨一次成流量计算。水平阶整地必须保证阶面宽度在 83.33cm 以上，翻耕深度在 33.33cm 以上，并且上下阶距有 200cm 以上的距离，这样才能发挥水平阶整地的优越性。水平阶集水造林是最为常用的一种方法，其效果的发挥很大程度取决于间距是否合理（任文海,2012）。

水平阶是在本质上是类似于梯田中的反坡梯田，其设计可以参考反坡梯田的设计。据王礼先研究的梯田断面要素的计算关系以下。

$$B = H(\mathrm{ctg}\theta - \mathrm{ctg}\alpha)$$　　　　式 1 - 4 - 13

式中:B——梯田田面宽度（m）;

H——梯坎高度（m）；

θ——坡面坡度（°）；

α——梯坎坡度（°）。

因此,对于一定坡度的坡地,梯坎宽度和梯坎坡度规划设计好后,其梯田高度就确定了,从而整个坡面梯田规模也确定了。运用到水平阶里面,我们要确定的是反坡的坡度和蓄水深度。工程设计蓄水深一般按下面公式计算。

$$h_x = K_a(h_p + S \times N) \qquad\qquad 式1-4-14$$

式中:h_x——工程设计蓄洪深(mm)；

$\quad h_p$——设计频率年产流深(mm)；

$\quad K_a$——安全聚流比,$\geqslant 1$；

$\quad h_p$——20年一遇最大24h暴雨产流深(mm)；

$\quad s$——聚流面侵蚀深(mm)；

$\quad N$——田埂加高年限,采用3~5年。

从保护水土资源的角度出发,即按最不利因素考虑,阶面与坡面入渗速率相同,阶面和坡面产流量 Q 为：

$$Q = \frac{k \times H_p}{1000(B + L \times \cos\alpha)} \qquad\qquad 式1-4-15$$

阶面形成的容积 C 为：

$$C = \frac{1}{2} \times B^2 \mathrm{tg}\beta + HB \qquad\qquad 式1-4-16$$

当水平阶的阶面能全拦全蓄设计降雨所产生的径流时,即两式相等时,相邻两阶间坡长与设计降雨之间的数学关系为：

$$L = \frac{1000 \times HB + 500 \times B^2 \mathrm{tg}\beta}{kH_p \times \cos\alpha} - \frac{\beta}{\cos\alpha} \qquad\qquad 式1-4-17$$

式中:L——相邻两阶间原始地面坡长(m)；

$\quad \alpha$——原地面坡度；

$\quad \beta$——水平阶反坡坡度；

$\quad B$——阶面宽度(m)；

$\quad H$——水平阶埂高(m)；

$\quad k$——设计降雨径流系数；

$\quad H_p$——设计降雨量(mm)(孙浩峰等,2013)。

按汇流深度与阶面宽度,进行挖方,将挖出土按阶面宽度进行反坡的修筑。在南方红壤区反坡的坡度一般会修筑在30°左右。反坡的修筑有利于径流的汇集与泥沙的沉积。

通过对花岗片麻岩山丘区进行水平阶的试验发现,相对于传统的梯田,该措施省工25%,省料30%,但是水保效益相对坡耕地提高75%(魏玉杰等,1997)。在神王东沟模拟弃土场进行野外模拟径流冲刷试验,试验中水平阶的设计规格为:水平阶行距为4m,第一距小区顶端1.5m处,水平阶平台宽0.5m,上斜面沿坡面宽为0.2m,下斜面沿坡面宽为0.3m。研究结果发现,在坡度相同的条件下,相比无水土保持工程措施处理,水平阶具有延迟产流的作用,减小径流流量,降低流速,促使径流泥沙沉降,起到调控坡面径流,防止水土流失,而且坡度较缓(24°、28°),水平阶拦蓄作用较明显,坡度较大,效果较小(刘子壮,2014)。褚利平等(2010)在珠海南北盘江上游岩溶区域的玉溪市澄江县尖山河小流域试验地,对有、无水平阶为拦水带的烤烟种植坡地产流产沙及土壤氮磷流失进行研究,水平阶的规格为宽1.2m,反坡5°,试验结果表明水平阶具有显著降低产流产沙的作用,与无水平阶相比,有水平阶坡地产流产沙均减少了67%以上,径流的氮磷总量流失量减少了50%以上,泥沙的氮磷素均减少30%以上。南方红壤地区坡面侵蚀面积大,危害强,由于地形、母质的多样性,水土流失规律的复杂性,坡面工程措施单调且系统性不强,在福建省长汀县河田18°花岗岩红壤坡面上,进行水平阶(阶面宽1.5m,高0.5m,阶距5.5m,沿小区等高线分布)水土保持效果研究,水平阶小区比荒坡小区径流量减少了34.60%,减流效果随着降雨量的增大效果减弱,没有发挥对泥沙的调控作用,对土壤的速效养分的增加幅度达到30%以上(姚毅臣等,1997)。

四、西南喀斯特坡面灌溉工程

我国南方降雨充沛,水热同季,南方水土保持工程技术一般较少考虑坡面灌溉问题,但在西南喀斯特石漠化地区,由于其特殊的岩性和地质地貌特征,喀斯特坡地地下水文网发达,雨水直接下渗,地表产流少,集蓄降水困难,因此该区域水土保持工程技术首要考虑的是坡面灌溉工程,用于解决该区域生产、生活和生态用水问题。

喀斯特石漠化是指在南方湿润地区喀斯特脆弱生态环境下,由于人为干扰造成植被持续退化乃至死亡,导致水土资源流失,土地生产力下降,最终出现基岩大面积裸露于地表面、地表土被不连续和土地退化过程(张信宝等,2009),是我国三大生态灾害之一。不断恶化的石漠化问题威胁着生态环境安全,制约着社会经济发展,严重影响人民的生产生活(张信宝等,2010)。

(一)石漠化产生与发展的影响因素

石漠化的产生与发展是自然因素和人为因素叠加所致,主要因素包括以下几种。

1.强烈的岩溶化过程

较快的溶蚀速度,不仅溶蚀母岩全部的可溶组分,也带走大部分不溶物质,降低碳酸盐岩的造土能力;强烈的岩溶化过程,有利于地下岩溶裂隙和管道发育,形成地表、地下双层结构,不利于表层水土的保持,加速了石漠化的形成和发展。

2.地质地貌因素

我国西南喀斯特地区位于青藏高原的东南翼,青藏运动挤压使得西南地区普遍发生褶皱作用,形成高低起伏的古老碳酸盐基岩,塑造了如峰林、山地、丘陵、洼地、槽谷及盆地等陡峻而破碎的喀斯特高原地貌景观,造成地表切割度和地下坡度较大,地势高低悬殊,为该地区水土流失提供了驱动力(戴全厚等,2018)。

3.土壤因素

石山区基质碳酸盐母岩和上覆土壤之间缺乏过渡层。存在着软硬不同的界面,使岩土之间的黏着力与亲和力大为降低,极易遭受侵蚀,不利于表层水土保持,加速土地石漠化的形成与发展。

4.岩性因素

碳酸盐岩酸不溶物含量低,成土速率低;土壤总量少、异质性强,土地贫瘠。西南喀斯特地区的大部分坡地为土层薄,地面土石相间的石质和土石质坡地,土壤分布于岩脊间的溶沟、溶槽和凹地内,异质性强。坡地上部多为石质坡地;顺坡向下土质面积逐渐增加,中下部坡地多为土石质坡地;一些坡地的坡麓地带无岩石出露,为土质坡地。

5.水文因素

水是岩溶系统中物质运移与能量交换的载体。西南地区气候温暖,降雨丰富,而石漠化地区常分布的石灰岩地区地下水文网发达,雨水直接下渗,地表溢流少。

6.人为因素

人为活动干扰是石漠化发展的主导因素,人为对地表植被和土被的破坏加速水土流失,导致石漠化加剧。西南喀斯特地区多丘陵、山地,人类活动对土地的影响主要建立在生产、生活的需求上,如过度开垦耕地、不合理的耕作方式、过度樵采、过度放牧、乱砍滥伐等活动(余新晓等,2013)。

(二)西南喀斯特山区水土流失及其危害特点

西南喀斯特山区石漠化坡耕地自然条件的特点是:石多土少,土壤肥沃但土地贫瘠,降水丰富但入渗强烈,所以导致干旱严重。该地区水土流失及其危害的特点有以下几方面。

1.地表和地下流失叠加的水土流失方式

地表流失系指地表侵蚀产出泥沙的流失,流失的泥沙为表层的土壤。喀斯特坡地地表流失产出的泥沙部分直接随地表径流直接进入地表河流,部分沉积于坡地的溶沟、溶槽和凹地内。地下流失系指地下径流侵蚀产出泥沙的流失,流失的泥沙主要为表土层以下的或岩石孔隙、裂隙中充填的土体,这些土体可以是土下岩石化学溶蚀产生的酸不溶物,也可以是沉积于溶沟、溶槽和凹地内的地表流失产出的泥沙。

2.喀斯特坡地地表产流、产沙少

喀斯特坡地的地面径流极易通过地表的溶沟、溶槽和洼地等"筛孔"渗入表层岩溶带,进入地下暗河系统,地表径流量小;由于地表的少量土壤分布于溶沟、溶槽和洼地内,不易侵蚀,和径流量小的缘故,喀斯特坡地的地表产沙量低。纯碳酸盐岩地区地下流失量比例大(张信宝等,2010)。

(三)石漠化耕地治理

我国石漠化坡耕地治理一直是学者关注和探索的热点,也是我国长期的治理工作,现行石漠化坡耕地治理措施还存在以下问题:①石质和土石质坡耕地改梯,由于土层太薄,往往无土面田。②土石质坡地新修梯田的土层厚度一般不足20cm,抗御季节性干旱的能力非常有限,无灌溉保证的梯田就不可能有明显的增产效益。③部分蓄水工程来水不足,利用效率不高。④石坎壮观、显示度好但不少石坎梯地是花架子工程(张信宝等,2012)。

基于此,石漠化坡耕地治理的措施配置,不但要考虑自然条件和水土流失及其危害的特点,还要得到群众的认可。张信宝等(2012)开展了石漠化坡耕地不同治理措施迫切程度的排序调查,结果发现群众要求最迫切的是田间道路问题,其次是有来水保证的蓄水池,因为道路能明显提高劳动生产率的效益。蓄水池对增加作物产量、提高抗御干旱能力发挥了巨大的作用,但蓄水池来水不足、利用效率不高。

蓄水池按建筑材料的不同可分为土池、三合土池、浆砌条石池、浆砌块石池、砖砌池和钢筋混凝土池。按形状不同可分为圆形池、矩形池(图1-4-5)、椭圆池(图1-4-6)和不规则形(图1-4-7)。按池口的结构形式可分为封闭式蓄水池和开敞式蓄水池。

图1-4-5　矩形蓄水池(陈展鹏　摄,2017)

图1-4-6　椭圆形蓄水池(陈展鹏　摄,2017)

图1-4-7 不规则形蓄水池(陈展鹏 摄,2018)

根据石漠化坡耕地的自然条件和水土流失特点,张信宝等(2012)提出了以下石漠化坡耕地的治理思路:构建比较完善的路沟池配套的道路灌溉系统(图1-4-8),因土制宜,宜梯则梯,改善生产条件,提高抗旱能力,夯实提高土地生产力和劳动生产率的基础。具体做法是:在坡耕地内,沿横坡方向修建路面硬化的机耕路(宽3~4m),路的一侧布设集水沟,路面略向集水沟一侧倾斜,蓄水池修建于道路下方,有引水沟+沉沙凼和集水沟相连,集水沟和路面按蓄水池分段隔挡截流。在机耕道上、下方的坡耕地内,修建路面硬化的人行道(宽0.6~1.0m),人行道多利用现有田间小路改造而成,可保留梯阶,路面中央微凹,以便集水,蓄水池修建于小路两侧,有引水沟(+沉沙凼)和集水沟相连,路面按蓄水池分段隔挡截流。蓄水池有两种类型,一种是传统的永久性浆砌块石或混凝土蓄水池;另一种是半永久性的水工布蓄水池,即对喀斯特坡地的天然溶沟、溶槽、洼地稍加改造,铺设水工布而成。后者的造价低廉,约为前者的1/2。粗略计算,以年降水量1200mm计,取硬化路面的径流系数 $R=0.8$,利用5%的耕地面积修建田间道路粗略计算可得1hm²的道路年产径流480m³,以年利用3次计算,1hm²地修建容积150m³的蓄水池,可以基本解决正常年景的灌溉问题。各地可根据降水量、作物需水量调整田间道路面积和蓄水池容积。路沟系统内坡耕地的整理和利用,石质和土石质坡耕地一般不修建梯田,建议营造经果林,避免土壤扰动,减少土壤地下流失;土质和石土质坡耕地修建梯田,梯埂结构因土制宜,石埂、土埂、土石混合埂不必做硬性规定,梯田田块大小、梯埂结构类型和作物种植一定要尊重土地使用者的意愿。

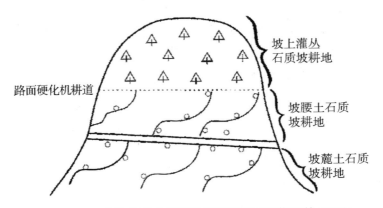

坡上灌丛
石质坡耕地

路面硬化机耕道

坡腰土石质
坡耕地

坡麓土石质
坡耕地

图1-4-8　路沟池配套的道路灌溉系统(张信宝等,2012)

　　路沟池配套的道路灌溉系统应用在贵州、四川等西南喀斯特地区且成效显著。贵州普定县陈家寨小流域为了解决交通和灌溉问题,修建4m宽的机耕路3km,宽0.8m的人行路2.1km,修浆砌块石蓄水池6口容积360m³、水工布蓄水池178口容积2882m³,从而解决了20多hm²农田和林果地的灌溉问题。坡麓和洼地内的部分农田种植了辣椒和四季豆等蔬菜,增加了群众收入。在坡腰的土石质坡耕地,种植了樱桃和冰脆李等经济林果,长势很好。贵州晴隆县马厂村为了政治石漠化坡耕地,已修建宽4m的机耕路3km,宽0.8m的人行路3.2km,修浆砌块石蓄水池9口容积430m³,利用天然洼地修建水工布蓄水塘1口容积1200m³、水工布蓄水池120余口容积2500m³,使20hm²坡耕地全部退耕还林种植核桃。四川省叙永县新华村石漠化坡耕地整治,已修建宽3m的机耕路0.8km,容积10m²的浆砌石蓄水池20口,1户1口,资金到户,分户修建管理,群众非常满意(张信宝等,2012)。

第三节　沟道防护工程

一、沟头防护工程

　　沟头防护工程是为了制止沟头前进,在沟头修建的一种拦蓄和安全排泄沟头上方地表径流以减少沟头冲刷,或加固、拦挡以保护沟头,阻止沟头前进、下切和扩张的工程措施。沟头前进会引起耕地破坏、交通阻断、房屋损毁,对人居环境、工农业生产危害极大,造成地表支离破碎,造成大量水土流失。沟头的防护应根据沟头所在区域的地形和其上方来水条件确定不同的防护工程。我国南方地区普遍土层较薄、降雨量大、地表径流量大,沟头防护工程在采用蓄水式沟头防护工程的同时,还需根据实际情况增加排水式沟头防护工程,通过泄水建筑物有效地控制径流排导,将地表径流引导至集中地点。本节将重点介绍排水式沟头防护工程。

(一)沟头防护工程技术分类

常见排水式沟头防护工程有悬臂式、台阶式和陡坡跌水式 3 种形式。

1. 悬臂式

悬臂式沟头防护工程(图 1-4-9)是在沟头上方水流集中的跌水处,用木料、石料、陶瓷、混凝土等做成槽(或管),使水流通过水槽直接下泄到沟底的一种排水形式。悬臂式沟头防护工程的跌水口须伸出崖壁,沟底应有效能设施,浆砌石或碎石,水槽或水管外伸部分应设支撑或用拉链固定。一般适用于沟头流量较小、沟头下方落差相对较大(数米至数十米)、沟底土质较好和沟头坡度较陡的地方。

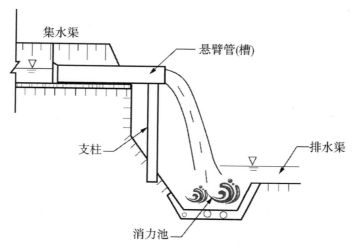

图 1-4-9　悬臂式沟头防护工程排水示意图(张胜利等,2012)

2. 台阶式

台阶式沟头防护工程是在沟头上方水流集中的跌水处,用石块或砖沿沟头崖壁修筑台阶,使水流通过台阶下泄到沟底的一种排水形式。台阶式沟头防护工程通常根据沟头地面坡度变化特点及落差大小选择采用单级跌水式或多级跌水式,一般适用于沟头坡度较缓、落差较小、流量较大的地方。单级跌水式沟头防护工程的下泄水流一次直接泄入消力池,适用于沟头坡度较陡、落差较小(3~5m)、土质坚实的沟头(图1-4-10)。多级跌水式沟头防护工程(图1-4-11)的下泄水流经过多次台阶最后泄入消力池,适用于沟头坡度较缓、落差较大、土质不良的沟头。

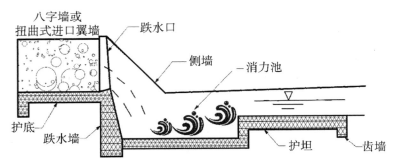

图1-4-10 单级跌水式纵剖面示意图(张胜利等,2012)

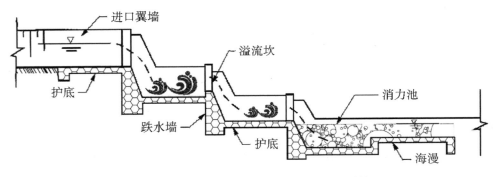

图1-4-11 多级跌水式纵剖面示意图(张胜利等,2012)

3.陡坡跌水式

陡坡跌水式沟头防护工程是在沟头崖壁上用石料、混凝土或钢材等制成的集流槽。因水槽的底坡大于水流临界坡度,所以易发生急流。陡坡跌水式沟头防护工程的下泄水流经过一段陡槽后泄入消力池,可通过增加集流槽的粗糙程度,减少急流的冲刷作用,一般适用于沟头落差较大3~5m以上、地形降落距离较长、土质良好的沟头(图1-4-12)。

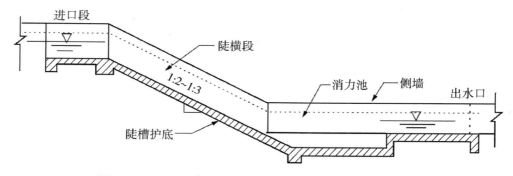

图 1-4-12 陡坡跌水式纵剖面示意图(张胜利等,2012)

(二)沟头防护工程布设要求

1. 沟头来水量确定

沟头上游来水量 $Q_m(m^3)$ 可按一般水文计算简化公式确定:

$$Q_m = 0.278 I_p F Q_m = 0.278 \alpha I_p F \qquad 式 1-4-18$$

式中:α——洪峰径流系数;

$\quad\quad I_p$——设计频率暴雨量(mm);

$\quad\quad F$——沟头集水面积(m^2)。

2. 排水管断面尺寸确定

圆形断面排水管主要是确定管径 $d(mm)$。根据无压水管流量公式:

$$Q_m = A K_0 \sqrt{i} \qquad 式 1-4-19$$

式中:A 为系数,取决于管内充水程度,一般取管内水深 $h = 0.75d$,此时 $A = 0.91$;K_0 为管内完全充水时的特性流量(m^3/s),可通过表 1-4-7 查得。试算时,根据 Q_m 的大小先确定一个 d。

表 1-4-7 K_0 取值表

参数	数值							
$d(mm)$	300	400	500	600	700	800	900	1000
$K_0(m^3/s)$	1.004	20153	3.900	6.325	8.698	12.406	16.998	22.439

(三)排水槽断面尺寸确定

矩形断面水槽可按下式计算槽中水深 $h(m)$ 及槽宽 $b(m)$:

$$h = 0.501 \times \sqrt[3]{\frac{Q_m^2}{b^2}} \qquad 式 1-4-20$$

设计时,先假定 b,然后求 h,通常取 $b > h$。水槽总深可取为 $h + 0.3(m)$。

(四)沟头防护工程典型案例

南方崩岗沟头防护措施多修建于崩岗沟头部位,拦截集水区坡面径流,减少崩岗溯源侵蚀,其主要作用是防止集水区径流流入崩岗体冲刷崩壁、崩积堆及输沙通道,从而抑制崩壁崩塌、崩积堆二次侵蚀以及输沙通道的下切等,同时在部分区域,其拦蓄的径流可作为生产或人畜用水。依据崩岗上方汇水区的实地情况,可布设不同的沟头防护工程。若上方汇水面积不大,且具备修建蓄水池的条件,则可采用蓄水式沟头防护工程,即在崩壁外围开挖截水沟,拦截坡面径流并引至蓄水池。截水沟多围绕崩壁呈弧形修建,防止径流汇入崩岗体。蓄水池一般分布于崩岗体两侧平缓低洼处,可依据地形及上方汇水面积确定修建蓄水池数量和规模,但需离崩壁 10m 以上,防止漏水和土体扰动导致崩壁崩塌。此外,蓄水池应设置沉沙池、溢水口等,减少泥沙进入蓄水池及组合排水沟,并能将超容量的雨水排至安全区域。若集水区面积较大,且不宜于布设蓄水池时,则应布设截水沟与排水沟,直接将拦截径流引排至安全区域,截流排水沟一般布设在距崩壁 1~2m 的位置,同样呈弧状围绕整个崩岗体。排水沟末端应修筑跌水措施,消减径流的直接冲蚀作用。若排水沟较长,可在中部设置消力池,减缓水流速度。截水沟、蓄水池、排水沟、跌水、消力池等均宜采用混凝土硬化表面,设计规格可视实地条件而定。沟头防护措施需要注重日常维护,如发现损毁等情况应及时修补处理,确保排水畅通。此外开挖截水沟、排水沟等区域需及时种植植被,迅速绿化,减少水土流失(孔朝晖,2019)。

二、沟底防冲工程——谷坊

谷坊是修建于流域干沟、毛沟等沟谷底部,用于固定河床、稳定沟坡、制止沟蚀的坝体建筑物。谷坊一般布置在小支沟、冲沟或者切沟等沟道中,用于固定与抬高侵蚀基准面,防止沟床下切;抬高沟床,稳定山坡坡脚,防止沟岸扩张及滑坡;减缓沟道纵坡,减小山洪流速,减轻山洪或泥石流灾害;使沟道逐渐淤平,形成坝阶地,变荒沟为生产用地的作用,是沟道治理常用的护床工程措施(孔朝晖,2019)。针对南方红壤丘陵区崩岗侵蚀的防治措施指出:谷坊措施是崩岗治理过程中应用最多的工程措施,通过抬高侵蚀基准面、拦蓄泥沙,达到减少崩岗侵蚀泥沙对下游的危害的目的,短期内即可发挥效益。随着谷坊内部泥沙的淤积,立地条件将得到一定改善,可为植被的恢复、农业的生产提供有利条件。崩岗综合治理中,沟道部分承上启下,其治理措施主要为谷坊。而对于规模较大、影响较为严重的崩岗群,单体谷坊拦截效果有限,宜采用拦沙坝。谷坊能有效拦蓄泥沙,抬高输沙通道侵蚀基准面,防止继续下切,进而稳定崩壁。此外,随着沟内逐渐淤平形成阶地,可为植被恢复或农林生产创造条件。而对直接威胁公路、铁路、工厂、居民点等有特殊防护要求区域的崩岗,则应修筑混凝土谷坊拦挡治理。谷坊一般修筑在崩岗口狭窄位置,并视地形及沟道长度,可构筑多道谷坊,形成梯级谷坊群,增强拦截及防护效果。谷坊工程适用性广、效果好,但作为整个崩岗的一个治理单元,需与沟头防护、坡面防护等工程措施及各类生物措施共同作用,才能对崩岗进行有效防护。拦沙坝较谷坊措施规模更大,主要构筑于大型崩岗群下方。其可拦蓄崩岗侵蚀泥沙,抬高侵蚀基准面,保护下游农田、居民点等重要地区。同时,为坝内植被恢复或农业生产提供有利条件。拦沙坝宜修建于崩岗下游具备较稳定地质条件,且呈"肚大口小"的位置。选用坝型多为重力坝,以土、石料、砂、水泥等为原料。拦沙坝的高度取决于崩岗侵蚀的严重程度及周边地形状况,一般小型或中型拦沙坝即可达到治理要求。拦沙坝的设计、技术要求及施工均与谷坊工程基本相同,当拦沙坝下游有大片农田或其他重要设施,或需承担一定的灌溉任务时,则应适当提高拦沙坝工程的设计建造标准,以满足需求。

(一)谷坊工程的技术划分

根据建筑材料的不同,谷坊可分为土谷坊、石谷坊、植物谷坊、混凝土谷坊。

1.土谷坊

石料少的地区,用编织袋装土代替砌石谷坊(图1-4-13),可以省钱、省工、省料,减少运输,且能适应地基变形及沉陷要求。但易日晒老化。

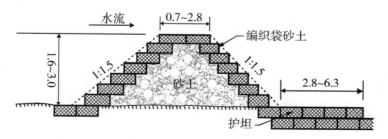

图1-4-13　土谷坊示意图(单位:m,张胜利等,2012)

2.石谷坊

南方通常土层薄、沟谷水量大,不适于修建土谷坊,多采用石谷坊。石谷坊可由干砌块石筑成(图1-4-14),顶面和下游面用毛料石护面,高度一般不大于3m,断面为梯形,干砌石谷坊节约工料,在含沙量大的山洪沟道中,不需设泄水孔,没有整体倾倒的危险。但若断面尺寸及石料用量大于浆砌石谷坊,且砌石中有一块脱落,就可能危及整个干砌石谷坊的安全。

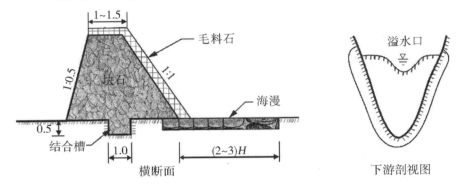

图1-4-14　干砌石谷坊断面图(单位:m,张胜利等,2012)

石谷坊也可由全部浆砌石(图1-4-15)或表面浆砌石的方式修建,后者是在谷坊上下游坡面及顶部处用浆砌,里面则干填块石。表面浆砌的缺点主要是干砌部分透水,易造成破坏。浆砌石谷坊通常适用于石质沟道岩石裸露或土石山区有石料的地方,多修在常流水的沟道内,以抬高水位,便于灌溉。其他形式的石谷坊还包括重力式谷坊、拱坝式石谷坊、阶梯式谷坊和石笼式谷坊等。

图1-4-15　全部浆砌石谷坊(引自 http://www.sohu.com/a/202636433_781497)

重力式谷坊断面较大、稳定性较高,但用料较多、成本较高。拱坝石谷坊断面面积小用料少,通过拱把水沙作用力传递到两岸,但对沟道两岸地质条件要求较高,需沟道两岸岩石坚硬露头,且山坡陡峻的峡谷地段。阶梯式谷坊由较方正的大块石铺砌而成。外坡成阶梯状,具有消能作用,减小下游冲刷。石笼谷坊一般采用8号或10号铅丝编网,南方网笼也可用毛竹编制,内装石块堆筑而成,其适用于清理困难的淤泥地基。

3. 植物谷坊

植物谷坊是将易成活的柳、杨等植物材料,与土、石等建筑材料结合在一起修筑而成的谷坊。根据材料和结构的不同,植物谷坊可分为插柳谷坊、枝梢谷坊和柳桩块石谷坊。其中插柳谷坊(图1-4-16,图1-4-17)适于集水面积较小,流量不大,坡度较缓,土质或沙层较厚的中小冲沟。

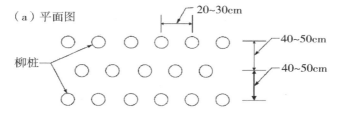

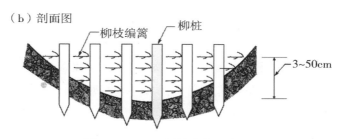

图1-4-16　插柳谷坊示意图

图1-4-17　插柳谷坊(引自 http://www.sohu.com/a/202636433_781497)

4. 混凝土谷坊

混凝土谷坊(图1-4-18)整体性好,安全、稳定、寿命长,不会出现石块脱落的危险。缺点:抗水流冲刷性不如好的石料。在山洪及泥石流危及经济价值大的防护对象时,则采用钢筋混凝土谷坊。

图1-4-18　混凝土谷坊(引自 http://www.sohu.com/a/202636433_781497)

(二)谷坊工程规划布局和工程设计基本原则

1. 谷坊工程的规划布设

谷坊工程规划布局时应遵循自上而下,小多成群,节节拦蓄,分散水势,控制侵蚀,顶底相照,工程量小,拦蓄效益大的布设原则。谷坊类型的选择受地形、地质、建筑材料、劳力、技术、经济、防护目标和对沟道利用远景规划等条件的影响,通常应就地取材,因地制宜。具体需从以下几个方面考虑。

①地貌条件:谷口狭窄,上游地形开阔平坦,能储蓄泥沙。

②地质条件:沟床基岩外露且完整,沟底岸坡地质条件良好,无孔洞和破碎地层,无不宜清除的乱石和杂物。

③取材条件。建筑材料方便就地选取。尤其是西南喀斯特地区,因地形复杂,交通不便,还需尽量方便建筑材料的二次搬运,以节省成本。

④布设条件。谷坊的布设应远离天然跌水,在有支流汇合的情况下,谷坊应布设在汇合点的下游。同时谷坊的布设还应远离崩塌和冲刷沟段,以保证谷坊工程的安全。

2. 谷坊高度的确定

具体一条沟道中,每座谷坊的设计高度,要根据沟道地形、沟床宽窄、径流泥沙量的大小、所采用的建筑材料来确定,以能承受水压力和土(泥沙)压力而不破坏为原则,同时考虑省工的要求,经综合比较,择优确定。常见不同类型谷坊的高度,可参考表1-4-8。

表1-4-8 常见类型谷坊高度表

谷坊类型	谷坊高度（m）
混凝土谷坊	<5
浆砌石谷坊	<4
干砌石谷坊	<2
插柳谷坊	<1

注：不透水性谷坊，还需要加上0.25~0.5m的安全高度。

3. 谷坊间距的确定

谷坊的间距可根据沟道的纵坡和要求，按下面两种方式来设计。

①谷坊淤积后形成完全水平的川台，即做到"顶底相照"的原则，即下一个谷坊的顶部与上一个谷坊的底部齐平。此时，谷坊间距 L 可依下式确定：

$$L = \frac{h}{i} \qquad\qquad 式1-4-21$$

沟道中谷坊总数 n 可按下式计算：

$$n = \frac{H}{h} \qquad\qquad 式1-4-22$$

式中：L——为两谷坊之间的间距（m）；

　　　h——为谷坊有效拦沙高度（m）；

　　　i——为沟床比降；

　　　H——为沟床加护段起点和终点的高差（m）。

②对沟床比降较大的沟道，为减小谷坊座数，可容许两谷坊淤积后的台地之间有一定坡降，对应的坡度成为稳定坡度，该坡度大小以不受径流冲刷为原则，根据坝后淤积土的土质，按经验来确定（表1-4-9）。此时，谷坊间距 L 可依下式确定：

$$L = \frac{h}{i - i_0} \qquad\qquad 式1-4-23$$

沟道中谷坊总数 n 可按下式计算：

$$n = \frac{H}{h + L \times i_0} \qquad\qquad 式1-4-24$$

式中：L 为两谷坊之间的间距（m）；

　　　h——为谷坊有效拦沙高度（m）；

　　　i——为沟床比降；

i_0——为淤积后比降；

H——为沟床加护段起点和终点的高差(m)(图1-4-19)。

表1-4-9　淤积物淤满后不冲比降表

淤积物	粗沙(兼有卵石)	黏土	黏壤土	砂土
比降(%)	2.0	1.0	0.8	0.5

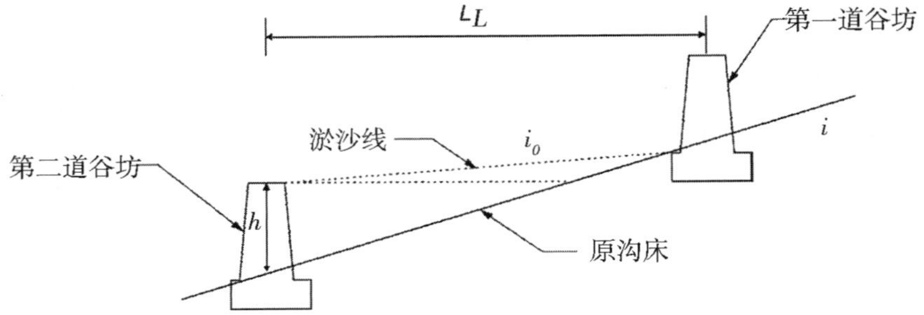

图1-4-19　沟道谷坊间距纵剖面示意图

4.谷坊工程典型案例

福建安溪县官桥崩岗治理模式(阮伏水,2003)。福建官桥试验区位于官郁和碧一两村交界处长垄小流域,为典型花岗岩坡地沟谷发育地貌。平均年降雨量约为1650mm。小流域面积为24.25hm²,区内为燕山早期黑云母花岗岩发育的赤红壤丘陵,坡度为15°~30°。试验区植被覆盖率仅5%~35%,其主要为"小老头"马尾松等。区内崩岗28个,沟壑面积7.4hm²,占小流域面积的31.42%。

根据官桥长垄崩岗小流域试验区观测的土壤侵蚀,崩岗壑的年产沙模数可达$6 \times 10^4 \sim 10 \times 10^4 t/km^2$,崩岗群发育的小流域年产沙模数达$2 \times 10^4 \sim 3.5 \times 10^4 t/km^2$。根据锁蛟水库调查,该库建库时间为1960年3月,集水面积1.0km²,库容$74.19 \times 10^4 m^3$,集水区以丘陵为主,土壤侵蚀严重,植被覆盖率仅20%左右,崩岗达30处,沟壑面积为12.47hm²,占集水区面积12.47%。据1987年调查,库区内泥沙淤积量达$67.88 \times 10^4 m^3$,淤积量占总库容的91.49%。以此推算,集水区内平均年土壤侵蚀模数达34191t/km²(尚不计随径流外排的悬浮质泥沙量在内)。可见崩岗发育区域的产沙量惊人。崩岗产生的泥沙淹埋农田、堵塞河床、淤浅水库,使区域生态环境受到严重破坏。

1990年初开始对该小流域进行综合治理。因该小流域崩岗密布、坡面破碎,坡地开发利用难度较大,为此,采取"上拦下堵内外绿化"的治理模式,突出生态效益为主,把拦蓄泥沙,防止崩岗产生的大量泥沙下泄和小流域植被恢复作为主要目标。主要治理措施:①坡面治理。针对坡地不同植被类型和立地条件,主要采取马尾松(原有)—大叶相思—小毛豆—草决明—杨梅—大相思、湿尾松—大叶相思—香根草等草灌乔混交治理。②沟壑治理。种植深根性的香根草带,草带间种植藤枝竹和经济效益较高的绿竹或麻竹,部分套种湿地松和桉树等。在崩岗内修建了21座谷坊,在小流域干流及其重要支流修建3座拦沙坝,以防止崩岗产生的大量泥沙下泄。冲积扇的生物治理以竹草为主。

2000年12月调查表明,坡面经过治理,植被覆盖率显著提高。除坡地顶部之外,其余植被覆盖率均达到60%以上,坡面中下部植被覆盖率均达到80%以上,整个崩岗小流域植被覆盖率比1990年增加50%~90%。许多地带性的灌木和耐阴的灌草已侵入,群落已演替到较高水平。随着坡地植被的生长,土壤肥力也得到明显提高,坡地平均有机质含量比原来提高了0.9%,蓄水能力明显增强。修建的3个拦沙坝和21座土石谷坊到1998年已全部淤满,拦沙量达$2.0 \times 10^4 m^3$。沟谷植被得到明显恢复,大部分沟壑植被覆盖率达65%以上,小叶赤楠、石斑木、野漆、黄瑞木等已侵入,植物群落演替从阳性向阴性植物发展。由于整个小流域环境得到改善,许多野生动物(如野兔、野鸡、蛇、鸟类)已侵入。该小流域群落已成为福建省侵蚀坡地植被重建的典范。

三、堰塘工程

(一)拦沙坝

拦沙坝是以拦蓄山洪泥石流沟道中固体物质为主要目的的拦挡建筑物。拦沙坝多建在主沟或较大的支沟内,通常坝高 >5m,拦沙量在106m³以上,甚至更大。拦沙坝的主要作用是拦蓄泥沙(块石),调节沟道内水沙,以免除泥沙对下游的危害,便于河道下游的整治。提高坝址处的侵蚀基准,减缓坝上游淤积段河床比降,加宽河床,减小流速和流深,从而减小水流侵蚀力。稳定沟岸,避免崩塌及滑坡,减小泥石流的冲刷及冲击力,防治溯源侵蚀,抑制泥石流发育规模。拦沙坝在选择坝址时应符合以下原则:坝址地质条件基础良好,不漏水,无滑坡、崩塌,岸坡稳定性好。坝址处沟谷狭窄处,坝上游沟谷开阔,沟床纵坡较缓,建坝后能形成较大的拦淤。坝址附近有充足或比较充足的筑坝材料。坝址离公路较近,运输方便,附近有布置施工场地的地形,有可供施工使用的水源等。

我国北方常见的淤地坝即是拦沙坝的一种,是为防治黄土高原水土流失而采用的一种工程措施。淤地坝在沟壑中修建,巩固并抬高侵蚀基准面,减轻沟蚀,减少入河泥沙,变害为利。由于淤积而成的坝地水肥条件优越,淤地坝已成为黄土高原建设稳产高产基本农田的一项重要内容。南方地区土层薄,降水量大且集中,在小流域治理中多采用拦沙坝等工程措施拦挡沟道泥沙。同时南方地区特别是西南地区,山高沟深,地质灾害频发,拦沙坝也多用于泥石流(图1-4-20)、滑坡和崩岗的治理,从而极大地减轻这些灾害对下游农田、河流水库、居民房屋、道路等的危害。

图1-4-20　北川老县城入口处泥石流拦沙坝(陈展鹏　摄,2013年)

1.拦沙坝工程主要类别

拦沙坝根据坝型和结构可分为重力坝、切口坝、错体坝、拱坝、格栅坝和钢索坝。根据坝高可分为:坝高5~10m的小型拦沙坝、坝高10~15m的中型拦沙坝和坝高>15m的大型拦沙坝。

(1)重力坝

重力坝依自重在地基上产生的摩擦力来抵抗坝体后泥石流产生的推力和冲击力。其优点在于结构简单、施工方便、就地取材、耐久性强(图1-4-21)。

图1-4-21　台湾乌来溪重力拦沙坝

(搜图网,http://en. sophoto. com. cn/index/wdetail? id=130680)

（2）切口坝

切口坝又称缝隙坝,是重力坝的变形,即在坝体上开一个或数个泄流缺口。其主要用于稀性泥石流沟,有拦截大砾石、滞洪、调节水位关系等特点(图1-4-22)。

图1-4-22　清平走马岭治理工程7号拦沙坝

（重庆蜀通岩土工程有限公司,http://www.cqshutong.com/products_detail/productId=121.html）

（3）错体坝

错体坝将重力坝从中间分成两部分,并在平面上错开布置。其主要用于坝肩处有活动性滑坡又无法避开的情况,允许坝体有少量横向位移。

（4）拱坝

拱坝(图1-4-23)的两端嵌固在基岩上,坝上游的泥沙压力和山洪作用力通过石拱传递到两岸的岩石上。拱坝适用于河谷狭窄、沟床及两岸山坡的岩石比较坚硬完整。

图1-4-23　荔波小七孔卧龙潭拱形拦沙坝

（去哪儿网,http://travel.qunar.com/p-pl4261938）

（5）格栅坝

格栅坝节省大量材料，坝型简单，使用期长；良好的透水性，可有选择地拦截泥沙；坝下冲刷小，坝后易于清淤；可现场拼装，施工速度快。但是其坝体强度和刚度较重力坝小，易被冲击破坏；钢材需求量大，要求较好的施工条件和熟练的技工。

（6）钢索坝

钢索坝是采用钢索编制成网，再固定在沟床上而构成的。其具有良好的柔性，能消除泥石流巨大的冲力，结构简单，施工方便，但耐久性差。

2. 新型拦沙坝工程技术应用案例

（1）案例一：钢筋混凝土框架＋浆砌石坝体式泥石流拦沙坝（陈晓清等，2013）

目前泥石流防治工程的拦挡结构主要有浆砌石结构、混凝土结构和钢筋混凝土结构，由于混凝土结构和钢筋混凝土结构的投资较大，一般常采用浆砌石结构。鉴于浆砌石结构的整体性较差、抗冲击能力弱，后来又改进了混凝土基础＋浆砌石坝体的拦挡结构，该坝型可以增强坝体抗倾覆、抗滑的能力，对于抗冲击破坏能力没有增强。为此，需针对抗冲击破坏能力进行增强。为了防止山洪和泥石流对施工中的防治工程的破坏，一般泥石流防治工程必须在旱季进行施工，经过勘察和设计后，留给工程施工的时间很短，对于汶川地震区一般只有上年的12月至第2年的4月，共计5个月，为此，必须开发可以快速施工的防治工程结构。针对抗冲击能力、施工时间的问题，初步提出钢筋混凝土框架＋浆砌石坝体式泥石流拦沙坝和预制钢筋混凝土箱体组装式拦沙坝，下面做简要介绍。

在充分吸纳钢筋混凝土坝高强度和抗冲击能力强、浆砌石坝投资少的优势后，提出钢筋混凝土框架＋浆砌石坝体式泥石流拦沙坝。该型拦沙坝包括坝体基础和设于坝体基础之上的坝体主体，钢筋混凝土框架和充填于框架间的浆砌石构成拦沙坝的坝体主体，具体而言是一种钢筋混凝土框架间充填浆砌石的泥石流拦沙坝（图1－4－24）。

钢筋混凝土框架包括若干层水平梁和每2层水平梁间由钢筋混凝土柱体构成的竖向梁。水平梁和竖向梁构成的钢筋混凝土框架将拦沙坝坝体空间分割成若干立方体空间、长方体空间、三棱柱空间等相对独立的小空间，小空间内在充填浆砌石，这样能够分块增强坝体强度。一般而言，框架的混凝土为C35、

C30、C25，体积配筋率为 0.5% ~2.0% ，钢筋直径为 12 ~32cm，截面面积 0.3m ×0.3m ~0.4m×0.4m，水平梁间和竖向梁间的间距取 2.0 ~4.0m，充填浆砌石为 M7.5 或 M10。

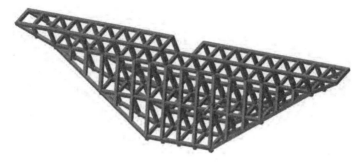

图 1 - 4 - 24　钢筋混凝土框架和浆砌石坝体式泥石流拦沙坝立体示意图

该型拦沙坝的施工方法为：首先按照设计基础开挖线开挖拦沙坝的地基，利用钢筋混凝土或混凝土或浆砌石处理地基底部形成坝体基础；在坝体基础之上，利用钢筋混凝土柱体在水平面上纵横相连，施工成 1 层水平梁，然后施工 2 层水平梁间的浆砌石，再利用钢筋混凝土柱体施工 2 层水平梁间的竖向梁，并逐层向上施工至拦沙坝坝顶，形成坝体主体，即坝体主体的施工是先 1 层水平梁，在水平梁基础上施工 1 层浆砌石，接着施工竖向梁；再是 1 层水平梁、1 层浆砌石、竖向梁；依此顺序逐层向上施工至拦沙坝坝顶。

与现有的浆砌石结构、混凝土结构和钢筋混凝土结构的拦沙坝相比，该型拦沙坝兼容混凝土坝、钢筋混凝土坝强度高和浆砌石坝投资少两方面优势于一体。利用钢筋混凝土框架将浆砌石泥石流拦沙坝分割成相对独立的小空间，分块增强坝体强度，避免因浆砌石施工质量问题导致坝体整体强度大幅降低，或者因基础沉降导致坝体出现贯穿性裂缝而破坏坝体的不利情况，大大增强坝体的安全性，延长坝体的使用期限。与混凝土坝、钢筋混凝土坝相比，节省投资，坝体强度略有所降低。与浆砌石坝相比，投资小幅增加，坝体抗冲击破坏能力大幅度提高，防护泥石流的安全性更高，后期运营维护成本也大幅度降低，并大大延长其使用期限。

（2）案例二：预制钢筋混凝土箱体组装式拦沙坝（陈晓清等，2013）

基于泥石流拦沙坝的施工场地狭小、施工周期长的问题，充分应用组装的优势，提出预制钢筋混凝土箱体组装式拦沙坝。预制钢筋混凝土箱体组装式拦沙坝包括若干预制好的钢筋混凝土长方箱体纵横相连（即每个长方箱体与其前后、左右、上下的长方箱体均相连）构成拦沙坝的坝体主体，长方箱体顶面开敞、其余 5 面封闭、内部装填土体;坝体主体设于坝体基础之上,组装式拦沙坝坝肩基础和坝体内侧边坡为浆砌石或混凝土填充,坝顶为浆砌石或混凝土封闭顶面。构成坝体主体的长方箱体为事先预制,不仅能缩短拦沙坝的施工周期,而且能减小对拦沙坝周边环境的影响。组成坝体的长方箱体为顶面开敞、其余 5 面封闭的结构,不仅便于长方箱体之间的纵横相连及往长方箱体内部装填土体,而且利用这种结构的长方箱体组装的拦沙坝能够同时承受来自水平和垂直方向的双向作用力,具有较高抗压强度和较高稳定性,可以有效抵抗泥石流冲击。预制长方箱体的几何尺寸根据拦沙坝的空间尺寸进行规划,而拦沙坝的空间尺寸根据泥石流区域的实际情况进行规划,见图 1 - 4 - 25。

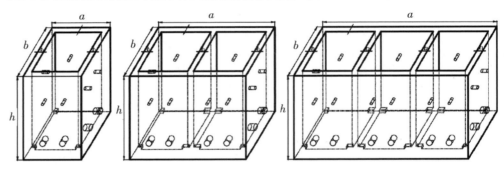

图 1 - 4 - 25　预制长方箱体示意图

为了利用长方箱体尽量填充坝体空间,长方箱体在平面上可以纵横交错以加强平面稳定性,因此长方箱体长边边长可以考虑 3 种尺寸,取长方箱体长边边长等于长方箱体短边边长整数倍,整数取 1 ~ 3。为了保证长方箱体的抗压强度,当长方箱体长边边长等于 2 倍或者 3 倍长方箱体短边边长时,长方箱体内增加 1 个或者 2 个与长方箱体短边平行的横隔。长方箱体侧壁厚度按照能够承受其上方长方箱体压力和泥石流的冲击力设计,一般取 0.08 ~ 0.12m;长方箱体底板厚度、横隔厚度一般取 0.06 单面配筋,总体体积配筋率一般为 0.5% ~ 2.0%,钢筋直径为 0.006 ~ 0.012m,混凝土一般为 C35、C30、C25。限于长方箱体垂直方向的抗压强度,组装式泥石流拦沙坝的坝体溢流口至坝体基础的净坝高宜控制在 10.0m 以内。为了减小水重量对长方箱体的压力以及通过排泄坝体库内泥石流体所含水分来减小泥石流对坝体的水平向推力,预制时在长方箱体底板和长方箱体侧壁上设有排水孔,充分排泄长方箱体内的水。为了长方箱体实现纵、横、竖 3 个方向相连接,在长方箱体的侧面设置水平向连接孔,并在长方箱体底板的 4 个角分别设竖向连接孔。

长方箱体内部装填土体,尽量利用沟道内堆积土体材料。长方箱体内部装填土体的最大粒径需要根据长方箱体短边边长来确定,一般为长方箱体短边边长的1/2,即筛除最大粒径以上土体颗粒再装填。为了保证坝体强度,对装填的土体进行夯实或振捣密实。

钢筋混凝土框架+浆砌石坝体式泥石流拦沙坝包括坝体基础和设于坝体基础之上的坝体主体,钢筋混凝土框架和充填于框架间的浆砌石构成拦沙坝的坝体主体,具体而言是一种钢筋混凝土框架间充填浆砌石的泥石流拦沙坝,该型拦沙坝兼容混凝土坝、钢筋混凝土坝强度高和浆砌石坝投资省两方面优势于一体。预制钢筋混凝土箱体组装式拦沙坝包括若干预制好的钢筋混凝土长方箱体纵横相连构成拦沙坝的坝体主体,长方箱体顶面开敞、其余5面封闭、内部装填土体,坝体主体设于坝体基础之上(图1-4-26),组装式拦沙坝坝肩基础和坝体内侧边坡为浆砌石或混凝土填充,坝顶为浆砌石或混凝土封闭顶面,该坝大大缩短了施工周期,解决施工材料运输问题,节省投资。

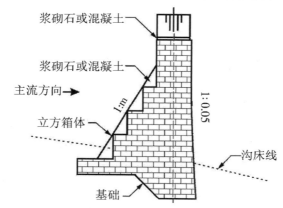

图1-4-26 组装式泥石流拦沙坝的结构示意图

(二)山塘工程

1.山塘工程布设基本原则

山塘是一种容积较大的蓄水池(图1-4-27),多见于我国南方丘陵山地的稻作梯田区。南方丘陵山区,在没有溪流(河)水可供灌溉的山坡、山冲栽种水稻时,主要靠山塘蓄水来灌溉。山塘常傍山腰(山麓)修建,或在分水岭、居民点附近以及山冲中央平地开挖,起到拦蓄地表径流,充分和合理利用自然降雨或泉水,就近供耕地、经济林、果浇灌和人畜饮水需要,减轻水土流失的作用。

图 1 − 4 − 27　江西省德兴市舒家大坞山塘

（中国铜都德兴网，2016，http://www.zgdx.gov.cn/ttt.asp? id = 148435）

　　山塘的位置应选在有较大集流面积和径流汇集的地方，所选地的土质黏性较强，透水速率较弱。建在山边的山塘应避开滑坡体。考虑灌溉功能的山塘一般高过最高一台梯田的田面，以便山塘放水自流灌溉。每座山塘需设溢洪道，以便暴雨时能排泄超标准洪水。山塘的集流面上应保存完整的植被以涵养水源，防止上游来沙淤塞山塘。山塘应尽可能与较大的引灌渠系连接，构成农田灌溉网络。

　　2. 山塘工程技术要点

　　汇入山塘的水量可分为三种情况：建于山腰、山麓的山塘汇水取决于山塘的集水面积、暴雨量和地表径流系数；建于居民点附近的山塘汇水主要来源于屋顶、庭院、道路等硬化地面的产流，汇水区内屋顶、晒谷场、庭院和道路等硬化设施的面积和产流效率决定其汇水量；建于山冲中间的山塘汇水量主要由上游山塘下泄水量、附近山坡来水量和汇水区内稻田排水量决定。山塘的蓄水容积一般由三部分构成，分别是为满足养鱼需要的垫底容积、为满足灌溉需要的有效库容和为满足滞洪需要的滞洪库容。

　　3. 山塘工程的运行与维护

　　为保证安全，山塘也需设有溢洪道，溢洪道可为明渠式、堰流式和跌水式。山塘还需定期维修，主要包括塘基防渗处理和山塘清淤。

　　掌握分布规律、地层构造和水文地质特征等地质要素，确保库区无露水隐患，坝基坚实稳固。

（三）泥石流沟道治理工程

泥石流在长江上游和西南诸河区广泛发育，是剧烈的水土流失表现形式，具有毁灭性的破坏作用。这一地区的泥石流防治已经积累了一系列技术和经验，主要有：建立群策群防体系、进行灾害监测预报、划分危险区并适时把人员撤离危险区、对重点灾害进行治理。泥石流治理多采用生态措施与岩土措施相结合的综合治理方法，上、中、下游统一规划，通过稳坡固沟、拦淤泥沙和排导防护3种措施的协同作用，达到制止泥石流形成或减轻泥石流危害的目的。稳坡固沟能在泥石流形成区进行生态保育，在支、毛、冲沟修建谷坊，增加地表覆盖、保持水土、调节径流、控制坡面侵蚀、抑制冲沟发展。在沟道中修建拦沙坝，拦截泥石流下泄固体物质、减小泥石流规模、抬高侵蚀基准面、促进沿程淤积，稳定山坡坡脚、减缓沟床纵坡降、防止沟床下切、抑制泥石流发展。排导防护主要是在泥石流沟道下游或堆积扇修建排导槽（堤）和防护工程，防止泥石流对下游居民区、道路、农田的危害和重要建筑物的破坏，保障危险区内人类活动和资源开发利用的安全（崔鹏，2008）。

（1）典型案例一：安夹沟特大型泥石流沟治理（党超，2018）

安夹沟位于汶川地震重灾县汶川县绵虒镇，岷江左岸，地理坐标北纬 $31°20'25.1''$，东经 $103°29'19.6''$。该沟流域面积 $9.17km^2$，主沟长 4.9km，纵坡降 417‰，流向由西向东（图 1 − 4 − 28）。已形成的泥石流堆积区前缘有 G213 国道以及都汶高速。

图 1 − 4 − 28　安夹沟地理位置卫星图

安夹沟属中、低山河谷地貌,沟内地形陡峻,临空条件发育。沟口最低点高程1190m,最尾高点高程为3540m,相对高差为2350m。沟下游段坡度为40°~60°,为深切"V"形谷,多陡坎,多跌水。跌水高度一般10~20m。沟上游段谷宽为10~30m,平均纵坡降645‰。沟下游宽度30~50m,平均纵坡降为150‰。该区发育北东走向的茂汶断裂带、九顶山断裂带,安夹沟正处于断层带上。区内岩层多褶皱破碎,小断层、节理裂隙发育。区内岩石受断裂挤压破碎,再经强烈风化,为泥石流的形成与发生提供了有利的地质条件。

安夹沟地处暖温带大陆性半干旱季风气候区,属岷江上游半干旱河谷地区,气候垂直分带明显。区内气候干燥,干雨季分明。雨季集中于7—9月,冬干明显,多年平均降水量为528.7mm。该区最大年降水量为648.6mm(出现在1958年),最小年降水量369.8mm(出现在1974年),连续最大4个月(5—8月)降水量为324mm,占年降水量62.1%,日最大降水量79.9mm。根据《四川省中小流域暴雨洪水计算手册》中的暴雨量等值线图,该区10min雨强平均值为8.3mm,1h雨强平均值20mm,24h雨强平均值60mm。四川山区泥石流激发雨量一般为单次雨量48~50mm或10min雨量8~12.2mm,1min雨强0.8~1.2mm。因此,该区暴雨强度足以激发泥石流,特别是5·12汶川地震后,随着沟内不良地质现象的加剧和松散固体物源的增多,其激发泥石流的临界雨强更低,因此,泥石流的危险性也相对更大。

据调查,该沟为一条老泥石流沟,地质历史上曾多次发生泥石流,形成了村民居住地所处的老泥石流堆积扇。近百年内,该沟于1976年发生过小型泥石流,未造成人员伤亡。2008年5.12汶川地震后,沟内物源剧增,2013年7月10日,汶川境内聚降暴雨,致该沟暴发大规模泥石流,持续时间前后约1.5h,该次泥石流一次性冲出固体物质达$8.18 \times 10^4 m^3$,形成长约460m、宽约40m的堆积区,淤高平均约3.5m,堆积方量$6.44 \times 10^4 m^3$,毁害沟口段国家AAAA级景区大禹农庄房屋10余间,公路、景区内的5座桥及绿化带,鱼池活鱼5000kg、生猪1000头等,直接经济损失超过2000万元。

根据该沟泥石流的形成特征、危害程度、发展趋势及防灾减灾要求,泥石流防治总的原则是:全面规划,防治结合,综合治理;通过治理工程减轻和控制泥石流灾害对大禹农庄、绵虒镇高店村一组居民点的危害,并减轻对川西命脉线国道G213线和都汶高速的威胁,为当地经济建设和国道G213线、都汶高速的正常运行提供安全保障。根据相关规范与规定,该泥石流防治工程安全等级应定为二级,确定防灾工程设计标准为:按 50 年一遇设计,100 年一遇校核。

治理方案采取拦排结合,以排为主的方针。在安夹沟沟口修建一座缝隙坝,紧接其下游,开辟石山,截弯取直,修建一条长 256m、宽 12m、深 6m 的排导槽,并在垂直于原沟道出口方向处修建一座导流堤,引导泥石流汇入新修排导槽,并起到水砂分流的作用,解决下游景区的生活用水问题。优点:缝隙坝拦粗排细,有利于增大有效库容,减少坝工,提高效益比,导流堤引导泥石流,水砂分流,排导槽截弯取直,有利于最大优化排导槽排泄量,减少投资,提高工程效益比,并有利于景区规划建设(图 1 - 4 - 29 中 C 方案)。

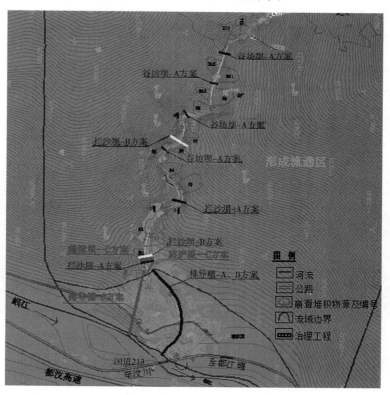

图 1 - 4 - 29　安夹沟泥石流治理规划图

(2)典型案例二:贵州省冲门口泥石流区治理(杨麒麟,2017)

贵州省毕节市冲门口泥石流地质灾害区位于毕节市七星关区何官屯镇大渔洞村冲门口,该泥石流始于 20 世纪 80 年代末 90 年代初,近年来由于气候变化等原因,在大暴雨及强降雨作用下,共发生过大小规模的泥石流 7 次。为减少类似灾害的发生,保障人民群众的生命财产安全,有关部门 2012 年 7 月对冲门口泥石流区进行了实地勘察,借此明确该泥石流的性质、运动特征和发育特点等,依据勘察结果对该泥石流区设计了综合整治措施,并于2013年2月施工完成。

研究区位于七星关区(原毕节市)何官屯镇北部大渔洞村冲门口。距何官屯镇驻地约3.5km,堆积区地理坐标为东经105°14′23″、北纬27°23′27″。属暖温带季风湿润气候,雨量充沛,气候温和,冬无严寒,夏无酷暑,无霜期较长。气候特点:多雨雾,少日照,温差大,年平均气温11.8℃。研究区地貌上为侵蚀、剥蚀低中山河谷斜坡,微地形有"V"形谷地、"U"形谷地、冲沟、斜坡及陡崖等。地形起伏大,自然斜坡坡度一般为20°~65°,斜坡上植被覆盖率约25%。在2012年综合实地勘察的基础上,对冲门口泥石流沟进行了沟域的综合治理工程,包括工程措施和生物措施。工程措施以拦挡、排导、工程护岸和截排水等措施为主,主要针对危险性较大,易发生泥石流的区域进行集中治理,能够及时有效地防治区域的泥石流灾害;同时,设计了一系列生物措施,通过封禁保护、生态护坡、反坡梯田和植树种草等,对一些不稳定的区域进行防护。图1-4-30所示工程措施为拦沙坝、导流槽和梯田等。

图1-4-30　冲门口泥石流措施图

2013年治理工程竣工后,滑坡次数、崩塌次数和小型泥石流发生次数均显著减少,但治理效果不够显著。综合分析认为:2013年实施的冲门口泥石流沟综合治理工程在控制区域不良地质现象的发生有着明显的效果,但各项工程刚刚完工,并没有发挥最大的功效,尤其是生物治理措施需要通过一定的年限才能发挥积极的作用。

该沟道的松散固体物质来源主要是滑坡、崩塌等,其次是河道冲刷两岸形成的固体堆积物。松散固体物质对泥石流的形成和危害有着决定性的作用,因此将其作为研究的重点。表1-4-10为2012—2015年松散固体物质储量的变化,2013年治理工程竣工后,沟域内松散固体物质储量和可参与泥石流松散固体物质储量下降显著。但是从 2014—2015 年看,虽然松散固体物质储量和可参与泥石流松散固体物质储量有一定的减少趋势,但在 2014 年出现短暂反弹。此次综合治理工程的措施主要是针对可参与泥石流松散固体物质进行的,采取工程拦挡、分流和植物固定等措施,在工程实施当年对危险性较大、稳定性较差的松散固体物质进行了治理,所以 2013 年后松散固体物质总量下降,可参与泥石流松散固体物质急剧减少;2013 年之后松散固体物质的治理主要是依靠生物措施进行的,由于生物措施见效较慢,因此松散固体物质储量下降较慢,且极易受到降水等因素的影响,在短时间内出现反弹。

表 1－4－10　松散固体物质储量变化统计

年份	松散固体物质储量(万 m³)	可参与泥石流松散固体物质储量(万 m³)
2012	111.4	46.99
2013	75.2	13.25
2014	82.4	14.23
2015	74.6	10.95

资料来源:杨麒麟(2017)。

从 1993 年第 1 次发生大规模泥石流事件开始到 2006 年,该泥石流沟发生大规模泥石流事件的频率相对较低,13 年间共发生 3 次;而从 2006—2012 年,4 年间就发生 6 次大规模泥石流事件,说明该泥石流沟泥石流的发生频率显著增加;而 2012 年通过综合治理工程后,2013—2016 年没有发生大规模泥石流事件。数据表明,冲门口泥石流沟在未治理前,大规模泥石流的发生频率呈增加的趋势,在采取综合治理措施后,大规模泥石流灾害得到了显著控制,说明综合治理措施达到了预期效果。

(3)典型案例三:东川后山 4 条泥石流沟的综合治理(王强,2017)

小白泥沟每年雨季都连续暴发泥石流,堆积物直逼彼岸,大量沙石体停淤在大白河河床上,经常阻断大白河。1957 年 7 月 2 日暴发泥石流,堵江 2h,形成高达 10m 的堆积垅。在 1902 年、1933 年、1959 年、1963 年、1968 年、1976 年和 1980 年,均多次堵江,使大白河河床在此段急剧上涨;1985 年 7—8 月,6 座铁路桥、4 条涵洞、1532m 铁路被淹没、破坏,铁路停运 150d,堵断大白河,水位上涨 9m,直接经济损失 1300 万元。小白泥沟上游的鲁纳村一组曾经在 2001 年、2004 年暴发过不同规模的泥石流,给村民的房屋和农田造成了不同程度的危害,直接威胁人口 108 人。泥石流从鲁纳村中间穿过,最近处距离村庄房屋仅有 1～2m,威胁两岸 57 户村民共 282 人,还有 21hm² 农田、果林,危害较大。小白泥沟泥石流发展很快,从 1957 年到 1997 的 40 年间,泥石流堆积扇增加 0.4km²,淤高 11.7m,堆积物增加 762 万 m³。小白泥沟暴发的泥石流压缩大白河河面,因大白河侧蚀河岸而威胁河边耕地和公路。东川唯一的二级公路龙东格公路以桥梁方式跨过小白泥沟,其暴发的泥石流掏蚀桥墩基础、常年有堆积物堆积于桥底。

小白泥沟位于大白河左岸,东经 103°05′,北纬 26°02′,流域面积为 1249hm²,流域呈长条形,西高东低,河流自西向东汇入大白河。主沟长 7.25km,源头高程 3000m,沟口高程 1400m,相对高程 1600m,系高山宽谷地形,沟床平均比降 22.5%(图 1-4-31)。沟坡左岸平均坡度 34°,右岸平均坡度 44°。森林面积 70.87hm²,占流域面积的 5.7%,草坡面积 118hm²,占流域面积的 9.4%,耕地面积 57hm²,占流域面积的 4.6%。小白泥沟所处地区年平均降雨量为 600～780mm。水源主要来源是大气降水,全年 5—10 月雨占比 88%。日最大降水量 83.7mm,流域内 1h 最大降雨 32.3mm,10min 最大降雨 15.7mm,暴雨是泥石流的起动与形成最活跃的动力因素。

根据小白泥沟泥石流地貌、水源条件、物源状况、沟谷特征等将沟域划分为清水区、形成区、流通区和堆积区 4 部分,如图 1-4-31 所示。

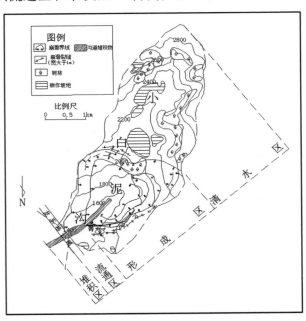

图 1-4-31　小白泥沟区域划分

该泥石流沟在地形地貌上主要表现为三方面的特征：沟谷总体较狭窄、两岸斜坡陡峻；局部沟段宽缓；沟床总体纵坡降较大。两岸陡峻的斜坡利于水流向下游汇集，同时陡峻斜坡稳定性相对较差，易引发滑坡崩塌，可为泥石流的发生提供物源条件；局部段宽缓对泥石流起到减缓、停留作用；纵坡降大的沟段控制泥石流的动能发展，泥石流易迅猛下泄，有助于泥石流的加速并实现重力势能向动能的转换。小白泥沟沟道抗侵蚀能力差、沟道下切严重、沟道物源较丰富。

清水区：是小白泥沟的清水补给区，提供给泥石流强大的动力条件，也提供部分固体物质补给，因此主要控制其水动力条件。主要措施包括：①工程措施，即在该区域修建3座谷坊坝，以稳沟固坡、抑制冲刷的继续发育。同时修建小型水坝，减少对下游的水源补给。②生物措施，即实行封山育林，保护森林资源。

形成区：是小白泥沟的形成泥石流的主要区域，清水区聚集的水源汇流于此。由于山高坡陡且山体不良地质发育，生物工程措施不仅操作难度大而且发挥作用时间很长，所以采取的防治措施主要是见效快且较长久的岩土工程措施，配合预报措施，实现形成区的良好治理。主要措施包括：①工程措施，即在形成区的中游修建一座格栅坝，以实现发生泥石流时水石分离，主要拦蓄大石块等固体物质。在形成区下游修建一座拦沙坝，为拦蓄泥砂，调节下泄泥石流规模、流速、流量，抬高形成区沟床，控制泥石流沟道的侵蚀基准，稳定沟岸及崩滑体。在上游修建一座拦沙坝，为减小下游格栅坝和拦沙坝的拦截压力并防止沟床下切及沟壑发展。在沟口修建一座小型拦沙坝，实现对全流域泥石流的完全治理。②生物措施，形成区的植物主要是草本植物。进行生物工程治理需要很长的周期，治理效果也受众多因素影响，鉴于小白泥沟的实际，生物工程措施作为泥石流综合防治的辅助措施。

流通区和堆积区：覆盖了很厚的固体物质，两个区域必须得到合理治理以便后期利用堆积区的土地。主要措施包括：①工程措施，即在流通区、堆积区修建840m长的排导槽，防止上游格栅坝和拦沙坝淤满后暴发的泥石流冲刷冲击桥墩基础，同时排泄上游拦截泥石流后的水流。②生物措施，因为小白泥沟沟道主要是石砾，保水能力差，土层贫瘠，植物不能生长，所以首先需要换土。小白泥沟邻近的大白泥沟是一条类似的泥石流沟，现已在其泥石流冲积滩地上发展了红豆杉、香樟树、新银合欢等景观及经济类苗木,且取得了较好的成效。东川地区发展的鱼鳞坑等保水措施值得在小白泥沟冲击滩地上推广。小白泥沟的泥石流冲击滩地上也可以发展类似产业,还可以在成片的树林中养鸡、猪、羊等牲畜,充分利用其粪便,促进树木的生长。在小白泥沟的流通区、堆积区开展种植养殖等产业,对促进项目区生态恢复、种植结构调整、增加农民收入、减轻农业面源污染具有重要意义。

第四节　河湖岸坡防护工程

一、河道护岸工程

(一)河道护岸工程基本原则及规划布局理念

河道护岸工程是保护江河堤岸免受水流、风浪的冲刷和侵袭,防御地下水作用及维持岸线稳定所采取的工程措施,是河道治理工程的重要组成部分。在满足工程所规定的安全标准与行业规范的前提下,河道护岸工程应遵循"截、疏、引、绿"的基本原则,以保护环境为核心,环境治理为主导,从而进行有利于河道安全性、生态性、景观性的河道护岸工程,逐步修复河道的自然生态。为了满足当代需求,水利工程和河道护岸工程的工程建设正在慢慢走向科学化,这种趋势也会在经济发展中发挥着重要作用。

河道护岸工程总体的规划布局理念不仅要尊重自然河床的演变规律,还要对各个有关方面的要求和利益进行认真考虑。在工程结构形式上的规划布局,既要满足防洪、排涝、引水、灌溉、航运等功能,也要根据当地河道现状、周边环境以及社会发展需求等因素综合考虑。河道护岸的规划布局实质上就是规划一个期望的未来河流状况,应遵循自然规律和经济规律,既重视生态环境效益,又讲求经济社会效益。规划布局内容应体现水资源开发利用与生态环境保护相结合;人工适度干预与自然界自修复相结合;工程措施与非工程措施相结合。

在护岸工程实施的过程中,不仅要注重人对环境的适应性,更应注重自然生态环境的保护。主要从以下几个关键环节进行。

1. 应积极保护自然环境

一般情况下,在对护岸工程实施之前,都会设计相应的改造方案,在方案设计的过程中要保证建设工程量最小的设计原则。将护岸工程量减小,一方面能够降低护岸工程实施的人力、物力和财力的投入,另一方面要尽量最小的改变原有的自然环境,这样才能保证生物链的继续维持,才能起到保护自然环境的作用。

2. 为生物创造有利的生长环境

众所周知,生物(昆虫)等在生存的过程中主要以孔洞、缝隙、草丛树荫为主,根据生物(昆虫)等这一生存特征,在护岸工程实施的过程中,应为生物创造更适合生长的环境条件,例如,利用护岸的结构来形成孔洞、缝隙、草丛树荫、凹凸结构等,这样就可以确保生物有更好的生存环境,促进生物的繁衍生息,为护岸营造一个良好的自然景观。

3. 加强对护岸周边河流的保护

河道整治护岸工程施工的过程中,应注意对护岸周边的河流进行保护,原有的河流是自然的环境,其中包含的自然因素较多,尤其是河流的水质更有利于水中生物的生存,对营造一个良好的景观环境有着极大的作用。另外,原有的河流中蕴含着丰富的物质,对护岸栽种植物的成长也有着极大的益处,可以利用原有河流的水资源进行植物灌溉,有助于河流以及护岸植物的和谐发展。

4. 加强对河流及周边生物环境的调查

在实施河道整治护岸工程之前,不能盲目地去制订实施方案,要对河流以及周边生物环境情况等进行调查。例如,四季环境的变化情况,在自然环境下青蛙、昆虫、鱼类、鸟类以及土壤的微生物等分布的特点,这都是实施护岸工程之前必须要了解和掌握的。在了解河道周边各方面因素之后,再结合生物生存繁衍生息的前景对护岸工程实施方案进行设想和效果预测,这样才更有利于河道整治护岸工程与景观之间有着共同的发展和联系。

5. 充分利用河道的自然条件

河道整治工程与景观有着直接的联系,在河道整治护岸工程实施的过程中,要充分利用河道的自然条件,例如,设置置堰坝、跌水等相应的建筑物,这样能够将护岸工程形成急流段、缓流段以及深水潭等一些自然的仿真形态,进而有效地改善水中生物的生存栖息环境,将自然景观充分地展现出来(唐加兴,2015)。

(二)河道护岸工程技术划分

河道护岸工程当中,不仅有对河道岸坡的支撑和加固,还包括了对岸坡进行施工和建设。护岸工程技术,在形式上根据不同的情况产生的处理方式,呈现具有多样化的特点。

按结构型式可划分为坡式护岸技术、墙式护岸技术、坝式护岸技术以及其他护岸形式4种类型。

1. 坡式护岸技术

坡式护岸技术是河道护岸工程中最为常见一种护岸技术,它将建筑材料或构件直接铺护在堤防或滩岸临水坡面,对一些本身有坡度的地方进行填补和覆盖,形成连续的覆盖层,从而起到防止水流、风浪的冲刷和侵袭的作用(图1-4-32)。这种防护形式顺水流方向布置,断面的临水面坡度缓于1:1.0,优点在于对于河床高低还有水流情况的影响小,也不影响航运,因此被广泛采用。中国长江中下游河势比较稳定,在水深流急处、险要堤段、重要城市、港埠码头广泛采用坡式护岸(李宏燏,2016)。坡式护岸技术的主要环节是对坡脚的防护工程,其施工质量直接影响护岸工程进展的稳定性。因此在材料的选择上,需要考虑材料的防水、耐磨、抗腐朽等性能。

图1-4-32 坡式护岸(江辉 摄,2013)

2.墙式护岸技术

墙式护岸技术是顺着堤岸进行墙体的修筑,建后形成一道笔直的挡体,靠自重稳定对两岸起到保护作用(图1-4-33)。墙式护岸技术一般适用于河堤较窄且没有河滩、容易受限于水冲蚀的区域,要求地基满足一定的承载能力,在城市地段的河流中应用较广。其墙体多为钢筋混凝土或砂浆砌筑,为了增大墙体的稳定性并减少水流的侵蚀作用,必须将墙基嵌入路堤的护脚板中。墙式护岸工程应做好定期保养和清洁工作,及时清除附着在墙壁上的花草、苔藓等其他杂物。发现混凝土墙壁有裂缝或损坏应及时修复,或在表面涂保护层或水泥砂浆等,最大限度地保护墙体内部结构,保其正常使用寿命。

图1-4-33 墙式护岸(江辉 摄,2019)

3.坝式护岸技术

坝式护岸技术保护的形式主要包括潜坝、顺坝、丁顺坝和丁坝4种类型,目的是将过剩的水和堤岸相隔离,起到抵御洪水侵蚀或者浪涛冲蚀的预防效果。主要起调整水流的作用,坝式护岸技术不仅可以长期维持河道,在洪水期还能够发挥预防和保护作用,将损失减到最低。坝式护岸技术主要运用在河流较急且洪水多发的流域,其中丁坝护岸是最常用的方法。其底端连接到路堤以形成"T"形。它主要建在河床相对较宽的区域,通过斜坡和沿海水流减弱路堤的侵蚀,从而以调节水流的流动强度,更好地保护路堤。

4.其他护岸形式

其他护岸形式如桩式护岸,通常采用木桩、钢桩、预制钢筋混凝土桩和以板桩为材料构成板桩式、桩基承台式以及桩石式护岸。常在软弱地基上修建防洪墙、港口、码头、重要护岸时采用。透水建筑物如栺槎坝、编篱屏、人工环流建筑物、沉树等植树、植草工程也很常用。

河流护岸工程技术按照是否具有生态效应还可划分为传统硬质护岸技术和新型生态柔性护岸技术两种类型。

（1）传统硬质护岸技术

传统硬质护岸技术是指由坚硬的石块或混凝土材料组成的与土体完全隔绝的结构体，主要有浆砌石或干砌石护岸、现浇混凝土护岸、预制混凝土块体护岸等几种形式。由于程序简洁、易于实施、见效快等优势，传统的硬质护岸是现在应用较普遍的一种护岸措施，而且其材料处理及施工工艺已经非常成熟，可保证施工质量。传统的硬质护岸工程虽然在防止河道横向侵蚀、河岸坍塌等方面起到很大作用，但由于其结构坚硬、覆盖面积广的特性，破坏了河岸植被生存的基础条件，影响了河道生态环境系统的平衡，导致河道的自净能力减弱。从生态角度考虑，传统硬质护岸隔绝了水域与陆域生态系统联系，致使河、湖生态系统遭到孤立，不利于河流生态系统对水体自净能力的发挥和自然生态系统的恢复。从景观角度考虑，河道硬质护岸颜色单一，且表面一般无法生长作物，视觉效果较差。从经济角度考虑，传统硬质护岸一般需要人工砌筑，且材料成本较高，工程投资较高。因此，利用护岸工程治理河道时，特别是城市河道，应该综合考虑河道实际情况，不可盲目建设。

（2）新型生态柔性护岸技术

随着人们环保意识的加强，加上传统护岸在河道治理中逐渐凸显出越来越多的缺陷和不足，河道治理中逐渐提出生态护岸工程形式，且在河道护理中发挥出重要的作用（胡延忠，2017），其主要体现在以下几个方面：一是具有防洪蓄水作用。在生态护岸中的植被能够对地下水文和地表水的状况进行合理调节，优化水循环途径。在雨季，护岸能够渗透储存大量的河水，避免发生洪灾；在枯水季节中，护岸中储存的河水又能够反渗到河道当中，进而对水位进行调节。二是具有生态景观功能。生态护岸一方面能够与周边的环境共同组成河道景观，另一方面也能够建立和保护自然生态系统，实现水草茂盛、鱼虾洄游、河水清澈。同时护岸作为水陆之间的过渡地带，能够为各种动物提供栖息和觅食的场所，并能够最大限度地保护水资源环境不受污染。三是具有自净功能。当污染物进入河流之后，真菌和细菌会将其当做是营养物质摄取，之后原生物又会吞食掉真菌和细菌，其中的有机物转化成无机物之后会被各种水生动物吞食,利用这种食物链的形式来达到自净作用,对水体进行有效的净化,水质得到进一步改善。

生态护岸是一种新型河道护岸方式,不仅具有防洪、防止水土流失、河岸坍塌的作用,还兼具优化生态、美化景观、提高水体自净能力等多重作用。其防护技术可细分为:植被护岸、生态型挡土墙、植物纤维毯、铰接混凝土块护岸、生态型混凝土护岸、土工织物编袋、木框挡土墙等(刘学成,2014)。以植草混凝土护岸为例,它是以水泥、不连续级配碎石、掺合料等为原料,制备出满足一定孔隙率和强度要求的大孔隙混凝土。并在孔隙内部掺入降碱材料、保水材料和固化肥料,用于铺装河岸,同时在孔隙中种植当地根系发达的喜水植物。该种混凝土护岸内部的连续孔隙结构保证了植物生长的空间和养分吸收。植物根系穿透到混凝土块下面的土壤中,与混凝土块共同起到护岸的效果,这种护岸方式既实用又美观,运用前景好(江辉等,2019)。

(三)河道护岸工程案例

1. 江西省抚州市黎川县河道护岸工程

该护岸工程位于江西省抚州市黎川县樟村水山洪沟。该山洪沟系龙安河支流,上游为山区、下游为丘陵区,植被一般,中下游农田较多,水土流失严重,属于山洪灾害易发区,该山洪沟是区域内主要的泄洪排涝河道。该区域内的樟村水河段,属典型的山溪性河流,河道宽窄不一(10~30m)、断面不规则,两岸多为中低山丘陵地形、现状无堤,大部分河岸杂乱、低矮、抗冲能力低,部分陂坝阻水壅水、河道淤塞、行洪不畅,已给当地居民的生产生活造成很大的安全隐患。因此,对该山洪沟进行生态河道治理,提高河道抗洪防冲能力,减轻山洪灾害影响是十分必要的。

示范区河道整治工程既要满足防洪要求,也要满足该区域规划设计要求,同时考虑示范区研究的主要内容。对该河道总体布置,对原河床加宽,在不改变原河道流向的基础上,使两岸护岸型式多样化。河流两岸均采用不同的生态护岸型式,主要包括植草混凝土护岸、活性木格护岸、三维土工网垫生态护岸、土工格室生态护岸、斜坡式石笼网护岸与台阶式石笼网护岸(图1-4-34)。

图1-4-34　护岸工程前后对比图［江辉　摄,2015年（左图）、2016年（右图）］

2.广西天等县城区河道整治护岸工程

广西天等县位于广西壮族自治区西南部,以低山丘陵为主,城内有丽川河及都康河的支流棵模河经过。丽川河两岸地势较低,每次发生较大洪水时,低洼地段如丽川、营坡、会荣及教内屯、县城街道、城东北土地开发区用地、两岸耕地即开始受淹。丽川河道两岸主要由粉质黏土组成,抗冲刷能力差,两岸现状均不设有防护设施,长期遭受洪水冲刷,岸坡均受不同强度的冲刷破坏,局部岸坡因坍塌造成水土流失。棵模河是县城区主要排水通道,随着城市建设发展,该河道多端被民用建筑物占据,河道变窄,加上各类垃圾随意堆弃河道,水流不畅,河道淤积严重(滕盛锋,2012)。

因此,为了确保天等县城河道两岸边坡稳定、减少河岸冲刷、有效防止水土流失、减少低洼地段的洪涝灾害、保护县城的安全,同时为改善城区的居住环境和投资环境,该工程的任务和目标是:根据河道演变情况以及目前河道的地形地势现状,结合天等县城总体规划,对丽川河和棵模河的城区河段进行清淤疏浚,并对两河段两岸进行护岸。通过整治护岸,使县城河道两岸的水土流失现象得到有效控制。

工程护岸采用连续式护岸型式,护岸结构型式根据岸坡地形地质条件,考虑施工方便、占用面积少,并结合考虑河道景观规划设计及环境美化等因素。因护岸基本依顺河势沿河边布置,整条护岸线河岸较陡,岸树多且紧靠岸边,所以主要采用草皮生态护岸加土工石笼网挡土墙式护岸(复合式断面)型式。护岸顶设园路,便于工程管理及供游人游玩观景。并在遇冲沟横穿处、排水口、跨河渠道处设置排水涵洞。

天等县城区河道通过护岸排涝、水生态环境、河道环境绿化及景观美化等方面的综合治理,保护了河流的生态功能,有效地解决了城区河道以前存在的水生态问题,实现了河道护岸的综合治理,丰富城区特色,使河道成为城市贯穿南北的景观带,保障了天等县护岸安全,形成了完整的防治体系。提高天等县的城市形象和容貌环境,促进了当地经济建设发展。

3. 浙江省桐乡市河道护岸工程

桐乡市位于浙江省北部、杭嘉湖平原腹地,市内地势平坦、河网密布,还是洪水过境走廊。市内河流南接于海宁市的长安区塘河水系,京杭大运河横过桐乡市全境,其水面率为7.1%,为典型的"江南水乡"。正是由于桐乡河流众多,且河岸结构并不一致,即使同一条河流在桐乡不同地段,其河岸结构都存在着一定程度上的差异(王爱丽等,2013)。

该市有些地区的护岸虽然做到了稳定性和安全性,但是却缺乏景观性,令人难以入目;有些地区的护岸工程虽然做到了外观优美极具景观价值,但是却十分缺乏实用性,不够安全稳定。桐乡市河流护岸工程采用新型生态护岸工程技术,很好地做到了因地制宜,考虑到复杂的河岸结构,并根据不同的河流情况以及河岸结构,选择了与之最为合适的护岸方案。

在桐乡生态护岸工程的设计中,充分考虑到了水环境景观的因素,十分注重河岸的人文景观,将其维持原貌不变。并且还将河岸护岸工程的建设融入河岸周围农村景色,显得不突兀,很协调。桐乡的生态护岸工程因地制宜规划合理,与水利工程建设相结合,既能够有效发挥其河道经济利益,又具有极强的景色观赏性。

二、治河造地工程

(一)治河造地工程理念及意义

治河造地是通过工程措施,将河床束窄、改道、裁弯或堵汊,在腾出来的河滩上、老河床内,用人工垫土、水力冲填或者引洪放淤的办法,建造荒滩为农田(田后谋,1985)。

科学治河造地具有重要的意义:①通过河道治理,可使沿河两岸生产条件好的平整肥沃土地免遭洪水淹没,保护土地。②通过治河防洪,可确保居住人口稠密的河谷地区人民生命财产安全。③束治河道,可革除水流分散、泥沙淤积、河床抬高之害,减少或治理了沿河两岸的下温地、冷浸田。④更重要的是,通过束窄、改道、裁弯、堵汊、浚深等工程治理河道，可增加大面积优质耕地，从而改变那种"河占川，地上山"的面貌，同时，山于加固河堤，也促进了整建公路、植树种草，有利于河川地的园田化建设（如布设灌排系统、机耕路、居民点等）。⑤用洪漫地减缓河流泥沙，变害为利，也有利于河流下游人民生产、生活的安全。总之，科学治河，既可增地保地，也可防洪用洪，变害为利，造福人类。

（二）治河造地科学规划

南方地区治河造地工程多年来成效显著，取得了许多经验教训。如在河床上取土石筑堤，浚深了河槽，以及河道束窄、裁弯、改河等一系列措施，使得流速加大，带来了水位下降，防治了洪水的威胁。但是有的地方治河中，没有进行科学的规划设计，新修河道过窄而浅，造成多花钱、白费工，甚至招致洪水危害工程失败的后果。因此，必须遵循"因势利导，因地制宜，因害防洪"的原则，按照实事求是的科学态度治河防洪造地，须做好以下几点。

1. 确定防洪标准

防洪标准是治河造地中设计洪水计算的依据。标准的高低，直接关系到造地多少、投资大小和工程的安危，确定防洪标准时应正确处理增地与保地的关系，既照顾到生产发展的需要，又考虑到经济上的合理和技术上的可靠，不能脱离当地当前国民经济发展的水平。可见恰当地选定河道防洪标准，是一个重要而复杂的问题，在治河造地规划设计中，涉及整个工程的成败，必须十分认真对待，万不可主观臆断，掉以轻心。目前常以洪水的发生频率 P（是用百分率表示的），即稀遇程度作为防洪标准的指标，也可用反映稀遇程度的重现期 T 来表示。假如根据计算，20 年一遇洪水的洪峰流量为 $800\text{m}^3/\text{s}$，意思是大于或等于 $800\text{m}^3/\text{s}$ 的洪峰流量，平均 20 年出现一次，相应的概率为 5%，即洪峰流量出现的概率是 5%，说明只要整治后的河道能通过 $800\text{m}^3/\text{s}$ 的流量，它的防洪标准就是能抗御 20 年一遇洪水。中小河道的防洪标准，应根据河流流域面积大小，保护农田多少，以及防护对象（如厂矿、城镇）的重要性等因素综合分析拟定。如南洛地区，流域面积大于 100km^3 的河流，按 20 年一遇防洪标准设计，小于 100km^3 的河流，按 10 年一遇标准设计。各地区经济发展状况、自然条件、流域治理情况等不同，防洪标堆的确定，不可强求一致，须从实际出发，根据河流的洪峰流量（引用水文观测资料或访向老农进行最大洪水痕迹调查）算好水账，为设计河床断面大小、河堤高度（外加 10% ~ 15% 的超高）及河道比降提供依据。

2. 选择治导线

治导线即整治线，是根据国民经济的要求，考虑到水流和河床相互作用规律在设计流量下，经过治理后的新河槽的平面轮廓。治导线的规划设计包括位置的确定、线型的选择、宽度的计算以及固定治导线的方法等。治导线布置要根据"因势利导，因地制宜，因害设防"的原则，综合考虑，按照水流运动规律和各部门的要求，布设治导线。治导线型一般依据河谷地貌、交通、土地等条件，选择蜿蜒式、直线式、"绕山转"式等形式，这 3 种形式各有优缺点：①蜿蜒式治导线重点突出、战线较短、易于防护、比较节资，但河道占地多、不连片。②直线式治导线，河身虽短、造地最多、耕地连片，有利于机耕和园田化，但难防守、拆迁多、损失大、投资高。③"绕山转"式治导线占地少造地多，土地连片，有利于园田化，还可减少靠山一侧的防守，但须挖深新河床、切除山嘴，过分凹进段要修建顺河堤，较费工。据实践经验总的来看：一般流域面积较大，河谷较宽阔，中枯水历时长的较大河流，用蜿蜒式治导线比较好，直线式和"绕山转"式常用于小河流。

3. 设计断面

河道断面设计，就是确定治导线的宽度与新河槽中的平均水深。可用下式计算各个河段在一定防洪标准下的设计流量 Q：

$$Q = \frac{1}{n} = B \times \sqrt[3]{H^5} \times \sqrt{i} = \frac{1}{n}BW \qquad \text{式 1 - 4 - 25}$$

式中：n——糙率；

t——坡降；

Q——流量；

B——河宽；

H——平均水深。

上式运算可能遇到两种情况：①已知河道断面，核算过水能力。河道已经治理，横断面、纵比降、糙率等均为已知数，此时，堤顶的高程也是知道的，堤顶高程减去安全超高，即可得设计水位，则此水位下的河宽 B 及过水断面面积 A 可求，由此得平均水深，将 B、H 代入上式，即可求出河道能通过的流量。②根据设计流量，计算新河道的宽度及平均水深。这种情况有两个未知数，所以只能试算，可首先根据当地具体情况，先假设一个水位，再假定一个河宽 B，由河道断面图可求出设计水位下的过水断面面积 A，由此得平均水深，将 B、H 代入上式即可求到一个流量，看此流量是否等于设计流量，若不等，则要重新假设 B，或改变设计水位再进行计算，直到计算出来的流量与设计流量相等为止。

4. 建筑物

为了保证治导线的实施，采用不同类型的治河建筑物，包括工程措施与生物措施。工程措施主要采用干砌石、浆砌石、铅丝笼等材料作成的顺河堤、丁坝、固底坝和砌石护岸等，来达到治河造地的目的。而生物措施则是植树种草等手段进行治河造地。工程措施费劳力，投资大，需要石料和水泥等材料，但建成后可较快投入运用，在大溜顶冲的河段上，又必须设置工程，才能护岸保地。生物措施投资少，省劳力，既可护岸护滩治河造地，又是群众生产木材和柴草的基地，但植树种草初期，抗御洪水的能力小。因此，把工程措施与生物措施结合起来，就可取长补短，近期以工程措施掩护生物措施，远期则生物措施巩固和加强了工程措施，收到长期稳定坚固、投资小、作用大的效果。各种治河建筑物的作用不同，须因地制宜采取不同的设计方法和结构。

（1）顺河堤

顺河堤是治河造地中用得最多的一种建筑物，其作用是控制河势、束窄河床、约束水流、保护滩地。顺河堤结构大致有三种：①沙土堤，是用当地现有沙或沙卵石堆筑，堤顶宽度一般 3m 左右，如结合公路，应不小于 6m，堤的边坡根据水流和土质决定，沙性重、流速大，边坡立缓，边坡系数不小于 20，堤顶高程一般比设计洪水位高 1m 左右。这种沙土堤投资小、易修建，但抗冲刷力差。因此在实践中有的在堤的迎水面用干砌块石、浆砌块石、混凝土预制板护坡，堤脚用散抛石、打桩编篱抛石、沉相沉枕等防护；有的在沙堤两侧铺 33cm 左右厚度的黏土或壤土，又称"金包银"，有利于种草植树（如柳树、柠条、紫穗槐、水竹、芭茅、爬地龙等）成治快长护堤。②石堤，是采用干砌石或浆砌石挡土墙结构。在河道断面窄，流速大的山区常采用石堤。石堤顶宽一般为 1m 左右，边坡系数为 0.3～0.5，高度和埋深度由设计要求而定，一般堤顶超高 0.5m。③混合堤，加强了抵御水流的冲刷能力，又节省投资，不少地方采用混合式结构。

（2）丁坝

丁坝在治河中的作用，按其坝长短和水流对丁坝淹没程度的不同而不同。长丁坝可拦塞一部分中水河床，对河槽起显著的束窄作用，并能将水流挑向对岸,掩护此岸下游的堤岸不受水流冲刷,短丁坝(或垛)系一种护岸或护堤建筑物,主要起迎托水流的作用,束窄河床及挑移主流的作用较小,可以防止或减轻水流对顺河堤的冲刷,短丁坝有挑水坝、人字坝、雁翅坝、磨盘头等类型。淹没短丁坝都修成上挑形式(与河岸夹角45°~60°),因水流漫坝后,可以形成指向河岸的螺旋流,将泥沙带向河岸,能在近岸部位发生淤积,坝头冲刷坑离堤岸较远。而非淹没丁坝则要做成下挑形式,才能防止河岸冲刷。

(3)护底坝

护底坝是在河道上修建防止顺河堤基础被冲刷的设施。在较小河道上,护底坝大多采用浆砌石修筑,其作用主要是固定河床,防止河床下切。护底坝的基础深度应不小于河床可能的冲刷深度,可参照附近顺河堤的基础来确定。坝的顶部与河床齐平,宽度为1.0~1.5m,底部宽2.0~2.5m。当护底坝与交通相结合时,可将它做成过河路面的形式,其宽度应满足交通要求。对于较大的山区性河道,护底坝还往往与灌溉引水工程相结合,它既能防止河床下切,又能稳定取水口的位置,保证正常引水灌溉,这种与引水工程相结合的护底坝也可称为跌水坝,它是由坝体、消力池和侧墙三部分组成。

5.工程管护

对已建治河造地工程,要及时种草栽树,通过管理保护,及时维修、加固或改建,逐步提高工程质量和标准,使治河工程不断完善,以便增强汛期的抗洪用洪能力。

(三)治河造地主要方法

各地"利用河沿、筑堤修滩、起沙成地",治河造地,取得了很大成绩,积累了丰富的经验。总结经验,科学指导治河造地已成为群众的迫切要求。目前各地治河造地的主要方法有以下几种。

1.裁弯造地

过分弯曲的河道,往往形成河环。在河环狭颈处开挖新河(明渠或隧洞),人工裁弯取直,在老河弯内造地,称为裁弯造地。河道过度弯曲时,由于曲率半径过小,增加了阻水作用,雍高上游水位,对防洪不利,又因曲折系数太大,占去大量土地,河势恶化,凹岸崩退破坏引水设施。因此,对过度弯曲的河道,必须急弯取直,缓弯就势。在取直河道时,如遇土山挡道,就劈山改河;如遇石山拦路,就凿石开洞,穿山改河。

裁弯设计中,一般在老河长度与新河长度之比大于 3 时,裁弯是比较合适的,这样效益大,工程量相对较小。但对于山区中小河道,由于迫切要求改变农业生产条件,有些裁弯比是小于这个数字的。裁弯工程是整个河道治理的一部分,在选定新河线路时,必须考虑裁弯后对上、下游河势的影响,要遵循因势利导的原则,进口迎流,出口顺畅,使新河平顺地同上、下游水流衔接。新河线路要尽可能少占耕地,易于开挖。

2. 束河造地

在宽阔的河床上,修建顺河堤等建筑物束窄河床,将腾出来的河滩改造成耕地,称为束河造地。

3. 改河造地

在条件适宜的地方开挖新河,将河流改道,在老河床内造地,称改河造地。

4. 堵汊造地

在河流分汊处,选留一汊,堵塞其余支汊并将其改造为农田,称为堵汊造地。

5. 用洪造地

通过以上几种办法造成的地,多半质量不高,因之,必须采取移土造田、引洪漫地、大力充填造地等方法,修建成基本农田。移土造田是靠人工运土垫地,见效快,但花工多,如遇洪水还可继续引洪漫地。为了充分利用洪水泥沙资源,引洪漫淤造地时要掌握多口取水、快引多淤、低引高泄的原则,抓紧洪水季为有利时机,迅速把河滩淤成农田,引洪漫地淤土均匀,抗旱保墒。经过洪水漫过的土壤含水率要比未漫过的高 10%,"一年淤漫,两年不旱,肥地增产"。

三、抬田工程

抬田工程是指将水库浅水淹没区的耕地,抬高至不低于土地征用线;浸没区的耕地按照浸没治理的要求进行抬高,并对抬高后的耕地进行田间工程建设,完善农田灌排条件,使被抬高后的耕地满足农业生产要求而采取的人工措施。其建设原则为:①以人为本的原则。②保护生态环境的原则。③水土资源高效利用的原则。④山、水、田、林、路、村综合治理的原则。

抬田工程具体实施分为基本资料收集、规划设计、工程施工、水土保持与环境保护等 4 个阶段。

（一）基本资料收集

抬田工程实施前期，应收集以下基本资料。

①水利枢纽工程地理位置、淹没及浸没范围、功能与作用、规模、特征水位、工程布置、运行调度方式等基本资料。

②水利枢纽库区地类地形图（1:5000～1:1000）、土地利用现状图。

③抬田区及取土区的土壤分布图及剖面图，调查土壤的物理特性（容重、孔隙度、饱和含水量、田间持水量等）、化学特性（pH、耕作层有机质含量、含盐量等）、渗透系数 K、给水度 μ 等。

④抬田区水利、交通、通讯、电力设施等基础设施资料。

⑤农业生产资料：a. 农业生产水平，包括淹没区及抬田区的耕地面积、作物种类、耕作制度和习惯、机械化程度、历年农业产量及各种作物单位面积产量等；抬田区所在灌区灌溉保证率、排水标准及主要农作物灌溉定额等。b. 农业灾害，包括抬田区及其周边地区农业气象灾害，历年受灾情况，主要治理措施；水土流失情况及治理措施。c. 农业发展规划，包括农业产业结构和布局的现状和规划。

（二）抬田工程规划设计

抬田工程规划设计各阶段的工作内容、工作深度应达到编制规程的要求，项目建议书阶段应初步确定抬田范围、高程、抬田工程灌排渠系布置；可行性研究阶段应确定抬田范围、高程、抬田工程布置；初步设计阶段应进一步复核抬田范围、高程、抬田工程布置，进行典型工程设计。

1. 工程规划

抬田工程规划主要包括确定抬田区范围、料场规划、灌溉排水工程等。

抬田区范围应根据抬田区水系分布、地形地貌、库区淹没及浸没范围等情况确定，对淹没区和浸没区的耕地进行技术经济比较，且淹没区抬田后对水库库容不产生大的影响。

料场规划应选择符合抬田结构层设计要求、开采和运输条件好、施工干扰少的料场，料场的选择应先近后远，充分利用库区淹没区、荒地的土料，并合理规划利用移民安置点建房平整场地的开挖弃料。还应对料场进行实地勘察，并进行必要的室内和现场试验，核实土料的物理力学性质、压实特性、施工性能以及储量等信息。

抬田区灌溉排水工程应与现有水系、灌区及水源工程相连,灌溉水源应优先利用已有水源工程,已有水源工程不足时,应因地制宜修建蓄水、引水、提水等水源工程。抬田区临河道、水库的迎水面,应根据抬田高度、迎水面坡度、土质情况、位置等因素,设置护岸或防浪堤,相邻段间应平顺连接。

2. 抬田结构设计

抬田结构设计主要采用室内研究、测坑试验和现场典型试验等方法进行。

（1）室内研究

收集现有抬田工程资料,分析研究抬田分层结构模式;建立物理、数学研究模型,研究抬田结构保水保肥的技术参数。

（2）测坑试验

在测坑内进行种植试验,根据不同抬田高度水稻生长情况的对比研究,确定最优的抬田高度。通过种植试验,验证室内试验提出的保水保肥技术参数的合理性。

（3）现场典型试验

选择抬田典型试验区进行种植试验,研究抬田耕地的土壤及肥力演变规律、土壤改良技术,验证抬田分层结构技术及保水保肥技术参数。根据施工技术、种植试验等分析,研究抬田工程耕作层厚度与灌排技术。

抬田结构层宜采用3层结构,从上至下依次由耕作层、保水层、垫高层组成。耕作层可采用原田间耕作土,先期剥离后,待垫高层与保水层完成再覆盖回填。保水层起保水保肥作用,采用黏土或壤土。垫高层起垫高作用,采用黏性土、风化料及砂卵石料。

抬田高度的确定方法,采用的是模拟水库蓄水运行情况,将地下水位控制在不同的深度。拟定不同的抬田高度,在测坑内按照3层结构从抬田区分别取耕作层、保水层、垫高层土料,模拟抬田结构抬田后,在测坑内进行种植试验,观测不同抬田高度水稻生长及产量变化情况,按照抬田高度最小、产量最高的原则,确定抬田高度。

抬田结构层设计要素包括填筑材料、结构层厚度、压实度、渗透系数等。大规模抬田建设,宜选择典型抬田区进行抬田工程设计与施工试验,并进行小区、大田等种植试验,以确定最佳结构层设计要素。

抬田高程是指抬田后耕地的田面高程。淹没区抬田高程不低于水库正常蓄水位 +0.5m 和回水区土地征用线;低于水库正常蓄水位 +0.5m 时,应进行专门论证。浸没区抬田高程按照防治浸没的要求确定。淹没区抬田从抬田区边缘至迎水面之间,应保持一定的坡度,其坡度大小宜与灌溉渠道布置相协调。

耕作层厚度应综合耕地的种植模式、抬田施工工艺、作物根系发育、耕作条件等影响因素,宜与抬田区现状耕作土层厚度基本一致,为 20~25cm。同时应满足高产农田耕作土厚度 0.15~0.20m、下部犁底层厚度 0.08~0.10m 的要求。耕作层土壤 pH 宜在 5.5~8.0,有机质含量不低于抬田区原有耕地耕作层的有机质含量。否则,应提出地力保持工程措施。耕作土回填后,其平整度应满足作物种植的要求。

保水层设计高程为抬田设计高程减耕作层厚度。保水层厚度应在 35~40cm,应满足水稻生长日渗漏量 2~8mm/d 要求。保水层应使用黏土或壤土填筑,压实度应为 0.90 左右,渗透系数 $K \leqslant 19 \times 10^{-6}$ cm/s。

垫高层设计高程为抬田设计高程减耕作层厚度和保水层厚度。垫高层应采用稳定性好的填筑材料,一般可采用黏土、壤土、砂石料或风化料等。当采用砂石料或风化料时,在与保水层接触面应按照反滤要求填筑。黏性土料压实度 ≥0.85,砂石料等无黏性土料相对密度 ≥0.60。

地力保持工程措施可采用增施有机肥、种植绿肥、平衡施肥和秸秆还田等措施。

3. 灌排工程设计

抬田区灌溉渠道系统布置和设计应符合《灌溉与排水设计规范》(GB 50288)的规定。新建水源工程、至抬田区的引水渠道均应纳入抬田工程建设范围。

灌溉渠道未采用防渗措施,且垫高层为透水材料填筑时,渠道底部高程宜高于保水层底面高程 10cm 以上。渠道底部位于垫高层内时,其底部和侧面 50cm 范围内应按照保水层的要求填筑。

抬田工程排水工程一般采用明沟排水系统,与非抬田区排水工程应统一规划布置。当排水沟承担非抬田区排水时,其断面应同时满足非抬田区排水的要求。

(三)抬田工程施工

抬田工程的施工工艺流程为:施工准备→耕作层土壤剥离与堆放→垫高层

土石方填筑→保水层填筑→耕作层回填。

耕作层土壤剥离前,应清理开挖区域的杂物、障碍物。根据需要剥离出足够的耕作土料,剥离厚度应满足设计要求,一般为 20～25cm。剥离的耕作土按规划堆放在剥离区域的两侧,并采取覆盖措施以防止其产生水土流失。耕作土剥离施工见图 1－4－35。

图 1－4－35 耕作土剥离(万迪文 摄,2011 年)

垫高层填筑所用土石方从选定的料场开采,不得含植物根茎、垃圾等杂质。开挖前应进行表层清理,清理开挖区域内的表土、杂草、垃圾、废渣等障碍物。开挖自上而下分层进行,避免开挖作业时可能引起的滑坡、坍塌。填筑时,应分层碾压,压实度及相对密度应达到设计要求,不宜采用吹填方法施工。垫高层高程和层面平整度(±5cm)达到设计要求后方可进行下道工序的施工。垫高层填筑施工见图 1－4－36。

图 1－4－36 垫高层填筑(万迪文 摄,2012 年)

保水层填筑所用土料从选定的料场开采,开采前应进行表层清理,开采的土料应质地均匀,不得含植物根茎、砖瓦、垃圾等杂质。保水层厚度、平整度±3cm和压实度经现场检测合格后方可进行下道工序的施工。保水层填筑施工见图1-4-37。

图1-4-37　保水层填筑(万迪文　摄,2012年)

耕作层回填应优先采用剥离堆放的耕作土料进行回填。耕作土应摊平,平整后的耕作土须表面平整,格田之间要求平整度±5cm,格田内要求平整度±3cm。耕作层回填施工见图1-4-38。抬田后的耕地见图1-4-39。

图1-4-38　耕作层回填(万迪文　摄,2013年)

图1-4-39　抬田后的耕地(熊军　摄,2014年)

(四)水土保持与环境保护

抬田工程水土保持与环境保护应坚持"同时设计、同时施工、同时验收"原则,防止水土流失和空气污染,控制施工噪声。

抬田工程开工前应进行现场调查,制订表土剥离堆土场防护和环境保护措施。取土过程中,对取土料场的坡面进行水土流失防护。施工结束后,对取土场及时进行复垦,恢复植被。

抬田工程水土保持与环境保护监管内容包括:水土保持方案落实情况;取土(石)场、弃土(渣)场使用情况及安全要求落实情况;扰动土地及植被占压情况;水土保持措施(含临时防护措施)实施状况;水土保持责任制度落实情况等。

抬田工程水土保持与环境保护监测应对抬田建设的水土流失及其防治效果进行监测。进行入库水质监测时,监测断面的位置应能反映所在区域环境的污染特征,以最少的断面获取足够的有代表性的环境信息。抬田施工期间还需对声环境、大气环境、生态环境等环境要素进行监测。

(五)抬田工程实例与成效

江西省峡江水利枢纽工程位于赣江中游峡江县巴邱镇上游约6km,是一座以防洪、发电、航运为主的大型水利枢纽工程。水库总库容14.53亿,电站装机容量360MW,通航船闸为Ⅲ级航道1000t级。峡江水利枢纽库区位于吉泰盆地,为减少库区耕地淹没和防治水库浸没,采用抬田工程措施抬田2500hm²,其中,水库淹没区抬田1600hm²,防治浸没抬田907hm²,抬田规模属国内外最大。

峡江水利枢纽抬田工程采用三层结构,由耕作层、保水层、垫高层三层组成。耕作层厚度0.25m,为在抬田区对原耕作土进行剥离所得。保水层厚度0.35m,采用黏性土,压实度0.90左右,渗透系数$K \leqslant 19 \times 10^{-6}$cm/s。垫高层厚度按照抬田高度确定,按照就近开采取土的原则,采用黏性土、风化料、砂卵石了及其他工程项目的开挖利用料。垫高层黏性土料压实度$\geqslant 0.85$,砂石料等无黏性土料相对密度$\geqslant 0.60$。抬田高度对于水库淹没区按照高于水库正常蓄水位0.50m控制;对浸没区,按照满足浸没要求进行抬高。

抬田技术成果成功应用于峡江水利枢纽抬田工程,取得了巨大的社会、经济、生态效益。抬田后的耕地,全部建成为高标准农田,移民的生活得到稳定和改善,移民新区打造为秀美乡村,为当地乡村振兴发挥了重要作用;保护了耕地资源1600hm²,减少外迁移民安置3.5万人,耕地效益发挥快,农民增产增收;采用抬田工程技术,减少了土石方开挖,减轻了施工带来的水土流失、环境影响等问题。

1. 经济效益

抬田区高标准农田建设,改善了田间灌排条件,保持了土壤肥力和水分。通过抬田示范区与未抬田区测产对比分析得出。

抬田示范区早稻耗水量为275.27m³/666.67m²,较未抬田对照区减少46.67m³/666.67m²,节水率达到16.9%;晚稻耗水量为380.00m³/666.67m²,较未抬田对照区减少31.33m³/666.67m²,节水率达到8%,抬田示范区节水效果比较明显。

抬田工程实施后,抬田区第一年粮食产量略有下降,第二年晚稻粮食产量持平,第三年粮食产量实现了增产。抬田区耕地水稻产量为834.4kg/666.67m²,比未抬田区增产27.4kg/666.67m²,增产率3.34%(许亚群等,2014)。抬田后水稻乳熟期生长情况见图1-4-40。

图1-4-40 抬田后水稻乳熟期生长情况(万迪文 摄,2015年)

2. 社会效益

峡江水利枢纽建设伊始,江西省委省政府提出"三减少一保障"的工作要求,即"减少移民数量、减少外迁安置、减少耕地淹没、保障移民的合法权益"。抬田工程在峡江水利枢纽工程大面积实施,3.5万移民安置方式改外迁安置为后靠安置,极大抚慰了移民"故土难离"的情结。

土地耕地资源是解决民生问题的关键所在。通过实施抬田工程,使得原本要永久淹没的1600hm²耕地得到永续科学利用,防护区内低洼的900hm²耕地解决了渍害问题。实施抬田后,对耕地重新规划、平整田块并配套完善的灌溉排水设施,保证农田"旱能灌、涝能排""水能顺畅到田、农机能便利下田",抬田区建成了稳产、高产的高标准农田,大大节省了种植成本和投劳成本。既保护了宝贵的耕地资源、避免了大规模移民造成的社会问题,同时又为农业现代化发展奠定良好基础、为保证粮食安全提供了有力支撑。

抬田工程实施为当地乡村振兴和提高农民生活水平奠定坚实基础。随着抬田工程技术在峡江水利枢纽工程中的成功应用,带动了浯溪口水利枢纽、新干航电枢纽等江西省重点工程抬田工程的实施,新增抬田总面积达667hm²,起到了很好保护耕地资源的作用,为水利枢纽工程库区移民安置闯出新路径。媒体报道峡江水利枢纽抬田工程见图1-4-41。抬田后建设的移民安置新村见图1-4-42。

图1-4-41　媒体报道峡江水利枢纽抬田工程

图1-4-42　抬田后建设的移民安置新村
（熊军　摄,2016年）

3.生态效益

受峡江水利枢纽水库水位抬高影响,防护区内浅淹没区的900hm²耕地将长期处于浸没状态,农田质量将会下降。通过抬田区高标准农田建设,有效解决了农田浸没问题;且配套完善的灌溉排水设施,有效解决了农田灌溉"最后一公里"问题,农业环境得到明显改善;浅淹没区耕地的水土流失问题得到了一定程度缓解,农业面源污染问题得到了一定控制。

第五章

南方地区水土
保持农业技术

第一节　概述

耕作措施是水土保持三大措施之一,主要调节影响水土流失的土壤下垫面因素,适用于坡耕地及部分坡面经济林,主要起到保水、保土、保肥,减少水土流失和非点源污染,充分利用水土光热资源,抗旱增产,并减少农业投入,提高农业生产效率和效益的作用。它的优点是投资少,见效快,能显著提高农业单产,改善工程措施和林草措施(经济林)的效益。缺点是作用不持久,容易遭到外力破坏,一般每年都需要重新实施。

一、水土保持农业技术的作用与类型

水土保持农业技术主要依据农作物结构、种植制度和土壤耕作方式布设,有三方面的作用:改变小地形,增加入渗,补充土壤水,减少产流,增加坡面径流阻力,蓄水拦沙;增加地面覆盖度,减少降雨、径流对地表土壤的直接打击与冲刷;改良土壤结构,增强土壤的抗冲性、抗蚀性、渗透性及持水性。

水土保持农业技术措施主要有三种类型:改变小地形的蓄水保土技术、增加地面覆盖度的农业技术和改良土壤性质的技术,又可具体分为水土保持栽培技术、水土保持耕作技术、土壤改良技术和水土保持生态农业技术等。

水土保持农业技术措施主要应用于坡耕地与园地上,在山丘区坡地特别是缓坡地,采取水土保持农业技术措施防治面蚀和浅沟侵蚀,都有很好的作用。在平地上水土保持农业技术措施还可控制风蚀和蓄水保墒、抗旱增产。比如,垄沟种植中垂直于起沙风向的土垄具有到增大地表粗糙度、降低风速的作用,保护性耕作减少土壤扰动,隔绝风对土壤的直接作用,均能减轻风蚀;在干旱地区,作物种在沟里,垄沟可起到微地形集雨的作用,改善作物根区水分;降水多的地方,作物种在垄上,垄沟种植可起到排水、降低土壤湿度的作用。

二、水土保持农业技术的发展历程

水土保持农业技术在我国出现甚早,是最早的水土保持措施。耕作和施肥技术是我国农业可以长期持续发展的重要基础。改变小地形的蓄水保土耕作措施是最早出现的水土保持措施之一,在我国有 3000 年以上的历史,如圳田、区田(辛树帜等,1982;唐克丽等,2000)。"圳"是水沟的意思,"圳田"即在农田中开沟,沟间有垄,作物播种在沟内,是现代水平沟种植、垄沟种植的雏形,一方面减少水土流失,另一方面可蓄水保肥,改善作物根部的土壤肥力条件,提高作物产量。西汉时又出现了沟垄互换的代田法,以及高低畦法、区田法等。代田法是在地里开沟作垄,沟垄相间,将作物种在沟里,中耕除草时,将垄上的土逐次推到沟里,培育作物;第二年,沟垄互换位置。高低畦法中,高畦(亩)与低畦(圳)交替、间隔出现,旱地作物种在"圳"上,利于蓄水保墒,低洼湿地作物种于"亩"上,利于排涝。随着代田法以及高低畦法的出现,人们也开始在同一块田地里种植不同的农作物,即从单种发展到间、混、套种,在汉唐之际出现了一年多熟的复种技术。区田是一种集约耕作方法,即在田间深挖作"区"(音"欧",意为地平面下的洼陷),并在"区"内集中大量施用有机肥,并对作物精耕细作,区田比圳田更加保肥、保墒,作物产量较高,对不同地形的适应能力也较强。现代坑田法、掏钵种植、聚水聚肥种植等,以及造林中的块状整地、鱼鳞坑整地都是对区田法的继承与发展。目前在干旱区域常用的蓄水保土耕作措施主要有水平沟种植、垄沟种植、掏钵种植、聚水聚肥种植等。水土保持耕作技术是我国农业"精耕细作"传统的重要组成部分。

19 世纪末、20 世纪初以来,随着机械化大农业在欧美国家的发展,为解决耕作活动扰动表层土壤带来的水土流失、土地沙化问题,保护性耕作技术出现并得到了迅速发展。随后,保护性耕作理念与技术已经引入我国,与传统的精耕细作相结合,促进了农业的可持续发展。

目前,水土保持农业技术的发展趋势是增强农田蓄水保土能力,控制水土流失,并全面改善土壤环境,保水、保土、保肥,为作物生长创造良好条件,提高水分养分利用效率;同时,控制农业面源污染,满足可持续发展需要;继承与发展传统水土保持耕作措施,以生态学和可持续发展理论为指导,融合现代生物学、生态学、农业化学和农业机械理论和技术，形成了全方位的技术体系，和工程措施、林草措施构成了一个有机整体。

工程、林草和农业三大措施相结合，以工程保农技，以农技促工程。水土保持工程蓄水保土效果显著，梯田是山丘区基本农田的主体，便于农业机械化、水利化、现代化，但是实施条件要求较高，投资大，回收资金时间长；而水土保持农业技术措施，既可控制坡耕地水土流失，也可和梯田、坝地等治理工程结合起来。由于水土保持农业技术措施投资少、见效快，能有效提高水土资源利用效率和农业生产效益，所以，能进一步增加梯田、坝地等水土保持工程措施的经济效益，尽快收回投资。另一方面，梯田、截排水工程等坡面治理工程调节坡面径流，缓解水流冲力，与农业技术措施相结合，也可提高农业技术措施的稳定性，减少坡面洪水造成的损失。

林草措施可有效拦蓄降水，调节径流，保护工程及农业技术设施免受暴雨洪水的危害；同时，在坡地经济林经营中也用到许多水土保持农业技术措施，如等高垄作、农林间作、生草覆盖、土壤改良，不仅可有效预防林下水土流失，同时也可以充分利用水土资源、改良土壤环境、保水保肥、抗旱增产、控制农业面源污染。果、茶、橡胶等经济林在我国南方农村经济中占有重要地位，所以水土保持林草和农业技术相结合，对提高小流域水土保持综合治理的三大效益，促进农业和农村经济可持续发展，实现"山水林田湖草是生命共同体"理念具有重要作用。

三、水土保持农业技术在我国南方的重要性

水土保持农业技术措施在我国南方水土流失治理中特别是坡地水土保持占有重要地位，这是由坡地水土流失的外部因素和内部因素共同作用决定的（张平仓等，2002）。

外部因素是水土流失发生的外部条件，主要包括地形地貌、降雨特征、耕作方式等。南方地区强降雨频发，由其产生的径流构成了坡耕地发生水土流失的主要动力；华东、华中、华南低山和丘陵交错分布，西部多高山，断裂带发育，岩层破碎导致的地形破碎是水土流失产生的重要条件。由于耕地资源有限，为满足农业生产需求，将不可避免地开垦坡耕地，而且长期以来，我国南方地区，特

别是西南地区坡耕地往往采取"广种薄收""重用轻养"的种植模式,经营较为粗放;尤其是西南紫色土区土壤养分相对较为丰富,一方面为作物生长提供了有利条件,但另一方面也导致了坡耕地开垦愈加粗放,普遍从河边一直开垦到山顶,缺乏水土保持措施(张信宝等,2010)。不合理的耕作方式又加剧了水土流失发展(张平仓等,2004),造成土壤肥力下降,土层变薄,形成恶性循环,以致出现了从绿水青山到不毛之地的"石漠化"。至于降水、地形、地质等自然因素,短时间内人力难以改变,因此,发展水土保持农业在我国南方地区尤为迫切。

内部因素主要针对水土流失作用的对象(土壤),指土壤的入渗、持水和抗侵蚀等性能。南方山丘区土壤以红、黄壤和紫色土为主,质地较为黏重,持水能力较强。在一定降雨条件下,表层入渗性相对较高,相当一部分降雨或地表径流向下移动,使土壤饱和,而下层土壤母质或基岩埋藏较浅,渗透性差,形成相对不透水层,有助于壤中流的形成。史东梅等(2017)对三峡库区坡耕地进行了研究(图1-5-1),土层厚度在15~80cm,主要集中在20~50cm,其中90%的坡耕地土层厚度<45cm,50%的坡耕地土层厚度<35cm。程冬兵等(2012)研究发现,裸露地表红壤年均地表径流与地下径流(含壤中流)的比值为1:1.4;汪涛等(2008)通过观测,在天然降雨条件下,紫色土坡耕地产流中平均有53.05%是壤中流;丁文峰等(2008)研究表明,小雨强时,紫色土区壤中流在坡面总径流量中的占比可达100%,中雨强和大雨强时也占30%。因此,以蓄满产流为主和壤中流比例高是我国南方地区坡面产流的特征,对水土流失及其治理有重要影响。

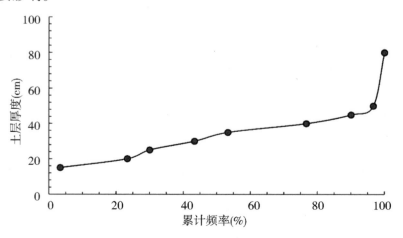

图1-5-1　三峡库区坡耕地土层厚度分布比例(史东梅等,2017)

一般情况下，红壤和紫色土由于地表土壤结皮，具有"上硬下软"的剖面结构特征，表层土壤团聚结构相对稳定，具有较强的土壤抗冲性及抗崩解性。薄层水流条件不易破坏搬动土壤，土壤侵蚀以面状侵蚀为主，强度较弱。随着降雨量增大，薄层水流逐渐形成股流并集中加剧，土壤表面开始出现细沟，通过溯源侵蚀，细沟逐渐加深、加宽、加长，细沟发育一旦进行到结皮层以下，土壤侵蚀将剧烈发展。研究表明（王贵平等，1988；郑粉莉，1989；蔡强国等，2004），随着土壤表面细沟的产生，坡面侵蚀产沙量将增加几倍至几十倍。另一方面，下切侵蚀受可切割土层厚度限制，细、浅沟发育将转向侧向侵蚀，并伴随出现沟岸坍塌和泥流过程，坡面流失更加剧烈。相比之下，细沟之前的面蚀过程不占主导地位，其水土流失量所占比例较小。严冬春等（2010）指出，细沟产生的侵蚀量占坡面总侵蚀量的比例最高可达90%以上。因此，细沟发育是南方地区坡耕地水土流失加剧的最重要标志。细沟是南方坡耕地治理的对象和目标，消灭细沟或限制细沟发育成为南方坡耕地水土流失治理的关键（张平仓等，2017）。

　　同时，南方地区一般土壤有机质含量低，保肥能力不高，因此，农田土壤易发生化学溶蚀，可溶性离子等随壤中流流走，这虽然不是可直接观察到的水土流失，但可能对地表水、地下水造成非点源污染，特别是水体富营养化，也需要引起重视。由于土壤水分增加，以及壤中流作用，坡耕地甚至可能沿不透水层（基岩）形成临时滑动面，发生整体滑动，这也是南方地区坡地水土流失的特征之一。

　　综上所述，在我国南方，红黄壤山地丘陵较多，雨季长、降水多，水土保持耕作措施在缓坡地水土保持和农果（茶）业开发中具有重要意义。特别是西南部分山区，坡耕地多，短时内无法全部退耕还林，而且土层薄，一方面根系生长受到了限制；另一方面修梯田难度大，投资高，经济可行性较差。因此，以水土保持农业技术措施为主控制坡耕地和坡地经济林水土流失是目前最行之有效的办法。

第二节　水土保持栽培技术

除了降雨、土壤、坡度等自然因子外,坡耕地土壤侵蚀主要受栽培制度和耕作制度影响。栽培制度的影响包括作物布局、作物种类、生长发育阶段、生长季节等,特别是上述因素在雨季中的特征。针对栽培制度采取的水土保持技术措施一般被称为水土保持栽培技术。

栽培制度又称为种植制度,是农作制度的重要组成部分,指一定地区或生产单位在一年或一个轮作周期内作物组成、配置、熟制与种植方式的综合,具体包括:种哪些作物,各种多少,种在哪里,即作物布局问题;一块耕地上一年种一茬还是种几茬,即熟制的问题;在一块耕地上连续种植农作物还是某一个生长季节或某一年不种,即复种或休闲问题;不同生长季节或不同年份作物的种植顺序如何安排,即轮作或连作问题;采用什么样的方式种植农作物,单作还是间作、混作、套作,直播还是移栽,即种植方式的问题。农作物种类与气象条件关系很大,因此不同地区的栽培制度也因气候不尽相同。我国南方是世界上重要的水稻农作区,同时内部也有显著的空间差异,不同地区的水土保持栽培技术也需要因地制宜,根据当地的栽培制度,确定具体的技术措施。一个地区的栽培制度除了满足水土保持和生态安全、可持续发展的需要外,还必须适应市场需要,推动农民增收、农业和农村经济社会发展。

一、栽培制度对水土流失的影响

(一)南方地区栽培制度的特点与演变

作物的种植结构是栽培制度的核心,所有栽培技术都是围绕具体的农作物开展的。我国南方最主要农作物是水稻,是世界上最早种植水稻的地方,也是最大的水稻产区。20世纪80年代以来的田野考古中,在江西万年仙人洞—吊桶环、湖南道县玉蟾岩遗址、浙江浦江上山遗址等地均发现了近万年前的人工栽培稻遗存。人工驯化野生稻,培育栽培水稻,使长江中下游成为世界农耕文明发源地之一,与黄河流域的粟黍文化共同孕育形成了中华文明,并传播到从印度半岛日本的亚洲东南部广大地区,围绕水稻生产、食用及储藏加工等工艺,逐步演化形成独特的耕作制度和稻作文化。由于水稻生长过程中需要长期蓄水,主要种植在平地和山坡中的梯田里,因此发生土壤侵蚀和水土流失的风险较小。

但我国南方山峦纵横,平原面积小,自古以来,一直有一些部落、民族僻居深山,刀耕火种的游耕农业持续了很长时间。自神农炎帝时代以来,不断有北方民族南下,他们也带来了北方旱作农业的农作物和栽培制度,并在西南横断山区成为主流农业生产方式。整体而言,宋以前,南方地区人口较少、旱地农业带来的水土流失影响也非常有限。

宋以来南方人口数量大增,人口和粮食产量均超过了北方,并出现了客家人持续南迁、江西填湖广、湖广填四川等大规模人口迁移,广大山区开始持续开发,旱地面积不断增加,水土流失也开始加剧,烟波浩渺的云梦泽被淤塞成为"湖广熟、天下足"的江汉平原。特别是明朝中后期以来,玉米、番薯等高产作物引入中国,并取代旱稻、鸡爪谷等成为南方主要的旱地作物;南方特别是西南地区人口因此激增,并进一步开垦坡地、破坏植被,加剧了水土流失。清代学者梅友亮的《书棚民事》及魏源的《湖广水利论》等都有关于长江流域水土流失的生动描述,指出"为开不毛之土,而病有谷之田";由毁林开荒引起的水土流失一直持续发展到 20 世纪 80 年代开展"长江流域水土流失综合治理"工程以前,当时有识之士惊呼"警惕长江变黄河"。

根据《中国统计年鉴》中的数据(国家统计局,2018),经过聚类分析,南方14省(区、市,不含西藏)的种植结构大体可分为 4 类,分别可称为江北、东南、江南、西南,不同地区的水土流失特征和相应的水土保持栽培技术也有所不同(表 1-5-1)。第一类是位于北亚热带的江苏、安徽、湖北三省,主要位于长江干流以北,平原面积较大,是我国南方主要的商品粮生产基地,总播种面积中粮食占 70% 以上。种植结构具有南北过渡特征,粮食播种面积中水稻、小麦、玉米比例较大,一般小麦与玉米轮作一年两熟,是我国水旱(稻麦)轮作最为集中的地区,也是南方地区棉花播种面积最大、最集中的地区,一般与小麦轮作。江淮江汉平原均为商品粮基地,该地区水田水浇地面积较大,但有一定的旱坡地面积,旱坡地作物主要有小麦、玉米、薯类、豆类、油菜、花生等。苏皖两省北部的黄淮平原也是南方风沙地的集中分布区,沙地作物以花生、番薯、小麦、玉米等为主。

表1-5-1　南方地区主要农作物的播种面积

省(区、市)	总播种面积(万hm²)	粮食(万hm²)					经济作物(万hm²)				果、茶园(万hm²)
		稻谷	小麦	玉米	豆类	薯类	油料	棉、麻	烟、糖	蔬菜	
上海	28.5	10.4	2.1	0.3	0.2	0	0.3	0	0	9.3	0
江苏	755.6	223.8	241.3	54.3	25	2.6	26.8	2.1	0.1	140.8	24.3
浙江	198.1	62.1	10.4	5.2	10.8	8.4	12.2	0.5	0.6	64.4	52.4
安徽	872.7	260.5	282.3	116	65.9	6.5	51.8	8.9	1.1	62.8	30.3
福建	154.9	62.9	0	2.7	3.6	13.7	7.3	0	5.8	53.3	51.8
江西	53.9	350.5	1.5	3.6	12.3	10.2	69.0	7.3	4	61.9	50.1
华东	2063.7	970.1	537.5	182.1	117.8	41.5	168.3	18.8	11.6	392.6	208.9
湖北	795.6	236.8	115.3	79.9	23.9	28.3	129.1	20.5	4.6	118.9	62.9
湖南	832.2	423.9	2.8	36.6	14.1	18.7	131.2	9.7	10.2	127.1	65.7
广东	422.8	180.5	0.1	12.1	4.1	20	33.2	0	18.7	127.7	101.9
广西	597	180.2	0.3	59.1	14.9	26.7	23.9	0.3	88.8	140	124.9
海南	70.9	24.7	0	0	0.6	3	3.3	0	2.1	25.3	16.7
中南	2718.5	1046.1	118.5	187.3	57.5	96.8	320.7	30.6	124.4	539	372.1
重庆	334	65.9	3	44.7	20	67.4	31.9	0.4	3.7	72.7	33
四川	957.5	187.4	65.3	186.4	51.8	126.6	147.9	2.1	9.6	132.4	105
贵州	565.9	70.1	15.6	100.6	29.8	81.6	66.1	0.2	16.4	125.3	86.3
云南	679.1	87.1	34.4	176.4	46.8	52.8	28.9	0	66.5	108.5	100.8
西南	2536.5	410.4	118.3	508.1	148.5	328.3	274.7	2.8	96.2	438.9	325.1
南方	7318.7	2426.6	774.3	877.5	323.8	466.5	763.7	52.2	232.1	1370.4	906.1

第二类是东南沿海的上海、浙江、福建、广东、海南四省市,经济较为发达,山地多、平原少,所以耕地面积少,农业生产特别是粮食生产在南方以及全国农业中均不占优势。该地区耕地以水田为主,旱坡地比例很少,种植结构中,粮食播种面积与经济作物基本各占一半,粮食播种面积中主要是水稻,玉米、豆类很少,薯类也不多。经济作物中蔬菜播种面积最大,不仅供应区域内的城市,而且冬季菜生产规模大(特别是在闽南、广东、海南),是我国南菜北运的重要基地,另外花生、烟叶有一定的种植面积(特别是在福建)。本地区旱坡地面积少,主要作物有花生、薯类、烟叶、油菜以及玉米、豆类和部分蔬菜。

第三类是位于长江南岸的湖南、江西两省,这里是我国重要的水稻产区之一,农田以水田为主,主要是双季稻或者水稻与油菜等秋播作物轮作,水稻播种面积占粮食播种面积的80%、总播种面积的50%以上,旱坡地作物除了油菜以外,还有玉米、豆类、薯类。

上述华东、中南(不包括山东、河南)诸省是我国水田最集中、面积最大、比例最高的地区,旱坡地比例少,主要旱地作物有油菜、花生、薯类,以及玉米、豆类、烟叶和部分蔬菜,因此,旱地农作物的水土保持耕作技术在整个水土流失防治体系中不占重要地位。但是,当地果、茶园面积较大,在果、茶园地采取水土保持耕作措施有较为重要的意义。同时,水田一般没有明显的土壤流失,但是养分随径流和地下水流失的非点源污染问题较为突出;水田灌排渠系的冲刷问题一直存在,在山地梯田特别突出。

第四类是重庆、四川、贵州、云南、广西等西南省(区、市),则与长江与珠江中下游有很大的不同,地形以高原山地为主,兼有河谷盆地,山地多,坡耕地比例高,种植结构复杂,具有明显的山地垂直地带性,水土保持耕作技术措施尤为重要。西南山区总播种面积中粮食播种面积占2/3左右,水稻占比没有优势,和玉米、薯类平分秋色、三足鼎立,充分说明了当地旱坡地面积较大的情况。经济作物中油菜有一定播种面积,烟叶和糖料(甘蔗)生产在全国具有特殊重要位置,蔬菜播种面积也较大,广西和滇南地区也是我国冬季南菜北运重要的"天然温室"。由此可见,在西南山地水土保持栽培、耕作技术尤为重要。

(二)作物种类对水土流失的影响

除了降雨、地形、土壤等因子外,耕地的土壤侵蚀主要受作物种类、作物布局、生长发育阶段、生长季节和耕作方式的影响,这些都是水土保持农业技术关注的重点。坡耕地土壤侵蚀强度主要取决于雨季作物的覆盖度。因此,不同作物种类、不同栽培制度之间坡耕地水土流失可能有很大差异。

1. 不同作物对水土流失的影响

不同作物种类的水土保持效果不同,一般取决于对地面覆盖度和耕作对土壤的扰动程度。不同作物对水土流失的影响目前已有较多报道。

按照生长年限,农作物可分为多年生、越年生和一年生作物。作物的生长期越长,对地表土壤覆盖程度越高,防止水土流失效果越好,所以多年生作物

[如苎麻, *Boehmeria nieva*（L.）Gaudich.]一般优于越年生和一年生作物。

　　农作物按照个体形态可分为密植作物和中耕作物,密植作物一般可形成较高植被覆盖度,保护表土免受降水径流冲刷,所以密植作物生育期特别是横坡等高耕作的情况下,引起的土壤流失量较少,同时由于植物对坡面径流的阻力,可降低流速,甚至沉淀部分泥沙。中耕植物间距较大,作物生长前期不容易形成有效的植被覆盖,加之耕作扰动表土,破坏土壤结构,因此易发生水土流失,出现细沟甚至浅沟侵蚀。

　　中耕作物中,玉米、豌豆等豆科作物,番薯、西瓜、南瓜等藤蔓植物作为一种特殊类型,虽然种植密度较低,但后面枝叶铺满地面后对减轻雨季水土流失也有很好的作用。

　　综合以往研究,南方常见旱地作物中苎麻地的水土流失最小。苎麻是一种兼有水土保持和坡地经济开发作用的植物,在基本不造成水土流失的情况下,可长期带来相对稳定收入。在5°～20°的坡地,从苎麻种植后第二年开始土壤侵蚀保持在微度水平,同时苎麻可自我更新,水土保持效益可持续几十年甚至更长时间。苎麻原产于我国,是一种具有悠久历史的纺织原料,在20世纪80年代种植面积最大时候接近千万亩。随后的30年里,由于剥麻劳动强度大,苎麻产业比较效益降低,几经沉浮,目前已经处于历史性的低点,收获面积和产量只有历史峰值的1%～2%。随着国内外市场对天然织物的热情再度兴起,国内部分地区已经把复兴苎麻产业作为了一项新的经济增长点。除了作为纺织原料外,苎麻叶也可作为牲畜的饲草(黄承建等,2012;成艳红等,2014)。

　　作物对水土流失的影响可通过通用土壤流失方程(USLUE或RUSLE)中的植被覆盖与管理因子C值来反映。一般情况下C值是一个0至1之间的小数,表明覆盖地表对坡耕地土壤侵蚀具有防护作用,不同农作物防护作用不同。C值的年内变化表明农作物对坡耕地土壤的防护作用随着农作物的生长发育而逐渐改变。于东升等(1998)在江西省鹰潭市中国科学院红壤生态试验站内通过人工模拟降雨,研究了低丘红壤区不同土地利用方式下植被覆盖与管理因子C值,结果表明:在花生—油菜轮作、稀疏草地、象草、灌木、橘园、茶园6种土地利用方式中,象草、灌木的C值最小,基本没有测得土壤侵蚀,C值为0;花生—油菜轮作C值最大,是稀疏草地和橘园的5倍,茶园的10倍。合理的土地利用方式,必须有利于降低C值,提高土壤渗透率,增强土壤蓄水力,以达到减少水土流失和提高经济效益的双重目的。

唐寅等（2012）基于标准径流小区实测侵蚀量，对紫色丘陵区主要农作物种植类型（小麦、番薯、小麦—番薯）的 C 值进行了试验研究，小麦为 0.4345、番薯年为 0.3864、小麦—番薯轮作为 0.4037。

2. 作物生育期对水土流失的影响

中国南方雨热同期，雨季多在 4—9 月，为农业生产创造了良好条件，可提高复种指数和农作物产量，但土壤侵蚀也主要发生在这段时间，因而坡耕地土壤侵蚀的大小主要取决于雨季作物的覆盖度。

一年生或越年生作物的年生产周期一般可分为播种期（从整地播种到出苗）、生长期、收获期、休闲期（残茬期）等几个阶段，其中播种期和收获后由于地表缺乏植被覆盖，发生水土流失风险较大。特别是播种期，不仅扰动土壤而且要求有一定降雨存在，虽然持续期间较短，但该时期水土流失不容忽视。如果播种后遇到大雨发生严重水土流失甚至可能冲走种子，影响农业生产。

农作物生长期又可分为幼苗期、旺盛生长期、开花结实期等。作物的覆盖度从苗期开始逐步增长，所以在整个作物生长期内，水土流失的风险是前高后低的。但作物生长后期覆盖度达到最高，作物覆盖度和控制水土流失的效果可能会有所降低。作物收获后，地表覆盖降低，番薯、马铃薯、花生等收获时挖开地表会对地表造成一定的扰动，因而收获期及收获后土壤流失量也相对较大。收获后是否保留残茬对坡耕地土壤侵蚀也有重要影响，留茬对地表有一定的覆盖作用，因而土壤流失量相对较小。

在西南地区，农作物又经常被分为大春作物和小春作物。大春作物是在春、夏季（4—9 月）播种的作物，如水稻、玉米、花生等，是南方农业的主要作物；小春作物在秋、冬季（10 月至次年 4 月）播种，第二年夏季收获，包括越年生作物（小麦、油菜）和在早春播种的某些一年生作物（如马铃薯、某些早春蔬菜）。南方的雨季一般在 4—9 月，大春作物整个生长季都在雨季中，作物需水量可得到保障，唯后期七、八月份可能出现伏旱危害。但是，雨季前期 4—6 月出现南方梅雨，大春作物播后不久，覆盖度一般不足 50%。受春耕影响，土壤疏松，抗蚀力低，遇暴雨则大量流失，因此坡耕地侵蚀高峰多出现在 4—5 月，其侵蚀量约占全年总侵蚀量的 1/2。对于小春作物，梅雨季节作物达到一定的覆盖度可有效保护土壤，水土流失较少，但小春作物一般在夏季收获，收获后如果地面缺乏有效保护，一旦遇到盛夏暴雨，也容易发生严重的水土流失。

郭继成等（2014）通过小区实验研究认为，西南喀斯特地区等高耕作时种植玉米比种植马铃薯水土保持效果更好。不同时期 C 因子值差异较大，呈现苗期＞发育期＞残茬期＞成熟期的特点，即从作物的发芽到成熟，C 因子值逐渐减小；作物收获之后，C 因子值又明显增大。这样的变化特征体现了作物对地表的保护作用随着作物的生长发育（即随着植被覆盖度的增大）而逐步增强的特点，即地表覆盖度越大，C 因子值就越小，反之 C 因子值就越大。苗期因子值较大且接近于 1 主要是由于该时期地表覆盖度很低，对地表的保护作用小，侵蚀性降雨直接打击地面容易产生土壤侵蚀；相比苗期，发育期、成熟期、残茬期因子值均较小；马铃薯在发育期、成熟期、残茬期的 C 值为玉米在相应时期因子值的 10 倍左右。

如图 1－5－2 所示（唐寅等，2012），在一年当中，6 月份的 C 值最低，10 月份最高，这既与作物种类有关，但主要是受到地表盖度变化的影响。地表覆盖度与作物 C 值的变化规律呈负相关。

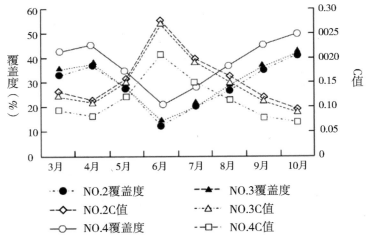

注：NO.2 为顺坡小麦/番薯轮作，NO.3 为横坡小麦/番薯轮作，NO.4 为横坡小麦/番薯轮作＋紫花苜蓿植物篱。

图 1－5－2　地表覆盖度与作物 C 值的年内变化（唐寅等，2012）

上述实验，虽然研究结果不尽相同，但仍然有一定的规律性。总体而言，农田土壤侵蚀风险最大的时期首先在雨季暴雨集中期，其次是播种期、苗期以及收获后等作物枝叶不能有效覆盖地表的时期。能有效阻控水土流失的作物，一方面在降雨集中期要有较高的覆盖度；另一方面要生长迅速，播种期、苗期和收

中国南方水土保持

第一卷·南方地区水土保持技术原理

获后的水土流失应尽量得少。因此,合理选择农作物种类对水土保持有明显的作用,应从提高坡耕地植被覆盖度及满足市场需要等目的出发,合理选择农作物种类,优化种植模式,兼顾水土保持措施布置,实现坡耕地可持续利用;同时充分利用了水热光照资源,提高了土地边际生产力和农业经济效益,对维持南方丘陵山区农业可持续发展起着相当重要的作用。

但是在西南山区,玉米、薯类、烟草、花生、豆类和部分蔬菜等都是重要的农作物,其生长期内降雨较多,发生水土流失的风险一直较大,需要采用适宜的水土保持栽培、耕作技术措施。

(三)作物布局对水土流失的影响

在农作制度中作物布局包括时间布局和空间布局。在时间上,农作物的种植制度可分为单作和复作。复作是一种作物收获后再播种另一种作物的种植模式。采用复作可实现一年多熟,提高土地的复种指数和利用率。中国南方地区的热量与水分条件可满足大部分农作物一年两熟的要求,在华南和云南南部等地,还可达到一年三熟,如果采用套种制,长江以南和四川盆地大部分地区都可实现一年三种三收。西南高山河谷地带,由于受地形影响,垂直地带性和焚风作用显著,海拔1300m以下的金沙江、安宁河谷等地≥10℃积温达6500~7500℃,农作物全年都可生长,可一年三熟(双季稻+越冬作物),香蕉、番木瓜、咖啡等热带经济作物也能种植;海拔1300~2200m的山区≥10℃积温3500~6500℃,可种植中稻,大部分地区可稻麦两熟,种植玉米可高产;海拔2200~2600m的山区≥10℃的积温2000~3500℃,粮食作物以玉米、荞麦、燕麦等为主,陡峻的山地应以林为主;海拔≥2600m适于发展林、牧业(柴宗新,1996)。

由于土壤肥力短缺,传统栽培制度大都为一年一熟,不仅浪费了水热资源,制约单产水平提升,而且作物有效覆盖地面的时间较短,或冬闲春播或冬种夏闲。冬闲春播地块土壤侵蚀的主要风险发生在4—6月梅雨季节。由于连续降水、降雨量大,土壤水分达到饱和,易发生蓄满产流,但作物覆盖度较低,难以对地面形成有效保护,且受播种耕作活动影响,表土疏松易被地表径流冲刷。冬播作物收获后,受到台风及西南低涡影响,7—8月份发生暴雨的可能性也较大,缺乏植被保护的坡面可能发生严重水土流失。

农作物的空间布局制度可分为单作和间、混作。单作即一块农田里只种一种农作物。与单作相对应的是间、混作,即两种或两种以上的作物同时种植在一块田地里。其中:间作是指两种作物分行间隔交替种植的种植模式,混作是指把两种或两种以上作物混合在一起播种。单作耕作的田间管理形式简单,便于大规模机械化生产,提高劳动生产率,所以在现代农业大生产中得到了日益广泛的应用。

间、混作将两种或多种农作物同时种植在一起,有利于发挥不同作物之间互利共生作用,充分利用农田中不同生态位,如深根和浅根、喜肥和固氮、喜光和耐阴,从而得到充分利用水热气候资源,提高产量的作用。

与水田与水浇地相比,旱地更容易采取间、混作和套种的种植制度。这是因为在灌溉条件下,参与间、混、套种的作物对土壤水分的需求和需水规律要求有一定的一致性,否则灌溉制度设计存在较大的难度。旱作雨养农业不存在灌溉制度设计的问题。间混套种与单作相比,更加保持水土。首先,间混套种作物长势更好,更容易实现较高的地表盖度,高秆与矮秆、匍匐等作物间作,还可形成多层植被覆盖,保护地表土壤,免受降雨和径流的侵蚀;其次,中耕植物容易发生水土流失,而密植作物易形成较高的植被覆盖度,保护表土免受降水径流冲刷,引起的土壤流失量较少,同时植株对坡面径流产生阻力,甚至沉淀部分泥沙。总而言之,中耕植物与密植植物特别是牧草等多年生植物间混套种是一种有效的坡耕地水土流失治理措施。

二、轮作技术

轮种复种、间作特别是套作技术较单作—休耕制度能增加地表覆盖,减少土壤侵蚀,保护和有效利用水土资源。南方地区水、热等气候条件较好,可满足一年多熟的要求,因此轮作技术出现很早,主要有水田轮作和旱地轮作两种。

(一)轮作技术的特点与作用

南方地区土壤肥力不足是复种指数提高的主要限制因素。中华人民共和国成立以来,伴随着化肥工业发展,广泛推广了以两熟和三熟制(套作)为主的种植制度,以增加植被覆盖度,在增加产量的同时减少土壤流失。轮种制度设计中,前后茬作物应该具有互补性,如深根和浅根、喜肥和固氮,从而充分利用土壤水肥资源,且不是相同的病原生物的寄主,从而能遏制土壤害虫、病原微生物的传播；合理的轮作制度可实现用地和养地相结合，培肥土壤，避免大面积种植单一作物形成的土壤肥力衰竭、病虫害增加等问题，同时也可改良土壤、提高土壤渗透性、土壤抗蚀性，减轻水土流失。

由于豆科植物根系发达，同时具有根瘤菌固氮作用，改土作用强，是重要的轮作作物。轮作制也可分为包括豆科植物和不包括豆科植物的轮作制度。具体而言，轮作技术还可分为不同农作物按先后顺序种植在一块耕地上的农田轮作技术和农作物与绿肥、牧草交替、重复种植的草田轮作技术。

（二）农田轮作技术

我国南方地区农田轮作形式主要有水田多季稻和水旱轮作、旱地轮作等。水旱轮作主要是冬小麦或油菜与中稻轮作，也可在冬闲田播种紫云英等绿肥牧草。

南方地区旱地一年两熟轮作制度当中的前茬作物（早春或上一年秋冬播种）主要有小麦、油菜、马铃薯或蔬菜（包括菜用豆），在西南地区一般也被称为小春作物，在 5 月份收获，并播种、移栽后茬作物。华中、华南和东南地区，由于春夏梅雨季节，小麦病虫害多发，很少种小麦，油菜和早熟蔬菜是重要的轮作作物。后茬作物主要有玉米、花生、豆类、薯类、瓜类、烟叶等，一般在 4—6 月份播种，9—10 月份收获，在西南地区也被称为大春作物。主要轮作方式有粮粮轮作（小麦—玉米、小麦—番薯、马铃薯—玉米）、粮油轮作（小麦—花生、小麦—夏大豆）、粮棉轮作（麦茬棉）、油粮轮作（油菜—玉米、油菜—番薯）、两油轮作（油菜—花生）以及粮（油）菜（瓜）轮作、粮烟轮作等。

在华南以及西南地区南部的南亚热带与热带地区积温较高，无霜期较长，甚至农作物可全年生长，实现一年三熟，即在早春、仲夏各播种一季作物后，再冬播一种作物。三熟制主要的轮作模式是双季稻 + 冬种蔬菜、薯类等。

当然一种好的轮作方式，应该尽量提高土壤侵蚀危险期坡耕地地表植被盖度。所谓侵蚀危险期为降雨侵蚀力较大且地表植被覆盖较差的时段，提高该时段内的地表覆盖，可有效控制水土流失，同时有助于充分利用水热资源，提高耕地单产。

此外，轮种制度还需要考虑市场需求，以促进农业和农村经济发展。近年来，我国口粮需求已经自给有余，南方早籼稻品质差，滞销减产，江南地区春夏梅雨，盛夏伏旱、暴雨，种植小麦、玉米，产量低、易发生病虫害。

南方地区在我国三大粮食作物生产中的地位已经下降，目前适应南方市场需求、水土流失风险又相应较少的旱地农业轮作模式主要有油粮轮作（油菜—玉米、油菜—番薯）、两油轮作（油菜—花生）以及粮（油）菜（瓜）轮作等。与其他水土保持农业技术措施相配合，可在保护生态环境的基础上，充分利用南方山丘区丰富的水土光热资源；又可满足国内市场对食用油、蛋白饲料的需求，促进农业和农村经济发展。

（三）草田轮作技术

种植多年生牧草是南方地区特别是西南山区迅速控制水土流失和改善生态环境的有效措施之一。南方山丘区，特别是喀斯特岩溶高原区土层薄，而草本植物耐旱耐贫瘠，根系主要分布在 0~30cm 的土层中，发达而致密，地上部分茎叶茂盛，再生力强，能快速覆盖地面，保水、保肥能力强。同时，随着社会经济发展，口粮已经不是我国粮食安全的关键，水稻、小麦、玉米等大宗谷物均出现了阶段性和区域性的过剩。然而，畜牧业快速发展，对饲料的需要逐年增加，因此出现了许多亟待解决的关键技术问题。一方面，冬春季节饲、草料严重短缺，草畜供求矛盾十突出；另一方面，我国南方地区特别是西南山区具有开发潜力的土地、水分、光照和热量等农业资源没有得到充分利用与转化。因此，农业种植结构由粮食、经济作物二元结构向粮、经、饲三元结构转变，把牧草纳入轮作制度，并发展畜牧养殖业，不仅能控制水土流失、改善生态环境，而且具有成本低、周期短、见效快和效果好的特点。熊先勤等（2005）在贵州独山的试验表明：皇竹草不仅适应贵州海拔 1100m 以下山地的生态环境，解决夏季牧草短期问题，而且生长迅速，可有效增加植被覆盖度，减少土壤容重，增加土壤孔隙度，提高土壤储水量和土壤肥力，栽植 70d 后植被盖度超过 95%，当年亩产鲜草接近 9t（134.33t/hm²），与对照裸地相比，地表径流减少 52.73%，土壤侵蚀量减少 70.26%。根据在云贵高原喀斯特山区的调查，篁竹草草地每年干物质产量可达到 15t/hm²，载畜量可达到 22.21 只羊单位/hm²，青贮玉米 + 洋萝卜草地也可达到 7.75t + 13.07t/hm²，载畜量可达到 30.83 只羊单位/hm²，是北方草原区的几十倍（张英俊等，2014）。因此，在南方水土流失区发展草田轮作制和草地畜牧业具有显著的生态、经济、社会效益。同时，牧草经家畜利用转化或产生大量优质廉价有机肥，达到过腹还田而改良土壤和培肥地力的目的。此外，还可利用牧草或家畜粪便发展沼气,解决农村能源问题。

在草田轮作制度中,牧草既可作为大春作物,也可作为小春作物(见表1-5-2)。赵小社等(2007)在云南省昭通市彝良县的退耕还草试验结果表明:在25°以上坡耕地,以多年生黑麦草、无芒雀麦、白三叶组成的混播草地播种4个月后即可达到90%以上的覆盖度,地表径流、侵蚀量明显下降,能显著抑制坡耕地水土流失,生态效益十分显著。若5月份播种,9月份即可刈割饲养家畜。即在油菜、小麦等小春作物收获后播种牧草,当年退耕,当年受益,而且牧草地可多年利用。

更多的时候,牧草是作为冬闲田的小春作物,参与轮作。我国南方很多省区,每年10月下旬到翌年4月中下旬是土地冬季休闲期,特别是由于早籼稻滞销,山丘区双季稻面积下降,一季中稻面积增加,土地冬闲的时间有延长趋势。在此期间,每年有20%左右的年降水量、40%以上的光能,15%的≥0℃积温资源处于浪费状态。如果实行冬季牧草与水稻(水田)、玉米(旱地)等大春作物的草田轮作制,种植一年生优良牧草(如紫云英、多花黑麦草、光叶紫花苕等)或饲用作物(表1-5-2),不仅可充分利用土地、光照、水热等环境资源条件为草食畜禽提供大量优质青饲料,促进畜牧养殖业的发展,还可减少冬闲地的水土流失。同时,大量的牧草根系残留在土壤中,可增加土壤有机质,改善土壤结构,有利于增加后茬作物的产量,实现用地与养地相协调。目前,在水稻收获后的冬闲田种植多花黑麦草,可产优质饲草75t kg/hm²,在收获玉米之后的冬闲田种植光叶紫花苕,鲜草产量达37.5~52.5t/hm²(张炳武等,2013)。

表1-5-2 草田轮作与传统轮作制度

序号	类型	5—10月	10月—翌年5月	翌年5—10月	翌年10月—第三年5月
1	传统农田轮作	水稻/玉米	小麦	水稻/玉米	小麦
2		水稻/玉米	蚕豆	水稻/玉米	蚕豆
3		水稻/玉米	蚕豆	黑麦草	黑麦草
4	草田轮作	水稻/玉米	黑麦草	水稻/玉米	黑麦草
5		水稻/玉米	光叶紫花苕	水稻/玉米	光叶紫花苕
6		水稻/玉米	黑麦草	水稻/玉米	黑麦草
7		水稻/玉米	黑麦草	黑麦草	黑麦草

国外对黑麦草与水稻轮作研究,主要集中在与我国南方地区亚热带地区气候条件相似的日本南部和韩国。过去,日本南部地区在对冬闲水田主要种植绿

肥紫云英,但 20 世纪六七十年代以来,逐渐在冬闲水田引入了优质牧草(意大利黑麦草),建立了黑麦草和水稻以及其他作物在不同季节轮换栽培的草田轮作系统,见表 1 - 5 - 2(龙伟等,2007)。

目前,日本的水田冬种作物中,黑麦草已完全取代了紫云英,并成为日本栽培面积最大的牧草。为了使黑麦草更适应稻田冬种的农艺性状要求,日本还培育了一系列早熟、浅根系品种,早熟品种提供了良好的轮作适应性,并保证在短暂的冬闲期内获得较高的产量,浅根系则减少了因残留根系所造成的植后耕耘的机械阻力,逐渐使黑麦草更适宜与其他作物实行轮作,从而使"黑麦草—水稻"草田轮作系统更趋完善。1987 年多花黑麦草和 IRR 系统被引入我国进行试验、示范并得到了一定的推广(辛国荣等,2001)。

三、间、套种技术

单纯的轮种复作,前、后茬生育期在时间上连续,没有交叉,从前茬作物收获到后茬作物播种、出苗,坡面土壤仍会在较长一段时间内缺乏植被覆盖,而一般这个时间段在 5～6 月,正值梅雨季节,降雨引起的土壤水土流失仍然可能比较严重。

(一)间、套种技术的特点与作用

套作也是一种特殊的间作。但是,一般间作和混作作物生育期相同或相近,在相同的季节里播种和收获;相对一般间作而言,套作虽然也是两种作物分行间隔交替种植,但两作物的生育期不完全相同,前茬作物和后茬之间有一定的共生期。

套作是前季作物生长期,在株、行或畦间播种或栽植后季作物,前季作物收获后后季作物继续生长的种植方式。参与套作的作物一般包括喜温凉的作物(如麦类、油菜)和喜温暖的植物(如玉米、棉花)。作物的共生期只占生育期的一部分时间,作为一种特殊的复种方式,套作可解决前后季作物间季节矛盾,可缩短休闲期,能增加复种指数和地表覆盖度,提高水土气候资源利用率,减少土壤侵蚀和水土流失。套种与轮作相比,前后茬之间有一定共生期,可保证坡耕地全年都有一定的植被覆盖,降低了轮作制度中前茬作物收获后到后茬作物幼苗期较高的水土流失风险。共生期前后,由于存在留行带,单作植物的通风透光条件更好,因此,可获得更高的相对产量。

为了达到充分利用养分、水分、光能和热量等多种农业资源,并提高利用率的目的,参与间、混作的作物应该占据不同的生态位,并具有互利共生的种间关系。如喜光和耐阴、高秆和矮秆、深根和浅根、喜肥和固氮的作物,在资源利用方面上可很好地起到互补作用。间作模式可分为两大类:包括含豆科作物和不包括豆科作物。含豆科作物的间作体系因存在共生的根瘤菌固氮和氮转移等特点间,能更高效地利用资源,并减少氮肥施用量和非点源污染。在间套作系统中,高秆作物由于通风透光条件更好,具有"边行效应",通常有更高的相对产量优势。混作目前多应用于人工草地,如苜蓿、三叶草与黑麦草混播,油菜与毛苕子、紫云英等豆科绿肥牧草混种也是一种常见的混播模式。

中耕作物在坡耕地上的水土流失一般高于密植作物,所以高秆中耕作物与密植作物间混套作,以及粮草带状间套作、水平灌草带等,可形成多层植被覆盖,提高地表覆盖度,减少降水打击、冲刷地表土壤,调控坡面径流流速,沉淀泥沙,是一种行之有效、投资少、见效快的水土保持措施。水平草带通过挂淤拦蓄坡面径流中的泥沙,持之以恒,坡耕地将初步转变为阶梯状的坡式梯田。

由于不同作物在侵蚀高峰期的覆盖度不一样,因而,不同作物的间作套种所产生的水土流失量也不一样。例如,在两熟制条件下,番薯在暴雨来临时覆盖度较小,而花生和玉米则有较大的覆盖度(史德明,1989)。在三峡库区,小麦、花生间作黄花菜的土壤侵蚀量仅为麦—薯两熟制的60%,为小麦—玉米—花生的76%(史德明,1989)。另据观测,花生套种油菜的土壤流失量分别为高粱套小麦及玉米套种豌豆的70%和65%;玉米间种冬豆的流失量为玉米间种番薯的50%左右,通过合理搭配不同作物种类进行间作套种可达到减轻坡耕地水土流失的目的(向万胜等,1998)。

间、混、套作是我国农业精耕细作传统的重要组成部分,并占有了重要的地位,但随着机械化大农业的发展,传统的精耕细作模式与规模化、机械化生产过程间的矛盾日渐显现。如何将农艺技术与农技技术相结合,实现间混套作的新突破,是一个急待解决的问题。目前在生产实践中已经出现宽幅带状间作(如草田轮作)、一年生(或越年生作物,如小麦、油菜)与多年生牧草混播混收(牧草做多年利用)等适合机械化生产的间混套作模式。

（二）旱地三熟制套作技术

小麦、玉米、番薯是南方旱地特别是西南山地丘陵区常见的旱地作物，小麦经常作为前茬作物与玉米、番薯轮作，形成两熟制栽培制度。但南方大部分一年二熟制坡耕地雨季来临时，大片坡地覆盖度仍然很低，因此，在四川盆地，通过间、套作耕作制由过去常见的两熟，发展到三熟，详见表1-5-3（向万胜，1998）。前作未收套种后作，不仅增加了作物光合作用面积，延长了光合作用时间，也增加了地面的枝叶覆盖率，减少雨滴对地面的直接打击。具体做法是：带状种植冬小麦，播种时预留下空带种植绿肥饲料（或蔬菜），次年3月下旬刈割绿肥后套播玉米，与小麦共生40～45d；5月中下旬小麦收获后套栽番薯，与玉米共生约60d；玉米收获后的带茬在8月末抢种一季短期绿肥（或蔬菜）与番薯间作，10月末收去绿肥立即套种冬小麦；以上为一个分带轮作周期。这种种植制度的优点体现在以下三方面。

首先，这种种植制度下作物生长旺盛期交替出现，增加了地面覆盖时间和面积，有利于保持水土。各作物生长旺盛期分别为：小麦3—4月、玉米5—8月、番薯8—10月（表1-5-3）。小麦收时叶面积系数为1，玉米收时番薯已经封垄，因此增大了暴雨季节作物衔接期间的地面覆盖度，并且玉米与番薯立体交错覆盖，避免了暴雨对土壤的直接冲击，减轻了侵蚀。研究结果显示：麦—玉—薯三熟制下的土壤侵蚀量仅为麦—薯两熟制的80%。

表1-5-3　三熟制套作安排表

月份	1	2	3	4	5	6	7	8	9	10	11	12
小麦	■	■	■	■	■					■	■	■
绿肥或蔬菜			■									
玉米			■	■	■	■	■	■				
番薯					■	■	■	■	■			

注：■为作物生育期。资料来源：向万胜（1998）。

其次，高矮秆结合、直立与匍匐相结合的间套复种形式在时间和空间上充分利用了光热资源，延长了光合时间，增大了光合面积。同时，避开了伏旱，有利于合理利用水资源。与小麦—玉米轮作相比，玉米播期提早40～45d，把需水量最多的抽雄期安排在光热水最充足的季节，避免了伏旱危害，并提早进入了最大叶面积阶段，这样既可为番薯套栽后的保苗期遮阴保湿，使之在有利的水分条件下进入分枝期，又能在伏旱到来之前使番薯叶片及早封垄，有利于保持水分。在7月中旬测定，麦—玉—薯三熟制下耕层土壤水分含量为14.4%，而麦—薯两熟制下土壤水分含量仅为11.4%，前者比后者高出了3个百分点。

（三）农作物与绿篱间作技术

一年生农作物与多年生作物（如黄花菜、苎麻、多年生牧草等）带状间作，或与多年生灌木所构成的绿篱（等高植物篱）间作是一种更为有效的坡耕地水土保栽培技术，如三峡库区坡耕地采用黄花菜及金荞麦，当地一种野生多年生饲料牧草与小麦、玉米间作，其土壤侵蚀量分别比麦—薯两熟制降低40%和18%（向万胜，1998）。等高植物篱与农作物间作可起到"保土排水"的作用（唐寅，2012），相同降雨侵蚀力条件下，不同土地利用方式坡耕地水土流失蚀差异很大，表现为清耕休闲 > 顺坡耕作 > 横坡耕作 > 横坡植物篱，横坡植物篱年均侵蚀量（691.8g）最小，仅为顺坡耕地、横坡耕地的0.48倍、0.71倍；而径流量（1266.7L）仅次于清耕休闲地，分别是顺坡耕地、横坡耕地的1.21倍、2.14倍。

绿篱最佳树种及间距取决于坡度、土壤类型及其抗蚀能力、降雨量、作物种类等因素。一般情况下降雨越强、坡度越大，土壤抗蚀能力越差，越容易发生水土流失，绿篱间距越小。

绿篱树种一般要求能有效增加地表覆盖，且固土能力强、直根系、根系深，能改良土壤；同时与农作物在光照、养分、水分等方面的竞争比较少，能抑制农田病虫害的传播。黄欠如（2001）、范洪杰（2014）、郑海金（2016）等研究了香根草绿篱的水土保持效果，与常规耕作相比，香根草篱、稻草覆盖、香根草篱 + 稻草覆盖处理分别降低地表径流11.2% ~ 35.1%、30.9% ~ 50.7%和41.2% ~ 86.2%；分别降低土壤侵蚀模数82.8% ~ 97.5%、92.3% ~ 97.3%和94.9% ~ 99.5%，对阻控红壤坡耕地的水土流失起到了显著作用。同时，稻草覆盖和草篱 + 稻草覆盖处理，与对照相比，这两种处理可分别增产26.6% ~ 50.9%、15.5% ~ 37.7%（$P < 0.05$）。因此稻草覆盖、草篱 + 稻草覆盖结合是红壤缓坡旱地水土保持的有效措施（范洪杰等，2014）。

国外相关研究（Lal，1989）也表明，在坡耕地采用等高绿篱与农作物间作，通过绿篱减小坡地径流速度，并在坡地上形成自然土垄，可达到控制水土流失、拦蓄径流泥沙的目的，同时获得较为理想的农作物产量。热带、亚热带地区常用作的绿篱树种有狄氏黄胆木、柚木以及银合欢属、丁香属和千斤拔属的多年生树种。

第三节 水土保持耕作技术

土壤是农业生产的基础,也是侵蚀直接作用的对象。我国南方旱坡耕地的主要土壤是红壤、黄壤及紫色土等,都是在花岗岩、红色砂岩、石灰岩以及紫色页岩等风化形成的成土母质上经过淋溶富铝土化等作用形成的。虽然因为成土母质不同,土质有所差异,但都具有明显的黏(重)、板(结)、酸(化)、贫(瘠)等特点(缺点)。因此,南方土壤及水土流失过程具有一定的特殊性,首先是土壤黏重、渗透性差。水土保持耕作技术承担既保水又排水的双重调水任务,主要包括以改变小地形为主的蓄水保土耕作措施和保护性耕作两种形式。

一、耕作制度对水土流失的影响

(一)我国南方耕作技术的特点与演变

通过耕作和施肥改良土壤,是我国南方山地农业几千年来得以不断发展并保持土壤肥力的根本原因。传统的土壤耕作由来已久,大体出现在由刀耕火种的迁徙农业向定居农业转化的过程中,经历了游耕(刀耕火种)、锄耕、犁耕到现代机械化耕作不同的发展阶段。

人类最初的耕作制度是游耕制,即刀耕火种。中华文明的始祖之一——炎帝神农氏,又称烈山氏,烈山即放火烧山。至今,历山(烈山)等地名仍见于山东济南、湖北随州等地,也反映了炎帝一族由北向南迁徙、扩散的过程。刀耕火种在我国南方山区存在时间很长,直到 20 世纪中期仍广泛见于西南边疆民族地区,甚至华中、华南山区部分少数民族当中(如"过山瑶"、部分苗族、畲族)。在 20 世纪 80 年代后由于人口增长和经济社会条件变化,才彻底衰落,只有喜马拉雅山区还保留有人类游耕文化少数的残余。其技术特点是"烧而不耕",

即在冬春之际砍伐植被,春末夏初雨季来临之前焚烧,形成的灰肥可补充土壤养分,并降低土壤酸性,同时烧荒之后,草死虫灭,土坡疏松、不使用锄犁耕地,用点播棒即可播种,盛夏雨水旺盛,不必除草,庄稼即生长良好,并有较高的单产水平。

"烧而不耕"一方面是因为生产力水平落后,缺乏锄犁等铁质农具,另一方面深耕可能导致表层灰肥损耗,加剧水土流失,还可能损害地里树桩的树根。一般林地烧荒后的一年中,残留的树桩即蓬勃发枝,尤其是该区山地具有不少速生树种,如旱冬瓜树(尼泊尔桤木)、短命树(异色山黄麻),七八年后又可恢复成森林,并且水冬瓜树是极好的肥地植物,其根部的根瘤菌具有固氮作用,是更新地力的最佳绿肥,因而不少山地民族皆人工种植水冬瓜树,以进行粮林轮作(尹绍亭,1990)。

降水充沛,树木生长迅速,植被更新周期短,是刀耕火种盛行的必要条件。游耕地在当地也叫"懒活地",是一种很粗放的农业生产方式,同一块地只有等待七、八年甚至十几年或者更长时间,通过自然植被成长恢复地力,才能生产一次,所能承载的人口密度很低,每平方千米甚至有可能不足 10 人(尹绍亭,1991)。

随着人口密度增加,连续耕作的年限越来越长,撂荒时间越来越短,逐渐转向定居耕作。在固定耕地中进行生产必然要面对肥力下降和杂草蔓延等问题,耕作与施肥成为农业重要的生产环节,以铁质农具和人畜耕作为代表的传统农业在我国持续数千年,至今仍没有完全退出南方山地农业的舞台。

当然,很多长期游耕的山区实际上并不存在大规模的水土流失,主要是因为人口密度低,土地休耕年限长,植被得以恢复,所以一边是刀耕火种,一边是绿水青山。而农田水土流失主要是人类在固定耕地上的耕作活动造成的(尹绍亭,1996)。

耕作对土地扰动贯穿于播种前整地、播种,生长期耕作除草,甚至采收和采收后等整个生产过程。扰动土壤的主要目的是疏松土壤,增加通气、透水性,改良水热状况,活化土壤,促进有机质分解,提高土壤肥效,切断表层土壤毛细管,抑制深层土壤水分蒸发,所以有"锄头底下有火,锄头底下有水"的农谚。此外,耕作还有除草和杀灭害虫虫卵、病原微生物的作用。由于南方地区土壤黏重,年降水量大,杂草易生长,所以,通过一定的耕作措施活化耕层土壤和除草是在所难免的。同时,耕作有助于肥料深施,施用土粪特别是草木灰,不仅可恢复地力,也可降低红黄壤、紫色土的酸性和黏性。

但是,耕作在形成疏松的耕层土壤的同时,也对土壤结构造成了干扰和破坏,形成的疏松土壤容易遭到水力、风力等外营力的侵蚀。降水和灌溉后,耕层土壤易板结,需要新的耕作措施才能恢复,因此,耕作是我国传统农业最重要的生产环节之一。因此,古诗中有"锄禾日当午,汗滴禾下土,谁知盘中餐,粒粒皆辛苦""北山种了种南山,相助刀耕岂有偏。愿得人间皆似我,也应四海少荒田"等反映农田耕作劳动场景的诗篇。

因此,耕作对水土流失的影响具有双重性,一方面可促进降水入渗,增加土壤蓄水,降低径流系数。另一方面,疏松的耕层土壤如果失去植被保护易遭受水蚀和风蚀,耕作形成坚实的犁底层,阻碍土壤水分入渗和根系伸展。耕作方式及其对水土流失的影响目前也是水土保持农业技术研究关注的重点。

(二)种植方式对水土流失的影响

按照相对于原始地面的位置,农作物种植(播种)方式可分为平播、垄播和沟播。平播是在原有地面上开沟(穴)点种或撒播的一种播种方式,垄播是在播前修筑高于原地表面的土垄,再在垄面上播种;沟播则与之相反,先在农田中开沟,在沟底播种。垄播在北方主要起到增加地温、提前播种的作用,在南方主要起到排水和降低土壤湿度的作用;沟播则主要是在干旱地区起蓄水保墒的作用。垄播和沟播都属于改变小地形的水土保持农业耕作措施。由于降水较多,土壤湿度较大。我国南方地区主要采取平播与垄播。

另外,作物种植走向特别是垄沟走向对土壤侵蚀也有极显著的影响,一般分为横坡(等高)种植和顺坡种植。横坡种植指作物垄的方向和地块坡向垂直的种植方式,顺坡种植则是作物垄的方向沿着地块坡向的种植方式。

目前,大多数农民仍采用顺坡耕作。在坡耕地采取顺坡耕作,犁沟经常成为坡面水流汇集的通道,在坡地下方水流冲刷将比较严重,犁沟甚至成为浅沟的源头。虽然通过耕作措施可将细、浅沟平复,但还是会在坡面上形成负地形,再次降雨情况下很容易出现细、浅沟,甚至形成恶性循环。

横坡耕即犁头的耕作方向与坡面保持垂直,起垄可增加地表起伏,拦蓄降水、径流,增加入渗,减少径流冲力,起到保土、保水、保肥的作用。郭云周(2006)通过在15°左右的坡耕地径流小区进行定位试验,比较研究了不同种植、施肥方式和等高植物篱条带措施对坡耕地梯化进程、水土流失、土壤含水、玉米产量和土壤养分盈亏的影响。结果表明:等高耕作、配方施肥方式和等高植物篱条3种措施相结合,可使10m长的试验小区年均减缓坡度1.12%(0.64°),5年累计减缓5.60%(3.20°);等高植物篱条带+顺坡耕作可减少地表径流77%、土壤流失量62%以上,等高耕作可减少地表径流97%、土壤流失量75%以上;高植物篱条带+等高耕作能使土壤流失量下降93%;3种措施相结合使0~20cm、45~55cm和90~100cm土层平均含水量比农民习惯模式分别提高4.05、2.55和2.22个百分点,等高耕作具有明显的蓄水保墒作用。等高种植能使玉米增产20%以上。配方施肥能使玉米增产15%以上,等高植物篱条带能增产9%以上,配方施肥虽然不具有直接减少水土流失的作用,但是促进了植物生长,增加了植被对地表的覆盖度,对水土流失起到间接抑制的作用。等高种植配合合理的配方施肥与等高植物篱条带措施,既能有效控制土壤流失和减少地表径流,降低坡耕地土壤钾素亏损量,又能保障玉米高产,是值得向广大山区农民推荐使用的理想模式。

农作物种植方式还可分为直播和移栽两种,其中直播又可分为穴播(点种)、条播和撒播。穴播是按一定间距在地面上开挖种植穴,将种子置于种子穴中并覆土的一种播种方式。穴播用种少,易于控制播种质量,用种量省,同时可在种植穴附近集中施用肥料,易于获得高产,且肥料利用效率高,并减少农业面源污染。穴播技术由来已久,最早的刀耕火种年代即采用点种棒穴播。此后,在漫长的农业文明期间,对中耕作物也经常用镢头等农具开挖种植穴,并点种穴播。现代保护性农业兴起以来,出现了点播机等配套的农机具。作物移栽(插秧)以及马铃薯等用根茎繁殖其实也属于特殊的穴播形式。穴播对地表面扰动较少,是一种不易引起水土流失的播种方式。为了减少水土流失,坡耕地穴播一般采取横坡、上下相临两行错窝播种。

条播可以和施肥结合起来,易于实现机械化,提高效率,是目前最常用的播种方式。条播首先按一定间距采取人、畜力或农机具开沟,然后较均匀地将种子置沟底,并覆土。小粒种子(如谷子、油菜等)一般覆土1~2cm;大粒种子(如小麦、玉米等）3～5cm。过深影响出苗,过浅表层土壤含水率过低,种子不能充分接触湿土,也影响出苗。但条播在整地、播种过程扰动表层土壤,使土壤疏松、裸露,黏聚力和抗蚀性、抗冲性降低,增加了苗期水土流失的风险。

撒播是直接将种子撒在湿润地面上,播后可不覆土,用工省,但用种量最大,对土壤水分要求较高。撒播效率较高,不扰动破坏表土引起水土流失,主要用于某些植物的苗床育苗,大田中应用较少。绿化时候采用的飞播、喷播造林种草也属于撒播。

（三）耕作方式对水土流失的影响

耕作的目的主要是为了改良土壤,创造适合农作物根系生长的土壤环境。从烧而不耕的刀耕火种开始,我国南方土壤耕作技术经历了游耕、锄耕、犁耕、机耕、保护性耕作（少、免耕,覆盖技术）等发展阶段,直到今天,不同耕作技术仍然并存。

耕作对水土流失的影响具有二重性:一方面,耕作措施可活化土壤,增加总孔隙度,特别是通气孔隙度和饱和入渗速度,有观测数据如表1-5-4所示（赵建民,2017）;另一方面,疏松的耕层土壤如果失去植被保护易遭受水蚀和风蚀,此外,耕作形成坚实的犁底层,阻碍土壤水分入渗和根系伸展。

表1-5-4　土壤孔隙度与入渗速率

坡位	土地利用	总孔隙度（%）	通气孔隙度（%）	田间持水量（%）	饱和入渗速率（mm/min）
坡上	菜地	50.44	24.62	25.82	0.959
	休闲地	50.2	22.52	27.68	0.366
	油茶	48.56	21.58	26.98	0.484
	柑橘	49.68	21.53	28.15	0.138
坡中	菜地	52.33	23.59	28.74	0.76
	休闲地	49.09	21.74	27.35	0.32
	油茶	48.54	21.58	26.97	0.526
	柑橘	52.15	23.86	28.29	0.374
坡下	菜地	51.5	27.29	24.21	2.685
	休闲地	48.8	23.55	25.25	0.77
	油茶	48.31	24.14	24.17	0.395

坡位	土地利用	总孔隙度 （%）	通气孔隙度 （%）	田间持水量 （%）	饱和入渗速率 （mm/min）
	柑橘	55.4	26.62	28.78	0.523
	荒坡地	45.79	18.91	26.88	0.042
	林地（苗圃）	49.43	22.75	26.68	0.905

资料来源：赵建民（2017）。

对照坡地的总孔隙度分别为45.8%（荒坡地）和49.43%（林地）。与对照相比，经过耕作后，梯田区土壤的孔隙度有了显著增加。一般，上坡位与中坡位的土壤孔隙度的差异不是很显著，下坡位明显要高一些。进一步分析表明，土壤耕作后孔隙增加的主要是通气孔隙。不同坡位和土地利用形式之间田间持水量的差异并不是很显著，一般在26%～28%，只有个别样地在25%以下。由于土壤黏重、板结，荒坡地通气孔隙度不足20%，在所有样地中最低，林地的通气孔隙在23%左右，与梯田区地埂油茶（*Camellia oleifera* Abel.）林带相仿。梯田区菜地与地埂柑橘地（*Citrus reticulata* Blanco）更为疏松，基本在23%以上，最大达到了26%～27%，从而增强了土壤入渗和容纳降水的滞洪能力（图1－5－3）。

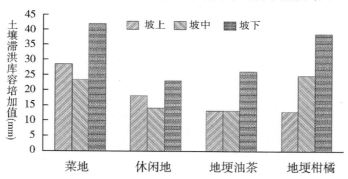

图1－5－3　不同土地利用型土壤滞洪能力（赵建民，2017）

耕作区土壤饱和入渗速率显著高于对照荒坡（0.042mm/min）。菜地的入渗速率在0.76mm/s以上，比其他3种土地利用类型高得多，平均度达到了1.47mm/min，超过了林地入渗速率（0.90mm/min），最高达到2.67mm/min，这可能是因为土壤中有大孔隙形成了优先流。林地也有较高的稳定入渗速度，可能主要是因为树木根系形成了较多的根孔。休闲地、地埂油茶、地埂柑橘的土壤入渗速率在0.3～0.7mm/min，逐渐减小，但差异不大，分别是0.48mm/min、0.47mm/min、0.34mm/min。

如图1-5-4所示,坡面上部与中部土壤饱和入渗速率差异不大,均显著低于坡面下部,这可能由长期的水土流失使坡面中上部土层变薄、土壤更为黏重造成的。同时,上层土壤的入渗速度也大于下层入渗速度。较高的稳定入渗速率可提高超渗产流的临界雨强,起到减少坡面径流,促进降水形成土壤水和地下水的作用,是水土保持措施涵养水源、防治土壤侵蚀重要的作用机制。当然,上松下实的土壤结构使上层土壤稳定入渗速率高于下层,这会使得上层土壤中存在暂时性的重力水,并沿着地形坡度向坡下发生壤中流,壤中流在梯田水文与土壤侵蚀中的作用需要进一步的研究。饱和入渗速率与通气孔隙之间有一定的正相关关系(详见图1-5-5),其相关系数已经达到了显著影响的水平。

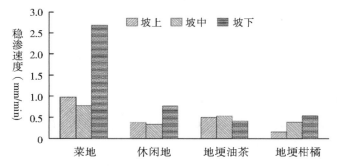

图1-5-4　不同土地利用型的土壤入渗速度(赵建民,2017)

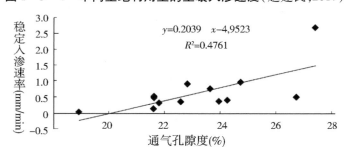

图1-5-5　土壤通气孔隙与稳定入渗速率的关系(赵建民,2017)

不同耕作措施间土壤侵蚀量年际间差异较大。如张文安等在云贵高原黄壤丘陵区采用径流小区试验研究了不同耕作方式对春玉米＋大豆间作水土流失的影响,试验小区面积为200m²(10m×20m,投影面积),坡度为11°～13°,春玉米＋大豆间作带宽1m＋1m,分别种植2行玉米＋2行大豆,上下行之间错窝播种。研究结果表明:小区径流量从多到少依次是顺坡平作＞横坡平作＞横坡聚土＞横坡聚土盖膜＞横坡平作盖膜＞横坡平作少耕,侵蚀量依次是顺坡平作＞横坡平作＞横坡聚土＞横坡平作盖膜＞横坡聚土盖膜＞横坡平作少耕

（表1-5-5）。总体而言，横坡耕作的径流量和侵蚀量均显著小于顺坡耕作，上述6种耕作措施总体上可分为三类，顺坡为一类，两种横坡耕作措施为一类，横坡+少耕、盖膜为一类。

表1-5-5　耕作措施对坡地径流和土壤侵蚀的影响

耕作措施		顺坡平作	横坡平作	横坡聚土	横坡聚土盖膜	横坡平作盖膜	横坡平作少耕
径流深	数量(mm)	174.4	108.4	81.8	58.1	51.7	46.8
	相对量(%)	100	61.01	47.48	33.31	29.64	26.83
侵蚀量	数量(t/km². a)	4328.6	1184.8	871.0	334.8	362.3	168.8
	相对量(%)	100	27.37	20.12	7.73	8.37	3.90

资料来源：张文安等(2000)。

不同处理间土壤侵蚀量年际间差异较大，与年降水、径流量变化有很大的关系，但试验结果仍有良好的再现性，降水径流量与土壤侵蚀量呈高度正相关（图1-5-6），这说明耕作措施保水保土作用的基础是增加入渗，减少径流冲刷。同时，侵蚀量的变化幅度显著高于径流量，无论径流量还是侵蚀量，横坡平作少耕均低于其他处理，但侵蚀量减少幅度显著高于径流量，这说明，不同耕作处理不仅影响径流量，又会通过改变土壤性质影响土壤的抗蚀性。少耕处理土壤的抗蚀性高于耕作土壤。

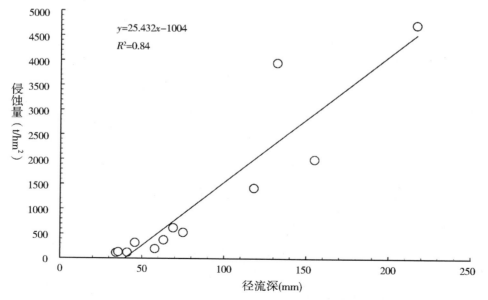

图1-5-6　不同耕作措施坡面径流与土壤侵蚀量的关系（张文安等,2000）

按照水利部土壤侵蚀分级标准,顺坡平作土壤侵蚀强度达中度,横坡5个处理在轻度与无明显土壤侵蚀之间,说明横坡优于顺坡,且不同耕作措施差异显著;其次,横坡5个处理中又以横坡聚土覆盖保土作用最优。土壤中养分含量以(全N+全P_2O_5+全K_2O)计算,顺坡平作流失的土壤养分是玉米施肥量的2.12倍,而横坡5个处理仅为0.072~0.45倍。各处理土壤养分流失量与土壤侵蚀量呈一致的正相关关系,盖膜、横坡平作盖膜、横坡平作少耕3个处理为佳,无明显土壤侵蚀。产量从高到低顺序为横坡聚土盖膜>横坡平作盖膜>横坡平作少耕>横坡聚土>横坡平作>顺坡平作,以处理横坡聚土盖膜的产量为最高。总的来看,水土流失越小,玉米产量就越高(张文安等,2000)。

二、等高耕作技术

保土耕作技术措施可分为改变小地形的蓄水保土耕作措施和保护性耕作两种,其中等高耕作技术经常与垄沟种植技术结合起来,是南方常用的改变小地形的蓄水保土耕作措施。垄沟可截断坡面径流、缓解水流冲力,起到蓄水拦沙、补充土壤水分的作用,一般被认为是一种很好的水土保持耕作措施,同时对于土层浅薄的大石山区,作物种植在垄上相当于增加了根层土壤厚度,可促进作物根系发育和增产。

(一)等高耕作的特点与作用

1. 等高耕作的特点

等高耕作又称横坡种植,指作垄走向和地块坡向方向垂直的种植方式。等高耕作是相对顺坡耕种而言的,顺坡耕种、导山种地的传统耕作模式,往往导致严重的坡耕地水土流失。而等高耕作改变了坡面径流的天然流向,可增加坡面对水流阻力,促进入渗,避免坡面下部因径流汇集而冲刷加剧。因此,19世纪末以来,随欧美大农场的发展,在缓坡耕地上主要采用等高耕作和宽幅草田轮作技术,从而形成了一种特有的水土保持技术模式。此外,在土层薄、坡度大,修梯田不经济,短时期内无法退耕还林的地方,等高耕作也是一种过渡性的水土保持措施。

2. 等高耕作的作用

孙艳等(2017)通过小区试验研究了西南山区5°~15°三种坡度下,横坡垄作与梯田的水土保持效益。通过与对照(坡耕地)比较土壤孔隙度、土壤含水量和水土流失特征,结果表明:与对照相比,横坡垄作和梯田可提高土壤总孔隙度和毛管孔隙度,但随着土层深度增加这种作用越来越不明显,对非毛管孔隙度无明显影响;由于拦蓄作用和土壤孔隙增加,横坡垄作和梯田均可增加耕层土壤含水量,其中梯田的作用更加明显,横坡垄作小区土壤含水量平均增加13.6%,梯田小区土壤含水量平均增加18.5%,均显著高于对照。在研究坡度(5°~15°)范围内,横坡垄作与梯田的土壤侵蚀量均显著低于对照的坡耕地(图1-5-7、图1-5-8)。

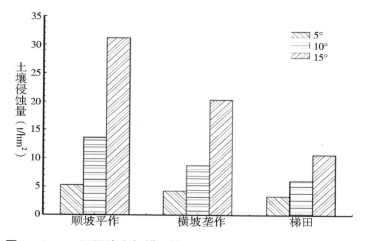

图1-5-7 不同坡度与耕作措施下的坡面径流(孙艳等,2017)

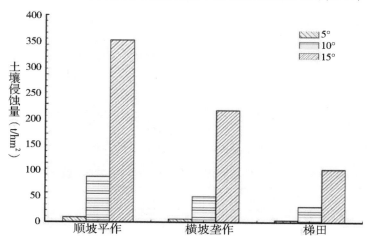

图1-5-8 不同坡度与耕作措施下的坡面侵蚀(孙艳等,2017)

随着坡度的增加,横坡垄作的水土保持效益先增大后减小,梯田的水土保持效益则越来越高。从5°~10°横坡垄作水土保持效益增加的原因可能主要是较低的坡度条件下水土流失不显著,随着坡度增加,坡耕地径流量、侵蚀量显著增加,而横坡垄作能蓄水拦沙,从而表现出显著的水土保持效益。但是达到一定坡度后,坡面来水来沙超出了垄沟拦蓄能力,坡面水土流失量随之显著增加,与坡耕地之间的差距减小。林立金等(2007)通过观测 5 种坡度的横坡垄作小区天然降水产流和水土流失,指出:径流量和泥沙量均随着降水量和坡度的增加而增大,径流量、泥沙量与降雨量在坡度≥15°时均呈极显著正相关关系,但与降雨强度只在坡度为 20°达极显著正相关。这可能与降雨历时、地表植被覆盖状况有关。随着坡度的增大,3 种作物的产量变化趋势是先减小后增大,再减小,发生产量变化的转折坡度均为 15°,大于或等于 15°坡度的作物产量均小于 5°和 10°的坡耕地(表 1-5-6 和表 1-5-7)。这说明,较小坡度条件下,横坡垄作的蓄水保土能力较强,对不论何种级别的降雨均有较显著的水土保持作用。较大坡度条件下,横坡垄作仅对较小的降雨表现出好的水土保持作用,较大雨量或较大雨强的降水,超出横坡垄作的拦蓄能力,因而仍然有较为明显的水土流失。当坡度达到 15°后,土壤侵蚀量超出了容许土壤流失量 $[500t/(km^2 \cdot a)]$,坡度从 20°增加到 25°,土壤侵蚀强度增加超过了 $300t/(km^2 \cdot a)$,增长速度明显加快。

表 1-5-6　坡度对紫色土坡耕地横坡垄水土流失和作物产量的影响

坡度	径流量 $[m^3/(hm^2 \cdot a)]$	泥沙量 $[t/(hm^2 \cdot a)]$	径流系数	作物产量$[t/(hm^2 \cdot a)]$			
				小麦	玉米	番薯	合计
5°	294.72[a]	1.59[a]	0.15[a]	2.90[a]	3.37[a]	6.70[a]	12.96[a]
10°	391.95[b]	3.15[b]	0.22[c]	2.87[a]	3.28[a]	6.62[a]	12.77[a]
15°	561.00[c]	5.17[c]	0.19[b]	2.80[a]	3.20[a]	6.37[a]	12.34[a]
20°	656.25[d]	6.94[d]	0.23[cd]	2.83[a]	3.26[a]	6.60[a]	12.69[a]
25°	716.35[d]	10.07[e]	0.25[d]	2.79[a]	3.23[a]	6.44[a]	12.46[a]

注:不同字母表示数据间差异显著。资料来源:林立金等(2007)。

表 1-5-7　横坡垄作坡耕地径流和泥沙流失量与侵蚀性降雨量、降雨强度的相关性

项目	5°		10°		15°		20°		25°	
	雨强	降雨量	雨强	降雨量	雨强	降雨量	雨强	降雨量	雨强	降雨量
径流量	0.678	0.695	0.918*	0.957*	0.528	0.936*	0.769**	0.933**	0.754*	0.922*
泥沙量	0.811	0.880*	0.840	0.906*	0.627*	0.919*	0.792**	0.919**	0.718*	0.841**

注:*表示影响显著;**表示影响极显著。资料来源:林立金等(2007)。

因此,坡耕地上横坡垄作的适宜坡度不宜超过15°,而以5°~10°最佳,特别适用于因土层薄等原因不适合修梯田的土石山区和岩溶地区的农业生产,横坡垄作的最大坡度不宜超过20°。

3. 等高耕作存在的问题

首先,在实际当中,在我国南方等地的土石山区往往采用顺坡垄作,在推广横坡垄作当中出现了很多问题。农户承包的坡耕地往往是从坡顶到坡脚完整的一长条,这是由于从上到下,坡地的土层厚度、水分养分条件不尽相同。为了均衡起见,使相邻农户耕地质量不至于有较大差异,不同农户的承包地往往顺等高线排列,每户都有一条完整坡面,这样横坡种植的垄长太短,影响耕作效率。

其次,顺坡耕作有利于及时排水,防止坡耕地土壤饱和之后沿下伏不透水界面滑塌。西南地区降水多,集中在雨季,雨季长,且以暴雨为主。坡耕地土层普遍浅薄,降雨很快就可入渗到达岩土界面,如果入渗太多,土壤水分达到饱和后,容易沿岩土界面垮塌,形成整体滑动。顺坡种植有利于排水,横坡种植时径流多集中在沟垄内,反而增加了坡耕地因土壤水分过多整体向下垮塌的风险。特别是一家一户农田承包地左右相邻,作物品种、种植结构各异,左邻右舍间横坡排水的问题更难以解决。

横坡垄作难以解决排水问题,同时由于垄沟不一定非常水平,坡面径流必然会向低洼处汇集,容易造成沟内水面超出垄顶,发生溢流,最后冲断土垄。由于垄沟汇水作用,其冲力较分散的坡面水流增加了很多倍,更容易在坡面低洼处形成沟道侵蚀,甚至发展为切沟、冲沟。

所以,推广等高种植、横坡垄作,除了改变承包地的分配方式外,必须解决坡面径流的出路问题,应该保证垄沟水平,或者稍有1%~2%的坡度,以利于排水,使坡面径流能够比较平缓地汇入天然水系或者人工修建的坡面排水工程。同时,每隔10~20m,在沟内设立一低于垄面的横向土档,上下相邻垄沟间的土档应"品"字形布局,对降水起到分散拦截、分区贮存的作用,并分散水流冲力,避免沟内积水溢流,发生"连锁反应",从坡上到坡脚,一冲到底。

横坡种植的垄长也不宜过长。虽然越长机械化作业时候效率越高。但南方山丘区地形崎岖零碎,坡面上凹地较多,强行通过凹地,垄沟无法保持水平,或者呈"S"形,影响耕作作业。同时,坡面凹地一方面把垄沟自然分段,另一方面也可作为农田排水的出路。作物平作对坡面排水的影响较少,因此采取横坡平坡种植时候遇到的问题较少。横坡种植中耕作物(如玉米、马铃薯)的时候上下相邻两行的作物应错窝播种,呈"品"字形排列,从而减轻水土流失。

(二)"大横坡+小顺坡"耕作技术

为解决横坡垄作排水困难的问题,可采取"大横坡+小顺坡"耕作模式(严冬春等,2010),通过开挖横坡截流沟将长顺坡分割成小顺坡,改变地表径流流向,避免径流直接冲刷地块形成细沟。横坡截流沟分为地块后部的背沟和前缘的边沟外,地块内部还有横坡截流沟和顺坡垄沟。地块后部的背沟主要是为了拦截上方坡地径流;地块前的缘边主要是拦截、滞留地块产出的径流,沉积泥沙。除背沟和边沟外,地块内部还有横坡截流沟和顺坡垄沟。横坡截流沟的功能主要是缩短坡长,避免坡面侵蚀细沟的发生;拦截、滞留上部地块产出的径流,沉积泥沙;供田间行走。顺坡垄沟通过挖沟起垄增加垄土厚度,提高作物产量;垄间沟排水、沥水,减少雨季耕土层发生顺坡滑塌。每年冬天,还要挑沙面土,将水平沟道内沉积的泥沙回返到耕地内。

"大横坡+小顺坡"耕作模式有利于及时排水,防止土壤饱和之后滑塌。长江上游受季风气候控制,降水集中在雨季,且以暴雨为主。而长江上游陡坡耕地土层普遍浅薄,横坡种植时径流多集中在沟垄内,降雨很快就可入渗到达岩土界面,容易造成土壤层整体滑动。

另外,选择小顺坡种植,一方面在于及时排水,另一方面是方便耕作。横坡种植时两脚不在同一高度,重心向下坡向倾斜,人在陡坡耕地上很难站稳;耕作时土壤顺坡下滑,不利于栽种。小顺坡耕作两脚沿等高线站立,重心前倾,比较稳定,也比较省力。长江上游历来有"挑沙面土"的习惯,以弥补顺坡耕作导致的土壤迁移。

(三)旱地聚土免耕耕作法

旱地聚土免耕耕作法是在川中紫色土丘陵区发展起来的一种水土保持措施,是对垄沟种植技术的进一步发展,是一种介于工程措施和耕作措施之间的水土保持措施(李同阳,1988)。其技术要点以下(柴宗新,1996)。

1. 全土翻耕后沿等高线起垄

垄宽1m,沟宽1m,沟内土壤的一半或大部聚于垄上,垄为弧形,垄高30cm,

沟内深耕25cm,炕土。夏季在沟内每隔5～7m,筑高150m、底宽20cm的土档,以增强沟的拦洪淤沙作用。垄沟宽度比,可以按不同作物组合调整,但垄宽不宜小于75cm。

2. 有机物料垄沟强化培肥

每亩施用渣肥、树叶、秸秆、土杂肥等约1t,垄在聚土前翻耕时施入,沟在聚走土后深耕时施入。

3. 保护性耕作

垄上夏季留茬免耕,秋季浅耕,沟内深耕。3～5年后沟垄互换。

4. 垄沟立体种植

垄上一般安排矮秆、怕渍,与块根、块茎植物,如小麦、红苕、大麦、花生、绿肥等;沟内安排需水较多的高秆植物,如玉米、油菜等。作物布局要考虑垄沟间协调,减少或错开同时争光时段,要考虑用养结合,培肥地力,形成垄沟各自的轮作体系。

旱地聚土免耕技术融水土保持和立体农业于一体(柴宗新,1996),主要表现在:①在夏收作物收获后,垄上免耕留茬,不仅增强了对暴雨的抗击能力,而且可提前种植下季作物、提早覆盖地面。植物的充分覆盖与宽厚的垄体结合,可抗御7、8月份的暴雨,减少土壤侵蚀。②沿等高线起垄,垄沟相间,沟内设土档,使耕地成为一个保持水土的网格状体系,对降水、泥沙起到分散拦截,分区贮存,以垄护沟,综合防止侵蚀的作用。③垄沟相差30cm左右,由于微地形差异,垄中、垄缘、沟内的生态位不同,有助于形成作物的立体结构。④垒土成垄,沟内深耕,也改变了地下生态位,为不同作物、不同时期根系的活动,创造了良好条件。⑤垄上免耕少耕,省去翻耕整地所花时间,有利于利用时间序列中的空白生态位,如早春抢时、抢墒种植等。

根据在不同母质发育的紫色土侵蚀坡耕地观测(柴宗新,1996),聚土免耕法的侵蚀量为404t/(km^2·a)[低于允许侵蚀量500t/(km^2·a)],仅为横坡平作的48%,顺坡耕作的16%;径流量为3045m^3/(km^2·a),仅为横坡平作的64%,顺坡耕作的37%。

据李同阳等(1988)研究表明,聚土免耕法可加速紫色砂页岩丘陵区土壤形成,增加土层厚度,不仅垒土成垄增加了垄上的耕层土壤厚度,而且宽厚的垄体有助于形成虚实相间的土壤环境。沟内深耕加速基岩母质风化,形成土壤,同时避免了全面整地造成的土壤侵蚀风险;垄沟互换起到既保持水土又加速成土过程的双重作用。

三、保护性耕作

保护性耕作是相对于传统耕作方式的新型、高效耕作技术体系(李洋阳,2015)。我国许多良好的农业土壤如土娄土和水稻土都是通过长期耕作和施肥形成的,但随着农耕活动向草原地带的扩展,出现了风蚀沙化等问题。在世界范围内,20世纪30年代和50年代,大规模的沙尘暴("黑风暴")也袭击了美国西部和苏联的中亚地区(今天的哈萨克斯坦等地),使两国农业生产损失巨大。耕地和裸露的地表是主要的风沙流策源地。这不得不使人们对传统农业耕作方式进行思考,同时人们在探寻新的耕作方式来代替传统的耕作方式。美国等国家从20世纪40年代开始对保护性耕作技术进行研究。保护性耕作是以减少地表土壤受到水蚀和风蚀等侵蚀,提高作物生长土层的肥力和保水能力为首要目的的新型耕作技术,主要耕作目的就是最大限度地保护农田的土地生产能力。国外衡量保护性耕作的标准是作物秸秆残茬的覆盖度,在一季作物收获之后留在地表的残茬覆盖>30%时一般称为保护性耕作,如秸秆覆盖起垄、秸秆覆盖带状耕作及秸秆覆盖免耕等。目前保护性耕作技术主要应用于温带半干旱草原地区的农作物生产,对防治土壤风蚀、减少土壤起尘、从而改善空气质量等方面较传统耕作模式具有一定优势(Leys,2010;Sandal,2015)。与此同时,保护性耕作技术而且还能减少地表土壤水分蒸发和地表径流量,显著提高农作物的产量,也可提高农民的收入,达到增产、创收的效果。

(一)保护性耕作技术的特点与作用

1. 保护性耕作在热带、亚热带地区的发展

热带、亚热带地区发展保护性耕作最成功的国家是巴西(胡东元,2008)。巴西是美洲农业大国,粮油作物主要有大豆、玉米、小麦、水稻和木薯等,经济作物主要有咖啡、柑橘、可可等。为了减少耕地水土流失,改良土壤,从20世纪70年代初巴西开始探索实施保护性耕作。20世纪90年代以后,由于免耕播种机等保护性耕作机具实现国产化和政府的财政支持,巴西保护性耕作技术得到了大面积推广,也取得显著成效。目前巴西保护性耕作面积已占总耕地面积的

60%，其中玉米播种面积的70%实施了保护性耕作技术（胡东元，2008）。巴西大部分农田位于中南部属于低矮高原和缓丘，气候温暖湿润，残茬秸秆等易腐烂分解。巴西农田保护性耕作的主要特点是留茬覆盖、免耕播种，作物收获后将秸秆粉碎与残茬及一起覆盖地表。其主要作用一是避免雨滴对地表的冲击，二是增加土壤肥力，增强持水、渗透性能，减少地表径流和水土流失，作物秸秆残茬及覆盖作物腐烂后不仅可提高土壤肥力和有机质含量，而且可改善土壤孔隙结构，前茬根系腐烂后在土壤中会形成许多孔隙，使土壤物理结构相对膨松且稳定，吸水性增加。三是可减少休耕期土壤水分蒸发，植物秸秆具有良好的隔热性，可避免阳光直射地表，减缓土壤温度升高和水分蒸发；同时减少土壤夜间热量散发，保持土壤与大气温度基本相等，有利于作物生长。四是免耕播种，免耕播种机（点播机）穿过覆盖层下种，减少机械进地次数，节约耕地作业成本，使耕作层土壤不受到翻动或扰动，避免被压实，便于生物（有益和有害的生物）和微生物的繁衍和活动。五是营造了一个相对有利于作物生长的环境，使秸秆覆盖层下的杂草见不到阳光，光合作用减弱，从而抑制或减缓其生长，另外是由于秸秆覆盖层的保护耕层土壤水分与稳定变化较小。

目前，巴西许多地方采用种植覆盖作物（如燕麦、黑麦草或豆科植物）控制杂草和病虫害。覆盖作物不是粮食作物，不收子粒，用作专门覆盖、改良土壤、防治杂草和病虫害，长到一定高度后，不等成熟就用镇压滚压倒，覆盖于地表，粮食作物在其上面直接播种。其作用：一是在粮田休闲期间不给杂草疯长的机会，用比杂草生长更有优势的植物来与其争夺水分、养分和阳光，达到抑制杂草生长的目的；二是轮作特定作物，产生一定经济效益（胡东元，2008）。

我国研究者对保护性耕作的实施也做了大量的研究，在总结多年研究结果的基础上对保护性耕作提出了不同的定义，其中李其昀等（2006）把保护性耕作定义为"以保持水土为中心，通过对地表进行少耕、免耕、保留作物秸秆残茬覆盖度、合理的种植结构等综合配套设施，并用作物秸秆覆盖裸露地表，进而减少风力和水力对农田耕作土壤的侵蚀，提高土壤肥力和保水能力，改善土壤结构的一种新型农业耕作方式；以保护耕地的生态环境为手段，以实现环境效益、经济效益及社会效益统筹运作、协调发展为目的可持续性新型农业耕作技术，以较低的能量消耗和物质的投入来换取作物相对高效、高产的高利润，是一种具有非常重要生态保护意义的可持续性循环农业形式"。

2. 我国南方保护性耕作的主要技术模式

我国南方山区少(免)耕、覆盖等保护性耕作技术的试验、示范与推广已经进行了一段时间,并取得了一些成绩。随着大量青壮年劳动力外出务工,农村劳动力减少,劳动成本不断提高,一些精耕细作基础上的农业先进技术逐渐萎缩,而轻简栽培、节本增效、生态安全的保护性耕作技术逐渐受到农民的欢迎。但与巴西还有很大不同,巴西的保护性农业措施主要是为了解决休闲期农田土壤裸露、易发生水土流失、土壤水分蒸发损失以及杂草疯长等问题。而我国南方农田复种指数远高于巴西,保护性耕作主要有以下三种类型(李涛等,2016)。

水田保护性耕作,以"大春一季免耕—小春休闲"为主体技术模式,主要分布在冬闲田区域,大春免耕种植水稻或者莲藕,收获后秸秆茎叶还田。水旱轮作田保护性耕作,以水稻—油菜、水稻—胡(豌)豆、水稻—马铃薯、水稻—蔬菜和水稻—紫云英(绿肥)为周年种植模式,水旱轮作,周年少、免耕。大春季水稻少、免耕抛栽,稻草还田;小春季免耕直播马铃薯、胡(豌)豆或育苗移栽油菜、蔬菜,收获后的残残叶(茎)直接还田。旱地保护性耕作,主要在西南山区。大春季免耕移栽种植玉米,或免耕套种番薯、马铃薯、大豆;小春季种植小麦、胡(豌)豆,周年秸秆还田;或者种植多年生作物如苎麻、黄花、葛根等,收获后的残叶(茎)直接还田。

保护性耕作的主要技术特点是秸秆覆盖还田和少免耕。周年秸秆(残茬、茎、叶)直接还田或者粉碎还田;叶片等纤维素含量低的茎叶等,采取直接还田;而纤维素含量高,不易腐烂的茎秆,采取轧短截成 20~30cm 长或粉碎后还田,用于作物行间覆盖,或者种植后全地表覆盖。周年采用少耕、免耕技术,种植只旋耕播种带,移栽采用免耕撬窝打孔。

3. 保护性耕作的作用

保护性耕作尽可能少耕地,少破坏耕作层土壤,有利于土壤保育和减少水土流失,从而具有显著的经济、生态、社会效益。

(1)经济效益

实现节本增效。传统耕作需要灭茬、翻耕、耙碎、耢平、播种、施肥、中耕、除草、田间管理、收获、秸秆运出等十几道工序,作业繁多,用工量大,能耗高,作业成本占产值的30%以上。采用保护性耕作方式,可减少传统耕作50%以上工序,省工、节本,稻—油保护性耕作模式每亩全年节本增效 300~400 元,稻—菜模式可节本增效 1000 ~ 2000 元,旱地模式可节本增效 300 ~ 500 元(李涛等,2016)。

（2）生态效益

使光、温、水、土等资源的利用更加协调和综合。保护性耕作技术以少免耕和秸秆覆盖还田为技术主体,实现了减少耕作、培肥地力、抑草保墒、节水保水、保肥固土等作用,在抑制土壤水分的蒸发的同时,减少水土流失,提高水分利用率,减少秸秆焚烧带来的大气污染。黄国勤等（2015）在江西双季稻田进行长期田间定位试验,分析了多年保护性耕作对水稻产量、土壤理化性状及生物学性状的影响。连续 8 年保护性耕作处理的稻田,平均产量高于传统耕作 4.46% ~ 8.79%,2006—2008 年、2010 年与对照差异显著（$P < 0.05$）,2006—2008 年 NT + T（免耕 + 抛秧）> NT + P（免耕 + 插秧）> CT + T（传统耕作 + 抛秧）> CT + P（传统耕作 + 插秧）;2010 年 NT + T > CT + T > NT + P > CT + P;各处理的有效穗数、每穗粒数和结实率均高于对照,而各处理间穗长和千粒重差异不显著。实行稻田保护性耕作处理的土壤容重低于传统耕作 3.6% ~ 5.6%,而总孔隙度和毛管孔隙度分别高出传统耕作 1.6% ~ 17.4%、2.4% ~ 16.7%。与传统耕作相比,连续 8 年保护性耕作,稻田耕层土壤有机质增加 2.9% ~ 10.0%,有效磷增加 4.8% ~ 31.6%,速效钾增加 9.7% ~ 25.7%。免耕 + 插秧的土壤真菌数量在 2005 年达到最多,显著高于对照处理 51.6%,免耕 + 抛秧在 2008 年达到最大,显著高于对照处理 54.1%。2012 年免耕 + 抛秧、免耕 + 插秧显著高于对照 126.1%、121.1%;另外,各处理间过氧化氢酶、脲酶活性均差异不显著。8 年间土壤转化酶活性变化范围在 0.292 ~ 0.451mg/g,其中 2005—2007 年、2012 年均是免耕 + 抛秧达到最大,与对照相比,增加范围为 72.7% ~ 137.7%,且差异显著（$P < 0.05$）。

（3）社会效益

适应了当前农村青壮年劳动力大量转移的现实需求,对于延续和维持当前的农业生产具有一定的积极作用。保护性耕作是适合江南丘陵区双季稻区农业可持续发展的有效模式之一,以免耕 + 抛秧和免耕 + 插秧两种方式效果最为显著。

4. 保护性耕作存在的主要问题

长期免耕仍存在不少问题,主要表现以下。

（1）耕层土壤性状恶化

持续数千年的耕作施肥措施是长期的农业实践中,为解决富铝红壤旱坡耕地具有明显的黏、板、酸、瘦等缺点的经验总结。长期少(免)耕作后可能造成红壤旱坡耕地土壤渗透性变差、耕层变薄等问题,依靠覆盖物和作物残茬、根系腐烂分解形成有机物尚无法全面解决,同时长期覆盖和缺乏深耕必然造成营养元素向表层富集。徐阳春等(2000)连续14年的水旱轮作免耕试验表明,0~5cm土层有机碳、全氮、速效氮含量显著增加,而5~10cm和10~20cm土层则明显低于传统耕作。这是因为免耕土壤没有经过人为的干扰松动,肥料施在土壤表层,难以下渗到亚表层和底土层(刘怀珍等,2000;江泽普,2007;吴建富等,2009)。

（2）杂草与病虫害加重的问题

翻耕灭茬有利于灭杀病虫草的作用,农田是一种以一年生和越年生植物为主的特殊的人工植物群落。播前深(翻)耕土壤整地,一方面可压埋草籽、虫卵、病原微生物等,减少病虫草害,另一方面也可破坏多年生宿根植物根系。而长期少(免)耕作主要靠秸秆覆盖,抑制杂草的萌发,同时免耕农田生物多样性较为丰富,土壤菌群数量大,也含有大量病源微生物,不利于防治农业害虫与病害。少免耕后,地下害虫有上升趋势。如何有效控制地下害虫和土传病害,还需要进一步研究和集成。

（3）保护性耕作对农机、农艺推出了更高的要求,农机具配套更困难

保护性耕作由于少耕、免耕,对播种质量要求高,否则容易导致出苗不好,缺穴断垄。因此,需要改进农机具,提高播种质量。以少免耕为技术主体的保护性耕作技术,不再全面耕作,耕作机械仅要求旋耕播种带,甚至不再耕地,但收获时需要配合秸秆还田,或者采用小型的易搬动的秸秆粉碎机。丘陵耕地坡地较多,地块小而分散,不利于大型保护性耕作机具的操作和使用,这对农机农艺配合提出了新的技术要求和机械配套要求。

（二）自然免耕技术

侯光炯院士提出的垄作自然免耕技术首先是为了解决冷浸稻田的低产问题。中国冷浸田面积346万hm²,占全国水稻田总面积的15.07%,是中国主要的低产水稻土,占低产稻田面积的44.20%。特别是在南方山地的一些冬水田、

望天田,由于长年受冷水浸渍,水温、土温低,土壤团聚体结构受到破坏,大于0.25mm水稳性团聚体含量低,通透性能差,根际环境呈缺氧状态,易造成还原性物质积累,有机质矿化缓慢,提供养分能力较弱;水稻根系生长环境不良;生长缓慢,产量低。侯光炯等老一辈土壤学家经过长期研究,提出变平作为垄沟间作,一方面充分发挥垄沟蓄水功能,一方面形成水旱相间的农田土壤环境,缓解了水、肥、气、热等土壤肥力四要素之间的不协调,有助于形成水旱轮作、间作的种植制度,提高复种指数和粮食产量。

1990年以来,垄作自然免耕技术由水田推广到旱坡地,起到了防止水土流失,改良和合理利用水土资源,冬春季垄上种植小麦、油菜、马铃薯等作物,沟中蓄水,收获后在垄侧插秧,复种水稻(侯光炯等,1987)。

自然免耕技术模式的特点即连续垄作、连续免耕、连续覆盖、连续植被(图1-5-9)(侯光炯等,1987)。连续垄作是前提,依靠垄埂提高土壤温度,增加产量,同时拦蓄雨水,防止地面冲刷,引起水土流失;连续覆盖是关键,通过覆盖垄沟冬季保温保肥,夏季保水保土,保证垄部土壤处于稳定的温润状态;连续免耕是保证,是长期、稳定地保持土壤结构和土壤肥力的根本措施;连续植被是目的,能提高复种指数,增加光合作物,实现大幅度增产,同时也是手段,因为连续植被是最好的活体覆盖,能最大限度地降低土壤蒸发,变蒸发失水为蒸腾失水,提高土壤水分的利用效率,并减少降水、径流造成的水土流失。

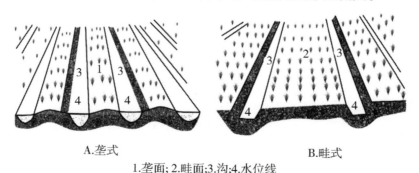

A.垄式   B.畦式

1.垄面;2.畦面;3.沟;4.水位线

图1-5-9 垄作自然免耕示意图(侯光炯等,1987)

1. 连续垄作

连续垄作是前提和基础。土地开沟作垄,垄上种植作物,自然加厚了根层深度,同时增加土体受光、透气、导温和透水的表面积,改善了作物根系的透气环境,冬春季节可提高低温,从而消除了冷浸环境,同时依靠垄埂拦蓄雨水,防止地面冲刷引起水土流失;降雨时水分通过垄上土壤孔隙进入蓄水沟中,平时蓄水沟中水分可浸润土壤。垄间深长沟,能最大限度地蓄留汇集外界来水,形成毛管水源供应垄作所需水分,避免土层干燥开裂,保持土体的稳定结构。另外,垄间沟还可起到透光、透气、透风和分水、排水的作用,有力地防止地表径流对土壤的集中冲刷。

垄埂的斜坡,可减少阳光直射面积,减少地表蒸发的水分损失。作物封行后,土层水分的损失大大降低,起到保水、保肥的最大作用。

2. 连续免耕

连续免耕使土壤孔隙度增加,毛管水环流畅通,水热气肥维持最佳状态;免化肥而大量施用有机肥,改善土壤胶体品质,改良土壤结构,加强对冷热交替的抗力,对抗御暴冷暴热,久旱长涝,风蚀、雨蚀等自然灾害,同时免翻耕、免灌溉、免化肥、免农药,省投资、省时、省工,可节约更多的劳动力和时间,用于发展其他产业,增加农业劳动者的收入。

3. 连续浸润

连续浸润实质上是让垄埂长期有水分供给,保持浸润条件,持久地保证土体内部结构处于稳定状态,不断运用上升毛管水补充地面水分蒸发损失,为作物根系生长发育奠定良好的生态环境。因此,垄埂作成后,切忌压实垄面,破坏土壤原来的疏松状态,阻塞透水和通气的孔道。水田作垄后,沟内灌水深度和作物生长状况关系密切,如在小麦生长后期小麦沟内水面高度不能超过表土以下20cm,如果超过了这个水面高度,小麦根系受到重力水的浸渍,产量显著降低。

4. 连续植被

连续植被包括作物茎、叶、残茬植被和人工秸秆、糠壳等覆盖,保持表土的植被连续,避免地面裸露而引起大量水分蒸发损失,迫使水分由植物根系吸收,再通过植物体的内部运转而缓慢的蒸腾损失,起到很好的保水作用。另一方面,植被的存在,可有效地延长雨水的截留时间,保持土壤的抗蚀性。植被连续覆盖土壤,还可降低地面风速防止风力与土壤的直接接触,吹蚀土粒。

(三)果茶园生草覆盖技术

绿肥与农作物及经果林间作、轮作并翻压或者刈割覆盖地表,也是一种特殊的保护性耕作方式。特别是在经济林果生产中具有重要作用。

1. 绿肥的常见种类与作用

利用植物生长过程中所产生的全部或部分绿色体,直接或异地翻压或者经堆沤后施用到土地中作肥料的绿色植物体统称为绿肥。我国绿肥资源丰富,已发现近百种绿肥植物,其中栽培面积较大的有6科20属32种。绿肥通过光合作用,将空气中的二氧化碳转化为碳水化合物,全部归还入土,增加土壤有机质,实现肥园入土。绿肥一般应主根粗大,入地深,支根与细根多密集;主根腐烂后可改良土壤结构,增加土壤蓄水量;根系分泌物能促进土壤微生物活动,提高土壤肥力;还应具有很强的活化和富集土壤养分的功能。不同的绿肥品种对改良土壤、活化土壤中植物必须矿物质元素的效果不同。豆科绿肥具有固定空气中氮的作用,所含氮素较多;十字花科绿肥的根系分泌的柠檬酸等有机酸较多,可使土壤中难溶性磷溶解,能吸收土壤中的难溶性磷,所以富含磷素;具有调剂土壤氮、磷、钾等营养物质平衡的作用。籽粒苋具有吸收土壤中钾素的作用。

绿肥连续种植5年以上,效果会比较明显。豆科优良绿肥已经广为人知,我国南方常见的有紫云英、柱花草等。十字花科植物也是南方地区的常用绿肥,目前常用的有绿肥油菜、肥田萝卜。

2. 冬春季绿肥间作

我国南方地区水分充足,生长期长,为休闲地种植绿肥或者果林间种绿肥牧草形成林草复合体,创造了条件,一般不会出现绿肥牧草与农作物、果树争肥争水,影响农果业生产的情况,发展绿肥种植的条件比北方地区更好。在冬春雨水充足或具有水肥灌溉设施且冬季有修剪的果园,均可推广种植冬季绿肥(如紫云英、冬油菜、肥田萝卜)。

在冬闲田(冬水田)种植绿肥(如紫云英)一直存在一定的争议。赞同者认为可变水田休耕为水旱轮作,增加地表覆盖,并充分利用水土光热资源,紫云英、冬油菜、肥田萝卜可分别作为牧草、油料、蔬菜,不仅可培肥土壤,还具有一定的经济产出。质疑者则提出,冬水田冬季放弃蓄水,势必会增加大春作物(水稻)的泡田用水需要,甚至不能按时插秧。

果园冬季绿肥播种时间选在10月中旬至11月上旬。绿肥生长期一般为果园采摘、修剪完毕至开花期的一段时间。这一时间,农田管理较少,属于冬闲期,且植株郁闭度较低。播种牧草不仅于果园管理干扰较少,而且能有效保护表土,防止侵蚀。播种前应翻耕松土,保持土壤湿润,同时避免种子暴晒。果园生草覆盖一般采用行间带状播种,带与带清耕,播种带离树主干最少50cm,不影响果园管理,同时绿肥也不会对果树生长造成不良影响。割草机或人工刈割,将刈割的草直接覆盖在树盘下面,或翻耕入土。

秋紫云英每亩播种量第1年约为2.5kg,以后每年补播1.0~1.5kg,一般紫云英连续3年种植后,第4年能成为柑橘果园冬春季优势草种。草种播种前先用清水浸种12~24h,对于多年未种植紫云英的土壤,种子加专用型根瘤菌剂50~70g/kg。每年4月中旬,紫云英黑荚达到1/3~1/2时,采用人工或机械方式将紫云英刈割后直接翻压埋。果园翻埋紫云英可每亩施入石灰30~40kg,以促进有机质分解。福建省顺昌县柑橘园紫云英盛花期实地测产(刘启鹏,2018),亩产鲜草2.14t,全部翻埋可提供有机质0.21t、N7.2kg、P_2O_5 4.6kg、K_2O 9.7kg。

冬春季果园绿肥也可选择油菜,油菜种子小,应尽量选在雨后播种,下雨时不要播种,这个时间容易结痂,不利于出苗。绿肥油菜应选生长量大、生长势强、生物学产量高、抗虫性好的品种。果园种植绿肥,可适当加大播种量,但是又不能过大,过大影响长势和产草量。如果雨后墒情比较理想,每亩0.5kg即可;如果墒情一般,每亩需0.75kg,不要超过1kg。油菜种子小,一般采取撒播,撒播后用钉耙浅耧,让土与种子充分接触,保证出苗全、齐、匀。出苗后及时查看苗情,如有大面积的无苗或缺苗区域,要采用同样的方法及时补苗;在播前整地时最好亩施纯磷5kg,播种时亩用尿素1kg作种肥,拌在油菜籽中一同撒播,5~6叶时依据墒情,亩追施尿素7~8kg,以促进油菜营养体生长,以无机换有机。刈割还田时期一般是以最大产草量和不影响果园务农为原则,一般在第二年春季刈割,叶长超过16cm,株高在60cm以上时即可刈割。

3. 夏秋季绿肥间作或自然生草

冬春降雨较少的江淮地区以及部分西南山区,在夏秋季6—9月种植果园绿肥,如绿肥油菜,效果更好(刘鲜艳,2015;叶新华,2017)。此时疏花、疏果、套袋等果园劳动已经完成,果实还未成熟,恰好果园是管理空档期,同时雨热同至,降水集中。一般绿肥种植60d即可刈割,在果园中套种绿肥并压青或覆盖地表,既可利用无效降水,促进绿肥生长、产草量高;又可保护表土,减少土壤侵蚀,对非点源污染也有一定的防控作用。刈割还田一般是以最大产草量和不影响果园劳作为原则,一般一年可刈割 2~3 次。

每年 5—10 月,还可在去除牛筋草、千斤拔等恶性杂草基础上,推广果园自然生草,主要包括藿香蓟、鹅肠草(牛繁缕)、酸模叶蓼等。当生草高 30~50cm 时刈割,留草高度 4~5cm。一般果园可每年在 6 月、8 月及 10 月,共刈割 3 次,刈割后压青或覆盖地表。顺昌县经全年 3 次自然生草测产表明(刘启鹏,2018),鲜草平均亩产 1.5t,可提供有机质 0.14t、N2.67kg、P_2O_5 0.7kg、K_2O 3.21kg。

根据刘启鹏(2018)的研究,每亩"绿肥(紫云英) + 自然生草"全年可累计提供有机质 0.73t,相当于 1.62t 商品有机肥质。如果"绿肥(紫云英) + 自然生草"腐殖化系数为 0.25,则每年残留在土壤中有机质量可达每亩 0.18t,耕层土壤重 1.5×10^5 kg,则土壤有机质含量每年可提升 1.21g/kg。当前顺昌县柑橘果园有机质平均含量为 23.65g/kg,则"绿肥(紫云英) + 自然生草"模式每年可使果园土壤有机质含量提高 5.1%,达到农业部提出的要求(5%)。经测算顺昌县每亩柑橘每年年需 N 量为 28kg。每亩"绿肥(紫云英) + 自然生草"全年积累、提供 N15.18kg,则可替代 54.1% 的化肥氮,仅考虑绿肥,也可替代 25.6% 化肥氮,超过了农业部提出的有机肥替代 20% 化肥(氮肥)的目标。

柑橘园推广"绿肥(紫云英) + 自然生草"种植模式后 4 年,经定位试验表明(刘启鹏,2018),与清耕果园相比,果园土壤 pH 由 4.5 增加到 5.2,土壤 pH 从强酸性降低为酸性;土壤有机质含量从 22.86g/kg 提高到 25.67g/kg,土壤容重从 1.32g/cm³ 降低到 1.25g/cm³;在每年夏季最炎热的 8 月份中午 11:00~15:00 生草表土层(30cm)温度可降低 4~7℃,土壤最高温度不超过 30℃,有利于促进柑橘根系生长对水分和养分吸收。与清耕相比,"绿肥(紫云英) + 自然生草"模式每年可减少果园化肥用量 20% 以上、农药用量 10% 以上,年均可增产 5%~10%,果实可溶性固形物提高 1~2 个百分点,同时在果实品味、商品外观等方面都有明显提升,在增加产量、降低成本的同时,也有助于改善农田生态环境,控制水土流失与非点源污染。

(四)地膜覆盖技术

地膜覆盖也是一种特殊的保护性耕作措施,是一种随着现代新材料革命兴起的农业生产技术,具有抑制土壤水分蒸发、增温保温、蓄水保墒的作用,同时还能保护土壤表层、培肥地力,抑制杂草和病虫害,提高水分利用率,促进作物生长发育。

地膜覆盖主要有三种形式:垄上覆膜、垄上种植,垄上覆膜、垄间种植,以及畦田(平地)覆膜。垄上覆膜、垄上种植主要起到提高地温和保墒的作用,但不利于将有效的降水汇集到作物根区提高水分利用效率。适用于生长季节短、积温不足、土壤含水量较高的地区,如阴冷湿润的山地等。垄上覆膜、垄间种植则与之相反,一般与垄沟种植、水平沟种植等水土保持耕作措施结合起来,形成微域集雨农业。畦田覆膜一般也适用于干旱地区,可与地面灌结合起来,膜上灌可形成类似于滴灌的局部灌溉效果,且抑制无效的裸土蒸发,提高土壤水分利用效率。

目前,在干旱地区地膜覆盖与微地形集雨结合在一起,形成了 W 形地膜覆盖技术,即:起垄并在垄上开双沟,断面成 W 形,若土壤墒情较好可播后覆膜,否则先覆膜,待雨播种。由于垄面径流汇集到种植沟中,作物根系附近土壤水分条件较好,同时垄上覆膜有效抑制了裸土蒸发。由于实现了集流和保墒的有机结合,W 形地膜覆盖技术能显著提高旱作农业的产量。地膜覆盖可保护表土免受水、风等外营力的侵蚀,但垄上覆膜加剧了地表径流向垄沟中的汇集,特别是对于降水多的南方地区,有可能造成地表水流聚集,加剧水土流失。

地膜覆盖主要应用于株行距较大的中耕作物,如玉米、棉花、花生、蔬菜等,采用打孔穴播,与专门研发的农机具相配合,可提高劳动生产率,全面覆盖地面,减少水蚀、风蚀,形成机械化水土保持农业技术体系(程三六等,2001)。特别是在高纬度、高海拔及干旱地区地膜玉米取得了很大的成功,极大地推动了我国玉米种植面积增加和产量提高。地膜种植玉米、马铃薯等为我国西南中高海拔山区的农业发展和粮食安全作出了重要贡献(穆再芹,2017),也有助于改变广种薄收的传统种植模式,有利于退耕还林,恢复植被,防治水土流失。

2000 年前后也曾经推广过地膜小麦,主要有两种模式:一是平地起垄,垄间为窄畦,垄上覆膜,起到微地形集水的目的;二是畦田覆膜,膜上开孔,小麦穴播。但是地膜小麦单位面积有效株数较少,除了特旱年份,增产效果不明显,甚至减产,在生产中未得到大面积应用。但是垄上覆膜、垄间种麦,垄上作为留行带,第二年可套种西瓜等经济作物。这种小麦—西瓜覆膜套种模式在苏皖两省北部黄淮平原风沙地有一定的应用。

目前,在南方地区推广覆膜种植的作物还有甘蔗(代光伟,2016)以及地膜水(旱)稻等(沈康荣等,1997ab,2009;黄义德等,1997;杨艳敏等,1999;程三六等,2001;李振生,2002)。传统地膜覆盖在抗旱、节水、增产、减轻水土流失的同时,存在一个严重的环境问题,即地膜残留对土壤的污染,因此,除了开发相应的残膜回收机具外,可降解地膜及其在水土保持中的应用,也是一个值得研究的课题(李丹,2011)。

第四节　土壤改良技术

我国南方地区,地形复杂,土地利用多样,土壤类型众多,其中在以红壤和紫色土为代表的坡耕地上强烈的水土流失时有发生,引起了许多专家和学者的重视,并开展了大量的研究和治理工作。具有独特特性土壤是水土流失的物质基础,传统的工程措施、生物措施,特别是农业措施已经在南方地区土壤改良和水土流失防治方面起到了一定成效。近些年,以 PAM 保水剂、W‐OH 固化剂为基础的土壤改良剂相继应用到水土保持领域,并与传统的水土保持措施结合应用,起到了更好的固土、保水和保肥作用。

一、我国南方土壤特征与水土保持

我国南方土壤是在亚热带、热带高湿和高温的气候条件下,母岩发生强烈地球化学风化,在富铁铝化和生物富集过程相互作用下形成的产物。母岩风化淋溶过程强烈且彻底,矿物经历迅速的水解、脱硅、脱钾、脱盐基等过程,土壤中硅和盐基遭到淋失,黏粒与次生黏土矿物不断形成,铁、铝氧化物明显积聚;同时,在高温多雨条件下,土壤微生物也以极快速度矿化分解凋落物,从而加速生物与土壤之间的养分循环,表现强烈的生物富集作用。

特定区域的气候条件和成土过程决定了土壤的特性,继而决定了土壤的抗蚀性能(张平仓等,2002)。南方地区地形复杂,山峦重叠、起伏。成土母质有很大的地带性差异,除以花岗岩为主的岩浆岩外,还有石灰岩(喀斯特)、红砂岩(丹霞地貌)和紫色砂页岩等沉积岩以及介于土石之间的第三纪红层(红黏土)等。其中,花岗岩和紫色砂页岩可形成较厚的风化层,同时土壤肥力也相对高一些。但花岗岩风化物中含有一定数量的石英砂,如果地表缺乏植被保护,容易发生沙砾化面蚀,造成地表土壤粗化。石灰岩和红砂岩成土作用缓慢,土层薄,在水流侵蚀作用下往往形成侵蚀强度小、但程度高的喀斯特岩溶地貌、丹霞地貌等侵蚀地貌。

南方红壤具有"酸(化)、黏(重)、旱(季节性干旱)、瘦(贫瘠)、板(结)"等特点。如土壤黏重,黏粒含量可达40%以上,铁铝氢氧化物胶体较为丰富,临时性微团聚体较好,土壤具备较强的抗冲和抗崩解性能。并且土壤中含有一些未风化石英颗粒,这些颗粒可促进非毛管孔隙形成,构建水分入渗通道,以此改善土壤的入渗性能。

紫色土属初育岩性土,大多为山区土壤,是中国南方水土流失最严重地区,具有"上覆土壤,下伏岩石"的"岩土二元结构"特点,其土层薄,一旦雨水渗漏至土壤与岩石界面,不能继续下渗,即会沿不透水层侧向流动形成壤中流,长此以往,一方面会带走土体中的细颗粒物质,另一方面下渗的水易浸润软化母岩,会导致土体向下蠕动或者滑移,造成诸多山坡中上部修建的梯田垮塌。此外,由于紫色土成土速度较快,伴随原生矿物的分解,黏粒逐渐增多,促进土壤团聚结构发育,可改善土壤抗冲和抗崩解性能。

通过分析全国17个省(区、市)35个一级控制性监测点的土壤入渗、土壤抗冲、土壤崩解指标,张平仓等(2002,2004)发现:红壤、紫色土剖面土壤的平均土壤抗冲系数分别为9.32L·s/g、10.15L·s/g,将近是北方黄土(3.77L·s/g)的3倍;北方黄土土壤崩解速率(33.66cm³/min)是南方红壤(1.46cm³/min)的23倍、紫色土(8.89cm³/min)的5倍,说明南方红壤和紫色土土壤颗粒间内聚性较强,不易水解。但是红壤和紫色土>20cm土层的土壤抗冲性系数远小于表层0~10cm,即存在"上硬下软"的结构,而北方黄土剖面相对均一,因此,南方红壤和紫色土在保证表层结构完好情况下,土壤不易被水流冲蚀流失,一旦植被和土壤表层结构遭到破坏,土壤的抗冲性将大大减弱。随着降雨增大,薄层水流逐渐增加,同时击溅侵蚀发展,地面凹凸不平,地表水流容易形成股流,水力学特征发生根本性转变,对土壤表面破坏力加大,不仅开始出现细沟,而且通过溯源侵蚀,细沟逐渐加深、加宽、加长,向浅沟发展,土壤侵蚀明显加剧。细、浅沟的出现还会进一步加剧土壤侵蚀的发展。水土流失不仅造成土壤肥力降低,随着细沟侵蚀的持续进行,土层变薄,特别是孔隙较为丰富的表层土壤被一层层剥蚀,表层土壤粗化,黏重的心土层出露,土壤吸纳降雨和地表径流的能力增强,在总径流中壤中流和地下径流比例降低,地表径流比例增加,冲刷能力增强,土壤侵蚀将呈现加速发展的趋势。

南方丘陵山区小流域尺度土层厚度、土壤理化性质和持水能力的空间差异主要受侵蚀和沉积的空间分异控制,并直接决定了土地利用方向和水土保持方式。一般山脊线为凸型坡或直线坡,从坡顶向下到坡脚,水土流失呈加重发展趋势,土层越来越薄、土质越来越黏重,表土粗化,有机质含量和土壤肥力呈下降趋势。而山谷一般为凹形坡,变化趋势相反,在山脚下还可能存在淤积物,使空间差异更复杂。

同时,南方山丘区土层厚度一般较薄,侵蚀速率不仅受到侵蚀动力的控制,也受到岩石风化形成土壤速度的限制。当下切侵蚀到母质甚至基岩后,受可切割土层厚度和土壤风化速率的制约,细、浅沟发育将转向两侧扩张,并伴随沟的岸崩塌出现泥流,出现边风化、边剥蚀、边流失的过程。浅沟侧向侵蚀将形成浅沟和沟间地交替出现的瓦楞状地貌,甚至坡面土壤以基岩为滑动面整体向下滑动。

在影响土壤侵蚀的外因中,人们基本无法改变气候条件,对大尺度的地形地貌条件也无能为力,在植被与土地利用条件不变的情况下,提高南方地区土壤的抗侵蚀性能、调控坡面径流(尤其是壤中流)将是防止细沟发育、治理南方坡耕地水土流失的关键(张平仓等,2017)。目前采取的主要水土保持措施包括:①"坡改梯"配套的田间水系、道路工程。②恢复林草植被。③等高垄作、少免耕、秸秆覆盖等保土耕作措施(王正秋,2010;方清忠等,2010;李蓉等,2010)。

但南方山丘地形破碎、交通不便、机械化困难,土层薄,坡耕地中不宜坡改梯面积超过40%,同时短时期内无法全面退耕还林,恢复林草植被覆盖(张平仓等,2017)。保土耕作技术主要是针对坡面小地形,在短时间内难以恢复为侵蚀损害的土壤理化性质,提高土壤抗蚀性、抗冲性,改善土壤肥力,调控坡面径流和壤中流的能力有限。因此，为了更有效地防控水土流失，利用南方山丘区水土、气候、植物资源，并提高利用效率与效率，有必要采取必要的土壤改良措施。

南方山丘区侵蚀坡地土壤改良主要有三方面的任务：调控土壤水库，改良土壤结构、提高抗蚀性，以及降低土壤酸度、培肥地力等。

当然，从本质上说土壤改良与水土保持不可分割，水土保持是土壤改良的基础。只有基岩风化、母质成土速率大于剥蚀和流失速率，耕层土壤厚度才会不断增加，土壤肥力才会不断积累，农业也才能可持续发展。水土保持是持续农业的基础。

二、土壤水库扩增技术

（一）土壤水库的特点与作用

降水到达地面以后，一部分形成地表径流，汇入江河湖泊；另一部分渗入地下，下渗到一定深度则会受到不透水层的顶托形成地下水，但更大部分被土壤孔隙截流、蓄存，形成土壤水。因土壤水有很大部分不能自由流动，故传统上常被人们忽略（李玉山，1983）。但土壤水是一般植物所能吸收的唯一水源，无论是降雨、地表径流还是地下水，都要先转化成土壤中的土壤水，才能供作物吸收利用。土壤水库在生态环境的演变中具有无可取代的活力（朱显谟，2000）。朱显谟院士认为，对土壤水库的管理和径流调控是水土保持理论的精髓，增强土壤水库的调节能力，尽最大可能拦蓄降水，不仅能够满足旱地农业和植被恢复所需要的水分，而且控制了坡面产流，削弱了土壤侵蚀的动力，他提出了"全部降水就地入渗拦蓄，米粮下川上塬，林果下沟上岔，草灌上坡下土瓜"黄土高原治理的28字方略。2000年前后，一部分水土保持专家提出了"水土保持径流调控"理论（郭廷辅等，2004）。进入21世纪以来，国际水文学界提出的绿水、水账户与虚拟水等新理论也都考虑了土壤水（Molden et al.，2001；Chapagain et al.，2003）。

1. 土壤水库的特点

土壤水库是土壤孔隙蓄水能力的形象化说法。土壤水库库容主要取决于土壤孔隙结构和土壤水库的深度（土层厚度）。类似于一般水库库容，土壤水库库容也可分为总库容、有效库容、死库容、兴利（供水）库容和滞洪库容（黄荣珍等，2011；欧阳祥等，2019），主要受土壤孔隙结构的决定。土壤饱和含水量反映的是土壤最大蓄水能力，为土壤水库的总库容；田间持水量可视为正常蓄水能力，相当于工程水库中正常蓄水位对应的库容；凋萎含水量相当于死库容；田间持水量与凋萎含水量之差为土壤有效含水量，是土壤的有效蓄水能力，即土壤水库的兴利（供水）库容（刘艇等，2010；方堃等，2010；刘涓等，2012）。或者说土壤的非活性孔隙、毛管孔隙和通气孔隙体积分别对应土壤水库的死库容、兴利（供水）库容和滞洪库容。

土壤水库深度一般根据土壤水库下边界界定。不同学者有两种观点：一种观点认为是指地表以下，地下潜水层以上的整个包气带（郭凤台，1996）；另一种观点从作物对土壤水分的利用来考虑，认为土壤水库的深度是能参与水分循环不断消耗和补充，并为植物根系吸收利用的根系层的深度。有学者以 0~3m 土层作为土壤水库的界定深度（孙仕军等，2011）；在红壤区，综合土体构型、根系分布深度，大多数研究将 1m 土层厚作为林地土壤水库和农田土壤水库的深度指标（全斌等，2002；方堃等，2010）。南方山区多薄层土，如果土层深度 <1m，则以地面到下伏基岩的实际的土层厚度作为土壤水库的深度。

2. 土壤水库的作用

通过对降水及地表径流的调节和再分配，土壤水库具有蓄水防洪、农业供水、保水抗旱等功能。

雨水入渗进入土壤转成地下水和壤中流，其流入河川要比降水直接产生地表径流慢得多，可有效减少洪水的形成，从根本上解决洪涝灾害问题（史学正等，1999），如能解决长江流域侵蚀劣地"土壤水库"的调用障碍，则其防洪功能将不亚于三峡水库。杨洁等（2012）指出，江西省 0~40cm 厚度土层的平均土壤水库可拦蓄一次特大暴雨的降雨量。有研究表明，湖南省土壤水库有效库容为 $5.468 \times 10^{10} m^3$，是湖南省工程水库防洪库容的 14.4 倍（何福红等，2001）。且土壤水库不占地、不需要特殊地形，无淤积、水毁之虞，就地供水，不耗能、用工少，无输水过程中的水量损失（郭凤台，1996）。

土壤水库对植物供水具有连续性和调节性特征（郭凤台，1996），两次灌溉或降水之间农作物和林草植被蒸发蒸腾所需要的水分主要是通过消耗水库库容供给的。太阳辐射是土壤水库蓄水量变化的推动力量，植物水分不断形成水蒸气,通过气孔进入外界大气,并造成了植物细胞水势和溶质浓度的变化,最终在蒸腾吸力的引导下形成了水分由土壤进入植物再蒸发蒸腾的完整、连续的植物水分运动体系,即 SPAC 体系(雷志栋等,1988;康绍忠,1990)。土壤含水量也不断降低,并对植物的蒸腾和光合生理产生反作用。当植物根系感受到水分亏缺时,会产生脱落酸(ABA)等生理信号,调节叶片气孔导度。当然,气孔导度一定程度缩小能有效抑制蒸腾速率,但对 CO_2 和光合速率影响有限,这是农业节水增产的理论基础。在没有植被覆盖的裸地上,太阳辐射的能量,也会在土气界面驱动水分蒸发。但当土水势低于植物根水势(一般是土壤水吸力等于15 倍的大气压)后,植物实际上已经处于凋萎状态,甚至永久性枯死。因此,土壤水库调度不仅需要增加有效库容的上限,也需要降低有效库容的下限。通过提高水分生产效率和不断动用土壤水库有效储水量可实现节约灌溉用水和农业增产目的(李玉山,1983)。

由于连续的水分蒸散发和周期性的、不规则降水共同作用,土壤水库蓄水量不断变化;但一年当中,土壤水库分为充水阶段和失水阶段,并和雨季相一致,雨季末期土壤水库储水量达到年内最大值,下渗到土壤水库中的水分能够保存下来供作物旱季使用。李玉山(1983)认为土壤水库对作物供需水平衡具有显著的调节功能,对缓解因降水年际和季节间分布不匀而形成的积极性干旱具有显著作用,干旱年依然有可能获得较高产量,特别是在冬春季降雨较少的西北、西南地区,通过土壤水库调节伏(秋)雨春用,小春(秋播)作物仍然可获得较高的产量。

同时,土壤水有较大的比热容,可增加近地表空气湿度,因此,土壤水库容调控还可缓解农田生态系统中水、热等生态因子等急剧变化,减轻霜冻、寒潮、大风、干热风等造成的农业气象灾害。同时,湿润的土地表面风蚀、沙化也很难发生。

3. 土壤水库的影响因素

土壤孔隙中蓄水量不断变化,土壤水库的大小受外因和内因共同决定。外因即气候条件、植被等。内因是土层厚度和土壤具体的物理性状。气候条件决定了土壤水库的水分来源和蒸发的大小。降雨是土壤水库最主要的来源,影响土壤水库的输入,即蓄水功能;蒸发的速度和途径(植被蒸腾或者裸土蒸发)决定土壤水库的供水功能,影响土壤水库的输出。降雨量和温度具有地带性差异和季节变化,人为很难改变;减小蒸发量特别是裸土蒸发可增加土壤水库的蓄水量,延长抗旱供水期限。蒸发量受到温度(热量)、光照、大气湿度、风速、地表情况和植被等条件的影响。

土壤类型不同,土壤水库库容大小和构成也不同,南方山丘区不仅土壤厚度薄,而且土壤质地黏重,凋萎含水量较高,因此,土壤水库无效库容相对较大,有效库容相对较少(黄荣珍等,2017a)。如三峡库区石灰性土、红壤和紫色土可调蓄的库容分别为274mm、402mm和308mm(史学正等,1999)。黄荣珍等研究表明,红壤与潮土、黑土相比,相同土层厚度的土壤水库总库容基本相同,但有效库容明显偏小(表1-5-8)。而在有效储水量当中实际可被作物利用的,也因农作制度、作物种类、生长特性等有很大差别。不同深度土壤水库的活跃性不同。水分从土壤表层下渗到底层需要一定的时间,次降雨过程中很多情况下水分难以下渗到土壤底层,因此,浅层(0~40cm)土层土壤水库蓄水量变化都远较底层80~100cm显著(黄荣珍等,2006)。土壤水库表层库容的大小对调蓄地表径流尤为重要,水分调节能力比底层强。

表1-5-8 不同土质土壤水库库容及构成

土壤类型	总库容	死库容		兴利库容		防洪库容	
	mm	mm	%	mm	%	mm	%
红壤	510	250	49.0	71	13.9	189	37.1
黑土	511	215	42.1	209	40.9	87	17.0
潮土	503	185	39.8	208	41.1	110	21.9

梁艳玲等(2016)认为,土壤基本理化性质如有机质含量、黏粒含量、物理性黏粒含量、土壤分散系数等均影响土壤水库库容的大小和组成。一般而言,土壤密度愈小,有机质含量愈高,团粒结构愈好,则土壤孔隙度愈多,相应的土壤最大库容则愈大(谢莉等,2012)。黄荣珍等(2017)研究得出水溶性有机碳对兴利库容、死库容具有显著的促进作用,而总有机碳对防洪库容具有明显的改善作用。朱丽琴等(2017)认为,表层土壤凋落物集中、植物细根分布较多,环境条件更适宜微生物生长,有机质含量也高于底层土壤,可增强团聚体的稳定性,改变土壤胶体状况,改善土壤结构,从而有助于土壤水库拦蓄降雨,增加蓄水量,减少地表径流;深层土壤黏重、有机质含量低,密度大,因此,总孔隙度较小,而黏粒含量较表层高,黏粒所吸附的水分又大多为无效水,因而,死库容

增加,总库容和有效库容减小。

　　林草植被与土壤水库关系密切。植被不仅可削弱外部因素对表层土壤的侵蚀作用,保护土壤水库厚度,通过枯落物分解和根系活动还具有疏松土质、改善土壤质地、增强土壤通透性等作用。单一林分土壤水库库容较小,特别是稀疏马尾松林使得森林环境下植物和土壤共同承担的拦截、蓄存雨水的功能变成主要由单一土壤承担(史学正等,1999)。

　　黄荣珍等(2005)研究表明,闽江上游林地土壤水库月蓄水量木荷林地>杉木林地>封山育林地>裸露地。黄荣珍等(2017)认为,马尾松与阔叶树混交,形成复层林,林木密度较大、凋落物量大、土壤有机碳密度大,显现出较大的由大孔隙形成的防洪库容;而阔叶混交林、木荷与马尾松混交林随着阔叶树占比增加,凋落物中阔叶比例增大,土壤形成更多的小孔隙,兴利库容、死库容随之增加。

　　朱丽琴等(2017)研究表明,不同植被恢复模式下土壤水库总库容、兴利库容、最大有效库容以0~20cm土层最高,均随土层深度的增加而降低,底层与表层相比,下降幅度分别为1.10%~24.61%,且均以马尾松林地下降幅度最小,但土壤水库死库容随土层深度增加而增大。这可能主要由于马尾松是植被恢复的先锋物种,在植被恢复的前期有较高的密度和覆盖度,根系生物量与地表枯落物积累由于阔叶树和针阔混迹树,同时马尾松根系较深,在一定程度可改良深层土壤。

　　综上所述,良好的土壤水库应土层深厚、结构稳定,具有强大的持水、蓄水、透水、调水功能,既能够为植物的生长发育提供良好空间,又同时起到储水、防洪、除涝等作用。活化土壤水库的深层库容,对充分发挥土壤水库的调节功能具有重要意义。

(二)土壤水库扩增与水土保持

　　水土保持与土壤水库关系密切。朱显谟(2006)指出,土壤持水量与侵蚀程度呈负相关,径流量则与侵蚀程度呈正相关。在土壤侵蚀过程中,土层日益变薄,蓄水量日趋减少,径流量相对增多;土壤水库库容会随着土壤侵蚀而减小。同时,降雨相同的时候,土壤水库库容越小,越容易产生地面径流冲刷和水土流失。

水土保持措施在减少水土流失的同时,也可达到增加土壤水库库容的目的。水平沟、鱼鳞坑、隔坡梯田、水平梯田等水土保持工程措施,通过改变原地形特征,拦蓄降雨径流;采用等高种植、沟垄种植、带状间作等耕作技术,使降雨就地入渗;覆盖技术如秸秆覆盖等在坡耕地和果园中应用广泛,也是一项行之有效的保墒措施。对土壤水库有效库容进行扩增,可为植被提供充足的水源,促进植被恢复,提高植被覆盖度,进而有效控制水土流失,尤其是在西南干旱河谷地区的水土保持生态建设中具有重要意义。

黄荣珍等(2011)认为,南方丘陵山地农、果园业中普遍造成雨季水土流失严重—土壤水库库容受损—水资源调蓄能力下降—伏秋干旱缺水的恶性循环,加强土壤水库及其水资源调节和利用对抗旱增产和农业可持续经营至关重要。总的来说,多种水土保持措施都有将降水和地表径流转化为土壤水和壤中流,实现"细水长流"的作用。特别是缺乏系统的理论支持和技术集成,需在以下领域中开展进一步的探索与实践。

1. 土壤水库库容扩增理论研究

包括扩增的密度和深度,不同扩增措施的时效性,表层通透库容和底层有效库容扩增的有机结合,表层和底层扩增的机制差异,达到土壤水库速效和长效扩增的有机统一。基于土壤水分三维运动模型、SPAC 水分传输模型和分布式水文模型,研究植被需水与土壤水库之间的相互联系,为土壤水库库容扩增和调控提供理论支持。

2. 土壤水库库容扩增技术创新

农业耕作、工程和生物等多种措施相结合,充分发挥各类措施的优势,取长补短,形成地表和地下立体拦水、蓄水和供水体系,扩大土壤水库有效库容,充分发挥其蓄、保、调、运、供功能,增加有效含水,既减轻雨季水土流失,又增加旱季水分供给,确保其对农作物与果树旱季供水的连续性。

土壤水库库容扩增既包括土壤水库深度(厚度)增加,又包括土壤孔隙结构的调节。增加土壤水库深度主要采取物理措施,如深松耕打破犁底层,促进土壤水分垂直入渗和加速母质、岩层风化形成土壤。在紫色土丘陵区坡地推广的聚土免耕耕作法、垄上免耕、垄间沟深松耕,形成了疏、实相间的土壤空间结构。厚重的土垄起到了汇集地表径流和防止冲刷的作用,如果在土垄上种植果树等经济林,形成等高灌木带,则固土防冲作用更好。垄间沟深松耕可起到促进紫色土页岩风化形成土壤,增加土层厚度和土壤孔隙,而且沟间地势低洼,易于地表径流汇集、入渗,形成土壤水。汇集在沟中的土壤水可通过侧向扩散和植物根系吸水,向垄上作物供水。因此,聚土免耕耕作法不仅很好地减轻坡面侵蚀和水土流失的作用,而且还可形成"集流—增渗—调蓄—供水"于一体的土壤水库调节体系。种植深根系植物不仅充分利用了深层土壤水,相对而言也增加了土壤水库调节的深度,另外植物根系枯死后留在土壤种形成的根孔也可作为"优先流"形成的通道,促进降水与土壤水向下运动。深根性与浅根性植物间作,不仅有助于分层利用土壤水,提高用水效率和土壤水库的利用效率,而且有利于增加土壤孔隙特别是大孔隙,促进土壤水分垂直下渗。

土壤孔隙结构调节可采取物理(深松耕)、生物(深根性植物)和化学(土壤改良剂)等多种措施。其中物理和生物措施均为传统的水土保持技术。红壤区侵蚀劣地在植被恢复初期,适当密植和立体种植,栽植凋落物量和细根生物量丰富的植物品种,可提高生态系统生物量和土壤碳密度,扩大土壤水库的防洪库容。同时,可在马尾松等先锋树种针叶林分中补植阔叶乔灌木,以增加土壤活性有机碳含量,增大土壤水库兴利库容,从而增强土壤的透水、蓄水、供水性能(黄荣珍等,2017)。

化学改良剂目前也有较多的研究,如生物质炭改良土壤持水性能的作用。Brodowski et al.(2006)研究表明,使用生物质炭后可增强土壤团聚性,增大土壤水分入渗速率,提高土壤的持水特性,从而改善土壤结构,这与生物质炭的多微孔结构和较大的比表面积有关。Karhu et al.(2011)研究表明,生物质炭的施用使土壤的保水能力提高了11%;Glaser et al.(2002)研究表明,在亚马孙施有生物质炭的土壤保水能力提高了18%,生物质炭含有丰富的孔隙,水分可在生物质炭的小孔隙及大孔隙内储存,从而提高土壤水分含量。

袁颖红在红壤旱坡地通过定位试验,分层监测水分及物理性质,并测定作物单产,研究了生物质炭与过氧化钙等改良剂红壤水分动态和作物产量的影响,表明:土壤含水量在一年内呈现"双峰型"变化,11月、12月土壤含水量比较低随后呈上升趋势,2月达到最高再缓慢下降,4月后由于进入梅雨季节开始升高,到6月达到峰值,6月后又开始缓慢下降;随着土层深度的增加,土壤含水量和土壤容重呈上升趋势,土壤饱和持水量、毛管持水量、田间持水量变化趋势与其相反;单施过氧化钙,随施入量增加,土壤含水量呈下降趋势,生物质炭施入量增加,含水量则呈上升趋势,两者混施土壤含水量均高于单施;施用改良剂后,土壤容重有减小的趋势,各处理番薯产量均高于对照;因此,生物质炭与过氧化钙可作为土壤改良剂减小土壤容重并提高作物产量,生物质炭有助于红壤保持水分,单施过氧化钙不能提高红壤含水量,但能提高生物质炭的保水效果。

3. 土壤水库水资源高效利用技术集成

将土壤水库库容扩增与补充灌溉结合起来,根据农作物不同生育期的生理、生化特点,以土壤水分时空亏缺调控灌溉技术(RDI),加强高效用水管理与决策,充分利用生长因子的协同补偿作用,开展以肥调水和以水促肥,突出有机质或有机质肥在调节土壤水库及促进植物生长等方面的作用。一方面提升土壤水库的入渗、贮水、保水、供水等能力,充分发挥土壤水库蓄水、防洪、排涝等功能,协调土壤水、肥、气、热等肥力要素,营造适宜农作物生长的土壤根区环境;另一方面采取保墒和抑制蒸发措施,减少水资源无限损耗,特别是裸土蒸发,如增加土壤有机质、改善孔隙结构,采用生草、秸秆、地膜覆盖以及施用抗旱保水剂等。抗旱保水剂有腐植酸等有机高分子材料以及蒸腾抑制剂等。蒸腾抑制剂的作用原理主要是通过调节叶片气孔开度,达到控制奢侈的蒸腾耗水,但光合作用效率不下降或者下降有效,来提高水分利用效率。也有的蒸腾抑制剂可提高叶面反射率,以减少蒸发潜热,降低蒸腾速率。

南方地区壤中流、优先流发育,土壤水库中不仅有从上到下的垂向入渗,也有水平方向从山顶到坡脚的流动,因此土壤水库除原位调度外,也可在水平方向上由坡上向坡下供水。我国南方有许多长期存在的古梯田,如江西上堡梯田、湖南梯田、贵州梯田、广西龙胜梯田和云南哈尼梯田,上方均有一定面积的水源林,通过林地的土壤水库满足梯田灌溉用水,使梯田农业历经千年而不衰,梯田供水由上下两级台田面通过跌水"串联"(当然一般上下两级跌水要错开)和分别从山溪中引水"并联"两种模式供水。南方小流域治理中,汇集地面径流及壤中流、地下径流的山塘具有重要地位,以山塘作为水源,可自压或提水发展喷灌、滴灌等先进灌溉技术。

实际上,最有效的蒸腾抑制剂是植物根系在缺水条件下形成的脱落酸ABA,具有抑制气孔开度的作用。因此将土壤水库调控和节水灌溉技术结合在一起,采取分根区灌溉,使一部分根系处于水分胁迫的环境中,进而产生ABA信号调节气孔开度,可提高有限灌溉水的利用效率。另一方面,根系受到水分胁迫的锻炼,也有助于促进根系生长,利用深层土壤水,充分发挥土壤水库的供水潜力(康绍忠等,1997)。同时,部分根区灌溉不仅节水,还可以降低灌溉成本,尤其是滴灌网和灌水器投入。由于南方地区缺水主要是两次降雨之间的周期性缺水,后期降水可补充土壤水库库容,因此林木利用深层土壤水,除了在少数干热河谷地带可能造成土壤水库供、补失衡,形成"干层"外,一般不会造成土壤水资源的耗竭。同时,南方地区降水量大,土壤处于淋溶脱盐状态,滴头附近土壤不会发生盐分的积累和土壤盐碱化。

三、土壤肥库培增技术

南方严重侵蚀退化劣地往往土层薄、土壤瘠薄,生态环境脆弱,植物因而生长缓慢,一旦遭到破坏很难凭借自身力量快速恢复,同时,地表失去植被破坏又会加剧土壤侵蚀和水土流失,甚至形成岩石裸露的不毛之地,出现"石漠化"现象。因此,如何有效提高土壤肥力和促进植被快速恢复是侵蚀退化地亟待破解的技术难题。

(一)土壤肥库的特点与作用

土壤肥力是土壤的基本属性和本质特征,是土壤为植物生长供应和协调养分、水分、空气和热量的能力,是衡量土壤肥沃程度的重要指标;也是土壤作为自然资源和农业生产资料的物质基础,区别于成土母质和其他自然体的根本特征。土壤肥力按成因可分为自然肥力和人为肥力,前者指在五大成土因素(气候、生物、母质、地形和年龄)影响下形成的肥力,后者指长期在人为的耕作、施肥、灌溉和其他各种农事活动影响下表现出的肥力,主要存在于耕作(农田)。土壤肥力又分为潜在肥力和有效肥力,潜在肥力是土壤肥力中不能被作物直接利用或在农业生产上没有直接表现出来的部分;有效肥力是土壤肥力能被作物直接利用,能产生经济效益的部分肥力,是自然肥力和人工肥力的综合效应。自然肥力中潜在肥力作为有效肥力的储备,只有潜在肥力不断向有效肥力转化,才能保障土壤肥力不发生枯竭、土壤持续利用。狭义上,土壤的肥沃程度主要指土壤养分。水、肥、气、热四大肥力要素中,土壤养分除了大气沉降、生物固氮、施肥和灌溉外,主要来源于土壤母质的分解,与土壤的关系最为密切。施肥的目的也是为了人为补充土壤养分。

土壤养分的天然含量受到气候、生物、母质等成土因素的影响,母质分解释放和外部输入的养分,主要以离子(包括土壤孔隙的水溶液中和土壤交替表面)、难溶性矿物以及有机物的形式存在于土壤中,土壤是植物所需要养分的仓库,因此被形象地称为"土壤肥库"。"土壤肥库"中离子态的养分能直接被植物根系吸收,属于速效养分;难溶性矿物以及有机物的养分元素,植物难以直接吸收和利用,但是可不断分解,补给土壤中的速效养分。土壤肥库中的总养分主要取决于土层厚度和土壤中养分的浓度。

我国南方土壤形成的气候、生物条件相近,肥力和养分特征也有一定的相似性,在高湿和高温的气候条件下,化学风化、生物分解和淋溶作用明显,形成了强烈的元素地质大循环和生物小循环,铁、铝氧化物明显积聚,盐基离子不断流失,所以南方土壤酸性大,相对不够肥沃,有机质和养分元素含量相对较低;同时,植被茂盛,强烈的生物富集作用,使土壤养分垂直分布具有表聚性。由于不同地区地形地质条件的差异,成土母质和其养分特征也有一定的差异。一般而言,花岗岩等岩浆岩和泥页岩等岩层风化形成的成土母质,风化层厚且养分含量较高,具有较丰富的"土壤肥库",而石灰岩、红砂岩等岩层风化层薄且养分含量低、易流失,"土壤肥库"贫瘠。

土壤肥库的培增主要有两方面的方法,一是促进岩石与母质风化,增加土层厚度,深松耕、种植深根性植物,都是增加土层厚度的有效方法;二是增加土壤中养分元素含量,特别是根层土壤中速效养分的含量,施肥是增加土壤养分最有效的办法,绿肥植物一般都有发达的根系,并能分解促进土壤养分释放有机酸,可吸收深层土壤中的养分,并富集到表层土壤。

(二)土壤肥库与水土保持

水土流失对土壤肥库有密切的影响,一方面使土层变薄,特别是养分较为丰富的表层土壤大量损失,在石灰岩、红砂岩等地区甚至形成"石漠化"的不毛之地;另一方面,造成土壤保肥能力减弱,养分含量下降;总之,将严重损坏"土壤肥库",对于石灰岩、红砂岩等地层上发育的土壤,危害则更为严重。相应地,侵蚀地土壤培肥措施不仅可促进植被快速恢复,减弱雨水对表土的冲刷,还可提高土壤有机质和土壤团聚体稳定性,增强土壤抗蚀性。南方侵蚀地区分布广、地形条件复杂、土壤类型多样,水土保持过程中,需因地制宜、科学合理地培肥土壤,逐步改良侵蚀退化土地土壤的环境,快速恢复植被,达到最大的生态效益。

1. 土壤培肥对植被恢复的作用

传统上,林草植被恢复、绿肥牧草轮作、有机肥培肥等措施均可改良土壤质地,提高土壤肥力,促进植被恢复,增加地表覆盖,提高水土保持功效。喻荣岗(2011)在江西省水土保持科技园径流小区上,开展了牧草、耕作施肥和梯田措施改良土壤效益研究,分别从土壤物理、化学性状、可蚀性指标进行综合评价,土壤改良效果大小顺序为:牧草区组 > 耕作区组 > 梯田区组。张白雪等(2017)在野外径流小区,通过添加作物秸秆、生物质炭和猪粪来研究其对红壤坡耕地产流、产沙的影响,结果表明,秸秆覆盖显著降低了产流产沙,生物质炭处理可降低产流,但无明显减沙效果,猪粪处理可显著降低产沙。综合来看,猪粪不仅资源丰富,而且能提高土壤肥力、促进团聚体形成,水土保持效果最佳。

大量研究认为,土壤肥库培增对侵蚀区植被恢复的作用主要体现在三个方面:①施肥特别是有机肥,能够改善土壤结构,增加土壤养分的含量,提高土壤持水力和最大吸湿水量,增加土壤水分、养分对植物的供应和有效性。②促进植物根系生长,提高对土壤中水分、养分吸收和利用能力。③有利于土壤酶酶促土壤中的化合物质,影响土壤的生物学特性,有机肥不仅能够增加土壤微生物的营养来源,还是酶促反应重要的基质来源,在土壤改良、土壤肥力增强方面起主要作用的酶类是水解酶和氧化还原酶。

针对严重侵蚀退化土壤,一般选择人工建植和培肥措施进行水土保持生态治理。如马尾松林是南方侵蚀劣地植被恢复的先锋树种,但同时退化马尾松林地土壤不仅结构恶化,而且养分极度贫乏,且保肥能力较差,无法协调供应林下植物生长所需肥力,退化马尾松林地也是南方重要的由土壤侵蚀造成的生态脆弱区。研究认为,氮、磷元素含量不足是限制退化马尾松林地植被恢复的主导因子,其次是钾含量(周文芳,2015;戴金梅,2018)。戴金梅(2018)还研究认为,混施氮、磷肥具有交互作用,促进马尾松幼苗生长的效果优于单施氮肥或磷肥。

南方另一个典型生态脆弱区为西南喀斯特石漠化地区,池永宽(2019)基于分析中国南方喀斯特典型的中—强度石漠化综合治理示范区(贵州关岭—贞丰花江喀斯特高原峡谷)和潜在—轻度石漠化综合治理示范区(毕节撒拉溪喀斯特高原山地)植被恢复模式,认为两个试验区15种林草模式中存在部分土壤养分元素缺乏,需要进行施肥改良,钾、氮肥施肥量均为60kg/hm² 时,土壤含水量、田间持水量、毛管持水量、总孔隙度和毛管孔隙度等物理性质改善最为显著。

南方地区尾矿地分布也较为广泛，这些地区土壤养分条件差，甚至是不毛之地，同样面临严重的生态环境治理和植被快速恢复的压力，其中土壤培肥也是重要的技术措施。

2. 土壤培肥对改良土壤团聚体稳定性的作用

一般认为，快速湿润是土壤团聚体破碎的主要机制，与活性 Al_2O_3 相比，活性 Fe_2O_3 对团聚体稳定性作用更显著。土壤团聚体湿润破碎后，有机碳含量和 C/N 比随着破碎团聚体粒级的增大而提高。研究结果说明植被恢复过程中有机碳促进了土壤团聚体的形成，并提高其稳定性（彭新华等，2003）。

当前，许多研究显示，土壤肥库增加，特别是施用有机肥可有利于土壤团聚体的形成，并提高其稳定性。刘勇军等（2019）研究湖南烟稻轮作区土壤发现，土壤 C/N 比越高则土壤团聚体越稳定，建议增施有机肥，创造适宜碳氮比。翟龙波等（2019）研究紫色土坡地土壤显示，长期有机肥、无机肥配合施用，可有效提高各粒径团聚体中不同形态磷的质量分数，并促进 Al－P、Ca－P 向大团聚体转移，提高了土壤对有效磷的保持能力。李江涛等（2004）则研究了红壤性水稻土颗粒有机物（POM），发现 POM 的形成与土壤团聚体的形成和性质密切相关，施肥提高了土壤团聚体稳定性，表现为 NPK＋OM（施氮磷钾肥和猪粪）＞NPK（双倍施氮磷钾肥）＞NPK（施氮磷钾肥）＞CK（不施肥）。张白雪等（2017）研究了添加作物秸秆、生物质炭和猪粪对红壤坡耕地产流产沙的影响，认为猪粪提高土壤肥力、促进团聚体形成，水土保持的效果最佳。潘艳斌等（2017）研究认为，生物质炭虽可提高了土壤有机碳含量，但对土壤团聚体稳定性的影响不显著。李文昭等（2014）利用同步辐射显微 CT 技术研究了不同施肥措施对红壤性水稻土团聚体微结构的影响。

上述研究结果均表明，长期无机有机肥配施更能改善土壤团聚体微结构，促进土壤团聚体的形成与稳定，有利于土壤保持通透功能。

四、土壤结构改良技术

（一）土壤结构改良剂的特点与作用

传统的生物和农业措施改良土壤结构，如施用有机肥、种植绿肥牧草等都可增加土壤孔隙度,降低土壤黏性,改善土壤通气、透水能力,但存在周期长、成本高的特点(张兆福等,2014)。

20世纪80年代末期,化学调控作为一项新兴的水土保持技术措施引入我国,通过施用化学改良剂调控土壤物理结构,可减少水分、土壤和养分的流失,并迅速得到了大量的研究和在农业生产中应用。

(二)土壤结构改良剂与水土保持

1. PAM

PAM是一种高分子聚合物,易溶于水,几乎不溶于一般的有机溶剂,能吸收和保存其自身重量的成百上千倍的水,在农业领域,主要用作农用地节水灌溉中的保水剂和土壤结构改良剂(陆绍娟等,2016)。当前,PAM在北方农业土壤的研究和实际应用较多(王小彬等,2000;冯浩等,2001;雷廷武等,2003;员学锋等,2005;王辉等,2008)。

(1)PAM改良南方红壤区土壤的效果

PAM在南方红壤区坡耕地土壤水土流失防治方面的研究正逐年增多。刘纪根等(2009,2010)通过室内人工降雨模拟试验,研究了PAM对扰动红壤产沙过程、可蚀性及临界剪切力的影响,结果表明,施用PAM可降低土壤可蚀性,增加径流临界剪切力,有显著的减流和减沙效益。李翔等(2016)研究了不同PAM与香根草篱进行不同组合对红壤坡耕地土壤物理性质的改良效果,结果表明,均可明显改善0~20cm土层土壤容重,对0~10cm土层土壤孔隙度和持水量提升效果较好,其中以表施PAM+香根草篱效果最佳。宋月君等(2017)采用室外人工降雨试验,在短时强降雨条件下,研究了2种PAM浓度对南方红壤区4种不同典型岩性(第四纪红壤坡面、红砂岩红壤坡面、紫色土红壤坡面和花岗岩红壤坡面)发育的土壤坡面产流产沙过程的影响机制,结果如表1-5-9和图1-5-10显示,单位采样时段径流系数、各坡面总产流量、累积单位采样时段径流系数均有显著提升,不同类型土壤坡面存在差异。

表1-5-9 不同PAM配比坡面径流提升率

土壤类型	单位采样时段径流系数(URC,%)		累积单位采样时段径流系数(CRC,%)	
	PAM1200-2	PAM1200-10	PAM1200-2	PAM1200-10
第四纪红壤	78.24	83.47	53.56	59.94

续表

土壤类型	单位采样时段径流系数(URC,%)		累积单位采样时段径流系数(CRC,%)	
	PAM1200-2	PAM1200-10	PAM1200-2	PAM1200-10
花岗岩红壤	30.92	25.69	11.82	10.85
红砂岩红壤	55.45	63.00	36.70	45.64
紫色土	39.62	44.18	26.57	31.35

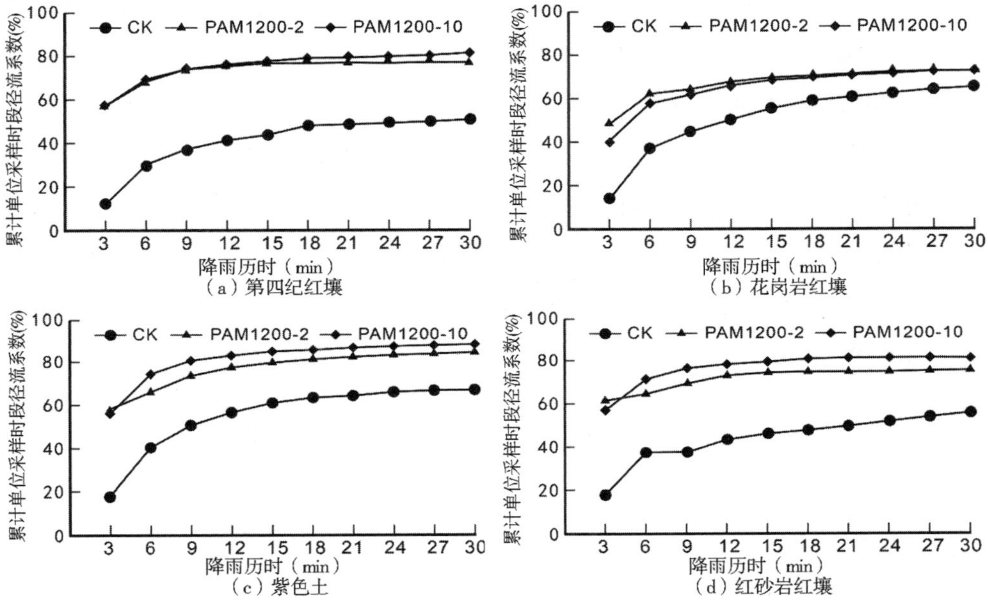

图1-5-10 不同PAM配比坡面径流变化曲线(宋月君等,2017)

崩岗是我国南方红壤区较为特殊的一种土壤侵蚀类型,其中崩积体土质疏松、结构性差、抗侵蚀力弱,是崩岗侵蚀产沙的主要来源。PAM可快速稳定崩积体表层土壤,减少产沙,增加径流,可配合林草等生物措施使用达到更好的水土保持效果(张兆福等,2014)。姬红利等(2011)通过室内解吸和田间试验,在滇池流域研究了PAM对设施农业和坡耕地土壤中总磷和可溶性磷浓度的影响,结果显示,PAM在降低滇池流域土壤磷素流失方面具有显著的效果。还有研究发现,与对照相比,施用PAM可明显降低茶园土壤速效钾、速效磷和碱解氮等养分的流失,并且不会对茶叶安全产生影响(王玺洋等,2014)。

(2)PAM对南方紫色土区土壤的改良效果

西南土石山区紫色土土层薄,具有"岩土二元结构"特点,水易向下渗漏,在下伏不透水岩层即会侧向流动形成壤中流,造成细颗粒物质流失。周继等(2009)通过野外径流小区试验来研究4种PAM施用模式对紫色土坡面不同坡位土壤水稳性团聚体、机械组成、容重、初始含水率和土壤渗透率指标的影响，结果表明，均促进了土壤中砂粒、黏粒增加与粉粒、土壤容重减少，同一模式下，土壤稳渗率增量大小为上坡＞中坡＞下坡，30g/m³PAM液施结合生石灰最能促进＞0.25mm土壤水稳性团聚体的生成（图1-5-11）。李佳佳（2011）在四川宜宾通过大田试验，研究了作物秸秆、膨润土和PAM3种改良材料，对冲积土、灰棕紫泥和暗紫红泥3类土壤的改良效果，结果发现，改良材料均可普遍提高3种土壤有机质含量，有效促进土壤中的小粒级非水稳性团聚体向大粒级团聚，有效降低土壤容重，增大土壤持水性能和促进作物生长。周涛等（2019）通过盆栽实验研究了种草、施PAM及两者结合的土壤改良效果，发现PAM能有效促进狗牙根和三叶草不同径级根系的生长，通过增加非毛管孔隙度显著改变土壤微结构、提高土壤抗蚀性，且对荒坡紫色土抗剪切和抗蚀性能的增强效果存在最优浓度，PAM与种草的组合措施比单一措施更有利于荒坡紫色土抗剪切和抗侵蚀。

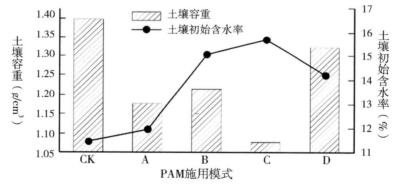

图1-5-11　紫色土坡面不同PAM施用模式土壤容重及初始含水率变化（周继等，2009）

2. W-OH

W-OH有机复合固化材料是另外一种被广泛研究和应用的土壤结构改良剂（张平仓等，2017）。它是由日本JCK株式会社研发的一类亲水性氨基树脂，呈淡黄色乃至褐色油状体，该材料用途广泛，是一种优良的固土、固沙、防水止漏和防尘材料，且不造成生态环境二次污染。

近年来，W-OH在南方地区水土保持领域得到了越来越多的研究和应用。李润杰等（2009）进行室内和三江源沙化地区野外治沙试验，研究表明，W-OH-1A材料具有抗冻、抗拉、抗压和抗紫外线等性能，在三江源沙化地区取得了良好的生态恢复效果。入渗和增强抗蚀性是南方崩岗侵蚀治理关键，W-OH

材料在崩积体土壤上施用后减渗作用明显,随溶液浓度增大,减渗效果随指数函数递增,并且 W－OH 材料可有效降低崩岗坡面土壤的细沟可蚀性因子,可辅助工程措施进行崩岗侵蚀治理(梁音等 2016)。为了揭示 W－OH 固化材料的微观特征和生态固土机制,阙云等(2017)利用红外光谱、X 射线衍射、扫描电镜等现代仪器分析方法,研究了 W－OH 水溶液固化体老化前后的官能团、C、H、N 元素质量含量、比表面积以及孔容变化特征,结果显示,W－OH 固化体中并没有产生新的官能团和矿物成分,而是通过与土体发生吸附、交联和絮凝来达到加固土体的作用。W－OH 材料对于西南地区紫色土坡面侵蚀治理同样有着很好的应用前景,朱秀迪等(2018)通过室内人工模拟降雨试验,研究了不同雨强下 5% 浓度 W－OH 对紫色土坡面侵蚀过程的影响,结果表明,施用 W－OH 材料可显著提高土壤抗蚀性,与对照相比,坡面产沙量减少 89.40% ~ 97.43%,土壤可蚀性降低了 96.80% ~ 97.41%。张冠华等(2018)采用盆栽实验和野外天然降雨观测,研究不同 W－OH 喷施浓度的保水保肥作用,结果发现,保水作用受降雨量和作物类型的双重影响,如玉米地土壤,当降雨量达较大级别时,与其喷施浓度成正比,而大豆和大蒜地土壤则不受降雨量影响。在作物生长过程中,W－OH 保肥作用明显,可有效减少硝态氮淋失。此外,还有研究工作者研究了 W－OH 材料对作物生长的影响,如孙金伟等(2019)研究发现,作物地土壤喷施 W－OH 后土壤抗蚀性能增强,不同浓度下作物生长情况存有差异,表现为低浓度促进,高浓度抑制(详见图 1－5－12、图 1－5－13 和图 1－5－14)。因此,W－OH 材料在农用地施用过程中应结合具体作物设计适宜的喷施浓度。

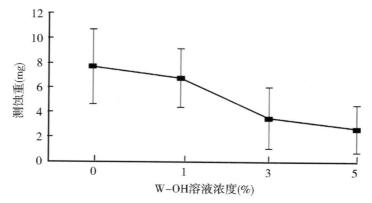

图 1－5－12　不同 W－OH 溶液浓度处理下的土壤溅蚀量(孙金伟等,2019)

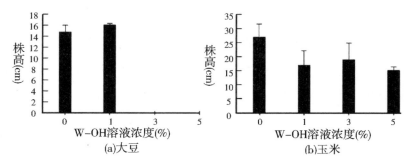

图 1 - 5 - 13　不同 W - OH 溶液浓度处理下的大豆和玉米植株高度（孙金伟等，2019）

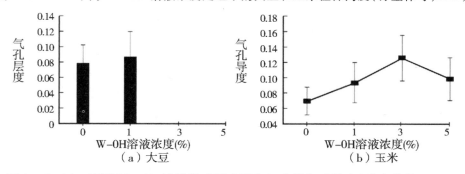

图 1 - 5 - 14　不同 W - OH 溶液浓度下大豆和玉米的气孔导度（孙金伟等，2019）

3. 化学改良剂的应用前景与展望

当前，PAM 和 W - OH 具有较好地防止水、肥、土流失，提高作物产量的优点，在农业水土保持领域具有广阔的应用前景。然而在实际应用中，土壤类型和立地条件复杂多样，PAM 和 W - OH 材料的施用量、施用方式、施用时间对土壤的改良效果存在较大差异，严重制约了化学改良剂在农业生产中的推广（陆绍娟等，2016）。当前亟需加大新型改良剂的研发力度，建立不同立地条件、不同土壤类型的改良剂施用技术规范，降低应用成本，提升改良效果。

第五节　南方地区水土保持生态农业

现代生态农业是一种以生态学理论为指导的，充分发挥农（林、牧）业生态系统光合作用潜力和资源利用率，提高物质和能量在生态位间的转化和利用效率，减少无效损失，增加经济产品产出，以节约资源、保护环境的农（林、牧）业技术体系。

一、生态农业与水土保持

（一）生态农业的特点

较现代化学农业而言，生态农业具有资源利用率高、环境影响小、生产成本低、经济效益好的优点。从内涵和外延上，生态农业与农业生态工程基本相似。

农业生态工程是生态工程的一种。1962 年，美国著名生态学家 H. T. Odum 首次提出了生态工程的概念，并定义为"为了控制生态系统，人类应用来自自然能源作为辅助能对环境的控制"。我国著名生态学家马世骏提出了"生态系统工程"概念，并给予了明确的科学定义，精辟地概括了"整体、协调、循环、再生"生态工程的原理，推进了我国生态农业的蓬勃发展，并与李松华研究员联合主编、出版了《中国的农业生态工程》（马世骏等，1987）。这一概念以社会—经济—自然复合生态系统理论为指导，可持续发展为目标，又有几千年朴素的生态工程经验和 20 世纪 80 年代以来城乡生态建设的实践为基础，得到国际学术界的公认。国际生态工程学会主席 W. Mitsch 综合这两派思潮，将生态工程总结为"为了人类社会和自然环境双双收益，对人类社会和自然环境综合的、可持续的生态系统设计"（颜京松，2004）。

（二）生态农业的主要类型

生态工程又可分为农业、林业、牧业、城镇、矿山等不同类型的生态工程。具体的讲，农（林、牧）业生态工程技术包括生物群落设计技术、食物链工程技术以及病虫害生物防治技术、环境改良和气候调控技术等。

生物群落设计技术主要是立体种植和立体养殖技术，是一种通过发挥物种间互利共生关系，以提高资源利用率和改善环境的农业技术体系。立体种植技术主要有传统农业的间、套种技术，以及林农、林牧、林果、林茶、林胶（橡胶）、林药、林菌（食用菌）等林业复合经营技术。立体养殖最著名的是青、草、鲢、鳙等四大家鱼的混合放养技术。利用林间隙地发展养殖业、林虫（蜜蜂、家蚕、柞蚕、紫胶虫等）复合经营也属于立体养殖的范畴。

食物链工程技术利用生态系统内部的营养关系，通过"加环"和"解链"，提高农业生态系统的资源转化效率，增加有效经济产出，并控制有害物质在生物间的传递，减少有害物质在经济产品中的积累和富集，保证食品安全。著名的桑基鱼塘通过蚕食桑叶、蚕沙(粪)喂鱼、塘泥肥田,成为食物链工程和人工生态系统建设技术的典范。桑叶养蚕、蚕沙喂猪、鸡,鸡粪喂猪、喂牛,棉籽皮、木屑养蘑菇、菇糠喂牛,牲畜粪便制沼气、沼渣养鱼,都是可供选择的生态农业模式。通过林草养畜、牲畜粪便制沼气、沼渣肥田,形成林—畜—沼—农的生态农业系统,也是生态农业建设的可行模式之一。

环境调控技术是与生物群落设计相对应的技术。生态系统包括环境要素(生境)与生物(种群、群落)要素。环境调控技术是根据目标生物群落的要求对生境进行调控,营造适合目标作物生长的人工环境,限制对目标作物生长不利的生物的生长和繁殖,以提高农业生态系统中的光合作用效率,提高产量,降低生产经营成本,主要包括农田水分高效管理、防护林建设、水土保持和土壤微环境管理等技术措施,也包括日光温室等人工调控气候技术。

日光温室等现代农业工程虽然投入较多的辅助能,但是能创造适宜作物生长的可控的环境条件,极显著地提高产量与产值,这种工厂化农业符合单位人功能投入换取的光合作用产物(固定的太阳能)最大的生态工程理念,是当前及将来一定时期内生态农业研究的热点问题。

病虫害生物防治技术是群落设计、环境调控和食物链工程技术中的具体应用,主要有:通过轮作和间混套作、混交林建设等,选择恰当的群落结构,避免错误搭配,提高农业生态系统的稳定性,减少害虫与病原体的传染源和中间宿主,以降低病虫害发生的频率和规模;利用捕食、寄生等生物间相生相克关系,将害虫、病原体控制在一定的规模内,以减少病虫害给农业造成的损失,如广泛使用的以虫治虫——赤眼蜂控制螟虫、七星瓢虫控制蚜虫以及以菌治虫(如白僵杆菌防治菜青虫、棉铃虫等)、以毒(病毒)治虫、以毒(噬菌体病毒)治菌(细菌、真菌等病源微生物)等,利用鸡、鸭捕食草地蝗虫,招引猛禽、蛇控制鼠害等也属于这一范畴;调控温度、湿度、光照等环境要素,以不利于害虫、病原体的生存和扩散;加强田间管理,提高农作物的抗逆性和抗病性,栽培和选育高抗性品种等。

(三)水土保持中的生态农业理念

某种意义上,水土保持是广义的生态农业(或农业生态工程)的组成部分,是改善山丘区、风沙区生态环境,保证农业可持续发展的基础。林草植被不仅是水土保持中最有生命力的措施,实质上也属于一种生态工程,即建造受人类干预的生态系统;水土保持工程和农业技术措施,也是为了改良立地条件,即生态学中的生境。水土保持活动都需要投入一定的人工辅助能,水土保持农业技术不仅减少水土流失,也符合用较少的人功能投入固定更多的太阳能的生态工程理念。

很多水土保持措施均体现了生态农业的原则,如混交林、间混套作属于生态农业中的群落设计技术。在20世纪末、21世纪初一部分水土保持学者提出发展"水土保持生态农业",并与主张"水土保持径流调控"的学者展开了热烈的讨论。除林下经济、等高灌草带、梯田地埂经济林农林间作、果园生草覆盖、间混套作外,更能充分体现南方地区水土保持生态农业理念的是小流域治理中"丘上林草丘间塘"的立体农业以及"猪—沼—果"生态农业模式。

绿色食品、有机食品等概念与生态农业既有区别又有联系。生态农业是生产绿色食品、有机食品的前提。但生态农业在保护生态环境与可持续发展的基础上,更加重视单位投入的边际产出。绿色食品、有机食品强调环境友好型的生产过程和食品安全,即减少农业生产中的环境污染,特别是产品中的农药残留。水土保持中的清洁型流域治理理念与绿色食品、有机食品等的追求是一致的,即通过源头控制、过程调控、终端治理减少农业生产中的环境和食品污染,特别是控制进入水体的非点源污染物。径流和泥沙是污染物的重要载体,因此,非点源污染对水土流失有依附性。水土保持是减少农业生产中面源污染的基础,也是水土保持与生态农业理念重要的交集。

二、"千烟洲"生态农业技术模式

中国科学院提出了治理南方红壤区水土流失、开发水土资源的"千烟洲"生态农业模式,其核心是"丘上林草丘间塘,缓坡沟谷果鱼粮"的立体农业。通过综合治理,将水土流失治理与土地利用结构调整结合起来,根据不同土地的可利用性和发生水土流失的可能性,按照宜农则农、宜林则林、宜草则草的原则,把农业生产用地集中到不易发生水土流失的平地上来,把易发生水土流失的坡地作为生态建设用地,恢复植被;同时把水资源调控作为流域治理的核心工作,从而起到了既防止水土流失和土壤侵蚀,又合理和充分利用水土资源的作用,实现了较好的经济、社会和生态效益。

水坝、山塘是"千烟洲"小流域治理模式的核心,这主要是因为南方地区降水多,蒸发弱,坡面产流以蓄满产流为主,径流深较大,壤中流是径流的主体,无法实现"降雨就地全部入渗拦蓄",在丘间沟谷洼地筑坝蓄水,拦蓄地表径流,作为"伏旱"时期水源;还可发展多种经营,分层立体养鱼(蟹、虾、龟),在水面放养鹅、鸭,浅水处种植莲藕、芦苇等挺水作物,深水处放养水花生(空心莲子草)、绿狐尾藻等浮水植物,不仅能净化水质,还可收获一定的经济产品,或者做绿肥、饲草以及发酵做沼气等。泥沙在水塘中淤积形成塘泥,清塘后也可作物农田肥料。

"丘上林草"是在距离村庄道路较远的分水岭和坡度较陡的远山坡地营造水土保持水源涵养林,不仅提供木材和薪炭等林产品,还可拦蓄暴雨径流,涵养水源,减轻水旱灾害,并发展林下经济,如林茶、林胶、林药、林菌、林虫间作等。

"缓坡沟谷果鱼粮"是将村庄附近的低山丘陵缓坡地改造为果园、茶园,促进农村经济发展,经济林可采取等高带状种植或梯田整地,采取"前(上)坎后(下)沟",梯壁植草,发展行间生草覆盖,减少坡面水土流失与非点源污染。本区粮食生产以水田为主,主要在山塘下游的沟谷间的平地里。山顶的水源涵养林和山脚、山腰的山塘、水坝为农业生产特别是伏旱时期提供充足的水源,还可利用塘坝水田发展养鱼、养蟹(虾、龟)、养鸭(鹅)等,发展水产养殖,并形成和猪—沼—渔—果(粮)相结合的生态农业模式。

三、立体种养技术模式

立体种养属于生态农业中生物群落设计技术。南方地区水热资源丰富,通过发挥物种间互利共生关系,可形成多层次、稳定的立体植物群落和生物种群,一方面提高光合作用固定太阳能的效率,生产更多的农产品,增加经济产出,另一方面也可形成多层植被,增加地面覆盖度,减缓降雨、径流对地表的打击和冲刷,减轻水土流失(张光伦,2000)。水土保持林业技术中乔灌草混交、水土保持农业技术中高秆与矮秆作物间套作均属于立体种植的范畴。参与立体种植的作物应该占据不同的生态位,并具有互利共生的种间关系,能分层利用不同土层深度的水分养分、不同空间的光照,同时实现用地和养地、喜肥和固氮、喜光和喜阴等的结合,并不利于病虫害的传播。立体养殖如林下养殖和在坑塘水田水面发展水禽与鱼虾蟹贝的混合养殖。

立体种养技术在水土保持中的重要表现形式是林下经济。林下经济是为了充分利用林下资源（包括土地、光照、林荫等），在乔木林冠层以下以及林间空地从事林下种植、养殖、旅游等复合经营，从而有效实现林业资源的共享、循环发展，增加林业产出、提高林农的收入的经济模式。具体有林畜、林禽、林草、林果、林油、林粮、林菜、林菌、林药、林虫等复合经营模式，可分为林下养殖和林下种植两大类。在重视生态环境建设、加大对森林资源保护力度的大背景下，林下经济可以较少的投入，在较短的时间内获得较好的收益，呈现出良好的发展前景，是增加林农收入的有效途径，可以"以短养长"，有效缩短林业生产周期，提高林业附加值，现林业的持续、循环发展，生态效益与经济、社会效益的统一。因此，在全国各地特别是南方地区林下经济发展势头较好。

林下养殖主要是在林下和林间散养猪、羊、鸡等畜禽和经济昆虫（如蜜蜂、紫胶虫）等，达到就地利用林草植被固定太阳能并转化、增值的作用，是利用边际水土光热资源的一种有效形式，但要注意禽畜放养的密度，并适当补饲，特别是注意对幼林的封育保护，防止养殖密度过大，破坏植被，产生林牧矛盾，保证资源的永续利用。

林草、林果、林油、林粮、林菜、林菌、林药复合经营都属于立体种植技术模式，即在乔木林下和林间空地种植合适的农作物、经济林果、药材、食用菌等。农田防护林网和坡地植物篱、农林间作也都属于农林结合的范畴。在梯田地埂上种植树木，还可形成生物埂坎，防止地埂垮塌。立体种植不仅有助于增加林业经济产值，也可形成多层植被覆盖地面的植物群落，与纯林相比，水土保持效果可能更好。尤其是经果林地和用材林的幼林地由于植被有效覆盖率较低，如果表土裸露，可能产生较为严重的水土流失。在林间带状间作适宜的矮秆、浅根系农作物（如花生、薯类、叶菜和根茎类蔬菜等），特别是绿肥、牧草，不仅能较早地获得林地收益，而且还能增加地表覆盖改良土壤，控制林下水土流失。

森林可形成阴湿、微风的小气候环境，为某些经济作物、药材、食用菌创造了良好生境，我国南方的林茶、林果、林药、林菌结合都有很好的发展潜力。

茶树在山坡上一般分带等高种植，矮化密植，形成等高植物篱，林茶结合是在不影响茶叶生长营养空间和采茶作业的前提下与乔木间作。乔木行距一般在4m以上。适合林茶间作的树种主要有银杏、香椿、泡桐，以及桢楠、香樟等名贵用材树种。茶树喜阴湿环境,光照时间太长、强度太强,茶叶的嫩叶会迅速老化,影响茶叶品质;发展林茶结合,乔木树冠为茶树遮阴,特别是在春季日照多、气温回升快的茶区,有利于扩大采茶叶种植面积,延长茶叶采摘期和提升茶叶质量。茶园,特别是幼龄茶园也常与农作物间作,形成农茶间作的立体种植模式。间作的农作物主要有高矮两种,高秆作物以玉米为主,矮秆作物主要有花生、大豆等豆科植物和油菜等。高秆作物在夏季可起到遮阴作用,提高茶树幼苗移栽的成活率、促进幼苗成长;矮秆作物一般具有绿肥的作用,但是间作高秆还是矮秆作物更优这一问题目前研究结论上不一致。

林果复合经营主要采用乔木林与草本、藤蔓类的水果进行间作,如幼林或幼龄果树行间套种西瓜。西瓜为直根系,主根深而广,具有活化土壤的作用,而且藤叶覆盖面积大,可有效预防雨季林间表土流失。草莓也可与幼林或幼龄果树间作。此外,菠萝作为草本水果,在我国南方经常与多种用材林、经济林间作,效果很好,而且菠萝叶等废弃物也是牛、羊等反刍牲畜很好的饲料,可用于林牧复合经营中。乔木还可作为活立柱,作为多种藤本果蔬攀援的支架。利用林木采伐剩余物在林间栽培食用菌发展林菌复合经营,以及在林地间作中药材也都有很好的经济、生态与社会效益。

四、"猪—沼—果"技术模式

"猪—沼—果"生态农业技术是通过食物链工程,变废为宝,提高资源利用效率和减少环境污染的一种生态农业技术模式。沼气池是"猪—沼—果"技术模式的核心,利用人畜粪便和其他农村生产生活废弃物作为原料生产沼气,一方面解决农村环境污染问题,另一方面通过普及应用沼气解决广大农村的能源问题,并逐步代替薪炭等传统能源,减少农村生活用能对植被造成的破坏;沼液、沼渣可用作粮食和经济作物(果树)的肥料,用沼渣作为肥料可显著减少水田直接施用有机肥产生的温室气体(CH_4),沼渣还可作为养鱼的饵料,以及作为饲料添加剂用于养猪。粮食以及经济作物采收后的副产品又可成为畜禽养殖的饲料,并用禽畜粪便和农林(果)牧业的其他废弃物生产沼气,从而形成一条资源循环利用的产业链。

此模式具有三方面的积极作用:其一是缓解农村生活用能紧张的问题,保护植被,巩固水土流失的治理成果;二是提供农家肥料,改善土壤养分条件,有利于水土流失区农业发展和植被恢复;三是促进小流域经济的发展,增加农民的收入,改善农村环境,同时也调动了农民治理水土流失的积极性;从而实现了水土保持社会、生态和经济效益有机结合和统一,有利于农村经济、社会全面和可持续发展。

从20世纪70年代起,我国农村沼气事业几经起伏、曲折发展。南方地区,特别是南亚热带和热带地区,冬季温度较高,沼气可周年生产,发展沼气的条件较为优越,"猪—沼—果"生态农业技术模式还有很大的推广潜力,但是仍然有许多问题有待解决。传统的家庭沼气池不仅一直存在漏液、漏气等技术问题,而且随着农村燃料结构改变、电气化程度提高,以及规模化养殖业的发展,在沼气的用途、制气原料来源等方面的困难也越来越多。但是大型畜牧养殖场存在的废水废气污染问题,又为沼气事业发展创造了新的机遇。

因此,一方面需要进一步加强资金支持,提高家庭沼气系统的技术水平,发展以家庭农户为中心的"猪—沼—果"生态农业。特别是在南方很多山区,农户居住较为分散,燃气管道难以覆盖,发展沼气事业不仅有助于减少农村生产生活的面源污染,也可为农民提供清洁的生活能源,改善人居环境。同时结合"猪—沼—果"模式,以沼气为中心,在院落内外种植花草树木和经济林,林下养殖猪、牛、羊、鸡、兔等畜禽,形成立体种养体系,不仅改善乡村环境,还可发展庭院经济,促进种、养业有机结合,形成为养而种的家庭农场,充分利用农村富余劳动力,促进乡村振兴和经济繁荣。在冬季温度较低的长江以北等地区,特别是黄淮平原,为保证冬季沼气供应,沼气池可与种植、养殖的温室大棚结合起来,形成"四位一体(沼气池—畜禽养殖—厕所—日光温室)"的生态农业和庭院经济模式,利用日光温室、塑料大棚发展种植、养殖,人畜粪便可生产沼气,沼渣、沼液作为有机肥可用于温室种植,沼气还可产生 CO_2,作为温室大棚的气肥。

另一方面,随着农业产业化、专业化发展,依托大型养殖场可发展工厂化的沼气生产,生产生物天然气,甚至接入城市供气管网,以及商品化的有机肥,从而使"猪—沼—果"生态农业突破了一家一户的家庭农业限制。

五、清洁生产技术模式

发展生态农业,生产绿色无公害农产品的若干技术都可用于清洁型小流域治理中。如肥料深施和保护性耕作技术、对病原体的物理和生物防治等，属于清洁型小流域治理中减少非点源污染的源头控制措施。环境调控措施防虫网、遮雨棚等控制害虫和病原微生物的传播。黑光灯、性诱剂诱杀，以虫（捕食性和寄生性昆虫）、以菌（白僵杆菌、苏云金芽孢杆菌）、以毒（病毒）治虫，以毒（病毒噬菌体）治菌（细菌、真菌等病源微生物）等生物防治措施减少化学农药的施用和对农产品、土壤与水的污染。通过传统育种和现代生物工程技术选育高抗逆性和抗病性的农作物品种，也是属于现代生态农业理念。

以"猪—沼—果"模式为代表的生态农业技术可有效减少农村养殖业废物和生活垃圾、污水等随径流冲刷、泥沙和地下水等进入地表水体的非点源污染。非点源污染对水土流失具有一定的依附性，所有水土保持措施都可在一定程度减少非点源污染用于清洁型小流域治理，与传统的流域治理相比，水土保持农业技术在清洁型流域治理的作用更大。

在减少非点源污染物来源的源头控制方面，发展生态农业与保护性耕作措施（如覆盖措施），可改良土壤性质，增加土壤的保肥保水能力，减少化肥农药的流失。

在控制污染物向地表水体转移的过程调控方面，除一般的水土保持措施外，可采取立体种植技术，形成农林复合体系，发展农林、弄草间作，坡耕地上每隔一段距离设置等高灌草带（灌木篱）过滤坡面径流中的泥沙及其携带的污染物。

此外，清洁型小流域治理还需要在河流水域岸边恢复滨岸带植被，乔灌草相结合，形成缓冲湿地，沉淀过滤坡面径流中的泥沙和污染物。在坡面、村庄排水系统的下方设立沉沙池和拦污栅。采用生物措施消除水体中的污染物，有条件可在流域下游（或水源地的上方）设立人工净水湿地，种植挺水和沉水植物等（如莲、芦苇），吸收水中溶解的污染物，特别是氮、磷等富营养化盐类，消除污染。

第六章

南方地区小流域
综合治理

第一节　小流域综合治理及其发展历程

水土流失是中国的头号环境问题,加强水土保持是搞好江河治理、保障防洪安全的迫切需要,是改善山丘区民生、建成小康社会的迫切需要,是保障经济社会可持续发展的迫切需要,是改善生态环境、建设生态文明的迫切需要。

小流域既是水土流失的基本单元、水源涵养的地理单元,又是水源保护的管理单元,只有把一条条小流域治理好、保护好,才可能维护良好的流域生态系统,入河入库水质也才能得到基本保证。大江大河的治理必须立足于小流域为单元的综合治理。小流域综合治理是我国在长期的水土保持工作中总结出来的一条宝贵经验,是我国在水土流失防治和生态建设的长期实践中形成并确立的一条具有中国特色、符合自然与经济规律的治理水土流失、改善生态环境的成功技术路线。经过不断探索与总结,我国小流域治理已经形成了一系列的理论、标准、技术体系和多种模式。随着科技的进步、人们对自然和社会认识的不断加深以及经济社会的快速发展,我国小流域治理的理论和实践仍在不断丰富、发展、完善。

一、国外小流域治理与管理概况

水土流失问题是世界性的,联合国将水土流失列为全球三大环境问题之一。无论是发展中国家还是发达国家都存在不同程度的水土流失,世界各国在预防和治理水土流失方面进行了不懈的努力。

(一)国外的一致观点

在经过长期探索实践后,大多数国家普遍形成较为一致的以下观点。

一是以流域为水土流失治理工作的基本单位,将大面积水土流失区的治理划分为若干小流域,分而治之。小流域是针对大流域所对应的概念,通过大流域中成百上千条小支流的治理,使整个大流域或成片的山区恢复生态平衡,减少水土流失和洪涝灾害。将自然地理范畴作为资源与环境管理区划的关键因素，并以此作为流域综合治理体制构筑的基本原则。

二是在水土流失防治的体制设置上，体现出向一个核心部门聚集的现象，以加强对资源与环境的系统性和综合性管理，减少部门间权限的重复，提高流域综合治理的效率。

三是十分重视水土保持法律的研究，并制订了相应的法律、法规，运用法律手段来调整、规范这方面的关系和行为。从某种程度上讲，这比某些具体的治理措施更重要。

(二)国外小流域治理及其发展阶段

国外一般把流域治理称为流域管理(watershed management)，而"流域管理"这一概念是从"河流管理"或"流域水资源管理"等概念发展起来的。在20世纪六七十年代，流域水资源系统优化和管理受到水资源学家的高度重视，系统科学的观念及方法论广泛应用于流域水资源的开发利用。随着经济的发展、人口剧增、都市化以及人类对流域资源的不合理利用，地理学家才将流域管理的概念延伸和发展。但是，小流域治理实践开展远比流域管理概念形成要早，从小流域治理整个发展历史来看，根据人们对小流域的认识过程及小流域治理思想的发展，国外小流域治理分为三个阶段(赵爱军，2005)。

1. 第一个阶段:山洪泥石流防治阶段

这一阶段，由于山区小流域的泥石流和山洪灾害，引起当地政府的注意，也促使人们开始了山区小流域治理的探索。早在15世纪，欧洲阿尔卑斯山区的居民、村镇自发地实施了以防治山洪和泥石流为目的各种措施，但这些措施仅局限在山区小流域的冲积扇范围，治理的效果十分有限。19世纪40年代Surrell发表了《Etude surles torrents des Hates - Alps》一文，提出了整山治地的政策性方案及恢复森林植被的技术方案(关君蔚，1996)。塞肯道尔夫结合法国山区小流域治理的思想，建立了奥地利初期的山区小流域治理体系。日本诸户北郎博士在本国治山治水传统思想的基础上，吸收了欧洲山区小流域治理学的科学思想，于1928年创立了具有日本特点的砂防工学(中国大百科全书，1983)。这一阶段山区小流域治理，主要以防治山洪和泥石流为目的，以工程措施和造林措施为主，其成功之处主要体现在两个方面:第一，综合配置山区小流域治理措施,在同一治理区内工程技术措施与经营措施和造林措施相结合;第二,治理项目的集中管理,治理措施的集中实施。

2. 第二阶段:水土保持综合治理阶段

在这一阶段,人们认识到了河流系统的整体性,小流域的水土流失会造成下游江河湖库泥沙淤积,开始定量研究山区小流域侵蚀产沙机制及不同治理措施下径流及侵蚀量的变化,山区小流域治理就融入了水土保持的内容。这一阶段山洪和泥石流防治方面的研究开始走向定量化,从水文学、地质学、水利工程学等不同角度进行了细致入微的研究。同时,围绕侵蚀和径流变化,欧洲和北美学者深入研究了各种种植措施减少径流和土壤流失的效果。大量研究表明,种植人工植物篱笆和免耕措施可以大大减少地表径流和土壤流失,在坡底种植窄草带可以显著减少土壤侵蚀量。另外,大量的水蚀预报模型的问世,对山区小流域治理的实践有重要的指导意义。其中以美国的 USLE、RUSLE、WEPP,欧洲的 EUROSE、LSEM,澳大利亚的 GUESY 最具有代表性(雷延武,1999;Morgan,1994;De Roo,1996)。这一阶段的理论研究和山区小流域治理的实践表明:第一,除了一部分山区小流域具有发生泥石流的危险外,山区小流域普遍存在着水土流失;第二,工程措施支持下的林业措施对山区小流域治理起着关键作用,健全的生态系统和森林使降水有调节地均匀流出,也使泥石流和山洪得到了有效的控制。

3. 第三阶段:山区小流域治理的持续发展阶段

人们认识到了小流域的诸多资源特性,要承载一定的人口,可持续利用山区小流域资源,保持人—小流域生态经济系统的稳定和协调,成为这一阶段小流域治理的新目标。人们开始用"混沌""灾变""分形""细胞自动机""遗传""算法"和"等级"等概念和理论来描述小流域这样的复杂系统。Hohmann(1992)从维护河溪生态系统平衡的观点出发,认为小流域近自然治理是减轻人为活动对河溪的压力,维持河溪生境多样性、物种多样性及其生态系统平衡,并逐渐恢复自然的可行性工程措施。同时,这一阶段的小流域治理,引入了生态经济学、景观生态学、生态水文学的观点及可持续发展的原则,集中体现在小流域治理思想上的几点转变:第一,将小流域周围居住的人视为小流域的一部分,从整体上考虑人—小流域系统结构与功能,及其可调控性;第二,对小流域作为一种自然景观及物种资源库的功能有了新的认识;第三,小流域治理融入了管理学的思想,从过去单纯地改造自然环境转向对人这一微观主体在小流域利用、开发过程中的约束和激励。

(三)国外流域管理

流域管理的概念已逐渐广为人知,每个国家都依据本国的国情开展流域治理与管理工作。

1. 美国

美国是进行流域管理较早及流域治理投资较多的国家,自 19 世纪 50 年代起到 1907 年美国农业部颁布《土地保护法》之前,农民已经使用工程措施防治耕地的水土流失危害。1915 年,美国林业局在犹他州布设了美国第一个水土流失观测小区。之后,Miller 于 1917 年在密苏里州进行小区水土流失观测。1923 年美国第一次出版了野外小区水土流失观测成果。美国著名的水土保持学者 D. Gnnen 在此基础上于 1928—1933 年建立起 10 个田间水土保持试验区。1933—1943 年,上述 10 个试验区扩大为 44 个试验区网,其中包括工程措施的水土保持效益观测及小流域径流的观测。1930 年美国建立了第一个流域管理机构,即田纳西河流域管理局,1933 年在内政部成立了土壤侵蚀局,负责美国的流域治理和水土保持工作(唐政生,2002)。1935 年根据《水土保持法》的规定,将水土保持方面的工作由内政部转到农业部,并成立了水土保持局。该机构不仅负责全国土地资源和水土流失的调查、研究和水土保持规划、试验、示范和宣传等有关工作,而且依法与各个州、县的有关机构签订合同,限制滥用土地资源,兴建各项水土保持措施,推行小流域综合治理和全国资源保护等发展计划(United Nation Water Conservation,2001)。在全国 25 个州,2965 个大区和小区设置了 3 级水土保持机构。20 世纪 30 年代,美国的贝佛、博斯持、伍德伯恩和马斯格雷夫开始研究雨滴溅蚀土壤的机制。1954 年美国设立了专项课题组研究侵蚀作用机制,使用现代化的方法对大量的野外观测资料进行分析。

2. 澳大利亚

澳大利亚是对流域管理较为重视的国家之一,1949 年就设置了联邦水土保持常务委员会,秘书处设在联邦农业部,该委员会每年召开一次例会,协调各州之间的合作任务,并讨论批准经费计划和特定项目。每个州都设有水土保持委员会,主要负责协调、审批全州和重点治理区的计划和重大问题。在许多大流域和一些中小流域相继成立流域管理机构,在全国成立流域管理协会,数十所大学和研究机构对流域管理进行研究。自 1992 年以来,国家资助大量经费进行流域管理方面的研究。

3. 其他国家和组织

在欧洲,流域管理工作与防治山洪、泥石流、滑坡等自然灾害联系在一起,也称为荒溪治理或森林流域管理。奥地利早在 15 世纪就出现了以防治山洪为目的拦沙坝。1884 年,奥地利制订了世界上第一部《荒溪治理法》,总结出一套综合的防治荒溪流域水土流失的森林—工程措施体系。

其他一些欧美发达国家也在流域管理方面开展了许多工作。例如,英国在 20 世纪 60 年代末,就把流域管理规划作为既定的方针,要求在同一流域范围内的地方性管理机构必须协调和共同执行法定的规划政策。1980 年以来,流域规划做得较为详细,不仅涉及资源管理,而且涉及流域的环境修复,流域管理受到众多大学和研究机构的重视。

亚洲许多国家对流域管理也比较重视,各国都成立了相应的流域管理机构,并于 1997 年在泰国曼谷召开了由联合国亚太经社委员会组织的《流域管理和减灾工作中土地利用规划与实施的纲要和指南》研讨会,会议目的是协助发展中国家制订合适的土地利用政策,开展有效的土地利用规划,搞好流域管理,以减少自然灾害,实现可持续发展。同时,通过交流土地利用规划与实践的知识和信息,促进地区和国家之间在流域管理方面的合作。日本、韩国、泰国、印度、新加坡、中国等亚洲国家在流域管理方面做了许多工作,政府对流域的开发和治理给予了积极支持,并投入大量的资金。

日本的流域管理也称治山。流域管理的目的是控制山地侵蚀、防止山区流域荒废,预防泥沙灾害。流域管理措施包括山坡工程、溪流工程、滑坡防治工程等。日本的流域管理事业主要是作为社会公益事业而实施的,农林部(林业厅)和建设部负责主持流域管理工作。农林部系统进行的流域管理工作是依据 1897 年制订的《森林法》和 1951 年修订的《森林法》。建设部系统的流域管理工作的依据是 1963 年制订的《滑坡等防御法》。1969 年还制订了《关于防御陡坡地崩溃灾害的法律》。

从 20 世纪 50 年代起,发展中国家的流域管理事业已发展成在联合国粮农组织林业委员会领导下的国际任务,流域管理工作不再局限在农耕地上,逐渐开展了以山区流域为单元的流域水土资源保护、改良与合理利用,建立生态经济效益优化的土地利用模式。鉴于发展中国家人口密度大、人口增长快、经济不发达的特点,联合国粮农组织利用发达国家捐款的资金,对一些发展中国家进行了援助。

世界上许多跨流域的国家或地区已经成立了合作网络或联合会,例如:流域管理及上游开发的东南亚网络、莱茵河流域国际水道协会以及拉丁美洲及加勒比海地区流域管理技术合作网络等。这些国际网络或联合会将解决国家或地区间的资源利用纠纷,平衡各国之间的利益,推动国际流域资源的合理开发,并对全球的环境保护做出贡献。

二、我国小流域综合治理与发展历程

我国是世界上水土流失最为严重的国家之一,在防治水土流失的长期实践中创造了丰富的经验。在这些经验中,一条非常宝贵的经验是 20 世纪 80 年代提出的小流域综合治理。小流域综合治理是指以小流域为单元,在全面规划的基础上,预防、治理和开发相结合,合理安排农林牧等各业用地,因地制宜、因害设防,优化配置林草、工程和农业技术等各项措施,形成有效的水土流失综合防护体系,达到保护、改良和合理利用水土资源,实现生态效益、经济效益和社会效益协调统一的水土流失防治活动。

(一)全国的情况

我国小流域综合治理是在试验、实践的基础上逐步成熟完善起来的。在 20 世纪 50 年代,为探索有效的治理方法和途径,山西、陕西等省的一些地方,就在支毛沟流域进行了生物措施与工程措施相结合的综合治理试验。黄河水利委员会肯定了"以支毛沟为单元综合治理"为方向性的经验,部署在全流域推广,并逐步影响到全国,为小流域综合治理的提出奠定了基础。20 世纪六七十年代,水土保持工作转入以基本农田建设为主时期,由于没有以小流域为单元进行综合措施配置,单纯进行整地等工程建设,未能形成综合防治体系,治理的效果并不理想。

1980 年 4 月,水利部在山西省吉县召开了历时 8 天的 13 省(区)水土保持小流域综合治理座谈会。会议在总结水土保持工作过去单纯以基本建设为主的经验和教训的基础上，逐步认识到以流域为单元综合治理的优势和效果，认为小流域综合治理是水土保持工作的新发展，符合水土流失规律，能够把治坡与治沟、植物措施与工程措施有机结合起来，更加有效地控制水土流失；能够更加有效地开发利用水土资源，按照自然特点合理安排农林牧业生产，改变农业生产结构，最大限度地提高土地利用率和劳动生产率，加速农业经济的发展，使农民尽快地富裕起来；有利于解决上下游、左右岸的矛盾，正确处理当前与长远、局部与全局的关系，充分调动群众的积极性，团结一致，加快水土保持工作的步伐，便于组织农林牧水农机和科技等各方面的力量打总体战，能使小流域治理速见成效；同时认为小流域综合治理强调"小"和"综合"两个方面，这就是中国水土保持的突出特色，是中国水土保持的创新和发展。会议要求各省（区）对山西省以小流域为单元综合治理的经验认真予以推广，水利部于1980年颁布了《水土保持小流域综合治理暂行办法》。

因此，此次座谈会标志着水土保持工作进入小流域综合治理阶段。从此，我国的水土流失治理由分散、小片、单一措施治理转向以小流域为单元的集中、连续、规模、综合措施治理，开创了我国水土保持工作的新篇章。这一治理思路的确立，从根本上解决了长期困惑水土保持工作的方法论问题，为实现各种措施的优化配置提供了理论依据。同时，它很好地解决了工程规划设计的单元问题，逐个单元地实施治理可以取得最好的治理效果。

座谈会后不久，在财政部的支持下，水利部开展了水土保持小流域治理试点工作。试点小流域是我国第一次有组织、大规模、由国家补助投资开展的水土保持项目，它探索了水土保持快速治理的途径和不同类型区综合治理的模式，进一步确立了小流域综合治理的思路，推动了当时的小流域综合治理、重点治理及面上治理，起到了在全国不同类型小流域治理中的先导作用。同时，在小流域治理的选点、规划、措施布置、治理标准、经费使用、检查验收、试验示范和组织领导等方面积累了经验，这为后来开展大规模的生态建设奠定了坚实的基础。在此后长期的水土保持工作实践中，小流域综合治理逐步发展完善，并最终成为我国水土保持的一条基本技术路线。

我国地域辽阔，各地的自然地理和经济发展条件千差万别。多年来，各地在治理水土流失的实践中，遵循以小流域为单元综合治理的技术路线，因地制宜，不断创新，综合分析每个流域自然资源的有利因素、制约因素和开发潜力，结合当地实际情况和经济发展要求,科学确定每个流域的措施配置模式及发展方向和开发利用途径。

(二)南方的情况

南方水土保持小流域综合治理与全国同步,也是从 1980 年开始试点的。当时开展的两个试点小流域:一个是在赣南丘陵花岗岩剧烈流失区的江西省兴国县塘背河小流域;另一个是在湘、鄂低山花岗岩中强度流失区的湖南省岳阳县李段河小流域。上述试点都取得了成功。尔后,随着水土保持主管部门试点经费的增加,逐渐扩大到长江流域 16 个省(区、市)不同水土流失类型区的 42 条小流域试点,前后经历了 20 年。探索了防护性治理和开发性治理的途径、技术路线、措施配置以及组织领导、管理和政策等问题,均取得了预期的成果。为了治理日益严重的水土流失,在试点的基础上,水利部于 1983 年开始实施国家八大片水土流失重点治理,其中有两片是属于长江中游的兴国县和三峡库区,以小流域为单元开展综合治理。1988 年国务院批准将长江上游的金沙江下游及毕节地区、嘉陵江中下游、陇南陕南地区、三峡库区等 4 片列为水土保持重点治理区,以小流域为单元,按照综合治理规划开展治理。1989 年开始实施,随着治理成效的凸显和资金的增加,治理规模逐渐扩大。截至 2007 年底,已完成和正在进行综合治理的小流域达 5000 多条,治理面积 90000km^2。凡是经过综合治理的小流域,不仅控制了水土流失,使昔日千疮百孔的旧面貌改变为生态优良、经济发展、农民增收的新面貌,更为可喜的是在小流域内培育了水土保持植物资源,不少小流域已把培植的静态资源变成动态资本来经营,发展了小流域经济,进而连片扩大发展了新兴的水土保持产业,促进了县域经济发展和农民脱贫、增收致富。

南方水土保持小流域综合治理从试点到连片重点治理的近 40 年,在小流域综合治理的理论与实践等诸方面积累了丰富的经验,这是建立具有中国南方特色水土流失防治体系的基石。

第二节　小流域综合治理措施配置与设计

一、水土保持措施设计的依据与原则

(一)水土保持措施设计的依据

1. 自然与社会经济状况

自然环境条件不仅与水土流失过程有紧密关系,而且与水土保持措施的选择与应用有密切关系。水土保持措施的选择与数量应当与社会经济条件相适应,水土流失治理应当作为社会经济条件改善的基础设施来对待。各种水土保持措施的选择与安排,应当既符合自然环境条件,又满足社会经济条件的支撑与需求,不能脱离实际。

2. 水土流失状况

水土流失现状与流失规律的掌握是水土保持措施安排的基础。首先要明确小流域水土流失的空间分布,水土流失的类型、强度、土壤侵蚀模数等,分析水土流失的自然和人为影响因素,查清落实每一块土地的水土流失类型、强度及程度,结合土地利用方向规划作为地块水土保持措施安排的重要依据。

3. 水土保持规划

水土保持规划是为了防治水土流失,做好国土整治,合理开发利用并保护水土及生物资源,改善生态环境,促进农、林、牧生产和经济发展,根据土壤侵蚀状况、自然和社会经济条件,应用水土保持原理、生态学原理及经济规律,制订水土流失综合治理开发的总体部署和实施安排。水土保持规划分总体规划与实施规划,对流域水土流失在系统分析的基础上,对土地利用和水土保持措施进行全面安排,是进行水土保持措施设计的重要依据,水土保持措施的布局、配置要在规划的指导下进行安排。

4. 水土保持规范标准

水土保持措施的设计要遵守相关的国家、行业标准及规范。水土保持措施设计的标准、规范详见相关部门出台的标准、规范和文件等。

5. 可行性研究报告

可行性研究报告对小流域水土流失综合治理工程的规模、数量、投资、主要技术措施、总体布局、治理标准等做出了详细规定，已经批复的可行性研究报告是水土保持措施设计的重要依据。

（二）水土保持措施设计的原则

1. 预防为主，保护优先

预防就是对可能产生水土流失的地方实行预防性保护措施。在水土保持措施设计中要针对自然、人为因素可能引起水土流失的地段设置预防性水土保持措施，对土壤、植被的保护要放在措施设计的首位，从而防止新的水土流失产生。

2. 因地制宜，因害设防

我国南方各地的自然、社会和经济条件千差万别，因此在水土保持措施设计中必须认真研究各地区、各流域的具体情况，在类型区划分及水土保持规划等纲领性文件的指导下，认真研究项目的可行性，针对水土流失的空间分布与重点、治理难点设计不同的治理措施，使之形成多种措施体系，既符合当地的自然环境条件又满足水土流失防治目标的需求。

3. 全面规划，综合治理

水土流失综合治理必须做到工程措施、林草措施、农业技术措施相结合，治坡措施与治沟措施相结合，造林种草与封禁治理相结合，骨干工程与一般工程相结合。在治理工作中，各项措施、各个部位同步进行，或者做到从上游到下游，先坡面后沟道，先支、毛沟后干沟，先易后难，要使各措施相互配合，最大限度地发挥措施体系的防护作用，要做到治理一片，成功一片，受益一片。

4. 尊重自然，恢复生态

在水土保持措施配置中应当遵循"干扰最小原则"，能借助自然恢复生态的地段绝不应用人工措施，能用生物措施绝不用工程措施，能用乡土植物种尽量不用外来种，在林草措施应用中遵循"管理最小原则"，尽量恢复与当地自然环境相协调的植物群落,建设景观生态小流域。

5. 长短结合,注重实效

没有经济效益的生态效益,不易被群众理解和接受,也缺乏水土保持事业发展的内在活力;相反,没有生态效益的经济效益,会使水土保持走向急功近利的极端,从而丧失生产后劲,乃至资源也会受到严重破坏。在水土保持措施的选择与配置上,要考虑到流域群众的利益,要考虑不同措施发挥作用的时间期限,进行中长短期搭配,注重每一种措施的实际效益。

6. 经济可行,切合实际

严格按照自然规律和社会经济规律办事,在进行水土保持措施选择时不能脱离当地实际的社会经济情况,在技术上是先进的,在经济上也是合理的,具有实施的技术力量,投资是在当地社会经济承载力允许范围之内。无论是治理措施的布局,还是治理措施选择与治理进度的安排,都应做到各项措施符合设计要求,在规定的期限内可以实施完成,有明显的经济效益、生态效益和社会效益。

二、水土保持措施设计的方法与步骤

(一)设计资料收集与规范标准的熟悉

1. 设计规范标准

首先要了解熟悉水土保持相关的技术标准、规范,结合自然条件、水土流失现状分析,根据不同治理措施,确定措施的设计标准。

2. 图面资料

图面资料是水土流失综合治理工程设计中普遍使用的基本工具,采用近期大比例尺地形图(1:3000~1:1000)。此外,还应收集区内已有的土壤、植被分布图及土地利用现状图,农业、林业区划及规划图,水土保持专项规划图等相关图件。

3. 自然环境

自然环境条件主要包括气象因素、水文因素、土壤因素、地质地貌因素、植被因素等。

4.流域特征

各地貌单元分布情况,包括流域面积、形状系数、海拔及相对高差、流域平均长度及宽度、沟道比降、沟壑密度、地面坡度、水系、地被物等流域特征。

5.水土流失状况

水土流失类型、土壤侵蚀模数、年土壤侵蚀量、水土流失面积分布、山地灾害的分布点及影响范围。水土流失对下游的影响,对生态、生活、基础设施的危害。已有的水土流失治理措施的类型、分布、防治效果及其存在的问题。

6.社会经济状况

包含行政区划、人口总数、人口密度、人口自然增长率、农业人口、劳动力总数。经济收入来源、收入状况、土地利用结构、粮食产量、道路交通等情况。

(二)小流域规划分析与水土保持措施配置优化

水土保持措施设计要在水土保持小面积实施规划控制之下进行。小面积实施规划是指小流域或乡、村级的规划,面积几平方千米至几十平方千米。其主要任务是:根据大面积总体规划提出的方向和要求,以及当地农村经济发展实际,合理调整土地利用结构和农村产业结构,具体地确定农林牧生产用地的比例和位置,针对水土流失特点,因地制宜地配置各项水土流失防治措施,提出各项措施的技术要求,分析各项措施所需的劳力、物资和经费,在规划期内安排好治理进度,预测规划实施后的效益,提出保证规划实施的措施。

首先要掌握规划的意图,理解规划的措施体系。要针对总体规划内容,分析规划的特点,对措施的类型、数量、立体与水平布局进行详细分析、仔细核对,分析小流域措施体系布设的合理性与水土流失防治目标之间的关系。在小面积实施规划的指导下,依据实际情况对水土保持措施的布局、措施类型及设计标准进行优化。水土保持措施分析的重点要放在其空间上的布局和对每一项措施、单项工程的设计标准要求。要根据规划的详细程度,对已经做了初步设计的一些措施,可以直接转入详细设计。

(三)水土保持措施设计

小流域水土流失综合治理项目初步设计要在认真调查、勘察、试验和研究,取得可靠资料的基础上,经分析、论证、方案比较等,作出结论,并进行设计,对可研阶段报告成果进行复核,按批复文件的要求,对工程设计做补充。

1. 初步设计报告的主要内容

初步设计的主要内容有:①综合说明,即初步设计文件的纲要和结论,全国性大项目此部分内容应单独成册。②复核项目区的气象、地形、土壤、植被等自然条件。③复核项目任务,确定建设规模,综合治理拦蓄暴雨、排泄洪水、控制水土流失量等标准,防治分区及治理措施布局,分类型区典型设计及不同工程典型设计。④防治工程布置及主要设施。⑤说明施工人力、材料、设备等总布置原则,施工进度安排原则及分期要求,关键措施和路线。⑥确定工程管理范围、办法、管理机构、工程运用及工程监测等。⑦按工程概算编制办法和标准,编制设计概算。⑧复核经济评价,对上阶段成果补充修正。⑨有关附件、附表。

在各类设计文件中均应附工程特性表,参照水利工程技术规范,结合水土保持工程的特点设计特性表,其内容包括工程范围、降雨径流泥沙、设计标准、工程效益、主要工程施工(工程量、材料、所需劳力及设备等)、经济指标等的单位与数量。

2. 治理措施登记表

经过设计的各项治理措施都应该建立登记表。

(1)登记表类别

按措施类别分为治沟骨干工程登记表、淤地坝登记表、小型蓄排工程登记表。基本农田登记表、植物措施登记表等。

(2)登记表的内容

包括工程位置、图斑号、措施面积、承包人姓名、开工日期、完工日期、设计的主要指标(设计标准、结构尺寸、投工、投资、主要材料用量等)、检查验收的情况和意见、效益检查的情况和意见等。

(3)图斑设计

按标准设计完成图斑设计,用登记表表示设计结果即可。需要进行单项设计的工程应在登记表后面附上单项设计资料。重点工程的设计资料应单独成册,作为初步设计报告的附件。

(四)水土保持措施设计效果评价

小流域水土流失综合治理是在水土流失综合治理规划的指导下,合理安排林草、工程、农业技术措施体系,实行山、田、水、林、路综合治理,达到保护和合理利用水土资源,实现经济社会的可持续发展。因此,水土保持措施不仅要适应自然,也要改造自然,在对水土流失规律认识的基础上选择、布设恰当的水土保持措施,从而保障水土保持措施的合理性与高效性。

水土保持措施设计实施效果的评价,主要从小流域措施体系需求、水土资源利用效率、措施的技术经济可行性、措施的替代性效益、小流域生态安全性等方面进行评价。在不同设计方案比对的基础上,选择最适宜的措施及其确定措施的规模、质量、施工方案及其管理方法。

三、小流域综合治理措施配置

(一) 综合措施优化配置

综合措施优化配置就是将各项措施经过整合后,在一个治理单元内成为互为补充、互相依赖、各尽所能的抗御水土流失的统一体,而不是分散的混合体。

小流域综合治理从试点开始至今,一直在探索治理措施的科学配置问题。因为优化配置涉及众多因素,是治理水土流失中一个很复杂的问题。配置的方式也是与时俱进的,不是固定不变的,是动态的而不是静态的。南方各地已总结出不同水土流失区治理措施优化组合的成功经验,并将实践理论化,再将理论用于指导实践,使小流域综合治理水平不断提高。当然,小流域综合治理措施优化配置也不是一个模式,而是依据不同条件采取不同的配置模式。但是,各地进行优化配置的目的、原则、途径与方法等规律性的问题都是相通的。

1. 目的

将各种措施经过合理的搭配、组装、对位配置,成为一个有内在联系的防治水土流失的统一整体,发挥各项措施调控坡面径流、保持水土的最大功能,达到降低治理成本、获取最佳的水土保持综合效益的目的。

2. 原则

一是最大限度地调控坡面径流而不造成水土流失;二是有利于坡面径流变为可利用的水资源;三是有利于土地利用结构的优化和农村产业结构的调整;四是有利于培育和增加可再生资源,发展小流域经济和水土保持产业;五是有利于生态、生产、生活条件的改善。

3. 途径与方法

外业调研与室内规划相结合。在充分调研的基础上,按上述原则研究出一个优化配置的初步方案,再征求各方面的意见,进行修改、补充和调整。全过程都要有基层干部和农民参与。修改的规划要采取"公示制",让参与治理者提出意见,把实施规划与自己的切身利益紧密结合,以充分调动他们投入治理的积极性。

实践经验表明,凡是优化配置治理措施的小流域,都获得了良好的生态效益、经济效益和社会效益。总的来说,经过综合治理的小流域,昔日千疮百孔的水土流失面貌发生了根本性的变化,基本遏止了水土流失,并开始向良性方面转变;建立了相当数量的梯田,初步将劣质低效的流失地改造为优质高效的基本农田,提高了土地利用率和土地生产率,增加了粮食产量,提高了人口环境容量,缓解了人口、资源与环境的突出矛盾;培育了可再生的植物资源,许多小流域的静态资源已变成动态的资本来经营,发展了小流域经济和水土保持产业,促进了县域经济发展和农民增收。随着经济的发展,促进了村容、村貌和村风的大变化,有利于社会主义新农村建设和农民脱贫致富奔小康。截至 2008 年,"长治"工程所实施的 5000 多条小流域,治理水土流失面积 9.73 万 km^2,兴修梯田 71.81 万 hm^2,种植的水土保持林草 238.30 万 hm^2,栽植经济林和果树 110.09 万 hm^2,种草 32.82 万 hm^2,实施封禁治理 335.98 万 hm^2,实施保土耕作 172.63 万 hm^2,修建坡面径流调控沟渠 7.96 万 km、调蓄储用的塘堰 2.9 万处、池窖 3.7 万个,修建田间作业道路 451km。累计增产粮食近 60 亿 kg,解决了 1000 多万人的吃饭问题。因此,不仅经济效益大,裨益当代,更重要的是人们赖以生存的水土资源得到永续利用,荫及子孙(郭廷辅,2014)。

(二)不同水土流失类型区的措施配置比例

1. 花岗岩流失类型区小流域综合治理措施配置

江西、湖南、湖北等省均分布有花岗岩流失类型区。从长江水利委员会在江西省兴国县花岗岩剧烈流失区的塘背河小流域进行的第一期综合治理试点来看,由于红壤的 A、B 层均已流失,夏季地面温度高达 50~60℃,植物无法成活和生长,治理难度非常大。11.53km^2 的水土流失面积,耗时 8 年才达到基本治理。配置的主要措施比例:水土保持林占治理措施面积的 82.5%,封禁治理面积占 16%,经果林只占 1.5%。可以看出,治理的目标是要恢复植被,让被剥了皮似的"红色沙漠"改变面貌,在措施上体现了植物措施的主导性。从治理剧烈流失的土地入手,其途径是:先以工程措施控制水土流失,同时为植物的生长发育创造一定的条件,即以植物为主导,工程先行。因此,以坡面径流调控体系为基础,在坡面上,按不同坡度布设不同的坡面径流调控工程,控制严重的水土流失。如在25°以上的坡面上,从上到下按等高线开挖竹节形水平沟,拦截径流和泥沙,为植物生长创造条件。然后在竹节形水平沟内客土种植耐瘠薄、耐干旱、抗逆性强的先锋树(草)种,如刺槐、胡枝子、百喜草等。这些植物适应后,再种植木荷、枫香、栎类等乔木树,达到乔、灌、草立体配置,恢复植被。若不是先挖竹节形水平沟拦截径流和泥沙,植物无法生长。

当然,不同侵蚀强度的坡面上不同部位布设的竹节形水平沟的标准也各异,技术人员都应依据实地情况按公式计算。实践经验表明,通过布设竹节形水平沟等坡面径流调控工程治理的小流域。治理末期,竹节形水平沟被淤积了80%~90%,植物也随之长起来了,泥沙再不下山危害农田了。对一些轻度流失地,采取封禁治理的办法,适当补植,严加管护,禁伐、禁薪、禁牧,让其自然恢复。对少数适宜种植经果林的缓坡地,修建窄幅梯田栽植果树。

通过总结与分析花岗岩流失类型区小流域综合治理的途径和方法得知,花岗岩流失类型区应先从治理中、轻度流失地入手,同时也治理一小部分强度以上流失地,这种途径和方法会大大加快治理速度。同时,把治理水土流失与农民增收紧密结合起来,由单纯防护性治理转向开发性治理,治理与开发结合,即把国家的宏观生态效益寓于农民的微观经济效益之中,充分调动农民参与水土流失治理的积极性。这样就能促使水土流失治理成为老百姓的自觉行为,保证水土流失治理的持续性。

表1-6-1 赣南花岗岩流失类型区小流域综合治理措施配置比例

县名	小流域	流域面积 (km²)	流失面积 (已治面积) (km²)	水土保持林 (%)	经果林 (%)	种草 (%)	封禁治理 (%)
赣县	义源(2003—2004)	19.63	8.7382(7.13)	17.50	19.6	2.2	60.6
宁都县	东坑河(2000—2002)	19.15	13.40(13.40)	17.16	27.0	12.7	40.7
安远县	教头(1999—2001)	16.17	4.92(4.67)	4.30	46.7	1.9	47.1
宁都县	洋溪河(1998—2002)	42.30	15.71(15.30)	42.80	18.0	0.8	30.9

资料来源:郭廷辅(2014)。

赣南的气候、土壤适宜脐橙生长,20世纪90年代以来,该地大力发展脐橙种植。因此,在小流域综合治理中,以脐橙为主的经果林面积占的比例不断提高,如安远县教头小流域是在1999—2001年治理的,经果林占治理措施面积的比例达46.7%(表1-6-1)。经果林要达到较好的水土保持效果,必须做到以下3点:①在农林开发过程中,除必须占压的土地或扰动的坡面外,尽可能保留原有坡面的灌草不被破坏。②在农林开发初期或经果林未成林前,做好田坎、梯壁、田埂的植草覆盖(如百喜草等)、安全排水和台面作物套种。③在经果林抚育过程中,田坎、梯壁、田埂上的低矮灌草宜保留或刈割,不能铲除。

南方其他省的花岗岩类型区治理措施配置比例见表1-6-2。

表1-6-2 鄂、皖、豫诸省试点小流域治理措施配置比例

小流域	县名	类型区	治理面积(km²)	梯田(%)	水土保持林(%)	经果林(%)	封禁治理(%)	种草(%)	谷坊(座)	塘坝(座)
李段河	岳阳县	中强度	27.11(1981—1985)		41.92	4.76	48.42	4.9	1903	250
夏店河	大悟县	强度	8.05(1988—1992)	4.12	51.59	10.29	29.8	4.14	169	14
长岭冲	太湖县	中度	12.86(1988—1992)	11.54	85.36	3.1	0	0	0	9
韩家河	黄陂县	中度	5.55(1991—1994)	0	55.18	38.1	6.72	0	399	9
西落河	南召县	中度	17.91(1991—1995)	13.4	16.82	12.47		2.6	17	15

资料来源:郭廷辅(2014)。

从表1-6-2可知,起始时间不同,措施配置比例有所不同。如李段河小流域治理早,在措施配置上,林草加上封禁治理面积比例占95.24%,经果林仅占4.76%。而20世纪90年代进行治理的2条小流域,更加重视生态效益与经济效益的紧密结合,韩家河小流域和西落河小流域经果林面积分别占治理面积的38.1%、12.47%。

2. 紫色砂页岩流失类型区小流域综合治理措施配置

紫色砂页岩主要分布于四川盆地、滇中高原、川西南、黔西北和湘赣部分地区。20世纪80年代初至中期,在地处川东山地紫色砂页岩强度流失区的四川省云阳县二道河小流域,5年治理水土流失面积21.81km²。其中梯田占9.64%,水土保持林占54.83%,经果林只占3.66%,封禁治理31.14%,修了不少坡面径流调蓄工程。四川省内江市任家溪小流域,属于四川盆地丘陵紫色砂

页岩强度流失区,7 年治理了 17.78km^2,其中梯田占 38.43%,水土保持林只占 29.22%,经果林占 6.1%,保土耕作面积占的比例也不少,说明这里坡耕地多。

湖南省衡南县大山小流域,地处湘中丘陵盆地紫色砂页岩强度流失区,5 年治理了水土流失面积 17.56km^2。其中,梯田仅占 3.28%,因为人口密度不如川中盆地大,这里坡耕地较少,水田多;水土保持林占 40%,封禁治理 33.09%,但经济林却占 18.61%,坡面径流调蓄工程基本未做。云南省南华县柿子树小流域,地处云贵高原低中山紫色砂页岩中度流失区,5 年治理了水土流失面积 13.48km^2。在治理措施中,梯田占 5.64%,经济林占 19.37%,水土保持林占 67.3%,还有一些坡面径流调控工程。

从上述所述可以看出,不同的小流域水土保持措施有比较大的相似性,但配置比例差异较大。各地应因地制宜,使水土保持措施的生态效益、社会效益和经济效益最大化。

3. 红壤丘陵流失类型区小流域综合治理措施配置

该类型区主要分布在长江以南、南岭以北、湘西雪峰山及云贵高原边缘以东、武夷山脉以西的地区。红壤丘陵区人口密度大,在强降雨条件下,坡面径流导致的水土流失十分严重。但由于流失程度的差异,治理措施的配置也不同。如长江水利委员会水土保持局于 20 世纪 80 年代末至 90 年代初在赣北红壤丘陵区轻度流失区的江西省新建县的东岗小流域的治理措施中,梯田占的比重为 25%,经果林占 18.35%,水土保持林占 29.72%,封禁治理占 26.93%。又如赣州市瑞金市坳背岗小流域面积 26.67km^2,水土流失面积 15.62km^2,是国家 8 片水土保持重点治理区,是 1995—1996 年治理的。其措施比例:水土保持林占措施面积的 27.95%,经果林占 20.5%,种草占 1.8%,封禁治理占 49.75%。该小流域分布第四纪红土,地形为丘陵岗地,有利于发展经果林,所以果树面积占的比例达到 1/5。

赣州市 5 县红壤丘陵流失区国家水土保持重点治理的 56 条小流域的措施配置比例情况见表 1-6-3。

从表 1-6-3 可知,水土流失严重的于都、赣县、石城三县,植物措施的比重大,水土保持林占 37% ~46%,封禁治理占 40% ~48%,种草占 4% ~6%。而信丰和安远两县强度以上流失面积相对较少,封禁治理面积占的比例超过 60%,水土保持林不超过 20%,而经果林占 14% ~21%。

表1-6-3　赣州市5县红壤流失区重点治理小流域治理措施配置比例状况

县名	小流域（条）	治理面积（km²）	水土保持林（%）	梯田（%）	经果林（%）	种草（%）	封禁治理（%）	径流调控工程（处,km）
信丰	8	101.67	16.24	1.99	14.11	0.9	66.75	1408,109.4
于都	5	1.99473	37.6	0.93	8.85	6.24	46.33	272,181.18
赣县	13	162.332	46.3	0.31	7.27	5.28	40.82	598,1191.698
石城	26	410.629	37.52	0.83	7.06	3.86	48.53	1332,1094.4
安远	4	16.816	13.96	—	20.83	2.5	62.46	207,13.32

资料来源:郭廷辅(2014)。

4.石灰岩流失类型区小流域综合治理措施配置

该类型区主要分布于贵州、云南、广西等省(区),以贵州省分布最广,石灰岩面积占总土地面积的73%。按照水土流失程度不同,在小流域综合治理中各类措施的比例各异。毕节地区1989—2000年实施的336条小流域,各项措施所占的比重见表1-6-4。

表1-6-4　毕节地区1989—2000年小流域治理措施配置状况

措施类型	治理面积（km²）	坡改梯（hm²）	水保林（hm²）	经果林（hm²）	种草（hm²）	封禁治理（hm²）	保土耕作（hm²）	植物篱（hm²）
数量	6560.66	48751.49	149609.39	69638.20	29517.27	199888.38	158327.92	333.52
占治理面积比例%	100	7.43	22.80	10.61	4.50	30.47	24.13	0.05

措施类型	塘堰（座）	蓄水池（口）	排灌沟渠（km）	沉沙函（口）	谷坊（座）	拦沙坝（座）	沼气池（口）	畜棚（m²）
数量	70	2483	949.00	1355	1389	144	1096	1190

资料来源:郭廷辅(2014)。

从表1-6-4可知,由于毕节地区是石灰岩严重流失类型区,土层薄,裸露岩石多,无裸岩的坡耕地面积少,宜于修梯田的土地不多,所以梯田面积仅占治理措施面积4.2%。凡是有点土的地方,能种果树的尽量种果树,实在不能种的就栽树,经果林面积11.29%,其他林草面积达53.65%。另外,由于石灰岩地区人多地少、缺粮、缺肥料、缺燃料、缺饲料、干旱缺水(石灰岩漏水严重)等,因此必须重视修建坡面径流调蓄工程,以改善生态、生产和生活条件。

不同石灰岩流失类型区小流域综合治理措施的配置见表1-6-5。

表 1 - 6 - 5　不同石灰岩流失类型区小流域综合治理措施配置状况

小流域	治理面积（km²）	水土保持林（%）	梯田（%）	经果林（%）	种草（%）	封禁治理（%）	保土耕作（%）	径流调控工程（处/km²）
蒙铺河	39.55	59.53	7.23	7.0	0.6	25.64	0	207
流溪河	21.12	57.50	7.33	11.28	0	23.78	0	15
腰子岭	2.35	33.50	8.0	45.4	0	13.1	0	15
岚溪河	15.69	32.06	3.4	32.54	0	23.00	9.0	62
毛坪	9.33	26.47	0	38.16	0	25.55	9.82	0
大冲河	11.56	21.00	7.1	22.79	0	49.0	0	42

资料来源：郭廷辅（2014）。

从表 1 - 6 - 5 可知，贵州省普定县的蒙铺河和湖北省长阳县的流溪河小流域水土保持林所占的比重近 60%，封禁治理占 1/4，梯田的比重也超过 7%，经果林占的比重相对较小，还有相当的径流调控工程。而其余地处苏南、皖南和湘中的中、轻度流失区的 4 条小流域，水土保持林占 1/4 ~ 1/3，梯田比例相差大，从 0% ~ 8% 不等，经果林占 1/4 ~ 1/2，封禁治理占 13% ~ 49%，还有部分径流调控工程。

四、小流域综合治理措施设计

（一）水土保持措施的主要类型

水土保持措施是指为防治水土流失，保护、改良与合理利用水土资源，在流域水土保持规划基础上所采取的林草措施、工程措施、农业技术措施的总称。

1. 林草措施

林草措施是指为防治水土流失，保护与合理利用水土资源，通过人工造林种草、封育、管护等措施，恢复水土流失退化土地上的植被群落数量和改善植被质量，从而达到维护和提高土地生产力、改善生态环境的一种水土保持措施，又称生物措施。林草措施主要包括水土保持林、水土保持经济林（果园）、水土保持种草三大类型。其中，水土保持林又可依据地形地貌部位和防护及生产目的细分为水土保持用材林、水土保持薪炭林、水土保持护牧林、坡耕地上的等高绿篱、径流泥沙调节林带、侵蚀沟道水土保持水源涵养林等；水土保持经济林（果园）主要是指以经济为主要目的的经济林（果园）要兼顾好水土保持，以水土保持为主要目的的水土保持林要适当兼顾经济效益;水土保持种草包括人工种草和人工促进天然草本植物的恢复两种类型。

2. 工程措施

工程措施是指为了防治水土流失危害,保护和合理利用水土资源而修筑的各项工程设施。我国根据兴修目的及其应用条件,将水土保持工程分为以下4种类型:①坡面防护工程,如梯田、山边沟、水平阶、水平沟、鱼鳞坑等。②沟道治理工程,如淤地坝、拦沙坝、谷坊、沟头防护等。③小型水库工程。④山地灌溉工程,如蓄水池、山塘、水窖、排水系统和灌溉系统等。

3. 农业技术措施

在南方水蚀的农田中,以改变坡面微地形,增加植被覆盖或增强土壤有机质、抗蚀力等方法,保土蓄水,改良土壤,以提高农业生产的技术措施。如等高耕作、等高带状间作、沟垄耕作少耕、免耕等。水土保持农业技术措施主要包括水土保持耕作措施、水土保持栽培技术措施、土壤培肥技术、旱作农业技术和复合农林业技术等。

(二)水土保持措施选择与配置

根据小流域水土流失综合治理目标,进行土地利用结构、水土资源合理利用调整,确定水土流失综合治理措施总体布局。林草措施、工程措施与农业技术措施相结合,形成层层设防、层层拦截的水土保持措施体系,优化土地利用结构,提高水土资源利用效率。在措施的选择上要尽量做到生态与经济兼顾,提升流域经济总产出,有助于增强流域可持续发展能力。

1. 立体配置

根据小流域的地貌特征和水土流失规律,由分水岭至沟底分层设置防治体系。如南方红壤丘陵区的赣南果园开发,山顶保留一定的原有植被,以解决生态问题;山腰修建梯田、山边沟、水平竹节沟或鱼鳞坑等种植经果林,以解决生产问题;山脚下修建塘坝,以拦蓄小流域的径流,一方面保证山坡上果树的浇灌用水,另一方面还可养鱼等,以解决生活问题。这种配置模式老百姓称之为"山顶戴帽子、山腰系带子、山脚穿靴子",如图1-6-1所示。

图 1 - 6 - 1　小流域综合治理措施配置示意图

图中标注：山顶戴帽子、山腰系带子、山脚穿靴子

2. 水平配置

以居民点为中心,道路为骨架,建立近、中、远环状结构配置模式。村庄房前屋后发展种植、养殖庭院经济和四旁植树。居民点附近建立以水平梯田为主的粮食生产和经济果木开发区。远离居民点的地带建设以乔、灌、草相结合的生态保护区和燃料、饲料基地。中间地带粮、林、草间作,水土保持防护措施和耕作措施相配合。

在有条件的地方可提出不同的水土保持措施配置模式,分析其投入、产出,减少水土流失量等指标,用系统工程原理,明确目标函数和约束条件,建立数学模型,优选出最佳的小流域综合治理方案。

(三) 不同类型区小流域综合治理措施体系设计

由于南方各地小流域自然条件和社会经济状况的不同,决定了治理措施体系的不同。现按不同类型区进行总结归纳,提出不同类型区各自的措施体系。

1. 小流域综合治理措施体系的内涵

小流域综合治理措施体系早在 20 世纪 90 年代初就已用法律形式固定下来,1991 年 6 月 29 日颁布的《中华人民共和国水土保持法》第二十二条明确规定"在水力侵蚀地区,应当以天然沟壑及其两侧山坡地形成的小流域为单元,实行全面规划,综合治理,建立水土流失综合治理措施体系"。这项条款清楚地表明了小流域综合治理的内涵。

以小流域为单元进行综合治理,就是把综合治理作为一个完整的系统来考虑,而不是单指某项措施而言。小流域综合治理措施体系就是在小流域这个闭合集水区内,依据自然特征、土地利用结构、水土流失成因差异、社会经济状况和区域经济发展、农民增收致富的需求,以坡面径流调控理论为指导,在不同地段对位配置与其调控坡面径流功能相适应的各项措施,这些措施是相互依存,互为补充、形成合力的有机整体。这个体系不是单纯的防治体系,而是将农民增收致富的经济效益寓于防治水土流失的生态效益之中,把生态效益与经济效益融为一体,而不是结合的问题。从小流域综合治理的发展历程来看,经历了"防护性治理—开发性治理(治理与开发结合,即以治理保开发,以开发促治理)—治理与开发一体化"的几个阶段。

2.小流域综合治理措施体系的形成与特点

实践表明,不同水土流失类型区的小流域或同类型区的不同小流域,小流域综合治理措施体系既有共性,也有个性。下面按不同的水土流失类型区分别阐述不同的水土流失综合治理措施体系的形成及其特点。

(1)花岗岩流失类型区

以兴国县花岗岩强度流失区的塘背河小流域为例。该流域是长江水利委员会1980年开展的第一批综合治理试点,当时是从治理强度以上流失地入手,采取"先治理强度以上的,后治理中、轻度的"治理途径,按坡面径流的运行规律,从上到下按计算距离等高布设科学规格的、调蓄坡面径流的水平竹节沟,然后在沟内客土栽植耐旱、耐瘠薄的速生灌木和草类等植物。整个坡面就是一个径流聚散网络体系,把导致水土流失的坡面径流控制住。以后不断探索总结,逐渐改变治理策略,先从治理中、轻度流失地入手,采取"边治理中、轻度的,边治理强度以上的"治理途径,不仅加快了治理速度,而且考虑了参与者能获得一定的经济效益的因素。对那些中、轻度流失地,采取"开发性治理",在利用工程措施和植物措施科学调控坡面径流、控制水土流失的同时,合理利用土地资源种植生态效益与经济效益兼优的经果林。强度以上流失地,采取"防护性治理",以坡面径流聚散工程和水土保持林为主,布防设控。兴国县塘背河小流域内剧烈流失面积占66.75%,强度流失面积占15.7%,这两项合计达82.45%,这些流失地基本无植被。治理的途径是采用工程措施调控坡面径流,创造植物生存的必备条件,人工重建植被。不同坡度布设不同类型工程:坡度15°~25°的,修建竹节水平沟、鱼鳞坑或反坡梯田;15°以下的,主要是修建水平梯田。

经过 8 年综合治理,又经过此后不断的管护,截至 2005 年,水土流失面积比治理前减少 70%,特别是强度和剧烈流失面积减少了 95.5%;山地植被覆盖率由治理前的 10% 提高到了 70%,单纯的马尾松林得到了改造;蓄水效率比治理前提高 37.6%,年增蓄水量 440 万 m³;保土效率达 79.6%,流失劣地得到改造,表土层的有机质含量平均提高 8 倍,氮素含量增加 11 倍;生态环境得到改观,水土流失恶性循环的局面发生了根本性的逆转。同时生产生活条件随之大为改善,土地生产率也大为提高,林草不长的劣质流失地已能种植脐橙。2005 年,全流域农业总收入比治理前增长 21.9 倍,农民人均纯收入增长 55 倍,粮食总产增长 93.4%,达到自给有余。

以上成效的显现,说明该小流域已形成了完整的水土流失综合治理措施体系。随着时间的推移,其水土保持综合效益已逐步显现出来,为农民脱贫致富、生态文明建设打下了坚实的基础。

(2)紫色砂页岩流失类型区

以四川省云阳县二道河小流域综合治理为例。该小流域为紫色砂泥岩区的治理试点,流域面积 27.7km²,治理前植被覆盖率只有 35.5%,水土流失严重。

治理的原则是千方百计调控坡面径流,建立完善的小流域综合防治体系。具体措施:一是恢复植被。对原有水土流失轻微的残、次幼林地,实行封禁治理;对植被遭到严重破坏强度以上的水土流失地,首先修建竹节水平沟、梯田或山边沟等,营造水土保持林和经果林。二是在坡面和沟道配置径流调控工程。如沉沙凼、背水沟、拦山沟、谷坊、蓄水池等。5 年间,该小流域修建沉沙凼 8071 个,背水沟 94.5km,拦山沟 81km,蓄水池 384 个。同时新修水平梯田 23.3hm²,坡式梯田 102.8hm²,对尚未修梯田的坡耕地,采取横坡耕作、等高开厢等保土耕作法。经过 5 年综合治理,坡面径流调控体系初步建立,径流冲刷被削弱或控制,强度流失面积减少 79%,轻度流失面积增加 97.1%。随着植被覆盖度的提高和小流域土壤结构的改善,其拦蓄效益会进一步提高。

从四川盆中紫色砂页岩区的综合治理模式来看,坡面径流调控体系一般是从上往下分层布设的。首先在坡耕地最上部与非耕地交接处开挖一条等高环山水平截流沟,将上部来的降雨径流拦截。然后再依据坡面大小,布设若干条纵向分散疏导环山截流沟的径流,一部分分流到上、中、下各层布设的蓄水池里,变为可利用的水资源灌溉农作物,一部分分流到山下的河道,同时在分流沟旁修田间道路,也有沟路合一的,即在沟上面铺设盖板为作业路。同时,要分层设置一定容积的蓄水池,与纵向的分流沟相连,做到上水上蓄、中水中蓄、下水下蓄,这样有利于分层灌溉农作物,以节省提水浇灌所需能源,降低成本。

对一些疏林、幼林地和"四荒地",采取封禁治理和种植乔、灌混交林恢复植被或栽植经果林。另外,在沟道里也有修建堰坝的,在山凹处有修建山塘的,以拦蓄更多的降雨径流,以供灌溉。

(3)红壤丘陵流失类型区

以江西省瑞金市坳背岗小流域为例。该流域属于红壤低山丘陵岗地强度水土流失区,流域面积 26.67km²,水土流失面积 15.62km²。20 世纪 90 年代中期被列为国家 8 片水土保持重点治理小流域,经过几年的综合治理,已基本形成水土流失综合防治体系。其布局是:中、上游轻度水土流失的山地,以封禁治理为主,适当补植水土保持林,恢复植被,形成植物防护带,保护中、下部的农田和果园;中部低丘缓坡和红壤岗地的中、强度水土流失地,以工程措施为主,修筑水平梯田,种植经果林,同时修建必要的坡面径流调控工程,以拦蓄和疏导坡面径流,控制水土流失;中、下游强度水土流失的山地,以植物措施为主,种植林草。对于侵蚀沟道,修建谷坊、拦沙坝,达到节节拦蓄;还修一些塘坝,拦蓄被分流的坡面径流,化害为利,变为可灌溉的水资源。

据 2006 年的小流域治理成效调查,水土流失面积比治理前减少 83.57%,土壤流失量减少 91%,径流量减少 48.56%;植被覆盖率提高 96.65%;土地利用率达到 97%;2005 年脐橙产量达 5200t,创产值 1238.27 万元,治理区人均产值 1142 元;人均纯收入由治理前的 699 元提高到 3312 元。

(4)石灰岩流失类型区

以贵州省普定县强度水土流失类型的蒙铺河小流域为例。该流域是长江水利委员会进行的试点小流域,流域面积 69.4km²,水土流失面积 52.4km²。山高坡陡,土层薄,陡坡开荒和烧柴等使植被遭到破坏,导致严重水土流失。该流域石多土少,耕地贫瘠。农户为苗族、彝族等少数民族,多住在山腰和山顶,饮水困难。因此,在石灰岩流失类型区的水土流失综合防治体系中,对陡坡耕地实行退耕还林还草,对水土流失轻微的山地,实施封禁治理和疏林补植,同时也栽植一些经济林;对 25°以下的坡耕地修石坎梯地,有水源的变为水田,同时对梯地进行改土培肥,使其由低产劣质流失地改造为优等高产地。同时,在完整的坡面上按地形开挖环山截流沟,修建纵向分流沟,在一定距离的坡面上修建一定容积的蓄水池,并与分流沟连接,拦蓄从分流沟排走的径流,将径流变为可利用的水源。也有的小流域,在坡脚修建水窖或水柜蓄水,供灌溉或人畜用水。

第三节 小流域综合治理评价

小流域综合治理又称流域治理、山区流域管理、流域管理、集水区经营,其概念是:为了充分发挥水土等自然资源的生态效益、经济效益和社会效益,以小流域为单元,在全面规划的基础上,合理安排农、林、牧等各业用地,因地制宜地布设综合治理措施,治理与开发相结合,对流域水土等自然资源进行保护、改良与合理利用。

流域是指某一封闭的地形单元,该单元内有溪流(沟道)或河川排泄某一断面以上全部面积的径流。因此,流域也是一个水文单元。人们经常把流域作为一个生态经济系统进行经营管理。我国所指的小流域,其面积一般为10~30km²。

流域保护是指对流域水土及其他自然资源与环境的保护,即预防或制止人们对资源的不合理开发利用,防止水土等自然资源的损失与破坏,维护土地生产力,防止流域生态系统退化,维护生态平衡。

流域改良是指整治与恢复已遭破坏的流域资源与生态环境,重建已经退化的生态系统。采用水土保持林草植被与工程相结合的综合措施,改良退化的土地,提高土地生产力。

流域合理利用是指以生态效益、经济效益与社会效益等多目标优化为目的,合理组织人们对流域水土及其他自然资源的开发利用,实现流域自然资源的可持续经营,实现经济社会与生态环境的协调发展。

我国的小流域治理实际上就是山丘区水土保持内涵的拓宽与发展。水土保持已由控制土壤侵蚀提升为流域水土等自然资源的可持续经营。

随着我国小流域综合治理的发展,小流域综合治理效益的评价已经成为一个研究热点。正确地评价小流域综合治理的效益不仅对促进流域治理的健康发展,引导群众积极参与小流域综合治理的投资有着重要的意义,而且为进一步的治理开发和实现该流域的可持续发展提供科学的决策依据。

小流域水土保持综合治理涉及面宽,类型多样,不同的地区考核的目标也存在有一定的差异。实践和资料表明,综合治理效益要通过经济、生态、社会等方面的若干个指标来衡量体现,建立科学的合理的评价指标体系及评价方法尤为重要。

一、评价指标体系的构建

1. 评价指标的选择原则

我国学者在小流域综合治理的研究中,提出了各具特色的治理效益评价指标体系。由于区域的广泛性和流域特征的多样性,评价指标的内容和数量会随参评流域范围的大小而变化,参评小流域分布的范围越大,指标越具有主导作用,更为普遍适用、客观。评价指标体系应在时间上反映流域治理的速度和趋势,在空间上反映生态经济系统的整体布局和结构,在数量上反映治理的规模,在层次上反映小流域系统的功能和水平。评价指标的选择原则有以下几项。

（1）客观性原则

指标须具有客观、符合区域实际和易量化之特征,尽量避免主观因素的影响。各指标可通过社会调查或实验来获得,所获的数据能切实反映所要评价的效益内容。

（2）独立性原则

效益评价虽然要全面反映综合治理的结果和效益,体现综合性,但需要各具体单项指标来分别反映,而单项指标只能反映区域治理的某个侧面。因此,指标的选择在体现综合性的基础上,尽量要避免各单项指标的相互重叠,使其各自具有独立性,以便于计算和评价。

（3）系统性原则

水土流失综合治理应把区域作为一个完整的生态系统来对待。生态系统各要素之间是相互联系、相互制约的关系,其中任何一个环节的变化,都会引起系统内部的连锁反应。因此,综合治理的措施,也需要维护一个生态系统的完整性,并逐渐引导生态系统步入良性循环。

2. 评价指标体系的组成

在分析综合国内小流域综合治理效益评价指标体系的基础上,通过频数统计分析法建立了更为科学、客观和适用我国南方的评价指标体系和评价方法。

频数统计分析法是统计具有工作经验并对某流域有深入了解的学者所选指标的集中程度,某指标频度大小反映了该指标表征研究对象该方面特征的大小、客观性、普遍适用性、主导性以及指标数据的易获得性的大小,也反映指标的科学性、客观性;由相互联系的具有较大频度的指标构成的指标体系就能够最大限度地反映对象的整体特征。

因此,本书选用频度≥0.5,即被选用频率大于或等于一半的 12 个指标构成评价指标体系,具体如图 1 - 6 - 2。

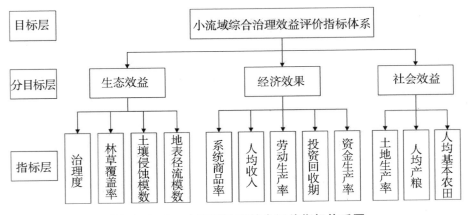

图 1 - 6 - 2　小流域治理综合评价指标体系图

二、评价指标的计算方法

1. 指标层指标数值的计算

指标层指标数值是小流域综合治理的效益评价体系的基础,这些指标有正有负,数值有大有小,不便比较,所以首先要对这些指标的数值进行无量纲化,采取归一化方法,其计算公式如下。

当评价值随着指标值增大而增大时:

$$P_i = \frac{X_i - X_{\min}}{X_{\max} - X_{\min}}$$
　　　　　式 1 - 6 - 1

其中，P_i 表示某一指标因子的规范化值；X_i 表示根据评价流域选取的某指标的现状值；X_{max} 表示所选相关流域指标中最大值；X_{min} 表示所选相关流域指标中最小值。

2. 分目标层指标数值的计算

分目标层指标数值是根据其所属各指标层指标数值乘各自的权重后进行加和，计算公式如下。

$$V_i = \sum_{i=1}^{n} W_i P_i \qquad \qquad 式 1 - 6 - 2$$

其中，W_i 表示某一分目标层下的某指标的权重；n 表示该分目标层下所属指标的项数。

3. 效益综合指数的计算

效益综合指数（BCI）是将各分目标的指标数值乘各自权重，再进行一次加和，计算公式如下。

$$BCI = \sum_{i=1}^{n} W_i V_i \qquad \qquad 式 1 - 6 - 3$$

其中，W_i 表示目标层下某一指标的权重；n 表示目标层下指标的项数。

4. 指标权重的确定

根据专家咨询打分，分目标层和指标层指标的权重计算结果见表 1 - 6 - 6。

表 1 - 6 - 6　小流域治理综合效益计算的分目标层和指标层各指标的权重

指标等级	指标名称	权重	指标名称	权重	指标名称	权重
分目标层	生态效益	0.333	经济效益	0.333	社会效益	0.334
指标层	治理度	0.167	系统商品率	0.363	土地生产率	0.615
	林草覆盖率	0.167	人均收入	0.182	人均产粮	0.307
	土壤侵蚀模数	0.5	劳动生产率	0.182	人均基本农田	0.077
	地表径流模数	0.1666	回收期投资	0.182		
			资金生产率	0.091		

资料来源：李智广等（2014）。

三、评价的方法

小流域治理效益评价是多目标、多因素、多层次和多指标的综合评价。评价方法从过去以定性为主的评价，逐步发展为以定量为主的评价，从单因素、单目标评价到多因素、多功能、多指标的综合评价，从主观成分较多的经验性评价到利用数学方法对主观成分进行"滤波"处理,效益评价的方法日渐科学和客观。本书主要分析综合评价方法,包括加权综合指数法、加乘综合指数法、关联度分析法等。

1. 加权综合指数法

(1)评价的基本原理

该方法假设各参评指标相互独立,它们分别对流域治理效益起作用。同时,各个指标对治理效益的贡献并不完全相同,存在相对重要性的量度。因此,该方法可以形象地理解为:反映治理效益各个侧面的评价指标是方向不同的多维矢量,各指标权重是各指标单位值在效益方向上的投影值,治理效益优劣是评价指标的矢量和。

(2)评价模型和评判依据

对每个评价指标定出评价的等级,并用分值(0~10)表示。将评价指标所得分值采用加权法累计得治理效益总得分值,按总分大小排序,决定对象的优劣。其计算式如下。

$$A = \sum_{i=1}^{n} W_i \cdot X_I \left(0 < W_i < 10, \sum_{i=1}^{n} W_i = 10\right) \qquad 式 1-6-4$$

式中: A ——治理效益;

W_i ——第 i 指标的权重;

X_i ——第 i 指标的得分值。

(3)特点分析

该方法简单易行,便于计算,而且反映了指标间的重要性程度,但个别因子对效益的影响反应不敏感(如对治理发展有限制性作用的指标值很小时),这是因为在指标权重分配较均衡和指标较多时,加权和掩盖某些真实现象,漏掉了某些重要信息。这种作用应特殊考虑,例如制订各指标的阈值界限,当某指标超出该界限时,利用[0,1]方法放大该指标的作用:当该指标达到某数值时,其权重为1,加权模型的作用为0;否则,利用加权模型评价,模型的作用为1。

2. 加乘综合指数法

(1)评价的基本原理

将流域治理的总效益分解为经济效益、社会效益和生态效益,用下式表示:

$$G = \{maxB_1(x,y,z), maxB_2(x,y,z), maxB_3(x,y,z)\} \qquad 式 1-6-5$$

式中:B_1——经济效益;

B_2——社会效益;

B_3——生态效益;

x,y,z——系统投入。

这3类效益之间的关系基本遵循乘法定律:3类效益都是相互作用的,某类效益对流域总效益的影响受其他效益的影响。各类效益内子指标的关系基本遵循加法定律,即各子指标间相互独立,它们分别对评价对象起作用。在这种多指标性、各层关系不同的层次间,信息传递是采取类似"数组"的形式。

(2)评价模型和评判依据

按照上述信息传递的方式,首先计算各类指标子因素的评分值之和,然后将各类指标分值连乘得总评分值,并按分数多少排序,确定优劣。计算式为:

$$B = \prod_{i=1}^{3} (\sum_{j=1}^{x} B_{ij}) \quad B_{ij}(\sum_{i=1}^{3} W_j \cdot X_i) \qquad \text{式} 1-6-6$$

式中:B_{ij}——第 i 类指标第 j 子指标的得分;

X_i——第 i 类指标的子指标数目。

(3)特点分析

该方法全面考虑了水土保持效益多指标、多因素、多目标的特点和指标权重的要求,既反映了流域治理"目标—目标因素(3大效益)—效益指标"间层次递进的关系,又体现了指标之间、因素之间的相互关系,其灵敏度较加权法高。该方法的主要不足是对效益指标的分类要求较高,即必须分清究竟哪些是经济效益指标,哪些是社会效益指标,哪些是生态效益指标。

3.关联度分析法

(1)评价的基本原理

关联度分析是系统发展态势的统计数据列几何关联相似程度的量化分析比较方法。作为一个发展变化的系统,发展态势的比较就是系统历年来有关统计数据列几何关系的比较。对于单独的一条流域,治理发展就是流域生态—经济系统历年的演化,可以直接利用关联度进行评价。对于多条流域的比较性评价,利用关联度分析的基本假设是:如果多条流域具有基本相同的自然、社会和经济的环境和条件,由于区域的基本一致性,各个流域所处的不同的发展状态可以被看作是一条流域处在不同发展水平。也就是:用处在相同环境中不同发展阶段的流域代替同一流域发展状态,用流域数量增加造成的地域扩展代替同一流域发展在时间上的延续。这相当于同一样地不同试验的比较研究。

(2)评价模型和评判依据

对于 m 条流域,它们的评价指标体系由 n 个指标组成。每个流域的所有指标实测值就构成一个数据列,称为被比较数据列;参考数据列由参评的 m 条流域中各单项指标实测值的最优值组成,即参考数据列是多个流域经过治理后所达到的最佳水平,实际上是特定区域现有流域综合治理的"理想模式"。该模式就是关联度评价的标准,用各流域与该模式对比作出定量评价:关联度值越大,说明流域治理成效越好。这是一个高度综合的指标,是关联度方法评判流域治理成效的依据。

同一条流域的评价模型与多条流域相似。对应于多条流域,需要变化的只是把 m 条流域变为 m 年,参考数据列是由 m 年的最优值所构成。

(3)特点分析

关联度评价的优点是:根据特定区域的多个流域或单个流域多年治理状态,构造流域治理评价的最优准则,即最优指标值构成的参考数据列。这种最优准则,对单个流域的历年治理发展态势的评价最为合适,也适合于对多个流域系统所处状态的评价。但是,对于多个流域阶段治理效果的评价,该方法的基本假设就显得苛刻。因为多个流域的自然、社会和经济的环境基础总是有差异的,有些甚至差异较大,这样,不同样地的比较研究的可比较性就不能得到保证。

第四节　生态清洁小流域

建设生态文明是中华民族永续发展的千年大计,是实现中华民族伟大复兴中国梦的重要内容。党的十八大以来,党中央和国务院高度重视生态文明建设,相继出台《关于加快推进生态文明建设的意见》(中发〔2015〕12 号)、《生态文明体制改革总体方案》等一系列重要文件,全方位部署推进生态文明建设。

习近平总书记指出,绿水青山就是金山银山,要以系统工程思路打造山水林田湖草生命共同体,大力抓生态建设,建设生态文明。党的十九大报告明确指出,"坚持人与自然和谐共生"是新时代坚持和发展中国特色社会主义的基本方略之一。水土保持工作的指导思想从最初的开展小流域综合治理、控制水土流失,发展到打造山水林田湖草生命共同体、以系统工程思路建设生态清洁小流域。多年生产实践证明,开展水土流失重点治理,建设生态清洁小流域,是贯彻落实党中央、国务院关于生态文明建设决策部署的具体行动,对于依法落实水土流失防治责任,扎实推进水土保持生态建设,加快建设美丽中国具有重大意义。

一、生态清洁小流域的概念及建设意义

(一)概念

水利部发布的中华人民共和国水利行业标准《生态清洁小流域建设技术导则》(SL 534—2013)将生态清洁小流域定义为:在传统小流域综合治理基础上,将水资源保护、面源污染防治、农村垃圾及污水处理等结合到一起的一种新型综合治理模式。其建设目标是沟道侵蚀得到控制、坡面侵蚀强度在轻度(含轻度)以下、水体清洁且非富营养化、行洪安全,生态系统良性循环的小流域。

生态清洁小流域建设以水源保护为中心,构筑"生态修复、生态治理、生态保护"三道防线,促进人与自然和谐相处。以水土流失严重区和村镇生产生活区为重点,因地制宜,"点(村庄)、线(沟道)、面(水土流失、面源污染)",污水、垃圾、厕所、环境、河道同步治理。建管并重,注重建立长效管理机制。坚持"养山保水、进村治水、入川护水",拓展水土保持工作内涵和外延,更好地服务经济社会发展。"养山保水"就是要充分依靠大自然力量修复生态,恢复植被,涵养水源;"进村治水"就是要坚持以人为本,改善村镇人居环境,治理污染;"入川护水"就是要加强河道生态治理,畅通河道,加大废弃坑塘治理力度,利用雨洪增加蓄水,保护水源。建设生态清洁型小流域的最终目标是实现流域水土资源可持续利用、生态环境可持续维护和经济社会可持续发展。

实践证明,这种以水源保护为主要目标取向、与新农村建设有机结合的小流域治理模式,既体现了农民对生活水平和生活质量提高的必然要求,也反映了城乡居民对水环境的要求、水质的要求和休闲旅游的要求;既体现了中央可持续发展治水新思路,又是促进生态文明建设的重要实践,是一条区域和流域相结合,治山、治水、治污与富民相结合的水土保持生态治理的新路。

因此,生态清洁小流域建设是传统小流域综合治理的发展、提高和完善,是传统小流域综合治理的创新模式,归根结底是结合区域实际情况开展的小流域综合治理,但在思路、理念、目标、措施等各方面与传统小流域都有所不同,主要表现在以下几方面。

①在防治目标上:传统小流域治理以服务农业为主,维护土地生产力,提高土地产量为目标治理水土流失。生态清洁小流域建设以水源保护为中心,改善生态环境,促进人水和谐、服务新农村建设为目标治理水土流失和面源污染。

②在防治对象上:传统小流域治理,以坡面和沟道为防治重点。生态清洁小流域以坡面、沟道和村庄为防治重点。

③在防治措施上:传统小流域治理山、水、林、田、路统一规划,拦、蓄、灌、排、节综合治理。生态清洁小流域建设防治并重,突出生态修复、污水处理、垃圾处置和水系的保护。生态清洁小流域建设强调做到"五性":科学性、系统性、生态性、实用性、艺术性。同时要求正确认识并处理好4个关系:水土保持与水资源的关系、开发建设与生态平衡的关系、人工治理与近自然治理的关系、工程治理与保护原生态的关系。

综上所述,生态清洁小流域建设是传统小流域综合治理的继承和发扬,与传统小流域综合治理相比,生态清洁小流域更加注重生态、自然、系统的理念,更加关注水土资源的保护与可持续利用,更加关注生存环境的健康宜居,更好地体现山水林田湖草系统治理的思路。

(二)建设意义

生态清洁小流域建设是生态文明建设的重要基础,是民生建设的重要抓手,是统筹城乡发展的重要举措。

1.推动小流域综合治理的传承和创新

经过多年的实践,小流域综合治理形成了"以小流域为单元,山水林田路统一规划,拦蓄灌排节综合治理"的模式,实现了从单一治理到防治并重,从追求生态效益到生态效益、经济效益和社会效益统筹兼顾的转变。生态清洁小流域建设程序、资金来源、管理方式等都是按照小流域综合治理模式开展的,继承了小流域综合治理成功经验。随着经济社会发展水平的不断提高,人们对环境质量的需求也不断提高,在这一背景下,水土保持工作者在小流域综合治理的深度和广度上进行了积极探索,在规划、治理目标与理念、治理措施等方面不断创新,提出了"以水源保护为中心,构筑'生态修复、生态治理、生态保护'三道防线,建设生态清洁小流域"的治理理念和工作思路,这是我国小流域治理模式的创新。

开展生态清洁小流域建设既是农民生活水平和生活质量提高的必然要求,也是城乡居民对水环境的要求、水质的要求和休闲旅游的要求。与传统的小流域治理相比,生态清洁小流域建设有四个方面的创新。

(1)思路理念新

以"三道防线"为布局,"养山保水、进村治水、入川护水",突出水源保护,坚持生态优先、源头治污,并强调与当地自然景观相协调,加强水质保护,而且小流域和大流域,都按这个布局,思路清楚,简单明了,不论是农民还是干部都容易理解和接受。

(2)目标取向新

坚持以水源保护为中心的目标取向,坚持与新农村建设紧密结合,突出以"水"为主线,因地制宜建设水源保护、休闲观光、绿色产业、和谐宜居 4 种类型生态清洁小流域,统筹流域内经济社会发展和水源保护,这是比过去更高层次的水土保持。

(3)治理措施新

除了传统的水土保持措施外,在坡面、沟道的基础上,增加了村庄,突出村庄及周边的环境整治、水体的自然修复,增加了农村污水综合治理、流域垃圾处置、面源污染控制等多项新的治理措施。此外,还包括政策、管理等非工程措施。

(4)体制机制新

将小流域治理纳入政府公共服务领域,加大投资,加强治理;按流域设立流域水务站,建立了农村水管员制度;在实现水务一体化管理的同时,完善了部门及行业间的协作机制、水源保护生态补偿机制、产学研相结合机制。

2. 丰富和发展了水土保持的理论与实践

我国开展水土流失防治以来,水土保持工作与时俱进,随着经济社会的发展而不断发展和完善。半个多世纪以来,水土保持从单项措施到小流域综合治理,从单一治理到防治并重,从讲求生态效益到生态效益、经济效益和社会效益统筹兼顾,从涉农水保到非农领域水保,从人工治理到人工治理同生态自我修复结合,从单个小流域到集中连片、规模治理,水土保持不断丰富、创新和发展,为社会提供更多更好的服务。水土保持只有不断地拓展发展空间才能更好地服务社会。可以说,水土流失防治的过程,也就是水土保持不断发展的过程。

生态清洁小流域是水土保持适应新时期要求的新发展。在小流域内划分"生态修复、生态治理、生态保护"三道防线,从山顶到河边,全流域进行系统治理与保护,从空间上进行了全覆盖。在每道防线内,有针对性地开展不同的措施,层层防护,保护了水土资源,改善了水环境和人居环境;在治理对象上,增加了污水、垃圾、厕所、面源污染等内容,是水土保持外延的拓展和内涵的深入,极大地丰富和发展了水土保持的理论,也必将在更加广阔的范围内服务公众、服务社会。

3. 成为生态文明建设的重要组成部分

党中央、国务院从全局和战略的高度出发,作出建设生态文明的重大战略部署,明确提出要加快构建资源节约型、环境友好型社会。落实建设生态文明的重大战略部署,必须从经济社会各个方面、各个微观单元入手采取措施。

山区的小流域多数是城市供水水源地,是当地居民生产生活的家园,也是城市居民休闲游憩的理想场所。针对每一条小流域,通过工程、林草、农业、管理等措施的有机结合,从源头上减少土壤中的养分流失,对化肥、农药等污染物就地控制、就地降解,对村庄的污水和垃圾进行治理,建成山清水秀、环境优美、水土资源可持续利用、生产稳定发展的生态清洁小流域,从而实现人口、资源、环境的协调发展。

生态清洁小流域的建设符合经济社会发展的需求,保护并改善环境,做到人与自然和谐相处,实现环境的可持续维护和经济社会的可持续发展;生态清洁小流域的建设符合城乡居民生活水平和生活质量不断提高的需求,随着经济发展,物质水平的提高,人民对环境的要求也越来越高,望得见青山,看得见绿水,记得住乡愁是人民对美好生活的期望;生态清洁小流域的建设符合生态文明建设的需求;符合水土保持自身发展的需求。

二、内涵和实质

生态清洁小流域建设理论是从实践中总结、提炼出来的,有着极其丰富的内涵与外延,它既继承了传统小流域综合治理的精髓,又与时俱进、因地制宜地对传统小流域综合治理进行了充实与扩展,为水源保护、生态建设提供了强有力的理论支撑,为解决流域内各种发展难题提供了理论依据。

(一)内涵

1.突出面源污染防控

控制水土流失与面源污染是生态清洁小流域建设理论的核心,是有效保护水源、改善流域生态的关键。水源保护的主要内容是有效控制和管理流域内各种污染物的流失对下游水体的影响。目前,水源保护区面源污染已成为小流域水体污染的主要因素,水土流失是面源污染的主要途径和载体,污染物流失量随着水土流失量的加大而加剧。因地制宜实施污染物源头减量、过程阻截,末端治理措施,可减少流域内面源污染,有效地保护水源和流域水生态环境。坚持山水林田路村统一规划,拦蓄灌排节水治污,促进农村一、二、三产业协调发展,服务新农村建设,解决好小流域水土资源的保护与开发利用问题。

2.将农村污水、垃圾治理纳入生态清洁小流域建设

伴随郊区城镇化及休闲旅游业的发展,农村生活污水排放和垃圾产生量等不断增加,村庄周边、河(沟)道内外污染日趋严重。小型分散点源污染是当前小流域污染源的重要组成部分,越是经济发展快、开发利用强度大的小流域,分散点源污染问题越突出。要处理好小流域经济发展与环境保护的关系,就要在经济发展中促进保护,在保护环境中求得发展,实现经济发展与环境保护"双赢"。建设和完善小流域分散点源污染处理处置设施,加强分散点源污染管理是生态清洁小流域建设的重点。农村生活污水单点排放量小且分散、排水不稳定、排水系统不完善,可对农村垃圾进行分类和收集,实现减量化、无害化、资源化。

3.治理措施生态化

生态清洁小流域建设要充分考虑人类、自然和环境保护的关系,在尊重生

态环境并降低人类开发对环境冲击的前提下进行,保证生态系统和经济系统的良性循环,以求得社会经济的持续发展。各项治理措施应遵循生态经济学的基本原理,充分体现生态优先,从过去考虑工程经济效益转变为寻求经济效益、社会效益与生态效益的最优组合。采用各种生态手段、方法和工程,协调周边环境,因地制宜、就地取材,综合布设各项措施。护岸、护坡采用植物或多孔性和透水材料等生态护坡形式;生活污水处理因地制宜、充分利用土地处理或自然及人工湿地系统;河岸库滨带治理和湿地恢复,选择本土湿生、水生、旱生植物,形成多生境生态系统。

4.改善农村人居环境

随着经济社会发展和居民生活水平的提高,城乡居民对生活质量和环境质量有了更高的要求。建设生态文明,统筹城乡发展,建设社会主义新农村,都迫切需要加强农村人居环境建设,为农村实现全面小康提供良好的环境保障。农村环境与城市环境是有机整体,结合新农村建设,以人为本,加强农村基础设施建设,着力改善农村人居环境,形成山川秀美、空气清新、环境优美、生态良好的新农村是生态清洁小流域建设的重要内涵。

(二)实质

1.以水源保护为中心

水资源紧缺,水环境恶化,水安全受到威胁,是当前水务面临的巨大挑战。上游流域生态与环境的好坏直接影响到下游的水资源、水环境及水安全。生态清洁小流域建设突出源头治理,溯源治污,点、面污染源综合防控,上、中、下游科学统筹,污水、垃圾、厕所、环境、河道同步治理,其实质是突出以水源保护为中心。

2.实现人水和谐

水是人与社会生存发展不可或缺的资源。小流域是水在陆地运动的基本单元,表现为降雨、入渗、径流等水的运动过程。生态清洁小流域建设是要根据水的循环规律,保护水的自然循环,促进水的微循环,防治水在循环和利用过程中的污染及危害,约束和避免人类活动对水自然循环的侵害和破坏,实现行洪安全,人水和谐。

3. 实现人地和谐

土地资源是流域社会经济可持续发展的重要基础,土地的生态系统支持功能是其他资源无法替代的。生态清洁小流域建设就是要合理地改造与开发利用土地资源,建立起相互协调的、有利于人类生存发展的人地关系。要做到在保护中开发,在开发中保护,优化各种措施,减少土壤流失、提高土地质量和土地承载力使土地能够持久地发挥其生产力,达到人地和谐。

4. 实现人与自然和谐

人与自然的关系是一种可以由人类通过各种方式、方法调整或协调的关系。实现人与自然和谐相处,是流域可持续发展的核心问题。流域生态系统良性循环的本质是系统内部能量转化、物质循环和信息传递有机结合。生态清洁小流域的建设是要使人类对自然的改造扰动限制在能为生态系统所承受、吸收、降解和恢复范围。建设过程不仅要考虑从自然中所得,还要考虑如何回报自然;不仅考虑其经济价值,更要考虑其生态价值;要最大限度地发挥人的主观能动性,善待自然、保护自然、尊重自然,真正建立起人与自然和谐共处的关系,实现人与自然协调发展。

三、规划布局及措施配置

生态清洁小流域建设的目标是促进人与自然和谐相处,实现流域水土资源可持续利用、生态环境可持续维护、经济社会可持续发展。因此,生态清洁小流域的规划布局要紧紧围绕保护水源的目标,结合自然环境及人类活动情况,通过各种安排布置、各种措施,逐步构筑适宜小流域发展的"生态修复、生态治理、生态保护"三道防线,达到减少污染、改善环境、促进民生、保护水源的目的。通过规划的实施,初步构建小流域的水源保护、水资源优化配置、水安全保障"三大体系",使小流域河(沟)道变成生态的河、有水的河、安全的河、促进小流域人口、资源、环境的协调发展。

(一)规划布局的原则

生态清洁小流域规划应以"生态优先、治污为本、保护水源、促进发展"为总原则,以小流域村庄(点)、沟道(线)、坡面(面)为治理对象,针对"生态修复区、生态治理区、生态保护区"内水土流失、水环境、水土资源开发利用、人类活动的不同特点,结合生态清洁小流域建设目标,因地制宜、因害设防,分区布设林草、工程、农业技术等各种防治措施。

在实际规划编制中应遵循以下基本原则:①应以小流域为单元,以水源保护为中心,以控制水土流失和面源污染为重点,山、水、林、田、路、村综合治理。②应以小流域内污染总控为原则,综合减污,科学布设流域内污水、垃圾、化肥、农药等各类污染源防治措施,实现小流域出口水质达到地表水Ⅱ~Ⅲ类标准以上。③应预防保护与综合治理并重,各项防治措施的布局要做到因地制宜、因害设防,充分考虑减少环境负面影响。④各项措施应与当地景观相协调,体现人水和谐和生态优先。⑤应把小流域综合治理与当地农村经济发展要求相结合,规划内容既要满足生态环境建设要求,也要充分体现群众意愿,注重群众的参与性。

(二)措施布局规划

根据开展水资源保护、进行小流域综合治理的实践与经验,按分区布局、分区治理的原则,对生态清洁小流域建设措施进行布局规划(图1-6-3、图1-6-4)。

图1-6-3 生态清洁小流域"三道防线"示意图

1.生态修复区

以减少人为活动,充分利用自然的自我设计与恢复的能力,达到"养山保水"为目的。在坡面坡度大于25°或土层厚度小于25cm的区域,宜进行封育保护,可布设封禁标牌、拦护设施等。

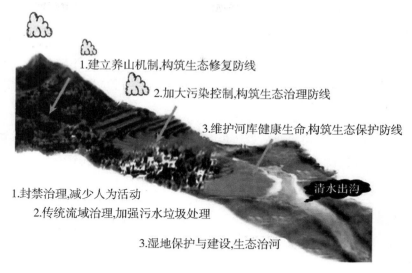

1.建立养山机制,构筑生态修复防线
2.加大污染控制,构筑生态治理防线
3.维护河库健康生命,构筑生态保护防线

清水出沟

1.封禁治理,减少人为活动
2.传统流域治理,加强污水垃圾处理
3.湿地保护与建设,生态治河

图1-6-4　生态清洁小流域建设示意图

2. 生态治理区

以加强水利水保基础设施建设,控制点、面源污染,调整产业结构,改善生产条件和人居环境为目的,主要布设梯田、经济林、水土保持林(草)、土地整治、节水灌溉、谷坊、拦沙坝挡土墙、护坡、村庄排洪沟(渠)、村庄美化、生活垃圾处置、污水处理、田间生产道路13项措施。

3. 生态保护区

以确保河(沟)道清洁,控制侵蚀,改善水质,美化环境,维护湖库及河流健康安全为目的,主要布设防护坝、河岸(库滨)带治理、湿地恢复、沟(河)道治理4项措施。

(三)措施配置

1. 坡面治理措施配置

坡地水土流失及面源污染防治可根据坡地地块的地貌部位、坡度、土层厚度和土地利用现状等,进行各个地块适宜的土地利用分析,配置各类地块的水土流失防治措施。

2. 村庄治理措施配置

(1)村庄污染防治措施

村庄污染防治措施主要包括:①村庄污水能够接入市政污水管集中处理

时,应接入市政污水管集中处理。②规模较大(常住人口不小于 100 人)、居住相对集中、经济较发达的村,宜建设污水排水管网和集中污水处理设施,污水通过处理达标后排放或回用。③规模较小(常人口小于 100 人)、居住分散、地形条件较复杂的村及分散的农户和旅游点等,宜采用分散处理技术,达标排放或回用。④应按照减量化、资源化和再利用的原则,推行垃圾的分类收集及处置。

(2)防洪减灾措施

防洪减灾措施主要包括:①分布在洪水淹没危险区的住户、应尽快搬迁。②限于条件不能搬迁的住户,应根据防洪标准,采取护村坝等措施,保护住户的安全。

3.沟道措施配置

第一,生态自然、功能完好的沟(河)道,应以保护为主,不宜采取工程治理措施。

第二,破坏严重的沟(河)道,应从保护生态的角度进行近自然治理,并应符合以下要求:①清除河道垃圾及障碍物。②采取的治理措施与周围景观协调一致。③沟(河)道两侧,因地制宜营造由乔灌草配置而成的植被过滤带,过滤进入河道的泥沙杂物,减少污染物对水质的影响。④沟(河)道和水库水位变化的水陆交错带,因地制宜栽植水生植物,保护或恢复人工湿地。

第五节　生态清洁小流域建设与管理典型案例

一、隐潭溪生态清洁小流域

(一)流域现状分析与问题诊断

位于浙江省上虞的隐潭溪小流域地处陈溪—岭南地质灾害中易发区,是崩塌、滑坡等地质灾害的多发区域,水土流失相对集中,流失强度较大;矿山开采、道路挖填坡区的天然植被破坏严重、地表裸露、边坡坡度较大,水土流失严重。

流域内生活污水处理、垃圾收集处理设施缺乏。流域内小型沟道发育,均为山溪性河流,溪水呈现骤涨骤落的特点,部分河段紧邻村庄、公路,突发性的河水暴涨易发灾害。

(二)治理思路和目标

小流域建设目标为:遵循生态规律,融入生态理念,通过水土流失治理、面源污染防治、绿色产业开发、人居环境改善等措施,达到保护水源和改善环境的目标。

(三)规划布局与措施体系

将项目区分为生态自然修复区、综合治理区、河(沟)道及湖库周边整治区3个功能区。

1. 治理措施布局原则

根据本项目的建设目标要求,治理措施应以水土流失综合治理为基础,全面做好流域治理、生态修复、水系整治和人居环境改善,建立面源污染控制、人为水土流失防治等管护机制,全方位、多角度地进行布设。措施布局中须根据不同的地形地貌、土地利用结构以及水土流失情况,因地制宜、因害设防。

整体上,各项措施在充分考虑水土流失防治、生态建设及经济社会发展需求的基础上,统筹山、水、田、林、路、渠、村进行总体布置,做到坡面与沟道、上游与下游、治理与利用、植物与工程、生态与经济兼顾,使各类措施相互配合,发挥综合效益。总体布置要求以下:①坚持生态与经济兼顾,林草工程布置充分考虑其生产功能,加强雨水资源的合理利用,根据经济林、农业生产等需要,配置雨水集蓄利用工程,与坡面水系工程相配套,以提高土地生产力。②坚持自然修复和人工治理相结合,充分利用自然修复能力,合理布置封育治理及其配套措施。③在山洪灾害、滑坡、泥石流等灾害的地区,应充分考虑防灾减灾措施配置。④在有人居环境综合整治需要的地区,应搞好道路硬化、村庄绿化、环境美化,控制和减少污染物排放。⑤要充分利用区域优势,注重生态与景观结合,措施配置应充分考虑各方需求。

2. 治理措施布局

(1)生态自然修复区

本区林地包括用材林、经济林、竹林等,人工经济林和低效林是本区分布最广、水土流失最严重的土地利用类型。本区人口相对较少,集中分布着大片的松林、阔叶林、竹林,水土流失强度也以轻、中度为主,适宜开展生态修复。生态修复的面积共计1172hm²。

(2)综合治理区

主要包括以下5个方面。

①板栗林水土流失防治区:根据调查资料,本区域内坡耕地水土流失面积占水土流失总面积的14.39%,近几年项目区坡耕地大部分已完成退耕或进行梯田改造,但受板栗生物习性及种植管理方式的影响,水土流失区相对集中,流失强度较大,是目前隐潭溪流域上游水土流失防治的重点。

结合目前板栗种植密度、经营情况,采取工程措施与植物措施相结合的方法对栗园的水土流失进行治理。工程措施主要是在板栗园进行坡面径流调控工程建设,通过修建截、排、蓄设施,一方面增加降水的入渗,另一方面对坡面多余的径流进行有效引导,减少径流冲刷坡面造成水土流失。植物措施主要是采用板栗林间植其他乔、灌木或撒播草籽,以增加林草植被覆盖率,发挥植被对降水的截留作用,改善其冬季景观,并增加综合效益。

板栗林水土流失防治措施实施面积为490hm²,其中坡面径流调控工程修建蓄水池60座、沉沙池60座、截水沟54.6km、排水沟4.3km;板栗林间植及改造树种以茶、毛竹、杨梅等乔、灌木为主,小面积内增加间植香榧、撒播草本植物种子的措施。

除工程、植物措施外,同时采取宣传、管理及技术等措施。在全乡范围内推广生态农业模式及科学种植和板栗采收技术,以减少水土流失和面源污染。

②矿山、公路裸露面整治区:项目区的裸露面主要集中在矿山开采区及道路挖填边坡。由于人为因素的干扰,矿山开采区及道路挖填边坡区的天然植被遭到破坏,地表裸露,边坡坡度较大,水土流失严重,植被难以自然恢复。

本区的水土流失治理以植被恢复、增加植被覆盖及道路硬化措施为主,共计整治矿山4座,面积4.66hm²;道路挖填裸露边坡防护面积9.94hm²,1.2km道路的路面硬化0.84hm²,路面排水系统2.4km,路面两侧人行道及绿化带2.4km。

③荒草地及低效林治理:本区荒草地造林面积25hm²,低效林补植面积60hm²。

荒草地集中分布在岭南乡的西南及中部地区,总面积453hm²,荒草地水土流失面积占水土流失总面积的13.36%。对于具备林木生长条件、坡度小于15°的25hm²荒草地,采取以种植乔灌木为主的植物措施进行治理。在土壤、水分条件允许时,选用耐瘠、深根的乔木树种,如以木荷为优势种的混交造林;立地条件较差的地段,种植紫穗槐等灌木。覆卮山地带海拔较高,生态脆弱,已不适宜进行大面积的植树造林,重点是保护好现有的植被,避免因人为烧荒引发山火对植被的再次破坏,拟在嵊州与岭南乡分界线附近种植防火林带,造林树种选用木荷、油茶作为群落的优势种。

本区林地水土流失面积占水土流失总面积的66.50%,是最主要的水土流失土地利用类型,除板栗林外,低效林(郁闭度0.2~0.5)及现状造林成活率较低的地区是水土流失的重点地区之一。具备采取封禁等措施条件的低效林采取以生态修复为主的治理措施,其他低效林主要以补植造林为主,以提高林分的质量,低效林补植面积60hm²。

④农村人居环境改造:农村人居环境绿化面积16.5hm²,土地整治1.5hm²,设置垃圾池(收集池)29个,垃圾箱(桶)110个,修建化粪池661处。

总体来讲,本区的生态环境现状较好,水热资源也相对丰富,宅前、村周、路旁等处开展绿化具备一定的基础。农村绿化要因地制宜地对居住区的"四旁"(村旁、路旁、宅旁、渠旁)进行绿化,做好见缝插"绿",减少土地裸露面积,美化居住环境。四旁绿化应结合地形条件,布局上做到"点、线、面"综合考虑,并与周边环境相协调。农村人居环境绿化面积共计16.5hm²。

岭南乡境内现有废弃的宅基地近5hm²,这些土地多零星分布在各村,由于各种原因不能重建房屋。根据分析,宅基地的30%、约1.5hm²的土地可进行整治后绿化。

针对农村的垃圾处理现状,设置垃圾池29个,保证每个村至少有1个;垃圾箱(桶)110个,做到生活垃圾的收集率达到90%以上。

目前,工程区内各乡村的生活污水缺乏处理设施,考虑到项目地处虞南山区,各村分布相对分散,加之地形复杂不宜建设集中的污水收集与处理系统,因此考虑修建化粪池对污水进行处理。化粪池尽量选在居住人口相对密集的区域,根据入池的污水量选择双格或三格形式,共需修建化粪池661处。另在岭南乡政府附近设集中污水处理装置1套。

⑤滑坡及崩塌区治理:本工程共计治理滑坡隐患点 1 处,崩塌隐患点 3 处。

本区地处陈溪—岭南地质灾害中易发区,相对整个隐潭溪流域来说,是崩塌、滑坡等地质灾害的多发区域。根据《浙江省上虞市地质灾害调查与规划报告》,截至 2002 年年底,本区范围内共有崩塌灾害隐患点 3 处、滑坡隐患点 1 处亟须进行治理。以上地质灾害直接威胁人口达 10 户 47 人,受威胁资产约为 98 万元。总体来说,本区的地质灾害规模均不大,但鉴于其发生区多位于人口稠密区。因此,对其实施治理是必要的。根据崩塌、滑坡灾害发生区域的环境条件,对崩塌地区采取人工边坡清理、削坡、边坡支护、截排水等措施进行治理;对滑坡地区采取截排水、挡墙防护及抗滑桩等工程措施。

(3)河(沟)道及湖库周边整治区

本区的沟道基本呈现"大沟稳定,小沟发育"的特点。区域内溪流均为山溪性河流,溪水呈现骤涨骤落的特点,部分河段紧邻村庄、公路,突发性的河水暴涨往往对本区造成较大的危害。

隐潭溪经枫树坪、阮庄的一段河段,从上游至下游共经过 2 个村庄,其中 35 户约 129 人处在 10 年一遇洪水的威胁区,河道紧临居民点及交通道路,须对部分河岸进行加固(如图 1 - 6 - 5 所示)。

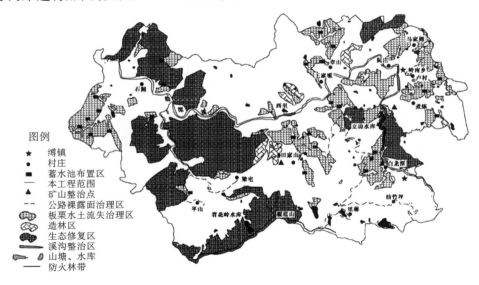

图 1 - 6 - 5　隐潭溪小流域措施布局图(杨进怀等,2018)

本段溪沟整治总长度 0.703km,起点位于岭南乡社区卫生服务中心,终点位于阮庄村隐潭溪向西转弯处,主要是该段 10 年一遇标准洪水受淹的地区,整治面积约 4.02hm²。本段毗邻岭南乡政治、文化中心地区,居住人口密集,对河道的环境要求、生态要求较高,采取工程与植物措施相结合的方法进行治理。溪沟整治在不改变现状防洪条件的基础上,保持现状的河流主槽,提高岸边的景观功能,采用浆砌块石将隐潭溪右侧的护岸挡墙进行修砌;修建 2 处挡水堰,对两侧滩地实施改造,形成湿地或绿化,水边由水生植物掩映护岸。

二、国际慢城生态清洁小流域

(一)小流域基本情况

国际慢城生态清洁小流域位于江苏省南京市高淳区东部丘陵山区的桠溪镇西北部,包括瑶宕、蓝溪、桥李、荆山、永庆、穆家庄 6 个行政村,流域总面积 50km²。其中,耕地 1100hm²,园地 820hm²,林地 1687hm²,草地 20hm²。常住人口 10961 人,其中,农业人口 9916 人,2014 年农民人均纯收入为 17693 元。流域内原有水土流失面积 10.98km²,现有水土流失面积 0.22km²。

流域内有水库 3 座,兴利库容 44.8 万 m³,塘坝 1794 座,有效库容 472 万 m³。流域内有自然村庄 28 个,其中创建康居村 9 个。流域内地形高程最低约 21m(吴淞标高),最高 101m,高差 80m。该生态文明清洁小流域始建于 2006 年,是一处融合了丘陵山区生态资源,集旅游、休闲、度假、娱乐为一体的农业综合性旅游风景区。

"慢城"是指建立一种放慢生活节奏的城市形态。根据世界慢城联盟的规定,获评的城镇、村庄或社区必须人口在 5 万人以下,追求绿色生活方式,反污染,反噪声,支持都市绿化,支持传统手工方法作业,不设快餐区和大型超市等。因此,"慢城"包含着可持续性的经济、原真性的文化、和谐的环境 3 个方面的内涵。"国际慢城"不仅是一种文化,更是一种生活品质。2010 年 7 月,与高淳县结为友好城市的意大利波利卡市市长、世界慢城联盟副主席安杰罗瓦萨罗到访,看了依山傍水、鸟语花香、树木葱茏的桠溪镇生态之旅风光带,感到十分惊讶,认为这里的一切完全符合"国际慢城"的标准。2010 年 11 月 27 日,在苏格兰举行的国际慢城会议上,高淳"桠溪生态之旅"被世界慢城联盟正式授予"国际慢城"称号,成为中国第一个国际慢城。

(二)现状分析及问题诊断

国际慢城小流域属于水力侵蚀为主的类型区,以面蚀为主,分布面广、量大。污水处理设施不够完善、处理能力不足,垃圾收集设施不足,未实施无害化处理,管理工作不够完善。

(三)治理思路和目标

以小流域为单元,通过水土流失治理、处置生活垃圾、处理农村污水及村庄环境整治,大力推进国际慢城生态文明清洁小流域建设。围绕小流域治理、人居环境综合整治、面源污染防治、生态修复、高效有机农业建设5大工程建设,形成防控体系完善、人居环境优美、运行管理规范、防治效益突出、示范作用明显的新局面。

(四)规划布局与措施体系

截止到2014年年底,国际慢城生态文明清洁小流域累计综合治理面积35.86km²,占总流失面积的98%。共种植水土保持林约103hm²,共计11万余株,新建或改造涵、闸、站等水保工程135处,渠道防渗护砌60km,建设水源工程363座,坡耕地改造200hm²,总投资1.5亿多元,形成了完善的水土流失综合防护体系。

1.重点预防保护区治理

水库上游水源涵养林主要采用生态措施;主要有以下几个方面:①对有天然水源涵养林的水库和河流边岸进行封育保护和疏林补密,使之恢复到历史最佳状态。②对无林水库和河流,在其边岸营造护堤护岸林。③对荒山,结合小流域治理营造水土保持林。④对水土流失严重的坡耕地,重点进行水土保持防护林(草)的营造,从而涵养水源,固土护坡,防止水土流失。

2.重点治理区治理

主要包括坡耕地改造措施,建设水土保持林、经济林、水土保持种草措施,水土保持生态修复措施,生态农业基地建设措施等。

3.人居环境整治

主要包括村庄环境整治、水系沟通、道路整修、绿化建设,生活污水处理、垃圾清运,村庄美化、亮化以及文化娱乐设施配套等。

(五)治理效果

1.水土流失综合治理程度达到标准以上

国际慢城小流域总面积50km²,已综合治理水土流失面积为35.86km²。通过治理,形成了水土流失综合防护体系,水土流失综合治理程度达到了98%,坡耕地全部得到治理,解决了2万hm²农田的灌溉排水,保障了慢城及其周边区域的生态用水,提高了农业生产生活水平,整体加快了生态清洁型小流域建设的步伐。

2.村容村貌明显改善

为改善国际慢城生态文明清洁小流域内的村容村貌,结合村庄环境综合整治、新农村建设、美丽乡村建设等,大力实施村庄的美化、亮化、绿化和硬质化工程。对国际慢城生态文明清洁小流域内的28个自然村庄全面提升改造,对国际慢城生态文明清洁小流域的村级道路全部实现黑色化或硬质化,村庄内全面实施绿化、亮化工程。同时,结合村庄环境整治,大力实施村庄改厕工程,并创建了石墙围、高村等省、市级"水美乡村"。通过村庄环境治理,彻底改变了小流域内的村容村貌,一副"环境优美、生活幸福、社会和谐"的现代农村新面貌呈现在世人面前。

国际慢城生态文明清洁小流域的建设,进一步放大了"慢城"生态优势,凸显慢城特色,最终实现了产业发展与生态发展的良性互动,实现了美丽乡村与富民增收的双赢。如今的"慢城",已呈现出了春天看油菜花、秋天采摘果实的喜人景象,慢生活理念已深入人心。"慢城",是美丽的世外桃源,也是开放兼容的现代化的城市精神乐园。它创造了一种更健康、协调、可持续的经济发展模式,保持良好的生态环境和本真的传统文化,使人们在这里返璞归真,散发出现代文明与传统文化交融的韵味。人文氛围亲切,居民热情好客,关注家人和子女教育,信任、友爱、关怀、亲密的社会风气蔚然成风。生态文明清洁小流域与慢城相融相生,生态清洁的理念将继续为慢生活理念注入新的活力。水土流失治理效果见图1-6-6。

3.面源污染防治效果明显

主要措施包括以下两个方面。

(1)推行垃圾无害化处理措施

以村为单位,修建垃圾池、垃圾收集箱,实现生活垃圾定点分类堆放,并和镇村签订合同,保护基础设施,落实"村收集、镇转运、区集中处理"的农村垃圾处理模式,配置垃圾运输车,指定垃圾无害化处理场。国际慢城生态文明清洁小流域内的行政村普遍建立了卫生保洁制度,落实村庄保洁人员100多人,负责"垃圾收集、道路清扫、水环境管护、安全管理"四位一体的管理模式。2014年,国际慢城生态文明清洁小流域村庄垃圾无害化处理率达到了91%。

图1-6-6　国际慢城生态清洁小流域水土流失治理效果图

（2）生活污水集中处理达标排放

目前,已建成小型污水处理设施20座,日处理能力300t,生活污水处理率达到85%以上。

4. 小流域水质完全达标

流域内有水库3座,兴利库容44.8万 m³,塘坝1794座,有效库容472万 m³。经南京市水文局监测,其中水库水质达到了Ⅱ类水标准,塘坝水质达到了Ⅲ类水标准。

5. 林草保存面积符合标准

国际慢城生态文明清洁小流域多年平均降水量为1194.8mm,湿润气候、较为丰沛的降雨,给林草生长带来较为有利的条件,再加之国际慢城生态文明清洁小流域建设工程的实施,小流域内植被覆盖率得到进一步提高,林草保存面积达到了宜林宜草面积的98%以上。

6. 农业生产条件显著改善,居民收入稳定增加

通过整合项目建设,交通设施完善,水系沟通,水源得到保证,灌溉保证率达85%以上,建筑物全面配套。同时,通过一系列的生态修复工程的实施,水土资源得到有效保护和合理利用,农村经济稳定发展,国际慢城生态文明清洁小流域内的农业生产条件显著改善。

在此基础上,国际慢城生态文明清洁小流域大力发展高效有机农业,形成了集生态观光、农事体验、高效农业、休闲度假为一体的农业综合旅游观光景区。国际慢城生态文明清洁小流域内特色的农副产品非常丰富,有民俗文化表

演的场地,有十几家生产加工农副产品的厂家,有以农家乐为特色的集吃、住、行、游、购为一体的体验处。建成了大山、吕家美食村,创建了石墙围、高村省、市级"水美乡村",形成了个性独特的农家乐特色产业。居民收入稳定增加,农民人均纯收入从 1985 年的 597 元增加到 2014 年的 17693 元。

（六）经验总结

1. 突出治理重点,扩大建设成效

（1）坚持以小流域为单元,综合治理为重点,因地制宜,合理规划,积极推进水土流失的面上治理

在推进生态清洁小流域建设过程中,国际慢城生态文明清洁小流域着重对低山中度流失区域进行治理,大力营造水土保持林、栽植经果林治理,辅以坡面水系和水源涵养林建设,切实推进坡耕地改造、保土耕作、建蓄水排灌设施,整体推进水土流失治理。

（2）依托项目,注重示范,打造生态清洁小流域"样板工程"

近年来,国际慢城生态文明清洁小流域抓住高淳区生态区创建、桠溪国际慢城、农村环境综合连片整治、村庄环境整治、水美乡村建设、农田水利重点县、淳东灌区节水改造和农业综合开发、土地复垦、万顷良田等项目建设契机,治理丘陵山区水土流失面积 35.86km²。

（3）与时俱进,以人为本,不断探索生态清洁小流域建设新模式

在建设过程中,国际慢城生态文明清洁小流域将生态清洁小流域建设与新农村建设、民生工程建设结合起来,通过对山、水、田、园、产业等进行统筹规划,综合治理,切实改善农村生产、生活条件,发展水土保持生态产业,促进了治理生态与经济社会发展的共赢。

（4）切实加强生态清洁小流域建设和管理

为巩固慢城生态清洁小流域建设成果,切实加强对在建、已建项目及设施的管护,做到治理一处、管好一处、利民一方。

2. 加强水行政执法,落实"三同时"制度

（1）认真落实水土保持"三同时"制度

对国际慢城生态文明清洁小流域的生产建设项目,按照规定征收水土保持费,严格落实水土保持"三同时"制度。

（2）强化生产建设项目水土保持监督检查

高淳区水政监察部门认真开展执法检查，对发现未报水土保持方案擅自开工生产的，发出补办水土保持方案通知书，限期落实整改。

（3）深入开展专项整治行动

高淳区专门制订了水土保持监督执法行动方案，并成立了领导机构，对在建生产建设项目组织了专项清理和集中整治，为建设国际慢城生态文明清洁小流域提供了有力保障。

3. 强化水保宣传，营造良好氛围

为调动全社会关心、支持、参与国际生态文明清洁小流域建设的积极性，高淳区每年都利用"世界水日""中国水周"和《中华人民共和国水土保持法》纪念日等有利时机，通过领导发表电视讲话、会议、印发宣传材料、悬挂横幅等形式，面向城乡居民、机关单位、生产建设项目企业等社会关键群体，开展一系列生动而广泛的主题宣传教育活动，使全民的水土保持法制观念、水生态意识得到了普遍提高。

4. 以治污为重点，保护水资源

在国际慢城生态文明清洁小流域治理中，推行垃圾无害化处理措施，以村为单位，修建垃圾池、垃圾收集箱，生活垃圾定点分类堆放，并和镇村签订合同，保护基础设施，实现"村收集、镇转运、区集中处理"的农村垃圾处理模式，配置垃圾运输车，指定垃圾无害化处理场。

三、溪浪生态清洁小流域

（一）小流域基本情况

溪浪生态文明清洁小流域位于贵州省安顺市西秀区东南面，涉及西秀区大西桥镇和旧州镇的 3 个行政村，8 个自然村，总面积 21.26km²。总人口 7436人，均为农业户口，2016 年农民人均纯收入 12000 元。

项目区属长江流域乌江水系，境内的发育河流邢江河，是西秀区辖区内最大的河流，源流为右岸的七眼桥河支流，海拔高程 1406m。邢江河由西向东流经七眼桥、大西桥、旧州、黄腊四个乡镇进入平坝区羊昌河，汇入清镇市猫跳河。溪浪小流域于 2013 年开始建设，是一个集休闲、旅游、观光、体验于一体的避暑胜地。

（二）现状分析及问题诊断

溪浪小流域中坡地面积 14.17km²，比重相对较大，现状水土流失情况严重，以水力侵蚀和重力侵蚀为主。水土流失造成流域内主要河道——邢江河河床抬高，淤积严重，增加洪水灾害风险。流域内缺乏污水处理设施，村庄生活污水直排河道、污染水质。垃圾收集处理体系未建立，影响当地环境卫生质量。

（三）治理思路和目标

以发展"旅游＋生态""旅游＋环境""旅游＋品牌""旅游＋文化""旅游＋养殖"等新兴业态为手段，村民人人参与为主体，让溪浪小流域成为流连忘返的旅游之地。

（四）规划布局与措施体系

1. 规划布局

随着贵州省建设生态大省步伐的加快，全省各地因地制宜，也在打造各自具有特色的项目。西秀区区委、区政府决定在邢江河这条大河上做文章，选择自然条件相对较好的溪浪小流域作为先行一批打造对象，结合流域内乡镇、村寨规划，根据流域特点及水土流失现状，按照清洁型小流域建设能够保护水源、美化环境、促进文明建设、提高群众的生产生活水平等的要求，坚持"绿水青山就是金山银山"的理念，按照时任省委副书记、省长陈敏尔同志"念好山字经，做好水文章，打好生态牌"的要求，全力打好组合拳，奋力拓宽小康路。通过政府引导、农民主体，坚持在保护中开发、在开发中保护，把水土流失治理与人居环境改善、发展乡村旅游、优化产业结构、增加农民收入、壮大集体经济、建设文明乡风紧密结合，以邢江河治理为中心，以小流域内山坡上的经济林、茶叶种植为纽带，以改变村容村貌为主线，加大基础设施建设，解决村寨面源污染植物降解、沟道治理与生态护岸美化净化等工程建设，形成美丽村居、清澈河流、苍翠坡头、富足人民、开心休闲的新农村格局。

2. 措施体系

根据水土保持措施总体布局，2013 年以来，溪浪小流域清理邢江河淤泥垃圾 20 万 m³，栽种莲 12hm²，种植茶 350hm²，生态产业与田园生态工程 20hm²；村容村貌整治 37 户，硬化路面 5 万 m²，种植庭院植物 4 万株；建污水生态处理系统工程 2 处；建设人行步道 2km，生态护坡 2km²，截水沟 2.4km，排污管 3.6km，停车场 1 座；流域内设置 300 个垃圾桶和 10 个垃圾斗，配备了小型垃圾运输车 6 辆，保洁员按照"村收集、镇转运、分区处理"的原则，保证每天产生的垃圾得到及时有效的回收和清运。

（1）邢江河治理

小流域所在地一直被称为"小江南"，因为邢江河从流域中穿过，河流四周土地肥沃，是西秀区的主要粮食产地。多年来，邢江河因水土流失造成河床抬高，淤积严重，在汛期时常造成洪涝灾害，给流域内百姓的生产生活带来极大影响。

按照属地管理原则，将邢江河分段管理，严格落实河长制，各乡镇辖区境内部分由乡镇管理，并由西秀区财政拿出经费对邢江河进行治理，对溪浪小流域内的 5km 邢江河段进行清淤和整治，栽种乡土植物，让河流的自净作用得到充分体现，发挥其功能。

（2）农田改造

传统农业种植的农作物品种单一，经济效益差。一直以来，流域内群众习惯以种植水稻、玉米和油菜为主，田地里的产出与付出比例严重失调，村里的年轻人大部分以外出务工为主，村中全是留守的儿童和老人，对家庭各方面影响较大。结合这一实际情况，通过乡镇干部和村委的沟通协调，采用记账式流转产业发展用地的策略，让村中老百姓拿出手中的土地入股，由乡镇和村统一安排发展，进行莲种植、鱼蟹养殖等。

（3）村容村貌整治

在溪浪小流域建设中，村容村貌的整治始终遵循因地制宜、不搞大拆大建的原则。在项目实施中，结合村情实际、地形地貌科学安排，在确保符合规划、安全质优的前提下，力求工程量越小越好，不追求高、大、上，而要体现自然、适用、协调。在整个建设过程中，力争不拆除百姓住房。村寨自然生态力求保持原有状貌，新栽植的绿化苗木也主要以竹、柳等既具有地方特色又较为廉价的苗木为主。产业和景观用地采取流转方式，不采用征收方式，既保证了村民利益，也能最大限度地减少投入。

（4）截水沟、排污管建设

溪浪小流域受地形地貌影响，村寨依山依水修建，因此不同程度地存在地势位置高低不一的问题,村中以往雨水和污水均未进行收集和利用,自然流入邢江河,严重污染邢江河水质。在此次项目建设中,治理雨水和污水也作为一个重要的措施开展进行。小流域共修建拦截雨水沟道2.4km,排污管3.6km,解决了村寨污水横流的问题。

(5)污水生态处理系统

与多数农村一样,溪浪小流域内的村寨也没有污水处理设施,生活污水直接排入邢江河。邢江河在2013年年底被列入国家级湿地公园试点,生活污水势必破坏邢江河水质,治理生活污水成为村寨改善环境的重要内容。项目建设中,在小流域内下九溪村和浪塘村建设湿地污水处理系统。通过潜流隔离净化与生物吸收原理,将水与杂物进行分离,最终达到污水净化的效果。道路两旁的截排水沟下埋着通往各户村民的污水管,通过雨污分流的设计,未受污染的雨水通过排水沟流走,污水则被集中收集处理。污水管道末端连接着沉淀池,近2m高的沉淀池底部铺设了一根管道,经过沉淀后的污水将流入湿地床。人工湿地床占地约350m^2,每天最多能处理250t生活污水,目前每天大约能处理60t的污水。湿地床相当于一个污水处理池,底部有1.2m的砂石,中部是泥土,污水通过潜流式运行得到过滤,湿地床上的菖蒲和美人蕉能吸收污水中的氮、磷成分,3次处理后污水经检测能达标方才排入邢江河。

(6)人行步道和生态护坡

溪浪小流域以河道整治为主线,水面部分已进行处理,河岸两边的建设就尤为重要。传统的水泥砂浆砌块石的河堤给人带来呆板和生硬的感觉,同时浆砌块石河堤对河流自净功能没有作用,水生鱼虾没有生存繁育和栖息之地。为了解决以上问题,溪浪小流域邢江河河岸建设采取生态护坡方式,并在河堤上修建人行步道,既满足河道的功能设施,又能让来游玩的人们更亲近自然。溪浪小流域的生态护坡见图1-6-7。

(五)治理效果

按照生态清洁型小流域治理指标达标的要求,溪浪小流域通过结合流域实际,在山坡种植经济林,整治流域内村容村貌、河流水系,修建截排水沟和污水处理设施减少土壤侵蚀,发挥林草措施蓄水保水及控制降解面源污染的作用,使小流域生态发生了质的改变。流域内村寨街道整洁平坦,民居优雅舒适,环

图1-6-7 溪浪小流域的生态护坡(刘士余 摄于江西省现代农业博览园,2020)

境美化靓丽,文化氛围浓厚,文体活动场所、停车场、休闲广场、公厕、垃圾与污水收集处理设施及机制健全完备;村前碧水翠岸、荷浪翻滚、桥梁流水、栈道濒河、亭榭掩映、水转风车,展现了其乡情水韵、水墨山村的清新迷人之美,成为人们休闲度假、避暑充氧、体验乡村山水生活情趣的首选之地;形成完善的水土流失综合防护体系,水土流失综合治理程度达到90%以上,坡耕地全部得到治理,土壤侵蚀强度为轻度以下,小流域内村容村貌和居民生活得到明显改善,为村民脱贫致富奔小康提供了保障,成为其他村寨学习的示范基地。

1. 河流水生态环境明显改善

邢江河是贵阳市供水水源地上游,长期以来河道内各种垃圾到处漂散,沿河两岸村寨的污水直接排入其中,环境极其恶劣。通过溪浪小流域生态文明清洁小流域的治理,邢江河水生态环境明显改善,水面看不到垃圾和漂浮物,河堤改造成美丽的生态护坡,优雅的人行步道让人乐不思蜀,村寨面貌天翻地覆,实现了以人为本、打造宜居宜游小流域的治理目标。

2. 实施并完成各项治理措施,村容村貌发生了翻天覆地的变化

通过大力实施村寨美化、亮化、绿化工程,对流域内2个重点村进行全面改造,实现了家家有庭院、户户种绿植、巷巷都硬化的格局。以往落后的脏、乱、差不复存在,取而代之的是干净整洁、文明卫生的新型农村。溪浪小流域通过水土保持综合治理,林草保存面积占宜林宜草面积90%以上。

3. 面源污染得到有效控制

流域内村寨实行垃圾无害化处理措施。以村为单位,配置户外垃圾桶,生活垃圾定点分类堆放,实现"村收集、乡转运、区集中处理"的农村垃圾处理模式,配置垃圾车,运送至区垃圾中转站。同时各村建立健全卫生保洁制度,落实村庄保洁人员,实现"垃圾收集、道路清扫、水环境管护、安全管理"四位一体的管理模式,使溪浪生态文明清洁小流域村庄垃圾无害化处理率达到80%以上。

4.生活污水集中处理达标排放

各家各户的污水通过污水管网集中排放至湿地污水处理池进行生态处理达标排放,生活污水处理率达到80%以上,小流域出口水质达到Ⅲ类水标准以上。

5.农村农业生产生活条件显著改善,经济效益持续增长

溪浪小流域通过各种措施建设,基础设施已经完善,河流清澈,鱼虾肥美,村寨靓丽,农业产业结构得到调整,农业实现可持续发展,乡村旅游如火如荼,水土资源得到有效保护和合理利用,农村农业生产生活条件显著改善,经济效益持续增长。流域内外出务工人员大部分回到家乡创业,种植业、养殖业已初具规模,旅游服务已成为当地年轻人就业的重要渠道,品尝地道的农家风味是城里人周末和节假日的必备节目。农民人均纯收入从2012年的6700元增加到2016年的12000元。

(六)经验总结

1.注重工作基础,抓好群众宣传发动工作

2013年5月,根据西秀区区委、政府的要求,确定创建安顺市"四在农家·美丽乡村"示范点,大西桥镇、旧州镇政府及流域内村支两委在各村寨组织了群众召开创建工作征求意见会和宣传动员大会,广泛宣传生态文明美丽乡村建设,真正让生态意识家喻户晓,妇孺皆知。同时,多次组织党员、村民代表到其他地区参观学习生态文明工程美丽乡村建设经验,亲身感受生态文明美丽乡村建设给地方和村民带来的好处和实惠,既让村民开阔发展视野,转变发展观念,树立发展思想,又让村民深切感受到示范村建设密切联系着村寨的发展、村民的利益、子孙后代的福祉,明白生态文明美丽乡村建设就是改善村民的人居环境,开启村民的脱贫致富之路,从而增强了村民在建设中的主人翁意识,提高了村民对项目建设的知晓率、支持率和参与率。在这样的基础上开展生态文明美丽乡村建设,村民讲奉献,顾大局,不自私,不设障,许多公共建设占地(如步行道路用地、绿化用地、湿地保护用地)村民均无偿贡献,大力支持,一定程度上缩

减了创建投资成本和建设期限。

2.注重科学引领,抓好流域村庄建设规划编制

结合生态文明美丽乡村建设相关要求,大西桥镇、旧州镇及流域内涉及村寨在工作开展之初,分别编制了各村寨生态文明美丽乡村建设规划,为溪浪生态文明清洁小流域建设项目实施提供了科学依据和有力支撑,让项目落地胸有成竹,有的放矢,不走弯路,成效显著。

3.因地制宜,尊重人文环境,建设特色流域

溪浪小流域的自然条件得天独厚,境内西秀区有最大的发育河流——邢江河,村寨中居住着明朝时期从中原移居来的明军后人,独特的屯堡村居是其他区域没有的,在建设中因地制宜、尊重人文环境、建设特色流域是不变的原则。

第一、在项目实施中,始终结合村情实际、地形地貌科学安排,在确保符合规划、安全质优的前提下,力求完工后自然、适用、协调,河堤采用生态护坡,村居整治不大拆大建,只是在原有的基础上恢复更能体现屯堡群众特色的民居。

第二、村寨自然生态力求保持原有状貌,新栽植苗木以竹、柳等适地适树为主,辅以其他景观植物种植建立丰富的生物圈。

第三、邢江河沿途村寨均有种植茶叶的悠久历史,茶叶加工工艺娴熟,品质上层。但这一优势产业随着年轻人的外出务工逐渐衰退。这次生态文明美丽乡村建设又把这一产业提高到一定高度,体验采摘、炒制出美味的茶叶也成了流域内的必备节目。

4.整合资源才能完美打造

生态文明美丽乡村建设涉及面广,流域内的山山水水、花花草草,房屋的一砖一瓦无不联系着这片土地的今天、明天和未来,要把这篇"文章"写好,需要巨大的人力、物力和财力,三者缺一不可,单靠当地百姓是无法完成如此艰巨任务的。只有牢牢依靠区委区政府,整合各级政府和职能部门在人力、物力和财力上的帮助,才能建设好溪浪小流域。

四、塘背河小流域

(一)小流域基本情况

塘背河小流域位于江西省兴国县城南部,跨龙口、永丰两个乡,大致在北纬

26°15′,东经 115°20′附近,曾是我国南方的严重水土流失地区之一,素有"江南红色沙漠"之称。与以水土流失严重、人民生活贫困而出名的无定河、皇甫川、三川河、甘肃定西县、永定河上游、柳河上游、葛洲坝库区一起,1983 年被水利部列为全国八片重点治理区。严重的水土流失造成河道淤塞、河高田低、水旱灾害频繁、燃料俱缺。据统计,治理前人均纯收入为 41.14 元,人平均口粮196.3kg,有 60.5% 的农户靠返销吃粮,靠贷款生产。1969—1979 年 10 年间有10 户农民被迫迁移外地。

塘背河是赣江的三级支流,流域面积 16.38km²,其中水土流失面积为11.53km²,占山地面积的 99%。治理前,山地植被覆盖度不到 10%,山丘沟壑纵横,其土壤侵蚀模数达 13500t/(km²·a),夏季实测地面最高温度为 75.6℃。境内除沿河两岸有小片河岸阶地外,其余都属丘陵地貌。土壤类型大都是花岗岩和砂砾岩风化形成的红壤,属典型的南方风化花岗岩剧烈流失区。属亚热带季风气候,温暖湿润,年平均气温 19℃,无霜期 284d,年平均降水量 1371.2mm。

20 世纪 80 年代,由长江流域规划办公室主持,江西省水土保持委员会办公室、赣州地区水土保持委员会办公室在塘背河小流域开展了水土保持综合治理规划并实施,其主要技术经济指标均达到或超过部颁标准。2000 年 3 月,塘背河小流域被水利部、财政部命名为"全国水土保持生态环境建设示范小流域"。塘背河小流域治理的成功经验,为赣南乃至南方红壤区水土流失综合治理奠定了技术基础。

(二)治理模式

1980 年,塘背河小流域开始进行综合治理,对山、水、田、林、路、草、能源统一规划,植物措施与工程措施相结合,保护与开发利用相结合,人工治理与生态修复相结合,并补以开源节能等措施解决群众生活能源问题。主要措施是封、挖、拦、种,即全面实施封禁管护,严禁人畜上山砍树、割草损坏植被和水保设施;在流失山地坡面修筑反坡台地和开挖竹节水平沟;对崩岗及侵蚀沟,则采用修谷坊拦蓄泥沙,上截、下堵、中间绿化的方法控制水土流失。

1. 轻度水土流失山地

对花岗岩和其他岩性的轻度流失地块山头,采用以封禁为主,辅以在坡面上高密度种植马尾松、带状混播牧草、在水平沟内栽种枫香、木荷等阔叶树,然后严格封禁,使其自然恢复。为了配合封禁治理,发动群众在流域内开渠修路,改灶建沼气池,在土质较好的地段开辟果园种植果树及调整产业结构发展经济作物。因为这类区域以面蚀为主,尚有一定厚度的土层和覆盖度较大的植被。从整个坡面来看,流失现象在地表均匀地进行。只要消除了人为破坏,植被容易恢复。

2. 中度水土流失山地

在花岗岩等中度流失区,坡面上可见到细、切沟和冲沟,植被覆盖度少于50%,特别是山顶和山脊已开始裸露,土壤剖面已露心土或底土层。所以,采用以人工整地补植为主,在裸露坡面上修筑竹节水平沟等水保工程,然后实行完全封禁,才能防止沟道下切和增加土壤蓄水量,保证新种林草成活。

3. 严重水土流失山地

对花岗岩强烈以上(含剧烈)流失区治理,采用工程措施与生物措施结合,草、灌、乔结合,防治并重,实施区域规模治理。这种流失区,由于水土流失特别强烈,经过反复试验,将环山水平沟改成竹节水平沟,即将各条水平沟每隔2.5~3m用一低于沟面的土埂隔开,把长沟截成短沟,将降雨分散蓄于沟内。由于长度改短,能保持水平,沟埂不易崩塌,在坡面上形成无数的小蓄水池,达到了降雨全部拦蓄在坡面上,然后逐渐渗入土中。从而提高了土壤的含水量和植物的抗旱能力,再配上高密度的林草措施,获取了最佳的治理效益。

对这类山地采取高标准的工程——改土和植物措施,即施行大动土、大改土、大种植的方法。大动土,就是根据坡面的地形地势特点,因地制宜地布设多种坡面工程,如开挖竹节水平沟、修梯田、筑谷坊、堵崩岗以及挖穴整地等;其工程设计标准为能拦蓄十年一遇的3d降雨量163mm;大改土,即在穴里或播种沟里,通过客土(肥土)或施磷肥等措施来改良土壤,提高土壤肥力和蓄水能力,从而促进植物生长,达到保持水土的目的;大种植,就是采取乔、灌、草齐上,针、阔叶树和常绿树、落叶树混交的办法,营造水保林,主要树种是马尾松、胡枝子、黄檀、枫香、木荷以及耐旱草类等。

(三)治理成效

1988年,该小流域各项指标均达到或超过水利部颁布的小流域综合治理验收标准。累计完成综合治理面积11.53km²,治理度达100%。并总结出轻度、中度、剧烈流失治理和"猪—沼—果"综合治理模式（图1-6-8）。

图1-6-8 兴国县塘背河小流域治理前后对比（兴国县水土保持局提供）

通过综合治理，塘背河小流域由昔日的"江南沙漠"变为江南绿洲。治理效益显著，归槽沙量年均减少4.23万 m³，保土效率为79.6%，河床下降23cm，中游河床下降1m多，蓄水效率为36.5%。191.5亩单季稻改种为双季稻，91亩旱地改种水稻。全流域坑旱能力提高15天以上。至2010年，植被覆盖度由不足10%上升到85%，农民人均纯收入由41.14元提高到3568元。小气候有了明显改善，许多多年不见的鸟、蛇类动物又重新回到了小流域。

（四）主要经验

第一、在强风化花岗岩的剧烈流失地区，由于表层全是母质风化物，肥力极低，保水能力极差，夏季地温高，立地条件恶劣，仅采用封山育林和一般的植树造林办法是不能达到恢复植被与保持水土的目的，必须采用坡面工程与生物相结合的措施。

塘背河坡面工程采用竹节水平沟和反坡梯地为主，拦蓄径流泥沙，控制水土流失，并为长期的植被建设改善立地条件。实践证明，这一技术措施是正确的，可供类似地区参考。

第二、加强领导，建立健全协调机制，是完成治理的保证。在兴国县委和县政府的领导下，成立塘背河小流域治理领导小组和治理委员会，由小流域所在的乡党政主要负责人及有关部门负责人组成，负责组织规划实施。同时，设立试验管理站，负责综合治理的日常工作、技术指导、检查验收、培训农民技术员以及管理经费等，保证了治理工作按照计划有步骤地进行，技术措施得到落实，扶持经费用到实处，保质保量地完成了治理任务。

第三、落实政策,充分发动群众,是治理成败的关键。兴国县根据国家林业政策,将塘背河小流域90%以上的荒山分配给群众作自留山,长期不变,允许继承。实行以户承包,谁治理、谁管护、谁受益的政策,加速了治理进度。

　　第四、加强管护,治管结合,才能防止边治理边破坏,巩固治理成果。塘背河小流域采取建立专业护林队伍,制订严明的乡规民约,大力开展宣传教育等综合措施,取得了良好的效果。

第七章

南方地区生产
建设项目
水土保持

第一节 概述

一、生产建设项目分类

进入 21 世纪以来,我国工业化、城镇化速度得到快速发展,各类建设项目进入立项多、推进快阶段。在这个阶段,做好生产建设项目水土保持工作十分重要。为推动我国生产建设项目水土流失治理,加强水土保持监督管理工作,促进我国经济社会的可持续发展,水利部联合中国科学院、中国工程院于 2005年 7 月至 2007 年 5 月开展了我国第一次水土流失与生态安全科学考察,并专门设置了生产建设项目水土流失科学考察组,以全面了解我国因生产建设活动导致的水土流失的分布、强度、危害和发展趋势,分析其发生和加剧的原因,同时对生产建设项目水土流失的治理途径和治理效果,以及新的治理技术与防治模式等进行总结,为国家宏观决策提供技术支撑(水利部等,2010)。此间,根据生产建设项目的组成、工程性质与布置、开发利用方向、工程占地和扰动地表形式、施工工艺以及所引发水土流失的数量、强度、形式、特点与危害,将"十五"期间全国生产建设项目划归为公路、铁路、管线、渠道堤防、输变电、电力、井采矿、露采矿、水利水电、城镇建设、农林开发和冶金化工共 12 类(康玲玲等;2019)。

从 2008 年开始,水利部水土保持监测中心组织水土保持、生态、经济等不同学科的专家开展了生产建设项目准入条件的研究。通过实地踏勘,召开座谈会、分析会,收集了大量丰富的基础数据和资料,结合国家未来发展趋势,在2010 年 2 月编辑出版了《生产建设项目水土保持准入条件研究》(水利部水土保持监测中心,2010),该专著分类研究了公路、铁路、涉水交通、机场、电力、水利、水电、金属矿、非金属矿、煤矿、煤化工、水泥、管道、城建、林纸一体化、农林开发等 16 类生产建设项目的水土保持准入条件。另外,从 2003 年开始由水利部网站发布《中国水土保持公报》（2003 年称为《全国水土保持监测公报》）中的"开发建设项目水土保持"相关内容，自 2009 年起调整为"生产建设项目水土保持"相应内容，自此将"开发建设项目"改称为"生产建设项目"。

为适应新形势下生产建设项目水土保持工作的需要，2009—2011 年由水利部组织成立了编撰委员会，由中国水土保持学会水土保持规划设计专业委员会牵头，全国主要行业、高校和科研单位等 49 家水土保持方案编制、设计单位 170 余名专业人员参加，编辑出版了《生产建设项目水土保持设计指南》（以下简称《设计指南》）（中国水土保持学会水土保持规划设计专业委员会，2011）。《设计指南》指出，生产建设项目建设在我国通常是指按固定资产投资管理形式进行投资并形成固定资产的全过程，新建项目一般有建设准备、建设安装、建成投产三个过程。建设项目可分为生产性建设项目和非生产性建设项目，前者是指固定资产的形成是直接为物质生产服务的项目，如矿山、工业企业等；后者是指固定资产的形成是直接服务于社会而不直接为物质生产服务的项目，如公路、水利工程、学校、医院等。同时，《设计指南》根据行业管理和建设生产特点，将我国生产建设项目划归为公路铁路、涉水交通、机场、电力、水利、水电、金属矿、非金属矿、煤矿、煤化工、水泥、管道、城建、林纸一体化、农林开发、移民等 16 类工程。《生产建设项目水土保持技术标准》（GB 50433—2018）的"总则"中明确指出：建设或生产过程中可能引起水土流失的生产建设项目指公路、铁路、机场、港口、码头、水工程、电力工程、通信工程、管道工程、国防工程、矿产和石油天然气开采及冶炼、工厂建设、建材、城镇新区建设、地质勘探、考古、滩涂开发、生态移民、荒地开发、林木采伐等项目。其中公路工程、铁路工程、管道工程合并为线型工程；机场、港口、码头、水利工程、电力工程、通信工程、国防工程、矿产和石油天然气开采及冶炼、工厂建设、建材、城镇新区建设、地质勘探、考古、滩涂开发、生态移民、荒地开发、林木采伐工程合并为点式工程。

综上所述，目前我国有关生产建设项目的概念与分类介绍，总体上差异不大，呈现出逐步系统、完善与细化的特点，这不仅与各类生产建设项目的特点及其水土流失防治的实际需要相符合，而且便于生产建设项目水土保持工作的逐步推进，更有利于生产建设项目的行业管理与专业研究的深入开展。

为全面了解"十五"之后全国审批各类生产建设项目数量的基本情况，《设计指南》对"十一五"以来由水利部和各省（区、市）审批生产建设项目的数量及其年代特征值进行了统计(表1-7-1),同时给出了2001年以来水利部每年审批大型生产建设项目数量以及"十五"期间平均每年审批大型生产建设项目情况(图1-7-1)。

表1-7-1　各年代水利部和各省(区、市)审批生产建设项目及年达特征值统计

统计时段	统计时段										近17年年均
	"十五"期间		"十一五"期间			"十二五"期间			"十三五"头两年		
	年均	距平(%)	年均	距平(%)	变化(%)	年均	距平(%)	变化(%)	年均	距平(%)	变化(%)	
全国审批项目数量(万个)	1.536	-34.9	2.30	-2.13	49.7	2.93	24.68	90.8	3.07	30.64	99.9	2.35
部批大型项目数量(个)	1.71	-31.9	296	30.53	72.7	268	18.18	56.7	89	-60.75	-48.0	227
各省审批项目数量/(万个)	1.519	-34.8	2.27	-2.58	49.4	2.90	24.46	90.9	3.06	31.33	101.4	2.33

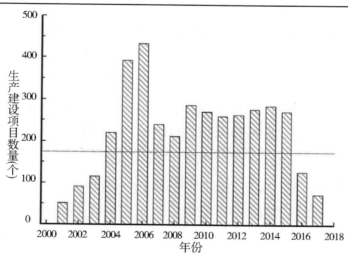

图1-7-1　水利部审批大型生产建设项目数量变化图

由表1-7-1和图1-7-1结合相关资料分析,对于近17年生产建设项目审批数量及其变化情况,大体可归纳为以下几个特点。

一是全国审批项目和各省(区、市)审批项目的年代变化趋势基本一致:①各年代审批的生产建设项目与多年(即近17年)均值相比,呈现出"十五"和

"十一五"期间偏少,"十二五"和"十三五"头两年偏多的趋势。②各年代审批的生产建设项目与"十五"期间相比较,则明显地呈现出随年代不断递增的特点,如"十一五"增多近5成,"十二五"增多9成多,而到"十三五"头两年则增多1倍左右。

二是近17年间水利部每年审批的大型生产建设项目,2006年、2005年和2014年比较多,分别达到433个、394个和298个;2001年、2017年和2002年比较少,分别为53个、53个和84个,并呈现出前("十五"期间)、后期("十三五"头两年)偏少,中期(即"十一五""十二五"期间)偏多的特点。

至于水利部审批大型生产建设项目总体呈现出"十五"前3年和"十三五"头两年明显偏少,主要有以下原因。

一是"十五"头三年偏少,可能与生产建设项目立项、建设尚处于初始阶段,相对数量比较少,同时与当时水土保持法律、法规的宣传、贯彻力度偏小和水行政主管部门监管乏力,以及建设单位对于编报水土保持方案和实施水土保持措施的自觉性相对比较差等因素有一定关系。

二是"十三五"头两年明显偏少的问题,应该与下列因素有主要关系:①简政放权。为落实国务院深化简政放权放管结合优化服务改革精神,水利部于2016年9月2日下发《水利部关于部分生产建设项目水土保持方案审批和水土保持设施验收审批权限的通知》(水保〔2016〕)310号)规定"原应由水利部审批水土保持方案和水土保持设施验收的生产建设项目中,除国务院审批(核准、备案)项目、跨省(区、市)项目和水利项目外,其他生产建设项目的水土保持方案和水土保持设施验收审批权限下放至省级水行政主管部门",这也是"十三五"头两年各省(区、市)审批生产建设项目数目并未减少的原因之一(康玲玲,2019)。②我国交通、铁路(含高铁)、水利水电、飞机场、输油(气)、港口码头、大型采矿、电力工程等方面大型生产建设项目在"十三五"之前已完成相当数量的审批与建设,同时随着"一带一路"倡议的实施与推进,很多大型企业走出去到国外投资建设,必然会使得在国内审批的大型生产建设项目相对减少(康玲玲等,2019)。

从2014年全国31个省(区、市)生产建设项目水土保持方案审批数量情况来看(图1-7-2),南方各省(区、市)(上海、江苏、浙江、安徽、福建、江西、湖北、湖南、广东、广西、海南、重庆、四川、贵州、云南、西藏)水土保持方案审批数量占全国审批数量的比例为69.6%,特别是浙江、湖北、湖南、广东、广西、四川、云南等省(区)数量较大。

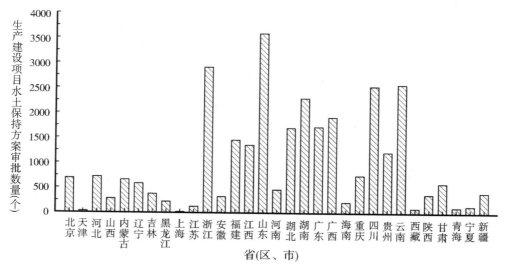

图1-7-2 2014年全国各省(区、市)审批生产建设项目数量分布

二、生产建设项目水土流失成因

生产建设项目水土流失是指项目建设、生产过程中,由于开挖、填筑、堆垫、弃土排渣等活动,造成扰动、挖损、占压地貌、土壤、植被,并在水力、风力、重力等外营力作用下,致使土、石、渣发生搬运、迁移和沉积的过程(姜德文等,2015),是人为水土流失的一种主要形式。近年来随着我国工业化、城市化步伐的加快,生产建设项目造成的水土流失问题相当突出,已经引起全社会的广泛关注。预防和治理生产建设项目造成的水土流失,必须建立在对生产建设项目水土流失规律深刻认识的基础上,否则只能是事倍功半。生产建设项目水土流失不同于自然因素下的水土流失,有其自身的特殊性,它的形成原因也有别于自然条件下的水土流失。

总体来看,生产建设项目造成水土流失有两个方面的原因:一是生产建设活动通过开挖、占压土地(如对表土的剥离、搬运,在土地上修筑永久性建筑物等)直接造成土体的位移和土壤功能的丧失;二是生产建设活动通过改变自然因素(气候、地质、地形地貌、土壤和植被等)加剧水土流失。下面就这两个方面的原因进一步分析(中国水土保持学会水土保持规划设计专业委员会,

2011)。

（一）直接造成土体的位移和流失

生产建设活动常常要将富含有机质的大量表土层甚至整个土壤层剥离。这种人为搬运过程，造成了原始地表土体移位和土地生产力下降。目前，几乎所有生产建设活动都不同程度地存在这种情况，其中以矿产资源露天开采最为严重。为了保证开采安全性和持续性，通常表层土壤和岩石的剥离量要超出矿石采掘量的几倍。大量表土剥离下来后要搬运到其他地方（弃渣场）堆放，致使原地表土壤损失殆尽（姜德文等，2015；赵埴等，2013）。

（二）占压、污染等造成土壤功能的丧失

土壤的流失不仅包括土壤的移位，也包括土壤功能的丧失。后者虽然土壤没有发生位移，但由于功能的丧失，同样无法为人类利用，失去了自身的价值，也是土壤资源的一种损失。生产建设活动大量征用土地，在地表上构建各种建筑物，堆放废弃物质和建筑材料，占用、压埋表土层，使原地表的土壤失去了利用价值（耕种），如公路、铁路路基、工矿企业的生产生活设施、城市建筑等。另外采矿业废水、废气等污染土壤，也可造成土壤功能丧失，出现土壤虽然未"流"，但已经"失"了的情况（郭建军等，2004；姜德文等，2015）。

（三）损毁水土保持设施，削弱区域水土保持能力

生产建设项目在生产建设过程中，不可避免地要永久性或临时性征占土地，损坏大量水土保持设施（如梯田、坝地及水保林、草等），并且毁坏具有水土保持和滞留水土功能的农田、湿地、水域等，削弱了项目区及其周边地带的水土保持功能，产生了严重的水土流失（付梅臣等，2004；宋晓强等，2007）。

（四）破坏地表土壤和植被，使地表抗侵蚀能力下降

地表覆盖物可以显著地减少侵蚀，保护土壤免受雨滴的直接冲击。雨滴的能量通过植被冠层缓冲后到达土壤表面时大大降低，使雨滴的溅蚀作用减弱。同时覆盖物还会减缓径流速度，减少沟间侵蚀。另外，植被通过对土壤水分的利用可以降低土壤含水量，从而增加土壤入渗，并减少径流量和径流速率，降低沟间侵蚀作用。生产建设活动清除、砍伐地表覆盖物（包括植被和地表枯枝落叶层），降低林草覆盖度，造成大量的土地裸露，为水土流失创造了条件。土壤失去植被保护，将直接遭受雨水的击溅、剥蚀、冲刷，极易产生水力侵蚀。同时

植被覆盖度的下降,意味着区域防风固沙能力的下降,容易诱发严重的风力侵蚀。实践证明,裸地的起沙风速远远低于疏林地。另一方面,生产建设活动还常常破坏地表土壤结构,改变土壤成分,影响土壤的透水性、抗蚀性、抗冲性、抗剪性等,使土壤的入渗、拦截、蓄积雨水的能力下降,从而造成严重的水土流失。在生产建设过程中,特别是施工期开挖、填筑和堆放弃土弃渣,形成大量的松散堆积物,其表面在流水和风力的作用下,必然产生严重的水土流失(宋晓强等,2007)。

(五)改变项目区原有的地貌地形和地面组成物质

地形地貌情况(地面起伏状况、地面破碎程度、地面组成物质、坡度、坡长、坡型、坡向等)是影响水土流失的重要因素。坡度和坡长对水土流失的产生起到了举足轻重的作用。虽然在水平面同样可以发生侵蚀,但坡地条件下侵蚀量显著增加,而且在一定范围内,地面的坡度愈大,径流速度愈大,水流冲刷能力愈强,水土流失就越严重。生产建设项目因为人为的扰动,短期内改变了项目区中小尺度的地形地貌,形成许多人造地形和地貌。而地形地貌因素的变化,改变了区域水土流失的运行规律,既有可能加剧水土流失,也有可能减少水土流失。首先是场地高程的变化,其次是坡度、坡长等地形要素的变化。生产建设活动对地形的再塑往往使地面的坡度出现极化现象,如在场地平整时,为了使大部分地面坡度变缓,会增加边缘或局部地带的坡度。另外,随着生产建设活动的扰动再塑,坡面的形状、长度、坡向等都会发生剧烈变化,从而加剧水土流失的形成。第三是改变地面组成物质。生产建设活动在再塑地形地貌的同时,使地表的组成物质发生极大变化。有些地表因为表土剥离,岩石外露;有些地表因为倾倒弃渣,而被岩土混合物所覆盖;有些地面因为硬化,被混凝土所代替。再塑地貌、地面物质复杂,种类繁多,各组分的物理化学性质存在明显差异,造成的水土流失强度也不同(宋晓强等,2007;郭晓军等,2004)。

(六)破坏水资源循环系统,造成水资源大量损失

水既是人类赖以生存的珍贵资源,同时也是水土流失的主要动力,因此防止水的流失既是水土保持的一个重要目标,也是控制土壤侵蚀的主要手段。生产建设活动扰动、破坏、重塑了地形地貌和地质结构,特别是大量生产建设工程给排水设施的建设,改变了原有水系的自然条件和水文特征,减少了地下径流

的补给,地表径流量增大,汇流速度加快,使珍贵的降水资源常常以洪水的形式宣泄,造成大量地表水的无效损失(李文银等,1996;岳境等,2006)。同时生产建设活动通过对地面及地下的扰动,破坏隔水层和地下储水结构,造成大量地表水的渗漏损失和地下水位的下降。水的大量流失一方面加剧了土壤侵蚀,另一方面又导致地表严重干旱,植物干枯死亡,加剧了土地沙化和荒漠化。

(七)生产建设活动诱发重力侵蚀

生产建设项目由于开挖、堆垫、采掘等活动,形成大量的人造坡面、悬空面和采空区等,破坏了岩土层原有的平衡状态,引发泻溜、崩塌、滑坡等重力侵蚀,在水力等因素的共同作用下,造成严重的水土流失。最常见的形式是:①边坡滑塌。在修筑道路和水工程过程开挖和堆垫的人造边坡、在采矿过程中形成的采场边坡等失去支撑后,产生泻溜和滑塌。②固体废弃物的堆置引起滑坡。③采空塌陷。地下矿藏大面积采空后,矿层上部顶板失去支护后,造成地表大面积塌陷,破坏土地资源,加剧水土流失(李文银等,1996)。

三、生产建设项目水土流失特点

生产建设项目造成的水土流失,是以人类生产建设活动为主要外营力形成的水土流失类型,是人类生产建设活动过程中扰动地表和地下岩土层、堆置废弃物、构筑人造边坡以及排放各种有毒有害物质而造成的水土资源和土地生产力的破坏和损失,是一种典型的人为加速侵蚀。因此,生产建设项目产生的水土流失既不同于自然条件下的水土流失,也不同于农业生产造成的水土流失。生产建设项目水土流失是人为水土流失的一种,既有自然水土流失的普遍特性,也有其自身的特点。

(一)扰动地表规模及分布形式各异

生产建设项目因其规模大小不同,扰动地表和征占地大小差异很大,房地产项目一般占地不足 $1hm^2$,而露天矿项目有时占地高达 $1000hm^2$,项目类别间的差异达上百倍、千倍。水土流失分布也随着工程布局的特点,呈现出不同的分布形式。电厂、矿山、机场等工程所造成的水土流失相对集中,呈点式分布;铁路、公路、管线、输变电线路等工程长距离建设,呈线性分布;灌区、风电等工程涉及区域广,所造成的水土流失呈片状分布。这种分布方式的差异常常打破了流域界限,边界开放造成了水土流失防控的困难性(王克勤等,2015)。

(二)挖填土石方强度、弃土弃渣量差异大

生产建设项目的水土流失主要发生在土石方的挖填、堆弃中,露天矿项目的土石方量通常都在几亿立方米,核电站、水电站、机场、公路、铁路项目的土石方量一般在 $1 \times 10^7 \sim 2 \times 10^7 m^3$。火电站、井采矿等项目土石方量一般在数百万立方米,房地产项目只有几万立方米。从弃土弃渣来看,露天矿大量剥离弃渣量高达数亿立方米,核电站、水电站、公路、铁路项目弃渣量也达到数百万立方米,而管线、输变电项目等弃渣量只有数万立方米。由于受生产建设项目地理位置、地貌特征、施工条件等限制,弃土弃渣的堆放类型、堆放形式、堆放高度、堆放时间等也不相同,造成了弃渣水土流失特征的差异(王克勤等,2015)。

(三)对水土保持的影响时间跨度大

受不同行业、工程类型、施工工艺的影响,生产建设项目水土流失在时间跨度上也有很大的不同。核电站、水电站项目工期较长,一般 6 ~ 7 年时间,从施工准备期开始,直至土建部分工程全部完成,期间一直存在挖填排弃现象,需要及时采取各类防护措施;管线、输变电项目施工期较短,一般为 1 年多,分段施工的挖填时间更短,很快可以恢复;矿山类项目不仅在建设期存在水土流失,在生产期随着矿产资源的开采、运输、冶炼加工,水土流失防治工作一直伴随其中,时间长达数十年甚至 100 多年(姜德文等,2015;水利部等,2010)。

(四)可恢复比例差异明显

由于生产建设项目占地性质、占地时间的不同,对占用土地的恢复比例也不同,公路、铁路、机场、露天矿等项目,70% 的土地被永久占用,大部分土地的水土保持功能丧失,可恢复的比例较低;而管线、输变电等项目,永久占地不超过 30%,施工结束后大部分土地可以恢复原有功能(水利部等,2010)。

(五)水土流失类型、强度、危害不同

由于生产建设项目的多样性,其活动所造成的流失类型也呈现多样性。大多数项目会扰动地表,破坏植被,加剧面蚀、沟蚀、风蚀,开挖高陡边坡的项目还会引发崩塌、滑坡,甚至泥石流灾害;地下开采项目,由于地下生产建设活动需要大量输排水,引发地陷、沉降、滑塌等灾害。由于施工密集程度、扰动地表强度的不同,造成的水土流失量相差较大,公路、铁路、水电站、水利枢纽、露天矿

等项目造成的水土流失量往往在数十万吨,火电站、井采矿等项目水土流失量一般在数万吨。

(六)地域不完整性

众所周知,生产建设项目建设及其生产运行期间所占用的区域,一般都不是完整的一条小流域或一个坡面,而是由工程特点及其施工需要所决定的。因此,生产建设项目的水土流失也常以点状或线型、单一或综合的形式出现。

例如,以"点状"为主的矿业生产项目、石油生产的钻井生产建设项目,其特点是影响区域范围相对较小,但破坏强度大,防治和植被恢复难度大;线型为主的生产建设项目,如铁路、公路、输油气管道、输变电及有线通讯等项目建设,受工程沿线地形地貌限制及线型活动方式的影响,其主体、配套工程建设区,涉及破坏范围少则几公顷、数十公顷,多则达几平方千米,甚至数十平方千米。如井工开采项目对地面扰动虽较小,但掘井可形成较大的地下采空区,形成地表塌陷,影响区域水循环及植物生长,破坏土地资源,降低土地生产力,破坏强度大,植被恢复难度极大。

另外,在高速公路建设中,不但存在路基、路面、桥、涵等主体建设占地的扰动和破坏,还包括建设所需砂、石、土料占地,与之相关的临时道路、弃渣场、施工营地、移民安置等,均会直接或间接地扰动原地貌、破坏水土资源。

新增水土流失具有不均衡性和突发性,往往在短期内造成水土流失的剧增。生产建设项目水土流失不像自然水土流失那样总是保持时间上的渐变性和空间上的均衡性,而是集中在某一时段(如施工期)和某一特定区域爆发,在短期内造成局部地区水土流失总量和强度的剧增。具体说就是建设类项目造成的水土流失主要集中在施工期,建设生产类项目集中在施工期和生产运行期。

影响水土流失的因素复杂,造成水土流失的形式各不相同,且具有潜在性。

影响生产建设项目水土流失的因素十分复杂,既有自然因素的影响,也有人为因素的影响,常常是多种因素复合在一起,加剧了水土流失。因此建设项目水土流失的类型复杂多变,流失的物质不单纯是土壤。水土流失形式和发生发展规律不同于自然水土流失,其防治的技术和措施也有别于自然水土流失。特别是大量人工构造物和新材料的使用,改变了水土流失的条件。

地面生产项目通过对地形地貌、地表植被的破坏,加剧原生水土流失;地下生产项目除扰动地面外,更严重的是地层挖掘、地下水疏干等活动间接地使地表河流干枯、地下水位下降、地面植被退化、地面塌陷,形成重力侵蚀,从而加剧了水土流失(姜德文,2018;赵永军,2007)。

(七)形式多样性

由于生产建设项目组成、施工工艺和运行方式多样,且因地表裸露、土方堆置松散、人类机械活动频繁等,造成水蚀、风蚀、重力侵蚀等侵蚀形式时空交错分布。一般在雨季多水蚀,且溅蚀、面蚀、沟蚀并存,非雨季大风时多风蚀。

另一方面,生产建设项目建设过程和运行期间对地表的扰动及重塑过程,又会在局部改变水土流失的形式,使原来的主要侵蚀营力发生变化,从而改变侵蚀形式。例如在丘陵沟壑区公路施工中,路基修筑中的削坡、开挖断面及对弃渣的堆砌,使原本的风力侵蚀作用加大,变成风力加水力侵蚀的复合侵蚀类型;平原区在高填路基施工后,形成一定的路基边坡,从而使原本以风力侵蚀为主的单一侵蚀形式,在路基边坡处转为以水力侵蚀为主的侵蚀形式;对于设置在原水蚀区的干灰场来说,由于堆灰所引起的灰渣流失,使得该区原有的水蚀方式变为以风蚀为主,或者是风蚀、水蚀交错侵蚀(赵永军,2007)。

(八)时间潜在性

实践表明,生产建设项目在建设、生产运行过程中造成的水土流失及其危害,并非全部立即显现出来,往往是在很多种侵蚀营力共同作用下,首先显现其中一种或者几种所造成的危害,经过一段时间后,其余侵蚀营力造成的危害才慢慢地显现出来,即次要侵蚀营力造成的水土流失危害有一个不定时间段的潜伏期,而且结果无法预测。

例如,弃土场使用初期,往往水蚀和重力侵蚀同时存在,在雨季主要表现为水力侵蚀,在大风日主要表现为风力侵蚀,而重力侵蚀及其他侵蚀形式则随着弃土场使用时间的推进,经过潜伏期后,慢慢显现其侵蚀作用,造成水土流失危害。又如,对于大多地下生产项目如采煤、铁、淘金等,除扰动地面外,更长期的是因地层挖掘、地下水疏干等活动,间接地使地表河流干枯、地下水位下降,地面植被退化、地面塌陷,形成重力侵蚀,从而加剧水土流失。例如,2006年4月,湖北鄂州铁矿由于长期开采抽取地下水,导致铁矿附近村落地表塌陷,两层楼瞬间掉进陷坑成为粉末,许多房屋被扯裂开,180多户居民被迫搬离住所(水利部等,2010)。

(九)分布不均衡性

因地域及地貌类型的不同,生产建设项目在施工和运行期间所受到侵蚀外营力的形式存在较大差异,所产生水土流失的类型可分为水蚀、风蚀和冻融侵蚀三大类型。例如,在我国南方地区和北方山地丘陵沟壑区、东北低山丘陵和漫岗丘陵等地,多以水力侵蚀为主,青藏高原冻融区及冰川侵蚀区主要以冻融和冰川侵蚀为主。再如西气东输工程,在新疆地段的水土流失以风力侵蚀和冻融侵蚀为主;在长江以南的苏沪段,以水力侵蚀为主;而在新疆段与苏沪段之间的区段,则以水力侵蚀和风力侵蚀共同作用的混合侵蚀为主。因此,在各区段可能产生的水土流失危害不同,相应的所需采取的防护措施和所防治重点也存在较大的差别(水利部等,2010)。

(十)事件突发性

生产建设项目所造成的水土流失,往往在初期阶段呈现突发性,并且具有侵蚀历时短、强度大的特点。一些大型的生产建设项目对地表进行大范围及深度的开挖、扰动,破坏了原有的地质结构,造成了潜在的危害。随着时间的推移,在生产运行过程中遇到一定外来诱发营力的作用下,便会造成大的地质灾害,发生如崩岗、滑塌等地质灾害。例如,2004年12月9日207国道安康至岚皋公路段K17+200处发生大规模山体滑塌,造成交通暂时中断。这些地质灾害的发生,对当地经济发展、社会稳定都产生了一定的负面影响(水利部等,2010)。

(十一)强度变化大

实践调查和监测数据表明,生产建设项目所造成的水土流失,通常情况下其初期的强度要高出原始地貌情况下自然侵蚀强度的数倍。但是,在项目运行期,随着流失土壤的自然沉降和自然恢复,会逐步进入一个相对缓慢的侵蚀阶段。

研究表明,自然条件下的土壤性状决定着土壤抵抗外营力侵蚀的能力。土壤质地过粗,抗冲力小,易发生水土流失;质地过细,渗水性差,地表径流强,也易发生水土流失。如果有良好的地面覆盖物,如森林、野草、作物或植物的枯枝落叶等保护地表,就会减少或减弱水力、风力等外营力对地表的直接冲刷、侵蚀力度,水土流失强度进展缓慢。

由于生产建设项目施工建设在短时间内进行采、挖、填、弃、平等施工活动,使地表土壤原来的覆盖物遭受严重破坏,同时,又因施工建设活动的进行和继续,改变了土壤的理化性质,使得土壤颗粒的紧密结构遭到破坏,不能很好地抵抗外来营力的侵蚀,水土流失急剧增加。尤其在弃渣、弃土、取土等松散部位,其所产生的水土流失强度往往会高出自然侵蚀强度的3~8倍。例如,福建省建瓯小区观测点对松散堆填地形的试验结果表明,3°~5°坡面原地貌土壤侵蚀模数为 $1000 \sim 3000 t/(km^2 \cdot a)$,而当原始坡面被破坏之后,则形成 $36° \sim 40°$ 的坡面堆积体,土壤侵蚀模数可达 $20000 t/(km^2 \cdot a)$ 以上(水利部等,2010)。

另外,生产建设项目一般要经历施工准备期、施工期和生产(运行)期等阶段,调查表明,建设类项目水土流失主要集中在建设期,建设生产类项目集中在建设期和生产运行期。在生产建设项目的施工准备期及施工期,由于集中进行"五通一平"及建筑、厂房等基础设施建设,机械化程度高,施工进度比较快,特别是采、挖、填、弃、平等工序往往集中在短时期内进行,对原地貌环境的扰动强度大,水土保持设施破坏严重,水土流失强度在短时间内成倍增加。而在生产运行过程中,由于经扰动地表已被重新塑造,再加上部分新增加的水土保持设施以及建设项目区域对地表的硬化、绿化等措施,水土流失产生的重点已经集中在了某些局部的区域和生产环节上,水土流失危害较施工准备期和施工期要小一些。但是,对于生产类项目,如电厂工程运行期还需堆弃灰渣;煤矿、铁矿等矿井工程,后期还需堆放矸石、矿渣;冶金化工类工程,生产过程中还需倾倒大量废弃物等。若不及时采取有效的防护措施,其所产生的水土流失仍然十分严重(水利部等,2010)。

(十二)流失物质成分复杂

生产建设中的工矿企业、公路、铁路、水利电力工程、矿山开采及城镇建设等,在施工和生产运行中会产生大量的废渣,除部分被利用外,尚有许多剩余的弃土弃石弃渣。

对于生产建设项目的弃渣来说,其物质组成成分除土壤外,还有岩石及碎屑、建筑垃圾与生活垃圾、植物残体等混合物。如矿山类弃渣还有煤矸石、尾矿、尾矿渣及其他固体废弃物,火电类项目还有炉渣等。再如有色金属工业工程,其固体废弃物就是采矿、选矿、冶炼和加工过程及其环境保护设施中排出的固体或泥状的废弃物,其种类包括采矿废石、选矿尾矿、冶炼弃渣、污泥和工业垃圾等。事实上,有色金属工程在生产过程中还会排放出有害固体废弃物(详见表1-7-2)。

表1-7-2　有色金属工程排放的有害固体废弃物

来源	有害固体废弃物名称	来源	有害固体废弃物名称
选矿	含高砷尾矿,含铀尾矿	锡冶炼	含砷烟尘,砷铁渣,污泥
铜冶炼	湿法炼钢浸出渣,砷铁渣	锑冶炼	湿法炼锑浸出渣,碱渣
铅冶炼	含砷烟尘,砷钙渣	稀有金属冶炼	铍渣
锌冶炼	湿法炼锌浸出渣,中和净化渣,砷铁渣	制酸	酸泥,废触媒

综上所述,因生产建设项目施工活动或在生产运行期间所产生的弃渣(包括灰渣、尾矿),若不及时采取有效的防护措施,或者建有拦挡工程而管理不善,使水保措施不能很好地发挥拦挡作用,就有可能造成水土流失,影响周边环境,甚至导致人员伤亡,给社会造成极大危害。

由上述分析可以看出,因生产建设项目及其施工活动的不同,水土流失特征差异明显,水土流失影响及防治也不相同。因此,水土保持管理应根据其差异性分类指导(姜德文等,2015;赵植等,2014)。

生产建设项目根据其工程本身的特点,通常可以划分为点型工程和线型工程。点型工程包括机场、港口、码头、水利工程、电力工程、通信工程、国防工程、矿产和石油天然气开采及冶炼、工厂建设、建材、城镇新区建设、地质勘探、考古、滩涂开发、生态移民、荒地开发、林木采伐工程等,通常工程项目建设范围相对较小,因此,对地貌的扰动也小。线型工程线路长,影响范围广,沿线分布多种地形地貌,且侵蚀营力多样,侵蚀类型复杂。王克勤等(2015)从全国8个水土保持区划一级区31类生产建设项目中筛选出2227个项目,采用专家咨询法和模糊聚类分析法,将各项目划分为5个等级:1级为轻微程度水土流失危害,2级为较轻微程度水土流失危害,3级为一般程度水土流失危害,4级为严重程度水土流失危害,5级为极严重程度水土流失危害。并研究了生产建设项目水土流失影响等级,结果表明,在研究中涉及的行业类别中,水土流失危害程度如下:公路行业、铁路行业、露天矿工程、林浆纸一体化工程属于5级;机场工程、核电站工程、水利枢纽工程、水电站工程、工业园项目工程属于4级;涉水交通行业、风电行业、引调水工程、井采矿工程、油气开采工程、轨道交通工程、农林开发工程、火电行业属于3级;灌区工程、堤防工程、蓄滞洪区工程、其他小型水利工程、油气储存与加工工程、管网工程、加工制造行业、输变电工程属于2级;房地产工程、其他类城建工程、社会事业、信息产业、其他行业属于1级。

表1-7-3归纳给出了各类生产建设项目的工程的基本特点,以及造成水土流失的主要时段和重点部位。由此表不难看出,尽管不同类型的工程特点存在很大差异,建设和运行过程中所产生水土流失的部位也不同,但对于造成水土流失的主要时段来说,除部分工程在生产运行期产生灰、渣(包括煤矿矸石、冶金尾矿等)外,大部分工程所产生的水土流失主要在施工准备期和建设期。调查和研究结果表明,生产建设项目水土流失是在人为作用下诱发产生的,它与原地貌条件下的水土流失有着天然的联系,其所造成水土流失的形式,主要体现为项目建设区的水资源、土地资源及其环境的破坏和损失,包括岩石、土壤、土状物、泥状物、废渣、尾矿、垃圾等多种物质的破坏、侵蚀、搬运和沉积。其水土流失所存在的共同特点主要为与人类的不合理活动有关。

表1-7-3 不同类型生产建设项目水土流失特征表

工程类型	工程特点	主要流失时段	重点流失部位
公路、铁路	线路长、穿越的地貌类型多、取土弃渣土和土石方流转的数量大	建设期、运行初期	路堑和路基边坡、取料场、弃土(渣)场
水利水电	位于河道峡谷,移民安置数量大、土石方移动强度大	施工准备期、建设期	弃渣场、取料场、主体工程区
火电核电	工程占地集中,建设周期短	施工准备期、建设期、运行期	厂区、贮灰场区
输变电、风电	线路长、弃土渣量不大	施工准备期、建设期	塔基
输气输油输水管线	线路长、穿越河流及铁路、公路等工程多、作业带宽、临时堆土量大、施工期短	建设期	临时堆土区,线路穿越区
井采矿	地面扰动小、沉陷范围大、排矸多	建设期、运行期	排矸场、工业广场、沉陷区

工程类型	工程特点	主要流失时段	重点流失部位
露采矿	扰动强度大、排土量大	建设期、运行期	内外排土场、采掘坑沿帮
城镇生产建设	位于人口密集区、扰动面积集中、砂石料用量大	施工准备期、建设期、	砂石料场区、建筑工地
农林开发	多位于丘陵山地,面积较大,多连片集中	施工准备期、建设期、运行期	林下、破坏面等
冶金化工	扰动面积集中,砂石料用量大	施工准备期、建设期、运行期	渣场、尾矿库
机场	扰动面积集中,剥离表土量大	施工准备期、建设期	料场区、建筑工地
港口、码头	土石方移动数量大,直接入河、海	施工准备期、建设期	料场区、航道开挖

四、不同类型生产建设项目水土流失特点

(一)公路铁路工程

公路与铁路均为建设类线型工程,与其他生产建设项目相比,具有战线长、跨越地貌类型多、动用土石方量大、沿线取(弃)土场多的建设特点。根据调查,交通运输类项目对自身的安全一般要求高,如路基边坡防护、排水工程、防洪工程、路面硬化等,但对由路基、桥涵、隧道及站场施工形成的取土(石料)场、弃土渣场、施工场地和施工便道等的防护较为薄弱,易产生水土流失。在公路、铁路工程建设过程中,遇到山体及坡面要开挖、削坡、开凿隧道,遇到沟道、河流要架桥修涵,高处挖、低处填,对地表破坏类型多;路基修筑过程中动用土石方量大,由此形成取土、取石料场等挖损地貌和弃土渣场松散堆积体,在侵蚀营力作用下易产生水蚀、风蚀和重力侵蚀。工程建设会扰动沿线地形地貌和植被,使原有的水土保持功能受到损害;路堑开挖、路堤填筑等动用土石方活动,形成取土、取石料场等挖损地形,弃土石渣的堆垫地形,投入运行后,永久占地区及临时施工场地的水土流失相对稳定(赵永军,2007;水利部等,2010)。

公路、铁路工程的建设特点和造成水土流失的原因主要包括以下几个方面。

1.扰动和破坏地表面积大

铁路、公路工程短则几十千米,长则几百千米甚至上千千米,在一般情况

下,工程建设需占的地表面积,不会少于线路最小长度(各必经点间垂线距离之和)与路宽的乘积,所以当交通运输工程的线路和建设标准(主要是路基宽度)、起点、沿途必经站点和终点确定之后,不仅其主体工程的最小占地面积就已确定,而且与其相关的如施工生产生活区、建筑材料和施工机械堆放场地、取土(料)和弃渣场,以及施工道路等占地的面积也基本确定。

从公路铁路的现实情况看,工程对原有地形地貌侵占、破坏主要涉及所经地区的山体、植被、耕地、河流及水利水保工程等,同时由于此类工程交汇、交叉工程多,对其他相关设施的影响也比较大。

2. 土石方搬运量大

公路、铁路等交通运输工程由于受地形、土质和投资等条件的限制,需要根据地形地貌条件进行开挖、高填等施工活动,再加上对地质条件的要求不同,开挖和高填施工等对土石方的特性有特殊要求,导致挖、填土石方量多数不平衡,在建设中产生大量的废弃土石。如果这些废石废渣处理不当,则会产生严重的水土流失。交通运输工程项目所生产的废渣主要由以下两方面产生:一是开挖路堑、路基;二是开挖隧道,开挖路堑、隧道等工程后进行的建设活动。在工程建设过程中,有些施工单位缺乏水土保持意识,为了减少施工成本,没有很好地按照水土保持工程要求将弃渣堆放在专门的场地,随意倾倒土石渣,更没有对弃渣采取相应的防护措施。由此产生了大量的水土流失,从而对周边环境造成极大影响,甚至堵塞河道,引发洪涝灾害。

3. 取土(石)料量大

在公路、铁路工程路基填垫和边坡砌护中需要大量的土石料,因此取土场、采石场也是引发水土流失的重要部位。在开采土石料过程中,由于破坏原地貌和植被,开挖边坡不稳定及防排水设施不完善等,都会产生水土流失,严重时遇到一定的外部诱因(如暴雨)可引发泥石流、滑坡等地质灾害。

4. 临时用地占地面积大

在公路、铁路工程建设过程中,临时施工场地、施工便道、临时便道、临时堆料场等伴行工程和其他辅助工程(如生活区和构件制造加工厂)需临时性占地,而这些临时占用的土地面积一般都很大,在工程施工过程中,对原地貌发生扰动,破坏原有地貌类型,破坏原有水土保持设施,重塑形成新的小地貌类型,产生新的水土流失。需要注意的是,在工程建设期,运料车多是重型卡车,还有重型工程机械车,施工便道和临时道路的路面状况都比较差,因此车辆运行时不仅对地面破坏严重,还会产生大量的粉尘和烟雾污染。

5. 交叉占地及扰动大

在铁路、公路等线型工程建设过程中,由于涉及服务区、生活区、立交、互通等穿越交叉工程多,增大了破坏和影响面积。施工准备期和建设期,对原地貌的破坏和扰动大,是水土流失增加的主要时段;在运行初期,一般采取硬化和绿化等主体工程防护措施,在短时段内水土流失会逐步减少。

(二)输气(油、水)管线及通信工程

输气(油、水)等管道工程建设项目组成简单,主要包括站场区、管道区、临时道路、取土场、弃土(渣)场、临时施工区及生产生活区。管道工程多采用沟埋敷设方式,一般线路较长,经过的地貌类型多,需要穿山越岭、跨河过沟,并与公路及铁路形成交叉穿越,因此此类工程施工条件相对复杂。

管道类工程占地面积相对较小,永久占地更少,主要占地为建设期临时施工场地及站场、阀室的永久占地,主要流失时段是建设期。在建设期因开挖管沟形成的弃土、弃渣大多分散堆放,由于土壤颗粒经机械施工扰动后比较松散,极易被雨水冲刷,被风力侵蚀搬运,产生水土流失,是水土保持工作的重点。管道、渠道及通讯工程建设新增水土流失呈线状分布,临时占用耕地面积较大;在管道开挖、回填过程中,扰动和破坏基本农田耕作层土壤结构,造成土壤肥力下降,土地生产力降低,并对周边环境产生影响。同时,在施工过程中还伴随产生一定量的废弃泥浆,这也是管道类建设项目造成水土流失和直接影响环境的一种新类型。

此外,管道工程施工一般采用沟埋敷设、顶管穿越、定向钻穿越及大开挖(围堰筑坝)等施工方式,因此建设产生的水土流失强度不同,方式多样。项目建设过程中直接产生的水土流失及影响表现为以下几种形式。

一是管线的敷设作业直接将土体挖出,裸露松散的开挖土体被置放于地表,容易引起水土流失。由于管线的敷设先是将管沟开挖,然后进行管线的施工,待管线施工结束后再进行管沟的回填工作,此阶段若遇降雨,容易产生水土流失。

二是输油站(场)修建过程中,场地平整及大量的土建施工,强烈扰动地

表,开挖建设过程中若土渣的临时堆放处理不当,易形成较大的水土流失。

三是管线穿越工程在进行河流穿越、公路穿越和铁路穿越时,定向钻施工会产生废弃泥浆,如不采取保护措施,废弃泥浆会四处溢流。在采用顶管施工时会产生弃土,弃土的临时堆放也易产生水土流失。并且,管道开挖工程会直接产生大量的土石方,尤其是河流穿越开挖,如果不做好围堰,会产生大量的水土流失。

四是在局部公路达不到的地段需要修建少量施工临时便道,施工临时便道的修建涉及填挖土石方,在施工过程中容易造成水土流失。

五是管道等材料的临时堆放占地,如若场地及其周边未设置相应的排水沟,再加上建筑材料挤压破坏原地表,会新增水土流失。

综上可见,管道沿线经过的水土流失地貌类型区不同,产生的新增水土流失类型、强度和流失量各异,如管道经过土石山坡时,形成水蚀和重力侵蚀易发区;经过丘陵缓坡时,表现为轻度的水蚀和重力侵蚀易发区;经过河谷滩川地,分散堆置的弃土石,属于易被水流冲刷区;经过河道、沟道及平原区时,开挖堆积的废弃物易堵塞河道,影响行洪。

（三）输变电工程

输变电工程在施工准备期进行场地平整、砍伐林木（常规施工工艺时）、边坡和基坑开挖、打桩基工程以及建筑物建设等,使地面表层土壤直接裸露、破坏土壤结构和原地貌,造成水土流失加剧。在建设期进行浇筑杆塔基础、修建边坡、护坡及排水沟等使地表开挖面裸露,改变了开挖面坡度,使边坡稳定性变差,极易造成严重的水蚀和重力侵蚀。另外,土石方及相关建设材料的临时堆放及处置等施工环节也是易造成水土流失的主要环节。由于输变电工程线路单个塔基弃渣量较小,一般多采用分散堆放,而且一般无防护措施,因此弃渣在无防护措施的情况下,水土流失相对较严重。在输变电工程建成后,塔基、换流站及接地极占用的土地或经固化处理,或绿化,或恢复耕作;临时占用的场地或恢复耕作,或采取工程措施恢复其功能,从而工程建设所造成的水土流失影响将逐步减小。

（四）火电、核电及风电工程

火力发电工程属建设生产类项目,建设期和生产运行期均发生水土流失,建设期主要指电厂施工准备过程中的"五通一平"、电厂土建、路基修筑、给排水管道埋设阶段,对原地貌、表土和植被的破坏,挖填土石方工程形成的取土场和弃土渣场受水流冲刷会产生水土流失。

在生产运行期,电厂生产发电的燃煤所产生的灰渣、石膏等废弃物排放在贮灰场,灰体产生水蚀、风蚀及重力侵蚀。煤电联营项目建设期水土流失主要发生在工业场地、厂区、运输系统、道路、地面生产系统区、采掘场及排土场,生产运行期水土流失集中在采掘场、排土场及贮灰场,每个时期的水土流失类型均为水蚀、风蚀和重力侵蚀的混合形式。

核电站工程属大型综合性生产建设项目,水土流失主要发生在施工准备期和工程建设期,由于其生产运行过程中的特殊安全要求,因此在施工阶段会进行数量巨大的土石方开挖,另外在临时施工场地和施工便道等地均会大面积地扰动土地,产生水土流失。

根据核电工程的基本特点,产生水土流失较严重的部位包括开挖量较大的核岛、料厂、渣场、给排水管线、冷却水池围堰等处。由于该工程的土石方移动较大,尤其是核岛一般都处于深山、海边人员来往稀少的地方,而且出于其自身安全的考虑,开凿土石方工程量巨大,另外土石方移动量也比较大的还有冷却水池围堰,而堆料场堆料量大且堆放时间长等等,在这些土石方移动量较大的区域,较易产生水土流失。

我国南方的风力资源极为丰富,绝大多数地区的年平均风速都在 3m/s,特别是西南高原和沿海岛屿,平均风速更大,有的地方,一年有 1/3 以上的天数都是大风天。在这些地区,发展风力发电是很有前途的。再加上风能是没有公害的能源之一,取之不尽,用之不竭。对于缺水、缺燃料和交通不便的沿海岛屿、草原牧区、山区和高原地带,因地制宜地利用风力发电,非常适合,大有可为。

风力发电工程在建设期间,首先要确定安装各类装置的场地,并对其进行平整和开挖,以及土方的回填。电场建设过程中必然扰动原地表,损坏原地表土壤、植被,并形成松散土堆及边坡,易造成新的水土流失。

电场建设过程中需要安置的主要装置称作风力发电机组,这种风力发电机组大体上可分为风轮(包括尾舵)、发电机和铁塔三部分。

风力发电工程完建后,一旦投入生产运行,场区大部分面积为建(构)筑物、道路、广场等占地,其他已征用的裸露地表区域将采取固化或植物绿化措施。施工生产管理区临时占用滩涂,就会很少扰动地表,此时外租土地也归还地方,弃土堆放后进行场地平整,并采取绿化措施,使原有的荒洼地得到治理,进场道路表层硬化,道路两侧及边坡部分采取水土保持措施后,水土流失得到有效控制,输电线路占地恢复原有植被,水土保持功能得到恢复或加强,能够有效控制水土流失,并改善原有的生态环境。

(五)井采矿工程

井采矿工程的生产工艺是通过掘井建巷道进行地下开采,该工程的建设内容主要包括工业场地、矿区各类道路、供排水、供电通信设施、生活基地及排矸场等工程。虽然该工程的地面占地面积比较少,但其在建设期和生产运行期持续排放煤矸石,地下大范围的开采、挖空、扰动,地下采空区易导致地表大面积塌陷,水土流失类型表现为风蚀、水蚀和重力侵蚀,危害程度大,影响区域水循环及植物生长,破坏土地资源,降低土地生产力。该工程在生产运行期间废渣弃矸的随便占地和堆放,如不采取防护措施,遇外部诱发营力,有可能发生滑坡、泥石流等地质灾害。矿井疏干排水,也对矿区及附近的地表河流、浅层地下水造成影响和破坏,直接导致植物枯死、土地沙化和植被退化等。

(六)露采矿工程

露采矿工程项目组成主要包括采掘场、内外排土场、工业场地、地面生产系统、洗选场、运输系统、防排水工程等,项目占地面积较大,地貌扰动和破坏严重,矿区生产建设会产生大量的弃土、石、渣,并使矿区地貌发生显著变化,排弃物使局部地段高差加大,土体被扰动并疏松,地表植被遭到严重破坏,在矿区不同区域随主导影响因素不同,土壤侵蚀类型、方式、程度也不同。

这类工程生产周期长,采掘场和弃土矸场有持续排弃和破坏的特点,开挖面及松散堆积体裸露时间相对较长,水土流失类型为水蚀、风蚀、重力侵蚀并存。在露采矿建设期间,由于大面积开挖扰动,使原地貌的植被破坏,地表裸露,土壤结构遭到严重破坏,使水土流失急剧增加。

在生产期,采掘场全面剥离破坏原地貌,采掘坑内由于采挖形成了高陡边坡,再加上特殊的工程地质条件,形成了以滑坡为主,面蚀、沟蚀并存的侵蚀现象,表现为边坡坍塌和滑坡,对周边地表以扬尘和风蚀为主,此时的水土流失主要发生于采掘场的内部。排土场呈台阶式塔状松散堆积体,由于排土场机械组成和结构与原状土相比发生了很大变化,故土壤侵蚀有其特殊性,在强降雨、大风和重力的作用下除发生面蚀、沟蚀外,还会出现砂砾化面蚀、沉陷、崩塌、滑坡、坡面泥石流等新的侵蚀类型,产生严重的水土流失,对生态环境影响极大;由于机械碾压后的排土场平台容重大,易产生径流汇流,并在结合部位形成裂缝和沉陷性洞穴,细小的颗粒随径流下渗,填充在岩土混合物的大孔隙内或在某出口处随径流搬运或沉积,形成沉陷侵蚀等。排土场边坡坡度为 30°～50°,坡长为 25m 左右,再加上土体结构松散,颗粒级配大小不均,胶结性差。边坡不仅受到坡面降雨形成径流的侵蚀,还会受到具有一定坡度的平台汇流的冲刷,其侵蚀形式以面蚀、沟蚀和重力侵蚀为主。

工业场地及其他设施区以土地占压和地面硬化为主,水土流失以风蚀和降雨产生的径流冲刷为主。另外,对开采地下水疏干,也会引起地表和地下水循环系统破坏,在露天生产运行产生扬尘对土地及周边生态环境影响也比较大。

(七) 水利水电工程

水利水电工程由于其项目建设区受周边地形条件的限制,施工场地往往地处狭窄的河谷区,而且又由于主体工程中如大坝、厂房、船闸、溢洪道等建设的需要,大量开挖造成弃土弃渣。因此,这类工程的施工对周边环境影响非常剧烈,许多影响具有长期性和不可逆性等特点。乱堆弃渣、乱修临建,挤占耕地,造成土地浪费;开挖堆弃若不及时处理,就会造成严重的水土流失,淤塞河道等;工程基础开挖的大量弃渣,需要占地堆放,工程运行的生产与生活场所,又需占地建设,造成土地资源的严重浪费;开挖本身造成的水土流失,通过填峪整平形成新的生产与生活用地(物流)和机械与动力的应用(新的能源);此外,大量水体的聚集,会使库区地壳结构的地应力发生变化,成为诱发地震灾害的潜在条件;输水渠道两岸由于渗漏,使地下水位抬高,造成大面积土壤次生盐碱化,高边坡地区还会因土壤含水过高而引起滑坡或泥石流,这些都是水利工程施工易造成水土流失的特点。

水电站工程项目在施工准备阶段,由于场地平整、施工道路、输电线路等设施的修建,使地表植被和结皮被清除,水土流失剧增;在建设期,枢纽系统、引水系统、厂房基坑等建设过程中,砂石料采取、运输与加工、部件预制等过程中,土石方调运和回填量特别大,是造成区内水土流失剧增的重要阶段。而且对于一个水电工程来说,往往需要设置多个弃渣场,又因水电工程场地一般处于山谷狭窄地带,弃渣场地十分难找,有时就把废石土渣弃于河滩或者水库淹没区内,一旦遇上大暴雨就会产生大量水土流失。

(八)农林开发项目

农林开发项目,主要指通过"龙头企业 + 农民合作经济组织 + 农户""公司 + 基地 + 农户""林场 + 基地 + 农户"等多种发展模式,采取独资、合资、合作、联营、股份制等多种经营方式开展的集团化陡坡(山地)开垦种植、定向用材林开发、规模化农林开发、炼山造林等工程。

农林开发项目在规模化生产准备阶段,由于作业道路、施工场地准备及设备搬运活动造成地表植被和覆盖物被清除,致使表层土壤完全暴露,土壤颗粒松散,遇到雨水冲刷及大风吹刮,容易产生大规模土壤移动,发生水土流失,导致土层变薄。在生产实施期,由于砍伐、运输、整地、栽植等一系列活动,也会产生新的水土流失。

(九)城镇建设类工程

城镇建设类工程,主要指城镇开发及与之相关的采石、采砂、取土工程,包括工业区、商业区、经济开发园区、住宅区及配套开矿采石取土区、交通基础设施建设。

城镇建设工程类型项目的建设特点是开挖、填筑土石方工程量大,对地表及植被破坏形成点多、面广,在建设过程中由于场地平整,大面积扰动、剥离地表,大量的挖方填方破坏原地貌、原有地表水系及植被,造成地表裸露,新的重塑小地貌在遇到暴雨时,表土易遭受冲刷,导致原有的径流体系无序乱流,水蚀和风蚀加剧。另外,在城镇建设过程中,采料、取土及建设引起的弃土(石)、弃渣、废料、垃圾等堆积在地面上,形成大量的松散堆积体,在强降雨和大风的作用下极易发生流失,严重时堵塞排水系统和河道,危及人民生命财产安全。同时,不合理的施工方法和不完善的水土流失防治措施,也会加剧城镇建设过程中的水土流失。如广东省在1986—1995年的城镇建设中,人为造成水土流失面积达475km²,弃土(石、渣)量达23.45亿t,使河道和渠道淤积1191km,因建设采石、取土遗留的残坡山体661处(水利部等,2010)。

城镇生产建设类工程项目还具有施工场地面积大、裸地运行,建设周期相对较长等特点。由于基础开挖堆积弃土松散，在雨水和大风的冲刷下很容易产生水蚀和风蚀，同时由于该类工程项目建设过程中防治措施容易脱节，造成建设区的水土流失面积大、周期长，防治措施容易滞后，一旦产生水土流失就十分严重。

正是由于项目区的原有自然植被等水土保持设施被大规模清除，扰动和破坏了原地貌条件下的生态环境，植被恢复和重建缓慢，地表植被覆盖度锐减，硬覆盖面积和不透水表面增加，有机物返回减少，降雨径流不能入渗，地表径流明显增加，城镇防洪排水系统负担增加。

（十）冶金化工工程

在冶金化工类工程施工准备和建设阶段，大量的开挖和回填破坏地表结构，是造成区内水土流失剧增的重要阶段；在建设末期和运行初期，对地表的挖填扰动基本结束，只有少部分裸露地表容易造成水土流失，但流失强度已大大降低。生产运行期的燃烧活动产生的大量的灰渣堆放于弃渣场、尾矿库等，这些堆积体的结构松散，长期暴露于空气中，遇到雨水和大风，极容易发生表面的搬移，产生水土流失。另外，冶炼产生的黑渣、废气、扬尘对土地、水环境、大气环境的污染非常严重。

（十一）机场

机场建设项目因其跑道、航站航管楼、办公生活区等建设内容的需求，扰动地表面积大，一般情况下机场项目占地可达$260hm^2$，且使用时间长。机场建设项目永久占地比例高达90%以上，临时占地不足10%，被占用土地的原有功能将基本丧失。

建设机场的区域一般要求地势较平，且周边较为空旷，所以机场项目的占地多为质量较好的耕地或果园。据资料统计（陈海迟等，2011），机场项目占用耕地的比例平均近60%，其中永久占地比例为95%，临时占用比例只有5%，绝大多数占用的耕地完全转变了原土地的利用方式和功能。

动用土石方量大，扰动剧烈。机场飞行区要求跑道长度在数百米至数千米，这就要求沿跑道方向进行大量的土石方开挖及回填，为保证跑道的平整及满足坡度的要求，机场项目动用土石方量少则数百万方，多则数千万方，因此机场建设对地表的扰动是非常剧烈的。

表土剥离量大。飞机跑道、机坪等在修建前必须对原地面的草皮、表土及其他杂物进行清除。清除表土的深度为 30～100cm，建一座机场会产生70 万～100 万 m^3 的表土。这层表土为耕植土，土壤理化性质优良、肥力高，但由于机场占地功能发生了变化，剥离的表土在机场范围内不会进行利用，多选择集中堆放。

（十二）港口码头

港口码头工程一般由码头区、陆域场区、场外设施区 3 部分组成。港口建设在施工期大规模开山、港池航道开挖、陆域吹填、地基处理、码头桩基施工、进港道路与排洪设施建设等环节均存在严重水土流失隐患，在不同时段可能引起生态破坏、影响区域防洪排水体系、岸线淤积、水质污染、土地资源损失、水资源短缺等相关水土流失危害（周航，2014）。此外，港口码头建设过程中土石方工程量大，施工范围和扰动面积相对集中，扰动时间一般 2～3 年。可能造成的水土流失量级及危害较大，由于是沿河岸或沿海岸建设，施工过程中引发的水土流失问题较为敏感（尉全恩等，2010）。

第二节　生产建设项目水土流失防治分区及主要措施

一、生产建设项目水土流失防治原则

生产建设项目水土流失防治的原则主要为：加大宣传，增强法制措施；增大执法力度，落实"三同时"；增强执法队伍建设；开发新的水土流失防治技术；改进工艺，更新设备；综合利用，固体废弃物资源化利用。生产建设项目水土保持防治措施体系建设原则主要分为以下几点。

（一）以防为主、兼顾循序渐进的原则

生产建设项目区尤其是施工建设早期，其影响范围广，涉及土壤、水体和植

被资源;破坏强度大,上至地表土壤、植物,下至地质基岩,有时开挖占压重塑地貌等,造成严重水土流失。因此,在规划、设计和选址定位时,事先做到不同建设类型和不同施工工艺对水土流失的预见性和可控性,有效提出预防措施,缓减人为水土流失;同时要考虑到任何一个生态系统的建设有一个发育和功能完善的过程,必须遵循生态建设的自然规律,立足长远(姜德文等,2015;赵永军,2007;水利部等,2010)。

(二)生态优先兼顾整体协调的原则

优化施工组织设计,弃土、弃渣优先考虑综合利用,对弃渣先拦后弃,水土保持措施要与主体工程相互协调,工程措施与植物措施相结合。

生产建设项目防治区域水土保持措施配置必须考虑生态建设作为其根本出发点,将生态作为项目区水土保持建设的核心,将水土保持主要功能定位在生态上,同时兼顾项目区周边整体协调的理念,在设计、施工和建设一个功能分区或单元工程的过程中,必须在整体观指导下统筹兼顾,项目区防治体系建设大到整体防治区,小到某一单元工程,无论范围大小,在进行防治体系建设时,应将整体全局的观念协调贯穿于每一个单元工程(姜德文等,2015;赵永军,2007;水利部等,2010)。

(三)因地制宜兼顾景观再造的原则

根据当地的自然、社会环境及水土保持现状,因地制宜地布置各项防治措施,建立选型正确、结构合理、功能齐全、效果显著的水土保持综合防治体系。水土保持措施既要满足水土保持的要求,又要避免重复建设和设计。

由于生产建设项目防治范围内不同功能分区、不同地貌类型、不同下垫面基质组成各有其特点,因此应遵循因地制宜的原则,针对不同景观类型、不同功能区域和不同立地状况,采取针对性的防治措施体系,既要考虑到功能分区的服务主体需要,又要考虑到景观再造与环境协调(姜德文等,2015;赵永军,2007;水利部等,2010)。

(四)动态设计、动态施工的原则

大型生产建设项目,其建设规模大、生产营运系统复杂,动态变化快,所以仅靠水土保持方案规划设计的已有措施配置很难满足大规模建设和营运期的动态变化全过程。因此,在生产建设和生产营运过程中,根据开挖、占压等暴露出的实际地质情况,如建设形成的实际地形岩土结构、组成和稳定性等,尽快调整原有的设计,采用破坏一处原有地貌,塑造一处人文景观,除了依据生产建设变化调整设计外,相应调整施工工艺和方法,尤其是主体工程与水土保持工程建设、工程建设与生物措施配置之间客观存在着时间缓冲,必须针对工程特性和时间进度实施有效临时防护,减少水土流失(姜德文等,2015;赵永军,2007;水利部等,2010)。

（五）植物与工程措施优化搭配的原则

一般坡面防护工程中,植物措施需要工程措施的配合和支持,工程措施一方面起到稳定岩面的作用,更重要的是可以稳定基质,为植物生长创造必要的环境条件,它是基质和基岩连接的又一纽带,尤其对大坡度边坡,合理的工程措施是保障植被护坡工程的持久稳定的重要手段。植物措施尤其是其根系对坡面基质起到加筋、锚固及支撑作用,根系加固基质稳定是植被稳定基质的有效途径,它可以提高基质的抗拉及抗剪切能力,增强边坡的稳定性。另一方面,植物根系也可以对坡面基质起到锚固支撑作用,形成下垫面基质—植物的有机整体,有效防止水土流失(姜德文等,2015;赵永军,2007;水利部等,2010)。

（六）生物乡土化兼顾多样性的原则

任何一个生物群落的存在都需要一定的环境条件,因此每一个生物群落都有一定的分布区域,周围地区的现状植被是在所有演替系列中没有人为干扰的,按照周围自然植被类型进行配置水土保持植被建设将能较好地适应该区域的自然环境,获得持续稳定的生态系统。同时要考虑物种多样性可以驱动和加快植被恢复和演替的进程,为此需要引进新的植被类型,使小区环境优势互补,加快项目区地域的生态环境有效恢复和快速改善。

（七）防治体系结构和服务功能相适应的原则

生产建设项目形成的特殊不同功能区域与一般意义上小流域水土流失防治体系建设有一定的区别。小流域水土流失防治体系强调治理水土流失和生态系统的可持续利用,而生产建设项目防治区域不仅要有效防治水土流失,还要强调绿化、美化,改善小区环境的人文景观要素,增加观赏性、时效性等。在水土保持措施的设计和实施过程中,一定要注意各种防护措施在时间安排上的合理性,这样才能使各种防护措施充分发挥其效能(姜德文等,2015;赵永军,

2007；水利部等，2010）。

（八）坚持"谁开发谁保护，谁造成水土流失谁治理"及减少控制扰动面积的原则

在广泛收集资料及现场踏勘的基础上，利用已有的水土保持治理经验，结合建设项目的特点，合理界定水土流失防治责任范围。

二、生产建设项目水土流失防治措施分类

根据《生产建设项目水土保持技术标准》（GB 50433—2018），从水土保持措施的功能上来区分，生产建设项目水土保持措施包括拦渣工程、斜坡防护工程、土地整治工程、防洪排导工程、降水蓄渗工程、临时防护工程、植被建设工程。

（一）拦渣工程

1. 挡渣墙

（1）墙型的选择

挡渣墙一般设置在弃渣场下游处，用于防止废渣的释出。根据拦渣数量、渣体岩性、地形地质条件、建筑材料等因素确定墙型（王克勤等，2015）。一般分为以下几种。

①重力式挡渣墙：适用于墙高小于5m，地基土质条件好的情况。

②悬臂式挡渣墙：当墙高超过5m，地基土质较差，当地石料缺乏，在堆渣体下游有重要工程时，采用悬臂式钢筋混凝土挡渣墙。

③扶壁式挡渣墙：适用于防护要求高，墙高大于10m的情况，其主体仍是悬臂式挡渣墙，但在沿墙长度方向每隔0.8～1.0m处布置一与墙高等高的扶壁，保持渣墙完整性，提高挡渣量。

（2）墙址及走向的选择

一般来说，应在弃土、弃石、弃渣的坡脚或相对较高的坡面上布置挡渣墙，这样能有效降低挡渣墙的高度，同时地基应为新鲜不易风化的岩石或密实土层。挡渣墙沿线地基土层中的含水量与密度应均匀单一，防止因地基不均匀而导致的墙基、墙体断裂变形。挡渣墙的长度方向应尽量与水流方向一致，若无法避免需修建排水建筑物。墙线应尽量顺直，转折去采用平滑曲线。

（3）渣体及上方和周边来水的处理

当挡渣墙及渣体上游集水面积较小、坡面径流或洪水对渣体及挡渣墙冲刷较轻时，可采用排洪渠、暗管、导洪堤等排洪工程将洪水排泄至挡渣墙下游，排洪渠、暗管、涵洞、导洪堤等排洪工程设计与施工参照《生产建设项目水土保持技术标准》（GB 50433—2018）确定。当挡渣墙及渣体上游集水面积大，坡面径流或洪水对墙体、渣体造成较大冲刷时，应采取引洪渠、拦洪坝等蓄洪引洪工程，将洪水排泄至挡渣墙下游或拦蓄并有控制地下泄，引洪渠、拦洪坝等工程设计按照《生产建设项目水土保持技术标准》（GB 50433—2018）确定。

2. 拦渣堤

（1）拦渣堤的作用与类别

拦渣堤是指修建于沟岸或河岸的，用以拦挡建设项目基建与生产过程中排放的固体废弃物的建筑物，一般兼有防洪与拦渣两种功能（赵永军，2007）。根据拦渣堤修筑的位置不同，主要有以下两种。

①沟岸拦渣堤：弃土、弃石、弃渣堆放于沟道岸边的，建筑防洪要求相对较低。

②河岸拦渣堤：弃土、弃石、弃渣堆放于河滩及河岸的，建筑防洪要求相对较高。

（2）拦渣堤设计标准

①防洪标准：拦渣堤和拦洪坝一般可根据乡村防护区的等级确定防洪标准。某些生产建设项目可根据本身的重要性，另定较高的标准，使项目的防洪标准与主体工程的防洪标准相适应。

②建筑材料：以建筑材料不同分为土坝、堆石坝、浆砌石坝和混凝土坝等，其中以土坝最为常见。

③堤顶高程的确定：堤顶高程须同时满足拦渣和防洪的双重要求，因此选取两者中要求更高的那一个。防洪堤的高程需根据设计洪水、风浪爬高、安全超高、拦渣量综合确定。拦渣堤高程确定则有一定步骤：先根据项目基建施工和生产运行中弃土弃石弃渣的数量，确定在设计时段内拦渣堤的拦渣总量；再由堆渣总量和堤防长度确定堆渣高程，再加上预留覆土厚度和爬高即为堤顶高程。

④拦渣堤断面设计：根据拟建拦渣堤区段内的地形地质、水文、筑堤材料、

施工、堆渣量、堆渣岩性等因素,确定拦渣堤的断面形式和尺寸。先参照已建设防洪堤的结构及尺寸拟定设计断面,结合构造要求,经稳定分析和技术经济比较后,确定安全可靠经济合理的断面形式和尺寸。

⑤其他要求:对堤基范围内的地形地质、水文地质条件需进行详细的勘察,将风化岩石、软弱夹层、淤泥、腐殖土等加以清理。对土堤需布置防渗体,减少渗流,防止管涌和流土等渗透变形,保证土堤的安全。不良地基处理方案参照有关规范和手册。

3. 拦渣坝

在沟道中堆置弃土、弃石、弃渣、尾矿时,必须修建拦渣坝(尾矿库)。其作用在于环境保护,水资源利用和矿产保护。根据地质地貌条件,拦渣坝分为山谷型、平原型、山坡型3种型式,由尾矿(砂、石、渣)坝、溢洪道、放水工程组成。

(1)坝址选择的因素

①坝址应位于渣源附近,其上游流域面积不应过大。②坝址地形要口小肚大,沟道平缓,工程量小,库容大。③坝址要选择岔沟,沟道平直和跌水的上方,坝端不能有急流洼地或冲沟。④坝址附近有良好的筑坝材料,便于采运和施工。⑤坝基为新鲜岩石或紧密的土基,无断层破碎带,无地下水出露。⑥两岸岸坡不能有疏松的坍塌和陷穴、泉眼等隐患。⑦两岸地质地貌条件适合布置溢洪道、防水设施和施工场地。⑧排废距离近,库区淹没损失小,废弃物的堆放不会增加对下游河(沟)道的淤积,并不影响河道的行洪和下游的防洪。

(2)上游及周边来水处理

拦渣坝上游来水较小时,设置导洪堤或排洪渠,将区间洪水排泄至拦渣坝的溢洪道、泄洪洞进口以排泄至下游。当上游有较大洪水时,需在拦渣坝上游修建拦洪坝,此情况下拦渣坝溢洪道、泄洪洞的泄洪流量由拦洪坝下泄流量与两坝之间区间洪水流量组合调节确定。而当上游洪水较大且无修建拦洪坝条件时,需修建同时具有拦渣与防洪作用的防洪拦渣坝。

(3)坝型选择

拦渣坝坝型主要根据拦渣的规模和当地的建筑材料来选择,一般有土坝、干砌石坝、浆砌石坝等形式。选择坝型时,应进行多方案比较以做到经济安全。

①土坝:工程上最常用的是均质土坝,即整个坝体都用同一种透水性较小的土料筑成,一般采用壤土或沙壤土。均质土坝构造简单,便于施工,尤其是在

大型生产建设项目区,多具有大型推筑、碾压设备,最适于修建土坝。

②干砌石坝:干砌石坝宜在沟道较窄、石料丰富的地方修建,也是一种常用的坝型。干砌石坝断面为梯形,其坝体系用块石交错堆砌而成,坝面用大平板或条石砌筑。因此,在坝体施工时,要求块石上下左右之间互相咬紧,不能有松动、滑脱的现象产生。

③浆砌石坝:适用于石料丰富的地方,可以就地取材,抗冲能力大,坝顶可以溢流,不必在两岸另建溢洪道,易于施工。由于砌石的整体性,上下游坝坡不会产生滑动,因此坡度较陡。但浆砌石坝需一定数量水泥,施工较复杂,对地基需求较高,需要建在较好的岩基上。浆砌石重力坝通常有溢流和非溢流两端组成,通常在沟槽部分设置溢流段,两侧设置非溢流段,用导水墙隔开。其抗滑稳定作用主要依靠自身的重量。坝体内要设置排水管,以排泄坝前积水或废渣中的渗水。在坝的两端,为防止沟壁的坍塌,需建设边墙。

④土石混合坝:当坝址附近土料丰富而又有一定的石料时,可选用土石混合坝。土石混合坝的坝身用土和石渣堆筑,而坝顶和下游则用浆砌石砌筑,由于土坝渗水后易发生沉陷。因此,坝的上游坡必须设置黏土隔水斜墙,此时上游坝坡应适当放缓,下游坡脚设置排水管并设置反滤层。

4. 防洪排水

弃渣场的排水处理分为两个阶段,一个阶段是在施工期间需要进行的临时排水,还有一个阶段是需要在废渣堆放完毕后进行长期排水。在施工期间,废渣场需要根据整个区域洪水情况进行排水设置,防止雨水的淤积,造成损失。在施工完毕后,弃渣场需要根据控制流域的面积、所在区域的降水情况、建设的工程等级情况进行排水系统的设置。一般在弃渣场可以进行排水渠排水和涵洞式排水,排水渠所排放的洪水流量较小,涵洞式排水所排放的洪水量较大,所以根据施工场地的具体情况选择弃渣场的排水方式(熊峰等,2018)。

5. 植被恢复

在废渣场的防治工作的实际过程中,要结合当地的地形、气候和生态因素,对其进行植被的修复工作。但是由于废渣是经过人为挖掘形成的,加之长期的裸露堆放,其养分流失比较严重,不利于植物的生长。因此在对其进行生态修复的实际过程中,要选择一些生命力强,根系发达的植物,以增强废渣的水土保持作用(陈琛,2018)。在植物种选择过程中,主要考虑以下几个方面:生态适应性、和谐性、抗逆性和自我维持性。

6.临时措施

为满足弃石渣场堆渣后渣顶植被恢复的需要,按照覆土需用量将部分弃土及表土剥离量临时堆放于渣场空闲处,设置临时堆土场,堆土场四周采取临时挡渣墙进行挡护,并进行临时绿化(图1-7-3,安桂香,2017)。

图1-7-3 新建西安至成都客运专线广元(省界)至江油段工程挡渣墙(王志刚 摄)

(二)斜坡防护工程

在工业、农业、能源、交通、水利、城市、村镇等基础设施建设过程中,开挖、回填、弃土(石、沙、渣)形成的坡面,由于原地表植被被破坏,在风力、重力、水力等外营力的影响下,容易发生水土流失,因此必须采用边坡防护措施。根据边坡的不同条件,应分别采取不同的护坡工程(赵永军,2007;高旭彪等,2007):①边坡高度大于4m、坡度大于1.0∶1.5的,应采用削坡开级。②对边坡小于1.0∶1.5的土质或沙质坡面,可采取植物护坡工程。③对堆置物或山体不稳定处形成的高陡边坡,或坡脚遭受水流淘刷的,应采取工程护坡措施。④对条件较复杂的不稳定边坡,应采取综合护坡工程。⑤对滑坡地段应采取滑坡治理工程。

1.削坡开级

削坡是指削掉非稳定体的部分,减缓坡度,削减助滑力;开级是指通过开挖边坡,修筑阶梯或平台,达到相对截短坡长,改变坡形、坡度、坡比,降低荷载重心,维持边坡稳定的作用。在坡面采取削坡工程时,需布置山坡截水沟、急流槽、排水边沟等排水系统,防止削坡坡面径流及坡面上方径流对坡面的冲刷。根据岩性,削坡分为土质边坡削坡、石质边坡削坡两种类型。土质削坡开级主要有直线形、折线形、阶梯形、大平台形等 4 种形式。石质边坡削坡适用于坡面陡直或坡面呈凸型,荷载不平衡,或存在软弱岩石夹层,且岩层走向沿坡体下倾的非稳定边坡。除石质坚硬、不易风化的坡面外,削坡后坡比应缓于 1:1;石质坡面削坡应留出齿槽,在齿槽上修筑排水明沟或渗沟;削坡后若因土质疏松可能发生塌方或碎落的坡脚,应采用工程措施进行防护。

2. 植物护坡

对于边坡坡度或削坡开级后坡度缓于 1:1.5 的土质或沙质坡面,采取植物护坡措施,其类型分为种草护坡和造林护坡两种。

(1)种草护坡

对坡度小于 1:1.5 的土层较薄的沙质或土质坡面,采取种草护坡工程。种草护坡前应先将坡面进行整治,且需选种生长快的低矮匍匐型草种;根据坡面的土质状况采取相应的方法,一般土质采用直接播种法,密实土质采用坑植法,风沙坡地须先设置沙障固定流沙后再播种;种草 1—2 年后再进行封育措施。

(2)造林护坡

坡度为 10°~20°,在南方坡面土层厚度 15cm 以上、北方坡面土层厚度 40cm 以上、立地条件较好的地方,可采用护坡造林。护坡造林应采用深根性和浅根性结合的乔灌混交方式,同时选用适应性强的树种;在坡度、坡向和土质较为复杂的坡面上,应采用种草与造林相结合的护坡方法;坡面采取植苗造林时,苗木宜带土种植,并适当密植。

3. 工程护坡

(1)砌石护坡

砌石护坡分为干砌石和浆砌石两种形式,根据土质和洪水条件采用。当坡面较缓(1:3~1:2.5)且受水流冲刷较轻时,采用单层干砌块石护坡或双层干砌块石护坡。坡度在 1:2~1:1,或坡面位于河(沟)岸,坡脚可能遭受洪水冲刷时,采用浆砌石护坡。

(2)抛石护坡

当边坡坡脚位于河(沟)岸,暴雨条件下可能受到洪水淘刷作用时,对枯水位以下的部分采取抛石护坡工程。其形式有散抛块石、石笼抛石和草袋抛石 3 种,根据具体情况选择采用。

（3）混凝土护坡

在边坡坡脚可能遭受洪水强烈冲刷作用的陡坡地段,须采取混凝土或钢筋混凝土护坡(图1-7-4)。当坡度1:1~1:0.5、高度小于3m时,使用混凝土砌预制块护坡。

图1-7-4　新建西安至成都客运专线广元(省界)至江油段工程+网格护坡
和挡渣墙(王志刚　摄)

（4）喷浆护坡

在基岩裂隙不大发育、无大面积崩塌的坡面,采用喷浆机进行喷水泥砂浆或喷混凝土护坡,防止基岩风化剥落。喷浆前应清除坡面活动岩石、废渣、浮土、草根等杂物,采用浆砌块石或砼填堵大缝隙、大坑洼。根据土质情况,破碎程度较轻的坡面,可以采用胶泥喷涂护坡或作为喷浆垫层。

（三）土地整治工程

生产建设项目中的土地整治主要是对因生产、开发、建设而造成损坏的土地进行平整、改造、修复。土地整治对被破坏或被压占的土堤采取措施,使之恢复到所期望的可利用的程度。土地整治的重点在于控制水土流失、充分利用土地资源、恢复及改善土地生产力。土地整治的内容主要有凹坑回填、渣场改造和改造后的土地利用。

1.凹坑回填

凹坑回填主要有两种形成类型,剥离凹坑和塌陷凹坑。

（1）剥离凹坑

在基建及生产过程中形成的取土场、取石场、取沙场,路基两侧的取土坑、小型浅层露天采场、大型深层露天采场等均属于剥离凹坑。土地整治的实施程序是回填—整平—覆土,以形成新的合适坡度,并尽可能覆土(高旭彪等,2007)。

（2）塌陷凹坑

根据塌陷深度采取整治利用措施:① < 1m 时,推土回填平整后作农业用地。② > 1m 且 < 3m 时,采取挖深垫高的办法,挖深段可蓄水养鱼、种莲,垫高段进行农业利用。

2.渣场改造

渣场是指固体废弃物的存放场所,排土场、储灰场等。渣场改造包括整治及覆土。对已有渣场,首先确定其弃渣弃土是否合理,不合水土保持法的渣场优先进行清理;对可能造成水土流失的渣场,改造前考虑修建挡拦建筑物、防排水工程或其他稳定边坡措施(安桂香,2017;陈琛,2018;熊峰等,2018)。

（1）平地渣场改造

首先根据堆置高度、弃渣容量及弃渣沉降性能分析稳定性。低于 3m 的渣场外围修筑拦渣围堰,平整堆渣并进行覆土;高于 3m 的渣场则应根据稳定性分析设计挡土墙,并作落堆处理,最好修筑阶式水平梯田并加盖覆土;大型平地起堆的排土场应结合采排工艺设计;降水易产生淋溶污染的尾矿、尾砂赤泥,设计时应严格防止径流外泄及渗漏,毒性较大的弃渣必须包埋或作其他处理。

（2）坡地渣场改造

坡地渣场是沿斜坡及沟岸倾倒形成的渣场,根据其稳定情况,坡脚应修筑挡土墙和护坡工程,坡顶修筑截水天沟,排泄上方来水。斜坡面根据坡度大小,选择水平梯田、窄条梯田、水平阶及水平沟等多种整治形式,并修建内部排水系统,最后进行覆土改造。

（3）拦渣坝及尾矿(沙)库整治

拦渣坝内弃土弃渣终止使用后,应平整渣面,覆土改造利用。尾矿库和尾沙库多数含有有毒物质,必须进行防渗漏和排水净化等措施。特定情况下,可以深埋并覆土改造利用。

3.土地整治后的利用

整治后的土地应根据其地理条件、坡度、土地生产力及所在区域的人口、经济及社会状况等,进行适宜性评价,确定土地利用方向,并提出恢复土地生产力的措施(赵永军,2007)。

(1)整治后的土地利用

经整治后的土地应恢复其生产力,根据整治后土地的位置、坡度、质量等特点确定用途。土质较好,有一定水利条件的,可恢复为农地、林地、草地、水面及其他用途,但应做进一步加工处理(图1-7-5)。

图1-7-5 咸宁核电工程土地整治(王志刚 摄)

(2)土地生产力恢复措施

整治后的土地往往缺乏表土或覆土贫瘠,生产力低下,因此须采取有效措施,恢复及提高土地生产力:①种植绿肥植物、固氮植物以改良土壤。②对于覆盖风化物的土地,应加速其风化。③pH过低或过高的土地,须使用适量化学物料加以改善。

(四)防洪排导工程

生产建设项目施工及生产运行中,应在受暴雨和洪水危害的区域兴建防洪排水工程。常用防洪排水工程有拦洪坝、排水洞、排洪渠、涵洞等。设计时应根据水文、地质、地形和洪水危害程度等情况,分别采取一种或多种防洪排水工程,一般情况下拦洪坝宜配合排水洞或排洪渠。

1.拦洪坝

拦洪坝布置在弃渣场上游,主要用于拦截和排泄上游来水。被拦截来水通过排水洞等设施排至渣场下游或相邻沟谷。因此,拦洪坝适用于上游有沟道洪水危害的渣场等项目区。

拦洪坝的坝型主要根据洪水规模、地质条件、当地材料等确定,可采用土石坝、砌石坝和混凝土坝等形式。拦洪坝的防洪标准应与其下游渣场的设防标准相适应,设计洪水计算应符合防洪排导工程水文计算的规定,调洪演算应符合《水利工程水利计算规范》(SL 104—2015)的规定。

2. 排水洞

排水洞常与拦洪坝配合使用,主要用于排泄截洪式弃渣场等上游来水,适用于地质、地形条件适宜布置隧洞的沟道型弃渣场等项目。根据水力条件,排水洞可布置为有压和无压隧洞。水土保持工程中一般采用无压隧洞,排水洞由洞身、进口和出口建筑物三部分组成。进口建筑物由进口翼墙(或护锥)、护底和进口前铺砌构成。洞身位于山体内,是排水洞过水的主要部分。排水洞出口建筑物由出口翼墙(或锥体)、护底和出口防冲铺砌或消能设施构成。通常无压缓坡排水洞出口流速不大,故出口常做一段防冲铺砌。有压、半有压或无压陡坡排水洞出口流速较大,常需设消能设施。

3. 排洪渠

排洪渠适用于上游沟道或周边坡面有洪水危害,且沟道洪水较小,项目区一侧或两侧有布置排洪渠的地形地质条件的渣场等项目区。

生产建设项目水土保持工程排洪渠建筑物级别及洪水标准应按行业标准执行,本行业无标准时参照《水利水电工程水土保持技术规范》(SL 104—2015)等确定。

排洪渠布置在渣场等项目区一侧或两侧,将上游沟道洪水及周边坡面洪水排往项目区下游。项目区内其他地面排水,应与排洪渠衔接顺畅,以形成有效的表洪水排泄系统。排洪渠线路布置应综合考虑地形、地质、施工条件和挖填平衡及便于管理维护等因素。

4. 涵洞

涵洞适用于填土(或渣体)下面有排洪排水要求的情况。涵洞由进口、洞身和出口建筑物三部分组成。进口建筑物由进口翼墙(或护锥)、护底和涵前铺砌构成。洞身位于填土(或渣体)下面,是涵洞过水的主要部分。涵洞出口建筑物由出口翼墙(或锥体)、护底和出口防冲铺砌或消能设施构成。通常无压缓坡涵洞出口流速不大,故出口常做一段防冲铺砌。涵洞出口流速较大,需设消能设施。

5. 截排水沟

截排水沟包括截水沟和排水沟,截水沟是指在坡面上修筑的拦截、疏导坡面径流,具有一定比降的沟槽工程;排水沟是指用于排除地面、沟道或地下多余水量的沟(图1-7-6)。

截排水沟按其断面形式一般可采用矩形、梯形,分为衬砌、不衬砌两种形式。适用于所有生产建设项目的开挖、填筑边坡、场地及土石堆积体等的防护。

图1-7-6 四川雅砻江锦屏一级水电站-7号弃渣场排水沟(王志刚 摄)

生产建设项目水土保持工程截排水沟洪水标准应参照《水利水电工程水土保持技术规范》(SL 575—2012)确定。

(五)降水蓄渗工程

降水蓄渗工程是指在工程建设区域内,对原有良好天然集流面或增加的硬化面(坡面、屋顶面、地面、路面)上所形成的汇聚径流进行收集、蓄存、调节、利用而采取的工程措施。根据利用方式的不同通常可分为蓄水工程和入渗工程两类。

1. 蓄水工程

主要收集蓄存项目建设区域内可集流面上的降水,适用于项目主体工程永久占地区、渣场、料场、道路及工程永久办公生活区(渣场等范围结合特殊需求确定;集流则考虑永久办公区的屋面)内的植被种植和养护。

2. 入渗工程

主要目的在于控制初期径流污染,减少雨水流失、增加雨水下渗等。多用于缓解内涝或对雨水入渗回灌地下水有要求的城市建设区。入渗工程较常用的渗透设施主要有下凹式绿地(图1-7-7)、透水铺装地面、渗透管沟、渗透浅沟(洼地)、渗透池、渗透井等。

图1-7-7 丽江玉龙雪山国际高尔夫俱乐部项目(王志刚 摄)

(六)临时防护工程

开发建设项目从动工兴建到建成投产正常运行,其间往往历时较长,如不及时落实"三同时"制度和采取有效措施,可能会造成严重的水土流失。临时防护工程是开发建设项目水土保持措施体系中不可缺少的重要组成部分,在整个防治方案中起着非常重要的作用。

常见的水土流失防治临时措施有:①临时工程防护措施[主要有挡土墙、护坡、截(排)水沟等几种],临时工程防护措施不仅配置迅速、起效快,而且防护效果好,在一些安全性要求较高和其他临时防护措施不能尽快发挥效果时,则必须采取这种防护措施。②临时植物防护措施(主要有种树、种草、树草结合或者种植农作物等),临时植物防护措施不仅成本低、配置简便,宜农则农、宜林则林、宜草则草,时间可长可短,而且防护效果好、经济效益高、使用范围广。③其他临时防护措施,如开挖土方的及时清运、集中堆放、平整、碾压、削坡开级、薄膜覆盖等(图1-7-8)。

临时防护工程措施在设计要求上标准可适当降低,但必须保证安全运行。

设计时应对项目的生产特点、工艺流程、地形地貌、生产布局等情况进行详细调查,准确计算工程量,使工程措施既满足防护需要,又不盲目建设而造成浪费。

图 1－7－8　丽江玉龙雪山国际高尔夫俱乐部项目临时苫盖和临时拦挡(王志刚　摄)

(七)植被建设工程

1.常见植物措施

植物措施既能防止水力和风力对土壤的侵蚀,又可增加雨水下渗。各类建设项目中的植物措施一般都是为了美化环境和防止冲刷。常见的植物措施有:①边坡植被建设工程;②渣面、施工场地植被建设工程;③特殊场地植被建设工程;④堤岸滩绿化工程;⑤交通道路两侧的绿化工程;⑥生活区、厂区及其他特殊要求;⑦草坪;⑧项目区周边绿化;⑨具有开发利用价值的植被建设工程(如果园、苗圃等);⑩专门的防风林带建设、固沙造林、固沙种草工程;⑪封育治理措施。

2.植物种选择

植物种选择是生产建设项目植被恢复技术的关键一环,选择植物种应从生态适应性、和谐性、抗逆性和自我维持性等方面考虑。

(1)生态适应性

主要是指植物物种的生物学、生态学特性适应于自然环境。用于生产建设水土保持项目的植物应为当地植物或能适应当地气候土壤特征的外来植物。只有此类能适应环境的植物才能在项目区顺利成活,最终形成稳定群落,达到项目目标。

（2）和谐性

所选择的植物物种应与项目周边植物物种和谐统一，群落形态及植物物种构成方面需与周边植物相近，在水文效应、护坡固体、生态修复等功能上与周边植物群落相一致，这样才能实现最终生态和谐的目标。

（3）抗逆性和自我维持性

由于生产建设项目一般在人为破坏原地表的区域，一般立地条件比较恶劣，因此植物品种需要有一定的抗旱性、抗寒性、耐瘠薄、耐高温等特性，这样的植物才能在无人为养护的情况下实现自我维持，具有较强生命力。

3.植被护坡工程技术

（1）一般边坡植被防护技术

①植生带护坡技术：植生带是采用专用机械设备，依据特定的生产工艺，把草种、肥料、保水剂等按一定的密度定植在可自然降解的无纺布或其他材料上，并经过机器的滚压和针刺的复合定位程序，形成的一定规格的产品。植生带护坡技术一般用于土质路堤边坡和土质路堑边坡。

②液压喷播植草护坡技术：该技术是将草种、木纤维、保水剂、黏合剂、肥料、染色剂等与水的混合物通过专用喷播机喷射到边坡坡面而完成植草施工的护坡技术。液压喷播植草护坡一般用于土质路堤、路堑边坡，土石混合路堤边坡经处理后也可用。

③生态植被毯护坡技术：利用稻草、麦秸等为原料作为载体层，在载体层添加草种、保水剂、营养土等材料。在人工养护有一定困难的区域，生态植被毯的应用可大大减少后期的养护管理工作量。

④生态植被袋生物护坡技术：将选定的植物种子通过两层木浆纸附着在可降解的纤维材料编织袋的内侧，施工时在植被袋内装入营养土，封口后按照边坡防护要求摆放，经过浇水养护，即能实现边坡防护和绿化的目的。

⑤客土植生植物护坡：在边坡坡面上挂网机械喷填（或人工铺设）一定厚度适宜植物生长的土壤或基质（客土）和种子的边坡植物防护技术，多用于基质条件较差的边坡。

⑥土工格室植草护坡技术：土工格主要是由 PE、PP 材料制成工程所需的片材，经专用焊接机焊接形成的立体格室。土工格植草护坡是在展开并固定在坡面上的土工格室内填充改良客土，然后在格室上挂三维植被网，进行喷播施工的一种护坡技术。

⑦浆砌片石骨架植草护坡技术：是采用浆砌片石在坡面上形成框架，结合铺草皮、三维植被网、土工格室、喷播植草、栽植苗木等方法形成的一种护坡技术。一般用于各种土质边坡，强风化岩质边坡也适用。

⑧蜂巢式网格植草护坡技术：此技术是一种类似于干砌片石护坡的边坡防护技术。在修整好的边坡坡面上拼铺正六边形混凝土框砖形成蜂巢式网格后，在网格内铺填种植土，再在砖框内栽草或种草的一种边坡技术。

（2）高陡边坡植被防护技术

①挖沟植草护坡技术：在坡面上按一定的行距人工开挖楔形沟，在沟内回填改良客土，并铺设三维植被网（或土工网、土工格栅），然后进行喷播防护的一种护坡技术。

②岩面垂直绿化技术：岩面垂直绿化技术是在普通绿化技术的基础上的延伸。在坡面较陡、不适合采用其他绿化方式的裸岩的岩体坑洼部位种植攀缘植物的容器苗，实现岩体、挡墙的绿化和生态修复。

③生态灌浆技术：该技术主要适用于土质堆渣等地表物质呈块状、空隙大、缺少植物生长土壤物质基础的区域。先把植被恢复机制材料、黏土、水根据一定的比例配置成浆状，然后对表层植物生长层进行灌浆，这样不仅可以达到防渗作用，也能为植物生长提供条件，使植物恢复成为可能。

④钢筋混凝土框架内填土植被护坡技术：在边坡上现浇钢筋混凝土框架或将预制件铺设在坡面形成框架，在框架内回填客土并植草以达到护坡绿化的目的。此方法多适用于浅层稳定性差且难以绿化的高陡岩坡和贫瘠突土坡（图1-7-9）。

图1-7-9　重庆银盘水电站植物措施（王志刚　摄）

第三节　不同类型生产建设项目水土保持措施体系

一、线型建设项目

（一）线型建设项目的特点

线型工程大多指公路,铁路,管道等类似相关工程项目。此类工程线路长,影响范围广,沿线分布多种地形地貌,且对地面扰动类型多。此类工程往往是由连续或不连续的点(段)构成线型分布侵蚀带,其范围较广,土壤侵蚀模数变化较大,因此,水土流失的特点更加复杂(岳境等,2006)。

（二）线型建设项目的一般组成

线型建设项目由主体工程(含主线工程、桥涵工程、路线交叉工程、隧道工程、附属工程等)、施工生产生活区(含施工生产区、施工生活区)、施工便道(含辅助保通道路,至料场、渣场、施工生产生活区道路等)、料场、渣场、拆迁安置及专项设施改建(含拆迁安置、公路道路迁建、专项设施改建等)、施工力能设备等项目组成。

（三）线型建设项目水土流失防治措施体系

线型建设项目水土流失防治措施特别需要注意的有:①穿(跨)越工程的桩基开挖、围堰拆除等施工过程中产生的土石方、泥浆应采取有效防护措施。②陡坡开挖时,应在下坡部位先行设置拦挡设施,并在顶部布设截排水沟。③隧道出渣,宜在较平坦开阔地段或隧道出口布设运渣场,并进行防护。④输变电工程位于破面的塔基宜采用"全方位、高低腿"型式,开挖前应设置拦挡和排水设施。

二、点型生产建设项目

(一)点型建设项目的特点

点型工程包括电厂项目、煤矿项目、住宅区、火电厂等,通常工程项目建设范围相对较小,对地貌的扰动也小。点型工程较线型工程施工期水土流失量占总量的比例及水土流失量/单位面积都小,从产生水土流失的机制分析,点型工程扰动面积范围较小,土壤侵蚀模数变化也较小,因此,水土流失特点较为单一(刘卉芳等,2009),其中以水利水电项目的水土流失为甚。

(二)点型建设项目的一般组成

点型建设项目由枢纽工程(含水库工程、电站引水工程、发电工程、办公生活区等)、施工生产生活区(含施工辅助企业、场内交通工程等)、对外交通(含隧道、辅助道路及专项公路、大件运输、码头等)、料场、渣场、移民安置及专项设施改建区(含水库淹没区)、施工力能等项目组成。

(三)点型建设项目水土流失防治措施体系

点型建设项目水土流失防治措施特别需要注意的有:①弃土(石、渣)应集中堆放。②对水利枢纽、水电站工程等,应加强土石方调运管理。弃渣场选址宜布设在大坝以下距河一定范围的区域,不宜布设在水库正常蓄水位以下范围内。施工导流一般不宜采用自溃式围堰。③在城镇及其规划区、开发区、工业园区的项目,应提高防护标准。④表层土剥离熟土层应集中保存,采取防护措施,最终利用。⑤露天采掘场,应采取截、排水和边坡防护等措施,防止滑坡、塌方和冲刷。⑥排土(渣、矸石等)场地应事先设置拦挡设施,弃土(石、渣)须有序堆放,并及时采取植物措施。⑦可能造成环境污染的废弃土(石、渣、废液)等应设置专门的处置场,并相应提高防治标准。⑧采石场应在开采范围周边布设截排水工程,防止径流冲刷。施工过程中应严格控制开采作业范围,不得对周边造成影响。⑨排土场、灰场、采掘场等场地应及时复垦或恢复林草植被;⑩井下开采的项目,应防止疏干和地下排水对地表土壤水分和植被的影响。采空塌陷区应注重保护水系、保护和恢复土地生产力等措施。

三、各类型生产建设项目水土保持措施布局

（一）公路、铁路工程

公路、铁路工程水土流失防治分区主要分为主体工程区、取土场区、弃渣场区、施工营地区和施工道路区，各分区的水土保持措施如图1-7-10所示。

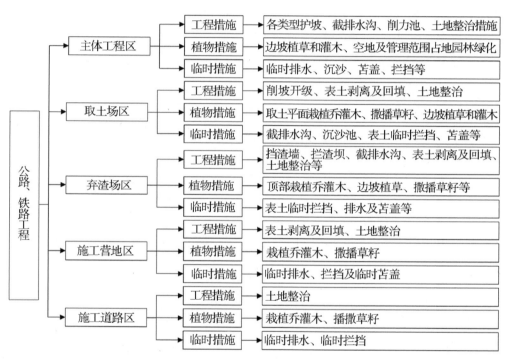

图1-7-10 公路、铁路工程水土流失分区和水土保持措施体系

（二）水利水电工程

水利水电工程水土流失防治分区主要分为主体工程区、工程管理机构区、弃渣场区、取料场区、施工道路区、施工生产生活区以及移民安置区和专项设施改建区，各分区的水土保持措施如图 1-7-11 所示。

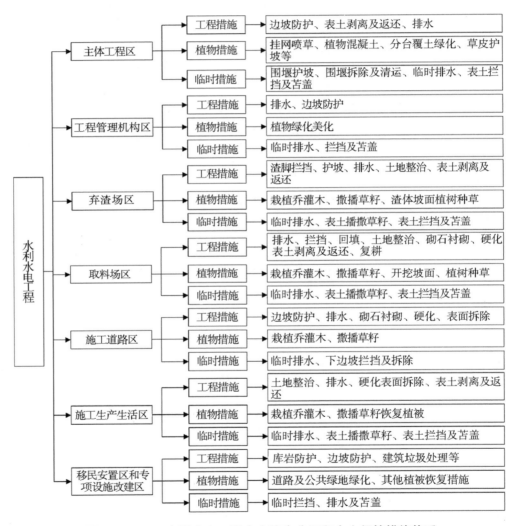

图 1-7-11　水利水电工程水土流失分区和水土保持措施体系

(三)火电、核电工程

火电、核电工程水土流失防治分区主要分为电厂场区、施工生产生活区、厂外道路区、厂外管线区、贮灰场区、水源工程区、弃渣场区、水厂区和管理区，各分区的水土保持措施如图1-7-12所示。

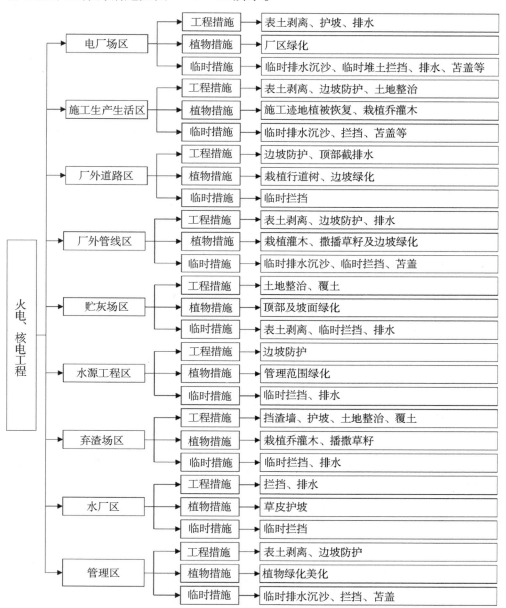

图1-7-12 火电、核电工程水土流失分区和水土保持措施体系

（四）输变电、风电工程

输变电、风电工程水土流失防治分区主要分为杆塔施工区、牵张场及堆料场区、变电站升压站区、道路区、风机基础区、集电线路区、施工生产生活区、弃渣场区、表土堆存场区工,各分区的水土保持措施如图1-7-13所示。

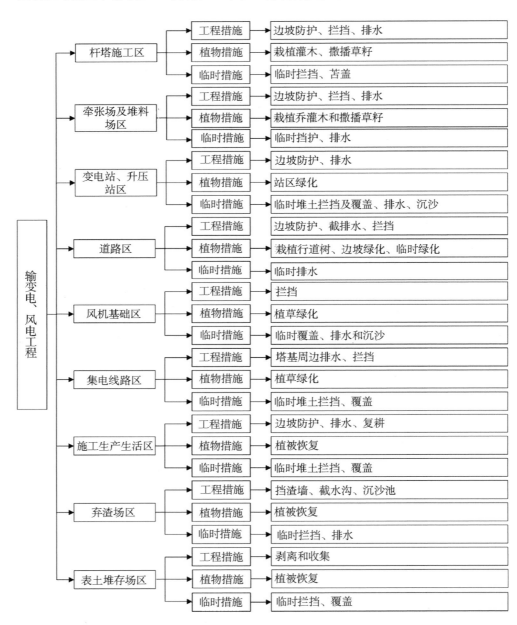

图1-7-13　输变电、风电工程水土流失分区和水土保持措施体系

（五）输气、输油管线工程

输气、输油管线工程水土流失防治分区主要分为管道作业区、山体隧道区、河流沟壑穿越区、铁路公路穿越区、站场阀室区、取土区、弃渣场区、施工道路区，各分区的水土保持措施如图1-7-14所示。

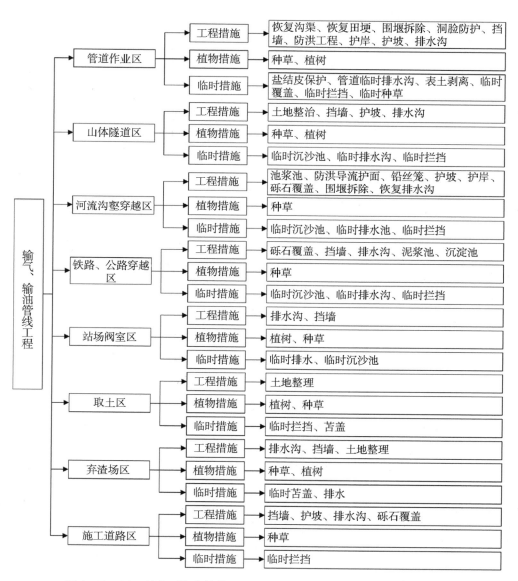

图1-7-14　输气、输油管线工程水土流失分区和水土保持措施体系

（六）井采矿工程

井采矿工程水土流失防治分区主要分为排矸场防治区、采掘场防治区、工业场地记治区、地面运输系统防治区、供排水及供热管线防治区、供电与通信线路防治区，各分区的水土保持措施如图 1 - 7 - 15 所示。

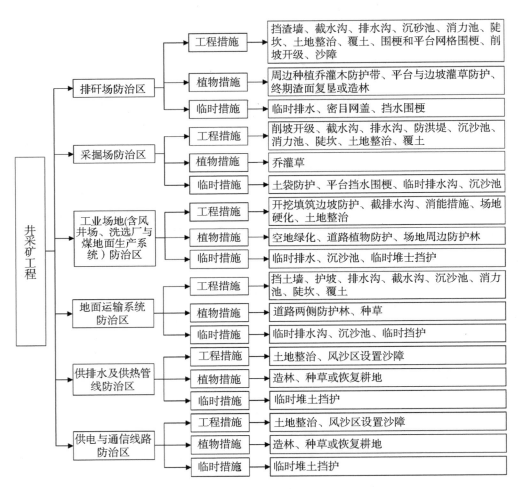

图 1 - 7 - 15 井采矿工程水土流失分区和水土保持措施体系

（七）露采矿工程

露采矿工程水土流失防治分区主要分为排矸场防治区、采掘场防治区、工业场地防治区、地面运输系统防治区、供排水及供热管线防治区、供电与通信线路防治区，各分区的水土保持措施如图1-7-16所示。

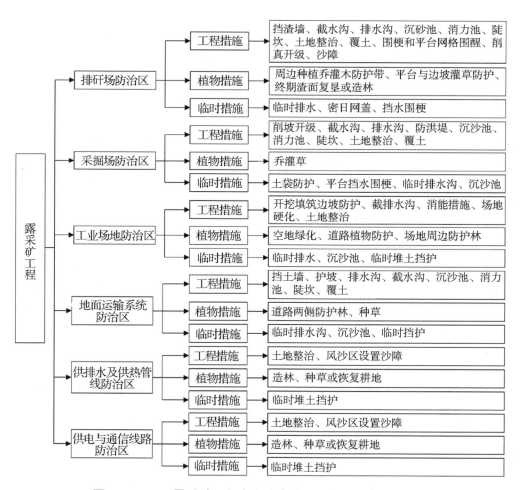

图1-7-16　露采矿工程水土流失分区和水土保持措施体系

（八）城镇生产建设

城镇生产建设工程有较多分类，一般可分为民用建筑工程、工业建设项目、交通工程、绿地系统工程、市政基础设施工程和特殊工程等，根据各个工程类型的不同，水土流失防治分区和采取的水土保持措施也不同，具体如图1-7-17。

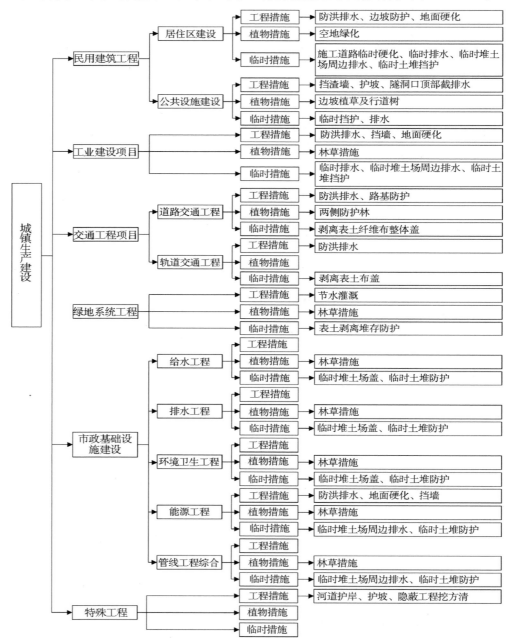

图1-7-17 城镇生产建设项目水土流失分区和水土保持措施体系

（九）农林开发

农林开发工程水土流失防治分区主要分为果树种植区、生产运输及作业道路区、配套水利排灌区和生态保护区，各分区的水土保持措施如图 1-7-18 所示。

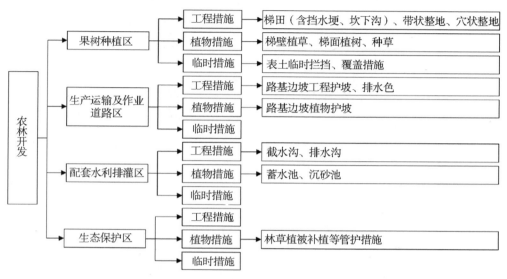

图 1-7-18　农林开发项目水土流失分区和水土保持措施体系

（十）冶金化工

冶金化工工程水土流失防治分区主要分为冶炼厂区、施工生产生活区、弃渣场区、供排水管线区、进厂道路区、供电与通信线路区，各分区的水土保持措施如图 1-7-19 所示。

（十一）机场

机场水土流失防治分区主要分为机场工程区、施工生产生活区、进场道路区、供排水管线区、供电与通信线路区、净空区、取料场区和弃渣场区，各分区的水土保持措施如图 1-7-20 所示。

（十二）港口、码头

港口、码头水土流失防治分区主要分为码头建设区、隧道与连接线工程区、桥梁区、海堤工程区、港口区、辅助设施区、临时设施区、取料场区、弃渣场区，各分区的水土保持措施如图 1-7-21 所示。

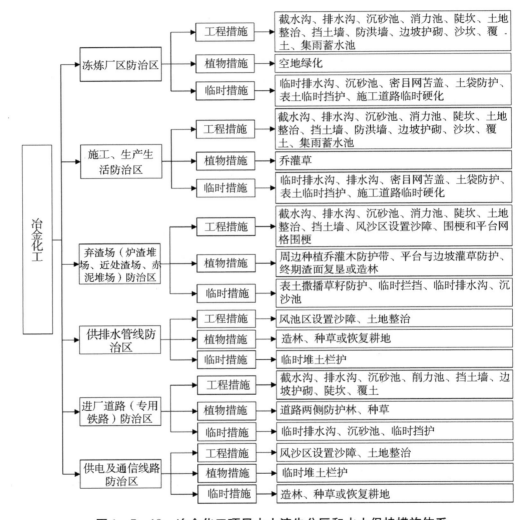

图 1-7-19　冶金化工项目水土流失分区和水土保持措施体系

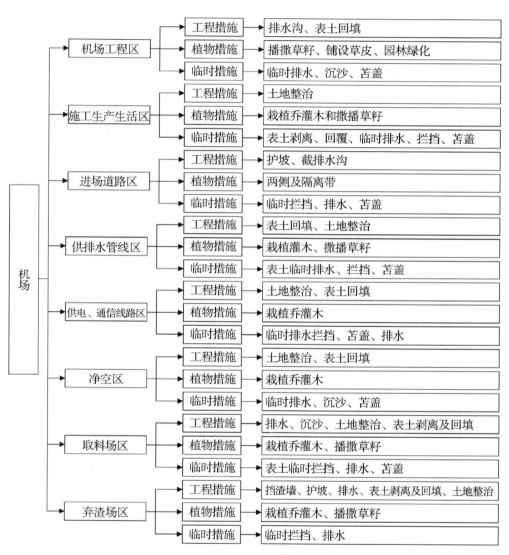

图 1-7-20 机场项目水土流失分区和水土保持措施体系

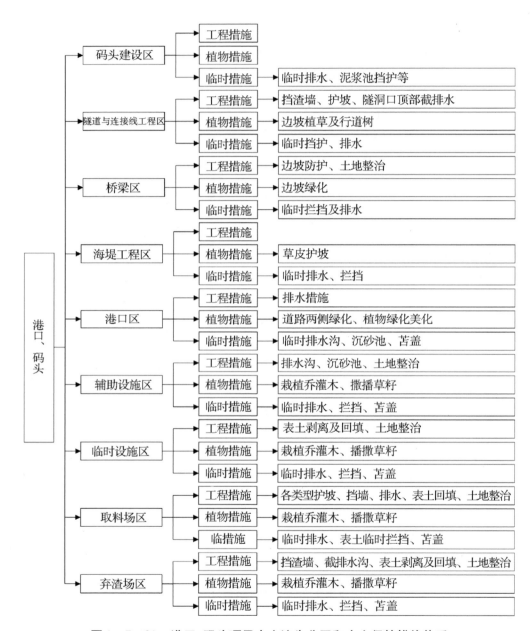

图 1-7-21　港口、码头项目水土流失分区和水土保持措施体系

第四节　生产建设项目水土保持管理

一、生产建设项目水土保持管理特点

（一）建设单位

建设单位应在建设项目可行性研究阶段贯彻落实国家水土保持相关政策，在可行性研究阶段启动水土保持方案报告书（表）的编制工作，在可行性研究报告中编制水土保持篇章，开工前必须取得水土保持行政主管部门的批复文件。

建设单位应依法履行水土保持方案报告书（表）的编报管理程序，委托具有相应能力、熟悉相关业务、工作业绩优良的机构承担水土保持方案报告书（表）的编制工作，委托合同中应明确双方责任，水保方案编制工作的内容、质量、完成时间和付款方式等，并组织内审，按要求开展信息公开、公众参与等工作，并报送有审批权限的水土保持行政主管部门审批。承担方案编制的咨询单位应依照水土保持法律法规、标准、技术规程、规范性文件开展工作，从现状勘测、报告编写到图件制作、审核、审定等各个环节把好质量关，确保环境影响报告、水土保持方案切实可行。

（二）设计单位

贯彻水土保持选线理念，协助建设单位办理水土流失敏感区行政许可手续；做好管道工程建设项目水土保持工程施工图设计工作；对需要开展水土保持方案报告书变更的管道工程建设项目进行设计变更；负责施工过程中水土保持工程的技术支持和现场配合；配合做好水土保持设施自主验收工作。

（三）施工单位

作为水土保持工作的具体实施责任主体，施工单位应健全水土保持管理体系，配置水土保持管理负责人和专业人员。根据水土保持方案报告书及其批复,以及水土保持方案变更报告书及其批复,结合工程实际情况,制订管道工程建设项目水土保持工作方案及实施措施;根据施工图设计,落实施工期水土保持措施,切实做到"三同时";向建设单位或设计单位提出变更建议,并完善相关手续;配合建设单位和各级水行政主管部门,调查处理施工期的重大水土流失事件,开展水土保持日常检查和自主验收工作,按要求抓好问题整改。

(四)水土保持监理单位

根据投标承诺和合同约定,配备具有相应资质的专职水土保持监理工程师,负责施工现场的水土保持监理工作;督促施工单位按照"三同时"要求,实施水土保持措施;制订项目水土保持监理规划和实施细则,审查施工单位制订的水土保持工程施工方案;负责项目主体工程和临时工程施工期水土保持监理工作,重点抓好取土场、弃土(渣)场和施工便道等大临工程,以及水土流失敏感区的施工期水土保持监理,督促施工单位及时整改,留存阶段性文件和相应的过程影像资料;负责编写水土保持监理月报、年报及总结报告,按期报送至建设单位;配合建设单位和各级水行政主管部门调查处理施工期的重大水土流失事件,参加水土保持日常检查、水土保持工程质量评定和自主验收工作,督促施工单位按要求抓好问题整改及回复。

(五)水土保持监测单位

根据投标承诺和合同约定,健全监测机构,配齐人员;负责水土保持措施在施工过程中实施情况的监测,对因建设引起的水土流失面积、流失动态变化和水土保持措施效果进行适时监测;编写监测季度、年度和总结报告,按期报送至建设单位并协助建设单位报送至当地水行政主管部门;对监测范围内水土保持工作提供技术支持;配合建设单位和地方水行政主管部门,调查处理施工期的重大水土流失事件,参加水土保持日常检查和自主验收工作,督促施工单位按要求抓好问题整改及回复。

(六)水土保持设施验收

水土保持设施验收报告应由第三方技术服务机构(以下简称第三方)编制。第三方编制水土保持设施验收报告,应符合水土保持设施验收报告示范文本的格式要求,对项目法人法定义务履行情况、水土流失防治任务完成情况、防治效果情况和组织管理情况等进行评价,作出水土保持设施是否符合验收合格条件的结论,并对结论负责。

竣工验收应在第三方提交水土保持设施验收报告后,生产建设项目投产运行前完成。竣工验收应由建设单位组织,一般包括现场查看、资料查阅、验收会议等环节。项目法人可根据生产建设项目的规模、性质、复杂程度等情况邀请水土保持专家参加验收组。验收结论应经 2/3 以上验收组成员同意。

在《国务院关于取消一批行政许可事项的决定》(国发〔2017〕46 号)发布之前,生产建设项目水土保持设施验收是经国务院行政审批改革认定的行政许可事项,是依法落实水土保持"三同时"制度的重要保证,是水土保持方案审批机关对建设单位水土保持工作履行情况的认定行为。为贯彻落实国务院决定精神,规范生产建设项目水土保持设施自主验收的程序和标准,切实加强事中事后监管,水利部出台并下发了《关于加强事中事后监管规范生产建设项目水土保持设施自主验收的通知》(水保〔2017〕365 号),明确要求自国务院决定发布之日起,各级水行政主管部门一律不得新受理生产建设项目水土保持设施验收审批申请,对国务院决定发布之前已受理的生产建设项目水土保持设施验收审批申请,终止审查程序,向申请人作出说明。

水土保持设施验收的形式转变,是落实了党中央国务院关于加强转变政府职能,深化"放管服"改革,加强事中事后监管的要求。

二、水土保持方案编制

(一)水土保持方案编制的法规体系

我国政府对生产建设项目所造成的水土流失问题十分重视,开展了卓有成效的工作,颁布实施了一系列法律法规、管理制度,制定了完备的技术规范与标准,形成较为完备的法律法规、规章制度和技术标准体系。水土保持的法规体系共分 3 个层次,第一层次为法律,如《中华人民共和国水土保持法》以及其他相关法律,水土保持及相关行政法规《中华人民共和国水土保持法实施条例》和《建设项目环境保护管理条例》,地方性水土保持法规即各地的水土保持实施办法;第二层次为水土保持规章,主要指部门规章;第三层次为规范性文件即各级人大、政府或其组成部门为进一步落实法定要求而制订的有关文件。

(二)水土保持方案编报审批制度

水土保持方案的编报审批管理,主要包括方案编制、方案报送与受理、审查与审批、监督检查及验收等内容。《水利部关于进一步深化"放管服"改革全面加强水土保持监管的意见》中明确规定：对于征占地面积在 5hm² 以上或者挖填土石方总量在 5 万 m³ 以上的生产建设项目应当编制水土保持方案报告书，征占地面积在 0.5hm² 以上 5hm² 以下或者挖填土石方总量在 1 千 m³ 以上 5 万 m³ 以下的项目编制水土保持方案报告表。水土保持方案报告书和水土保持方案报告表应该在项目开工前报水行政主管部门审批，其中对水土保持方案报告表实行承诺制管理。

水土保持方案报告书应当进行技术评审，技术评审意见作为行政许可的技术支撑和基本依据。实行承诺制管理的项目水土保持方案，由生产建设单位从省级水行政主管部门水土保持方案专家库中自行选取至少一名专家签署是否同意意见，审批部门不再组织技术评审。方案编制完成后，建设单位行文向相应级别水行政主管部门的水土保持机构报送水土保持方案的送审稿，水土保持机构再委托技术评审机构进行技术评审。送审稿可由建设单位的内设机构向水行政主管部门的水土保持机构行文要求审查，会议前，在征求主体设计和地方代表意见基础上，进行现场踏勘。会议要求方案编制单位用多媒体介绍方案编制内容，会议审查一般设立专家组，主要由评审专家组成，水土保持司、流域机构及省、市、县的代表一般不进入专家组。评审专家按分工或专业对水土保持方案的正确性、合理性负责，会议讨论形成专家组评审意见，交由建设单位组织修改。为提高主体设计单位贯彻水土保持方案的意识，要求主体设计土建内容的设总参加会议并协同解答专家组的问题，方案编制所依据的设计资料须带到会场备查。

编制单位依据专家组意见修改完成水土保持方案的报批稿后，技术评审机构须出具方案审查意见。建设单位在拿到审查意见后，应行文向相应的水行政主管部门申请批复。与送审稿不同的是，行文单位须是具有独立法人资格、社会信誉良好的单位，并直接向水行政主管部门申请批复。

实行水土保持方案审批申请受理、审批材料和审批决定全公开。水土保持设施自主验收材料由生产建设单位和接受报备的水行政主管部门双公开，生产建设单位公示 20 个工作日，水行政主管部门定期公告。水土保持方案报告书审批时间压缩至 10 个工作日以内。对经济社会发展、民生改善有直接、广泛和重要影响的项目，审批部门要开辟绿色通道，将审批时间压减至 7 个工作日以内。

三、水土保持监测

（一）水土保持监测的目标

水土保持监测的目标主要有：①对水土流失动态实施监测分析，为水土流失防治提供依据。②对水土保持措施及其效果进行评价，为水土保持设施管护提供依据。③对水土流失防治效果进行评价，为生产建设项目管理运行提供依据。

（二）水土保持监测原则

生产建设项目水土保持监测应遵循以下原则：①全面调查与重点观测相结合。②监测内容与水土保持责任分区相结合。③监测方法及频率与观测内容的指标一一对应。

（三）水土保持监测内容

对于编制并报批了水土保持方案的生产建设项目，监测内容应遵照批准的生产建设项目水土保持方案确定，同时依据《生产建设项目水土保持技术标准》（GB 50433—2018）和《水土保持监测技术规程》（SL 277—2017）的规定进一步深化和系统化。

对于没有编报水土保持方案的生产建设项目，监测内容应依据《生产建设项目水土保持方案技术规范》（SL 204—1998）和《水土保持监测技术规程》（SL 277—2017）的规定，进行全面系统的设计，生产建设项目水土保持监测的内容主要涉及：①影响水土流失及其防治的主要因子，包括降水、地形地貌、地面组成物质、植被类型与覆盖度、水土保持设施和质量等。②水土流失，包括水土流失形式、面积、强度和流失量等。③水土流失危害，包括下游河道泥沙涝洪灾害、植被及生态环境变化，对项目区及周边地区经济、社会发展的影响。④水土保持工程效果，包括实施的各类防治工程效果、控制水土流失、改善生态环境的作用等。⑤项目实施不同阶段水土保持监测内容。

为了进行水土保持防治效益分析计算，生产建设项目水土保持监测的时段应分为三个阶段，各个阶段的特点和监测内容主要为：

①第一时段：生产建设项目实施前或实施初期，该时段的水土流失及影响因子是项目水土流失及其防治设施（措施）的本底值，是比较分析项目实施过

程和生产运行初期的水土流失及其防治措施数量、质量与效果的对比值。主要监测内容包括地形地貌、地面组成物质、植被、降水、水土保持设施和质量、水土流失状况等,这些内容主要采用现场观测、测试和资料分析等方法进行监测,范围涉及项目的全部防治责任区。

②第二时段:水土保持工程实施期,该时段的水土流失及其影响因子的变化反映了项目施工造成水土流失的动态。主要监测内容包括土壤侵蚀形式、土壤流失量、植被措施状况、降水以及水土流失危害等。水土保持工程实施过程中的水土流失监测,主要采用现场巡视监测、定点监测相结合的方式,目的是随时对施工组织和工艺提供建议,以保证最大限度地控制施工造成的水土流失。

③第三时段:水土保持设施投入运行初期。该时段的水土保持措施及其数量、质量与防治效果直接反映了项目水土保持效果。

(四)水土保持监测技术手段

生产建设项目水土保持监测应采取定位监测与实地调查、巡查监测相结合的方法,有条件的大型建设项目可同时采用遥感监测方法,监测方法的选择应遵循以下原则:①规模大、影响范围广的特大型工程除地面监测、调查监测和场地巡查监测外,还可采用遥感监测的方法。②施工过程中时空变化多、定位监测困难的项目可采用场地巡查和遥感监测等方法。

生产建设项目水土保持监测样点的布设应根据项目扰动地表的面积、涉及的水土流失类型、扰动开挖和堆积形态、植被状况、水土保持设施及其布局,以及交通、通信等条件综合确定。监测样点的场面地选择应符合下列规定:①监测样点应有代表性,可集中或突出反映所处水土流失类型区和防治责任分区的特点,同时可选择类似的样点作为对比监测样点。②各种试验场地应适当集中,不同监测项目应尽量结合,尽量避免人为活动的干扰。③交通方便,便于监测管理。

四、水土保持监理

水土保持监理工作依据国家及有关部门制订颁布的施工技术及工程验收规范规程、质量检验评定标准和规程、有关设计文件、图纸和技术要求,制订监理实施细则及相关监理制度,保证监理工作的顺利开展。

（一）基本原则

遵循"四控制、二管理、一协调"的工作原则，进行水土保持监理工作。施工中水土保持监理单位应将水土保持工程的质量保证体系纳入主体工程的质量保证体系中，参照水土保持工程相关的质量标准，与主体工程质量控制标准相协调。

严格认真审核参建单位的施工资质，并要求施工单位向监理单位提供承包合同复印件，明确施工单位的合同承包范围，加强工程的计量。审查施工图纸及资料，对已完工程及时进行有效的工程计量。

专业工程师每月对施工单位上报的工程量报表进行逐项核实，依据工程实际情况和施工单位实际完成的工程量，签署监理工程师意见或建议，为工程价格的支付提供依据。

对报验资料不全、与合同文件约定不符、未经监理工程师质量验收合格或有违约的工程量不予确认。

确保施工记录、各种文件、工程签证的完整性，特别注意实际施工变更，为正确处理可能发生的索赔提供依据。

（二）监理过程

根据监理合同，监理工程师及时进入施工现场，对施工准备工作进行监理，督促建设单位按建设合同提供各种施工条件，督促施工单位及时做好各项开工准备工作，发布开工令。同时根据项目设计，结合项目施工技术要求和技术规范、规定等，编制水土保持监理规划和水土保持监理细则，提出水土保持监理计划，开展水土保持工程施工监理工作。

1. 施工准备阶段

在设计交底前，总监理工程师组织监理人员熟悉设计文件，对图纸中存在的问题，通过建设单位向设计单位提出书面意见和建议。项目监理人员参加由建设单位组织的水土保持工程设计技术交底会。参与审核施工单位报送的施工组织设计，审查施工方案是否满足水土保持要求。配合协助主体监理人员审核施工承包人提出的水土保持实施计划和实施方案，并提出审核意见。协助主体监理人员审查施工单位报送的工程开工报审表及相关资料。配合发包人召开各方水土保持协调会。协助发包人签订有关协议。

2. 施工阶段

依据招投标文件及监理合同约定,水土保持监理单位按照监理程序对水土保持工程施工质量、进度、投资及安全进行全方位控制,水土保持监理单位在建设单位授权范围内开展监理工作,监理工作的内容主要有:协助主体监理机构编制水土保持工程项目划分。检查承包人内部水土保持管理职能运行情况,并与主体监理单位共同督促人员落实到位。检查工程建设各阶段的水土保持措施及设施的实施与建设情况。采用巡回监理方法,监督检查施工单位水土保持工程质量保证措施、进度计划、投资计划和安全保证措施的执行情况;监督检查施工单位严格执行工程承建合同和国家工程技术规范、标准,动态控制好水土保持工程措施及植物措施施工质量;协助业主控制好工程进度及工程造价。及时发现和制止违反水土保持的行为,对严重影响环境的施工行为通过书面意见及时反馈给工程监理和发包人进行处理,并进行跟踪检查,监督实施。根据建设单位的要求参加有关工程验收及质量评定,并签署工程建设水土保持意见。监督水土保持临时措施的执行情况,评估执行效果,提出改进的要求和建议。协助主体工程监理复审施工单位施工组织设计中有关防止水土流失的实施措施及施工临时防护措施。参加由建管单位或主体工程监理单位组织召开的周、季和月度监理例会、进度协调会、水保工作检查会及建管单位所要求参加的其他定期与不定期的相关会议。向工程各方通报前阶段出现的水土保持问题,指出下阶段需注意的主要问题及相关防范措施。及时掌握工程施工情况,对工程施工进度、质量、资金到位和使用情况以及安全管理中出现的问题进行协调和解决,以确保水土保持工程建设顺利进行。做好《监理日志》或《监理巡查记录》,保持其及时性、完整性和连续性;编写水土保持监理报告,按照建设单位要求及时提供水土保持监理业务范围内的专题报告。

3. 竣工验收阶段

依据有关的法律、法规、工程建设强制性标准、设计文件及施工合同对承包人报送的有关竣工资料进行审查,并督促施工单位及时整理完成水土保持相关资料。对工程区水土保持质量进行预检,主要通过现场检查和根据合同文件、设计文件以及监督性监测资料进行检查。现场监督检查承包人对遗留水土保持问题的处理,处理完毕由总监理工程师签署工程竣工验收单,并提交工程质量评估报告。配合水土保持设施技术评估单位编制水土保持设施技术评估报告,准备与提交报告编制所需的水土保持监理资料。按建设单位的要求参与主体工程的各阶段验收,并参加水土保持专项验收,就工程验收过程中存在问题提出合理化建议。协助发包人完成水土保持工程竣工验收。

五、水土保持监督检查

为进一步加强生产建设项目水土保持事中事后监管,规范和强化水利部所属流域管理机构水土保持监督检查工作,根据《中华人民共和国水土保持法》,制订了《水利部流域管理机构生产建设项目水土保持监督检查办法(试行)》,适用于流域管理机构在其管辖范围内开展的生产建设项目水土保持监督检查工作。主要包括水利部批准的水土保持方案实施情况的跟踪检查,及对省级水行政主管部门生产建设项目水行政主管部门生产建设项目水土保持监督管理的工作的检查。流域管理机构应当加强对水土保持监督检查工作的组织领导,提高监督检查能力,严格落实检查责任,依法全面履行监督管理职责。流域管理机构应当在每年第一季度确定年度监督检查计划,报水利部备案,并抄送流域内各省级水行政主管部门;每年1月底前向水利部报告上一季度水土保持监督检查的工作情况。

(一)跟踪检查

流域管理机构应当根据监督检查的情况,于每年第1季度在流域门户网站公告上一年各生产建设项目水土保持方案实施情况。流域管理机构应当督促生产建设单位按照批准的水土保持方案做好水土保持后续设计、措施落实、监测、监理和设施验收工作,切实落实水土保持"三同时"制度。

跟踪检查主要包括的内容有:①水土保持工作组织管理情况。②水土保持方案变更、水土保持措施重大变更审批情况,水土保持后续设计情况。③表土剥离、保存和利用情况。④取、弃土(包括渣、石、砂、矸石、尾矿等,下同)场选址及防护情况。⑤水土保持措施落实情况。⑥水土保持补偿费缴纳情况。⑦水土保持监测、监理情况。⑧历次检查整改落实情况。⑨水土保持单位工程验收和自查初验情况;⑩水土保持设施验收情况。

流域管理机构开展跟踪检查,地方各级水行政主管部门作为检查组成员参加,可邀请生产建设单位主管部门(或者上级单位)参加,检查水土流失防治任务较重的生产建设项目时也可邀请专家参加跟踪检查。流域管理机构可组织省级水行政主管部门实施跟踪检查。

跟踪检查主要采取现场检查方式,也可采取召开专题会议、生产建设单位提交书面报告等方式。现场检查可通过政府购买服务等方式,积极推广应用卫星遥感、无人机等先进技术,提高监督检查效能。跟踪检查一般遵循的程序为:①印发检查通知。②现场检查并查阅有关资料。③听取建设单位和水土保持技术服务单位汇报,并与相关人员座谈。④填写制式表格,现场检查人员和被检查生产建设单位负责的主管人员或者其他直接责任人员签字。⑤印发监督检查意见并送达生产建设单位。⑥对限期治理或整改的,及时进行复查。

对水利部批准的水土保持方案的在建生产建设项目,每年至少开展检查一次。对水土流失防治任务较重的生产建设项目要开展重点检查,并适当提高检查频次。对跟踪检查结果可以采取处理的方式有:①及时向社会公布监督检查结果。②对依法开展水土保持工作、水土流失防治效果突出的生产建设单位,给予表扬;对发现存在问题的,要求生产建设单位限期整改。③经复查,对限期内没有完成整改任务的,约谈生产建设单位负责人,督促整改。④对拒不整改落实的,经调查取证确认存在违法违规行为的,依法采取行政代履行措施或者实施行政处罚。构成犯罪的移交司法机关,依法追究法律责任。

流域管理机构在监督检查过程中,发现水土保持监测、监理等技术服务工作存在较严重问题的,应提出批评和整改要求,并向水利部和资质管理单位反馈有关意见。对省级水行政主管部门提出申请,水利部或者流域管理机构认为确有必要的,由流域管理机构参照跟踪检查的要求组织开展有关生产建设项目的水土保持监督检查(赵永军,2007)。

(二)工作检查

流域管理机构应当对其管辖范围内水行政主管部门每年至少开展一次生产建设项目水土保持监督管理工作检查。

工作检查的内容主要包括:①水土保持监督管理机构、人员及制度建设情况。②水土保持方案审批及验收情况。③生产建设项目水土保持方案实施情况。④水土保持补偿费征缴情况。⑤水土流失案件查处情况。⑥全国水土保持监督管理系统使用情况。

工作检查一般遵循的程序包括：①印发检查通知。②现场检查和查阅有关资料。③反馈检查意见。④将有关情况报告水利部。

六、验收

（一）生产建设项目水土保持设施验收要求

1.准确把握水土保持设施验收审批的性质和任务

水土保持设施验收审批是依法设立由水行政主管部门实施的一项独立行政许可事项，是生产建设项目投产使用的前置条件。水土保持设施验收审批的主要任务是检验生产建设单位落实水土保持方案防治水土流失的情况，并做出是否通过验收的结论：主要包括检查生产建位设单位是否履行了水土保持方案及重大变更编报审批程序、是否开展了水土保持监测和监理工作、是否履行了水土保持补偿义务、核查弃土弃渣是否综合利用或堆放在水土保持方案确定的专门存放地、评价水土流失防治任务是否完成、水土流失防治效果是否达标，以及落实水土保持设施运行管护责任等。

2.切实落实生产建设单位的水土流失防治主体责任

生产建设单位是生产建设项目水土流失防治和水土保持安全生产责任的主体、水土保持设施自验是生产建设单位对其水土流失防治任务完成情况的自我检查和对水土保持工作开展情况的全面总结，是向水行政主管部门申请水土保持设施验收的前提，生产建设单位应在水土保持分部工程和单位工程验收合格的基础上，按照水土保持方案及其批复文件、有关部门审查审定的水土保持后续设计等，全面开展水土保持自验工作。生产建设单位应自行或委托具有相应能力和水平的机构编制水土保持设施自验报告，明确自验结论，并对自验报告和结论负责。水土保持设施验收自验报告应包括水土保持方案（含重大变更）编报审批及后续设计情况、水土保持方案实施情况、水土流失防治效果、水土保持工程质量等主要内容：对设有大型弃渣场等重点防护对象的，还应明确其稳定性评估结论。

3.进一步明确评估单位的技术支撑作用和把关责任

技术评估是对生产建设单位履行水土保持法定义务情况开展的综合评估，主要包括水土保持监测监理、水土流失防治、水土保持设施运行及管理维护等。

技术评估意见是水行政主管部门作出验收审批的基本依据,对未通过技术评估的生产建设项目,水行政主管部门可依据技术评估意见作出不予许可的决定。技术评估单位应当严格按照水土保持法律法规、标准规范、水土保持方案及其批复的要求,在查阅资料档案的基础上,充分运用无人机等遥感测技术手段,加强水土流失防治工程和防治效果的核查核实,对大型弃渣场、高陡边坡等重点防护对象应全部开展现场核查,形成公正客观、科学合理的技术评估意见,并对评估意见和结论负责。对应开展技术评估的生产建设项目,各级水行政主管部门要按照深化行政审批中介服务改革的要求,结合当地实际,积极推行政府采购委托相关机构开展水土保持设施验收技术评估工作。

4.严格把好生产建设项目水土保持设施验收关

各级水行政主管部门要严格遵守水土保持设施验收程序,严格遵循经批准的水土保持方案,规范高效做好水土保持设施验收审批工作。水土保持设施验收原则上应包括现场查看、资料查阅、验收会议等环节。对未开展水土保持设施自验等不满足验收受理条件的生产建设项目,不得受理其水土保持设施验收审批申请。对因特殊天气气候条件不能查看现场的生产建设项目,要确定合理的时间组织现场查看或采取适当方式查验,确保验收效果。对生产建设单位未全面履行水土流失防治主体责任,以及生产建设项目存在未依法依规履行水土保持方案及重大变更编报审批程序、未依法依规开展水土保持监测监理和后续设计、废弃土石渣未堆放在经批准的水土保持方案确定的专门存放地等情形的(见附件),原则上应当作出不予批准的决定。

5.依法全面推进生产建设项目水土保持设施验收工作

各级水行政主管部门和流域机构要充分认识水土保持设施验收制度的重要意义,准确把握水土保持设施验收审批的性质和任务,切实依法履行好水土保持设施验收审批职责。要严格依法行政,杜绝"只批不验"或"越权验收"行为:要严格验收标准,不得擅自降低验收合格条件和要求;要严格检查督促,全面及时掌握在建生产建设项目情况,推动"已批未验"项目及时开展验收工作:要严格查处违法违规行为,坚决制止、依法惩处"未验先投"行为,各省级水行政主管部门要按照有关规定和本通知要求,结合实际研究制订水土保持设施验收审批工作细则,推行便民高效举措,充分发挥技术评估单位和专家的作用,切实提高验收审批的科学化、规范化水平。

（二）生产建设项目水土保持设施验收规程

1. 范围

本规程适用于编制水土保持方案报告书的生产建设项目水土保持设施的验收。编制水土保持方案报告表的生产建设项目水土保持设施的验收规程，由省级水行政主管部门按照务实、简便、易操作的原则制订。

2. 基本要求

（1）生产建设项目水土保持设施自主验收（以下简称自主验收）包括水土保持设施验收报告编制和竣工验收两个阶段。

（2）自主验收应以水土保持方案（含变更）及其批复，水土保持初步设计和施工图设计及其审批（审查、审定）意见为主要依据。

（3）自主验收应包括以下主要内容：①水土保持设施建设完成情况。②水土保持设施质量。③水土流失防治效果。④水土保持设施的运行、管理及维护情况。

（4）自主验收合格应具备下列条件：①水土保持方案（合变更）编报、初步设计和施工图设计等手续完备。②水土保持监测资料齐全，成果可靠。③水土保持监理资料齐全，成果可靠。④水土保持设施按经批准的水土保持方案（含变更）、初步设计和施工图设计建成，符合国家、地方、行业标准、规范、规程的规定。⑤水土流失防治指标达到了水土保持方案批复的要求。⑥重要防护对象不存在严重水土流失危害隐患。⑦水土保持设施具备正常运行条件，满足交付使用要求，且运行、管理及维护责任得到落实。

（5）验收资料制备由项目法（或者生产建设单位，下同）负责组织，有关单位制备的资料应加盖制备单位公章，并对其真实性负责。

（6）水土保持设施验收资料应按规定保存，并符合档案管理要求。

（7）涉及重要防护对象的水土保持分部工程和单位工程的水土保持质量评定应符合《水土保持工程质量评定规程》（SL 336—2006）的有关规定。

（8）水利水电项目移民安置或专项设施迁改建的水土保持设施可单独验收。

3. 水土保持设施验收报告编制

（1）编制机构

水土保持施验收报告由第三方技术服务机构（以下简称第三方）编制。

（2）编制要求

第三方编制水土保持设施验收报告，应符合水土保持设施验收报告示范文本的格式要求，对项目法人法定义条履行情况、水土流失防治任务完成情况、防治效果情况和组织管理情况等进行评价，作出水土保持设施是否符合验收合格条件的结论，并对结论负责。

（3）第三方评价内容

①项目法人水土保持法定义务履行情况：a. 评价水土保持方案（含变更）编报等手续完备情况；b. 评价水土保持初步设计和施工图设计开展情况；c. 评价水土保持监测工作开展情况，包括重要防护对象月度影像记录保存情况；d. 评价水土保持监理工作开展情况；e. 复核水土保持补偿费缴纳情况。

②水土流失防治任务完成情况：a. 复核水土流失防治责任范围；b. 复核弃土（渣）场、取土（料）场选址及防护等情况；c. 复核水土保工程措施、植物措施及临时措施等实施情况；d. 复核水土保持分部工程和单位工程相关验收资料；e. 复核表土剥离保护情况；f. 复核弃土（渣）综合利用情况。

③水土流失防治效果情况：a. 评价水土流失是否得到控制，水土保持设施的功能是否正常、有效；b. 评价重要防护对象是否存在严重水土流失危害隐患情况；c. 复核水土流失防治指标是否达到水土保持方案批复的要求；d. 个别水土流失防治指标不能达到要求的，应根据当地自然条件、项目特点及相关标准分析原因，并评价对水土流失防治效果的影响。

④水土保持工作组织管理情况：a. 复核水土保持设施初步验收、监测、监理等验收资料的完整性、规范性和真实性；b. 复核水行政主管部门水土保持监督检查意见的落实情况；c. 评价水土保持设施的运行、管理及维护情况（赵永军，2007）。

（4）评价方法

第三方开展评价工作应采用资料查阅、走访、现场核查等方法，其中涉及重要防护对象的应全部核查。

4. 水土保持设施竣工验收

①竣工验收应在第三方提交水土保持设施验收报告后，生产建设项目投产运行前完成。②竣工验收应由项目法人组织，一般包括现场查看、资料查阅、验收会议等环节。③竣工验收应成立验收组，验收组由项目法人和水土保设施验收报告编制、水土保持监测、监理、方案编制、施工等有关单位代表组成，项目法

人可根据生产建设项目的规模、性质、复杂程度等情况邀请水土保持专家参加验收组。④验收结论应经2/3以上验收组成员同意。⑤验收组应从水土保持设施竣工图中选择有代表性、典型性的水土保持设施进行查看,有重要防护对象的应重点查看。⑥验收组应对验收资料进行重点抽查,并对抽查资料的完整性、合规性提出意见。⑦验收会议:a.水土保持方案编制、监测、监理等单位汇报相应工作及成果;b.第三方汇报验收报告编制工作及成果;c.验收组成员质询、讨论,并发表个人意见;d.讨论形成验收意见和结论;e.验收组成员对验收结论持有异议的,应将不同意见明确记载并签字。⑧存在下列情之一的,竣工验收结论应为不通过:a.未依法依规履行水土保持方案及重大变更的编报审批程序的;b.未依法依规开展水土保持监测或补充开展的水土保持监测不符合规定的;c.未依法依规开展水土保持监理工作;d.废弃土石渣未堆放在经批准的水土保持方确定的专门存放地的;e.水土保措施体系、等级和标准未按经批准的水土保持方案要求落实的;f.重要防护对象无安全稳定结论或结论为不稳定的;g.水土保持分部工程和单位工程未经验收或验收不合格的;h.水土保持监测总结报告、监理总结报告等材料弄虚作假或存在重大技术问题的;i.未依法依规缴纳水土保持补偿费的(姜德文,2015;赵永军,2007)。⑨项目法人按范格式制发水土保持设施验收鉴定书。

5. 附则

①重要防护对象是指4级(含)以上弃渣场容易发生水土流失危害及隐患的工程部位。②第三方是相对水行政主管部门和生产建设单位而言,具有独立承担民事责任能力和相应水土保持技术条件,并从事水土保持技术服务的企业法人、事业单位法人或其他组织。③县级以上人民政府水行政主管部门和流域管理机构核查中发现的弄虚作假,不满足水土保持设施验收标准和条件而通过验收的,应以书面形式告知生产建设单位,视同为水土保持设施验收不合格。④生产建设单位和第三方弄度作假,不满足水土保持设施验收标准和条件而通过验收的,县级以上人民政府水行政主管部门和流域管理机构,要将其违法违规行为的处罚结果报送全国水利建设市场监管服务平台,同时向社会公布(姜德文,2015;2018)。

第八章

城市水土保持

第一节　城市水土保持概述

一、城市水土保持由来

城市水土保持因城市化水土流失而生。早在 1987 年，大连市被列为计划单列市，因暴露出城市建设造成的局部水土流失问题，市水土保持办公室由此成立。随之在 20 世纪 90 年代初，政府投资治理流失严重的城市郊区的中南路边坡，并树立户外水土保持教育宣传长廊牌，命名"大连市中南路水土保持一条街"（段巧浦等，1997）。为此大连市水土保持办公室还被市规划局邀请参加城市大型基建项目的审查会。但是，当时对于城市建设水土流失问题的关注仅限大连市范围。

1992 年借着邓小平同志南行的春风，深圳的城市化开发迅猛发展。随着 1993 年的宏观经济调控，许多推土未建的土地长期闲置。1993—1994 年夏天几场大暴雨，造成深圳市严重的水土流失和洪涝灾害，出现大量的河道淤高、市政管道淤塞，交通拥堵、城市功能失效、人居环境恶化，从而引起了深圳市人大、政协的高度关注，并由市政府责成有关部门在 1995 年初以布吉河流域为基础组织开展全市水土流失的调查，编制城市水土保持规划。当时水利部南昌水利水电高等专科学校（现南昌工程学院）的陈法扬教授带领部分教师开展深圳市城市水土流失调查，并协助有关部门编制完成《深圳城市水土保持规划》。

深圳市严重而复杂的城市水土流失问题也引起了相关媒体和水利部的关注。央视"焦点访谈"栏目报道了深圳严重的城市水土流失，水利部于 1995 年 8 月 5 日在深圳召开了首次全国部分沿海城市水土保持工作座谈会，会上第一次提出了城市水土保持概念。吴长文（1995）在《中国水土保持》杂志首次发表了"城市化的水土流失问题"。面对管理滞后、开发急功近利、盲目野蛮开发造成的恶果，深圳市国土与水务等部门联合，在实地调查基础上，针对深圳由农村向城市的转变过程中,探索农村与城市水土流失的异同,初步提出了城市水土保持的目标(图1-8-1)。1996年10月,南方水土保持研究会在深圳召开以城市水土保持为主题的学术研讨会,并邀请专家审定《深圳城市水土保持规划》,从学术上首次界定了城市水土流失和城市水土保持概念。

图1-8-1 深圳市九矿开发区水土流失治理

在探索深圳城市水土保持的基础上,1996年11月18日水利部在大连市召开首次全国城市水土保持工作会议。时任水利部副部长朱登铨对城市水土保持工作的由来、发展、经验、问题以及指导思想、职责、工作重点和今后任务作了全面而系统的论述(黄宝林,1997)。深圳、大连、太原、青岛等6市交流了开展城市水土保持工作的经验,代表们参观了大连市的城市水保一条街(中南路)、坡地住宅水土保持示范区和经济技术开发区的水土保持生态建设。1997年水利部在深圳、大连、青岛、三明等10座城市开展城市水土保持试点,进而在1999年提出了创建10个全国水土保持生态环境示范城市(林军,2000),并纳入实施的"十百千"计划,即10座示范城市、100个示范县、1000条示范小流域(水利部、财政部,1999)。后来又推动"创建生产建设项目示范工程"。至2000年12月,财政部、水利部在福建省三明市召开城市水土保持工作会议,授予大连、青岛、深圳、三明市等城市为"全国水土保持生态环境建设示范城市"。虽然全面的城市水土保持工作仅在少数城市引起重视,但由此之后,城市水土保持带动生产建设项目的水土保持工作在全国蓬勃发展。

在欧美国家,城市水土保持职能没有分设在水土保持机构,而是分散在各个行业分别进行管理(吴长文等,2005;2006)。香港地区与其类似,在 20 世纪 70 年代以土力工程处治理、管理城市建设边坡(吴长文等,1999)。

二、城市水土保持内涵

(一)城市水土保持的概念

《中国大百科全书》(中国大百科全书出版社编辑部等,1992)中的水土保持的概念为:"防治水土流失,保护、改善与合理利用水土资源,维护和提高土地生产力的综合性科学技术"。2004 年版的《水利大百科全书(水土保持分册)》(王礼先等,2004)定义的"城市水土保持"为:对城市、乡镇区域内水土流失的预防和治理。随着城市(镇)化进程的加快,即使在平原区,如果城市开发建设不当,也能引发城市水土流失。

吴长文(2004)从管理与技术综合的角度,提出城市水土保持是为防治城市规划范围内生产建设活动的水土流失和生态景观破坏而采取的管理和技术措施,发生水土流失的区域不仅是在山丘区的城市建设区,而且扩展到平原区,甚至是街区的任何动土项目。

(二)城市水土保持的内涵

传统的水土保持与城市水土保持两者的内涵不同。城市水土保持的汇合点实际是城市绿地系统与城市水安全。吴长文(2013)从宏观尺度定义为城市水土生态原理(landscape principle,即 LSP)。因此,LSP 是城市水土生态资源的利用与维护人居生态平衡的基础,处于生态城市建设的主体地位,相关行业只是行使 LSP 的具体节点规划与管理职能。

其内涵主要包括以下内容:①开发建设项目的开发整地方式,优化泥沙控制方法与措施。②城市规划区内退化劣地的生态修复及生态重建技术,包括闲置开发区的生态恢复治理、裸露山体缺口(采石场、遗留边坡、废弃石场等)的复绿治理、毁林种果、原有侵蚀劣地的生态修复。③清洁小流域生态建设,水源保护林的建设、管理及山地生态风景林的保护。④流域内的河道(排水道)整治与河岸景观改善。⑤生产建设项目水土保持方案(设计)审查、监测、监督检查等预防措施,水土保持执法等。

三、城市水土保持功能

（一）城市水土保持建设目标

城市水土保持不是要使城市化过程逆转，而是要使城市化过程有序化，确保城市化过程中的各种基础设施能发挥其正常的功能。城市水土保持规划是城市总体规划的组成部分，城市水土保持具有对生态景观的保护、对破坏劣地的植被恢复、景观改善和城市绿化美化的功能（盛定生等，2000）。

未来的城市化建设目标应是花园式山水型的生态城市，尽管这可能是一种理想，但应是城市水土保持生态追求的目标（刘伟常等，2000）。相关的概念包含"花园城市""山水城市"和"生态城市"等。1898年英国人霍华德提出"花园城市"模式，构建了人类建立与自然协调的舒适优美的城市家园的理想。钱学森在1990年根据中国山水画的美学价值构建了"山水城市"模式（图1-8-2），反映了实现人与自然和谐统一的理想。对于"生态城市"，联合国人与生物圈计划（MAB）将其定义为：人类运用智慧创造一种能充分融合技术和自然并使其达到最优化的人类活动及居住形式，是社会和谐、经济高效、生态良好的自然、城市与人融合为有机整体所形成的互惠共生结构，其要求的城市绿地覆盖率达50%、人均拥有绿地 $60m^2$ 以上。

图1-8-2 山水城市格局

（二）城市水土保持功能

城市水土保持具有对生态景观的保护、对破坏劣地的植被恢复及景观改善和城市绿化美化（含防尘降尘的功能，以及传统意义的控制泥沙、保障排水通畅、防止城市内涝等）。从人的行为来说，城市水土保持就是一种水土生态建设的生态文明。这里从硬措施和管理软措施方面来分述。为了强调植物措施，单列其作用功能。

1. 城市水土保持功能

主要是三大措施所产生的作用，即工程措施、植物措施和综合管理措施（传统意义的三大措施还包括农业措施，这在城市水土保持中几乎可以忽略）。水土保持工程措施是直接采取工程防护和拦蓄来防治水土流失，具有立竿见影和较长久的功效，但若没有林草措施的配合，景观和生态效果可能较差，不能真正达到人与环境和谐的目的。植物措施与工程措施在城市水土保持技术措施中是相互依存、相互促进的。

2. 城市水土保持管理

运用智慧和组织系统创造一种能充分融合水土保持生态技术和自然并使其达到最适宜的人类活动和最优化的人居环境，使社会和谐、经济高效、生态良好，城市与人融合为有机整体所形成的互惠共生结构。

3. 城市水土保持的管理体系

包括法律法规、管理机构和服务体系、管理措施（陈霞等，1998）与技术体系等。具体内容在本章第四、五节中论述。

（三）林草措施的作用

体现城市水土保持功能的三大措施中，工程措施与植物措施同样重要。只是工程措施在城市水土保持中已被普遍接受，常见的倒是工程措施滥用破坏了城市的生态和谐。因此重点谈谈植物措施在城市水土保持功能中的具体作用。

城市水土保持中使用的植物，不仅是先锋树草种，也包括城市园林植物和藤本植物。其作用不仅是减少水土流失，而且要成为城市人居环境的生态组成部分。因此这里主要论述植物保持水土的独特作用。植物措施可以改善小气候，改良土壤，增加入渗，固结土体，同时可以截流降水，降低降水对地面的侵蚀作用。枯枝落叶对降水的涵养作用，同时也可以降低降雨的侵蚀力。植物根系固结土壤的作用增加土壤(土体)的抗蚀性和抗冲性。植物对土壤理化性质的改良作用,比如增加土壤腐殖质含量。植物对周围生态环境的改良作用也可以间接地起到水土保持作用。土壤入渗性能可以直接影响地表产—汇流过程,进而决定地表径流的冲刷能力和水蚀过程。

植物根系固土作用机制,机制模式以四个层次来起作用,即根系材料力学、根系网络串联作用、根系—土壤有机复合体的黏结作用及根系—土壤间生物化学作用。根系具有加筋作用,并不等于真正的钢筋,根系在土壤中进行生长发育属于活性材料,同时根与土粒之间形成统一体。根土之间实现完整的结合,其界面形成有机—无机复合体之后,才能进行水分运输、物质转移,形成土壤—植物—大气连续体。特别指出,植物的保土作用,主要表现为表层(研究认为在3m以内),不能代替护坡工程。因此,需要在边坡整体稳定的条件下实施边坡的林草生态防护。

具体植物水土保持一般作用在本卷第一章有介绍,不予赘述。

第二节　城市水土流失问题

一、城市水土流失概念

专业大百科全书没有城市水土流失的权威解释。百度百科的"城市水土流失"的解释是:城市建设过程中,因土地开发、采石、筑路、建房、架桥、引水、排水工程等所引发的水土流失。吴长文(2004)对城市水土流失的解释是:在城市(镇)规划范围内,因城市化或城区生产建设活动的不当行为引发的水土资源的损失和水土生态的破坏现象,包括泥沙流失的危害和生态景观的破坏。城市水土流失可以理解为当建设规模或开发建设活动扰动土(岩)体并超越城市的承载力和管理水平时,在自然外营力(降雨、重力、径流冲刷)的作用下造成的。它与传统的农村水土流失,在侵蚀机制、侵蚀方式、侵蚀模数和危害程度以及治理的代价等方面都有很大的不同。

造成水土流失常见的开发方式有:采石、取土活动;公路(含高速公路)、铁路(或高铁)、市政道路等建设;开山造地、填海;机场、港口码头等建设活动;涉及场地平整工程或土石方外运的房地产开发;工业园区及工业企业建设开发;外运土石方的弃置工作(如地下工程、建筑物基坑开挖、河道清淤等);环境工程(如纳土场、垃圾处理场、危险废物填埋场、污水处理厂)的建设与运营等。

二、城市化对水土流失影响

自有城市产生后就有城市水土流失。但是,我们讨论的城市水土流失是现代城市化意义上的水土流失,快速城市化是城市水土流失的外力诱因,因此有必要先介绍一下城市化。

(一)城市化含义

1. 狭义城市化

城市化指农业人口不断转变为非农业人口的过程。衡量城市化的通用指标是城市化率(或城市化水平),即某一地区城市居住的人口与该地区总人口的比例。本节所讨论的狭义城市化是指因城市人口或产业的增加而推动城市范围不断向外围建设扩展的过程。

2. 广义城市化

广义城市化是指社会经济变化的过程,包括农业人口非农业化、城市人口规模不断扩张,城市用地不断向郊区扩展,城市数量不断增加以及城市社会、经济、技术变革进入城市生活的过程,包括人们的生活、生产方式、居住与出行方式、社会结构,甚至价值体系均发生变化。

3. 中国城市规模划分

1998年中国城市数为668个。随后因合并或降为城市的行政区等,城市数略有减少。截至2018年,中国有城市664个,其中直辖市4个,地级市294个,县级市366个。

中国城市规模按非农业人口的多少分为4类:人口100万以上为特大城市;人口50万到100万的为大城市;人口20万到50万的为中等城市;人口10万~20万为小城市。中国城市发展总体战略是"控制大城市规模,合理发展中等城市,积极发展小城镇"。2014 年国务院印发《关于调整城市规模划分标准的通知》,明确了新的城市规模划分标准。新的城市规模划分标准以城区常住人口为统计口径,将城市划分为五类七档。

①小城市:城区常住人口 50 万以下的城市为小城市,其中 20 万以上 50 万以下的城市为 I 型小城市,20 万以下的城市为 II 型小城市。

②中等城市:城区常住人口 50 万~100 万的城市为中等城市。

③大城市:城区常住人口 100 万~500 万的城市为大城市,其中 300 万~500 万的城市为 I 型大城市,100 万~300 万的城市为 II 型大城市。

④特大城市:城区常住人口 500 万~1000 万的城市为特大城市。

⑤超大城市:城区常住人口在 1000 万以上的城市为超大城市。

(二)城市化发展阶段划分

王桂新(2013)认为,现代城市化主要是以工商业发展为推动力,主要表现为工业化的作用、商业和经济市场化的作用两方面。

一是工业化的作用。工业化使城市成为区域经济的中心;工业化冲破农村自然经济的桎梏;工业化带动交通地理的大变化;工业化促进城市第三产业的大发展。

二是商业和经济市场化作用。劳动力市场化使劳动人口向城市的迁移得以实现;土地资源市场化使城市容量不断扩大和新城镇的建设得以实现;产品市场化使城市化在更广阔地域的展开得以实现。

从世界范围的城市化研究来看,城市化可分为初始阶段(城市化率小于30%)、中期阶段(城市化率 30%—70%)、后期阶段(城市化率高于 70%)。下面结合中国的城市化进程,分析城市化发展阶段及其对水土流失发生发展所产生的影响。

1.初始阶段

这一阶段城市人口占总人口的比重在 30% 以下,农村人口占绝对优势,生产力水平较低,工商业提供的就业机会有限,农村剩余劳动力释放缓慢;水土流失主要发生在农村地区。

1966—1978 年期间,我国的城市化水平处于城市化发展的低迷徘徊期,甚至出现"下乡"的逆城市化,这整整 13 年间,城市只增加 25 个,城市非农业人口长期停滞在 6000 万～7000 万人，城市化水平在 8.5% 上下徘徊，1978 年城市化率不足 10%；该期水土流失主要表现为农业活动对植被和土地资源的破坏。

1979—1997 年期间，城市化在改革开放中稳步发展，改革开放政策的实施，无论是城市，还是农村，社会经济各项事业有了新的活力。"乡村工业化"和城市工业的空前扩张，对城市化进程起了推动作用。到 1997 年，我国城市已发展至 668 个，与 1979 相比，新增城市 452 个，相当于前 30 年增加数的 2 倍多。城市人口也迅速增加，城市化率从 10% 增加到 30%，年均增长约 1%；这一阶段在某些快速城市化地区（如深圳、珠海等）已经出现了严重的城市水土流失。

2. 中期阶段

中期发展阶段城市化率为 30%～70%，城市化进入快速发展时期，城市人口可在较短的时间内突破 50%，进而上升到 70% 左右。我国城市化率从 1998 年的 30% 多发展到 2018 年的近 60%。2018 年，京津冀、长三角、珠三角三大城市群的城市化在 70% 以上。在北上广深等先期快速城市化地区的城市水土流失得到遏制时，全国城市化水土流失却有蔓延之势。

此后 10 年仍是我国城市化快速发展的 10 年，京津冀、长三角、珠三角城市群，长江经济带城市群，郑州—武汉—西安中原都市圈、成渝都市圈人口快速集聚。在 300 万以下的城市放开户口限制后，地市级城市的城市化也会加速。在生态文明缺乏、水土保持管理没有配套的情况下，强力的城市化就是城市水土流失的策动力。

3. 后期阶段

后期阶段城市化率在 70% 以上，这一阶段也成为城市化稳定阶段。我国到 2030 年城市化率预计可大于 70%，预计 10 年后我国城市建设管理不断完善，生态文明理念不断强化，城市水土流失逐步得到遏制，城市生态建设不断提高完善。

（三）城市化的水土流失策源力

城市水土流失主要肇端于城市化出现的弊端，这些弊端有：①在世界格局中，中国的城市化明显滞后于工业化所对应的非匹配。②中国的城市化进程中，明显地表现出土地城市化快于人口城市化的非规整。③中国的城市化亟须克服"城市和农村、户籍人口与常住人口"的非公平。④中国的城市化偏重城市发展的数量和规模,忽略资源和环境的代价,呈现出粗放式生产的非集约。⑤中国的城市化必须解决如何进入现代管理、消除城市病,包括不重视城市生态建设、城市建设水土保持疏于管理的非成熟。

在世界城市化发展史上,环境问题都是相似的。正因为中国城市化出现的弊端,在当代市场经济发展的城市化过程中,唯有城市水土流失在中国某些先期快速城市化的地区留下惨重教训。

1992年后,随着中国市场经济的迈步,首先从深圳的农村城市化开始,城市土地开发迅速加快扩张,相应人口也迅速聚集。据统计,1992年深圳市城镇户籍人口仅不到22万人,常住人口却达268万人。至1995年,深圳市常住人口449万人,新开发地迅速扩张,深圳市城市水土流失面积达195km²。

三、城市(镇)化的水土流失特性

快速城市化只是城市水土流失的诱因,实际是否出现城市水土流失,关键在于城市建设管理是否出现失序的状态。城市水土流失主要发生在城市化过程中,在城市及其周边地区由城市生产建设项目等人为活动引发的水土流失,是一种对城市社会经济发展和生态环境有重大影响的灾害。广义上,城市水土流失应包括因自然和人为因素引起的水土资源的破坏和损失。

与传统农村水土流失相比,城市水土流失特性主要表现于以下七个方面。

(一)水安全危害巨大

城市高楼林立、人口密度大、交通量大、市政工程密集,地下设施多、管道密布,如发生水土流失危害,将堵塞河道湖泊、廊道管路,影响交通、地下设施运行。林桂禄等(1997)研究表明,城市水土流失主要表现为:造成城市排水系统过水能力下降,降低防洪能力,导致城市受淹。

城市水土流失中产生的大量泥沙淤塞河道,向河道乱倒城市固体废弃物,都会减弱江河湖库抗洪能力,在暴雨季节,会出现洪水漫流出槽,工厂和居民区进水,公路被毁,导致城市区被淹,甚至形成"小降雨、大水淹没"的现象。

城市水土流失灾害损失的形态复杂化,不仅造成原生灾害,造成人员伤亡和财产损失,而且造成复杂多样的次生和衍生灾害,一旦城市受灾就可能引起连锁反应,灾害逐年扩大,造成巨大的经济损失。例如,大量泥沙淤塞河道和堵塞城市下水道,疏通它们需要大量时间和精力,而且水土流失致使城市市政设施、工矿设备受到破坏,造成停电停水影响,从而制约着城市经济的发展。

(二)流失强度大

传统的农村水土流失是因农业活动不当并在自然力作用下引发的,城市水土流失主要是在城市生产、开发建设过程中由人为活动扰动地表、破坏植被、大量弃土弃渣造成的,一遇暴雨,水土流失强度大,其他自然因素叠加影响后流失加剧。城市水土流失强度要数倍甚至数十倍于传统的水土流失。例如,自然侵蚀的剧烈侵蚀其侵蚀强度上限仅为 1.3 万 t/(yr·km²),而建设项目水土流失动辄就达几万吨甚至几十万吨以上。

(三)面源污染突出

城市水土流失发生时,往往流经城市工厂、居民区、绿地和桥梁、道路等市政设施,携带流经区域内的大量面源污染物进入渠道、湖泊、水库、河道等,造成大量面源污染物聚集。

(四)影响领域广泛

城市是区域政治、经济、文化中心,城市水土流失直接影响到城市政府机构运转,影响到城市的经济活动、文化交流、市政设施运行甚至涉外活动,以及城市人群的正常生产生活。

(五)治理难度大

城市水土流失治理,涉及城市交通、地下管网、城市建设、商业街区、人居环境等各种因素,治理难度大,付出代价高。例如,在深圳市水土流失治理中,2000 年前的平土流失区治理标准约 20 元/m²,岩质边坡生态治理标准约 80 元/m²。若以 2020 年的物价水平,出现 2000 年的深圳城市流失情况,治理的代价在 10 倍以上。

(六)治理涉及面广、制约因素多

城市水土流失治理涉及城市建设和管理的多个部门、行业,如规划、城建、国土、水利、环保、市政、农林、园林等,城市各类建设项目多,引起水土流失策源点多、涉及面广,责任有时难以厘清和界定,需要加强监测和协调。

(七)景观负面影响大

城市水土流失除了泥沙流失造成城市水安全问题并形成灾害,还会冲击人们的视觉,影响生态景观、城市市容市貌和生态环境,从而影响人们的生活情绪和质量。在城市当中,位于城边、路边、水边(三边)的水土流失地,尤其背景山体的不规则裸露边坡,一般都是景观影响敏感区,受城市水土流失影响比较大。

四、城市水土流失分类分级

(一)流失的类型

南方地区的城市水土流失主要考虑水力侵蚀。按流失的特点,其流失类型可分为:坡面流失、平台流失、沟蚀、石质化、果园侵蚀等。

全国土壤侵蚀类型区划是按土壤侵蚀外营力的不同种类,将全国土壤侵蚀区划分为 3 个一级区,根据地质、地貌、土壤等形态又将 3 个一级区划分为 9 个二级区。

1. 按国家级的水土流失类型区划分

(1)北方

西北黄土高原区、东北黑土区、北方土石山区。因本书主要涉及的是南方,本内容略。

(2)南方

南方主要有南方红壤丘陵区和西南土石山区。

①南方红壤丘陵区:主要在长江中游及汉水流域、洞庭湖水系、鄱阳湖水系、珠江中下游,还包括江苏、浙江等沿海侵蚀区。

②西南土石山区:主要在长江上中游及珠江上游。

在传统的农村水土流失中,常常把土壤侵蚀与水土流失等同使用。实际上,土壤侵蚀是特指种植层的土壤流失,所谓城市水土流失主要指生产建设项目活动造成的水土流失,它流失的对象主要是土体母质,甚至是石块,不具备作物种植层土壤的属性。

2. 按生产建设项目类型划分

按项目类型,城市水土流失表现形式主要有以下类型:片区开发(整地),(市政)道路工程,工业或房地产项目,地下(基坑)工程对雨污排水系统的干扰,纳土场,管网工程(如排污、输水、输气),河道整治和其他水利工程,机场、码头,供水、污水处理、垃圾处理场建设等。根据广东一些城市的经验,城市规划区范围的成片果园开发水土流失也应纳入城市水土流失。

（二）城市水土流失强度分级

我国水土流失强度分类分级标准实际上是用土壤侵蚀强度分类分级标准来代替的,即《土壤侵蚀分类分级标准》(SL 190—2007)对土壤侵蚀强度分级做了规定。

王克勤等(2015)研究生产建设项目水土流失影响等级,从全国8个区划中选出若干项目通过专家打分形式将项目分为五个影响等级。吴长文(1995)和陈法扬(1999)在深圳市城市水土流失调查中率先提出了城市水土流失强度的三级诊断指标。吴长文(1996)后来又提出了改进版的开发平土区的六级划分标准。深圳市基于花岗岩风化土体的流失标准在深圳强降雨的华南地区均发挥了历史性重要作用,但地方特色较为明显。后来的生产建设项目有关技术研究都是基于城市水土保持,其流失强度划分研究也是从城市水土保持延伸而来(王克勤,2015)。

探索科学的、适应性更广的城市(生产建设项目)水土流失强度分级指标体系是未来城市水土保持科研工作者的责任。

第三节　城市水土保持原理

保持水土的原理,是在一定外营力(除地震、火山爆发等)状态下,土层(岩土)的内在抵抗力大于外营力破坏力作用,使地表保持相对的平衡状态。内营力主要是地层内部构造运动引起的地表形态变化,以及岩土体或土壤的内部固结力,外营力是自然力诸如水、大气、热量和人类活动扰动等对地表的影响。自然力通常表现为风化、河流、波浪、潮汐、冰川、风蚀等。我国南方地区的城市水土流失研究对象主要是水力侵蚀和重力侵蚀,其水土保持原理研究的主要侵蚀类型是水力侵蚀,从泥沙控制的机制来说,它是在降水、地表径流、地下径流的作用下,土壤、土体或其他地面组成物质被破坏、剥蚀、搬运和沉积的全部过程。

从措施来说,城市水土保持原理就是采用法律、管理、技术等手段对城市生产建设项目活动进行预防监督或治理与绿化。

一、生态平衡与泥沙控制原理

(一)生态平衡原理

生态平衡是指在一定的时间内生态系统的生物和环境之间、生物各个种群之间,通过能量流动、物质循环和信息传递,使他们相互之间达到高度适应、协调和统一的状态。也就是说,当生态系统处于平衡状态时,系统内各组成成分之间保持一定的比例关系,能量、物质的输入与输出在较长时间内趋于相等,结构和功能处于相对稳定状态。在受到外来干扰时,能通过自我调节恢复到新的平衡状态。城市生产建设活动对生态平衡的影响主要表现在三方面:一是大规模地把自然生态系统转变为人工生态系统;二是大量获取生物圈中的自然资源;三是向生物圈中超量输入建筑物和废弃物、污染物。

生态学是一门连结生命、环境和人类社会的有关可持续发展的系统科学。城市生态学建基于景观生态学、恢复生态学、人居生态学、生命支持系统生态学等。景观生态学以综合、整体的思想对城市水土保持规划与建设起着非常重要的指导作用,后者应用景观格局特征,合理地配置景观要素,以达到景观结构与功能的最优化,是保护城市生态环境的重要途径。应用景观生态学原理进行城市水土保持有利于生物多样性保护,保持城市生态系统的平衡,充分发挥城市生态系统的生态服务功能,实现自然资源的可持续开发与利用(王昭艳等,2007)。景观生态学研究的焦点是在较大的空间与时间尺度上生态系统的空间格局和生态过程;恢复生态学研究城市及其规划区受损生态系统的重建、改良、修复和更新的机制与应用;人居生态学研究将城市住宅、交通、基础设施及消费过程与自然生态系统融为一体,为城市居民提供适宜的人居环境,并最大限度地减少环境等影响的生态学措施;生命支持系统生态学研究城市发展的区域生命支持系统的网络关联、景观格局、风水过程、生态秩序、生态基础设施及生态服务功能等。

(二)城市水土保持应用

城市景观生态学从人的美学价值的角度出发,以大尺度研究生态学的外在形态,包括生物和非生物要素,镶嵌体、廊道、基质及其空间关系构成的特定组合形式,对控制景观生态过程起关键作用的一些局部、点和空间关系,构成景观生态安全格局。

城市水土保持生态的景观格局应包括:维护和强化城市背景山体与城市建筑群山水格局的连续性;维护、恢复城市河道和海(河)岸线的自然形态;保护和恢复城市规划区的湿地系统;山地防护林(生态风景林)体系与城市绿地系统相结合的生态保护与改善措施;将裸露山体缺口改造成城市公园,使其成为城市区绿色基质;严格管理农业用地保护区并作为城市田园的有机组成部分(吴长文,2013)。

深圳等城市的开发区水土流失治理和裸露山体缺口治理的生态修复与重建的大量实践,是恢复生态学在城市水土保持中的成功探索。

城市生产建设项目水土保持管理工作中,强调的是土石方平衡。它是一个概念型计算,是指一个开发区域或生产建设项目区域内土石方调配,其目的是为分析和评价这个区域内的土石方是否得到妥善存放、利用、保护或治理,是否产生了水土流失。

(三)泥沙控制原理

《泥沙运动力学》(钱宁等,1983)主要阐述了各种固体颗粒在江河、荒漠、海滨及管路中,在流水、风力、波浪和重力作用下的起动、搬运和沉积规律;王礼先等(1994)对森林枯落物保持水土的作用进行了研究。

水力侵蚀的强度决定于土壤或土体的特性、地面坡度、植被情况、降水特征及水流冲刷力的大小等,在土地被扰动的情况下,几场大暴雨往往占全年侵蚀总量的主要部分;植被或遮蔽物对地面的覆盖是减少水力侵蚀的关键因素,严重水力侵蚀一般发生在植被遭到大量破坏的地区。人类不合理的生产建设活动是引起水力侵蚀的主要因素,如缺乏防护措施的城市建设开发、开矿、筑路、水利工程等生产建设项目,在暴雨的作用下会因水力侵蚀而加剧城市化水土流失。

二、可持续性原则

可持续发展的含义是指既满足当代人需要,又不对后代人满足其需要的能力构成危害的发展。据统计,近年来我国水泥、钢材消耗量分别占全世界消耗量的 50% 和 30%,表明我国 GDP 的增长是以大量消耗资源、开山炸石采矿,牺牲生态环境为代价的。在政绩考核时,过去主要以 GDP 指标来衡量,更加促使地方政府片面追求经济指标的增长。城市水土保持是为城市开发建设提供持续性生态安全保证,如开发活动对水系的破坏、开山采石对城市背景环境的破坏、无节制的产生余泥渣土等对城市的可持续发展构成危害。近年来对可持续性的社会实践提出了价值量核算,提倡的生态文明可以看做是可持续性原则的法治实践,也一并予以介绍。

(一) 可持续性原则

以公平性、持续性、共同性为三大基本原则。

1. 公平性原则

所谓公平是指机会选择的平等性。可持续发展的公平性原则包括两个方面:一方面是本代人的公平即代内之间的横向公平;另一方面是指代际公平性,即世代之间的纵向公平性。可持续发展要满足当代所有人的基本需求,给他们机会以满足他们要求过美好生活的愿望。可持续发展不仅要实现当代人之间的公平,而且也要实现当代人与未来各代人之间的公平,因为人类赖以生存与发展的自然资源是有限的。从伦理上讲,未来各代人应与当代人有同样的权利享有对资源与环境的需求。可持续发展要求当代人在考虑自己的需求与消费的同时,也要对未来各代人的需求与消费负起历史的责任,因为同后代人相比,当代人在资源开发和利用方面处于一种无竞争的主宰地位。各代人之间的公平要求任何一代人都不能处于支配的地位,即各代人都应有同样选择的机会空间。

2. 持续性原则

这里的持续性是指生态系统受到某种干扰时能保持其生产力的能力。资源环境是人类生存与发展的基础和条件,资源的持续利用和生态系统的可持续性是保持人类社会可持续发展的首要条件。这就要求人们根据可持续性的条件调整自己的生活方式,在生态可能的范围内确定自己的消耗标准,要合理开发、合理利用自然资源,使再生性资源能保持其再生产能力,非再生性资源不至过度消耗并能得到替代资源的补充,环境自净能力能得以维持。可持续发展的可持续性原则从某一个侧面反映了可持续发展的公平性原则。

3.共同性原则

可持续发展关系到全区域、全流域乃至全球的发展。要实现可持续发展的总目标,必须争取共同的配合行动,这是由地球整体性和相互依存性所决定的。因此,致力于达成既尊重各方的利益,又保护全球环境与发展体系的国际协定至关重要。正如《我们共同的未来》(世界环境与发展委员会,1997)中写道"今天我们最紧迫的任务也许是要说服各国,认识回到多边主义的必要性""进一步发展共同的认识和共同的责任感,是这个分裂的世界十分需要的。"这就是说,实现可持续发展就是人类要共同促进自身之间、自身与自然之间的协调,这是人类共同的道义和责任。

(二)可持续性价值计量

可持续发展的价值可以从自然资源和环境资源的价值计量入手,就城市水土保持而言,其最终目的是通过水土资源的开发与维护达到城市共同、协调、公平、高效、多维的发展。

1.自然资源账户

一种可行方法是建立另外一套自然资源账户,这套资源账户采用非货币单位的形式,它只是表示:在一个特定的国家里,资源究竟发生了什么样的变化。更简单的修正方法是建立一系列的环境统计报表。这些账户应该显示出环境的不同变化是如何同经济变化联系起来的。这至少可以避免认为经济与环境不相干的管理错误。

2.环境资源价值

李鸿举等(2001)认为,建立一个合法的决策框架,可以将环境资源的全部经济价值划分为两大类:使用价值和非使用价值。前者进一步被划分为直接使用价值和间接使用价值以及选择价值。其中,选择价值就是指当代人为了保证后代人对资源的使用而对资源所表示的支付意愿。非使用价值又称存在价值,是指人类的发展将有可能利用的那部分资源的价值,也包括那些能满足人类精神文化和道德需求的那部分环境资源的价值,如美丽风景、良好生态、濒危物种资源等。实行资源环境价值计量,就是要在保持经济适度增长的同时,促进城乡融合、社会全面进步,加强生态保护,实现人与自然的和谐相处,并采用绿色

GDP 来核算社会经济财富。

(三) 践行生态文明原则

生态文明是可持续发展的绿色表达,是人与自然和谐的行为准则。生态文明的原则就是把生态保护的理念融入法律体系和城市建设和管理理念中。

建设生态文明,是关系人类福祉、关乎民族未来的长远大计。面对资源约束趋紧、环境污染严重、生态系统退化的严峻形势,必须树立尊重自然、顺应自然、保护自然的生态文明理念,把生态文明建设放在突出地位,融入经济建设、政治建设、文化建设、社会建设各方面和全过程,努力建设美丽中国,实现中华民族永续发展。

生态文明建设的中心思想即为"两山"理念(绿水青山就是金山银山),其落脚点是发展,实现共同富裕,解决社会公平问题,提高公众福利和安全保障水平。当然,城市中不是绿水青山越多越好,而是在城市水土保持规划中预留适当的绿化和水域用地,使城市更生态、健康。

三、水安全管理与人居环境科学原理

城市水土保持既要坚持水安全管理原理,又要遵循人居环境科学原理。两者是相辅相成的,水安全保障人居环境,人居环境标准和要求的提高反过来促进城市对水安全的重视。

(一) 水安全原则

水安全内涵将水安全分为三个子系统:水资源子系统、水环境子系统和水灾害子系统。三者相互联系、相互作用,形成了复杂、时变的水安全系统。具体来说,水安全包括防洪安全、水环境安全和饮用水安全。其中饮用水安全包括饮用水质安全和水量保障安全。水质安全的核心是水质健康风险控制。它包括从原水水质改善、处理工艺优化与强化、输配过程水质保障、特殊污染物去除、水质安全评价的全过程。水质安全涵盖了水质转化—过程控制—工艺应用—风险评价的完整水质安全体系。水环境安全、水灾害安全重点是探讨城市水土保持的水污染防治和防洪除涝。其水安全管理原理包括:系统原理、人本原理、预防原理和强制原理。

1. 系统原理

①系统原理:指是指运用系统观点、理论和方法,对管理活动进行充分的系统分析,以达到管理的优化目标,即用系统论的观点、理论和方法来认识和处理管理中出现的问题。

②运用系统原理的原则包括动态相关性原则(既有联系又有制约);整分合原则(既分工又合作);反馈原则(灵活准确快速信息反馈);封闭原则(安全管理形成闭合回路)。

2. 人本原理

①水安全管理的人本原理是指在水安全管理中必须把人的因素放在首位,体现以人为本的指导思想。

②运用人本原理的原则包括激发人的动力原则;建立一套合理能级的安全管理团队;建立一套激励机制的原则。

3. 预防原理

预防原理是指安全生产管理应以预防为主,通过有效的管理和技术手段,减少和防止人的不安全行为和物的不安全状态。

运用预防原理的原则有以下几条。

①偶然损失原则:事故后果以及后果的严重程度都是随机的。反复发生的同类事故并不一定产生完全相同的后果。

②因果关系原则:事故的发生是许多因素互为因果连续发生的最终结果,只要事故的因素存在,发生事故是必然的,只是时间或迟或早而已。

③3E 原则:针对造成人、物的不安全因素的四方面原因(即技术原因、教育原因、身体和态度原因以及管理原因),可以采取 3 种防止对策,即工程技术(engineering)对策、教育(education)对策和法制(enforcement)对策,即所谓的3E 原则。

④本质安全化原则:指从一开始和从本质上实现安全化,从根本上消除事故发生的可能性,从而达到预防事故发生的目的。本质安全化原则不仅可以应用于设备、设施,还可以应用于建设项目。

4. 强制原理

强制原理是指在城市水安全出现危及人类生命财产安全时采取强制管理的手段控制某些人(施加影响或可能受影响)的意愿和行为,使个人的活动、行为等受到水安全要求的约束,从而实现有效的水安全管理。

强制原理应用于城市水土保持要坚持的原则是安全第一原则、预防监督原则、严格执法原则。

(二)人居环境科学原理

1.人居环境科学概念

城市人居环境是生态平衡、可持续发展、水安全在城市空间的综合体现,人居环境科学原理为城市水土保持提供了理想与现实结合的目标。

第二次世界大战后,希腊学者道萨迪亚斯就提出了"人居环境科学"的概念。改革开放后,我国城市规划大师吴良镛正式提出了建立人居环境科学,要把城市规划的科学上升到哲学智慧,将与人类活动有关的环境,包括人、城镇、城市乃至城市连绵区,都归类为人居环境,并进行多学科理论分析,称之为人居环境科学(吴良镛,2010)。人居环境科学是一门以人类聚居为研究对象,着重探讨人与环境之间的相互关系的科学,是在人类居住和环境科学这二大要领范畴基础上发展起来的新学科。它是探索研究人类因各类生存活动需求而构筑空间、场所、领域的学问,包括乡村、城镇、城市等在内的人类聚居活动与以生存环境的生物圈相联系,是对建筑学、城市规划学、景观建筑学的综合,其研究领域是大容量、多层次、多学科的综合系统。

人居环境科学要求使所有社会功能在满足目前的平衡以及可持续发展的同时,创造节约能源及材料的规划设计且与周围环境相协调。

现代城市水土保持规划与设计绝不仅仅是绿化或美化的问题,城市规划与设计首先要贯穿"以人为本"的思想,其内容要求还与城市居民的生活息息相关。比如:城市规划中常常出现生态资源开发利用不当,水土资源的浪费严重,随意造成水土资源与生态的破坏和损失等,就需要城市水土保持规划或方案设计中予以修正。

人居环境包括五个子系统:自然系统(气候、土地、植物和水等)、人类系统(个体的聚居者,侧重人的心理与行为等)、居住系统(住宅、社区设施与城市中心等)、社会系统及住宅和城市基础设施的支撑系统。

2.人居环境规划原则

人居环境规划要恪守三项原则:一是每一个具体地段的规划与设计(无论

面积大小),要在上一层次即更大空间范围内,选择某些关键的因素作为前提,予以认真考虑;二是每一个具体地段的规划与设计,要研究在相邻城镇之间、建筑群之间或建筑之间的相互关系,新的规划与设计要重视已存在的条件,择其利而避其害;三是每一个具体地段的规划与设计,在可能的条件下要为下一个层次乃至今后的发展(尤其是城市绿地和生态廊道)留有空间,在可能的条件下甚至提出对未来的设想或建议。

城市水土保持规划在涉及人居环境建设项目方面都应恪守这三原则。

3. 应用任务

人居环境科学应用的主要任务为:①用于改善现代城市规划的实践和研究。对城市水土保持而言,主要是住宅区和城市绿地的规划和环境设计与人居相协调。②对现代城市规划中的人口、生态、经济发展状况及发展趋势进行分析,提出改进措施。③对城市水土环境进行监测、评定和改善,判断其制约和促进居民发展的因素,提出促进城市协调发展的建议。

第四节 城市水土保持生态规划方法

一、规划总论

(一)规划作用

城市水土保持规划是合理开发利用城市规划范围水土资源的主要依据,也是水土资源开发利用、水土保持区划、城市绿地系统规划和国土整治规划的重要组成部分(吴长文等,1997),其作用是为了指导城市水土保持实践,使控制水土流失和水土保持工作按照自然规律和城市社会经济规律进行,避免盲目性,达到城市高效、持续、和谐,以及又好又快的发展目的。

1. 合理利用土地资源

通过合理的规划,可以明确城市规划区的土地发展方向,对土地利用进行有计划的调整,改变原来单一的农业生产或单一的工业、人居建筑布局,结合城市绿地系统功能的确定,从而达到合理利用水土资源、营造人居环境和谐共处的目的。

2. 有效开展防治工作

城市水土保持工作的一条基本经验就是全面规划,预防为主,综合治理。水土保持综合治理规划是开展水土保持治理的一项重要基础工作和前期工作。由于城市水土保持涉及面广、工作量较大、开展时间较长,需要采取综合措施,而且各项措施、多种因素相互关系复杂,要经过一定的分析、计算、预测、评价。因此,要做好城市水土保持的防治工作,就必须制订科学的规划。没有规划,凭主观意愿去指挥,造成盲目性、随意性,结果会事与愿违或事倍功半。通过规划,可确定需采取的各项水土保持措施,特别要处理好城建、水务、交通、园林(林业)等生产建设项目活动与城市水土保持管理的关系;处理好治坡与治河(沟、管涵)的关系,上游和下游的关系,工程、林草以及工程措施与林草措施的配套,规划设计与治理和管护的关系。因此,必须研究制订科学的规划,协调处理好这些关系,使城市水土保持工作得以顺利进行。

3. 制订监督计划和实施办法

城市水土保持是一项涉及自然科学和社会科学的系统工程,因此,规划要采取法律、行政管理、监测与技术、宣传教育等方式,并组织执法力量,逐渐形成遵纪守法的生态文明风尚,改变人们在生产建设活动中的不良习惯,树立良好的企业形象。

以深圳市为例,其城市规划覆盖市域内的全部土地,这就要求城市水土保持生态建设也是"高起点规划、高标准建设、高效能管理"。1995 年深圳市率先在全国开展城市水土流失调查,并编制《深圳市城市水土保持规划》(黄添元,2000)。深圳市还先后编制了《区水土保持生态建设控制性规划》《深圳市裸露山体缺口水土保持生态建设规划》和由市政府批准的《深圳市水土保持生态建设规划(2000—2050)》(吴长文,2004),为治理开发流失区和裸露山体缺口,提供了科学依据。

2018 年底,位于长三角地区的江苏省南通市水土保持规划获市政府批复,其《规划》要求值得借鉴的内容有:强化监管、完善监测体系、提升信息化水平,切实提高防治效果;强化宣传引导,加强社会监督,将水保知识纳入国民教育体系。

4. 根据轻重缓急对项目排序

面对繁重的水土保持防治任务，尤其在规划中大量的水土保持生态建设项目，不可能毕其功于一役，必须根据财力和相应的配套能力，按轻重缓急分年度、分区域进行规划重点项目排序。对于规划中的治理等任务，一方面要强调保障措施，尤其是行政保障和资金保障；另一方面要注意协调各项措施的关系，包括施工季节和年进度安排，使各项措施相互促进。

（二）规划总则

中华人民共和国水利行业标准《水土保持规划编制规范》（SL 335—2014）共15章37节153条和1个附录，主要内容包括：总则，术语，基本规定，基本资料，现状评价与需求分析，规划的目标、任务和规模，总体布局，预防规划，治理规划，监测规划，综合监管规划，实施进度及近期重点项目安排，投资匡（估）算，实施效果分析，实施保障措施等。

现有的《水土保持规划编制规范》（SL 335—2014）主要是针对农村水土保持规划，因此城市水土保持规划应因地制宜"一城一策"，因城、因地相应加强规划内容的重点。

1. 规划原则

运用系统工程原理进行水土保持规划，一般反映为水土保持工作中全面规划、综合治理、因地制宜、扬长避短、当前利益与长远利益结合等原则。城市水土保持与城市防洪、城市林业、城市园林、矿区开采保护等既有联系，又有分工。

规划的内容要体现以下原则：分类指导，规划措施具有针对性和可操作性；根据轻重缓急和财力，分步实施，分阶段性；标本兼治，长短结合。

目前，除了《水土保持规划编制规范》（SL 335—2014），还没有出台城市水土保持规划的实施细则，主要是在规划中把握城市水土保持特性，要求"一城一策"。应把规划对象看成一个完整的系统，按照以下四个特性去处理规划中的问题。

（1）整体协调性

城市水土保持规划应符合城市总体规划，并与土地利用规划、绿地系统规划、生态保护规划等相协调。将规划区域作为系统整体，分析构成这一整体的各种要素,如治理中的地块与山水林田路湖草等环境相协调。研究这些问题的特点及其与整体的关系,求得水土保持规划范围内最佳的生态效益、经济效益和社会效益。

(2)科学相关性

城市水土保持各要素之间具有符合科学的相关性。例如,各部门之间、上下游之间、相邻开发商之间的利益不一致,工程措施与林草措施之间、当前利益与长远利益之间,存在着既互相矛盾又互相促进的关系,应深入分析,提出各要素之间协调发展的最优方案。

(3)目标导向性

城市水土流失破坏了城市人居环境,其表现如泥沙淤泥的危害和景观破坏,所以从问题导向出发,治理规划必须以控制水土流失为前提,但控制水土流失只是治理的阶段目标,最终目标是城市用地的开发与利用,建成和谐美丽的人居环境,因此所有的水土保持措施都应结合城市开发建设进行。在规划中反映为水土保持要获得的生态效益、经济效益和社会效益。不同的规划对象,在不同的自然条件和社会经济条件下,在不同的发展阶段中,分别有不同的要求。

(4)环境适应性(可操作性)

水土保持措施的布局和实施,有许多制约的因素,如当地的自然条件(地形、土质、降雨、植被等)、社会经济条件(劳动力、经费和物质状况、行政管理和科学技术水平等)、外部的配合条件(如上级部门的支持、技术可行性、材料的交通运输条件等),及规划中的治理措施布局和实施进度安排等。规划时要考虑这些方面的环境适应性,即规划的可操作性(包括技术、经济、管理等)。

2. 规划目标与任务

(1)规划目标

《水土保持规划编制规范》(SL 335—2014)第六章"规划目标、任务和规模"具体规定了以下内容:一般规定;规划目标和任务;规划规模。

城市水土保持规划目标要与社会经济发展所要求的生态环境相适应。为此必须从规划入手,全方位地落实城市水土保持各项措施,提高城市品位,改善城市景观,让蓝天、碧水、绿地成为美丽城市的常态。

城市水土保持规划应分近期规划目标和远期规划目标。还应有远景展望,其年份应与城市总体规划相衔接,或按上级行业部门的要求确定。

（2）规划确定的主要任务

①贯彻"预防为主,保护优先"的方针:以维护和增强水土保持功能为原则,在市域内实施全面预防保护,对河流源头区、划定的水源保护地、水蚀易发区(城市规划范围的生态红线)实施重点预防和监督,加强封育保护和封禁管护,实施严格的生产建设项目水土保持监管,严格保护生态红线的原地貌植被,禁止放牧(或毁林种果)、无序采矿、取土、弃土等行为,从源头上严控人为水土流失和生态破坏。

②坚持综合治理:在城市水土流失地区,既有集中连片的开发建设项目区,也有独立的项目建设区,要分别对待、分类指导、强化监督。对有明显流域特征的连片建设流失区,开展以小流域为单元的综合治理,在重要水源地积极推进清洁小流域建设。加强综合治理优化模式示范区建设,加强水土保持关键技术研究与应用等。

③加强监管。建立健全水土保持法律法规体系,强化监督管理、开展动态监测、监督性监测,加强机构能力建设,提升城市水土保持的公共服务及社会管理能力。构建布局合理、技术先进的监测网络,加强水土保持信息化建设,实现动态实时监控,提高监管效能。构建完善的水土保持生态宣传教育平台,提高宣传教育水平。

（三）规划总体布局

1. 规范有关要求

《水土保持规划编制规范》(SL 335—2014)第七章总体布局的要求是:一般规定;区域布局;重点布局。

城市水土保持的总体布局应在城市规划功能分区的基础上,结合防治分区划分,对国家现有规范进行细化,有针对性进行规划布局。

2. 城市总体规划布局要求

根据本城市总体规划布局,以"一城一策"来考虑城市水土保持总体布局,其基本内容包括:①按城市工业园区提出水土保持要求,布置水土保持措施。②按居住区、居住小区等城市生活居住区进行水土保持生态布局。③配合城市各功能要素,提出建立城市绿地系统(包括绿道、市政公园、郊野公园、生态保护用地等)的水土保持布局。④按公共建筑群,布局城市的公共活动场地的水土保持体系;按交通与城市道路的类别、城市河流水网(河湖、湿地),形成城市道路、水网湿地的绿色走廊与休闲带。

3. 与城市绿地系统布局相衔接

城市绿地系统,尤其是生态控制下,必须立法并严格保护和维护,要注意遵循以下原则:网络布置原则、便民的均等原则(如居民点至公园最长距离不超过500m)、因地制宜原则、考虑植物生命周期原则等。

二、规划方法

(一)规划立项与招标

由水行政主管部门根据城市的社会经济发展规划和城市水土保持的要求(或上级主管部门要求),征集相关部门和专家意见,形成水土保持规划项目编制计划,委托技术单位编制规划项目建议书(或可研报告),报政府计划财政部门审核立项。立项后按有关程序(或通过邀请招标、公开招标)选择规划编制的承担单位。

(二)编制规划工作大纲

城市水土保持规划工作大纲是规划的规范或模式,也是指导规划的纲领。编写水土保持规划工作大纲时,要把规划与之相关的政策、法令、条例、规范、设计标准等相衔接,使水土保持规划按照标准、规范化的要求进行。规划委托时一般都要求规划工作大纲需经专家审定。

规划工作大纲需包括但不限于以下内容:规划的必要性、规划水平年和规划目标、规划内容、技术路线、规划成果与进度安排、人员与组织保障以及规划报告的目录提纲(附录)等。

规划成果的内容重点:治理规划、生产建设项目监管规划、动态监测规划、信息化建设规划、水土保持能力建设规划、重点项目计划、投资估算和规划保障措施等。

(三)规划指导思想和要求

城市水土保持规划是以最近党和国家纲领性文件为指导,以实施可持续发展和转变经济增长方式为中心,以城市总体规划和生态环境建设规划为依据,以相关法律法规为保障,坚持生态建设与经济建设、工程措施与植物措施、治理与预防相结合。同时,水土保持规划要求明确规划实施的时间、标准和责任单位。

(四)调查基础信息

通过遥感影像、航拍、无人机和实地调查和查阅资料相结合,并利用水土保持信息系统收集完整、准确、时效性强的规划资料。在开展规划工作的时候,应该事先制订好计算指标等规划基础,这样做的目的是为了方便工作人员分析。规划基础与依据资料分析包括:自然条件、社会经济发展现状、水土流失历史和水土保持发展概况、存在的主要问题等。

(五)水土资源评价

结合遥感、航拍、实地调查等资料,在分析水土资源利用的时候要结合地貌、地形、坡度、水系等内容,对水土资源类型进行划分,对水土保持现状进行分析和评价。

(六)规划编制工作

规划编制主要人员,应在确定规划工作大纲和进行水土保持总体布局的基础上,深刻把握规划报告成果的技术内容和工作深度,根据一城一策的特点,有侧重地对预防保护、专项治理、监测和综合监管、科研示范等规划内容作出合理的安排,提交科学有效的规划成果。对于较小流域(或开发片区)开展的整治工作,要结合具体情况,对各个要素开展综合的规划。因为城市水土保持的涵盖范围非常广,协调的部门多,且涉及的信息量巨大,要确保规划编制工作顺利完成,需切实按照城市发展的趋势和实际来开展。

规划编制文本完成后,委托单位要及时组织专家审查,并进行报批实施。

三、城市水土保持专项规划

城市水土保持专项规划主要有:治理规划、预防规划、生产建设项目监管规划、监测与信息化规划、重点项目规划等。

(一)治理专项规划

城市水土流失治理规划含专项治理,如采石场治理(吴长文等,2007)、重点片区生产建设项目水土流失治理(王永喜等,2006)、边坡治理(吴长文,

2001）、饮用水源水库保护区清洁小流域治理（王振华等，2001）、水土流失特殊区域重点治理等规划。

1. 治理项目分类

按投资性质可分为政府投入治理和业主自行投入的监督性治理；按规模可按流域或片区分为重点治理区和非重点治理区；按流失类型可分为开发平土流失区、采石取土流失区、水源保护区、自然山体流失与陡坡种果特别治理区等。

城市水土保持专项治理规划的实施应明确重点，突出抓好城市背景山体治理和水系整治、水源保护，努力为城市环境改善、城市经济发展、新城产业开发提供生态保障。

《水土保持规划编制规范》（SL 335—2014）要求的治理规划章节在第九章包括：一般规定；治理范围、对象及项目布局；措施体系及配置。有关技术要求可见《水土保持工程设计规范》（GB 51018—2014），其技术设计可参考《开发建设项目水土保持方案编制技术》（赵永军，2007）。

2. 组织治理的形式

（1）业主自行治理

城市水土流失地大多是有单位（业主）的地块，要依法督促其自行治理。政府可以在技术上予以指导，也可以由政府先代为治理，后收取代理费。由于有些企业（包括政府开发主管部门）缺乏水土保持意识，因此需要针对性地加强对企业的生态文明引导。加强对企业、企业责任人、企业工作人员的水土保持生态教育，增强人们对保护环境、治理水土流失的责任感，采用各种各样的方式宣传《中华人民共和国水土保持法》，例如采用电视、报纸、网络等方式，进一步提高企业和政府项目的水土保持意识。深圳1997年敦促安托山、九矿开发区等业主自行治理便是成功的案例。

（2）政府投资项目的治理

除依法督促各生产建设单位自觉履行水土保持法规的义务外，政府还应积极采取各种措施，针对严重影响城市人居环境、交通环境、水安全（房边、路边、水边）"三边"流失地（尤其是边坡），加大政府投入，尽快改善城市生态环境。

要坚持高标准严要求，搞好示范工程建设。协调发改、财政、规划国土、建设、环境、园林（绿化）等部门加速治理水土流失，规划重点治理项目，列出近期治理资金安排，纳入市区级立项计划，逐年开展治理工作。

深圳市自 1997 年就以政府水土保持工作目标责任制推动政府投入治理和督促业主自行治理工作。市政府与各区、各相关部门和重点责任单位签订责任书,落实责任人,明确目标和督查内容。2002 年 3 月市政府 55 号文推出整治裸露山体缺口 100 个的责任一览表,并签订责任书,加强过程督查,组织完工(竣工)验收,收到明显成效。强化治理规划分类指导,根据治理部位不同,有针对性布置不同的措施。治理部位主要包括边坡(又分开挖边坡和填土边坡)、河湖护岸工程、平台(或开采迹地)绿化等。考虑篇幅的均衡性,植物配置单独叙述。这部分内容也适用于城市规划范围生产建设项目水土保持监管的措施配置。

①坡面整治工程:丘陵区的城市开发平土区、路基等一般存在开挖边坡和填土边坡。开挖边坡和填土边坡整工程技术要求不同,绿化防护的技术要求和难度都不同。结合规划信息,按分类指导的方法,形成有效的规划,确保规划得以有效实施。

②沟渠整治与护岸工程:常见的项目有沟底硬化、谷坊、拦沙坝、蓄水工程等,甚至直接建设混凝土箱涵水道代替明沟(当然要预留检修和清淤口)。为了避免河岸的流失地对河流造成严重的直接泥沙危害,确保附近的土地以及建筑物等安全,需进行护岸工程,其措施材料包括干砌片石、浆砌片石、钢筋混凝土板(墙)、铁丝石笼、生态绿化护岸等(防冲)。

3. 治理工程植物措施配置规划

水土保持植物(林草)措施,除具有涵养水源、保持水土作用外,还能达到改良土壤、增加入渗、固定边坡、美化环境的作用。

城市水土保持林草措施具有特殊性的是边坡的绿化。对坡面绿化植物,特别要求其抗逆性和快速生长性。平缓地面的绿化(或有灌溉条件的坡面)可根据其用途不同在水土保持植物与风景园林植物之间酌量选择。

(1)斜坡植物选择原则

①基本植物选择。生长迅速,根系发达,枝叶繁茂,能在短时期内覆盖坡面,起到护坡固土,防止水土流失的作用。选择草本植物为坡地绿化的基本植物,因为草本植物生长迅速,能较快覆盖裸露坡面,减少因降雨等自然因素形成的水土流失。

②种草与植低矮小乔灌木结合。模拟自然群落分布的垂直结构,形成与周

边自然环境相协调的稳定结构群落。通过选择乡土树种"模拟自然"的技术和手法,使近自然恢复的植物群落具备结构完整、物种多样性丰富、生物量高、状态趋于稳定、后期完全遵循自然循环规律等特点,从而回避由于种植外来树种、景观大树所带来的各种弊端。

③具有较强的抗逆性且适应粗放管理。在亚热带季风气候,雨量充沛的南方地区,所选的植物要求耐酸性、耐旱性、抗风性(尤其是沿海地区)等生态特性,发挥不同树种的优势,取得良好的固坡和绿化效果。对岩质边坡,要特别选择抗逆性强、抗干旱、矮枝的小苗乔灌木种。

(2)植物配置设计考虑因素

①生物学特性:选取植物要合理,不要让植物的飞絮、刺等对人造成不必要的伤害,因为在城区应特别考虑所选植物的植株体、花、果实、分泌物等是否含有毒素、毒碱,避免影响人体健康。

②生态学特性:要充分考虑植物对环境的要求和耐性,喜光植物不应种植在建筑物遮挡地带,公路两侧应种植抗污性强的植物,如桧柏、黄杨、夹竹桃、台湾相思等。在立交桥下、阴坡等应种植阴生植物。

③结构与植物种:结构以乔灌草相结合的复层结构为宜,植物种也不应太过单一。

④色彩搭配:在人流量较大的地方,要保障灌溉条件(设置喷灌或移动车浇灌),在斜坡下部可以选用园林植物,如开花植物或彩叶植物,并布置适当的园林小品,增强美化景观效果。

(二)水土保持监测专项规划

根据中水华夏(北京)水利科技研究院有限公司编制的《某市水土保持监测规划》,其内容包括(但不限于):监测网络规划、动态监测规划、监督性监测规划、特殊事件监测规划、生产建设项目监测规划、监测信息化规划、监测能力建设、规划实施保障措施等。

监测与信息化具体的内容在本卷第十章有详细论述,本节主要叙述监测规划内容,为节省篇幅,信息化监管和信息化建设规划内容略。

1.法规规范要求

水土保持监测是指对水土流失发生、发展、危害及水土保持效益进行的调查、观测和分析工作。通过水土保持监测,摸清水土流失类型、强度与分布特征、危害及其影响情况、发生发展规律以及动态变化趋势等。

《中华人民共和国水土保持法》明确要求建立水土保持监测网络,健全水土保持监测网络运行机制。

《水土保持规划编制规范》(SL 335—2014)在第十章对监测规划提出的章节要求:一般规定;监测站网;监测项目;监测内容和方法。

《全国水土流失动态监测规划(2018—2022 年)》(水利部,2018)提出的目标是:通过实施覆盖全国的水土流失动态监测,掌握到县级行政区域的年度水土流失面积、分布、强度和动态变化,为水土保持政府目标责任考核、生态文明评价考核、生态安全预警、领导干部生态环境损害责任追究,以及国家(或城市)水土保持和生态文明宏观决策等提供支撑和依据。

2. 监测规划任务

一是对所在城市是否涉及 23 个国家级水土流失重点预防区和 17 个国家级水土流失重点治理区进行确认,并根据本市城市总体规划的生态建设(包括绿地系统规划)要求,以及生产建设项目监测成果汇总情况,开展动态监测。

二是选取不同侵蚀类型区的典型监测点开展水土流失定位观测,为动态监测提供准确数据。

三是开展本市辖区内的生产建设项目的水土保持监督性监测,收集汇总项目监测信息,为监督检查提供依据。

四是根据国家级重点防治区和省级水土流失动态监测成果,结合定位观测、监测点数据等资料,开展本市区域水土保持监测数据整(汇)编,建立水土保持监测数据库,加强水土保持信息化建设。

五是开展本市水土流失年度消长情况分析评价,编制年度水土保持公报。

3. 监测规划的实施

《全国水土流失动态监测规划(2018—2022 年)》(水利部,2018)提出的目标是:利用卫星遥感、无人机等先进技术实现部管生产建设项目和重点区域信息化监管全覆盖,推动国家水土保持重点工程信息化监管应用,提高水土保持重要监测点自动化水平,全面提升水土保持监管现代化水平和能力,为防治水土流失、促进生态文明建设提供有力支撑。监管规划实际是城市水土保持的监督性监测规划,地方城市政府要认真组织水土保持监测规划实施,落实目标责任,健全制度保障,确保规划顺利有序落实。

对于生产建设项目委托的水土保持监测服务《生产建设项目水土保持监测规程》(水利部,2015)对项目业主和从事监测项目工作服务的单位都提出了具体的要求。

(三)水土保持预防监督与能力建设规划

1. 预防监督职责

预防和监督是两个不同的概念,预防是在事前的工作,主要是宣传教育、动态监测、水土保持方案的审批管理等;监督是事中的监督检查与执法处罚等。水土保持监督执法、生产建设项目管理、水土保持生态宣传教育是城市水土保持预防监督的三大主要职责。早在1998年深圳市就系统总结了城市建设项目水土保持方案的管理经验,并对城市房地产开发的水土流失防治进行了总结(陈霞等,1998),储召蒙(2018)以深圳市为例对城市水土保持预防监督工作作了较为全面的梳理。

2. 规范要求的预防监督规划内容

《水土保持规划编制规范》(SL 335—2014)第八章"预防规划"中规定的内容有:一般规定,预防范围、对象及项目布局,措施体系及配置;在第十一章"综合监管规划"中规定的内容有:一般规定,监督管理。很明显,规范对城市水土保持预防与监督管理的内容分层太粗略,不能满足城市水土保持规划中要求的预防监督内容。

城市水土保持的预防监督应该包括:工作制度、宣传、责任制、人员机构与设备配置标准化监督性监测与检查、审批(备案)管理体系、执法、技术交流与协同等。

(四)近期重点项目规划与水土保持投资估算

1. 规范要求

《水土保持规划编制规范》(SL 335—2014)在这方面的格式要求列在第十二章"实施进度及投资匡(估)算",其中包括:实施进度,近期重点项目安排,投资匡(估)算。

2. 近期重点项目规划

城市水土保持规划的近期重点项目可以包括:建设开发区的水土流失治理

项目、影响景观和水源地的裸露山体缺口（废弃采石场、矿场等）、清洁小流域（水源保护区）的生态建设、预防监督项目等。

近期重点项目规划是根据规划确定的目标和任务，提出近期（3—5 年）与本市实际能力匹配的分解方案，并进而列出具体的近期实施项目，排出进度安排表和年度投资计划。

3. 投资估算

城市水土保持的投资估算应依据当地城市发展阶段特点编制。如边坡生态防护等措施，尤其是高边坡绿化措施，很可能没有当地建设主管部门认可的定额编制依据，需进行实地市场案例调查分析确定，或参考类似城市的经验。

四、实施规划的保障措施

（一）政策法规保障体系

1. 明确规划的法律基础和政策支撑体系

梳理现有的法律法规和规范性文件，建立和完善水土保持系统内的管理法规体系和水土保持大行业管理体系，形成有助于规划实施的政策框架体系，以保障和推动规划的顺利实施。

2. 将规划纳入国民经济与社会发展体系

纳入的内容主要包括：规划指标，规划实施的水土保持重点项目、资金平衡和生产建设项目的监测、监管机制等。如福建省既有水土保持监督站，也有水土保持监测站（与省试验站合并）。规划指标的纳入是根据各时期发展目标和重点的不同，有选择地将重点生态建设指标纳入国民经济和社会发展规划中。

3. 发挥市场作用，积极完善政策鼓励措施

建立有利于引导各类利益主体参与水土保持生态建设的机制，引导各类要素资源按市场规则进行配置。通过价格调节，引导各类相关利益主体严格保护城乡水土生态环境。例如，深圳市监测机构是通过政府购买服务依托某咨询公司开展监督性监测；深圳市、中山市、桂林市等城市在采石场生态治理方面，都是采用公开招标方式吸引有能力的公司来参与，有的还可以 PPP 模式用治理的部分土地（或规定年限的开采性整治权）作价偿还治理费。

（二）组织机构与管理保障体系

1. 加强领导，做到组织落实

有条件的地方成立以分管城市建设和水土保持的副市长为组长的生态建设领导小组，负责研究解决水土保持生态建设中的重大问题，就具体工作进行综合协调和监督；各区（县）成立区级水土保持生态建设领导小组，市区两级都设立领导小组办公室，配备专职工作人员，负责日常工作，使全市形成一个完整的组织、领导、指挥网络。可要求各区（县）选派优秀年轻干部到区、乡镇挂职、专抓水土保持生态建设工作。横向部门间加强协作，做到各司其职，形成合力；纵向政府间加强上下沟通，做到政通令行，整体推进水土保持生态建设。

2. 健全规划实施的管理体系

各级政府是规划实施的主要领导者、组织者和责任承担者；市区水保办对规划实施行使监督检查和进行各种组织、沟通、协调和服务；各企事业单位是规划的具体执行者；市区人大常委会及其专业工作委员会对规划涉及的议案行使监督，市人大还负责组织和拟定有关议案，审议规划、法规、经费预算，调研重大水土保持议案并提出相关意见和建议，监督政府的规划和相关议案的执行情况等。市政协有咨询、督促提案落实的权力。

3. 做好规划的考核与评估

规划实施期间，市域内社会经济发展的环境很可能发生与本次规划编制时的判断不一致的情况，应及时进行必要调整或修订。通过中期评估，根据新的社会经济发展形势和环境变化趋势，研究提出规划内容调整的意见，才能更好地发挥其行动纲领的作用。通过中期评估，还可发现政府各部门落实任务的具体情况，从而起到督促有关部门落实规划的作用。另外水保办还要定期会同规划国土、环境保护、监察部门加强水土保持（水务）执法监督，定期检查考核规划的落实，把考核结果纳入干部政绩考核指标中，加强干部对保护水土保持生态方面的责任意识。

4. 建立专家咨询和决策管理信息系统

在制订涉及生态市建设的重大政策和规划、确定重大生态建设和保护项目等方面，应充分发挥专家咨询委员会、市政协专委会（政协委员）的作用，为决策机关科学决策提供支持。在水土保持信息化建设中设立生态市建设的决策管理信息模块,研究和分析国内外发展动态,为各级政府和管理部门提供必要的信息服务。

(三)资金筹措与投资保障

水土保持生态环境建设投资主体主要包括政府投资、金融机构和业主(建设单位)的投入。鼓励探索培育和引导市场,促使各种渠道的资金进入城市生态建设,特别要注意调动非公有制经济组织的投资积极性,吸引更多的民间资本。

各级政府要按照建立公共财政的要求,把水土保持生态建设资金(含预防监督能力建设)纳入本级年度财政预算,保证逐年有所增长。对于列入近期水土保持生态建设中涉及影响重大的项目应优先纳入国民经济社会发展计划,予以立项。

(四)提升科技与管理创新支撑能力

1.积极开展科技创新与管理能力建设

可以与高等院校科研院所合作,研究城市化出现的水土保持新问题、新机制,引进应用新技术新工艺,包括治理新技术、先进的监测技术和信息技术传输平台,包括水土保持监测、预报与预警技术等。

2.开展对外交流与合作

在资金、技术、人才、管理等方面积极开展国际交流与合作。积极引进、推广国内外的先进技术和管理经验。拓展与兄弟市水土保持领域的交流和合作。按照区域经济一体化发展的要求,建立市际水土保持生态环境保护与建设的协作机制和有组织、可操作的专项议事制度,共同推进水土保持生态建设。

(五)公众参与和社会监督

1.加强宣传教育

充分利用新闻媒体广泛开展水土保持宣传和科普教育,及时报道和表扬先进典型,公开揭露水土流失违法违规行为。重视水土保持生态市建设的基础教育和专业教育,有条件的可以根据本市特点组织编写《水土保持科普读物》。开展"水土保持生态夏令营""绿色学校"等公益活动。加强对各级领导干部和企业法人、经营者的水土保持法规和技术知识培训。

加强在全社会对基本国情、基本国策的宣传教育,不断增强各级干部和广大群众的水土保持生态意识。敦促市教育、劳动部门把水土保持生态知识、生态经济技能教育和培训纳入国民教育体系。让生态文明深入人心,把保护自然生态环境变成全体公民的自觉行动。

2.鼓励公众参与社会监督

建立和完善公众参与制度。对涉及市民利益的规划、决策和项目,应充分听取公众的意见,可以通过项目路边广告牌、手机微信公众号等及时公布水土保持生态建设重点内容,扩大公民知情权、参与权和监督权。大力开展水土保持生态教育宣传的群众性创建活动,充分发挥社会团体作用,积极组织和引导公民从不同角度、以多种方式,积极参与水土保持生态市建设。

第五节　城市水土保持技术体系

2008年后城市水土保持的课题大都被生产建设项目的水土保持的论文所覆盖。曾祥坤(2010)检索了1995—2008年国内城市水土保持研究文献,总计285篇。除1995年为3篇外,历年研究文献均在13篇以上,其中高峰时期的1997年文献达到36篇。在不同时期,城市水土保持研究的侧重点和趋势有着显著的不同。1996—1999年是我国城市水土保持理论研究的高峰时期,城市水土保持的研究框架在这一时期大致构建起来,但真正构建较为完整体系的标志是《城市水土保持的理论与实践》的发表(吴长文,2004)。

由于1995年后我国城市水土流失问题的突发性、普遍性和严重性(吴长文,1995),大大加强了城市水土保持研究的紧迫感,因此这一阶段的研究具有问题导向型的特点,将研究重点集中在如何认识和解决城市水土流失问题上。2000年以来,在深圳、珠海、中山等早期研究区,随着多年城市水土保持实践,缓解了城市水土流失的严峻局面,研究者们开始对以往工作进行总结与反思,强调城市水土保持与城市生态安全和生态保护目标的结合,研究多集中在城市水土保持的规划编制和机制完善方面;同时随着可持续发展、城市生态学,景观生态学、地理信息系统等新的学科理念与方法被有意识地借鉴和应用,使我国城市水土保持研究转入目标导向型的发展阶段(吴长文,2013)。

水土保持技术体系包括:对开发平土区水土流失特征及侵蚀等级划分与侵

蚀模数研究,开发平土区的沉沙池设计原理与方法的研究,开发平土区治理措施优化配置研究,松散堆积坡植被固坡技术研究,开采石场的治理措施和废弃石场,遗留边坡的治理技术,土质、岩质边坡快速生态绿化新技术,立体绿化、基于海绵城市理念的蓄渗措施技术,生产建设项目水土保持方案编制技术(指南),卫星遥感与无人机结合的信息化水土保持监测技术等。限于篇幅,这里仅叙述主要的方面。

一、开发平土流失区治理模式

(一)开发平土区整治方式

开发平土区整治方式有:一是原有高低起伏宅基地的腾退和空闲地的复垦;二是对自然地形进行土地集中、平整,并配套基础设施(三通一平);三是在山地起伏地形为建造住宅小区、商业用地或工业园区进行依山就势的竖向设计,并完善市政基础设施。

(二)治理措施优化配置模式

吴长文(2001)总结的开发区控制性治理措施优化配置模式为:"理顺水系,周边控制,固坡绿化,平台恢复"。①理顺水系,是指合理布置截排水沟,使水流归槽。②周边控制,是指通过整地等工程措施,使周边地势略高,水流通过跌水沟流出红线外,而不会冲刷边坡。③固坡绿化,是指松散堆积坡按稳定坡比放坡,并采用乔灌草措施进行边坡绿化防护。④平台恢复,是指大面积平台面,可以通过网络带状植树绿化或靠自然恢复。

二、松散堆积坡生态修复

(一)松散堆积坡的特点

松散堆积坡包括矿渣堆积体、余泥渣土堆积体边坡及开发平土区边坡,这些是水土流失的关键部位,造成的水土流失可能十分严重。

据吴长文(2001)发表的调查资料,深圳市开发平土区亚黏土和细沙土各占50%,弃土堆高 35~40m 时,堆积坡自然沉降休止期为 6~10 年,沉降率可达 1%~2%。对深圳地区花岗岩风化物平土区堆积坡的沉降调查测定表明,堆高在 20～30m 时,自然沉降休止期为 4～6 年。若坡上建有浆砌石排水沟等,额外增加了重荷,则会继续沉降,从而引起排水设施失效等事故。按沉降率 1%～2% 计,30m 高的堆积坡最大自然沉降量可达 60cm,而不均匀的沉陷更易导致坡面浆砌石工程失效。因此,松散堆积坡的整治首先应考虑坡面的长期稳定性。石质化的砌石护坡或挡土墙是解决稳定的有效方法之一,也是开发商惯用的方法,但从景观生态上考虑并不理想,也不经济。

对已有的松散堆积坡重新分层碾压(像公路边坡碾压一样),使土体达到规定的压实密度,边坡坡比在 1:1.5～1:1.75 是稳定的,除建设区地基稳定的需要,一般并不采用这种耗费大的办法。

一些公路填土边坡大量采用混凝土(浆砌石)格栅防护喷草固坡,实际上有些多余,也与自然环境景观不相协调。据吴长文(2001),花岗岩风化物原状土的土壤容重可达 1.78～2.00t/m³,路基填土压实后密实度在 90% 以上时,土壤容重可达 1.66～1.76t/m³(松散堆积坡整治碾压的土壤容重可达 1.25～1.42t/m³),只要不存在地下水出露或集中径流冲刷(如填筑路基),即使 1:1 的边坡也可能是稳定的。调查中发现用于平土区堆积坡的格栅护坡措施大都因土坡严重沉降而失效。因为平土区堆积坡的填土层不可能压实到公路(铁路)边坡的规定密实标准,几场降水后,填土层会自然沉降,因此,坡面马道排水沟也不宜采用浆砌石沟,而生物砖(+土工布)排水沟能适应这种变形。

开发平土区因倾倒或推土形成的自然松散堆积坡一般实测到的休止坡脚在 35°～38°(以花岗岩风化赤红壤为例),而泥沙和岩屑的理论休止角为 27°～35°。若没有集中的大流量径流直接冲刷边坡,或未使堆积体长期浸泡达到土壤饱和状态,这种由于机械推土形成的堆积坡是不会形成滑坡泥石流的。但若有大流量径流或形成饱和状态,则可能形成灾害性的塌坡泥石流事件,如香港 1976 年 8 月 25 日因暴雨引发的九龙秀茂区 35m 高的公路填土坡坍塌灾害事件(吴长文等,1999)和 2001 年深圳市梅山中学泥石流后山边坡淤埋梅山中学运动场事件,以及影响全国的深圳市光明纳土场塌坡事故(中国应急管理编辑部,2016)。据对深圳市开发平土区土壤侵蚀的调查研究,严重的水土流失主要发生在松散堆积坡及其相邻台缘地。因此,松散堆积坡的治理成为平土区水土流失治理的关键。

（二）堆积坡生态修复优化模式

在 1990 年，深圳市开发平土区的水土流失面积一度达 148.68km²，开发区的面积大都在数公顷以上，大规模连片的可达几平方千米（如龙华镇中心区约 3.3km²）。

对于侵蚀不严重的堆积坡，通过在台缘的坡面上方开挖梯形截流沟疏导径流，可以直接喷草（或铺草皮）并栽植乔、灌木，1 年后即可达到绿化固坡的目的，而不需要采用大挖大填的整坡方式。吴长文（2001）总结的城市水土保持实践表明：对存在严重侵蚀冲沟的松散堆积坡，且台缘不平整的，可按"理顺水系、周边控制、固坡绿化"的模式进行治理，在实施大挖大填的机械整坡和排水措施后，进行林草绿化。对斜坡林草保土机制的研究结果表明，造林种草对斜坡的水土保持作用十分明显，尤其是深根性乔灌木树种。

按水路边界条件，开发平土区可划分为水路边界开放式和封闭式两类。开放式是水路紊乱，在堆积坡边界处都可能发生集中径流冲刷；封闭式是指堆积坡边界处只有一处或至多两处有集中水流排出。

我国南方地区降水量大（大部分地区年均降水量在 1300mm 以上），暴雨集中，水土保持措施中除设置沉沙池拦截泥沙外，所有的工程措施都在于排水，即理顺水系，使径流不直接冲刷边坡，而地块周边的松散堆积边坡控制主要是采取土方整坡措施，发挥林草植被的固坡、防冲作用和绿化美化功能。为此，业已探索总结出适应水路边界开放式地块的治理模式，即"理顺水系、周边控制、植物固坡"（吴长文 2001）。

盛定生等（2000）总结认为，实施这种优化配置治理模式的典型成功案例，有深圳市九矿开发区（1997 年底实施，50.68hm²）、茜坑开发区（1998 年初实施，36.68hm²）和龙华镇中心开发区（1998 年 8 月至 1999 年 4 月实施，334hm²）。这种治理模式的特点是尽量减少浆砌石用量，增加林草植被对周边边坡绿化的作用功效，并适当设置沉沙池。

（三）堆积坡绿化固坡方法

堆积坡绿化固坡方法（图 1-8-3）的关键点有：①分段设置浆砌石跌水沟以分散水流冲刷破坏力，浆砌石跌水沟位置应设置在原状土上或尽量碾压夯实，建成后还需管理维护。深圳市在九矿开发区 1#边坡和茜坑开发区跌水沟调查时发现,浆砌石跌水沟都因沉降变形开裂,而又未能及时维护修复,护底被水掏空后浆砌石工程全部被冲毁。②整平的堆积坡遇大冲沟缺口时可设置沉沙池(以减少填土方量),填土坡需碾压夯实。③近排水沟的平台缘有较大的集中径流时需设置浆砌石跌坎或用沙袋临时防冲。④排水沟可设置为草沟,草沟纵坡应小于1/200,超过1/100时需专门设置砌石跌坎,或采用生物砖排水沟增加沟床抗冲蚀能力。⑤按微集水区小流域分区计算径流量,按深圳市的研究,一般流量按10—30年一遇标准计算。推荐的绿化固坡措施与相应坡度、土体特性列于表1-8-1。

图1-8-3　平土区堆积坡绿化固坡效果

表1-8-1　植被绿化固坡措施与坡度、土体特性关系

坡度	坡型	土体特性	绿化措施
0°~15°	填土坡	淤泥渣土、各种风化土	可人工撒播、人工铺草皮或喷播、可配种各种乔、灌木
15°~35°	填土坡	淤泥渣土、各种风化土	可人工撒播、人工铺草皮或喷播、可选配各种乔、灌木
35°~45°	填土坡 开挖坡	各种风化土 各种风化土	可考虑格栅防护,并喷草皮或铺草皮、适配种灌木喷播绿化,可配植灌木
45°~60°	开挖坡	母质或风化岩	可喷播但难度较大,可配植灌木,也可栽爬墙虎
>60°	开挖坡	母质或风化岩	可考虑格栅防护,一般栽爬墙虎,喷草难度很大,需特别处理(无硬防护格栅的斜坡喷播绿化已成功用于坡角大于80°的坡面)

资料来源:吴长文等,2007。

三、沉沙池设计技术

(一)沉沙池设计概念

沉沙池是指沉淀水流中大于设定粒径泥沙的水池。沉沙池应用广泛,在生产建设项目、包括排水沟、下水道、截污水道、洗车店、餐馆(洗菜池)等特定部位均需要设置沉沙池。开发整地和大挖大填的建设项目施工期更强调要设置临时沉沙池。

沉沙池设计是生产建设项目和城市水土保持重要的措施之一,而沉沙池的设计从理论至实践都是值得探讨的课题。《水利水电工程沉沙池设计规范》(SL/T 269-2019)仅对水利水电工程如何设计永久沉沙池作了某些规定,但对大面积开发的城市建设和其他类型工程项目,包括施工临时沉沙池都没有提出实用的方法。吴长文等(2002)、喻谦(2017)对建设项目的沉沙池都做过不同程度的研究。

(二)设置沉沙池的条件

严格来讲,任何城区的建筑工地在径流集中排出口都应设置沉沙池,以减少下游排水沟或下水道的泥沙淤积。为了集中清淤,在上游流域侵蚀较严重的小流域沟道整治的适当河床位置也经常要求设置沉沙池。

(三)设计标准

按照城市防洪的要求,在深圳市开发平土区场平水土保持方案设计实践,对涉及山洪径流的截流沟,按 50 年一遇暴雨频率标准设计;对场区内的临时排水设施,采用 10 年一遇暴雨频率标准。在沉沙池设计标准中,还没有一个较为公认的标准。由于开发场平工程一般只经过一个雨季施工期,正常情况下,大面积场平工程一般也在 2 年左右。从技术经济分析的角度,在实际的设计实践中,沉沙池的沉沙设计参数采用 5 年一遇或均值暴雨量标准,而过流能力校核仍按 10 年一遇暴雨标准。根据深圳地区不同暴雨,标准的 1h 最大暴雨量及流量的差异分析可知,5 年一遇和 20 年一遇的流量分别比均值流量大 32% 和 90%。根据《深圳市水土保持生态环境建设规划》(深圳市人民政府,2000),城市开发建设在施工期的侵蚀模数应控制在 $500t/(km^2 \cdot a)$ 以下。

(四)沉沙原理

设某一粒径(D)的泥沙颗粒在静水中沉降速度为 kD,泥沙随水流同步水平

位移的流速为 V，若水流条件能满足 a 点(沉沙池入口近水面的位置)的泥沙颗粒经 L 距离后降至 b 点(沉沙池出口渠底部位置)以下，即满足式 1-8-1，则设计某一粒径组(D)以上的泥沙可全部沉积在池内。

要使设计的最小颗粒组的泥沙沉淀到设计深度 Hp，则沉沙池的设计长度 L 应满足：

$$L = \frac{K \times Hp \times V}{kD} \qquad 式 1-8-1$$

式中：K 为考虑水流的紊动、水质等因素的影响系数(其他符号同前)。设定沉沙池内水流速度应满足 $V < 0.15\text{m/s}$。又因为：

$$V = \frac{Q}{B \times Hp} \qquad 式 1-8-2$$

其中：Q 表示计算流量(m^3)，B 表示沉沙池宽度(m)。

将式 1-8-2 代入式 1-8-1，得到式 1-8-3：

$$L = \frac{K \times Q}{B \times kD} \qquad 式 1-8-3$$

以深圳市花岗岩风化物赤红壤的典型颗粒级配为例，当 $D < 0.01\text{mm}$ 的物理性黏粒在相对静止的条件下会出现明显絮凝现象。根据在深圳开发建设平土区的龙华镇中心开发区、大浪开发区、玉龙坑开发治理区等沉沙池的实际运行沉沙效果分析，按 $D = 0.1\text{mm}$ 计算的沉沙池，理论上只有 45% 的沉沙率，因细颗粒的絮凝现象，而实测的沉沙率可达 76% 左右。

(五)沉沙池设计计算方法

1.容积条件

设控制集雨区的要求沉沙效率为 j(%)，设计一年清淤次数为 n，则沉沙池有效沉沙容积 VS 可表示为：

$$VS = \frac{j \times WS}{n} \qquad 式 1-8-4$$

其中：WS 表示沉沙池以上产生的侵蚀泥沙量(t)。

设 $j = 75\%$，集雨面积(开发面积)$F = 0.1\text{km}^2$，流失模数(强度)$MT = 7.500\text{t/}$ ($\text{km}^2 \cdot \text{a}$)，$n = 1$，得 $VS = 468.75\text{m}^3$。

2.沉降动力学条件

按典型的土壤颗粒级配组成，选定 $D = 0.1\text{mm}$ 时，查得的此粒径组泥沙沉降

速度 $kD = 6.2\text{mm/s}$ 作为 $j = 75\%$ 计算的依据,取均值标准的 1h 暴雨量为 60mm,$Q = 1.524\text{m}^3/\text{s}$,得出 $S = L \cdot B = 29.5\text{m}^2$,取 $L/B = 3$,由此得 $L = 29.5\text{m}$,$B = 10\text{m}$。

3. 综合分析

沉沙池内要设定水流速度一般要低于 0.15m/s。过去要通过繁杂的试算过程,现在可以利用信息系统的资料,用电算或采用 BIM 设计技术直接确定沉沙池的参数和尺寸。

(六)沉沙池设计建议

一是开发区施工期沉沙池的设计尺寸与控制来沙量、沉沙效率、泥沙颗粒级配和采用的暴雨标准有关,临时沉沙池的设计暴雨标准建议采用均值或 5 年一遇标准,但水位需按出口排水沟断面设计流量标准校核。

二是要增加细颗粒的泥沙沉淀效果,需成百倍地增加沉沙池面积,仅靠沉沙池减沙效率有限,即使在施工期,也要求有临时斜坡防护、截排水等设施,才能达到要求的减沙效果。要进一步提高减沙率,减少细颗粒泥沙流失,还应采取综合措施,尤其是生物覆盖措施,或尽量避免在雨季动土。

三是对南方花岗岩风化物的赤红壤,由于黏性细颗粒的絮凝作用,采用 $kD = 0.1\text{mm}$,设计的减沙率实际上可达 75% 以上,对粗颗粒含量的级配减沙效果会更好。

四是建议花岗岩风化区的场平工程(或闲置开发区治理工程)沉沙池设计一般采用 $kD = 0.1\text{mm}$ 的设计参数,一级减沙率可达 75%。要进一步提高减沙效率,除采用上游其他拦截或覆盖等措施外,设计多级沉沙池系统,可以迅速提高减沙效率。

四、裸露山体缺口景观影响度计算体系

在城市水土保持实践中发现,开采石场、废弃石场坑口、修建公路等劈山形成的边坡、开山造地遗留边坡、无序取土形成的乱掘山体缺口,以及(自然)崩岗坑口、滑坡遗留边坡等,都有一个共同的特征,即不仅存在水土流失危害,而且影响城市景观,甚至后者对城市投资环境影响更甚。为此,这里把在山体上形成的、尚未绿化的缺口统称为裸露山体缺口,它是一种特殊的城市水土流失形态,研究裸露山体缺口景观影响,可为治理规划按轻重缓急排序提供依据。

根据深圳市裸露山体缺口治理实践研究构建的景观度计算公式如式 1 - 8 - 5

所示(吴长文等,2007):

$$L = \alpha \times (T \times A \times D)^{1/3} \qquad 式1-8-5$$

其中:α为研究对象相对于背景山体的反差醒目系数,介于0~1,反差大的取1,完全恢复绿化的取0;T为用交通因子量化的标准视频因子;A为可视面积因子;D为视距因子。

按分级量化计算的L,分为极严重级、严重级、一般级、较轻级及无影响级。

景观影响度在深圳应用于市政府推动的采石、取土、建设边坡等裸露山体缺口的治理排序,收到良好的效果(吴长文,2002)。

五、采石场(边坡)治理配置模式

(一)采石场治理的分类指导

1.按生产状况分类

采石场可分为开采的石场(生产)、关停石场(还有业主)和废弃石场(无业主)。在深圳,市政府要求国土部门负责督促开采石场和关停石场业主进行开采性整治,但必须按批准的治理水土保持方案实施;废弃石场全部由水行政主管部门负责督促土地业主整治或由政府投入治理。

在南方地区,开山采石、挖山填海、劈山开路、房地产开发建设过程中形成大面积裸露山体边坡,给城市留下了"千疮百孔"的伤疤,破坏了原有的生态环境和自然景观,也与建设生态城市的目标极不协调(吴长文,2002)。

据2000年不完全统计,在广东省珠江三角洲区域就有2000多个废弃石场边坡需要治理,其中广州市1195个,深圳市669个(裸露山体缺口),中山市246个,佛山市391个,珠海市126个(吴长文,2007)。

据深圳市1995年调查,全市各类采石场258家,通过8年的艰苦努力,2003年年底,全市包括各类变相开采的石矿点,已关至67家(合法的采石场46家)。要求至2005年底,全市采石场关至12家。石场的开采必须做到符合规划、合法开采、保护环境(吴长文等,2005;2007)。采石场治理要坚持统筹规划,因地制宜,着眼打造舒适人居环境的高品位绿化美化,使其与周边环境和谐共生。因此把景观改造与环境保护相结合,科学设计景观改造方案,加大石场生态恢复和周边保护力度。

2. 石场整治方式

（1）边开采边复绿

对到期关闭的石场,原采矿权人按批准的水土保持方案要求,实行台阶式开采整治,以利润的一部分,用于生态复绿。

（2）开发性治理

符合城市建设规划的,鼓励土地业主实行开发性治理:一是按土地拍卖或租赁方式进行建设开发治理;二是作为纳土场回填绿化;三是作为城郊鱼塘养殖、果园开发、花卉苗圃基地等休闲型综合性农业开发。

（3）恢复性绿化治理

采石场治理部位主要分为迹地和坡面。要突出生态设计,优先考虑山体绿化和绿地建设,制订科学合理的绿化方案,大面积保留和播种绿色。石场治理的重点和难点都在边坡,因为废弃石场往往很少有成型的、设计规整的边坡台阶,边坡又都是坚硬的新鲜岩体,因此绿化难度极大,但主要效果却表现在迹地绿化。

对于城市区的采石场治理后的用途,可分为复垦、（郊野）公园或娱乐场所、建设用地。

（二）岩质边坡的生态治理模式

1. 生态治理优化模式

裸露山体缺口的边坡部分是其生态治理的重点难点所在,其边坡的生态防护应以传统的固坡工程与绿化新技术相结合,乔灌草立体绿化、近自然恢复（吴长文等,1997）。

废弃石场的生态治理模式为:"固坡稳定、理顺水系、边坡绿化、景观保留、迹地恢复"。对裸露的岩质边坡,在固坡工程（对稳定边坡仅需进行落石清理）的基础上,进行绿化施工,一般采用客土喷播绿化新技术。迹地恢复绿化可采用回填土（引入城市建设余泥渣土）或挖穴回填植树。

2. 生态避让措施

裸露山体缺口的坡面部分,可能存在地质灾害等坡面稳定问题,因此需特别关注。从生态安全角度考虑,对迹地仅作自然恢复的,可考虑采用避让措施。除采取必要的工程措施外,坡脚一般设置 8~12m 的密植林带（可栽植带刺植物）,称为绿色安全缓冲带（吴长文等,2005）。

3.边坡立地条件

对裸露山体缺口生态恢复性治理措施影响较大的因素有边坡物质组成、坡度、表面状况、高度及景观影响度等。物质组成（如母质、夹石、岩质、风化岩等）主要影响植物的生长，表面状态（平整、凹凸不平、裂隙发育等）和坡度直接决定治理方法和技术措施，边坡高度在一定程度上对治理技术有影响，但更主要的是对投资的影响，景观影响度则直接影响治理目标的设定。

根据上述分析，本研究选择边坡坡面物质组成、表面状态和坡度为立地类型划分的主要因子，而把边坡高度、景观影响度作为选择治理措施的辅助因子。

吴长文等（2007）将裸露山体缺口的边坡共划分为16种立地类型，并针对不同的立地类型列出了相应的生态修复措施选择。

（三）岩质边坡生态防护适宜性

对于景观影响度严重级以上的裸露山体缺口，需要快速绿化和长久性（景观恢复）措施并用；对于景观影响度较低、不要求快速绿化的裸露山体缺口，为节约投资，可只采用种植乔灌木或藤本绿化的措施进行治理。岩质边坡防护绿化新技术适用条件见表1-8-2。

表1-8-2　几种岩质边坡生态防护新技术适用条件

技术类型	坡度	坡型	岩土体特性	绿化或景观改善措施
人工植生盆（槽）	30°~70°	岩坡	岩面粗糙、局部平缓且凹凸不平，裂隙发育	利用局部凹凸不平的微地形，在凹处修建人工植生盆（槽）后种植乔灌木或藤
人工植生袋	45°~65°	岩坡	整体性好的平整岩面	支撑槽植藤本、灌木和草
	30°~75°	岩坡	岩面粗糙、裂隙发育	人工开拓凹口或利用微地形（平台、凹口），安置土工植生袋
挂笼砖	70°~90°	岩坡	整体性好的平整岩面	岩刻或保留
		岩坡	裂隙发育的岩面	攀岩藤本、部分岩刻或挂笼砖绿化（灌、草、藤）
喷混植生	45°~65°	岩坡	岩面粗糙、裂隙发育	可分挂网干喷、不挂网干喷、挂网湿灌、不挂网湿灌4种工艺，可喷播乔、灌、草等，利用微地形直接种植或修建人工植生盆（槽）后种植乔灌木

资料来源：吴长文等，2007。

(四）岩质边坡绿化新技术

斜坡绿化有土质边坡和岩质边坡之分。因土质边坡绿化技术较为简单,本节主要介绍岩质边坡绿化防护新技术。

根据目前的技术发展,斜坡绿化新技术主要有:喷混植生(客土喷播)、高次团粒纤维格式绿化、生态袋绿化技术和挂绿化笼砖等。

岩质边坡绿化的效果关键在绿化企业的选择上。大型绿化工程都是通过公开招标选定的,因此在招标文件中要特别注意绿化标准的准入门槛(防止随意分包),并注意充分保护和利用现有景观资源,注重运用环保材料,减少对环境的二次破坏和污染。

同时,把项目建设与周边环境治理结合起来,与绿色廊道建设结合起来,最大限度发挥项目的示范带动作用。

1995 年深圳市等地就率先把液压喷播绿化新技术应用于土质斜坡的快速草被绿化,其技术已趋成熟。2000 年深圳市水务局与深圳市如茵生态环境建设有限公司合作,首次在龙岗区清林径水库石山进行喷混植生种草绿化试验(章梦涛等,2000),通过多年的改进及大量实践的探索总结,该技术的施工工艺不断改进(许文年等,2002),并已以不同的名称在大量的公路、铁路、其他建设项目石质边坡(吴长文等,2005;深圳市水务局,2014)、废弃石场生态治理和公路、铁路边坡绿化工程中,取得喜人效果(图 1 – 8 – 4、图 1 – 8 – 5)。

图 1 – 8 – 4　喷混植生喷播施工

图 1-8-5　深圳市某隧道出口边坡绿化防护效果

深圳在全国率先开展了大规模裸露山体缺口综合治理工作(吴长文,2002),也对采石、建设岩质边坡等治理进行了系统性的研究,这些裸露边坡大部分属于岩质边坡,无土、缺水、少肥,生态限制因子多,生态恢复治理极为困难,在国内没有相似的绿化案例可以借鉴。吸收国外相关山体治理经验,采用交叉学科技术,综合运用恢复生态学、水土保持学、土壤学、植物学、园林园艺学、岩体工程学、机械技术等学科技术,在实践中摸索和创新,经过不懈努力,开发了适用于华南岩质边坡生态治理和生态恢复的完整技术和关键设备,率先在国内建立了在高陡岩质边坡上实现快速和可持续植被恢复的综合技术体系(吴长文等,2005),形成了有关的设计技术规范、工程监理和工程造价指导性文件(吴长文等,2003)。在植物选择上,坚持以乡土植物为主、乔灌草藤立体配置、乔灌优先的原则,使整治后效果更长久、更接近周边背景山体自然植被。

六、纳土(弃渣)场水土保持关键技术

生产建设项目和城市建设项目都会产生大量的弃土弃渣(姜德文,2018)。一般比较偏远的大型生产建设项目有条件选定专项的弃土弃渣场。而城市地区因土地局限,大量开发建设项目都是根据城市的不同布局规划设置综合性的纳土场,或者进行综合调配或利用。深圳市光明渣土受纳场"12·20"重大安全事故之后(中国应急管理编辑部,2016),城市余泥渣土场的选址与建设、管理引起了额外的重视(冯志远等,2018),如广东省就专门制订了《建筑余泥渣土受纳场建设技术规范》(DBJ/T 15-118—2016)。

（一）弃土场的选址

弃土场选址要考虑优化各种方案，达到城市经济与环境协调最佳弃土处置的目的。

弃土场选址的原则为：安全、可行、科学、生态、经济。选址强制性条款参见《生产建设项目水土保持技术标准》（GB 50433—2018），该标准2019年4月1日开始执行。

弃土场选址要综合考虑以下各种因素：①尽量选择肚大口小的喇叭形位置，这样可以减少防护工程数量，特别是挡渣墙的工程量，节约工程造价，也有利于弃土的稳定。②选择荒山或贫瘠土地，尽量少占耕地和水塘。③避开陡坡、滑坡体，避免出现单坡场地。特殊情况下弃土场可以与高路堤或陡坡路堤综合考虑设置，对高路堤或陡坡路堤进行回填反压，达到路堤稳定和弃土场稳定的双重效果；弃土场也可以和路基排水综合考虑，将取土场设置在需要通过涵洞排水的地段，即进行填平处理，从而减少涵洞数量。④避开特殊地段，减少拆迁或尽可能避开拆迁。⑤选择汇水面积较小的沟头小溪流床、荒山地、采石（取土）场坑口，这样可以减少弃土场的排水沟和盲沟的工程量，降低纳土场的建设造价，也有利于水土保持。⑥避免在一级水源保护区、重要水库上游设置纳（弃）土场，当必须设置时，应征得当地水保、环保部门的同意，并切实做好弃土场防护、排水设施，以免造成水土流失和水源污染。⑦考虑合理运距，既能降低运土成本，又能保障城市环境。运距是决定弃土运输单价的首要因素，运距短可以节省工程造价，且施工方便。结合景观、生态建设的需要，应尽量将弃土场布置在城市道路（街区）、高速公路视野外。⑧结合当地建设规划和郊区当地居民意愿，可以将弃土用于填堰塘、固河堤、修当地机耕道、修屋基等，尽可能变废为宝，减少运距和处置费用，增加社会综合效益。⑨远离生活区，运输弃土的临时施工道路尽可能绕过村镇，减少施工期间对当地居民正常生活造成过多的干扰，如环境污染（粉尘、噪声）、道路破坏、交通堵塞等。

（二）纳（弃）土场设计关键技术

纳土场确保安全的关键技术主要包括：周边截流、坡脚加固、安全放坡、盲沟排水。纳土场需要在谷口位置设置挡土墙锁口，以预防土体滑坡和水土流失。挡土墙采用重力式浆砌片石挡土墙（必要时可采用钢筋混凝土挡土墙）。

墙体内按照 3m 间距,梅花型设置泄水管,管后设置碎石盲沟,墙体排水管按照不少于 10m 段长设置。

纳土场的设计要素主要有体面比和临空面。纳土场的体面比 h 计算公式为:

$$h = \frac{v}{s} \qquad\qquad 式 1 - 8 - 6$$

其中:h 为平均高度,是弃土场的主要空间几何特征值;v 是堆土体积;s 是堆体面积。

一般来说,h 越大,弃土场的经济性越强;在所占土地面积一定的情况下,h 越大弃土越多;在弃土总量确定的情况下,越大则占地越少,对原有自然环境的破坏程度也越小;但 h 太大则不利于弃土场自身的稳定,也会导致相关防护工程量的增大,一般情况下体面比 h 以 8～15m 为宜。h 过小则意味着弃土场占地过多,应考虑选择新弃土场。弃土场的临空面对于弃土场稳定安全来说至关重要,临空面宽度和临空面高度是弃土场对自然环境破坏的数值反映。因此选择弃土场位置时应注意临空面背向公路和生活区,降低安全隐患,避免影响景观、破坏生态。

(三)纳土场建设管理经验

一是当纳(弃)土场自然地面横坡大于 15% 时,应对弃土场进行稳定性分析,并采取相应的处理措施,比如在原地面开挖台阶,自下而上分层填筑,并摊平碾压,顶面层可不进行压实。

二是当纳(弃)土堆放高度大于 8m 时,应在 8m 处设边坡平台,平台宽度 2～3m(边坡平台需设置排水沟,并有要防渗漏措施),第一级边坡坡率宜采用 1:1.5,第二级边坡坡率宜缓于 1:1.5,顶面层设置不小于 6% 的排水坡;坡面要进行绿化,以防止雨水冲刷造成水土流失。

三是纳(弃)土场周围应设置完善的截、排水设施,将地表水引排至弃土场外,防止周边汇水直接冲刷弃土场,跌水沟要沿原状土体布置,以免因跌水沟沉降漏水失效;纳(弃)土场内设置横向排水,快速排除场内积水;坡底排水沟与地方排水沟要衔接。

四是纳(弃)土场必须先做好临时排水、支挡等必要防护工程方可弃土,如盲沟、挡渣墙。

七、立体绿化（屋顶绿化）技术

广义而言，自有人类聚居建立城市，就有立体绿化，但立体绿化作为一个城市生态建设的重要措施还是近 20 年来的事情。立体绿化不仅仅是绿地向空中发展，节约土地、开拓城市空间的有效办法，也是建筑与园林艺术的完美结合，在保护城市环境、提高人居环境质量方面更是起着不可忽视的作用。据联合国环境署的调查研究（付军，2011），若一个城市的屋顶 70% 绿化，二氧化碳的排放量将降低 80%，热岛效应基本消除。

立体绿化包括屋顶露台、天台、阳台、墙体、地下车库顶部、立交桥等一切不与地面相连接的各类建筑物和构筑物的特殊空间的绿化。重点是平屋顶绿化和垂直墙（或斜顶）绿化。垂直墙绿化一般有藤本攀援绿化和挂绿砖绿化。本节重点介绍（平）屋顶绿化。

（一）屋顶绿化立地条件

建筑屋顶自然环境与地面有所不同，日照、温度、风力和空气成分等随建筑物高度而变化。屋顶绿化的立地条件需考虑以下因素：①屋顶接受太阳辐射强，光照时间长，对植物生长有利。②温差变化大，夏季白天温度比地面高 3~5℃，夜间又比地面低 2~3℃；冬季屋面温度比地面高，有利植物生长。③屋顶风力比地面大 1~2 级，对植物发育不利。④相对湿度比地面低 10%~20%，植物蒸腾作用强，更需保水。

（二）屋顶绿化工程分类

屋顶绿化工程可以分为三种方式（杨雪，2014）。

①草坪式。要求培土较薄，容易满足屋顶承重要求。

②组合式。使用少部分低矮灌木和更多种类的植被，能够形成高低错落的景观，南方要求培土厚度为 50~60cm，但是需要定期养护和浇灌。屋顶绿化的植物应选择种植耐旱、耐移栽、生命力强、抗风力强、外形较低矮的植物。

③花园式。在经常维护浇灌的情况下，可种植观赏性较强的园林花木为主，并适当配置水池、花架等小品，形成周边式和庭园式绿化。要求培土厚度大于 60cm。

（三）屋顶绿化培土厚度与荷载

屋顶绿化要求培土厚度一般在30～60cm。屋顶绿化数量和建筑小品放置位置,需经过荷载计算确定。平屋顶荷载一般为500～1000kg/m^2,超过这个限度,需要加固屋顶。对于老旧建筑,为了减轻屋顶的绿化荷载,栽培介质常用轻质材料,其轻质材料与营养土需按一定比例混合而成。

（四）屋顶绿化排水

南方地区屋顶绿化可用人工浇灌,也可采用小型喷灌系统和低压滴灌系统。屋顶绿化成功与否,屋顶的防水措施至关重要。要防止屋顶积水,解决屋顶绿化植物淹死等问题;另外植物根系会破坏防水层导致漏水,所以做屋顶绿化设计时要考虑到屋顶有组织排水,屋顶和种植土之间需要铺设屋顶花园专用排水板,采用屋顶花园专用排水板技术,有利于屋顶自由排水,且有部分蓄水功能,保持屋顶植物的水分,屋顶多采用屋面找坡,并设置排水沟和排水管的方式解决排水问题。

（五）无土基质屋顶草坪绿化技术

无土基质草坪对承载力小的旧屋顶有特殊意义,其绿化技术特点包括:①采用无土基质载体,基质厚度仅3～5cm,每平方米载重小于40kg(吸水饱和后),不会对屋顶安全及寿命造成任何影响。②无土基质不含有害物质,做到真正的无土绿化,非常干净、环保,不会造成二次污染。③无土基质性能稳定、使用寿命长、不板结、可重复使用。④无土基质质地疏松、排水性好、保水和保肥能力强,为草坪茁壮成长提供保证。

八、蓄水增渗措施技术

蓄水增渗措施,也称雨水渗蓄利用工程,即雨水集蓄利用或雨水入渗模式,其内容主要包括(李海燕等,2008):雨水收集工程、雨水池(调节池)、雨水湿地、渗井、各类雨水入渗工程(含下沉式绿地、透水铺装)(余绍武等,2010)等内容。具体在本卷第九章"海绵城市建设理论与技术"中论述。

九、生产建设项目水土保持方案编制技术

有关详细内容在本卷第七章"南方地区生产建设项目水土保持"中已有详

细介绍,这里仅补充简述与城市水土保持有关的内容。

深圳市是最早开展水土保持方案研究的城市之一(陈霞等,1998),深圳市在 2002 年就在全市印发了《深圳市开发建设项目水土保持方案指南》(陈霞,2002);2007 年水利部监测中心赵永军(2007)主编了《开发建设项目水土保持方案编制技术》,还有不少研究者如王永喜等(2006)、王永功等(2010)、闫秀平(2016)先后对典型案例进行了研究。

2018 年国家住建部和市场监督管理总局颁布了国家标准《生产建设项目水土保持技术标准》(GB 50433—2018),其中强制条款提出城镇新区的建设项目应提高植被建设标准和景观效果,还应建设灌溉、排水和雨水利用设施。对弃土也做出了相应规定:"弃土、石、渣应综合利用,不得利用的应集中堆放在专门的存放地(或纳土场)",并对弃土场选址条件做了严格要求。

如《深圳经济特区水土保持条例》和相关文件规定(陈霞等,1998),建设项目编制水土保持方案报告书的具体指标是,可能造成水土流失的建设项目,占地面积大于 2 万 m^2 或动土方量超过 5 万 m^3,向市水务主管部门报送水土保持方案报告书。

有关技术标准施工中的侵蚀模数应控制在 500t/($km^2 \cdot a$)以内,建设区外可适当放宽,工程验收的侵蚀模数,应控制在 200t/($km^2 \cdot a$)以内。施工期临时沉沙池暴雨设计标准 5 年一遇,场区临时排水沟为 10 年一遇,永久截排洪沟为 20 ~ 50 年一遇。斜坡应进行全面生态绿化防护,避免表面石质化,推广应用斜坡快速绿化新技术。绿地覆盖率满足城市总体规划要求,如工业园区绿地率 35% 以上,居住区 45% 以上。

第六节 城市水土保持案例

《生态城市绿皮书:中国生态城市建设发展报告(2017)》(王伟光等,2017)对中国 284 个地级及以上城市 2015 年在生态健康、环境友好、绿色生产等方面进行综合排名,评出了在生态环境领域,关于创新、环境、生产、生活、宜居等五大类型的"十大城市"榜单,并结合城市的发展建设情况,就城市绿色覆盖率、空气质量优良情况等方面进行分析,同时针对性提出统筹山水林田湖草系统治理、促进生态城市与美丽中国建设向协调发展等多项建议。《生态城市绿皮书:中国生态城市建设发展报告(2017)》指出,前10位的绿色生活型城市依次为:三亚、厦门、天津、福州、广州、南宁、西安、舟山、青岛和深圳。粤港澳大湾区研究院发布《2018年中国城市营商环境评价报告》(陈晨星等,2018)提出,在生态环境方面,城市前10排名依次为海口、福州、昆明、南宁、贵阳、深圳、青岛、大连、南昌、宁波。

在成功授予第一批全国10座水土保持示范城市之后,2000年水利部印发《水利部关于开展全国第二批城市水土保持试点工作的通知》(水保〔2000〕525号文),并于2004年召开了试点验收总结大会,总结大会表彰的南方城市包括安庆、九江、湖州、乐山、楚雄等地级城市。近来,各省在水土保持生态规划中,也各自提出了按海绵城市等要求建设水土保持生态示范城市的目标。例如,湖北省就提出至2020年建设20个以上的水土保持示范城市。

结合第一批、第二批获全国水土保持生态环境建设示范城市名录,又根据其在开展城市水土保持的特色,选出南方有代表性的城市作为城市水土保持案例。它们是:深圳市(超大城市)、三明市、贵阳市(特大城市)、赣州市和桂林市。以上5座城市中,除深圳市是在水行政主管部门组织的完整意义上的城市水土保持外,其他城市水土保持职能虽不在水务部门,但具有城市水土保持功能的工作却特色鲜明。例如,三明市利用山水城市的天然优势,在保护城市第一重山(背景山体)和水土保持监督执法与110报警联动具有鲜明的特色;贵阳市在新一轮的快速城市化中,既能保护观山湖核心生态景区,又能在城市开发中利用山势形成错落有致的城市风貌;赣州市则在传统水土保持优势的基础上,重视发挥城市水土保持的协调作用,使河流(章河、贡河汇流)在流经城市段能成为城市独特的风景线;桂林市则在诸如采石场整治和(漓江)水环境治理结合、美丽乡村建设等方面有突出的特色。

一、深圳城市水土保持

(一)基本情况

深圳市,别称"鹏城",是中国"北上广深"四大一线城市之一,中国第一批经济特区,计划单列市、副省级市、国家区域中心城市、超大城市,国务院定位的全国性经济中心城市和国际化城市、国家创新型城市、国际科技产业创新中心、国际性综合交通枢纽,粤港澳大湾区四大中心城市之一。

全市下辖 9 个行政区和 1 个新区(大鹏),总面积 1997.47km^2。截至 2018 年末,深圳常住人口 1302.66 万人(户籍人口 450 多万),每年净增常住人口 50 万左右,实际总居住人口(包括流动)超过 2000 万人,属于全国唯一的全面城市化的新兴城市。属亚热带海洋性气候,高温多雨,年均降雨量 1933mm。城市绿化覆盖率 45.1%,森林覆盖率 40.68%。

1995 年,面对严重的城市水土流失,深圳率先开展了城市水土保持规划编制工作,按城市生态建设的特点,从城市建设和城市防洪等多角度,对城市水土保持规划内容进行探索(陈法扬,1997)。1995 年 8 月在深圳召开的全国部分沿海城市水土保持工作座谈会上,深圳市第一次提出了城市水土保持概念(吴长文,1995)。针对深圳由农村向城市化的转变过程中,由于管理滞后、开发单位急功近利、盲目野蛮开发造成的恶果(陈法扬等,1997),探索农村与城市水土流失的异同,并开展了全方位的城市水土保持探索。从此深圳市从开发区流失治理、采石取土整治、水源保护区生态建设、技术创新、到城市规划区生产建设项目的预防监督、城市水土保持管理,到宣传教育科技园区建设与管理,全面开创了城市水土保持新领域。

(二)开创城市水土保持管理新模式

自 1995 年以来,深圳市面对严重的水土流失和生态压力,持续努力在前期加大治理力度的同时,着力构建城市水土保持长效机制,取得了明显成效。累计完成开发区水土流失治理面积 132.3km^2;治理废弃石场边坡等裸露山体缺口 215 处,面积 7.46km^2;建设饮用水源水库保护林 33km^2。全市水土流失面积从 1995 年的 184.99km^2 下降至 2017 年的 26.24km^2。2000 年,深圳市荣获"全国水土保持生态环境建设示范城市"称号。在新的起点上,深圳市还不断探索新的管理机制,并积极培育水土保持新技术。

1.加强水土保持顶层设计

深圳市率先在全国编制出台了《深圳市水土保持生态环境建设规划》等(吴长文,2004),并按照规划和属地管理原则将水土流失防治工作纳入各区各相关部门绩效考核体系。同时，还先后颁布了《深圳经济特区水土保持条例》《关于加强水土保持生态建设工作的决定》等规范性文件，从而使水土保持工作真正做到有法可依、有章可循。

2. 构建水土保持管理运行机制

1998年深圳市在无机构编制、无增加专职人员的情况下形成覆盖全市的水土保持监测与监管网络，全面推行行业水土保持工作。后来进一步发展到通过"多规合一"平台在项目立项用地阶段提前介入；加强政府投资项目建设单位联动，推动落实水土保持"三同时"制度；实行全流程网上办理全部水土保持方案审批程序（陈霞等，1998）；强化事中事后监管，及时推动整改工作；积极推动水土保持信息化建设，提高水土保持监管手段的科技含量和监管效率。

3. 创新政府推动治理的管理模式

深圳市城市水土流失治理主要经历了三个发展阶段：一是大规模开发平土区治理，二是裸露山体缺口治理，三是水源保护林与清洁小流域生态建设。

从1997年开始，政府加大投入力度，加大执法体系建设，水土流失面积很快得到控制（林军，2000）。九矿开发区、茜坑开发区、樟坑径开发区等大片水土流失严重地区，很快理顺水系，恢复生态。其中九矿、樟坑径开发区为1991—1993年间土地开发过程中开山平土形成的。由于破坏了原有植被，土壤沙砾化严重，寸草不生，导致水土流失特别严重，有"黄土高坡"之称。每逢暴雨，泥沙下泄，严重影响下游村镇及高速公路的安危。经过水土保持综合整治，理顺水系、拦截泥沙、植树种草、恢复植被等措施，生态环境明显改善（吴长文，2001）。

2002年又在规划的基础上，编制全面治理裸露山体缺口工作方案，落实责任，以市政府规范性文件印发，以责任制形式召集业主签订责任书，从治理的设计审查，施工监理，到检查验收，层层落实（吴长文，2002）。

4. 强化生产建设项目监管

深圳市对基本生态控制线以外区域的生产建设项目实行水土保持方案备案管理，2008—2017年全市水土保持方案申报率达95%以上；对已完工但未开展水土保持设施验收的生产建设项目进行清理、督办，2010年以来完成生产建设项目水土保持设施验收1259个；对大型建设项目实行动态监测和多部门联合监管，并将违法单位纳入不诚信名单、限制进入政府项目招投标。

深圳市从健全水土保持机构和法规体系、规范水土保持方案行政审批、推行水土保持度汛方案制度、推动水土保持动态监测、推进水土保持设施验收、强化水土保持国策宣等方面大力开展水土保持预防监督工作,水土保持监督管理水平得到进一步提升。

5. 发挥科技示范和宣传教育引导功能

2008 年,深圳市水务局和南山区人民政府在昔日废弃的乌石岗采石坑口上新建占地面积 50 万㎡,集科技示范、试验研究、技术交流、科普教育于一体的水土保持科技示范园,为全市水土保持治理树立了样板。开园至今,前来学习考察和参观的人数达到 32 万人次,并先后被评为"国家水土保持科技示范园区""全国水土保持科普教育基地"和"国家水情教育基地"。

(三)生态建设技术探索硕果累累

针对 20 世纪 90 年代深圳经济特区创建初期引发的大面积开发区水土流失问题,深圳市创新性提出"理顺水系、周边控制、固坡绿化、平台恢复"等快速治理思路和模式(吴长文,2001),并探索建立了在高陡岩质边坡上实现快速和可持续植被恢复的综合技术体系(吴长文等,2003)。1996 年完成的《深圳市城市水土保持规划》被专家评为国际先进水平,曾获得 1997 年度全国勘测设计成果一等奖;深圳市研发的"岩质边坡喷混植生快速绿化技术"获省、市科技进步奖;"深圳市水土保持管理信息系统研究"获水利部大禹杯奖;"岩质边坡生态防护新技术"获得 2005 年度国家科技进步二等奖。

针对饮用水源保护区流域内各类水土生态问题,深圳市按照"一库一策"的原则实行分类防治,建立多树种、多功能、高效益的林草复合植被生态防护体系,既降低了库区水土流失,又提高了水库涵养水源、净化水质的能力。

二、三明市城市水土保持

(一)基本情况

三明市是福建省一座地级市,面积 2.3 万 km^2,1960 年就成了省辖的地级市(1983 年正式建市)。三明市 2000 年时的统计人口为 257 万人,2018 年常住人口仅为 258 万人(18 年来人口几乎没有增长),城市化率约 60%,城市化率与全国平均水平持平。三明市是一座新兴的工业城市,辖 3 区 1 市 8 县,年均降水量1400~2000mm，美丽的沙溪河流经市区，全市森林覆盖率大于76.8%。

三明市属于大型城市，由于三明市最早就立法保护城市第一重山，并创立了一套较为健全的110联动水土保持监督执法模式，用很少的资金走出了一条少破坏的独特城市水土保持路子，2000年三明市获"第一批全国水土保持生态环境建设示范城市"称号，当年水利部全国城市水土保持试点工作总结会也在三明市召开。

（二）创建水土保持示范城市的独特经验

1. 加强协调、规划优先

一是建立专门机构，落实办事人员。成立了三明市城市水土保持生态环境建设试点工作领导小组，由市长任组长，市财政每年拨出15万元作为专项工作经费。领导小组多次召开成员会议，听取汇报，部署和协调城市水土保持生态环境建设试点工作。市政府还将示范工作列入创建文明单位的一项重要考评内容。

二是市政府在1998年出台《关于加强城市水土保持工作的决定》，要求各职能部门协同，尤其是建设部门重视职能范围的城市水土保持工作，并要求市区内从事建设、采矿等活动的有关单位应当将水土保持方案作为生产、建设项目报批报建必备条件。

三是在1999年编制了《三明市城市水土保持生态环境建设规划》，由市政府按规范性文件印发实施（柯瑞明，2002）。

2. 监督执法与110报警系统联动

据陈善沐等（2002）调研，经市政府批准，水土保持监督执法纳入三明市110报警与社会救助服务联动单位，向社会公开承诺城市水土保持110报警与社会救助联动服务范围、内容及投诉救助途径。这种模式有利于提高水土保持执法的权威性，水土保持违法开发容易得到制止和纠正（曾大林等，2001）。

3. 开创水土保持生态文明

在示范城市创建期间，三明市水土保持部门除了在《三明日报》、三明电视台等新闻媒体上经常刊播有关城市水土保持生态环境建设的文章和新闻外，在205国道和繁华大街设置固定宣传牌，形成了城市水土保持宣传一条街。以市民学校为阵地，大力开展生态教育活动，并把宣传内容列入市区精神文明建设

"六联六建"区域共建工作内容,还编印了 10000 册《水土保持——中学生(市民)科技普法知识读本》,以法治宣传在全国率先促水土保持生态文明建设。

4. 以水土保持统筹城市生态建设

一是把城市生态建设与城市水土保持生态建设有机地结合起来,发挥城市各部门的积极性和优势。1997—2000 年,全民义务植树 115 万株,全市 88 条城市道路绿化普及率达 97%,绿化带占道路用地面积的 25.1%;建成区级以上公园 8 个。

二是组织场矿企事业单位的力量,自筹资金建设场区、生活区的绿地、小公园、行道绿化带等。根据工矿用地占城市用地 51% 的情况,利用创建优势,进行城郊一体化的大环境绿化建设,城市周边第一重山背景山体林相改造种植乔、灌木,形成青山环抱的绿色生态景观,森林覆盖率达 74.1%,林地绿地率达 96%。

三是积极协调市区财政,统筹提供资金保障用于城市水土保持生态建设。1997—2000 年,全市共投入城市水土保持生态环境建设资金 1.6 亿元。

(三) 不断进取成为生态文明城市

为持续推进三明市水土保持工作,2012 年 3 月市委市政府印发了《关于加快推进水土保持生态建设的通知》,并举行了全市水土保持生态建设誓师大会;又在 2015 年完成了《三明市 2016—2030 水土保持规划》。

2014 年福建省人民政府批复《三明市生态建设规划(2010—2030)》,要求三明市发挥建设海峡西岸(海西)经济区的"前锋、基地、枢纽、支撑"作用,统筹城乡协调发展、加快生态文明建设,建成主业突出的制造业基地。

2014 年以来,三明市在宁化县建立了集水土保持科研、科技教育培训、实用技术应用推广和休闲观光于一体"水土保持科技示范园",园区面积 115hm²,现已建成 1 个试验区、1 个种苗基地和 10 个功能治理区,园内植被覆盖率由原来的 41% 增加到 85%,土壤侵蚀量减少了 73%。园区在 2016 年 6 月获得"国家水土保持科技示范园区",2018 年三明宁化水土保持科技示范园被中国水土保持学会授予"全国水土保持科普教育基地"。

2017 年 6 月三明市水利局根据国家环保督查的要求印发了开展生产建设项目监督检查的通知,并在当年对发现的问题进行跟踪督促整改,取得了明显的成效。

三、贵阳市城市水土保持

(一)贵阳市基本情况

贵阳市是贵州省省会,因在境内贵山之南而得名。贵阳市国土面积8046km²,2017年底常住人口480万人,城镇化率近75%,2018年底建城区面积近446.7km²。

贵阳市属于亚热带湿润温和型气候,年均降水量为1129.5mm,年平均气温15.3℃,年平均相对湿度77%。

贵阳市是国家级大数据产业发展集聚区,为中国首个"国家森林城市",2017年森林覆盖率46.5%。2017年经国务院批复的《贵阳市城市总体规划(2011—2020年)》提出:在《总体规划》确定的3121km²城市规划区范围内,实行城乡统一规划管理。加强城中村和城乡接合部地区的规划建设管理,城镇基础设施、公共服务设施的建设应当统筹考虑为周边农村提供服务。根据市域内不同地区的条件,重点发展县城和基础条件好、发展潜力大的重点镇,优化村镇布局,实施乡村振兴战略,加强对村镇建设的指导,促进城乡基本公共服务均等化。加强贵阳与周边城市协调联动,推动区域重大基础设施互联互通、共建共享。要增强"绿水青山就是金山银山"的意识,坚持节约资源和保护环境的基本国策。按照促进生产空间集约高效、生活空间宜居适度、生态空间山清水秀的总体要求,统筹山水林田湖草系统治理,形成合理的城市空间结构,促进经济建设、城乡建设和环境建设同步发展。划定城市蓝线保护范围,结合水域自然形态进行保护和整治,提高水资源利用效率和效益,建设节水型城市。推行低影响开发模式,推进海绵城市建设,积极发展绿色建筑。加强绿化工作,划定城市绿地系统的绿线保护范围。要加强对红枫湖等风景名胜区、自然保护区以及湿地、水源地等特殊生态功能区的保护,制订并严格实施有关保护措施(田毅,2018)。

选择贵阳市作为案例,主要是其在快速城市化过程中注意保护生态核心区(观山湖区)和城市人居环境设计依山就势理念的突出成就。

(二)观山湖区生态建设样板

贵阳市按规划建设环城林带,同时特别建设观山湖区生态样板(王乾军,

2011）。观山湖区是贵阳市六个市辖城区之一，面积 307km²。观山湖区将生态文明理念贯穿于经济社会发展全过程，从顶层设计上厚植生态文明基础，先后出台了《观山湖区建设全国生态文明示范城市先行区实施方案》《观山湖区生态文明示范城市先行区建设实施规划报告》《观山湖区林地保护利用规划（2013—2020）》《观山湖区生物多样性生态保护规划》《观山湖区百花湖生态文明示范区保护利用总体规划》《"千园之城"观山湖区公园绿地规划》等文件，着力加强生态文明建设，探索建立"互联网＋生态保护与司法联动"机制，确保全区涉及水、气、声、渣、尘等环境问题得到实时监督，并及时解决；着力推进"一河百山千园"建设，实施小湾河（金钟河观山湖区段）环境综合整治 PPP 项目并启动了宋家冲河、李家冲河等区内多条河流全流域综合治理，全面推进 92 个总任务的"百山"生态治理行动，大力实施"千园之城"建设，实现"300 米内有绿地、500 米内有公园"的目标。

舒天竹（2017）、沈孝强等（2016）和吴学强（2010）分别对观山湖区的生态效益进行了观测研究，研究表明：观山湖区绿地水土保持生态效益总价值 21 年间净增长 16377.92 万元，到 2016 年，单位面积生态效益达到 3.542 万元/hm²，年间净增加 0.12 万元/hm²。对观山湖区绿地水土保持生态效益影响最大的是湿地生态系统，其次是森林生态系统。

近年来，观山湖区生态环境质量持续改善，集中式饮用水源地水质达标率 100%，建成区绿化覆盖率 42.44%，森林覆盖率达 44.7%，2015 年荣膺"全国十佳生态文明城市"。2017 年 9 月，观山湖区正式被国家环境保护部授予"第一批国家生态文明建设示范市县（区）"称号。

（三）城市设计依山就势

贵阳市虽是一座山城，但因为在城市设计中贯彻依山就势的理念，形成了城市错落有致的格局，建设过程土石方就地消化，没有形成余泥渣土围城的局面。

贵阳市喀斯特地貌占全市面积的 85%，形成了峰林、溶沟、峡谷、溶洞等景观，"地无三里平"即是其地貌的真实写照。贵阳市内影响建筑的山体以小山头居多，如何在城市建设中依山就势，既保持山体的生态性、融建筑于山体之中，又能满足城市交通、物流人流的城市功能，贵阳山地建筑的创新应运而生。

贵阳山地建筑体现的人居环境设计原则包括以下几方面。

①依山就势，因地制宜。尊重山地地脉，避免"夷高台为平地"的简单开发方式，对竖向设计进行依山就势的安排，合理利用原有地形高差和山位，可在建筑内部形成不同标高地面，强调微地形改造，尽量减少大量土石方工程，尤其要注意土石方平衡。

②体现人与环境和谐。既满足以人为本，增加适宜性，又体现环境的协调性，包括场地环境、生物生存环境和人居环境，使建筑与周边生境相协调。例如，保护山体的水文生态，选择合理的排水路径和方式，并满足人车交通要求。

③体现特色。把山地生态与人文特色有机融合，打造有鲜明地方特色的山地建筑风格。

（四）生态文明彰显

贵阳市仿效 10 多年前深圳提出的"天蓝、山绿、水清"，聚焦生态美，2013年 5 月 1 日开始施行《贵阳市建设生态文明城市条例》（市人大字〔2013〕14号），还印发了小学版的《贵阳市生态文明建设读本》，并积极开展生态文明志愿服务活动。2017 年市政府还整合相关部门组建贵阳市生态文明建设委员会，2019 年 1 月 20 日贵阳市获"全国首批生态文明建设典范城市"称号。

2005 年贵阳市颁布《贵阳市水土保持管理办法》（市府令第 12 号），其中第七条规定：市、区、县（市）人民政府应将水土保持工作列为重要职责，市、区、县（市）人民政府水行政主管部门应当结合实际，开展水土保持宣传，普及水土保持知识，提高全民自觉防治水土流失的意识；第十六条规定：市、区、县（市）人民政府应采取措施，加强市、区、县（市）、乡（镇、街道办事处）、村（居民委员会）四级水土保持预防监督体系和管护体系建设。

另外《管理办法》还提出：本市范围内的各级各类学校，应加强水土保持知识教育。各新闻单位应加强对水土保持工作的宣传。

四、赣州市城市水土保持

（一）基本情况

赣州市是江西省的地级市，也称"赣南"，是江西省的南大门，也是江西省面积最大、人口最多的设区市（熊平生，2008）。赣州地处亚热带季风气候区，地形以山地、丘陵、盆地为主,年均降水量1586mm。总面积39379.64km²,下辖3个市辖区、14个县、1个县级市、2个功能区,2018年户籍总人口为981.46万人。2015年12月经国务院(住房和城乡建设部复函)原则同意《江西省城镇体系规划(2015—2030年)》。《江西省城镇体系规划(2015—2030年)》提出建设赣州都市区,赣州都市区是江西省南昌、赣州、九江三大都市区之一,以赣州市辖区为主体,将建成我国珠江水系的东江源头、赣江源头地区的生态文明建设示范区和城乡一体化发展先行区。

《江西省城镇体系规划(2015—2030年)》提出,将赣州建设成为国家区域中心城市、国家Ⅰ型大城市、全国性综合交通枢纽、"一带一路"重要节点城市、全国稀有金属产业基地和先进制造业基地、赣粤闽湘四省通衢的区域性现代化中心城市。

(二)重视城市水土保持规划

早在1998年,赣州市就借鉴深圳市经验编制了《赣州市城市水土保持规划》并通过专家审查(陆川,1998),从而引进深圳城市水土保持经验,尤其是对赣江(章、贡河)两岸的河堤加高、培厚改造,结合城市环境提升进行城市生态建设效果显著(熊平生,2008)。2017年赣州市修编了《规划》:《赣州市城市水土保持规划》紧密结合赣州市自然条件、水土流失现状、现阶段及未来一段时间内国民经济发展对水土保持工作的需求,从建设"美丽赣州"的高度出发,围绕赣州市"一湖两源三区多节点"的水土流失防治总体布局,并注重战略性、超前性、适应性、持续性和可操作性,分近期和远期对全市水土保持工作进行总体部署。《赣州市城市水土保持规划》提出的水土保持区划和水土流失重点防治区划分结果以及其他各项规划内容,为今后一段时期内赣州市水土流失预防监督、综合治理、监测评价等提供了科学依据。

2018年赣州市获水土保持科技示范园建设立项,地址在赣州市章贡区沙石镇。

(三)水土保持改革试验区取得成效

赣州市自1983年就列入全国水土保持重点治理区,并平行于水利(务)局专设水土保持局,始终把水土保持摆在突出位置,高度重视、高位推动,要求各级党政主要领导亲自抓、负总责(曾建民,2001)。2014年12月,水利部将赣州列为"全国水土保持改革试验区",要求赣州打造水土保持示范样板。2017年，赣州市被列为"全国首批山水林田湖草生态保护修复试点"，并获得中央基础奖补资金20亿元。2017年3月,水利部在赣州市召开全国水土保持改革试验现场会。

2014年以来赣州市水土保持改革试验区的成效以下。

1. 实施四大工程

①实施山水林田湖草生态保护和修复工程。筹资183亿元,建设流域水环境保护与整治、矿山环境修复、水土流失治理、生态系统与生物多样性保护、土地整治与土壤改良等五大类63个项目。

②实施森林质量提升工程。启动10年67万hm^3低质低效林改造计划,增强涵水保土功能。

③实施东江流域生态保护工程。推进生态修复、水源地保护、水土流失治理等五大类79个项目建设,实现出境断面水质100%达标。

④实施水土保持生态示范园建设工程。探索采用"水保 + 产业发展""水保 + 农村污水处理""水保 + 乡村旅游""水保 + 脱贫攻坚""水保 + 美丽乡村建设"5种治理模式,启动创建100个水土保持生态示范园区。

2. 致力三项创新

把水土保持列为生态文明建设的重要内容,全过程严抓严管严治。

①创新审批管理。为规范农林果开发,出台赣南山地林果开发水土保持技术规程,建立山地林果开发联审联批联验长效机制。

②创新监督执法。实施"属地管理、市县联动、部门联合",实现全市生产建设项目水土保持监督检查全覆盖、常态化和规范化。

③创新考核问责。把水土保持改革创新纳入县(市、区)年度科学发展综合考评。

3. 筑牢四大保障

①强化组织保障。市县两级成立水土保持委员会,专设水保局,列为全国水土保持改革试验区后,成立专门领导小组,层层抓落实。

②强化资金保障。近3年累计争取山水林田湖草等水土保持重点治理资金25.23亿元,市县财政足额落实配套资金,吸引民间资本约15亿元。

③强化技术保障。成立了全国第一个地区性水保科研机构赣南水土保持

生态科学院,赣州市创造的"水平竹节沟"治理技术获全国推广。

④强化制度保障。出台重点治理工程项目资金管理办法、生产建设项目水土保持方案编报审批、项目竣工验收、监督检查等 12 个配套文件,实现水保工作制度化、常态化、长效化。

五、桂林市城市水土保持

桂林市城市水土保持工作的内容虽没有像深圳市等城市那样集中到水行政主管部门,但相关部门在采石场整治、漓江两岸水生态环境保护、美丽乡村建设等城市水土保持方面成效显著。

(一)基本情况

桂林市是广西壮族自治区的地级市,总面积 2.78 万 km²,下辖 17 个区(市)县和高新区,截至 2017 年,户籍总人口 534.08 万人,其中城镇人口 178.21 万人;常住人口 505.75 万人(外出务工的比外来工更多),其中城镇人口 247.34 万人,常住人口城镇化率为 48.91%(远低于全国平均城市化率 60%)。

桂林市属亚热带季风气候。境内气候温和,雨量充沛,年平均降雨量 1887.6mm。桂林市处于西江支流的桂江流域,集雨面积 19288km²。桂江上游的漓江和湘江有运河(灵渠)沟通。境内漓江流域面积 12565km²,干流长 295.27km。

2017 年桂林市开展了《桂林市水土保持规划(2017—2030)》编制工作。2018 年 2 月 24 日,国务院批复桂林市为"国家可持续发展议程创新示范区"。桂林同时拥有世界自然遗产桂林山水和世界灌溉遗产灵渠两大世界遗产,还有闻名全国的龙脊梯田风景区。在桂林市临桂新区建设中,按照国家生态园林城市的标准,构筑"一园二带三组团"的新区绿地系统空间布局,从而使城市绿化与城市文化、水土生态建设高度协调,城乡绿化和谐一体,形成具有地域自然特色的生态文化型山水园林景观。

(二)整治无序开采,石场治理成效显著

作为桂林山水核心景观的漓江是国家 5A 级景区和国家重点风景名胜区。由于受利益驱使,桂林市区至阳朔县漓江两岸曾出现疯狂采石、挖石灰岩矿的场景,给秀美山水留下千疮百孔的"疮疤"。据唐荣桂(2016)报道,2016 年国家环保部漓江流域卫星监测显示,在已确认的采石场中,有 20 余家位于漓江风景

名胜区的禁止开发"红线"范围内。

1. 按规划关停整改

2016 年 5 月,按照国家环保部和中央改革办联合调查组的要求,桂林市政府认真落实整改措施(唐广生,2017),对漓江风景名胜区规划范围内的采石场下达停工通知,勒令停止开采、关闭,收回全部采矿许可证,对无采矿许可证的采石场依法取缔。实际自 2014 年以来,按照《桂林市 2014 年城市环境保护整治行动工作方案》《桂林市矿产资源总体规划(2016—2020 年)》和《桂林市重点区域采石场专项规划(2016—2020 年)》要求,市政府就组织国土、水保、环保、安监、公安等部门对全市所有采石场进行了检查整改,但执行不力。

2016 年 10 月底,漓江风景名胜区内和旅游通道(桂磨公路)周边的 19 家采石场、1 家砖厂已全面关停,达到"全部拆除厂房、机械设备,撤离人员、注销采矿证"的四项整治要求。

在强力关停漓江风景名胜区范围内共 18 家采石场和桂磨公路周边 3 家采石场的同时,桂林市国土矿产部门牵头,各职能部门按照"一场一策"的要求,因地制宜制订生态复绿方案,启动生态复绿工程并监督实施。

2. 引进治理技术,加大投入力度

桂林市加大资金投入力度,组织开展漓江风景名胜区内采石场生态复绿工作,通过场地平整、危岩清除、边坡治理、挂网、植树种草等措施(邹浩等,2019),切实保护和恢复矿山生态环境。据统计,桂林市各级财政共投入约 2.58 亿元,引进深圳等珠三角地区的采石场治理新技术和经验,对漓江流域采石场的采空区、加工场地、堆料场等场地进行了场地平整、客土覆土撒播草籽、种植乔灌木等;对采石场边坡采用危岩清除、边坡治理、挂网、砌筑 V 形槽种植油麻藤、爬山虎等爬藤植物进行复绿(杨文婷等,2010)。

3. 石场生态治理效果显著

目前桂林市已完成采石场生态修复面积 136hm²,原有采石场的生态环境破坏状况得到根本扭转,生态修复效果初现,漓江两岸"疮疤"(裸露山体缺口)重新披上了绿装。

灵川县的真实采石场、大圩安泰采石场、鲤鱼山采石场等 3 个采石场集中连片,且山体破损面较大。整治工作方案将其整合分成 4 个片区,按照不同的破损程度、不同的施工量分别组织施工队伍进行复绿。

阳朔县则对每个采石场生态修复方案进行细化,福利镇枫林村莫保顺采石场,利用石山破损横截面处加厚土层种植毛竹、蒲葵,平面和缓坡处铺草皮,凸现复绿层次。并结合周边的鱼塘和民族特色木楼,创建了生态旅游新模式。葡萄镇诸葛长芝石灰厂,在破损山体生态修复时种植三角梅、爬山虎、扁柏和石山榕等,做到了花化、彩化、绿化(三化)相得益彰。

(三)漓江水环境大为改善

桂林虽山美水美,但不少地方却处于枕着宝山过穷日子的尴尬境地(廖业桂,2018)。绿水青山就是金山银山,生态文明建设的成果让桂林更加秀美。桂林市近年来严厉打击破坏漓江景区生态环境的各类违法违规行为(覃星铭等,2004),注重源头保护,加强漓江流域生态和饮用水源保护、加大环境连片整治及青狮潭库区环境综合整治力度,大力推进桂林防洪、漓江补水枢纽工程和漓江市区河段截污工程建设。2015年桂林市成立漓江风景名胜区管委会,进一步推动漓江保护利用步入科学化、法治化、规范化、长效化轨道。

2016年12月,桂林市启动"1+3"生态红线监管体系建设,通过1个监管平台以及负面清单、生态补偿、绩效考核等3个主要管控措施的体系建设,完成桂林市生态保护红线的边界核定。至2018年底,漓江(城市段)排污综合治理项目二期完成,漓江城市段及其支流污水直排问题得到根治,全市(城区)污水集中处理率达97%以上。预计到2020年,"水清、岸绿、河畅、景美"的江河湖库管理保护目标将基本实现。

图1-8-6 桂林市漓江(支江)城市段河岸景观绿化

（四）美丽乡镇建设创立新模式

2015 年 11 月 5 日,第二次全国改善农村人居环境工作会议在桂林市召开,因乡镇的垃圾污水处理、古村落保护、沼气利用、产业发展等美丽乡村建设成效显著,龙胜被称为"坳背屯模式",秀美新农村建设模式带动农民进行新农村建设。桂林创建国家生态文明建设示范区(美丽乡镇)先行先试经验在全国推广。

漓东百里生态示范带建设,是桂林一项统筹推进生态乡村建设、漓江环境治理、沿岸扶贫开发、重大交通水利基础设施建设、旅游产品开发及配套设施改造提升、古村古镇保护开发、新型城镇化建设的系统工程。漓江沿线已成为生态产业发达、自然环境优美、经济与资源协调发展、人与自然和谐相处的示范。正如人们所感叹(陈娟,2016):美丽山水、生态田园、浪漫古镇……沿着漓东百里生态示范带大圩至草坪段绿道,骑着自行车一路前行,漓江秀美风光美不胜收。

第九章

海绵城市建设
理论与技术

第一节 城市水殇和城市径流调控

一、城市水灾害

（一）城市水殇

自古以来，城市多依水而建，居民多倚水而居，文明多因水而生。我国地处欧亚大陆和太平洋板块交界处，地形落差大，季风影响明显，易形成洪涝、干旱、水污染等事件，作用于人类社会将产生相应灾害。城市物质能量集中，具有复杂多变的微气候特征，更易造成水灾害。城市人口、产业集中，蕴藏巨大经济、社会等价值，水灾害损失巨大。据《国闻周报》所载，1931年长江、珠江、黄河、淮河等我国主要河流均发生特大洪水，被认为是有记录以来灾害死亡人数最多的一次自然灾害（骆承政等，1996；张建云等，2016）。此次长江特大洪水遍及四川、湖北、湖南、江西、安徽、江苏、河南等省，导致14万余人死亡，333余万 hm^2 农田受灾。城市受灾严重的武汉三镇受洪涝围困长达一个月，仅汉口城区便有8000人被淹死，甚至在汉口繁华的中山路上出现浊浪滚滚、漫无边际，高楼、电线杆泡在水中，各式船只在通衢水道上疾驰的景象（波哥侃历史，1931）。新中国成立特别是改革开放以来，城市化进程加快，伴随高度社会大生产和对高生产效率的追求，出现了一批诸如北京、上海、广州、深圳、重庆等巨型城市。诸城市在城市化进程中伴生下垫面硬化和河道渠化、排水通道管网化以及湖泊和沼泽的萎缩，使洪涝灾害影响进一步加剧。2007年济南遭遇特大洪水，造成25人死亡、4人失踪、170多人受伤和重大经济损失（张明泉等，2009）；2010年广州遭遇特大洪水，造成6人死亡，3万余人受灾，中心城区118处出现严重内涝积水，城区大范围交通堵塞（陈刚，2010）；2010年重庆大部遭遇洪涝灾害，造成10人死亡，2人失踪，263万人受灾，8.8万 hm^2 农作物受灾，9000余间房屋倒塌，直接经济损失近11亿元（黄骏，2010）；2012年北京及周边地区遭遇61年来最强雨洪,造成 79 人死亡,160 万人受灾,1 万余间房屋倒塌,经济损失 116 亿余元(张进军等,2013);2013 年上海、宁波遭台风"菲特"袭击,造成 3 人死亡,149.9 万人受灾,直接经济损失 127.9 亿元(蒋一娜,2013)。这些城市水殇启示我们重新审视城市水灾害防治体系现状,总结体系存在的问题。

(二)城市水灾害防治体系存在的问题

现有城市水灾害防治体系并未完全满足灾害防治的需求,城市洪涝、干旱和水污染灾害时有发生。据相关统计,2008—2010 年全国有 60% 以上的城市出现不同程度的洪涝,其中有近 140 个城市洪涝灾害超过 3 次以上(吕宗恕等,2013),且各城市间轮番上演"城市看海"的景象,造成严重的洪涝灾害和人员伤亡及财产损失(陈东平等,2017)。其原因可归纳为以下三点:一是工程功能单一,难以针对洪涝灾害水循环过程进行系统防治:水灾害具有时空尺度特性,当工程在某一空间处赋存状态值超过了该地允许预值属性时,给该流域带来相应水灾害问题并逐步污染流域水环境,与此同时,大量防灾工程间的状态值均与流域内水循环相连,因此,设计者与决策者在进行工程设计时往往只注重工程目的单一性而未全面考虑流域水循环作用,忽略灾害与灾害间的动态连接性;二是城市规划、布局等结构不合理,忽略设施水灾害防治功能设计。人们生活的环境大部分被钢筋混凝土建造的灰色基础设施所占据,城市建筑铺天盖地,马路连接城乡,城市排水管连接厕所与污水处理厂,输水管网将水库与水龙头连接等,建造的基础设施看似紧密相连,实则这类联系无比脆弱。这些现象都是由于建筑物规划、布局等结构不合理所做造成的。一味大兴土木搞建设,忽略景观等绿色基础设施,有道是"有景观无功能是'花架子',有功能无景观是'傻把式'"(俞孔坚等,2016)。因此,有必要注重建筑结构设计与绿色设施相结合,增强流域对水的自然吸纳净化能力。三是过度的非透水铺装的使用,阻隔自然水循环,导致严重城市水问题。随着我国经济社会飞速发展,城市化的快速扩张,现代化灰色建筑群、不透水地表以及城市微地形不但阻断了人类与自然界以及多种自然过程间的深层次联系,切断了流域内水循环中的重要环节,而且还降低流域存蓄能力,使得城市排水系统紊乱,从而引发严重的城市内涝现象,同时流域内的水资源、水安全、水环境、水生态、水文化等问题以及极端突发事件随之而来(王浩等,2012)。

（三）城市水殇解决方案

城市水灾害防治工程规划设计和布设针对洪灾、旱灾、涝灾、水污染灾害进行单灾种防治。工程发挥效益过程中，并未考虑对区域水循环过程和水灾害致灾过程的影响，未能把握工程作用发挥的相互影响及其耦合机制。本质上讲，现有城市水灾害防治体系主要问题可归结为未能依据水灾害成灾规律和水灾害防治工程功能进行结构设计和优化，难以系统、有效地应对雨洪、内涝、水污染灾害等城市水殇。因此城市水殇解决方案应重点考量城市及其毗邻流域内人与水的关系，实现人水和谐共生。具体而言，解决方案应以城市水文演变及其伴生物理、化学、生物过程规律为基础，以城市规划、建设、管理为对象，依据城市"海绵"理念，综合利用绿色、灰色基础设施，进行功能、结构设计。应充分发挥植被、土壤、河湖水系等绿色基础设施对城市雨洪滞蓄、渗透、净化作用，实现城市防洪治涝、水资源利用、水环境保护与水生态修复综合目标的实现，减缓、降低城市自然灾害影响（张建云等，2016）。

二、城市径流调控

（一）水循环过程

地球上的水在太阳辐射与地心引力等自然驱动力的作用下，通过蒸发、水汽输送、大气降水、土壤入渗、地表与地下径流等环节，使其以各种形态往返于大气、陆地和海洋之间，周而复始地发生各种内陆、海洋小循环以及海陆大循环过程。由于其是一个不可或缺的自然过程，因而被称为自然水循环（左其亭等，2002；雒文生，1992；魏晓华等，2009）。它不仅是连接地球各圈层和各种水体的"纽带"，同时也调节各圈层间水分、能量和物质转化，对各流域的冷暖气候变化起到至关重要作用（刘本培等，2000；李小飞，2013）。然而，不同流域内含有恢复与调节能力的河、湖、山等各类自然地貌，在自然水循环过程中（大气、降水、下渗与径流过程）呈现出时间尺度，在其由小单元到大流域的产汇流过程呈现空间尺度（王浩等，2016）。因此，自然水循环结构就形成了其特有的"一元"自然生态属性，流域内的自然水循环过程状态变量在不同时空尺度上表现为不同事件，如洪水、地面积水、土壤积水等水文事件。

（二）城市水循环过程

随着我国工业化加速发展以及人类活动的加剧,流域水循环系统由原始单一受自然主导的水循环过程转变为受自然、社会共同作用影响的新的水循环过程,打破了原始自然水循环格局和平衡,从而形成"自然—社会"二元水循环（柴增凯等,2011；刘家宏等,2010；王浩等,2003）。与自然水循环相比,水循环驱动力由原始的太阳辐射和地心引力等自然作用,转换为受自然与人工作用共同影响。同时,为满足人们生存与经济需求,水循环功能属性也发生相应转变。例如,在原始状态下,自然水循环具有自然属性,随着社会的发展,水循环过程逐渐出现多元化,在原有自然属性基础上增加了资源属性（水的有限性）、社会属性（用水的公平性、水害的防治）、经济属性（用水效率的高低）与环境属性（水环境质量的优劣）（游进军,2016）。资源属性体现在水量、水能、水质和水域资源,社会属性体现在水的安全与稳定,经济属性体现在用水效率,环境属性体现在水陆生生态系统的健康,最终形成一种消耗型复杂的水循环结构（王浩等,2016）。

（三）城市径流调控措施

快速城市化、生态恢复、气候变化等剧烈人类活动与自然变化改变水循环结构,呈现出自然—社会二元水资源结构。变化环境下水循环属性对应一系列属性阈值,当实际属性值超过二元水循环容许属性阈值时便会产生洪水、内涝、干旱、水体污染和生态退化等灾害。为防治这些灾害,城市水灾害防治体系被提出、兴起、发展和逐步完善。

针对城市水灾害,兼顾毗邻河道上下游、左右岸关系进行统筹治理,根据灾害类型布设工程与非工程措施,形成城市径流调控工程措施和非工程措施。

1.工程措施

工程措施包括:防洪涝工程、抗旱工程、水质工程、水域工程。其中,防洪工程包括堤防工程、蓄洪工程、分洪工程、河道整治和排水设施等,作用为拦洪、滞洪和蓄洪,代表工程为三峡和小浪底工程;抗旱工程包含水源工程、供水工程、水窖和蓄水池等,作用为调蓄水资源,代表工程为南水北调、引黄济青和引滦入津工程;水质工程包括污水处理厂站、排水工程、雨污合流及分流等,作用为净化处理污水;水域工程包括水库工程、大坝等,作用为水量控制（GB/T 50805—

2012,2012）。

2.非工程措施

非工程措施包括法令、政策、经济和工程措施以外的技术方法。防洪技术方法包括洪水预报、预警、保险等。

工程和非工程措施相互依存,缺一不可。若无工程措施,便如巧妇难为无米之炊;若无非工程措施,兴利可能成为致灾。因此,统筹工程和非工程措施,是形成完整城市洪、涝、旱等灾害防治体系的有效手段。

第二节 海绵城市理念与内涵

一、海绵城市理念

（一）"海绵"哲学理念

从现状来看,我国城市水灾害防治体系借助集中式水工程、河渠衬砌、截弯取直等刚性措施,将天然降水与人类活动、栖息地、土壤层和生物圈相分离,以达到"快速排水"的目的。然而这种"刚性"防治体系更易集中雨洪,致使河岸崩塌、内涝聚集。"海绵"哲学理念应运而生,它强调的并非"快速排水",亦非功能单一的集中式刚性水工程,而是强调将"排他"化为"包容"、将"集中"化为"分散"、将"刚性"化为"富有弹性"、将单一功能的单个工程化为多元结构组合而成的多功能工程(孔繁杰等,2016),恢复河道弯曲,保持水流平缓,增加入渗时间和水体自净时间,秉持道法自然,滋养大地万物。如果人类推崇"道恒无为,而无不为""有容乃大,无欲则刚"的哲学,那么治水、理水的最高理念便是因势利导,顺应自然。"海绵"哲学理念充分理解降水的价值,从小尺度单元到大尺度生态系统,均应体现其不同的价值。"海绵"哲学理念尊重每一滴雨水原有意义与价值,不宜轻易改变与隔绝人水联系。综上所述,"海绵"哲学理念便是试图让人类借助其赖以生存的环境,珍惜与包容大自然赐予的每一滴雨水。

（二）中国古代城市水工程的哲学启示

自古以来，我国城镇发展、变迁始终伴随水灾害影响。为防治城市水殇，建设了一大批水工程，积攒了丰富的治水经验，形成了一套独有的治水中国智慧。回顾、总结、汲取古代治水之道，有助构建智慧型海绵城市，形成人水和谐的城市社会。

纵观古代城市水工程，工程建设指导思想可归结为以下两个方面。首先，城市水工程的规划和建设要因势利导、尊重自然。据《国语·郑语下》所载，大禹吸取其父鲧"只堵不疏"的治水教训，转而采用"疏川导滞"的治水思想，充分尊重水体不同时空的赋存、运行、变化规律，以开渠和河道疏浚的工程手段，分流、导流洪水进入大海。类比城市，自然下渗、蓄水、滞水、净水和排水措施众多，城市建设形成硬化表面人为割裂了水体之间的水力联系，其防洪工程以"堵"为主，以"快速排水"为辅，这是对自然水循环规律的破坏，造成水量易集中现象，从而形成灾害。城市治水，可借鉴大禹治水的思想，摸清城市水灾害孕灾机制，重构"自然"排水通道，对城市洪涝"疏川导滞"，以达到防治洪涝灾害的目的。依此为据，代表性的城市水工程为赣州城区福寿沟和苏州古城水系。福寿沟为北宋年间刘彝在赣州城区所造两条形似篆体"福""寿"二字的排水干道系统（饶俊成等，2016；王佳琪等，2017）。该沟依据赣州城区布局和地形高差，连接三池"凤凰池、金鱼池、嘶马池"和清水塘、荷包塘、蕹菜塘、花园塘、铁盔塘等十几口池塘，最终将城市雨污排入江中；改造地下排水通道，加大城市雨污的收集和排放能力；修建临江水窗，借助水力学的原理洪水时关闭，水位低于水窗时打开（谢鹏，2016）。苏州古城道路、水系呈棋盘状分布，以特有古庭院排涝，以石板街路面和暗渠渗水、排水，同时链接池塘、护城河，蓄滞洪涝，以七堰、城墙护城挡洪，并以水则碑预报洪水。这些措施可谓城市智慧排水的尝试，在应对洪涝灾害过程中经受了历史的考验（刘畅等，2015），是海绵城市建设的宝贵经验。其次，城市水工程规划建设需要统一领导、制度先行。我国古代水工程多举国家之力，建立统一领导，调动大量群众完成。治水过程打破行政区划的界限，对上下游、左右岸进行统一调配、统一行动。

二、海绵城市内涵

城镇化是保持经济持续健康发展的强大引擎,是推动区域协调发展的有力支撑,也是促进社会全面进步的必然要求。然而,快速城镇化的同时,城市发展也面临巨大的环境与资源压力,外延增长式的城市发展模式已难以为继(尹艳伟等,2012)。《国家新型城镇化规划(2014—2020 年)》明确提出,我国的城镇化必须进入以提升质量为主的转型发展新阶段。为此,必须坚持新型城镇化的发展道路,协调城镇化与环境资源保护之间的矛盾,才能实现可持续发展。党的十八大报告明确提出"面对资源约束趋紧、环境污染严重、生态系统退化的严峻形势,必须树立尊重自然、顺应自然、保护自然的生态文明理念,把生态文明建设放在突出地位"。建设具有自然积存、自然渗透、自然净化功能的海绵城市是生态文明建设的重要内容,是实现城镇化和环境资源协调发展的重要体现,也是今后我国城市建设的重大任务(刘昌明等,2016)。

顾名思义,海绵城市是指城市能够像海绵一样,在应对自然灾害等环境变化方面具有良好的"弹性",雨期通过"吸""蓄""渗""净"等措施减少地表径流总量和峰值,同时净化水质,雨后则将蓄存的水"释放"出来并加以利用(李荣东,2015)。通过自然与人工措施相结合,在确保城市排水防涝安全的前提下,最大限度地实现雨水在城市区域的积存、渗透和净化,促进雨水资源的利用和生态环境保护(胡晓菲等,2017)。海绵城市建设遵循生态优先原则,统筹天然降水、地表水和地下水的关系,协调给、排、用等水循环利用各环节,并考虑其复杂性和长期性(车伍等,2018)。

仇保兴(2015)认为,海绵城市具有四大基本内涵。

(一)海绵城市的本质——解决城镇化与资源环境的协调和谐

海绵城市的本质是改变传统城市建设理念,实现与资源环境的协调发展。在过去传统的工业文明时代,人们往往习惯于改造自然、战胜自然,甚至超越自然的不可持续的城市建设模式,这种粗放式城市开发方式以利用土地进行高强度开发为基本特征,大大改变了原有的自然水循环过程,结果造成城市内涝等各种严重的城市病;海绵城市遵循人与自然和谐共处的低影响发展模式,其本质是"顺应自然"的过程,通过低影响开发措施,最大程度地保护城市原有的水生态环境系统,从而实现人与自然、土地利用、水环境、水生态和水循环的和谐共处。因此,海绵城市建设又被称为低影响设计或低影响开发。

(二)海绵城市的目标——让城市"弹性适应"环境变化与自然灾害

1. 保护原有水生态系统

通过科学合理划定城市的"蓝线""绿线"等开发边界和保护区域,最大限度地保护原有河流、湖泊、湿地、坑塘、沟渠、树林、公园草地等生态体系,维持城市开发前的自然水文特征。

2. 恢复被破坏的水生态

对传统粗放城市建设模式下已经受到破坏的城市绿地、水体、湿地等,综合运用物理、生物和生态等技术手段,使其水文循环特征和生态功能逐步得以恢复和修复,并维持一定比例的城市生态空间,促进城市生态多样性提升。我国很多地方结合点源污水治理的同时推行"河长制",治理水污染,改善水生态,起到了很好的效果。

3. 推行低影响开发

在城市开发建设过程中,合理控制开发强度,减少对城市原有水生态环境的破坏。留足生态用地,适当开挖河湖沟渠,增加水域面积。此外,从建筑设计始,全面采用屋顶绿化、可渗透的路面、人工湿地等促进雨水积存净化。据美国波特兰大学"无限绿色屋顶小组"(Green RoofsUnlimited,GRU)对占地 293hm^2 的波特兰商业区进行分析,将 88hm^2 的屋顶空间即三分之一商业区修建成绿色屋顶,就可截留 60% 的降雨,每年将保持约 25000 万 L 的雨水,可以减少溢流量的 11% ~ 15% (Moran et al.,2005)。

4. 防洪减灾

通过种种低影响措施及其系统组合有效减少地表水径流量,减轻暴雨对城市运行的影响。

(三)转变排水防涝思路

传统的市政模式认为,雨水排得越多、越快、越通畅越好,这种"快排式"的传统模式没有考虑水的循环利用。海绵城市遵循"渗、滞、蓄、净、用、排"的六字方针,把雨水的渗透、滞留、集蓄、净化、循环使用和排水密切结合,统筹考虑内涝防治、径流污染控制、雨水资源化利用和水生态修复等多个目标。具体技术方面,可通过城市基础设施规划、设计及其空间布局来实现。总之,只要能够把上述六字方针落到实处,城市地表水的年径流量就会大幅下降。经验表明:在正常的气候条件下,典型海绵城市可以截流80%以上的雨水(图1-9-1)。

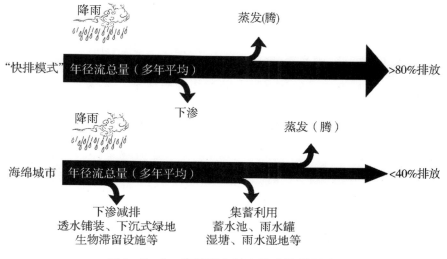

图1-9-1　海绵城市转变排水防涝思路

(四)开发前后水文特征基本不变

通过海绵城市的建设,可以实现开发前后径流量总量和峰值流量保持不变,在渗透、调节、储存等诸方面的作用下,径流峰值的出现时间也可以基本保持不变(图1-9-2)。水文特征的稳定可以通过对源头削减、过程控制和末端处理来实现。2013年12月12日,习近平总书记在中央城镇化工作会议上明确指出:"城市规划建设的每个细节都要考虑对自然的影响,更不要打破自然系统。为什么这么多城市缺水?一个重要原因是水泥地太多,把能够涵养水源的林地、草地、湖泊、湿地给占用了,切断了自然的水循环,雨水来了,只能当作污水排走,地下水越抽越少。解决城市缺水问题,必须顺应自然。比如,在提升城市排水系统时要优先考虑把有限的雨水留下来,优先考虑更多利用自然力量排水,建设自然积存、自然渗透、自然净化的'海绵城市'"。由此可见,海绵城市建设已经引起国家领导人的高度重视。

早在20世纪70年代,欧洲国家就提出可持续城市排水系统(sustainable urban drainage systems,SUDS),认为城市规划应把重点放在对雨(洪)水的调节、保存和地下水回灌等方面。到20世纪八九十年代,SUDS的重点由对雨(洪)水的管理转向对自然水环境和生态系统的保护,通过源头控制减少径流量,并通过建造自然处理系统,如水塘、湿地等设施对水体进行净化。目前该方法在西方一些国家开始推广实施(郝天文,2005;Jefferies C. et al.,2009)。20 世纪 90 年代,澳大利亚学者提出水敏感性城市设计(water sensitivity urban design, WSUD)理念,经过不断探索,在一些较早开展实践应用的地区,如墨尔本、新南威尔士等,已形成较系统的 WSUD 实施指南,并在设计方法和规划实践方面取得了较显著的成果(舒阳等,2019;Hedgcock D.,1991;PJ Coombes et al.,1998)。海绵城市的理念与水敏感性城市设计和可持续城市排水系统基本一致,与现在广泛采用的绿色基础设施建设相同。"海绵城市"是具有国际语境的城市雨水管理理念与中国式"天人合一、道法自然"城市治水理念的高度统一和形象表达。

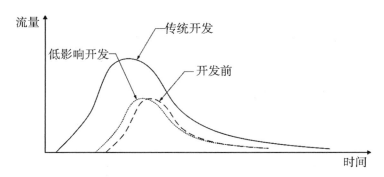

图 1-9-2　低影响开发水文原理示意图

三、我国海绵城市建设情况

近几十年来,我国城市建设实践进展巨大。在取得可喜成就的同时,城市特色缺失、生态环境破坏等问题也随之出现,给人与城市和谐共存带来了新的挑战。相关学者逐渐认识到这个问题的严重性,并开始加强对城市设计的管控力度,编制城市设计导则等相关控制性文件,推崇"城市修补,生态修复"理念,极力恢复城市原有的风貌以及生态环境。

自 20 世纪 70 年代开始,我国主要采用以管道、沟渠等设施为主要排放手段,以单一末端快速排放为核心目标建设城市雨水系统(王文亮等,2014)。80 年代末,我国北方城市以水资源缺乏问题为导向,开始了雨水集蓄利用方面的研究与工程实践探索(李俊奇等,2015)。90 年代初,城市径流污染问题导致雨水资源利用效率低下,以北京为代表的城市联合高校、企业研究城市径流污染问题,积极研发各种技术措施以解决径流污染,提高雨水资源化利用(王文亮,2015)。进入新世纪,由于洪涝问题频发,排水防涝成为国家及地方工作的重点,国家集中出台了诸多以排水防涝为核心的重要政策法规,加大排水基础设施的建设工作。2013年习近平总书记提出建设"自然积存、自然渗透、自然净化"的海绵城市,随后于2014年住房城乡建设部颁布《海绵城市建设技术指南:低影响开发雨水系统构建》(建城函〔2014〕275号,以下简称《指南》),2015年国务院办公厅颁布《关于推进海绵城市建设指导意见》(国办发〔2015〕75号),各城市积极申报海绵城市建设试点城市,拉开了中国海绵城市建设的序幕,中国城市雨洪资源管理进入新时代。纵观中国城市雨水发展的整个过程,历经了由雨水排放向资源化利用、缓解径流污染及内涝防治能力提升的转变,《指南》也首次提出需摒弃传统单一快排的城市排水模式,建立"径流总量控制、径流峰值控制、径流污染控制、雨水资源化利用"的多目标、多层级的城市雨水系统,城市径流污染、合流制溢流污染(CSO)、生态破坏等重大民生问题与城市内涝问题同等重要。

在制度规范方面,为贯彻落实习近平总书记的讲话精神,大力推进建设自然积存、自然渗透、自然净化的海绵城市,《指南》提出了海绵城市建设的基本原则、规划控制目标分解、落实及构建技术框架,明确了城市规划、工程设计、建设、维护及管理过程中低影响开发雨水系统构建的内容、要求和方法,是国家首部关于海绵城市建设的技术指南。此后,为解决海绵城市建设过程中相关标准不协调的问题,住建部标定司、城建司、规划司组织专家对海绵城市建设相关标准规范进行修订,包括《城市道路工程设计规划规范》(CJJ 37—2012)、《城市水系规划规范》(GB 50513—2009)、《城市居住区规划设计标准》(GB 50180—2018)、《城市用地竖向规划规范》(CJJ 83—2016)、《室外排水设计规范》(GB 50014—2006)、《城市绿地设计规范》(GB 50420—2007)、《绿化种植土壤》(CJ/T 340—2016)、《公园设计规范》(GB 51192—2016)、《城市排水工程规划规范》(GB 50318—2017)、《建筑与小区雨水控制与利用工程技术规范》(GB 50400—2016)等10项规范标准。从民生角度出发,扫清海绵城市建设障碍,加强各专业间的协调合作。为推进海绵城市建设,规范海绵城市建设效果评价,配合海绵城市试点验收考核工作的有效实施,住建部发布首部海绵城市国家标准《海绵城市建设评价标准》(GB/T 51345—2018)对海绵城市建设的评价内容、评价方法做出了明确的规定。

各试点城市依据本地区实际情况发布《推进海绵城市建设的实施意见》，制订组织机制保障类、投融资及资金使用管理类、规划建设管控类、绩效考核类、配套办法措施类等规范性文件，确保海绵城市建设技术合理、工程优质、操作规范。此外，各城市还相继出台了本地区的《海绵城市规划设计导则》《海绵城市施工与验收技术导则》《海绵城市植物选型导则》《海绵城市建设工程设计标准图集》以及《海绵城市运行维护与评价技术导则》等标准规范，明确了海绵城市建设从规划设计到施工验收再到运行维护评价的标准要求，保障了海绵城市建设全生命周期的发展要求。

目前我国海绵城市国家试点涵盖南北 30 个城市，试点城市根据各自特点进行海绵城市建设，探索本地区可复制可推广的经验和模式。试点区建设面积为 $18 \sim 79 km^2$，平均建设面积 $30.8 km^2$（表 1 - 9 - 1），建设区域集中连片，包括一定比例的老城区与新规划的建设城区。试点过程中，新城区坚持目标导向，老城市坚持问题导向，结合城镇棚户区改造、城乡危房、老旧小区改造等项目共同实施，建设内容主要涵盖源头低影响开发工程、内涝防治工程、水质改善工程、供水保障与能力建设内容等，涉及居住小区、公园绿地、公共建筑、道路广场等不同用地类型的项目改造与建设工程。据统计，截至目前，试点城市改造老旧小区 2204 个，新改建海绵型公园绿地 303 个，整治和改善河道湖泊 215 个，改造与建设排水管网 3000km，试点区域内的 48 个黑臭水体和 345 个易涝点已经基本消除。目前首批试点城市即将进行考核验收工作，考核工作完成后即进入试运行阶段，第二批试点城市建设工作也正全面推进，预计 2021 进行国家验收考核。

表 1 - 9 - 1   第一、二批海绵城市国家试点建设面积统计

试点城市	所属省（区、市）	建设面积（km^2）
镇江	江苏省	29.30
嘉兴	浙江省	18.44
池州	安徽省	18.50
厦门	福建省	35.90
萍乡	江西省	32.98

试点城市	所属省（区、市）	建设面积（km²）
济南	山东省	39.00
鹤壁	河南省	29.80
迁安	河北省	21.50
南宁	广西壮族自治区	55.00
武汉	湖北省	38.50
常德	湖南省	36.10
白城	吉林省	22.00
重庆	重庆市	18.67
遂宁	四川省	25.80
贵安新区	贵州省	19.55
西咸新区	陕西省	22.50
上海	上海市	79.00
宁波	浙江省	30.95
福州	福建省	55.86
青岛	山东省	25.24
北京	北京市	19.36
天津	天津市	22.80
珠海	广东省	31.90
深圳	广东省	55.00
三亚	海南省	20.30
大连	辽宁省	21.80
玉溪	云南省	20.90
庆阳	甘肃省	29.60
西宁	青海省	21.61
固原	宁夏回族自治区	26.00

数据来源：http://www.tidelion.com/news/newsgg/2018 - 07 - 09/936.html。

据相关数据统计，第一批海绵城市建设总投资约 972.4 亿元，单位面积投资 2.1 亿元/km²，其中武汉市投资总量最大，为 133.6 亿元，建设项目 288 项（表 1 - 9 - 2）。

表 1-9-2　第一批海绵城市建设试点投资情况统计

城市名称	所属省（区、市）	投资规模（亿元）	建设项目数
镇江	江苏省	40.60	155
嘉兴	浙江省	51.09	116
池州	安徽省	52.38	117
厦门	福建省	72.10	244
萍乡	江西省	63.00	159
济南	山东省	79.26	43
鹤壁	河南省	32.87	302
迁安	河北省	24.56	189
南宁	广西壮族自治区	87.71	203
武汉	湖北省	133.60	288
常德	湖南省	78.11	148
白城	吉林省	43.30	469
重庆	重庆市	70.00	75
遂宁	四川省	58.28	301
贵安新区	贵州省	58.48	75
西咸新区	陕西省	27.06	58

数据来源：http://www.tidelion.com/news/newsgg/2018-07-09/936.html。

在海绵城市建设目标要求下，仅于 2016 年，四川、江苏、吉林、河南、浙江等 9 省开展了省级的试点城市建设，各地在申报海绵城市建设实施方案评审的基础上，择优明确 60 个省级试点，不仅有设区市，还涵盖地级县（表 1-9-3），由省财政给予省级试点城市建设的资金支持。此后各省又相继评选第二批海绵城市省级试点城市，总省级试点城市数量超过 80 个。在国家试点城市与省级试点城市的积极带动下，各地区积极自发建设海绵城市，全国 465 个城市编制实施了《海绵城市建设专项规划》，以点带面，全面发展。

表 1-9-3　2016 年各省确定的省级海绵城市试点城市名单

省份	省级试点城市数	省级试点城市名单
四川省	15	成都市、自贡市、泸州市、绵阳市、广安市、崇州市、泸县、江油市、蓬溪县、西充县、华蓥市、大竹县、平昌县、安岳县、西昌市
江苏省	9	南京市、徐州市、常州市、苏州市、宜兴市、武进区、昆山市、如皋市、句容市
吉林省	6	长春市、四平市、辽源市、通化市、梅河口市、珲春市

省份	省级试点城市数	省级试点城市名单
河南省	8	郑州市、洛阳市、平顶山市、安阳市、焦作市、濮阳市、许昌市、商丘市
山东省	8	潍坊市、泰安市、临沂市、聊城市、滨州市、青州市、曲阜县、莒县
湖南省	4	岳阳市、津市市、望城区、凤凰县
浙江省	4	绍兴市、衢州市、兰溪市、温岭市
云南省	4	昆明市、曲靖市、大理州、丽江市
陕西省	2	宝鸡市、铜川市

数据来源：http://www.tidelion.com/hm-city/news-info/2016-09-07/285.html。

第三节　海绵城市规划、设计与构造技术

一、海绵城市规划

（一）规划理念

目前，全世界范围内各主要国家均确定了以低碳生态环保为目标的城市发展理念，其中"低影响开发"理念逐渐为各国重点研究并推进。低影响开发理念最初目的是为了解决城乡面源污染问题，起源于 20 世纪 70 年代在美国推行的"最佳管理措施（best management practices，BMPs）"，此后实践研究过程中逐步形成了当今的以控制降雨径流量及水生态可持续为主要目的的综合性措施（车伍等，2014）。从 20 世纪 90 年代末期开始，美国部分城市在 BMPs 基础上提出"低影响开发理念"（low impact development，LID），提出了源头削减径流的暴雨管理方法，该方法通过对规模较小而分散的源头进行控制设计，以削减暴雨径流量及径流污染物，降低城市开发对水文环境的不利影响。自此，源头低影响开发的表述得到广泛使用。在美国，城市雨水的管理体系经历了源头排放控制、径流过程控制、径流水质浓度控制、生态环境保护等一系列进程，雨水管

理的理念及技术重点也逐渐向低影响开发和源头控制转变,逐步构建污染防治与总量削减相结合的多目标控制和管理体系,正是这种雨水管理理念和技术逐步发展完善并融合入城市规划当中,形成了当今的"海绵城市规划"理念。

(二)规划目标

高军(2016)认为,海绵城市的建设途径主要有三个方面:①保护城市原有生态系统,维持城市开发前的自然水文特征,这是海绵城市建设的基本要求,即最大限度地保护原有的水生态敏感区,如城市河流、湖泊、湿地、坑塘、沟渠等,留有足够的涵养水源、应对较大强度降雨的林地、草地、湖泊、湿地。②生态恢复和修复。对传统粗放型城市建设模式下已经遭受破坏的水体与其他自然环境,运用生态学的理念进行恢复和修复,并维持一定比例的生态空间。③低影响开发。按照对城市生态环境影响最低的开发建设理念,通过合理控制开发强度,在城市中保留足够的生态用地,控制城市不透水面积比例,最大限度地减少对城市原有水生态环境的破坏,同时,根据需求适当开挖河湖沟渠、增加水域面积,促进雨水的积存、渗透和净化。

仇保兴(2015)认为海绵城市目标涉及四个方面:①保护原有水生态系统。②恢复被破坏的水生态系统。③城市建设过程中推行低影响开发模式。④利用低影响措施及其系统组合有效减少地表水径流量。车伍(2014)对海绵城市建设目标进行了具体区分,包括径流总量控制、径流洪峰流量控制、雨水水质净化、雨水资源利用及防洪排涝等多个分目标,这些分目标是海绵城市建设总目标的有机组成部分,既相互联系,又各司其职,如图1-9-3所示。

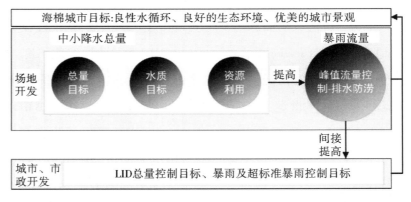

图1-9-3 海绵城市分目标关系示意图

综合而言,海绵城市建设不是一个单纯的目标,而是一个综合的目标,是城市发展理念和建设方式的转型。海绵城市的内涵重点是城市雨洪综合管理，即城市应该具有像海绵一样吸纳、净化和利用雨水的功能，以及应对气候变化和特大暴雨、保障城市安全、维持城市生态系统的能力。

随着海绵城市概念的发展，国家政策层面定义的海绵城市，已相对清晰、全面地诠释了城市雨洪管理在雨洪防治、雨污控制、雨水资源合理利用方面的生态内涵，并对水量、水质、水利用三方面提出综合要求，同时从水生态、水环境、水资源、水安全、制度建设执行情况以及显示度六方面建立了海绵城市建设的考核指标，是海绵城市规划建设所应遵循的目标（表 1-9-4）。

表 1-9-4　海绵城市规划建设目标

类别	项	指标	要求
一、水生态	1	年径流总量控制率	当地降雨形成的径流总量，达到《海绵城市建设技术指南》规定的年径流总量控制要求。在低于年径流总量控制率所对应的降雨量时，海绵城市建设区域不得出现雨水外排现象
	2	生态岸线恢复	在不影响防洪安全的前提下，对城市河湖水系岸线、加装盖板的天然河渠等进行生态修复，达到蓝线控制要求，恢复其生态功能
	3	地下水位	年均地下水潜水位保持稳定，或下降趋势得到明显遏制，平均降幅低于历史同期。 年均降雨量超过 1000mm 的地区不评价此项指标
	4	城市热岛效应	热岛强度得到缓解。海绵城市建设区域夏季（按 6—9 月）日平均气温不高于同期其他区域的日均气温，或与同区域历史同期（扣除自然气温变化影响）相比呈现下降趋势
二、水环境	5	水环境质量	不得出现黑臭现象。海绵城市建设区域内的河湖水系水质不低于《地表水环境质量标准》IV 类标准，且优于海绵城市建设前的水质。当城市内河水系存在上游来水时，下游断面主要指标不得低于来水指标
			地下水监测点位水质不低于《地下水质量标准》III 类标准，或不劣于海绵城市建设前
	6	城市面源污染控制	雨水径流污染、合流制管渠溢流污染得到有效控制。1. 雨水管网不得有污水直接排入水体；2. 非降雨时段，合流制管渠不得有污水直排水体；3. 雨水直排或合流制管渠溢流进入城市内河水系的，应采取生态治理后入河，确保海绵城市建设区域内的河湖水系水质不低于地表 IV 类

类别	项	指标	要求
三、水资源	7	污水再生利用率	人均水资源量低于 $500m^3$ 和城区内水体水环境质量低于 Ⅳ 类标准的城市,污水再生利用率不低于 20%。再生水包括污水经处理后,通过管道及输配设施、水车等输送用于市政杂用、工业农业、园林绿地灌溉等用水,以及经过人工湿地、生态处理等方式,主要指标达到或优于地表 Ⅳ 类要求的污水厂尾水
	8	雨水资源利用率	雨水收集并用于道路浇洒、园林绿地灌溉、市政杂用、工农业生产、冷却等的雨水总量(按年计算,不包括汇入景观、水体的雨水量和自然渗透的雨水量),与年均降雨量(折算成毫米数)的比值;或雨水利用量替代的自来水比例等。达到各地根据实际确定的目标
	9	管网漏损控制	供水管网漏损率不高于 12%
四、水安全	10	城市暴雨内涝灾害防治	历史积水点彻底消除或明显减少,或者在同等降雨条件下积水程度显著减轻。城市内涝得到有效防范,达到《室外排水设计规范》规定的标准
	11	饮用水安全	饮用水水源地水质达到国家标准要求:以地表水为水源的,一级保护区水质达到《地表水环境质量标准》Ⅱ 类标准和饮用水源补充、特定项目的要求,二级保护区水质达到《地表水环境质量标准》Ⅲ 类标准和饮用水源补充、特定项目的要求。以地下水为水源的,水质达到《地下水质量标准》Ⅲ 类标准的要求。自来水厂出厂水、管网水和龙头水达到《生活饮用水卫生标准》的要求
五、制度建设及执行情况	12	规划建设管控制度	建立海绵城市建设的规划(土地出让、两证一书)、建设(施工图审查、竣工验收等)方面的管理制度和机制
	13	蓝线、绿线划定与保护	在城市规划中划定蓝线、绿线并制订相应管理规定
	14	技术规范与标准建设	制订较为健全、规范的技术文件,能够保障当地海绵城市建设的顺利实施
	15	投融资机制建设	制订海绵城市建设投融资、PPP 管理方面的制度机制
	16	绩效考核与奖励机制	1. 对于吸引社会资本参与的海绵城市建设项目,须建立按效果付费的绩效考评机制,与海绵城市建设成效相关的奖励机制等; 2. 对于政府投资建设、运行、维护的海绵城市建设项目,须建立与海绵城市建设成效相关的责任落实与考核机制等
	17	产业化	制订促进相关企业发展的优惠政策等

类别	项	指标	要求
六、 显示度	18	连片示范效应	60%以上的海绵城市建设区域达到海绵城市建设要求,形成整体效应

资料来源:《海绵城市建设技术指南》。

(三)规划原则

海绵城市规划体系构建是我国新形势下的必然选择,还传统雨水管渠系统建设标准低、管理弱等旧账的同时,弥补源头径流减排系统及大排水系统的缺失,如何实现从流域到城市、到城市子流域、汇水分区、地块的三套系统的综合构建与整体衔接,是构建我国海绵城市规划体系的重要问题。海绵城市规划体系包括径流总量减排(雨水资源化利用与雨水下渗)、径流污染与合流制溢流污染控制、排水防涝、防洪几大系统,指标包括年雨量控制率、排水设计重现期、内涝防治设计重现期、防洪设计重现期、合流制溢流(CSO)频率、雨水资源化利用率等等,既要将相关指标分解落实到具体地块,又要做好与相关指标的衔接。基于对发达国家雨水系统规划、管理办法的系统分析,结合我国城市规划体系及多目标雨水系统构建策略的研究,王文亮(2015)提出了多目标雨水系统的规划方法,如图1-9-4所示,该方法是适应海绵城市理念的规划方法。

图1-9-4 海绵城市规划方法

（四）规划策略

海绵城市总体规划（含分区规划）应结合所在地区的实际情况，开展低影响开发的相关专题研究，在绿地率、水域面积率等相关指标基础上，增加年径流总量控制率等指标，纳入城市总体规划。具体规划策略如下（梁东,2016）。

1. 保护水生态敏感区

应将河流、湖泊、湿地、坑塘、沟渠等水生态敏感区纳入城市规划区中的非建设用地（禁建区、限建区）范围，划定城市蓝线，并与低影响开发雨水系统、城市雨水管渠系统及超标雨水径流排放系统相衔接。

2. 集约开发利用土地

合理确定城市空间增长边界和城市规模，防止城市无序化蔓延，提倡集约型开发模式，保障城市生态空间。

3. 合理控制不透水面积

合理设定不同性质用地的绿地率、透水铺装率等指标，防止土地大面积硬化。

4. 合理控制地表径流

根据地形和汇水分区特点，合理确定雨水排水分区和排水出路，保护和修复自然径流通道，延长汇流路径，优先采用雨水花园、湿塘、雨水湿地等低影响开发设施控制径流雨水。

5. 明确低影响开发策略和重点建设区域

应根据城市的水文地质条件、用地性质、功能布局及近远期发展目标，综合经济发展水平等其他因素，提出城市低影响开发策略及重点建设区域，并明确重点建设区域的年径流总量控制率目标。

应结合各地区水环境现状、水文地质条件等特点，合理选择其中一项或多项目标作为规划控制目标。鉴于径流污染控制目标、雨水资源化利用目标大多可通过径流总量控制实现，各地低影响开发雨水系统构建可选择径流总量控制作为首要的规划控制目标。

二、海绵城市典型工程设计

"海绵城市"典型单项工程主要有透水铺装、绿色屋顶、下沉式绿地、生物滞留设施、渗透塘、渗井、湿塘、雨水湿地、蓄水池、雨水罐、调节塘、调节池、植草沟、渗管/渠、植被缓冲带、初期雨水弃流设施、人工土壤渗滤等。上述各单项设施往往具有多个功能，如生物滞留设施的功能除渗透补充地下水外，还可削减峰值流量、净化雨水，实现径流总量、径流峰值和径流污染控制等多重目标。因此应根据设计目标灵活选用低影响开发设施及其组合系统，并对单项设施及其组合系统的设施选型和规模进行优化。

（一）透水铺装

透水铺装按照面层材料不同可分为透水砖铺装、透水水泥混凝土铺装和透水沥青混凝土铺装，嵌草砖、园林铺装中的鹅卵石、碎石铺装等也属于渗透铺装。透水砖铺装典型构造如图1-9-5所示。

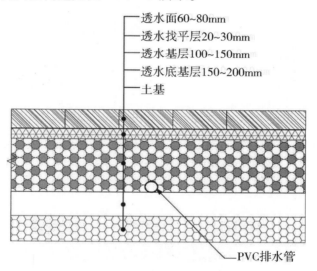

透水面60~80mm
透水找平层20~30mm
透水基层100~150mm
透水底基层150~200mm
土基

PVC排水管

图1-9-5　透水砖铺装典型结构示意图

（二）绿色屋顶

绿色屋顶也称种植屋面、屋顶绿化等，根据种植基质深度和景观复杂程度，绿色屋顶又分为简单式和花园式。绿色屋顶可有效减少屋面径流总量和径流污染，具有节能减排的作用，但对屋顶荷载、防水、坡度、空间条件等有严格要求（图1-9-6）。

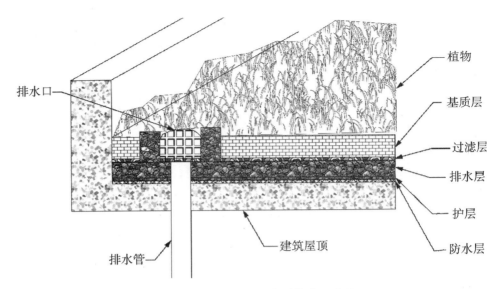

图 1-9-6 绿色屋顶典型构造示意图

标注文字：植物、基质层、过滤层、排水层、护层、防水层、排水口、排水管、建筑屋顶

(三) 下沉式绿地

下沉式绿地具有狭义和广义之分,狭义的下沉式绿地指低于周边铺砌地面或道路在 200mm 以内的绿地;广义的下沉式绿地泛指具有一定的调蓄容积(在以径流总量控制为目标进行目标分解或设计计算时,不包括调节容积),且可用于调蓄和净化径流雨水的绿地,包括生物滞留设施、渗透塘、湿塘、雨水湿地、调节塘等。

狭义的下沉式绿地典型构造如图 1-9-7 所示。

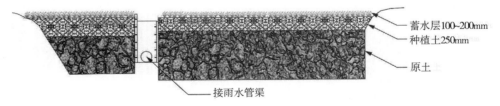

标注文字：蓄水层100~200mm、种植土250mm、原土、接雨水管渠

图 1-9-7 狭义的下沉式绿地典型构造示意图

下沉式绿地可广泛应用于城市建筑与小区、道路、绿地和广场内。对于径流污染严重、设施底部渗透面距离季节性最高地下水位或岩石层小于 1m 及距离建筑物基础小于 3m(水平距离)的区域,应采取必要的措施防止次生灾害的发生。狭义的下沉式绿地适用区域广,其建设费用和维护费用均较低,但大面积应用时,易受地形等条件的影响,实际调蓄容积较小。

（四）生物滞留设施

生物滞留设施指在地势较低的区域，通过植物、土壤和微生物系统蓄渗、净化径流雨水的设施。生物滞留设施分为简易型生物滞留设施和复杂型生物滞留设施，按应用位置不同又称作雨水花园、生物滞留带、高位花坛、生态树池等。简易型和复杂型生物滞留设施典型构造如图1-9-8和图1-9-9所示。

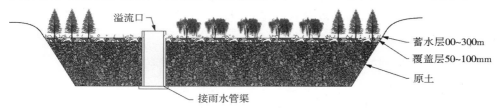

图1-9-8　简易型生物滞留设施典型构造示意图

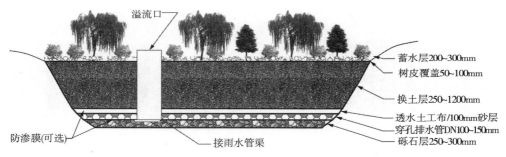

图1-9-9　复杂型生物滞留设施典型构造示意图

生物滞留设施主要适用于建筑与小区内建筑、道路及停车场的周边绿地，以及城市道路绿化带等城市绿地内。生物滞留设施形式多样、适用区域广、易与景观结合，径流控制效果好，建设费用与维护费用较低；但地下水位与岩石层较高、土壤渗透性能差、地形较陡的地区，应采取必要的换土、防渗、设置阶梯等措施避免次生灾害的发生，将增加建设费用。

（五）渗透塘

渗透塘是一种用于雨水下渗补充地下水的洼地，具有一定的净化雨水和削减峰值流量的作用。渗透塘典型构造如图1-9-10所示。

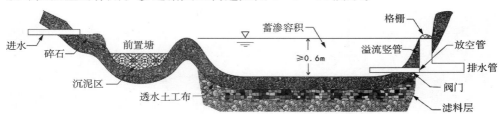

图1-9-10　渗透塘典型构造示意图

渗透塘可有效补充地下水、削减峰值流量,建设费用较低,但对场地条件要求较严格,对后期维护管理要求较高。渗透塘适用于汇水面积较大(大于$1hm^2$)且具有一定空间条件的区域。

(六)渗井

渗井指通过井壁和井底进行雨水下渗的设施,为增大渗透效果,可在渗井周围设置水平渗排管,并在渗排管周围铺设砾(碎)石(图1-9-11)。

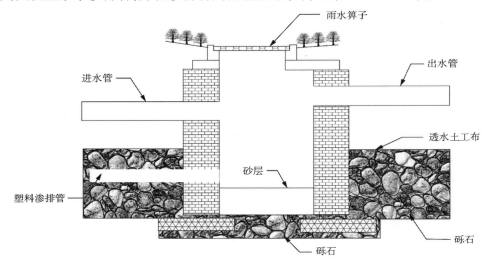

图1-9-11 辐射渗井构造示意图

渗井占地面积小,建设和维护费用较低,但其水质和水量控制作用有限。主要适用于建筑与小区内建筑、道路及停车场的周边绿地内。

(七)湿塘

湿塘指具有雨水调蓄和净化功能的景观水体,雨水作为其主要的补水水源。湿塘有时可结合绿地、开放空间等场地条件设计为多功能调蓄水体,即平时发挥正常的景观及休闲、娱乐功能,暴雨发生时发挥调蓄功能,实现土地资源的多功能利用。湿塘的典型构造如图1-9-12所示。

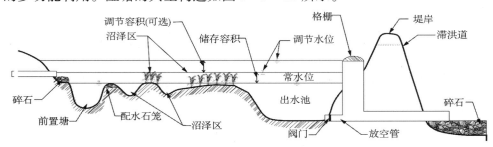

图1-9-12 湿塘典型构造示意图

湿塘可有效削减较大区域的径流总量、径流污染和峰值流量,是城市内涝防治系统的重要组成部分;但对场地条件要求较严格,建设和维护费用高。湿塘适用于建筑与小区、城市绿地、广场等具有空间条件的场地。

(八)雨水湿地

雨水湿地利用物理、水生植物及微生物等作用净化雨水,是一种高效的径流污染控制设施,雨水湿地分为雨水表流湿地和雨水潜流湿地,一般设计成防渗型以便维持雨水湿地植物所需要的水量,雨水湿地常与湿塘合建并设计一定的调蓄容积。雨水湿地典型构造如图1-9-13所示。

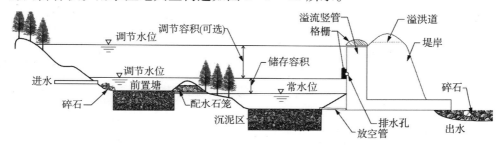

图1-9-13 雨水湿地典型构造示意图

雨水湿地可有效削减污染物,并具有一定的径流总量和峰值流量控制效果,但建设及维护费用较高。雨水湿地适用于具有一定空间条件的建筑与小区、城市道路、城市绿地、滨水带等区域。

(九)蓄水池

蓄水池指具有雨水储存功能的集蓄利用设施,同时也具有削减峰值流量的作用,主要包括钢筋混凝土蓄水池,砖、石砌筑蓄水池及塑料蓄水模块拼装式蓄水池。用地紧张的城市大多采用地下封闭式蓄水池。蓄水池典型构造可参照国家建筑标准设计图集《雨水综合利用》(中国建筑标准设计研究院,2010)。

蓄水池具有节省占地、雨水管渠易接入、避免阳光直射、防止蚊蝇滋生、储存水量大等优点,雨水可用于绿化灌溉、冲洗路面和车辆等,但建设费用高,后期需重视维护管理。蓄水池适用于有雨水回用需求的建筑与小区、城市绿地等,根据雨水回用用途(绿化、道路喷洒及冲厕等)不同需配建相应的雨水净化设施;不适用于无雨水回用需求和径流污染严重的地区。

(十)雨水罐

雨水罐也称雨水桶,为地上或地下封闭式的简易雨水集蓄利用设施,可用塑料、玻璃钢或金属等材料制成。

雨水罐多为成型产品,施工安装方便,便于维护,但其储存容积较小,雨水净化能力有限。适用于单体建筑屋面雨水的收集利用。

(十一) 调节塘

调节塘也称干塘,以削减峰值流量功能为主,一般是由进水口、调节区、出口设施、护坡及堤岸构成,也可通过合理设计使其具有渗透功能,起到一定的补充地下水和净化雨水的作用。调节塘典型构造如图 1 - 9 - 14 所示。

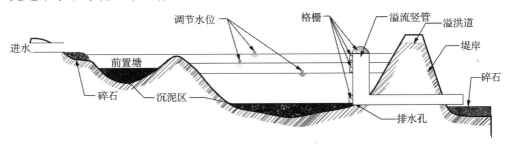

图 1 - 9 - 14　调节塘典型构造示意图

调节塘可有效削减峰值流量,建设及维护费用较低,但其功能较为单一,宜利用下沉式公园及广场等与湿塘、雨水湿地合建,构建多功能调蓄水体。调节塘适用于建筑与小区、城市绿地等具有一定空间条件的区域。

(十二) 调节池

调节池为调节设施的一种,主要用于削减雨水管渠峰值流量,一般常用溢流堰式或底部流槽式,可以是地上敞口式调节池或地下封闭式调节池,其典型构造可参见《给水排水设计手册(第 5 册)》(北京市市政工程设计研究总院,2002)。

调节池可有效削减峰值流量,但其功能单一,建设及维护费用较高,宜利用下沉式公园及广场等与湿塘、雨水湿地合建,构建多功能调蓄水体。调节池适用于城市雨水管渠系统中,削减管渠峰值流量。

(十三) 植草沟

植草沟指种有植被的地表沟渠,可收集、输送和排放径流雨水,并具有一定的雨水净化作用,可用于衔接其他各单项设施、城市雨水管渠系统和超标雨水径流排放系统。除转输型植草沟外,还包括渗透型的干式植草沟及常有水的湿式植草沟,可分别提高径流总量和径流污染控制效果。转输型三角形断面植草沟的典型构造如图1-9-15所示。

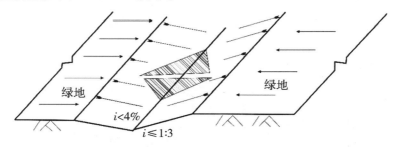

图1-9-15 转输型三角形断面植草沟典型构造示意图

植草沟具有建设及维护费用低,易与景观结合的优点,但已建城区及开发强度较大的新建城区等区域易受场地条件制约。植草沟适用于建筑与小区内道路、广场、停车场等不透水面的周边,城市道路及城市绿地等区域,也可作为生物滞留设施、湿塘等低影响开发设施的预处理设施。植草沟也可与雨水管渠联合应用,场地竖向允许且不影响安全的情况下也可代替雨水管渠。

(十四) 渗管/渠

渗管/渠指具有渗透功能的雨水管/渠,可采用穿孔塑料管、无砂混凝土管/渠和砾(碎)石等材料组合而成。渗管/渠典型构造如图1-9-16所示。

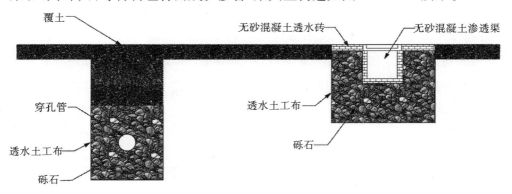

图1-9-16 渗管/渠典型构造示意图

渗管/渠对场地空间要求小,但建设费用较高,易堵塞,维护较困难。渗管/渠适用于建筑与小区及公共绿地内转输流量较小的区域,不适用于地下水位较高、径流污染严重及易出现结构塌陷等不宜进行雨水渗透的区域(如雨水管渠位于机动车道下等)。

(十五)植被缓冲带

植被缓冲带为坡度较缓的植被区,经植被拦截及土壤下渗作用减缓地表径流流速,并去除径流中的部分污染物,植被缓冲带坡度一般为2%~6%,宽度不宜小于2m。植被缓冲带典型构造如图1-9-17所示。

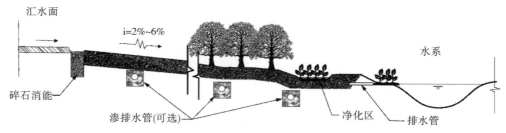

图1-9-17 植被缓冲带典型构造示意图

植被缓冲带建设与维护费用低,但对场地空间大小、坡度等条件要求较高,且径流控制效果有限。植被缓冲带适用于道路等不透水面周边,可作为生物滞留设施等低影响开发设施的预处理设施,也可作为城市水系的滨水绿化带,但坡度较大(大于6%)时其雨水净化效果较差。

(十六)初期雨水弃流设施

初期雨水弃流指通过一定方法或装置将存在初期冲刷效应、污染物浓度较高的降雨初期径流予以弃除,以降低雨水的后续处理难度。弃流雨水应进行处理,如排入市政污水管网(或雨污合流管网)由污水处理厂进行集中处理等。常见的初期弃流方法包括容积法弃流、小管弃流(水流切换法)等,弃流形式包括自控弃流、渗透弃流、弃流池、雨落管弃流等。初期雨水弃流设施典型构造如图1-9-18所示。

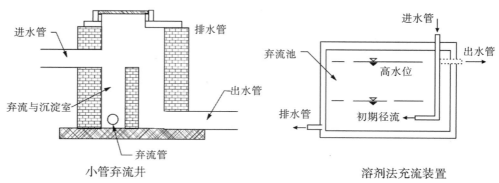

图1-9-18 初期雨水弃流设施示意图

初期雨水弃流设施占地面积小,建设费用低,可降低雨水储存及雨水净化设施的维护管理费用,但径流污染物弃流量一般不易控制。初期雨水弃流设施是其他低影响开发设施的重要预处理设施,主要适用于屋面雨水的雨落管、径流雨水的集中入口等低影响开发设施的前端。

(十七)人工土壤渗滤

人工土壤渗滤主要作为蓄水池等雨水储存设施的配套雨水设施,以达到回用水水质指标。人工土壤渗滤设施的典型构造可参照复杂型生物滞留设施。

人工土壤渗滤雨水净化效果好,易与景观结合,但建设费用较高。人工土壤渗滤适用于有一定场地空间的建筑与小区及城市绿地。

海绵城市典型工程往往具有补充地下水、集蓄利用、削减峰值流量及净化雨水等多个功能,可实现径流总量、径流峰值和径流污染等多个控制目标,因此应根据城市总规、专项规划及详规明确的控制目标,结合汇水区特征和设施的主要功能、经济性、适用性、景观效果等因素灵活选用海绵城市典型工程及其组合系统。

各类用地中海绵城市典型工程的选用应根据不同类型用地的功能、用地构成、土地利用布局、水文地质等特点进行,可参照表1-9-5选用。

表1-9-5　海绵城市典型工程设计理念

单项设施	功能					控制目标			处置方式		经济性		景观效果
	集蓄利用雨水	补充地下水	削减峰值流量	净化雨水	转输	径流总量	径流峰值	径流污染	分散	相对集中	建造费用	维护费用	
透水砖铺装	○	●	◎	◎	○	●	◎	◎	√	—	低	低	—
透水水泥混凝土	○	○	◎	◎	○	◎	◎	◎	√	—	高	中	—
透水沥青混凝土	○	○	◎	◎	○	◎	◎	◎	√	—	高	中	—
绿色屋顶	○	○	◎	◎	○	●	◎	◎	√	—	高	中	好
下沉式绿地	○	●	◎	◎	○	●	◎	◎	√	—	低	低	一般
简易型生物滞留设施	○	●	◎	◎	○	●	◎	◎	√	—	低	低	好
复杂型生物滞留设施	○	●	◎	◎	○	●	◎	●	√	—	中	低	好
渗透塘	○	●	◎	◎	○	●	◎	◎	—	√	中	中	一般
渗井	○	●	◎	○	○	●	◎	◎	—	√	低	低	—
湿塘	●	○	◎	◎	○	●	●	◎	—	√	高	中	好
雨水湿地	●	○	◎	◎	○	●	●	●	√	√	高	中	好

续表

单项设施	功能					控制目标			处置方式		经济性		景观效果
	集蓄利用雨水	补充地下水	削减峰值流量	净化雨水	转输	径流总量	径流峰值	径流污染	分散	相对集中	建造费用	维护费用	
蓄水池	●	○	◎	◎	◎	●	◎	◎	—	√	高	中	—
雨水罐	●	○	◎	◎	○	●	◎	◎	√	—	低	低	—
调节塘	○	○	●	◎	○	◎	◎	◎	—	√	高	中	一般
调节池	○	○	●	○	○	◎	◎	○	—	√	高	中	—
转输型植草沟	◎	○	○	◎	●	◎	○	◎	√	—	低	低	一般
干式植草沟	○	●	◎	◎	●	●	◎	◎	√	—	低	低	好
湿式植草沟	○	○	○	●	●	○	○	●	√	—	中	低	好
渗管/渠	○	◎	○	●	●	◎	○	◎	√	—	中	中	—
植被缓冲带	○	○	○	◎	—	○	○	◎	√	—	低	低	一般
初期雨水弃流设施	◎	○	○	●	—	○	○	◎	√	—	低	中	—
人工土壤渗滤	●	○	○	●	—	○	○	◎	—	√	高	中	好

注:●——强;◎——较强;○——弱或很小。

三、海绵城市常见构造技术

（一）透水铺装材料

"海绵城市"建设是通过各种生态排水设施，使城市开发建设后的水文特征尽量接近开发建设前，有效缓解城市内涝，削减城市径流污染负荷。透水铺装系统属于"海绵城市"理念下的一种重要源控制技术。目前，透水铺装系统已被广泛应用于公园、停车场、人行道、广场、轻载道路等领域。透水铺装系统总体原则是通过收集、储存、处理雨水径流，进而通过渗透补充地下含水层，提升城市整体的水文储蓄功能。常用地面透水铺装材料主要有透水混凝土、透水砖和透水沥青等。

1. 透水混凝土

透水混凝土一般是由一定比例硅酸盐水泥，单一粒径粗骨料和水混合拌制而成多孔结构体系混凝土，图1-9-19为实验室环境下制作的不同粒径的透水混凝土立方体试样。为了提高透水混凝土力学性能，通常在上述组成基础上添加一定比例的化学外加剂、辅助胶凝材料（如粉煤灰或矿渣）、细集料和纤维增强材料等。通常透水混凝土中不含细骨料，易使粗骨料之间形成孔隙结构，而粗骨料之间主要由骨料间的相互咬合力及水泥浆黏结在一起，从而使水能够通过这种相互连通的空隙结构下渗，这种空隙结构称为骨架空隙结构。透水铺装透水混凝土应满足主要性能指标如表1-9-6所示。

| 粒径2.5~6mm | 粒径6~10mm | 粒径10~16mm | 粒径16~20mm |

图1-9-19　不同骨料粒径下透水混凝土试样

表1-9-6　透水混凝土主要性能指标

项目	性能指标
耐磨性(磨坑长度,mm)	≤30.0
透水系数(15℃,mm/s)	≥0.5
连续孔隙率(%)	≥10.0
28d抗压强度(MPa)	≥20.0
28d抗弯强度(MPa)	≥2.5

资料来源：DB3502/Z 5011—2016。

2. 透水砖

透水砖(图1-9-20)是一种具有较好透水性能的砖体材料，按骨料类型主要可分为两类，一是以建筑和生活垃圾以及工业生产废料为粗骨料，对其进

图1-9-20　透水砖

行一定的工艺处理如粉碎、烧制等得到陶瓷透水砖。陶瓷透水砖烧成温度在1200℃以上，由于烧制过程会损耗大量煤炭资源，同时严重污染生态环境，陶瓷透水砖逐步受到国家控制和淘汰（韩瑞祥等，2016）；另一种就是以无机材料为骨料，使用黏接剂使其凝固成特定形状而制成的非陶瓷透水砖（王容华等，2017）。透水铺装透水路面砖应满足主要性能指标如表1－9－7所示。

表1－9－7　透水路面砖的主要性能指标

项目	性能指标
耐磨性（磨坑长度，mm）	≤35.0
透水系数（15℃，mm/s）	≥0.1
保水性（g/cm²）	≥0.6
28d抗压强度（MPa）	平均值≥40.0；单块最小值≥35
当产品的边长/厚度≥5时，抗折破坏载荷（N）	≥6000

资料来源：DB3502/Z 5011－2016。

3.透水沥青

透水沥青路面主要由沥青、集料、矿粉和纤维增强材料等构成，与透水混凝土相似，属于骨架空隙结构。与普通密级配沥青混凝土相比，粗集料用量较大，约占集料总质量的85%，集料间的接触面积大幅减少，接触点的应力提高，对粗集料的压碎值具有较高的要求。通常需测试透水沥青路面表面层粗集料磨光值和粗集料与沥青的黏附性能，以此来保障粗集料与沥青黏结牢固。当粗集料黏附性能未能符合相应规范时，通常需掺入一定量石灰、水泥或用饱和石灰水处理后使用，必要时可同时在沥青中掺入耐热、耐水、长期性能好的抗剥落剂。透水沥青混合料的矿粉通常采用石灰岩矿粉，掺入的纤维一般选用木质素纤维、矿物纤维等。纤维的掺入比例以沥青混合料总量的质量百分率计算，通常情况下木质素纤维不低于0.3%，矿物纤维不低于0.4%，必要时可适当增加纤维用量（胡伦坚，2016）。

4.其他透水材料

除了主要的三大透水材料之外，还有彩石复合混凝土透水材料、彩石环氧通体透水材料、透水塑胶。

（1）彩石复合混凝土透水材料

彩石复合混凝土透水材料面层材质为天然颗粒花岗岩或大理石与环氧树脂胶结合，底层采用聚合物纤维多孔混凝土，将面层与底层高压压制形成复合型材料。其质感较好,强度可略高于石材。

（2）彩石环氧通体透水材料

彩石环氧通体透水材料在彩石复合混凝土透水材料基础上舍去底层聚合物纤维多孔混凝土,同时加强面层的黏结性和厚度,并提高面层强度,其黏合材料需采用进口改性环氧树脂。

（3）透水塑胶

透水塑胶面层材料往往选用本具有良好透水性的 EPDF 颗粒。

（二）透水材料的空隙结构特点

如图 1-9-21 所示,透水材料中通常有三种孔隙类型:连通孔隙、半连通孔隙、封闭孔隙,三者相互叠加构成了透水材料的孔隙结构体系。连通孔隙具有良好的透水作用;而半连通孔隙中的水是相对停滞的,但是在水疏干时能排干,因而对于材料的透水性能是有一定作用的;封闭孔隙对于材料的透水性功能为无效孔隙,对材料透水是毫无帮助的。另一方面,透水铺装材料的大量孔隙加剧了透水混凝土在荷载作用下其内部应力分布的不均匀性,使得透水材料的力学性能与普通混凝土相比相差甚远。因此,透水混凝土在设计使用过程中,需满足工程所要求的基本透水功能时还要尽可能提高力学性能（孙宏友,2016）。

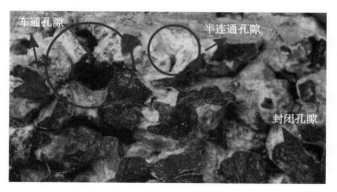

图 1-9-21　透水混凝土断面孔隙示意图

（三）透水材料的性能特点

1. 透湿性能

透水材料中的孔隙可实现路面上的空气与地下的土壤进行相互交换,提高地表的透气性,改善城市生态环境,增加通行的舒适性与安全性,同时减轻集中降雨季节道路排水系统的负担,并能调节城市地表温度和湿度,减轻市政排水设施负担。

2. 透水性能

透水材料可有效地吸收雨水和提高城市防洪能力,减少城市排水系统的压力;充分利用雨水降水,增大地表相对湿度,保持土壤湿度,发挥透水性路基的"蓄水池"功能;补充城市区日益枯竭的地下水资源,改善城市地表植物和土壤微生物的生存条件和调节生态平衡。

3. 吸声降噪性能

透水材料铺设道路由于材料内部连通孔隙可降低轮胎挤压空气所产生爆破声音及轮胎与路面的接触面积并减少附着噪声,吸收车辆行驶时产生的路面噪声,提高行走的舒适性和安全性,有利于创造安静舒适的交通环境。

4. 透气性能

通过地下面的水分蒸发将潜热输送给空气,增加城市可透水、透气面积,有效地调节城市气候,降低地表温度,增加湿度,改善城市"热岛效应现象"。

5. 外观多样性

透水材料拥有一系列色彩配方,面层艺术装饰性和可塑性强。可以根据环境及功能需要设计图案,搭配颜色,能够配合设计的创意,针对不同环境和个性要求的装饰风格进行铺设施工,充分与周围环境相结合,可丰富城市景观。

6. 防污性能

作为一种具有维护生态平衡功能的新型材料,大量的空隙能吸附城市污染物粉尘,减少扬尘污染,有利于节能、环保、吸收噪声,避免道路积水,防止雨天路面反光,美化环境。

7. 绿色性能

符合绿色施工技术应用要求。

(四) 透水性路面设计方法

一般认为,透水铺装系统的结构,从上到下依次为:面层、基层、底基层、垫层,如图 1-9-22 所示。每层结构有不同的结构和生态功能,如表 1-9-8 所示。其常用面层材料有:透水混凝土、透水砖、透水沥青等。基层材料可使用砂、砾石、石灰岩、方解石等。因而透水铺装系统的类型和结构多种多样。

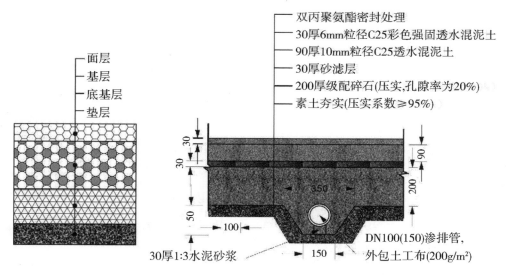

图1-9-22　透水铺装系统结构示意图及萍乡市某工地彩色透水混凝土结构图

表1-9-8　透水铺装系统结构层功能

结构层	功能
面层	直接承受荷载层,透水,主要的净水层,抗磨,抗滑
基层	主要承受荷载层,渗水,储水,净水
底基层	防止地下水或者深入路基的水因毛细现象上升,承受荷载,净水,储水,渗水
垫层	防止地下水或者深入路基的水因毛细现象上升,保持结构系统的稳定性

1.透水混凝土路面设计方法

透水混凝土路面的结构,从上到下分别为透水混凝土面层、透水垫层、密实混凝土基层、土基,密实混凝土基层也可由防渗土工膜代替,透水垫层为普通石头或透水混凝土结构层,密实混凝土基层和土工膜具有一定坡度坡向,用于蓄水的调节池,在邻近调节池的混凝土基层上方布有水管,将透水混凝土路面收集的雨水导入调节池。当降雨强度小于透水混凝土路面的渗透能力时,雨水下渗进入透水混凝土面层和结构层,此时结构层中的雨水将沿坡流向雨水调节池;若混凝土结构层的导水率低于降雨强度,那么雨水将在透水混凝土中蓄积,直至蓄满产生表面径流。

(1)透水混凝土铺装层透水系数

透水系数决定于透水混凝土铺装层中的面层、结构层的最小透水系数,其中面层对铺装层透水系数起决定性作用,透水铺装设计时应首先保障透水混凝土面层满足设计透水系数。同时,为利于降雨顺利下渗,设计结构层透水系数应大于面层的透水系数。透水混凝土铺装层在使用过程中会受到细小颗粒、灰尘、油渍的污染，使透水混凝土内部连通孔隙发生堵塞，在透水混凝土使用过程中其透水性会随着使用年限的增加而降低。一般而言，面层设计时通过需确保其能承受5年一遇的降雨而不产生积水。因而，综合考虑透水性能随时间衰减性和经济性，引入透水安全系数，一般取为2，则透水混凝土面层的渗透系数不应小于2倍的5年一遇5min降雨的平均强度，即有：

$$K_{cp} \geq 2 \times \bar{i}_{5.5} \qquad\qquad 式 1-9-1$$

式中：K_{CD}——为透水混凝土面层的透水系数，mm/min；

$i_{5.5}$——为当地5年一遇5min降雨的平均雨强。

（2）透水混凝土铺装层容水量

透水混凝土铺装层容水量与各层的有效孔隙率和厚度有关，其计算公式为：

$$W_p = h_m n_m + h_j n_j + h\,djn_{dj} + h_d n_d \qquad\qquad 式 1-9-2$$

式中：W_p——为透水地面铺装层容水量，mm；

h_m——为面层厚度，mm；

n_i——为面层有效孔隙率；

n_m——为基层厚度，mm；

n_j——为基层有效孔隙率；

h_{dj}——为底基层厚度，mm；

$n\,dj$——为底基层有效孔隙率；

n_j——为垫层厚度，mm；

n_d——为垫层有效孔隙率。

铺装层容水量应满足相应重现期降雨情况下不同历时降雨后地面不产生积水，即铺装层容水量 W_p 按照 $t = 5$、10、15、20 等逐渐增大分别计算，直至得到 W_p 的最大值。其计算公式如下：

$$W_p = max(P_{n,t} - W_T) \qquad\qquad 式 1-9-3$$

式中：$P_{N,t}$——为重现期为 N、历时为 t 的设计降雨量，mm；

W_T——为土基的渗水量，$W_T = 60K_j \cdot t$。

其中 K_j 为土基层的饱和导水率，mm/min；当有特殊要求时，应由现场入渗试验确定。

（3）透水混凝土铺装层厚度

透水混凝土铺装层厚度为透水面层厚度和垫层厚度之和,人行道、步行街、园林小道,面层厚度应不小于80mm;当其他路面采用全透水水泥混凝土结构形式时,面层厚度不宜小于180mm。所选基层,底基层与垫层厚度由铺装层容水量确定,即:

$$h_t = \frac{W_p - h_m h_n}{n_t}$$ 式 1 - 9 - 4

式中:h_t——为基层、底基层与垫层厚度之和;

n_t——为厚度比为权重的加权平均孔隙率。

各层孔隙率由其材料性质决定,根据厚度比再计算各层厚度（张书函等,2011）。

2.透水砖铺装地面设计方法

透水砖铺装地面的设计首先根据相关标准和要求选择设计降雨,确定铺装层透水系数后再计算铺装层容水量,然后确定铺装层各层厚度,最后核算透水地面的径流系数是否满足要求。若不满足要求,则调整设计降雨、透水砖的渗透系数或铺装层形式、材料及厚度等,然后再重新计算,直到满足要求为止。

（1）透水砖铺装层透水系数

透水砖铺装层透水系数决定于铺装层中面层、找平层、垫层的最小透水系数。透水砖在最上层对铺装层透水系数起决定性作用,首先确定透水砖应满足的透水系数。与透水混凝土面层设计类似即有:

$$K_{BP} \geq 2 \times \bar{i}_{5.5}$$ 式 1 - 9 - 5

式中:K_{BP}——为透水砖的透水系数,mm/min;

$\bar{i}_{5.5}$——为当地 5 年一遇 5min 降雨的平均雨强。

（2）透水砖铺装层容水量

类似的透水混凝土铺装层容水量的计算公式为:

$$W_P = h_m n_m + h_z n_z + h_j n_j + h_d n_d$$ 式 1 - 9 - 6

式中:h_z——找平层厚度,mm;

n_z——找平层有效孔隙率。与透水混凝土铺装层容水量一致,透水砖铺装层按式 1 - 9 - 6 式计算。

（3）透水砖铺装层厚度

透水砖铺装层厚度通常为透水面层厚度与找平层和垫层厚度之和，面层厚度由所选用的透水砖规格确定，找平层厚度一般为 2～4cm。当土基为砂性土或底基层为级配碎、砾石时，可不设置垫层，若透水砖路面土基为黏性土时，应设置垫层，垫层厚度一般由铺装层容水量确定。

$$h_t = \frac{W_p - h_m n_m - h_z n_z}{n_t} \qquad \text{式 1 - 9 - 7}$$

3. 透水路面的降雨径流系数

透水地面的径流系数与设计降雨量和强度有关。当降雨量超过铺装层容水量和路基土壤下渗量时就会产生地表积水和径流，若忽略基层饱和前的下渗水量，则径流系数可按下式计算：

$$\overline{\psi}_{N,t} = \frac{P_{N,t} - (W_P + K_{j \cdot t})}{P_{N,t}} \qquad \text{式 1 - 9 - 8}$$

式中：$\overline{\psi}_{N,t}$——重现期为 N、历时为 t 的降雨的透水地面径流系数。

（五）透水性路面施工

1. 施工工艺流程

准备工作→施工放线→基层平整→支设模板、同时进行透水混凝土的拌制和运输→混凝土摊铺、浇筑刮平→振动碾轧→表面处理→修整并覆盖养护→涂覆透明封闭剂→锯缝、填缝。

2. 施工操作要点

（1）施工准备

透水混凝土属于干拌性混凝土，其水灰比通常为 0.25～0.35，水灰比较小。拌好的材料运输到现场后应立即进行施工，各工序之间应紧密衔接，并最后对成型表面采取一定的覆盖措施防止水分挥发，影响施工质量。施工前，通常需由测量小组根据设计要求标高，每隔 10m 设置一个标高控制桩，同时为防止地基受基层积水过多影响，基层应设置专用透水管道，通过道路排水系统排除过量的雨水。

（2）测量放线及立模

首先对基层的标高、宽度、平整度、线位进行复核，重点控制线位和标高及平整度。铺筑前先清扫基层，及时对松散部分和其他一些有问题的位置进行相应处置。测量放线采用水准仪,要求中心线及边线全部放出,并经监理工程师检测合格后方可施工;施工人员首先须按设计要求进行分隔立模及区域立模,立模过程中需注意高度、垂直度、泛水坡度等问题。

①透水混凝土的原材料选择:通常依据水泥强度等级和粗骨料的类型、粒径及级配要求。水泥:一般采用强度等级为42.5级的普通硅酸盐水泥;外加剂:符合《混凝土外加剂》(GB 8076—2008)的规定;透水混凝土粗骨料粒径:应根据结构的厚度、强度、透水性而定,通常选用粒径范围在2.5~20mm碎石,且要求碎石质地坚硬、界面条件好、针片状含量低等。

②混合料搅拌及运输:当透水混凝土在现场用搅拌机搅拌时,须有专人负责材料配比。对混凝土各原材料的称量要在允许偏差规范内。搅拌时按物料的规定比例及投料顺序将物料投入搅拌机。严格控制水灰比,控制好水量。视搅拌均匀程度,可适当延长机械搅拌的时间,但不宜过长时间的搅拌。按照规范要求检验混凝土各项指标,预留试样做抗拉强度和抗压强度。透水混凝土拌合运输时要防止振动造成离析,透水混凝土属干性混凝土料,初凝快,一般根据气候条件控制混合物的运输时间,同时应注意保持拌合物的湿度,运输过程中使用塑料布覆盖表面,防止水分散失。

③透水混凝土低层摊铺、浇筑成型:透水混凝土属干性混凝土料,初凝快,摊铺必须及时。摊铺时必须由专人指挥车辆均匀卸料。混凝土从搅拌地点运到摊铺现场后立即摊铺、刮平。对于大面积施工采用分块隔仓方式进行摊铺,其摊铺松铺系数为1.1~1.2。将混合物均匀摊铺在工作面上,用括尺找准平整度合控制一定的泛水度,用平耙将表面整平,整体推平后,由专人测量铺设高度,达到要求后,用平振动整平辊压至所要求的平整程度,使之有良好的均匀度和密实度。抹合不能有明水,不得漏振,机械整平后用人工修整最后用抹合拍平,平板振动器不宜使用时间过长,防止过于密实而出现离析现象。透水混凝土孔隙率大、水分散发快,当气温高于35℃时,尽量避开正午时段进行透水混凝土面层施工。

④透水混凝土面层施工:透水混凝土面层混凝土拌合物的摊铺松铺系数为1.05~1.15,同样由专人测量铺设高度,达到要求后使用透水混凝土专用整平机推铺整平、振捣,整平时施工人员应穿上减压鞋进行操作。振捣速度宜匀速缓慢连续不间断进行,其作业速度以拌合物表面不露骨料也不得泛出水泥浆为

准。收面在透水混凝土压实后进行,宜使用抹平机对其面层进行收面,必要时配合人工拍实、整平。为减少水分的蒸发,立即覆盖塑料薄膜,使塑料薄膜紧贴混凝土表面,防止浆体中水分流失,保证后期强度,保证混凝土的孔隙分布均匀,路面呈大面平整,骨料之间以浆体连锁状连接,外观形貌、表面孔隙率都满足设计要求。

⑤透水混凝土切缝、填缝、养护:在温度较高季节施工时,覆盖后混凝土内部温度较高,强度上升快,为了防止产生裂缝,浇筑完成后3d即进行伸缩缝切割,切割宽度为5~6mm,切割深度为整个透水混凝土层的厚度,切割完成使用填缝胶填缝,灌胶深度为30~50mm。伸缩缝施工完成的区域,在透水混凝土浇筑后1d开始洒水养护,高温时在8h后开始养护,每天上、下午各一次。日平均温度高于20℃时,养护期不得少于14d。养护结束后应及时清除面层养护材料(蒋贤龙,2016)。

⑥清洗密封:面层混凝土养护7d后用清水清洗干净,清洗时会有一定比例面积有"白雾",可用5%~10%盐酸清洗。待表面彻底干燥后,将双丙聚氨酯密封剂均匀喷涂于表面,保护工作面,静置8h。

3.透水砖路面施工工艺

(1)透水砖人行道结构

典型的用透水砖铺设的人行道结构如图1-9-23所示。

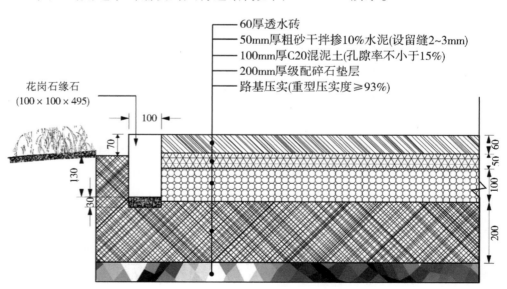

图1-9-23 典型透水砖结构示意图

（2）透水砖人行道施工工艺

根据《砂基透水砖工程施工及验收规程》（CECS 244：2008），透水砖人行道施工工艺以下。

①一般规定：施工单位应根据设计文件和施工要求，确定施工方案，编制施工组织设计。施工前应准备好水电供应、交通道路、搅拌和堆料场地等设施。有碍施工的建筑物、灌渠和地下管线等，均应在施工前完成拆迁。工程范围内的各类管线、绿化设施及构筑物等，必须在工程施工前全部完成，外露的井盖高程必需调整至设计高程，井座四周应做特殊处理以保证面层正常铺筑。

②施工前准备：由建设单位组织设计单位会同勘察、测量单位向施工单位交桩，办理交接桩手续，并有监理工程师验桩。根据设计图纸的要求，复测各主要控制点，包括临时水准点、测石的顶高、转弯半径、平面位置等。砂基透水砖工程不宜在冬季施工。如必须施工时应有相应的技术保障措施。

③土基层施工：在采用透水砖路面结构的道路与行车道分界的位置 0.5m 范围内，压实度应按车行道压实度要求进行控制。当车行道土基透水系数较大时，应在两者土基交界处设置隔水措施，且隔水深度不得小于 0.5m。土基的高度、宽度、纵横坡度应符合设计要求。雨季施工或因故中断施工时，必须将施工层表面及时修理平整并压实。检查验收应对土基层（含旧路面做基层）的厚度、高程、密实度、平整度、路拱度、强度进行检验，确认质量达到设计要求后方可铺筑面层。

④垫层施工：垫层施工前，应处理好土基病害并完成排水、地下管线等设施，垫层厚度宜为 40～50mm。垫层铺筑应均匀、平整、密实。在已摊铺好的砂垫层上，不得有任何扰动。

⑤基层施工：基层应采用强度高、透水性能良好、水稳定性好的透水材料。根据路面使用功能的不同，基层材料可采用级配碎石、透水混凝土或两者相结合。

级配碎石基层施工应符合下列规定：a. 级配碎石适用于非机动车道的基层施工，厚度不应小于 100mm；b. 在同一料场供料的路段内，宜由远到近卸置集料。卸料距离应严格掌握，避免料不够或过多；c. 应事先通过试验确定松铺系数并确定松铺厚度。人工摊铺级配碎石时，其松铺系数宜为 1.40～1.50；平地机摊铺级配碎石时，其松铺系数宜为 1.25～1.35；d. 可采用平地机或其他合适的机具将料均匀地摊铺在预定的宽度上,表面应平整,并具有规定的路拱;e.检查松铺材料层的厚度,必要时,应进行减料或补料工作;f.可采用平地机将拌和均匀的级配碎石按规定的路拱进行整平和整形,在整形过程中,应消除粗细集料离析现象;g.整形后,当级配碎石的含水量等于或略大于最佳含水量时,应立即用12t以上三轮压路机、振动压路机或轮胎压路机进行碾压。直线和不设超高的平曲线段,由两侧路肩开始向路中心碾压;在设超高的平曲线段,由内侧路肩向外侧路肩进行碾压。碾压时,后轮应重叠1/2轮宽;后轮必须超过两段的接缝处。后轮压完路面全宽时,即为一遍。碾压一直进行到要求的密实度为止。碾压宜为6~8遍,应使表面无明显轮迹。压路机的碾压速度,头两遍宜采用1.5~1.7km/h,以后宜为2.0~2.5km/h。

透水混凝土施工应符合下列规定:a.透水混凝土适用于机动车道和车辆停车场等的基层施工,厚度不应小于100mm;b.透水混凝土应按试验配合比进行配制,且应严格控制水泥用量和水灰比,透水混凝土施工可采用现场人工拌和或机械搅拌,搅拌时间宜为3~5min;c.透水混凝土浇筑前,应先用水湿润路面,防止混凝土水分流失加速水泥凝结,在浇筑过程中不得强烈振捣或夯实;d.透水混凝土浇筑应密实、均匀,顶面压实度应达到95%,并满足浸水稳定性要求,浇筑成型后,应采取养护措施,养护时间不得少于7d;e.透水混凝土施工在当日平均气温低于5℃时不应施工,并应在冻结前达到规定强度;f.雨季施工严禁气候变化,应注意水泥和混合料被雨淋湿,阵雨时应停止施工,但已摊铺的水泥混合料应尽快碾压密实。

⑥透水黏结找平层施工:砂基透水砖找平层应按每100kg找平砂添加8kgPZG(黏结剂),再加入少量水进行配方,每罐料搅拌必须保证2min以上,搅拌均匀后应达到手握成团,松手振动即散的状态。搅拌料不得离施工现场太远。找平层的摊铺应采用刮板法,并根据具体情况确定摊铺厚度:人行道应在30~44m;停车场应在40~50mm;车行道应在40~50mm。

⑦砂基透水砖面铺装:铺装透水砖时,不得站在找平层上作业。砂基透水砖施工前必须将路缘石(若有)施工完成。路缘石施工时应先设定基准点和基准线,再砌筑路缘石。按设计图纸放线高程,在方格内按线按标准缝宽铺第一行样板砖,然后以此挂纵横线,纵线不动,横线平移,依次按线和样板砖铺装。直线段纵线应向远处延伸,以保持纵缝直顺;曲线段可铺装成扇形,空隙部分可

用切割砖填装,也可按直线顺延铺装,然后填补边缘处空隙。铺装时应避免与路缘石出现空隙,如有空隙应甩在建筑物侧,当建筑物一侧和井边出现空隙时,可用切割砖填平。如遇到切砖现象,必须将砖进行弹线切割;如遇到连续切割砖的现象,必须保证切边在一条直线,偏差不得大于2mm。铺装时,砖应轻放,落砖必须贴近已铺好的砖垂直落下,不可推砖,造成积砂现象。用1kg的橡皮锤或用1.8kg铁锤锤木垫板轻击砖的中间1/3面积处,使砖平铺在满实的找平层上稳定。如找平层过厚,应重新调整找平层,如找平层过薄,不得向砖底塞砂或支垫硬料。砖与砖之间的邻近接触面角必须在同一平面,每行铺装必须用不短于2m的水平靠尺结合标高线进行找平,误差应小于2mm,遇到雨水算子及井盖时,应进行适当调整雨水算子:整体坡向应走向雨水算子处,标高应低于砖面5~10mm。雨水井、污水井:整体坡向应走向雨水算子处,标高应低于砖面5~10mm。邮电井、暖气井、电缆井、消防井等部位的标高应高出砖面5~10mm。砂基透水砖铺设过程中,不得在新铺设的路面上拌和砂浆或堆放材料。面层铺设完成到基层达到规定强度前,应设置围挡以防止车辆进入,维持铺设完成面的平整。每班次收工时应做收边处理,以防止边缘砖松动。

⑧填缝:砂基透水砖铺砌完成并养护24h后,用填缝砂填缝,分多次进行,直至缝隙饱满,同时将遗留在砖表面的余砂清理干净。缝宽应符合设计要求,无要求时允许偏差应为±1mm。

⑨清理及养护:完工后应将分散在各处的物料集中,保持工地整洁。铺装完毕的地段不应马上让行人、汽车等机动车辆通过。铺装完工后车行道养护时间不得小于7d,人行道养护时间不得小于2d。

(3)透水沥青路面施工工艺

根据《透水沥青路面技术规程》(CJJ/T 190—2012),透水沥青路面施工工艺如下。

①路基施工:路基首先应具有足够的承载力,对于特殊透水路面,还应考虑水浸润后路基承载力退化。路基开工前,应对施工地段进行详细的现场调查研究与核对。筹划好施工期间临时排水总体规划和建设,临时排水设施与永久排水设施应当同工程影响范围内的自然排水系统相协调。

②透水基层施工:新建沥青路面的基层按结构组合设计要求,通常柔性基层选用沥青稳定碎石、沥青贯入式、级配碎石、级配砂砾等;半刚性基层主要有

水泥稳定土或粒料、石灰与粉煤灰稳定土或粒料;刚性基层主要有碾压式水泥混凝土、贫混凝土等。基层上部使用柔性基层,下部使用半刚性基层的混合式基层,半刚性基层沥青路面的基层与沥青层宜在同一年内施工,以减少路面开裂。以旧沥青路面作基层时,应依据旧路面质量,确定对原有路面修补、铣刨、加铺罩面层。旧沥青路面的整平应按高程控制铺筑,分层整平的一层最大厚度不宜超过100mm,对旧沥青路面进行处理后,洒布粘层油,再铺筑新的结构层。

③透水面层施工:透水沥青路面面层施工前应对基层进行检查,未达到质量标准要求的基层不得铺筑沥青面层。若旧沥青路面或下卧层被污染,在铺筑沥青混合料前必须先对其进行清洗或经铣刨处理。各层混合料需达到各自功能性要求,便于施工,不容易离析,且各层应连续施工并联结成为一个整体。为保障沥青路面的使用性能,混合料结构组合及级配类型设计不合理时应进行修改、调整。粗骨料粒径应沿高度方向从上至下逐渐增大,并与压实层厚度相匹配。为了控制离析现象,压实沥青混凝土料,沥青层的压实厚度不宜小于最大粒径的 2~2.5 倍。

④透水沥青混合料拌制:沥青混合料应在沥青拌和厂(场、站)使用拌和机械搅拌,拌和厂必须符合国家有关环境保护、消防、安全等规定,并应充分考虑与工地现场距离以及交通堵塞的可能,确保混合料的温度下降不超过要求,且不致因路面颠簸造成混合料离析。当使用高黏度改性沥青时,需控制混合料生产温度,通常沥青加热温度宜在 150~170℃,集料加热温度应在 185~195℃。出料温度应严格控制在 175~185℃,否则应予以废弃,烘干集料的残余含水量不得大于1%。

采用机械或人工投料加入高黏度沥青改性剂,在混合料干拌时可直接加入到拌和机中。面层混合料拌和方法为:将粗细集料按照规定量加入到拌和机中,同时加入矿粉和高黏度沥青改性剂进行干拌,干拌 10s;最后加入基质沥青进行湿拌,湿拌 40s。高黏度沥青改性剂添加时应对添加的时间严格控制,基质沥青和改性剂的用量应分别控制在最佳用量的 ±0.3% 和 ±0.5% 以内。透水沥青混合料使用的粗集料较多,拌和温度较难控制,施工时应对喷油器的燃料供给严加控制,一般情况下不宜采取提高细集料供给量使细集料产生溢仓的方法控制加热温度。温度检验应分为加热仓出口集料温度检验和混合料出厂温度检验。透水沥青混合料宜随拌随用,若因生产或其他原因需要短时间贮存时,贮存时间不宜超过 12h,贮存期间温降不应超过 10℃,且不应发生改性沥青老化、混合料流淌以及集料颗粒离析现象。当由于贮存而引起以上情况或其他影响产品质量的情况时,应予废弃并找出原因,采取纠正措施。生产添加纤维的沥青混合料时,纤维必须在混合料中充分分散,拌和均匀,拌和机应配备同步添加投料装置,松散的絮状纤维可在喷入沥青的同时或稍后采用风送设备喷入拌和锅,拌和时间宜延长 5s 以上。颗粒纤维可在粗集料投入的同时自动加入,经 5~10s 的干拌后,再投入矿粉。工程量很小时也可分装成塑料小包或由人工量取直接投入拌和锅。对采用基质沥青的透水沥青混合料,混合料拌和过程可参考相关规范。

　　⑤透水沥青混合料的运输:透水沥青混合料采用较大吨位的运料车运输,但不得超载运输,运输中避免急刹车、急弯掉头,以免透层、封层损伤。运料车的运力应稍有富余,施工过程中摊铺机前方应有运料车等候。等候的运料车多于 5 辆开始摊铺。运料车每次使用前后必须清扫干净,为便于卸料,沥青混合料运输车的车厢底板和侧板应抹一层隔离剂,并排除可见游离余液。使用油水混合液作隔离剂时,应严格控制油与水的比例,严禁使用纯石油制品。为避免对沥青的稀释作用,应控制隔离剂的使用量。透水沥青混合料采用自卸车辆运输,并确保车辆清洁,防止混合料发生变化,且车辆的数量应与运输距离和拌和能力相适应,在摊铺机前应形成一个不间断的供料车流。运料车装料时,通过前后移动运料车来消除粗细料的离析现象,一车料最少应分三次装载,对于大型运料车,通过多次装载来平衡装料减少混合料离析。透水沥青混合料应对热混合料采用双重保温布进行覆盖,以防温度下降,当外界气温较低或风力较强时,应加盖多层保温布。透水沥青混合料在运送、等候过程中,如发现有沥青结合料沿车厢板滴漏时,应采取措施避免,且运送到摊铺现场的混合料温度不应低于 165℃。

　　⑥混合料的摊铺:透水沥青混合料采用沥青摊铺机摊铺。为防止混合料结块,摊铺机受料前通常在料斗内涂刷防黏剂并在施工中经常将两侧板收拢。铺筑透水沥青混合料时,一台摊铺机的铺筑宽度不宜超过 6m(双车道)~7.5m(3车道以上),通常宜采用两台或更多台数的摊铺机前后错开 10~20m 成梯队方式同步摊铺,两幅之间应有 30~60mm 宽度的搭接,并躲开车道轮迹带,上下层的搭接位置宜错开 200mm 以上。摊铺机开工前应提前 0.5~1h 预热,使熨平

板不低于100℃。铺筑过程中,熨平板的振捣或夯锤压实装置应设置合理的振动频率及振幅,确保路面的初始压实度,熨平板加宽连接需调节至摊铺混合料无明显离析痕迹。为了路面提高平整度,减少混合料的离析现象,摊铺机必须缓慢、均匀、连续不间断地摊铺,不得随意变换速度或中途停顿,摊铺速度通常控制在1~3m/min。当混合料出现明显离析、波浪、裂缝、拖痕时,应及时找出原因,并予以消除。透水沥青路面施工气温不得低于10℃,寒冷季节遇大风降温,若不能保证迅速压实时不得铺筑沥青混合料,透水沥青混合料摊铺温度控制在160~175℃,每天施工开始阶段宜采用较高温度的混合料。通过试铺试压确定透水沥青混合料的松铺系数。摊铺过程中应随时检查摊铺层厚度及路拱、横坡,用机械摊铺的混合料,不宜用人工反复修整,当不得不由人工作局部找补或更换混合料时,需仔细进行,特别严重的缺陷应整层铲除。

⑦透水沥青路面压实及成型:透水沥青混合料的摊铺应符合《公路沥青路面施工技术规程》(JTG F40—2004)的有关规定。透水沥青混合料的压实应遵循紧跟、少水、均速、慢压原则。压实过程中不应开启压路机振动。透水沥青混合料的压实分为三个阶段:初压、复压和终压。压实温度应根据现场的气候、风力等情况确定。但初压温度宜在155~165℃,复压应紧接初压进行,复压结束温度不得低于130℃,路面表面温度达到50~55℃时进行终压。面层压实机械宜为:初压采用两台10~12t双钢轮压路机紧跟摊铺机静压,复压采用16~18t双钢轮压路机静压,终压采用20t胶轮压路机消除轮迹。压实遍数应根据试验路的效果确定,不应过压,压实时压路机宜少喷水,喷水时应呈雾状,为了防止粘轮现象,也可用喷雾器将水、稀释液等薄薄地喷洒于碾压轮上。当透水沥青混合料路面由于在碾压过程中操作不当而造成损坏,或达不到要求时,应予铲除并分析原因,采取措施纠正。

⑧接缝及渐变过渡段施工:透水沥青混合料的接缝及渐变过渡段施工应符合《公路沥青路面施工技术规程》(JTG F40—2004)的有关规定。在接缝处施工时,应对接缝清扫后进行加温处理,加热温度应达到100℃左右方可摊铺透水沥青混合料,应对混合料及时压实,使之相互密接。施工中应尽量减少接缝。如无特殊情况,每天的施工不得间断,两台摊铺机在不影响作业的情况下应尽量缩短距离,两台摊铺机相距应小于15m。纵缝应在较高温度下碾压结合密实。如需要进行厚度变化时,渐变的最小厚度应大于粗集料的最大粒径的2倍。

⑨开放交通及其他:碾压结束后应在路面表面温度大幅度下降之后开放交通,一般应在路表温度达到50℃以下时开放交通。当夏季或夜间等作业时间受制约时,考虑到路面的冷却时间,可采取洒水、使用冷却机械等强制性方法降低路面温度。排水性路面开放交通后,应设专人进行初期交通管制,严禁大型车辆掉头、突然刹车或随意停放,严禁将杂物堆放在排水性路面上。在进行路面附属设施施工时,不得在路面上堆料或进行混凝土的拌和。初期交通管制的时间视工程进展情况、外界环境、气候而定。

第四节　萍乡市海绵城市建设工程案例

一、项目背景

随着自然因素的变化,城市化建设的影响和基础设施的不完善等,萍乡市暴雨和洪涝灾害频发,不仅影响了人们的生活,还造成了严重的经济损失,甚至是人员伤亡。为了解决这些问题,提出了要构建自然存积、自然渗透、自然净化的"海绵城市"。海绵城市建设是指利用海绵城市建设理念,充分发挥建筑、道路和绿地、水系等生态系统对雨水的吸纳、蓄渗和缓释作用,有效控制雨水径流,实现自然积存、自然渗透、自然净化的城市发展方式,修复城市水生态、涵养水资源、防止水污染、保障水安全,为社区居民提供自然健康的水环境,从而提升城市居民对海绵城市的体验度、感受度和参与度。

2015年4月,萍乡入选"国家海绵城市建设试点城市"行列,《萍乡市海绵城市试点建设三年行动计划(2015—2017)》明确:萍乡海绵城市建设总体目标为年径流总量控制率为75%;排水防涝设计标准为30年一遇暴雨不成灾,城市防洪标准为萍水河主河道50年一遇洪水设防;并围绕"小雨不积水、大雨不内涝、水体不黑臭、热岛有缓解"的总体目标,坚持老城区以问题为导向,以解决城市内涝、黑臭水体治理、雨水收集利用等为重要突破口,统筹协调推进海绵城市建设,建设有江南特色的创新型海绵城市。

二、规划目标及功能定位

(一)规划目标

结合萍乡市城市主要问题和未来城市发展建设需求,提出萍乡海绵城市建设框架和实施方案,因地制宜地改善城市水文环境,强化新老城区融合和均衡发展,创新海绵城市开发建设模式,力争将萍乡市建设成为符合江南特色的创新型海绵城市。

(二)功能定位

1. 年径流总量控制率的指标论证

根据各地降雨量规律及特点,《海绵城市建设技术指南——低影响开发雨水系统构建(试行)》(北京建筑大学等,2014)将我国大陆地区的年径流总量控制率大致分为五个区,并对各区的年径流总量控制率 α 提出了借鉴范围。其中,Ⅰ区(85%≤α≤90%)、Ⅱ区(80%≤α≤85%)、Ⅲ区(75%≤α≤85%)、Ⅳ(70%≤α≤85%)、Ⅴ区(60%≤α≤85%)。该区域属于第Ⅲ区段。其中 α 取值范围为75%≤α≤85%。综合考虑示范区的降雨、下垫面等自然特征,以及生态定位、规划理念等多方面的特点,选取海绵城市建设区的年径流总量控制率为75%以上。

2. 水环境建设目标城市面源污染控制

雨水径流污染物削减率(以悬浮物 TSS 计)≥50%;达到《地表水环境质量标准》(GB 3838—2002)Ⅲ类地表水水质保护标准。

3. 水资源建设目标

对有需求的项目经过经济技术比选采用雨水回用。雨水资源利用率宜≥3%。

4. 排水防涝标准

50 年一遇降雨条件下,道路至少一条车道积水深度不超过 15cm,居民住宅和工商业建筑物的底层不进水。

三、方案设计

重点介绍典型工程设计、典型结构示意图。

（一）萍乡市建设局海绵城市实施方案

1. 项目概况

萍乡市建设局位于萍乡市跃进北路98号。项目规划范围为建设局局内用地，本工程建设局占地面积9688m²，建筑占地面积1660m²，水面面积1188m²，绿化率42%。根据本次海绵城市建设方案，建有透水铺装1118m²，透水整体路面1035m²，生物滞留池332m²，下沉式绿地704m²，雨水花园14m²，植草沟33m。

2. 实施方案

首先，控制屋面雨水径流，屋面雨水断接，新建渗透排水沟，蓄存和转输屋面雨水；其次，控制路面雨水径流，调整小区内道路竖向标高，车行道及人行道改为采用透水沥青和透水砖；最后，提高绿化蓄存雨水能力，结合绿地建设雨水花园、下凹式绿地、植草沟，输送和蓄存屋面及路面雨水径流。

以下是整体思路见图1-9-24和图1-9-25。

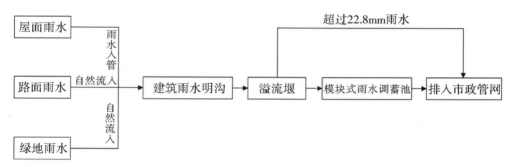

图1-9-24　雨水收集利用及景观水体循环流程图

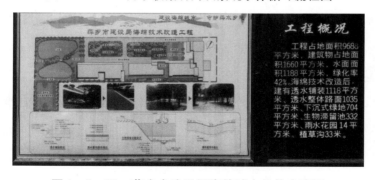

图1-9-25　萍乡市建设局海绵城市总体方案图

（1）屋面雨水控制

建设局屋面雨水径流占建设局雨水径流总量的50%，控制屋面雨水径流的直接排放，可有效削减建设局外排雨水量、延缓雨水径流过程。对建设局主楼北面的雨水立管,由于下部为地下室的采光井,故在地面以上将原有雨水立管改造直接排至新增的雨水沟,经雨水沟收集后排至院内的下沉式绿地。雨天情况下,屋面雨水快速进入雨水管道,汇流时间短,产流量大,对雨水管道产生较大的径流量和高峰负荷。

在建设局内对现有雨水立管进行改造,将雨水全部排入新建雨水明沟,将屋面雨水引进下沉式绿地,然后进入生态滞留池,经生态滞留池处理后的雨水再排入转输型植草沟,最后进入景观水池。通过新建雨水明沟,充分蓄存和滞纳屋面雨水,削减径流污染,有效改善建设局环境卫生。新建雨水明沟实景见图 1 - 9 - 26。

图 1 - 9 - 26　新建雨水明沟实景图

（2）建设局道路改造

建设局内原先道路均为混凝土路面,道路宽度 3 ~ 6m,标高 4.2 ~ 4.4m。由于排水明沟改造项目将破坏现状道路,结合道路修复,改为采用透水性铺装材料,削减路面雨水径流。同时,适当将道路路面标高抬升至 4.6m 左右,使道路高于绿化地,利用绿地蓄存和渗透路面雨水。

①主干道:主干道以车辆通行为主要功能,采用强度较高的透水沥青作为铺装材料,有效改善建设局内雨天行车安全和通行环境。透水沥青路面总面积约 1035m^2。改造后建设局道路实景图见图 1 - 9 - 27。

②支路:建设局支路以居民通行为主要功能。因此,采用透水砖作为铺装材料,道路面层和路基均采用透水性材质。道路一定距离设置溢流口,部分路面雨水可溢流至绿地,大部分雨水通过路面和路基渗入地下,有效削减道路雨水径流总量。透水砖路面总面积约 968m^2。透水铺砖实景见图 1 - 9 - 28。

图 1-9-27　改造后建设局道路实景图

图 1-9-28　透水铺砖实景图

③停车场：改造停车场地面铺装材料，改为采用彩色透水整体路面，减少停车场产生的雨水径流量。停车场两侧侧石及挡墙处增加开孔，将雨水导入周边绿地或排水明沟。改造后停车场实景图见图 1-9-29。

图 1-9-29　改造后停车场实景图

（3）建设局绿地改造

根据建设局内绿地现状，主要采用雨水花园、下凹式绿地和植草沟海绵城市措施。

①雨水花园:在现状建设局集中绿地内分片做雨水花园,雨水花园的调蓄水位为20cm,进水主要为降雨和路面收集的雨水,面积约14m²。结合雨水管道改造,在雨水花园内增设溢流管,超过绿地蓄存能力的雨水可溢流至雨水管道,确保雨水排水安全,同时确保绿地植被正常生长。雨水花园结构见图1-9-30,雨水花园实景见图1-9-31。

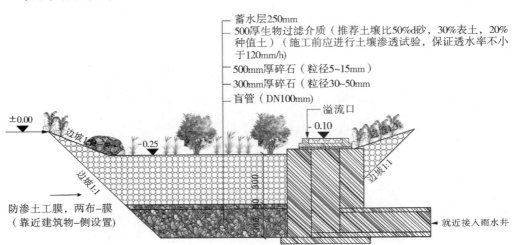

图1-9-30　雨水花园结构图

图1-9-31　雨水花园实景图

②下凹式绿地：在建筑四周，道路沿线分片做下凹式绿地，共计约 704m²。下凹式绿地的调蓄水位为 10cm，进水包括屋面、路面的雨水。结合下凹式绿地，新建排水沟 97m，在输送雨水的同时进行蓄存和下渗；或接至雨水溢流设施，把过量的雨水排至生态滞留池。下凹式绿地构造示意图见图 1 - 9 - 32，实景见图 1 - 9 - 33。

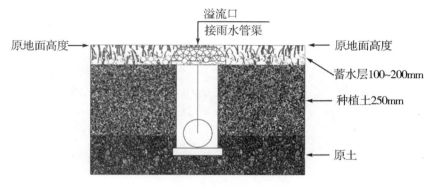

图 1 - 9 - 32　下沉式绿地构造示意图

图 1 - 9 - 33　建设局下沉式绿地实景图

③植草沟：结合现状草坪，在建筑四周，道路沿线分片做植草沟，植草沟长 33m。建设局内其他区域的雨水可经植草沟将各个区域的雨水输送到下一区域直至到蓄水池进行蓄存。植草沟构造示意图见图 1 - 9 - 34，植草沟实景见图 1 - 9 - 35。

第九章　海绵城市建设理论与技术

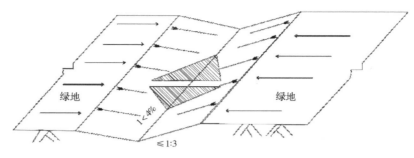

图 1 − 9 − 34　植草沟构造示意图

图 1 − 9 − 35　植草沟实景图

④蓄水池:将建设局池塘清淤做成景观池,面积812m²。各个区域净化后的雨水通过植草沟输送到蓄水池中,蓄水池连通着市政雨水管网。当降雨过大蓄水池中蓄水过多时,可将池水排入市政雨水管网。同时,蓄水池内设置循环潜水泵两组($Q = 40\text{m}^3/\text{h}, H = 10\text{m}, N = 2.2\text{kw}$),在不下雨的时候从景观水池内抽水,将景观水池内的水提升至转输型植草沟起端的溢流式雨水花园,可起到水体循环净化水质及补充溶解氧的作用。蓄水池实景见图 1 − 9 − 36。

图 1 − 9 − 36　蓄水池实景图

（二）萍乡市国土局海绵城市实施方案

1. 项目概况

萍乡市国土局位于萍乡市安源区滨河西路399号。规划范围为国土局局内用地，本工程占地面积13647m²，建筑占地面积3387m²，绿化率25.4%。根据本次海绵城市建设方案，拟建设下沉绿地1934m²，生物滞留设施992m²，透水铺装面积1009m²，嵌草砖面积576m²。

2. 实施方案

①对现有住宅区地面的雨水明沟进行改造，部分路段增设路面截水沟，将屋面雨水和道路雨水引进生态滞留池，经生态滞留池处理的雨水通过渗排管排至渗排集水井，经潜水泵提升后排至现有场地排水沟。

②对办公楼后面的雨水明沟进行改造，改变其排水方向，在南面的出口处设置模块式雨水调蓄池，调蓄池前设置隔油沉沙池，调蓄池内设置潜水泵，雨后潜水泵启动，将调蓄池排空。

③将办公楼前的停车位改造成生态停车位，并在停车位后面设置雨水收集浅沟，收集22.8mm以下雨水进入模块式雨水调蓄池。

④生态滞留池下面设置渗排管，渗排管排至渗排雨水井，最终泵提进入现有雨水沟。

（1）屋面径流控制

考虑到国土局房屋结构及荷载情况，减少后期养护，不建议实施绿色屋顶。降落在屋面的雨水可通过新建排水明沟的方式排入周围绿地内的海绵城市设施等进行雨水削污、下渗处理；同时对国土局宿舍区的原有雨水立管改造直接排至新增的雨水沟，经雨水沟收集后排至院内的生态滞留池。新建排水明沟实景见图1－9－37。

在国土局办公区内依然采用原有雨水明沟，将屋面雨水引进下雨水调蓄池，

图1－9－37 新建排水明沟实景图

然后排入市政雨水管网。通过雨水明沟,充分蓄存和滞纳屋面雨水,削减径流污染,有效改善国土局环境卫生。

(2)国土局道路改造

国土局内原先道路均为混凝土路面,道路宽度 3 ~ 6m,标高 4.2 ~ 4.4m。由于排水明沟改造项目将破坏现状道路,结合道路修复,改为采用透水性铺装材料,削减路面雨水径流。同时,适当将道路路面标高抬升至 4.6m 左右,使道路高于绿化地,利用绿地蓄存和渗透路面雨水。改造后国土局道路实景见图 1 – 9 – 38。

图 1 – 9 – 38　改造后国土局道路实景图

(3)国土局停车场改造

将部分露天停车位改建为生态型停车场,停车位 32 个。因此,采用嵌草砖作为铺装材料,面积 576m²,停车场面层和路基均采用透水性材质。道路一定距离设置溢流口,部分停车场雨水可溢流至绿地,大部分雨水通过路面和路基渗入地下,有效削减道路雨水径流总量。停车场实景见图 1 – 9 – 39。

图 1 – 9 – 39　国土局停车场实景图

（4）国土局绿地改造

根据国土局内绿地现状，主要采用下沉式绿地和生态滞留池两种海绵城市措施。

①生态滞留池：生物滞留池作为低影响开发措施的主要技术手段，当遭遇大暴雨时，其通过雨水花园、下凹式绿地等不同的表现形式对雨水进行引导、渗流、排出，不但可削减洪峰流量值，减少洪涝灾害的发生，而且起到一定的绿化和景观效果。设计面积为 992m²。一般生物滞留池结构主要用于处置小流域较频繁的暴雨事件，设计降雨量为一年一遇 30min 降雨量，设计时主要考虑暴雨强度、汇流面积、渗透速度等因素。

汇流面积不大于 2hm²，跨度不超过 50m。一般可设置水平分流装置用于削减集中径流。

②设计与建造：过滤带最小宽度不低于 6m，一般采用 7～15m 为宜，长宽比宜设置为 1:6，横向坡度、纵向坡度分别为：2%～6%、1%～5%，正常使用时滞留池水深一般不超过 50mm。

③土壤和植物：为保证滞留池去除效率，池内宜添加泥炭、树叶树皮等有机物，保证土壤的渗透速率。池内栽种植物时，为保证拦截效率，种植植物不应过于矮小，否则致使大部分径流没过植物顶部，流速起不到任何拦截作用。为保证足够的停留时间，最大的流速应不超过 0.3m/s，生态滞留实景图 1－9－40。

图 1－9－40　生态滞留池实景图

④下沉式绿地：在建筑四周，道路沿线分片做下凹式绿地，共计 1934m²。下凹式绿地的调蓄水位为 10cm，进水包括屋面、路面的雨水。结合下凹式绿地，在输送雨水的同时进行蓄存和下渗；或接至雨水溢流设施，把过量的雨水排至市政雨水管网。下沉式绿地实景见图 1－9－41。

图 1 – 9 – 41　下沉式绿地实景图

（三）萍乡市安源区国税局宿舍海绵城市实施方案

1. 项目概况

萍乡市国税局宿舍位于萍乡市安源区萍安南大道 1 号。规划范围为国税局宿舍内用地,本工程占地面积 3306m², 绿化率 7.4%, 建筑占地面积 166m², 根据本次海绵城市建设方案,区域内增加雨水簸箕、雨水花园、雨水调蓄池等设施,相应增加部分绿化。

2. 实施方案

①设置雨水簸箕收集建筑屋面的雨水,并通过浅沟将之排入雨水花园。②对无法进入雨水花园的雨水,通过在原有雨水明沟内设置拦截设施,使 22.8mm 以下雨水进入模块式雨水调蓄池。③在东面的雨水明沟出口处的沟内设置溢流堰,并改造原有排水沟,使 22.8mm 以下的雨水进入雨水花园和雨水调蓄池,当出现超过 22.8mm 以上的雨水时,水位溢流,从原有排出口正常排水。

以下是整体思路图见图 1 – 9 – 42。

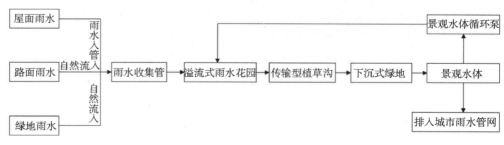

图 1 – 9 – 42　雨水收集利用流程图

（1）屋面雨水控制

屋面雨水径流占国税局宿舍雨水径流总量的 50%, 控制屋面雨水径流的直接排放,可有效削减外排雨水量、延缓雨水径流过程。因安源区国税局场地因素,采用雨水簸箕收集屋面雨水,新建花圃隐藏雨水簸箕,设置雨水簸箕收集建筑屋面的雨水,并通过浅沟将之排入雨水花园。对无法进入雨水花园的雨水,通过在原有雨水明沟内设置拦截设施,使22.8mm以下雨水进入模块式雨水调蓄池。

在国税局宿舍东面雨水明沟出口处的沟内设置电磁阀门,22.8mm以下雨水进入模块式雨水调蓄池,当出现超过22.8mm以上的雨水时,水位控制装置发出电信号,电磁阀门打开,正常排水。

（2）安源区国税局宿舍绿地改造

根据安源区国税局宿舍内绿地现状,主要采用雨水花园和雨水调蓄池的海绵城市措施。

①雨水花园:在现状安源区国税局宿舍集中绿地内分片做雨水花园,雨水花园的调蓄水位为20cm,进水包括屋面、路面、绿地的雨水,面积约95m²。结合雨水管道改造,在雨水花园内增设溢流管,超过绿地蓄存能力的雨水可溢流至雨水管道,确保雨水排水安全,同时确保绿地植被正常生长。雨水花园实景见图1-9-43。

图1-9-43　雨水花园实景图

②雨水调蓄池:在现状国税局宿舍集中绿地内分片做雨水调蓄池。位置位于雨水花园后面,面积95.6m²。

设计原则:a.雨水处理、回用、调蓄工程以投资省、运转费用低、占地面积小为原则;b.处理系统先进,设备运行稳定可靠,维护简单,操作方便;c.雨水处理系统不产生二次污染源污染环境;d.控制管理按处理工艺过程要求尽量考虑自控,降低运行操作的劳动强度,使雨水处理站运行可靠维护方便,提高运行管理水平。

设计原理:a. 雨水水质分析。拟采用屋面及路面雨水径流作为水源,由于径流的形成包括降水过程、蓄渗过程、坡地漫流和集流 4 个基本过程。在形成径流的过程中,雨水径流将冲刷屋面、路面、草地以及其他裸露的地面等,因此形成地面径流的水质要受到降水水质、屋面水质、植物叶面沉积物、地面污染物等影响。根据相关文献,地面雨水径流的水质变化范围比较大,COD 为 280 ~ 1250mg/L,BOD5 为 50 ~ 210mg/L,SS 为 1045 ~ 2288mg/L。为此,雨水通过种植土、砂石、砾石简单处理后入渗到调蓄池内储存,使得洪峰过后再排入市政管网,减轻市政管网的压力。b. 雨水回收系统说明。屋面雨水—雨水斗—雨水立管—雨水簸箕—雨水沟—模块式雨水收集池。雨水调蓄池实景见图 1 - 9 - 44。

图 1 - 9 - 44　雨水调蓄池实景图

(四)萍乡市国税局宿舍海绵城市实施方案

1. 项目概况

萍乡市国税局宿舍位于萍乡市滨河东路 382 号。规划范围为市国税局宿舍内用地,本工程占地面积 10634m²,绿化率 37.6%,建筑占地面积 2100m²。根据本次海绵城市建设方案,拟建设生物滞留池约 908m²,下沉式绿地 635m²,雨水花园 14m²,植草沟 76m,透水铺装面积 88m²。

2. 实施方案

①在宿舍区东西两侧围墙边设置转输型植草沟,收集建筑屋面及小区道路的雨水,并将之引入生态滞留池,经生态滞留池处理后的雨水再排入景观水池。生物滞留池的总面积为 797.4m²。②对现有建筑周围的雨水明沟进行改造,将屋面雨水引进转输型植草沟。③在原有的小区排水总出口处设置溢流堰,并改

造原有排水沟,使22.8mm以下的雨水进入生物滞留池;当出现超过22.8mm以上的雨水时,水位溢流,从原有排出口正常排水。

整体思路图见图1-9-45。

(1)屋面雨水控制

控制屋面雨水径流的直接排放,可有效削减外排雨水量、延缓雨水径流过程。因场地因素,对现有建筑周围的雨水明沟进行改造,采用雨水明沟收集屋面雨水,将屋面雨水引进宿舍区东西两侧围墙边的传输型植草沟,并通过浅沟将之排入生态滞留池。对无法进入生态滞留池的雨水,通过在原有雨水明沟内设置拦截设施,将剩余的雨水排入景观水池。改造后雨水明沟实景见图1-9-46。

图1-9-45 雨水收集利用流程图

图1-9-46 改造后雨水明沟实景图

（2）市国税局宿舍绿地改造

根据市国税局宿舍内绿地现状，主要采用生态滞留地、下沉式绿地、植草沟和蓄水池等海绵城市措施。

①生态滞留池：在建筑四周，道路沿线分片做生态滞留池，共计约$908m^2$。生态滞留池的调蓄水位为10cm，进水主要为降雨和排水沟收集路面的雨水。结合土壤和植物，在输送雨水的同时进行蓄存、净化和下渗；或接至雨水溢流设施，把过量的雨水通过植草沟排至蓄水池。生态滞留池实景见图1-9-47。

图1-9-47　生态滞留池实景图

②下沉式绿地：在生态滞留池周围，沿道路线分片做下凹式绿地，共计约$635m^2$。下沉式绿地应低于周围铺砌地面或道路，下沉深度宜为50～100mm，且不大于200mm。下凹式绿地的调蓄水位为10cm，进水包括降雨、路面雨水和生态滞留池的雨水。结合植草沟，在输送雨水的同时进行蓄存和下渗，最后将净化后的雨水输水到蓄水池。下沉式绿地实景见图1-9-48。

图1-9-48　下沉式绿地实景图

③植草沟:结合现状草坪,在建筑围墙四周沿线分片做植草沟,总长76m。主要将原先分布于围墙四周的排水沟开挖,并种上草木,形成植草沟。市国税局宿舍区内其他区域的下沉式绿地和生态滞留池可经植草沟依次输送至景观池进行蓄存或排入市政雨水管网。植草沟实景图见图1-9-49。

图1-9-49 植草沟实景图

④蓄水池:将市国税局宿舍池塘清淤做成景观池,面积454m²。在景观水池内设置循环潜水泵两组($Q=15m^3/h,H=7m,N=1.0kw$),下雨时,蓄水池收集由植草沟传输来的雨水;在不下雨的时候可通过潜水泵从蓄水池内抽水,将蓄水池内的水提升至转输型植草沟起端的溢流式雨水花园,可起到水体循环进一步净化水质及补充溶解氧的作用,同时可以浇灌下沉式绿地、植草沟和生态滞留池等海绵城市措施。经计算,在不下雨的情况下,整个景观水池内的水体经过约18h可以循环一次。蓄水池实景见图1-9-50。

图1-9-50 蓄水池实景图

四、初步效果评价

(一)社会效益

改进后的新型透水路面排水方式极大地改善了路面雨水排除效果,有效降低道路排水压力,可提高区域排水防涝标准,降低内涝造成的损失,提高原市政雨水管渠的综合排放标准。

(二)环境效益

该工程道路径流污染物(以 SS 计)总量削减率超过 60%,可有效削减径流污染物排放流量,有利于改善城市水环境和生态环境,也有利于水体水质的保护,降低水污染治理成本。

(三)生态效益

低影响开发设施的建设,能够在一定程度上增加小区绿化率,从而局部调节城市小气候,改善物理环境,降低热岛效应。据相关研究结论,透水砖铺装路面的近地表温度比普通混凝土路面低 0.3℃ 左右,近地表相对湿度高 1.12% 左右。

第十章

水土保持监测
与信息化管理

第一节　水土保持监测与信息化概况

水土保持监测是综合运用多种技术手段对水土流失的数量、强度、影响范围、危害以及水土保持防治成效的定时定量描述记录过程,监测成果为水土保持预防监督、治理、生态修复和科学研究等提供重要的基础数据和依据,对推动我国生态文明建设具有十分重要的意义。我国水土保持监测工作起步较晚,早期监测方法和管理落后且发展较为缓慢(焦居仁,2001)。近年来,随着信息科学技术的发展,水土保持监测工作先后在监测技术、动态监测调查与监管、网络建设等各方面都取得突飞猛进的发展(姜德文等,2016)。

一、水土保持监测

(一)水土保持监测发展历程

1922—1927年,我国在山西沁源、宁武和山东青岛建立了首批径流小区,观测森林植被对水土流失的影响(郭索彦等,2009)。此后,分别于1938年、1939年和1941年在重庆北碚、四川内江、甘肃兰州等地设置径流小区,观测坡度、坡长和耕作管理等对水土流失的影响。1941—1942年,黄河水利委员会在甘肃天水、陕西长安荆峪沟设立水土保持实验区;1951—1952年又在甘肃西峰和陕西绥德建立水土保持科学试验站,期间,陕西、山西、甘肃、宁夏、青海、海南等省(区)也相继建立了一批试验站,开始坡面水土流失规律观测和小流域径流、泥沙观测研究(李智广等,2002)。

1980年以来,随着计算机技术和地理信息科学的发展,遥感技术、地理信息系统、数据库等开始在我国水土保持中初步应用。中国科学院水利部水土保持研究所开发了基于DOS系统的水土保持信息系统;北京林业大学在北京门头沟区建立了水土保持数据库;北京大学开发了北京市水土流失信息系统,并利用GIS技术开展水土保持制图(任伏虎等,1989)。水利部分别在1985年和

1999 年两期全国土壤侵蚀普查中，以具有较高分辨率的 Landsat 卫星获取的 MSS TM 多光谱影像为信息源，对水蚀、风蚀和冻融侵蚀开展了全面详查，查清了全国水土流失状况，划定了黄河中游、长江中上游、珠江上游、东北黑土区为水土流失重点治理区，为国家"生态建设规划"和"生态保护规划"决策提供了重要依据。

2003 年起，水利部开始发布年度《中国水土保持公报》，详细公布了我国主要江河流域、国家级水土流失重点治理区和重点预防区、生产建设项目集中区以及典型监测点的水土流失状况、全国水土流失综合治理情况以及生产建设项目水土保持状况等内容，全面反映全国水土流失及其防治状况。

（二）水土保持监测现状

2007 年，水利部水土保持监测中心组织开展了三峡库区、南水北调中线水源区等国家级水土流失重点治理区、重点预防区和重点监督区、重点支流的水土流失动态监测。

2011 年，水利部组织开展了第一次全国水利普查水土保持情况普查，并于 2013 年发布了《第一次全国水利普查水土保持情况公报》。

2013 年，水利部水土保持监测中心和七大流域机构水土保持监测中心（站）按照规划确定的任务与分工，开展了 16 个国家级重点预防区、19 个国家级重点治理区、1 个生产建设项目集中区的水土流失动态监测（李智广，2018）。

2016 年，实施水土流失动态监测总面积约 60 万 km²，开展了不同水土流失类型区 69 条典型小流域和 92 个典型监测点的持续定位观测，获取了监测区域土地利用、植被覆盖、土壤侵蚀、水土保持措施、水土保持效益、生产建设项目扰动土地状况等专题信息，以及各水土流失类型区典型小流域和典型监测点的降水、径流、泥沙等年度数据，提高了水土保持监测在政府决策、经济社会发展和社会公众服务中的支撑能力。各省（区、市）水行政主管部门相继编制完成省级水土保持规划和省级水土保持监测专项规划。贵州、山东、江苏等省先后组织开展了以重点流域或重点地区为对象的水土流失动态监测工作，为流域水土保持管理提供了技术支撑。

截至 2019 年 12 月，全国已建成水土保持监测点 826 个，其中，冻融侵蚀监测点 4 个、风蚀监测点 37 个、滑坡泥石流预警点 1 个、混合侵蚀监测点 3 个、坡面径流场 341 个、坡面径流场(在建)1 个、水文监测点 252 个、小流域控制站 78 个、小流域综合观测站 108 个、重力侵蚀(混合侵蚀监测点)1 个。创建深圳市水土保持科技示范园等 49 个园区,被水利部命名为"水利部水土保持科技示范园区",基本覆盖了我国各水土流失类型区。

各省(区、市)利用水土保持补偿费,结合水土保持重点工程监测需要以及省级水土保持规划的实施,分别对省级水土保持监测点进行了优化与完善。贵州、云南、重庆、江苏等省(市)先后编制完成省级水土保持监测网络和信息系统建设方案或初步设计,专项启动监测站点升级改造、设施设备更新或新站点建设等工作,进一步完善了省级水土保持监测网络。监测点的持续监测积累了大量较长序列的径流与泥沙观测资料,为区域水土流失状况分析、水土流失规律研究和水土保持生产实践等提供了坚实的数据支撑。

在水土保持法规的导向支持下,各管理职能部门科学规划、努力工作,这些监测站点和示范园区在坡面和小流域的监测设备、技术方法等方面都有了飞跃式发展和提升。数据自动采集、测试分析、记录建库和网络传输已全面引入典型试验观测中,监测频率设计、水土流失过程记录、结果处理更科学、更可靠;包括降水、风速等侵蚀营力以及土地利用、植被分布与覆盖、坡长与坡度、坡面产流、沟道径流与泥沙等监测成果可以专题图、记录表、视频等多媒体方式管理和应用,在更大范围、更深层次为各行业服务;尤其科技示范园在土地利用结构优化、水土保持治理以及实体模型建立等方面,树立了资源节约、生态和谐和效益良好的典型。

(三) 水土保持监测存在的问题

1. 监测成果不能满足信息化要求

总体来看,南方地区水土流失的监测、治理工作相对滞后,对水土流失动态监测的应用研究几乎都限于大宏观、小比例尺的方式,对水土流失进行系统的动态监测一直缺少成功的范例。监测成果还不能完全适应新时期水土保持行业管理和社会管理的需要,各地工作发展不平衡,在思想认识、工作措施以及数据录入、系统建设和成果应用等方面还存在一定差距。

依据水利部有关文件,水土保持监测可以划分为水土保持站点监测、水土流失动态监测、水土保持监管重点监测(在各地称监督性监测)、应急监测和案件查处监测等类型,也可划分为研究性监测、试验性监测、生产性监测和预警预报性监测等类型。无论如何划分,各类方式应当相互衔接,相互印证。然而,因生产建设项目水土保持监测的委托方为业主本身,生产性项目监测的客观性、真实性、公正性尚不够规范。遥感监测与地面小区观测的对比与衔接也不令人满意。因为称重法的原理限制,径流小区等监测的自动化程度还不够高,还不能完全满足信息化建设的需要。

2. 监测技术手段落后

水土保持监测的手段决定着水土保持监测工作的效率和质量,仍有不少监测停留在巡查监测、定点监测、调查监测等方面,但使用的主要工具如 GPS、测钎、雨量计、测绳等仍是比较简单的工具。虽然也取得了一定的成效,但进入信息化时代之后,有很多质量优良、功能先进的监测工具投入到市场中,由于资金限制,这些先进的监测、测量仪器只在极少地区投入使用,大多数地区还依旧采用原有的监测手段,对大面积宏观尺度的监测、精细化监测,还没有行之有效的监测方法。无人机、三维激光扫描仪等也是简单照搬,没有解决目标对象的快速识别、测量盲区等问题。含沙量监测缺乏推移质数量的监测,不少设备尚不能排除自然界中枯枝落叶对仪器运行的影响。

3. 监测点数量不足且分布不合理

水土保持监测站点分布不尽合理,站点总数不足且分布不均,没有涵盖所有水土保持二级类型区,使得影响水土流失的模型参数缺乏一定的代表性,监测得到的数据也仅是局部地区的数据,难以支持整体分布上的宏观性决策。单纯依靠这些不完整的参数很难做出全局、整体的估测,甚至会造成资金、时间、精力的大量浪费。

4. 水土保持监测能力建设有待提高

水土保持监测工作是生态文明建设和生态环境保护的重要基础,目前,相关人员操作水平以及业务素质将起到决定性的作用。人员的专业水平和业务素质参差不齐,真正接受过专业培训的工作人员极少,鲜有监测单位和人员获得计量认证合格资质,对仪器操作规程不够重视,资料整编也缺少相应的技术标准,这些问题直接制约了监测成果的权威性,成为水土保持监测工作中发展的瓶颈与短板。水土保持监测体系的不完善,影响了监测数据更大作用的发挥。

5. 水土保持监测经费不足

水土保持监测事业还未纳入同级政府财政预算,监测工作没有固定的经费来源渠道,难以保证开展正常监测工作所必需的基础设施设备的经费投入。由于监测机构运行经费没有正常渠道,水土流失动态监测专项经费又迟迟得不到落实,长此以往造成严重的不良后果甚至恶性循环,难以开展水土流失动态监测,也无法积累科学、准确、序列化的数据,监测机构偏离职责方向。

(四)水土保持监测工作展望

近年来,国家不断加大政务信息公开力度。水土保持监测已经是一项重要的政府职能和社会公益性事业,水土流失及其防治信息是政务信息的组成部分。为引导社会公众参与监督和政府水土保持决策,满足社会公众知情权,需要定期获取全国、省、县等不同层级或区域的水土流失状况、监督管理情况、水土流失防治情况和水土流失消长情况等信息,并及时向社会公众发布,提高社会公众的水土保持和生态保护意识,营造关心和支持水土保持的良好社会氛围。

2018 年,水利部利用高分遥感影像实现了水土流失动态监测全覆盖,由水利部和流域机构的监测部门负责国家级水土流失重点防治区,各省负责其余的地区,查明全国水土流失面积 273.6 万 km^2。以后,每年在全国范围内利用高分辨率遥感影像开展水土流失动态监测一次,实现同一精度下水土流失动态监测全覆盖。

参照水文监测站网以及生态环境部门、国家林草局、中国生态系统研究网络以及北京林业大学、北京师范大学、中国科学院东北地理与农业生态研究所等单位的做法和经验,对水土保持监测站点的分布、监测设施和内容、运行管理体制、数据交互共享等方面进行调研,以明确监测站点的类型、分类建设标准、监测设施定型产品组合,进一步强化地面观测的作用与成效,并为优化遥感监测的主要因子参数奠定基础。研究建立水土流失生态安全监测预警长效机制,做好场次暴雨水土保持调查工作,对国家水土保持重点工程的实施效果进行监测调查。

2020 年,拓宽水土保持监测的范围,涵盖水土流失调查与动态监测、监测站点观测、监管重点对象监测、案件办理监测、水土流失事件监测和区域生产建设活动监管监测等 6 个方面,并将按统一标准、分级负责、规范有序、强化应用的原则做好监测成果的应用与管理工作。

水利部负责全国水土流失调查与动态监测、全国或重点区域生产建设活动监管监测、重大案件办理和水土流失事件监测的组织实施;水行政主管部门负责监测组织和成果管理,确定监测目标与任务、管理制度和技术标准、组织实施及监督检查、审查成果并发布,做好监测机构的能力建设工作。各级监测机构承担监测实施和成果的技术管理工作,负责监测实施及成果整编、汇总、报送和保管,负责监测成果的质量控制与审核。流域管理机构承担动态监测、监管重点对象监测、案件办理监测、水土流失事件监测和区域生产建设活动监管监测以及国家级监测站点的监测运行管理。省级水行政主管部门负责本辖区水土流失调查与动态监测、监管重点对象监测、案件办理监测、水土流失事件监测及区域生产建设活动监管监测的组织实施,负责本辖区除国家级外的监测站点的监测运行管理工作。

按照分级管理的原则对区域性水土流失动态监测成果进行审查,确保成果的合理性、合规性和完整性。每隔 10 年左右组织开展一次全国统一的水土保持普查,公布全国和各省区范围内的水土流失本底情况,作为政府决策、编制大型规划等大尺度、长远工作的基础,利用年度动态监测工作成果,对部分区域的水土流失及其防治情况进行修正,作为地方水土保持工作的基础。

随着高分辨率遥感影像和无人机遥感技术的普及,区域水土保持监测工作将得到很大程度的改善。为更好地做好这些工作,还需将卫星遥感和无人机遥感监测与地面监测进行对比,提高遥感监测的精度。当今世界信息传输技术日趋发达,自动监测、实时传输将逐步成为可能。特别是雷达扫描、激光测距、声呐等技术的广泛应用,有望进一步提高自动化监测水平,促进水土保持信息化发展(姜德文等,2016)。

二、水土保持监测网络

1991 年发布的《中华人民共和国水土保持法》第二十九条规定:"国务院水行政主管部门建立水土保持监测网络,对全国水土流失动态进行监测预报,并予以公告。"法律赋予了水行政主管部门发布水土流失公告的权利和义务,明确要求建立全国水土保持监测网络。1993 年由国务院发布实施的《中华人民共和国水土保持法实施条例》，进一步明确了水土保持监测机构及任务。1997 年底，深圳市就率先成立了市、区、镇（街道办）三级水土保持监测网络（李智广等，2008）。1998 年水利部成立了水土保持监测中心，负责管理全国水土保持监测网络。

2002 年 7 月，国家发展和改革委员会批准了《全国水土保持监测网络和信息系统建设一期工程可行性研究报告》，并同意建设全国水土保持监测网络，分期实施。2007 年 1 月，水土保持监测网络一期工程竣工，7 月份国家发展和改革委员会批准立项实施二期工程。经过各级水土保持部门的不懈努力，截至 2009 年，建成了包括水利部水土保持监测中心以及长江、黄河、淮河、海河、珠江、松辽、太湖等 7 个流域机构的水土保持监测中心站，31 个省（区、市）水土保持监测总站、175 个水土保持监测分站和 738 个水土保持监测点（其中，观测场 40 个、小流域控制站 338 个、坡面径流场 316 个、风蚀监测点 31 个、重力侵蚀监测点 4 个、混合侵蚀监测点 5 个、冻融侵蚀监测点 4 个）构成的监测网络，配备了数据采集与处理、数据管理与传输等设备，并依托水利信息网基本实现了互联互通，实现了覆盖我国主要水土流失类型区、布局较为合理、功能比较完备、以"3S"技术和计算机网络等现代信息技术为支撑的水土保持监测网络系统（郭索彦等，2009）。

截至 2019 年 12 月，全国已建成水土保持监测点 826 个，其中，冻融侵蚀监测点 4 个、风蚀监测点 37 个、滑坡泥石流预警点 1 个、混合侵蚀监测点 3 个、坡面径流场 341 个、坡面径流场（在建）1 个、水文监测点 252 个、小流域控制站 78 个、小流域综合观测站 108 个、重力侵蚀（混合侵蚀监测点）1 个。

三、水土保持监测的要求

2015 年 4 月出台的《中共中央国务院关于加快推进生态文明建设的意见》（中发〔2015〕12 号）明确提出：加强生态文明建设统计监测，健全覆盖所有资源环境要素的监测网络体系，对自然资源和生态环境保护状况开展全天候监测，要求各级政府加大预算内投资等财政性资金对统计监测等基础能力建设的支持力度。2015 年 7 月，国务院办公厅印发《生态环境监测网络建设方案》（国办发〔2015〕56 号），明确提出到 2020 年初步建成陆海统筹、天地一体、上下协同、信息共享的生态环境监测网络，加强遥感和地面生态监测，实现对重要生态功能区、自然保护区等大范围、全天候监测。2017 年 2 月，中共中央办公厅国务院办公厅印发《关于划定并严守生态保护红线的若干意见》（厅字〔2017〕2 号），明确将水土保持、防风固沙等生态功能重要区域，以及水土流失、土地沙化、石漠化等生态环境敏感脆弱区域进行空间叠加，划入生态保护红线；提出建设和完善生态保护红线综合监测网络体系，充分发挥水土保持、海洋等监测站点和卫星的生态监测能力，布设相对固定的生态保护红线监控点位，及时获取生态保护红线监测数据。

水利部也采取了相应的措施加大水土保持监测的实施：

一是水土保持监测纲要和信息化纲要发布实施。水利部先后发布了《全国水土保持监测纲要》和《全国水土保持信息化发展纲要》，明确了当前和今后一个时期工作的指导思想、原则、目标任务和保障措施。纲要的发布，对水土保持信息化工作的开展起到了积极的推动作用，标志着全国水土保持信息化工作进入了一个全面快速发展的新阶段。

二是水土保持规章制度逐步出台。水利部印发了《水土保持生态环境监测网络管理办法》《全国水土保持监测网络和信息系统运行管理办法》，明确了各级监测机构职责及监测站网建设、资质管理、监测报告制度和成果发布等的要求。重庆、四川、福建、贵州、山西、陕西和宁夏等省（区、市）也先后制订了相关规定（李智广，2016）。

四、水土保持信息化

（一）水土保持信息化发展现状

随着计算机网络技术、信息传输技术和空间信息技术的应用和发展，水土保持信息化工作不断进步，尤其是在近 10 年来发展更为迅速。具体表现在以下几方面。

1. 基础设施建设取得进展

（1）信息采集与存储体系初具规模

通过全国水土保持监测网络和信息系统建设，建成了水利部水土保持监测中心、7大流域机构水土保持监测中心站、31个省（区、市，不包括上海市）水土保持监测总站和新疆生产建设兵团水土保持监测总站、175个水土保持监测分站和738个水土保持监测点，形成了泥沙、径流、降雨、土壤、植被、土地利用等信息采集体系；省级以上水土保持部门的各类在线存储设备的存储能力不少于200TB，水土保持信息采集、处理与存储能力不断加强，为信息化工作的有序开展奠定了坚实的基础。

（2）监测网络建设取得初步成效

依托全国水土保持监测网络和信息系统建设一期工程、"数字黄河"和21世纪首都水资源可持续利用等项目，初步形成了覆盖我国西部地区、布局较为合理、功能比较完备的，以"3S"和计算机网络等现代信息技术为支撑的水土保持监测网络系统，为水土保持信息化发展奠定了坚实的基础，逐步实现了对水土流失及其防治效果的动态监测与预报，为水土流失综合防治和国家生态建设决策提供科学依据（史明昌等，2002）。初步建成的水土保持监测系统，为中国水土流失与生态安全综合科学考察提供了数据采集、分析、处理和传输等技术支撑，保障了科考顺利进行。

（3）水土保持监测点初具规模

随着全国水土保持监测网络和信息系统建设一期工程、全国水土流失动态监测与公告、滑坡和泥石流预警等项目的开展，建成了为国家水土流失公告提供数据的典型小流域观测站30个、水蚀监测点50个、滑坡泥石流预警点56个、风蚀观测场6个、冻融侵蚀监测点3个，水土保持监测数据采集能力明显提高。北京、贵州等省（市）在监测点数据自动观测、实时上报方面，进行了大量的探索和实践，大大提升了监测的自动化水平。

2．业务系统开发与应用日益广泛

（1）建成了办公自动化系统和管理信息系统

建成了国家级水土保持办公自动化系统、全国水土保持监测管理信息系统；各流域机构建立了一批具有区域特色的应用系统，如长江流域水土保持监测数据库管理系统等；地方水土保持机构结合工作实际开发了相关系统，如深圳市水土保持自动监测和信息管理系统、贵州省水土流失定点监测管理信息系统等。

（2）建成了水土保持应用系统平台

依托全国水土保持监测网络和信息系统建设，在开展流域级、省级数据库及应用系统示范建设的基础上,开发了包含预防监督、综合治理、监测评价、数据发布等业务的信息管理系统,初步形成了全国水土保持应用系统平台。水利部和各省(区、市)依托该应用系统平台,实现了生产建设项目水土保持方案的信息化管理。开发的全国水土保持空间数据发布系统,为各行各业、社会公众提供全面、权威的水土保持信息,有效地支撑了水土保持各项业务的开展,显著提升了水土保持行业管理和科学决策水平。

(3)专业化的应用管理系统相继投入使用

长江上游滑坡、泥石流预警管理信息系统,实现了监测数据的远程上报、快速查询和分类统计,提高了长江上游滑坡、泥石流预警系统管理水平;湖北、江西和贵州等省水土流失监测点信息采集系统,实现了水土流失定位观测数据实时监测与上报;北京市、辽宁省小流域管理信息系统,实现了水土保持基本单元的综合管理。

(4)水土保持公务管理系统得到广泛应用

生产建设项目水土保持方案报批、水土保持资质管理、工作情况统计、培训报名等系统相继投入使用,促进了水土保持行政职能、办公方式和服务手段的转变,大大提高了工作效率。

3.水土保持数据库不断丰富

水土保持基础数据库已建成包括水土流失、开发建设项目水土保持管理、水土保持生态建设项目和法律法规、重要文件、机构与人员等方面的数据库。如江西、湖北、福建、贵州、河南等省,整(汇)编了一批时间序列长、观测指标完整的水土流失观测数据,并运用信息技术初步建立了水土保持试验观测数据库。不断丰富的数据资源,为国家生态建设提供了重要的数据支撑。

4.水土保持信息化标准逐步建立

水利部先后颁布了水土保持术语、信息管理技术规程、监测技术规程、监测设施通用技术条件等一系列技术标准。这些标准规范的制订,指导和促进了水土保持信息化工作的规范开展。

5.信息服务日益广泛和深入

(1)水土保持信息化网站建设成效显著

在"宣传水利、促进发展、增加透明、提高效率、增进沟通、服务社会"的总体要求下,全国各级水土保持部门积极开展门户网站建设工作,形成了以中国水土保持生态建设网站为龙头,7个流域机构和20多个省(区、市)水土保持网站为支撑的全国水土保持门户网站体系。水土保持门户网站已经成为水土保持部门发布信息的主平台,为社会各界提供了大量及时、翔实、可靠的水土保持信息,保障了人民群众的知情权、参与权和监督权。

（2）水土保持公报持续发布

水利部从2003年起,连续发布年度《中国水土保持公报》,社会反响强烈。长江水利委员会于2007年首次发布了《长江流域水土保持公报》,引起了社会各界的高度关注。各省(区、市)也积极编制和发布水土保持公报,目前,有23个省(区、市)发布了年度水土保持公报。

（3）举办系列研讨班和培训班

仅2000—2008年,举办了水土保持数据采集与数据库建设、3S技术应用、计算机网络技术等研讨会、培训班50多次,参与人员3000多人次,有力地支持和促进了水土保持信息化工作的开展。

（二）水土保持信息化建设现状

结合国家水土保持监测网络建设一期、二期工程,配套建设了我国水土保持信息管理系统,推动我国水土保持信息化的发展。几经修改完善,现已基本形成一套可以使用、满足当前需求的信息管理系统。

依托国家水利信息公网和专网,初步形成了全国水土保持信息网络,实现了水利部、流域机构、省级、市级、县级和监测点的信息交互传输。建成的系统主要包括三个子系统。

1.水土保持监督管理子系统

通过国家水利信息专网运行,实现部、流域机构、省级共三级存储和包括地市级、县级共五级用户的应用,主要存储水土保持方案有关信息,涉及信息量为18万多个生产建设项目的相关信息。

2.重点工程管理子系统

利用公网,按集中存储的思路,实现了多级用户信息同步交互,实现了水土保持重点建设工程设计批复、计划分解、项目实施、监督检查和验收等全过程的图斑精细化管理,存储了2010年以来中央财政投资的国家水土保持重点工程所有项目信息。

3. 水土保持监测子系统

利用公网,集中了监测站点、历次普查和年度水土流失动态监测全部数据。系统还包括一些基础数据,如以县为单位的 1:10 万全国土壤侵蚀空间数据库、连续多年的全国重点水土流失防治区动态监测成果数据库、水土保持方案管理数据库以及全国水土保持规划基础数据库等。截至 2018 年底,水利部水土保持监测中心建成的数据库数据总量已超过 100TB,全国省级以上水利部门建成的水土保持数据库数据总量也超过 10TB,数据内容涉及土壤侵蚀、综合治理、预防监督、定位观测、法律法规、重要文件等方面,为国家生态文明建设决策提供了重要的数据支撑。

2015 年开始,水利部开始推行生产建设项目"天地一体化"监管和国家水土保持重点工程图斑精细化管理工作,直接将信息化工作与业务管理工作进行融合,极大地推动了水土保持信息化建设工作。2015—2016 年,7 大流域机构和全国 31 个省(区、市)选择 38 个县级行政区域推行了生产建设活动"天地一体化"区域监管工作,7 个县开展国家水土保持重点工程实施图斑精细化管理试点工作。2017—2018 年,7 大流域机构对所有在建水利部管生产建设项目实施了"天地一体化"项目监管,对北部湾等地进行了区域遥感监管,广东、贵州、云南等 8 个省(区、市)区对辖区内进行了区域遥感监管。

水土保持信息管理主要有采集、传输、存储、加工应用等环节,由硬件和软件两部分构成。采集环节主要利用各类传感器、遥测终端(RTU)等信息采集设备直接采集,也可使用摘录、共享(拷贝、扫描)、审核审查等方式获取;传输多利用缆线、公网、移动公网(4G/3G/2G)、超短波、卫星、光纤以及计算机网络等通讯方式进行;存储多采用硬盘、服务器等硬件设备和应用软件系统进行存取和调用,规模较大的多采用异地备份的方式进行数据备份,以提高数据的安全性。在加工应用环节,配置数据库服务器、存储磁盘阵列、WEB 服务器,通过防火墙与交换机对外交互信息,根据业务管理的需要,实现数据流的加工、应用,服务于统计、决策、评估等管理活动。

(三)水土保持信息化工作的主要经验

1. 紧密围绕水土保持主要任务

水土保持信息化工作必须紧密结合水土保持工作实际,适应水土保持事业发展要求,满足业务工作需要。水土保持信息化发展的过程,实际上也是以信息化手段为预防监督、综合治理、生态修复、监测评价等水土保持主要任务提供支撑的过程。

2.坚持以业务需求为导向,注重实用效果

以满足水土保持的实际工作需求为导向,充分开展需求调研分析,有针对性地开发先进实用的业务系统,着力突破关键环节。

3.坚持以公用平台建设为手段,促进资源共享

全国水土保持监测网络和信息系统建设工程,在项目立项时,按照全国"一盘棋"的思路,进行统一规划,统一建设,构建了公用平台,制订了统一的标准规范。各流域机构,各省(区、市)在一个平台下,按照统一的标准规范开展工作,既节省了资金,避免了重复建设,又为系统互联互通和信息共享创造了有利条件。

(四)水土保持信息化工作存在的问题

我国水土保持信息化工作快速发展,并取得显著成效,但仍然存在着一些亟待解决的问题。具体包括以下几方面。

1.水土保持信息采集设施设备自动化程度低

水土保持监测范围广,大部分监测点都在野外,环境恶劣且无人值守,迫切需要发展水土保持信息自动化采集设施和设备。随着信息技术、网络技术的快速发展,可以应用自动化采集设备进行数据的采集、存储和管理,提高水土保持检测的准确性、完整性和整个过程的工作效率。目前,受全国气候、土壤、地形等条件的差异性影响,各地水土流失特征、强度等存在很大差异,自动化设备的适用性千差万别,在北方适用的自动化监测设备难以在南方使用,目前水土保持信息采集中的自动化程度总体偏低,特别是泥沙信息的自动化采集难以满足需求。

2.信息基础设施发展不均衡

全国水土保持信息化发展呈现出不均衡现象,东部、中部、西部地区的差距较大,一些经济欠发达省份,除了个别省发展较快以外,大部分还处于信息化建设初期,甚至缺乏基础的数据处理、存储与管理等软硬件设施条件。

3.信息技术应用水平不高

信息技术应用水平落后于实际需求,信息技术的潜能尚未得到充分挖掘,

在部分领域和地区应用效果不够明显。一些地区和单位仍然习惯于传统的纸介质运作方式,缺乏运用高新技术融入行政管理的思维和认识,信息采集、传输、接收、处理、分析等手段普遍较为落后;即使建立了数据库与应用系统,但与业务发展需求匹配程度不高,缺乏对业务的实际推动;开发的业务处理系统,也只停留在表层信息的存储、传递和表达,未能根据业务深入挖掘面向管理与决策的分析功能。

4. 信息资源整合共享程度低

一些地区缺乏"一盘棋"意识,开发的系统是为单一部门、单一应用服务,存在应用孤岛、信息孤岛现象,导致信息资源分散、低水平重复,造成资源浪费。积累的水土保持信息资源未按照相关标准进行数字化处理、规范化管理,缺乏有效分类总结与集中交流的渠道,制约了信息开发利用价值和信息共享。

5. 信息化发展保障条件不足

部分单位缺乏持续保障的政策性正常资金渠道,导致长期以来在水土保持信息化建设与运行维护方面的投入严重不足。水土保持信息化建设和管理作为一个庞大和复杂的系统工程,目前还没有形成一套完整的管理制度、管理措施和管理办法,重建设、轻管理,不及时进行信息资源的收集整理,导致系统成为"演示系统",不能发挥预期作用。此外,水土保持信息化队伍的人才缺乏、培养机制缺乏、技术储备不足也是急需解决的问题。

(五)水土保持信息化发展趋势

1. 信息化标准体系进一步完善

标准是监测和信息化工作的基础。信息化标准体系具有信息标准多、建设难度大、建设周期长的特点,应以"急用急建,实用优先"为原则,明确设立标准建设的优先级。在水土保持信息化标准的建设过程中,由于企业在信息化工作中占据着主导地位,因此在制订标准体系的过程中,应本着"政府监管,企业参与"的原则推动信息化标准体系建设。

2. 合作部门和合作领域进一步拓展

水土保持信息化涉及计算机、水利、农业、林业、气象等学科。这就要求水土保持信息化建设中,积极寻求与相关部门协作,充分利用其他部门长期定位观测获取的资料及成果,借鉴监测技术与管理经验,推动水土保持信息化的发展。同时,加强国际交流,积极参加国际技术交流合作,把国外先进的技术引进来,充分消化、吸收后,结合我国实际情况应用于水土保持信息化技术的改进中。近年来,人们对生态环境保护的认识日益提高,但多数人并不了解水土保持信息化对社会经济发展的作用。政府应充分利用好已有的基础平台,加大投入,多方密切配合,对公众、中小学生进行水土保持科普教育,多举措丰富教育形式,开拓网络教育平台,全面提升全民水土保持意识。

3. 新技术不断融合

在水土保持监测管理中,应用高分遥感影像结合地面监控开展了"天地一体化"监管,采用监督性监测管理信息移动采集系统,实现了现场监督执法的快捷、高效。在信息化建设过程中,应加大水土保持应用信息系统和新技术的研发力度,积极与高等院校、科研院所和高科技企业联合,利用物联网、云计算等高新技术,结合光纤、无线通信技术,推动水土保持大数据信息资源的采集、整合与利用,建立更高效的水土保持信息系统,促使水土保持信息化建设更快更好地发展。

第二节 水土保持监测目标与任务

一、水土保持监测的指导思想和原则

水土保持监测是从保护水土资源和维护良好生态环境的角度出发,借助于一些仪器、手段和方法,测量、调查、监视水土流失的分布、危害、强度、成因和防治效果等,并找寻水土流失发生发展规律、动态变化趋势,对水土流失防治和生态文明建设、经济社会发展宏观决策以及科学、合理、系统地布设各项预防和治理措施提供支持。因此,水土保持监测的目的在于:查清水土流失状况,调查水土保持效益,找出影响水土流失的关键因素和规律,建立土壤侵蚀模型,预报土壤流失量;通过水土保持监测,掌握各类水土保持措施的实施进度、数量和效果,作为项目检查、验收和后评估的技术依据,为政府决策、生态工程建设、科学研究、监督执法和为民服务等方面提供科学依据。

(一)水土保持监测的指导思想

认真落实党中央、国务院关于生态文明建设的决策部署,树立尊重自然、顺应自然、保护自然的理念,坚持预防为主、保护优先,全面规划、因地制宜,注重自然恢复,突出综合治理,强化监督管理,创新体制机制,充分发挥水土保持的生态、经济和社会效益,实现水土资源可持续利用,为保护和改善生态环境、加快生态文明建设、推动经济社会持续健康发展提供重要支撑(姜德文,2016)。

(二)水土保持监测基本原则

1. 坚持以人为本人、与自然和谐相处的原则

注重保护和合理利用水土资源,以改善群众生产生活条件和人居环境为重点,充分体现人与自然和谐相处的理念,重视生态自然修复。

2. 坚持整体部署、统筹兼顾的原则

对水土保持工作进行整体部署,统筹兼顾中央与地方、城市与农村、开发与保护、重点与一般、水土保持与相关行业。

3. 坚持分区防治、合理布局的原则

在水土保持区划的基础上,紧密结合区域水土流失特点和经济社会发展需求,因地制宜,分区制订水土流失防治方略和途径,科学合理布局和配置措施。

4. 坚持突出重点、分步实施的原则

充分考虑水土流失现状和防治需求,在水土流失重点预防区和重点治理区划分的基础上,突出重点,分期分步实施。

5. 坚持制度创新、加强监管的原则

分析水土保持面临的机遇和挑战,创新体制,完善制度,强化监管,进一步提升水土保持社会管理和公共服务水平。

6. 坚持科技支撑、注重效益的原则

强化水土保持基础理论研究、关键技术攻关和科技示范推广,不断创新水土保持理论、技术与方法,加强水土保持信息化建设,进一步提高水土流失综合防治效益。

二、水土保持监测目标

水土流失状况包括水土流失的范围、强度和分布等方面。宏观尺度上,掌握水土流失一级类型的分布位置、数量、强度分级和总体发展趋势,为国家或大流域水土保持战略决策、水土保持区划提供依据、为国民经济发展中水土资源开发和主体功能区方向提供依据;中观尺度上,掌握大、中流域范围内,水土流失发生的范围和强度,较长时段的土壤侵蚀程度,从二级类型上查清水土流失的分布位置、面积和发展趋势,为流域或省级水土保持中期规划提供依据,为生态建设项目和生产建设项目提供基本资料,为国民经济发展规划提供基础资料;微观尺度上,掌握小流域、自然坡面、径流小区或指定断面水土流失发生的范围、强度或数量,分析变化趋势和发展规律,为小流域综合治理、面源污染防治、科学试验等提供基础数据。

据此,《全国水土流失动态监测规划(2018—2022年)》提出的目标是:通过实施覆盖全国的水土流失动态监测,掌握到县级行政区域的年度水土流失面积、分布、强度和动态变化,为水土保持政府目标责任考核、生态文明评价考核、生态安全预警、领导干部生态环境损害责任追究,以及国家水土保持和生态文明宏观决策等提供支撑和依据;《国家水土保持监管规划(2018—2020年)》提出的目标是:利用卫星遥感、无人机等先进技术实现部管生产建设项目和重点区域信息化监管全覆盖,推动国家水土保持重点工程信息化监管应用,提高水土保持重要监测点自动化水平,全面提升水土保持监管现代化水平和能力,为防治水土流失、促进生态文明建设提供有力支撑。

针对南方红壤丘陵区各省(区、市)的水土保持监测的目标是:到2030年,建成与本省(区、市)经济社会发展相适应的水土保持监测体系。基本建立水土保持监督管理体系和水土保持监测网络,控制人为活动产生新的水土流失。建成布局合理、功能完备、体系完整的水土保持监测网络,实现水土保持监测自动化、信息化。

三、水土保持监测任务

全面提高水土保持监测技术水平与监测预报的现代化水平,是当前水土保持工作面临的艰巨任务,也有助于进一步提高水土保持行业的社会影响力。

(一)国家级水土保持监测任务

①对23个国家级水土流失重点预防区和17个国家级水土流失重点治理区开展动态监测,涉及1091个县,县域面积499.8万km²。②选取不同侵蚀类型区的115个典型监测点开展水土流失定位观测。③根据国家级重点防治区和省级水土流失动态监测成果,结合监测点观测数据等资料,开展全国(省级)水土流失年度消长情况分析评价。④加强水土保持监测的政策引导和法律宣传,布置水土保持监测的年度任务。⑤开展水土保持监测数据整(汇)编。⑥加强监测成果与信息应用,编制年度水土保持公报。

(二)南方省份市级水土保持监测任务

根据南方红壤丘陵区水土流失的特点,结合《全国水土流失动态监测规划(2018—2022年)》的要求,南方省份市级水土保持监测任务包括:①建立健全水土保持监测体系,补充和完善监测站点,推进水土保持信息化建设,规范生产建设项目水土保持监测。②创新体制机制,强化科技支撑,建立健全综合监管体系,提升综合监管能力。③强化水土保持监督管理,建立较为完善的水土保持监测体系、制度体系和监督管理体系。

四、水土保持监测网络与职责

(一)水土保持监测网络

1.全国水土保持监测网络组织机构设置

全国水土保持监测网络的组织机构按照水利部、流域、省份、重点防治区四级设置。

第一级:水利部水土保持监测中心。

第二级:大江大河流域水土保持监测中心站。包括长江、黄河、海河、淮河、珠江、松花江及辽河、太湖等7个流域机构委员会的水土保持监测中心站。

第三级:省(自治区、直辖市)水土保持监测总站。包括黑龙江、吉林、辽宁、北京、天津、河北、内蒙古、山东、山西、陕西、甘肃、青海、宁夏、新疆、新疆生产建设兵团、河南、江苏、浙江、安徽、江西、福建、湖北、湖南、重庆、四川、贵州、云南、西藏、广东、广西以及海南等31个监测总站。

第四级:省(区、市)重点防治区监测分站。目前,各省(区、市)水土保持监测分站共186个。

全国水土保持监测组织机构包括各级监测机构以及监测点之间的业务关系与数据流、各级站点与其主管部门和相关单位的关系等。监测网路的总体结构如图1-10-1所示。另外,各省地级市也大都设立了水土保持监测站,相应的县(区)、甚至镇(街道办)都有监测基础站。

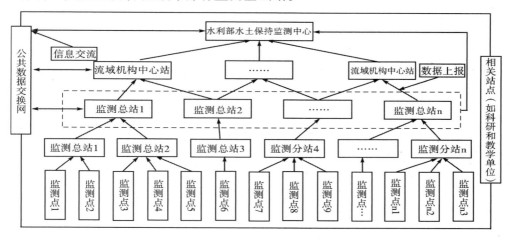

图1-10-1 全国水土保持监测网络结构图

2.水土保持监测网络管理制度

为了确保水土保持监测网络体系高效运作、数据交流安全通畅、业务合作和谐默契,以便向各级水行政主管部门和人民政府的决策提供及时、准确的信息支持,水土保持监测网络必须遵循科学、完善的管理制度。该管理制度包括监测网络的行政管理体制和业务运行机制两个方面。

(1)监测网络行政管理体制

在水利部的统一领导下,全国水土保持监测站网遵循统一管理、分级负责的原则。水利部统一管理全国的水土保持监测工作,负责制订有关规章、规程和技术标准,组织全国水土保持监测、国内外技术合作和交流,发布全国水土保持公告。水利部各流域机构在授权范围内管理水土保持监测工作。县级以上水行政主管部门或地方政府设立的水土保持机构以及经授权的水土保持监督监测管理机构,对辖区的水土保持监测实施管理。

(2)监测网络业务运行机制

为确保整个监测网络有条不紊、高效运作、相互配合,监测网络内部应该遵循以下业务管理制度：①各级站点业务的统一管理制度。②监测结果向水行政主管部门的汇报制度。③监测站实际报告制度。④平行站点数据交流制度。⑤监测结果的分层次依法公告制度。⑥网络化数据共享制度（李智广等，2002）。

（二）水土保持监测职责

我国的水土保持工作实行预防为主、全面规划、综合防治、因地制宜、加强管理、注重效益的方针。水土保持法要求国务院和地方人民政府都需要将水土保持工作列为重要职责，采取措施做好水土流失防治工作。国务院水行政主管部门主管全国的水土保持工作，县级以上地方人民政府水行政主管部门主管本辖区的水土保持工作。

国务院和县级以上地方人民政府的水行政主管部门，需要在调查评价水土资源的基础上，会同有关部门编制水土保持规划，县级以上人民政府应当将水土保持规划确定的任务，纳入国民经济和社会发展计划，安排专项资金，并组织实施。

开展生产建设活动的单位和个人，必须采取措施保护水土资源，并负责治理因生产建设活动造成的水土流失。同时，水土保持工作需要开展与之相配合的宣传教育和技术发展工作。各级人民政府需要加强水土保持的宣传教育工作，普及水土保持科学知识。

各级水行政主管部门推动水土保持科学技术研究，提高水土保持科学技术水平，推广水土保持的先进技术，有计划地培养水土保持专业的科学技术人才。在防治水土流失工作中成绩显著的单位和个人，由人民政府给予奖励。

第三节　水土保持监测分类

一、按水土保持监测性质分类

根据监测途径、监测对象的差异，大致可将水土保持监测分为宏观监测和微观监测两类（尹利，2015）。宏观监测是基于地表覆盖信息的遥感监测或调查，微观监测以小区/样地、坡面和重力侵蚀为主。根据监测性质又分为研究性监测、实验性监测、生产性监测和预警预报性监测。

研究性监测是针对水土保持监测中的特定对象，采用科学研究的手段与方法，以提出理论指导或揭示内在规律为目的而进行的研究与探索。与传统意义上的科学研究不尽相同，研究性监测多结合生产实践开展，其成果具有原创性、前瞻性和指导性。依据研究内容，可分为：①监测理论研究，包括监测尺度理论研究、土壤侵蚀模型研究、监测评价研究等，主要是为水土保持监测提供理论基础（杨胜天等，2002）。②监测方法研究，包括地面观测、遥感监测、空间分析以及数据分析处理等方法及其适用性与可靠性研究。③监测技术或手段研究，包括监测设施设备、信息采集与传输、分析处理手段和网络技术等研制与开发。④监测管理研究，包括管理体制、政策法规、标准与制度体系建立等。⑤其他针对特定对象开展的研究性监测。

实验性监测是按设定的实验方案或设计，对所选定的监测对象，采用实验手段而进行的验证性活动。依据实验内容或对象，可分为：①监测方法实验，包括实验和情景模拟，以确定方法的适用范围、边界条件和特征参数，进而优化。②监测技术或手段实验，包括监测设施设备中试或定型试验、信息采集技术试验、分析处理手段实验等。

生产性监测采用的是比较成熟的监测理论和方法，依据特定的生产目的，对水土流失和防治情况进行监测，并且根据监测的结果做出评价（张歆等，2017）。按照监测是否盈利，可以分为：①公益性监测，这种监测主要包括监测点的常规性监测、监督性监测以及仲裁型监测等。②非公益性监测，主要是受委托的咨询性监测、认证性监测等。需要坚持科学、公平的原则进行监测和评价。生产建设项目水土保持监测，主要在于水土流失量的动态变化和影响因子监测、水土保持效益等内容。水土流失方面的监测，适用于前述的风力侵蚀和水力侵蚀方法。水土保持效益监测，可针对水土保持方案确定的若干防治指标有针对性地开展（张琳等，2001）。

预警预报性监测是依托已有监测成果，运用数学方法或建立模型，对未来水土流失及其防治状况进行的预警、预判或预测预报，其可分为预警性监测和预报性监测。预警性监测一般是通过影响因子观测，分析事物发生发展规律，对未来发生某事件或现象的可能性进行预判,并给予警示,如长江上游滑坡泥石流预警等。预报性监测则是运用数学模型,对未来发展趋势或状况,进行预测预报。观测、数学分析、模型运用是本类型常用的方法与手段。建立适用范围明确、边界条件清晰、拟合精度高的预测预报模型是基础,其中基于长时间序列资料建立的经验性模型可通过序列延长,对未来发展趋势进行预测预报,如坡面侵蚀经验模型;而具有理论基础的物理成因模型,可通过规律揭示,预测预报未来状况,如水文分布式物理模型。预测预报性监测离不开实时观测,但通过模型运用,可较大程度地简化监测行为,实现提前预知(赵辉,2013)。

二、按水土保持监测内容分类

水力、风力侵蚀监测主要包括面积监测和强度监测。

水力侵蚀的水土保持监测的基本内容包括水土流失影响因子监测、水土流失状况监测、水土流失危害监测、水土保持措施及效益监测五个方面。

1. 水土流失影响因子监测

水土流失影响因子是指发生水土流失的动力和环境条件,包括自然因素和人为活动因素两类。自然因素有气候、地质地貌、土壤与地面物质组成、植被、水文等;人为活动因素有土地利用方式、生产建设活动、经济社会发展水平等。水土流失影响因子监测能够阐明水土流失发生的机制、变化和规律,明确水土保持的治理方向。

2. 水土流失状况监测

水土流失状况是指水土流失类型、方式、分布区域、面积规模、强度大小,以及水土流失发生、运移、堆积的数量特征和趋势。监测这些内容能够判断水土流失发育阶段及时空分布,为水土保持措施布置与设计提供基本依据。水力侵蚀监测主要采用称重法、体积法、核素示踪等方法,大面积的可采用遥感调查方法。称重法,即对圈定一定范围的小区、小流域等,在出口处设置收集装置,并对收集的泥沙进行称重进而得到样地的侵蚀强度。在此基础上,可通过集流桶、分流管等提高监测效率。体积法,通常包括测钎法、三维激光扫描技术、侵蚀沟调查等方法,是通过侵蚀厚度、冲沟体积等,利用土壤密度折算侵蚀强度。核素示踪方法,通过比较非明显侵蚀地块土壤中核素含量与侵蚀地块土壤核素含量的差异,利用核素流失量与侵蚀量间的定量关系,推求坡面水土流失的技术方法。

3. 水土流失危害监测

当前监测的主要方面有水土资源破坏、泥沙(风沙、滑坡等)淤积危害、洪水(风沙)危害、水土资源污染和社会经济危害等。监测水土流失危害,既是防灾减灾的需要,也是提高人们认识,进行国土整治、水土保持综合治理所必需。

4. 水土保持措施监测

主要包括实施(治理)措施的类型、名称、规模、区域分布及保存数量和外观质量等。

5. 效益监测

主要有水土保持效益、生态效益、经济效益和社会效益四个方面。监测水土保持措施和效益,既是对已往工作的检验和评价,也是对未来工作开展及部署的重要提示和指导。

三、按监测目的和方式分类

可分为动态监测、监督性监测、项目委托监测、特殊区域水土保持建设案件监测等。以下主要针对几种监测方式做重点描述。

(一)动态监测

动态监测的主要任务包括国家级重点防治区水土流失监测、典型监测点水土流失监测、水土流失年度消长情况分析评价、监测数据整(汇)编、监测成果与信息应用管理等 5 个方面(李智广,2018)。

1. 国家级重点防治区水土流失动态监测

按照区域水土保持生态功能重要程度、水土流失敏感程度以及国家和社会关注程度等原则,对国家级水土流失重点预防区和重点治理区的重点监测区域和一般监测区域,选择相应的遥感影像等基础数据,利用 CSLE 模型计算评价各县级行政区的水土流失面积、强度,分析水土流失动态变化情况。

2. 典型监测点水土流失监测

根据全国水土保持区划和水土流失类型区划分成果,结合国家级重点预防区和重点治理区水土流失动态监测的需要,推动地方水土保持监测工作,在各水土流失类型区选择小流域综合观测站、小流域控制站、坡面径流观测场、风蚀观测场和冻融侵蚀观测场,开展长期、持续的水土流失定位观测,开展水土流失因子值和水土保持措施防治效益定额率,定量反映不同类型区水土流失状况及其规律,综合研究区域水土流失效益动态变化等。

3. 水土流失年度消长情况分析评价

基于区域水土流失监测成果、监测点定量观测数据及相关统计资料,分析评价国家级重点防治区水土流失年度消长情况,组织开展地方水土流失年度消长情况分析评价,统计分析全国及国家重点关注区域的水土流失年度消长情况。

4. 监测数据整(汇)编

对项目监测数据、全国水土流失年度消长情况分析结果以及《中国水土保持公报》编制中收集的数据或资料等进行整编和汇编,主要工作包括资料整理、审核、刊印或发布等。监测数据主要包括:国家级水土流失重点防治区年度监测数据、监测点年度监测数据,水土流失年度消长情况分析基础数据,《中国水土保持公报》编制基础资料,以及其他相关监测数据等。

5. 监测成果与信息应用管理

主要包括《水土保持公报》编制、监测数据入库管理、全国水土保持信息管理系统监测评价系统(中央与流域)节点维护及信息入库共享服务等任务,加强监测成果数据的管理,为后期各类综合利用提供基础。

按照《水利部关于加强水土保持监测工作的通知》(水保〔2017〕36号)文件要求,水土流失动态监测要全面做好区域水土流失监测、监测点水土流失监测、水土流失消长情况分析评价、监测资料整(汇)编和监测成果发布及应用等5项任务。

(1)区域水土流失监测

采用资料收集、遥感调查、野外调查、模型计算和统计分析等方法,对区域土地利用、植被覆盖等影响因素进行监测,利用 CSLE 模型计算分析以县级行政区为单元的区域水土流失面积和强度。

(2)监测点水土流失监测

依托小流域综合观测站、小流域控制站、坡面径流观测场、风力侵蚀观测场和冻融侵蚀观测场等监测点,开展水土流失及其影响因素的定额观测,分析率定水土流失因子值和水土保持措施效益定额。

（3）水土流失消长情况分析评价

利用区域水土流失动态监测成果，结合相关统计资料，开展以县级行政区为单位达到水土流失年度消长情况分析评价，统计分析重点区域水土流失年度消长情况。2018年消长分析的基准值以2011年第一次水利普查水土保持成果。从2019年开始，消长分析的基准值采用上一年动态监测结果。

（4）监测资料整（汇）编

对区域水土流失动态监测数据、监测点监测数据、水土流失年度消长情况数据、水土保持公报编制基础数据以及其他相关监测资料进行整理、审核和刊印。

（5）监测成果发布及应用

及时开展监测数据入库上网，建立数据资源清单。及时编制并发布年度水土保持公报。加强监测成果大数据关联分析与集成。

（二）监督性监测

1. 生产建设项目水土保持监督性监测

由于社会经济快速发展，能源开发和基础设施建设的力度也随之不断加大，出现了一系列生产建设项目集中连片的区域。这些区域具有扰动地表和破坏植被面积较大、挖填土石方量多、人为水土流失严重等特点。为对生产建设项目水土保持工作开展的合规性和合法性进行监管，非常有必要选取生产建设项目集中连片的区域或重大生产建设项目，开展水土保持监督性监测。

（1）监督性监测的内容

马红斌和周利军（2018）指出，生产建设项目水土保持监督性监测是政府、主管部门从保护水土资源和维护良好生态环境的角度出发，对生产建设项目区域土地扰动情况、造成的水土流失动态变化情况（包括数量、强度、成因等）、影响范围、水土保持措施及其防治效果等进行监管性监测，掌握生产建设过程中水土流失的变化动态，分析生产建设项目水土保持工作的合规性（包括生产建设单位的水土保持方案编报与落实情况、水土流失防治责任与义务履行情况、水土保持补偿费落实情况、水土保持"三同时"制度落实情况、水土保持监测与报告情况、水土保持设施验收情况等）。为监督检查、执法提供数据支撑，为生产建设项目水土保持监测水平评价提供依据。

（2）监督性监测范围及频次

根据生产建设项目水土流失及其防治的特点,选择大中型生产建设项目集中连片、资源开发和基本建设活动较集中以及频繁扰动地表和破坏植被面积较大、水土流失危害和后果严重的生产建设项目集中区,相应水行政主管部门重点开展水土保持监督性监测。监测频次按照相关技术规范实施。在南方地区重点项目频次一般为1~2次/年。特殊的可增加频次。

2. 水土保持生态治理工程的监督性监测

生态治理工程的监督性监测主要内容包括:项目区治理措施位置、数量、质量、工程量和实施进度,重点分析计算蓄水保土等水土保持基础效益,评价生态效益、经济效益和社会效益,为监督检查项目验收、绩效评价和后续项目布局提供依据。一般包括流失区(矿区)治理工程、水库水源地水土保持工程、退耕还林、天然林保护、国土整治和小流域治理等工程。

3. 水土保持特定区域的监督性监测

水土保持特定区域主要包括国家或省(区、市)级自然保护区、国家森林公园、国家地质公园景区、海岸带、湖库周边植物保护带、湿地国家级自然保护区、遗址公园等,保障上述生态脆弱地区不遭受破坏,危险边坡地面积不增加,国家自然保护区生态功能不降低。主要监测特定区域生态环境和生态功能的变化情况。监测频次由当地需要决定。

4. 重大水土流失事件的应急监督性监测

重大水土流失事件监测(应急监测)包括滑坡、泥石流、洪涝、地震及人为因素等不可预见事件造成的水土流失危害。

根据区域水土流失影响因素信息,开展重大水土流失事件监测相关工作,制订重大水土流失事件监测预案。及时调查重大水土流失事件危害及影响,提出意见和建议,为应急处理、减灾救灾和防治对策提供技术支撑。除按照规定及时上报外,要配备专业人员,及时在现场监测,为行政部门做好参谋和数据准备。应急监督性监测报告的内容包括:①重大事件的基本情况(地点、项目情况、危害程度等),了解原项目监测报告。②重大事件应急监测实施进度情况。③发生事件后的意见反馈及联系方式。

5. 水土流失违法案件的监督性监测

按照水土保持法及相关法律法规的规定,对造成严重水土流失或存在重大水土流失隐患的违法行为进行监测,鉴定违法事实。重点监测在弃渣场外倾倒砂石土,在崩塌、滑坡危险区和泥石流易发区取土、挖砂、采石,未申报水土保持方案擅自动工或未按审批方案实施的建设项目等违法行为,由水行政主管部门执法机构按相关法律法规对责任人或单位依法予以处罚。在是否应该处罚或处罚金额发生异议时,执法部门或水土保持监测机构应委托开展水土流失违法案件的监测(勘察),为及时消除水土流失隐患、违法事实确认、案件查处和纠纷仲裁提供依据,全面提升监督执法效力。

(三)小流域治理与效益监测

1. 监测内容

水土保持生态治理工程的水土保持监测主要内容包括:项目区基本情况、水土流失状况、水土保持措施和效益等,以及重点监测项目实施前后项目区的土地利用结构、水土流失状况及其防治效果、群众生产生活条件、生物多样性等。

(1)项目区基本情况

主要包括地形、气候、径流泥沙、土壤植被和土地利用、农村人口、产业结构、农民收入等。

(2)水土流失状况

主要包括土壤侵蚀面积、强度、分布,水土流失量,水土流失危害,水土流失原因等。

(3)水土保持措施

主要包括各项水土流失治理措施数量、质量及其分布,水土保持效益等。

(4)典型样地及农户调查

主要包括样地的作物产量、植物生长量和典型农户的耕地面积、种植结构、粮食产量和经济收入等。

2. 监测方法

采用定位观测、典型调查和遥感调查相结合的方法。定位观测主要是选择典型小流域,布设监测站点,开展水土流失治理效果监测;典型调查主要是选择典型地块和典型农户,监测项目区的基本情况,水土保持措施数量、质量等;遥感调查主要是对项目区的土地利用、植被盖度、水土流失面积及强度等监测,对重点工程进行宏观评价(陈剑桥,2017)。

调查监测和询问、收集资料的方法,是监测工作中的一种辅助方法,主要是对项目实施后所取得的各种效益的调查以及对水土保持措施的数量和质量监测。经济效益和社会效益的调查从2014年开始,对设定典型农户的经济来源进行动态监测。监测点的设置考虑了地貌类型、措施种类和有项目与无项目的差异,长期固定,连续监测。监测内容主要包括典型农户和典型地块监测以及典型调查和社会统计等方面。农户监测的主要内容是农户种植、养殖和副业等收入情况和各项支出情况。地块监测的主要内容是造林、种草等措施的年投入和年产出,为项目直接经济效益分析提供依据。生态效益监测主要包括土壤理化性质、植被度、小气候、单项措施和小流域综合治理保水保土效益等,以反映项目实施前后土壤肥力、土壤含水量、土壤结构、林草覆盖度等的变化情况,可以采用典型调查和重点调查的方式。对于水土保持措施数量和质量监测,采用现场检查、丈量与填图验收相结合的方法。监测频次为2次/年,主要是在建设期和年度竣工验收前。

3. 监测技术路线

前期:收集小流域综合治理项目规划设计、有关项目区的地形图、土地利用、社会经济数据资料;实地勘查(补测)项目区水土流失及水土保持现状,摸清小流域基底情况,校核有关数据资料;经分析论证确定监测分区与监测点布设,制订监测实施方案。

中期:实施全面监测,通过开展地面观测和调查监测获取各类监测信息,在监测期内编写年度监测报告。

后期:项目竣工后,汇总分析各年度监测报告与监测信息,编写监测总报告。

(四)生产建设项目水土保持监测

1. 含义

生产建设项目水土保持监测是从业主水土保持责任出发,对水土流失数量、强度、成因和影响范围进行控制性监测,掌握建设过程中水土流失的变化动态,分析项目存在的水土流失问题和隐患,为及时采取相应的防护措施、最大限度减少水土流失提供咨询建议。

2. 监测内容

（1）项目区水土保持生态环境变化情况

包括地形、地貌和水系的变化情况,建设项目占地和扰动地表面积,挖填方数量及面积,弃土、弃石、弃渣量及堆放面积,项目区林草覆盖率等。

（2）项目区水土流失监测

包括水土流失面积、强度、总量的变化和分布情况及其对下游及周边地区造成的危害及趋势。

（3）水土保持措施防治效果监测

包括各类防治措施的数量和质量,林草措施的成活率、保存率、生长情况及覆盖率,工程措施的稳定性、完好程度和运行情况,以及各类防护措施的拦渣保土效果。

3. 监测方法

根据建设项目的水土流失特点、监测重点、指定监测内容,有针对性地开展监测工作。监测方法以地面监测、调查监测法和遥感监测结合的方式为主。

地面监测包括小区观测法、控制站观测法、简易水土流失观测场法。调查监测法包括询问调查、收集资料、典型调查、普查、抽样调查、数据处理。遥感监测是运用遥感技术从飞机或人造地球卫星上获取地面的航空相片、卫星图像。应依据《生产建设项目水土保持监测技术规程（试行）》（水利部,办水保〔2015〕139 号）进行操作和实施。

生产建设项目委托监测,依据批准的水土保持方案,编制生产建设项目水土保持监测实施计划,对建设和生产过程中的水土流失进行监测。

一般由建设单位委托具有水土保持监测能力的单位在规定的业务范围内开展监测。

4. 监测报告制度

生产建设项目水土保持监测实行报告制度。监测报告分为阶段监测报告、年度监测报告和最终监测报告。在项目施工建设过程中,建设单位应及时将监测报告报送项目所在地监测分站或市级监测总站。生产建设项目的监测数据和成果按时向当地水土保持监测机构报告,纳入水土保持监测网络系统管理。

第四节 水土保持监测技术手段

一、地面调查与勘查

水土保持调查是水土保持规划设计的基础性工作,主要有询问、收集资料、普查、典型调查、重点调查、专题调查、抽样调查、遥感调查等方法。通过调查,全面掌握相关的自然、社会、经济条件、水土流失形式及危害、水土保持措施、水土流失防治效果等资料,客观评价水土保持现状,因地制宜地提出水土流失防治措施,科学、经济、合理地预防和控制水土流失。

调查监测是指定期采取全线路调查的方式,通过现场实地勘测,采用 GPS 定位仪结合地形图、全站仪、测高仪、尺具、照相机等测量仪器,按照不同的扰动类型进行调查,记录每个扰动类型区的基本特征及水土保持措施的实施情况。地面调查、巡查监测具有成本低、容易掌握的特点,适合于大多数指标的监测。

(一)地面调查类型

水土保持地面调查分为区域调查和工程调查。

1.区域调查

区域调查是对项目区的概括性调查,是掌握区域性水土流失特征和动态趋势的主要手段,主要包括地质地貌、水文、气象、土壤、植被、社会经济、土地利用、水土流失、水土保持等 9 个方面。通过调查活动,了解区域自然条件和社会生活的主要特点及显著变化,以及人地关系的主要问题,以便分析区域水土流失因子,因地制宜地提出水土流失防治措施。区域调查以野外实地考察为主,考察方式包括线路考察和典型地段考察,可通过对现场地形地貌、地质查勘以及对个人、群体、相关部门的访问或借助互联网等进行。其调查的步骤为选定调查内容、制订调查计划—进行实地调查—整理调查资料—选定调查成果。

2. 工程调查

工程调查是一种典型的、针对性的局域调查，主要是针对生产建设项目水土流失防治责任区范围的水土流失特征和水土保持措施布设的调查手段，可按照不同防治分区或工程防护措施进行。通过工程调查，因地制宜地提出水土流失防治措施体系及布局。

水土流失防治分区一般在确定水土流失防治责任范围的基础上开展，通过主体工程布局、施工扰动特点、建设时序、地貌特征、自然属性、水土流失影响等进行防治分区的划分。一般来说可分为枢纽工程区、施工道路区、施工生产生活区、渣场区、料场区、移民安置及专项设施迁建区等。

（二）生产建设项目调查与巡查监测指标

为防治生产建设项目水土流失，主要通过控制和减少对原地貌、地表植被、水系的扰动和损毁，保护原地表植被、表皮及结皮层，减少水土资源占用。根据生产建设项目水土流失特点，对开挖、排弃和堆垫场地采取拦挡、护坡、截排水、土地整治、植被恢复等防治措施，不同防治措施的目标及产生的效果不同，其调查的对象和内容也有所侧重和区别。

监测的指标主要有：①项目区地形地貌、河流水系、植被、气候、土壤等水土流失影响因子。②项目挖方、填方数量，工程取土、弃土、弃石、弃渣的数量、位置。③工程损坏水土保持设施的数量，新增水土保持设施的数量和质量，生物措施的种类、成活率、保存率、覆盖度，防护工程的稳定性、完好程度和运行情况。④水土流失对周边地区造成的危害及发展趋势等。

（三）水土保持勘查

水土保持的关键工程是弃渣场工程和料场，必要时需要针对弃渣场和料场进行勘探和测量。

1. 地形测量

不同水土保持工程测量参数的精度要求不同，一般常用的测量方法为：常规的地面测量和利用全球卫星定位系统 GPS 测量。对于库区地形图、植被恢复、小流域治理等精度要求不高的较大区域，其地形图可利用全球卫星定位系统 GPS 测量；对地形图精度要求较高，需开展水土保持工程典型设计的区域应采用地面测量。为满足弃渣场和料场防护工程设计要求，弃渣场、料场等地形测量应涵盖场地区占地面积边缘以外坑洼地边缘 10 ~ 50m。遇周边有居民点、农田、道路、河流等敏感对象的,应适当增加测量范围,并对上述敏感对象做出标识。

2. 地质勘查

地质勘查应在工程地质测绘的基础上进行,同时应根据工程的类型和规模、地形地质条件的复杂程度综合运用各种勘察手段,合理布置勘察工作。岩土物理力学试验项目、数量和方法应结合工程特点、岩土条件、勘察阶段、试验方法的适用性等确定。

二、站点监测

站点监测是水土保持监测网络系统的"神经末梢"。水土流失观测和试验设施是监测站点采集水土流失数据的基础,通过采集和处理径流、泥沙等水土保持基础信息,并进行成果汇总、存储入库进行分类管理。

(一) 站点建设

监测站点建设的内容一般包括:①配置先进实用的监测设备。②用房及其他附属建筑物。③供水、供电、交通、通信网络布设。④标准化的观测标志设置。⑤配备专业监测工作人员。⑥监测站点运行经费的落实。⑦建立工作管理、档案管理、设备管理、监测成果报告、数据与成果管理等制度。

水蚀监测站点的主要设施设备及办公设备见表 1 - 10 - 1。

表 1 - 10 - 1　水蚀监测站点设施设备标准配置一览表

序号	设施设备	单位	数量
1	控制站	个	1
2	观测小区	个	5
3	实验用房	间	1
4	泥沙自动采样仪	台	1
5	自计水位计	台	6
6	自记雨量计	套	1
7	手工采样器	台	1
8	流速仪	套	1
9	电子天平	台	1
10	对讲机	处	N

序号	设施设备	单位	数量
11	GPS(手机)	台	N
12	观测数据管理系统集成(共用)	台	1
13	土壤理化性质取样设备	套	1
14	土壤水分测试仪	台	1
15	全自动气象观测站(共用)	处	1
16	小区产流过程观测仪	台	5
17	数码相机	台	1
18	水保信息采集移动终端	项	1
19	渗透仪	台	1
20	皮尺、测绳、围尺、测高器、罗盘	套	1
21	烘箱	台	1
22	交通工具	辆	1
23	其他分析试验仪器	套	1
24	工作站	台	1
25	台式计算机(共用)	台	3
26	笔记本电脑	台	1
27	无人机	台	1
28	路由器	台	1
29	打印机	台	1
30	电脑不间断电源	台	4

小流域径流观测设施主要包括:量水堰/槽、水尺或自记水位计等。堰/槽类型,可根据流域控制面积、河道比降和径流含沙量大小确定,不同类型堰/槽有相应的堰流计算公式及其参数。通过水尺或自记水位计读取水位,利用堰流公式即可计算流域出口断面流量和径流总量。

通过监测站点标准化建设,有利于监测站点的统一建设和管理;有利于监测数据的整编、存储;有利于水土流失规律的分析;有利于发现不同侵蚀类型监测站点运行中存在的问题和探索改进的方法;有利于水土保持监测工作的标准化和规范化开展。

(二)各类监测站点

根据监测任务和监测设施设备的不同,一般监测站点分为(包括但不限于)综合观测场、坡面径流场、小流域控制站、风蚀观测场、化学侵蚀观测场等。

坡面径流场是进行坡面水蚀测验的基本方法,集中建设不同坡度、不同土壤、不同覆盖措施、不同植被的观测小区,又称径流观测场。各类水蚀均与降水有关,径流场地应避开强风区。

　　小流域控制站主要收集小流域自然概况,主要包括地质概况、降雨、土壤侵蚀影响因子,水土流失情况,监测站的监测内容包括:降雨、径流、泥沙和流域土壤侵蚀影响因子,也可以根据需要设立其他监测内容,如土壤水分、水质等。对观测结果要进行记录和计算(赵雪莲,2003)。

　　水土保持监测站点建设可由省级或较大城市监测站统一部署,各市(区、县)分级组织实施,监测站点运行管理指定专业机构具体负责;纳入水土保持监测网络的水文站点及依托科研院所试验基地监测站点自行负责运行管理,按要求做好数据采集、分析、整编、上报等工作。

三、水土保持卫星遥感监测

　　随着卫星遥感技术的发展,特别是我国高分专项的实施,适于开展水土保持的卫星遥感影像资源逐渐丰富、处理技术日益提高,遥感影像覆盖面广、周期快、分辨率高和信息量丰富等特点显著,使得它在水土保持工作的规划、治理、监督等方面的应用越来越得到重视,其宏观、快速和客观的优势得到充分发挥,已经成为一个重要的水土保持监测手段。

(一)卫星遥感监测的特点

1. 透视区域范围大

　　运用遥感技术从飞机或人造地球卫星上获取地面的航空相片、卫星图像,比在地面上观察透视区域范围宽广,为人们研究各种自然现象及其分布规律,进行宏观控制提供了便利条件。

2. 获取信息量多、快捷

　　遥感技术不仅能获取地面在可见光波段的电磁波信息,还可获得紫外、红外、微波等波段的信息,对信息的获取快捷方便,信息存储量大。

3. 探测重复周期短、获取信息及时准确

　　目前大多遥感器在短时间内进行多次探测,能获取有用的水土保持动态监测的信息资源,提供及时准确的信息数据。

4. 资料收集方便

卫星探测不受地形限制,很适用于分布在高山、峡谷中的植被或林地等的勘察,资料收集方便;用1:100万的比例尺获取中国地形地貌只需600张卫星相片镶嵌图就足够了,且仅需几周的时间就能完成。对一个城市一般采用1:10万地形图与遥感影像图对照即可。地物地形等要素在图上都翔实可见。

(二)卫星遥感监测方法

在 GIS 和 RS 软件平台上,由水土保持和遥感专业人员进行遥感信息全数字解译。通过实地调查,无人机拍摄,建立解译标志,通过人脑和电脑相结合,对计算机储存的遥感信息和人所掌握的知识、经验进行推理、判断的过程。

1. 技术路线

遥感监测技术路线见图1-10-2。

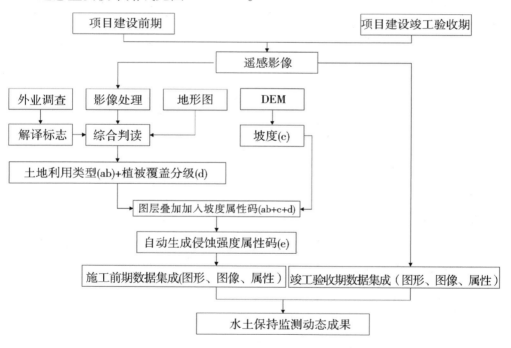

图1-10-2 遥感监测技术路线图

2. 资料选取

气象卫星影像具有时间分辨率高、监测范围大和数据处理费用低等特点,但它的空间分辨率低,像元所反映的信息具有较大的地域混合,适用于大范围内植被盖度、坡度、地表组成物质较均一的区域;资源卫星具有多波段、多时相特性,空间分辨率相对高,可有效获取更精确的地表信息,为水土流失信息提取、模型分析提供数据支持;但对一个地区重复观测周期长,往往得不到所需关键时期的资料。为了满足水土保持监测在时间分辨率、空间分辨率等方面的要求,通常将不同来源的信息(包括遥感的和非遥感的)进行复合,从不同角度提高了水土保持监测数据源的精度。

3. 信息提取

目前遥感影像自动分类的精度对于开发建设项目水土保持监测来说仍然较低,为了满足工程水土保持监测要求,土地利用分类是在 ArcGIS 中以矢量化建立专题图层的方式来完成的,为河流、道路等线状图层,其他地类列入面状图层,并建立了土地利用基础信息数据库。同一层中的不同地类在数据库中以不同的 ID 编码来区分。经室内信息提取、外业调查和室内修缮两层,即:面状图层和线状图层。植被覆盖度分类和水土保持措施分类也是在 ArcGIS 中以矢量化建立专题面状图层的方式来完成的,以不同的 ID 编码来区分植被覆盖度等级和水土保持措施类型,并建立植被覆盖度和水土保持措施基础信息数据库。

四、生产建设项目水土保持无人机遥感监管

全国在建的生产建设项目数量多、分布分散、扰动时间长,需要开展监管的工作量巨大;另一方面,各级水行政主管部门机构不健全、人员少、工作经费不足,实际监管能力严重不足。2015 年水利部在全国启动了生产建设项目水土保持"天地一体化"监管示范(李智广,2016)。

(一)无人机航空摄影获取航片

根据项目区的情况进行航拍设计,按需求的比例尺确定航高、重叠率,结合现场地形设计测区;然后,实施外业航拍,航拍之前需按规范进行相机检校;之后,根据相应比例尺要求的密度,测量地面控制点;最后,生成三维模型数据和所需比例尺的 DSM、DOM。

(二)无人机航拍影像信息提取

1. 生产建设项目水土保持遥感监管内容

生产建设项目水土保持遥感监管的内容主要包括以下几个方面:①水土保持方案变更、水土保持措施重大变更审批情况、水土保持后续设计情况。②表

土剥离、保存和利用情况。③取、弃土(包括渣、石、沙、矸石、尾矿等)场选址及防护情况。④水土保持措施落实情况。⑤水土保持监测监理情况。⑥历次检查整改落实情况。⑦水土保持单位工程验收和自查初验情况。⑧水土保持设施验收情况等。需现场采集信息的监管内容主要包括:扰动土地情况,取土(石、料)场、弃土(石、渣)场情况,水土流失情况,水土保持措施情况等。

2.无人机遥感信息提取方法

结合无人机航拍的数据成果,将与现场信息相关的监管指标和基于无人机的指标信息获取方法归纳如表1-10-2。

人机交互勾绘或面向对象分类。以高清影像为底图勾绘图斑,获取实际扰动、取土(石、料)场、弃土(石、渣)场、水保措施的位置、范围、尺寸、面积等。从高清正射影像、三维实景模型目视观察得到渣场类型、水土流失情况、水土保持措施等信息。

表1-10-2　生产建设项目水土保持监管指标与无人机信息获取方法

监管类别	主要监管指标	无人机监测方法
扰动土地情况	范围面积	高清影像人机交互勾绘扰动地块,从地块的空间信息上获取面积
	扰动前土地利用类型整治方式	高清影像目视解译
	整治面积	从整治图斑的空间信息上获取
	整治后土地利用类型	高清影像目视解译
取土(石、料)场、弃土(石、渣)场情况	数量位置尺寸(长、宽)面积	高清影像人机交互勾绘渣场边界,统计数量,从渣场图斑的空间信息获取位置、规格、面积信息
	方量表土剥离(体积)	通过两期DSM获取体积差
	类型(土、石、土石混合)问题及水土流失隐患	高清影像结合三维场景目视识别
	范围外堆积物体积	通过两期DSM获取体积差
	水土保持措施(类型)弃渣特点	高清影像结合三维场景目视识别
	临时堆放场坡度临时堆放场坡长	根据DSM计算得到

监管类别	主要监管指标	无人机监测方法
水土流失情况	土壤流失面积	通过勾绘图斑获取
	土壤流失量	难以通过无人机监管
	取土(石、料)弃土(石、渣)潜在土壤流失量	通过两期 DSM 获取体积差
	水土流失危害	通过周边信息提取,获取危害描述信息;高清影像人机交互勾绘危害的斑块,从已勾绘的危害斑块上获取位置、面积等空间信息;通过危害前后两期 DSM 数据,获取滑坡、崩塌等危害体积
水土保持措施	开(完)工日期	难以通过无人机监管
	类型	从勾绘的措施图斑上获取空间信息
	位置尺寸(长、宽、面积)	高清影像目视识别
	林草覆盖度(郁闭度)防治效果运行状况	高清影像结合三维模型目视判断

注:①整治方式指硬化、土地整治、植物措施等。②弃渣特点指沟道弃渣场、坡面弃渣场、平地弃渣场、填洼(塘)弃渣场。③土壤流失量指输出项目建设区的土、石、沙数量。④取土(石、料)弃土(石、渣)潜在土壤流失量指项目建设区内未实施防护措施,或者未按水土保持方案实施且未履行变更手续的取土(石、料)弃土(石、渣)数量。⑤水土流失危害指项目建设引起的基础设施和民用设施的损毁、水库淤积、河道阻塞、滑坡、泥石流等危害。

利用两期 DSM 执行挖填方分析可以得到体积指标,用以监测堆渣方量、表土剥离体积、潜在土壤流失量等。此外,从 DSM 可以计算坡度、量取坡长,用以监测临时堆放场、弃渣场、高边坡等情况。相对于传统基于 GPS 和全站仪的地面测绘方法,本方法的效率更高,数据成果更加直观,并且不易受现场条件的限制,也避免了和施工现场的相互干扰。

通过无人机航拍的手段,可以获取大部分生产建设项目水土保持监督性监测的现场技术指标。该技术手段与传统现场调查和测量方式相比,具有明显的优势:①无人机航拍形成的影像数据可为现场监管取证提供客观、全面的依据。②现场信息采集效率高、成本低。③可从三维实景模型角度整体观察项目区域情况,发现水土流失隐患和风险。④操作简单,不易受施工现场及复杂环境影响。因此,该技术手段是一种理想的非接触式高效监测手段。该技术手段可以推广应用到水土保持设计、监测、评估等各项业务中。后期可以研究无人机航摄技术手段在水土保持行业应用的规范,以促进其普及应用。

五、生产建设项目水土保持"天地一体化"遥感监管

（一）"天地一体化"遥感监管的客观需求

"天地一体化"遥感监管是综合利用新型信息化技术，以目标为导向，以信息流为载体，充分发挥空、天、地信息技术各自的优势，通过空、天、地等多维信息的有效获取、协同、传输和汇聚，以及资源的统筹处理、任务的分发、动作的组织和管理，实现时空复杂环境的一体化综合处理和最大有效利用，为不同用户提供实时、可靠、高效、智能、协作的信息基础平台和决策支持（李智广，2016）。"天地一体化"遥感监管在我国相关部门已有开发应用，如国土部门通过空天地一体化技术，对耕地资源实施监管，确保 1.2 亿 hm² 耕地红线不突破；环境保护部门通过"天地一体化"监管，对建设项目的污染源、排放量实施全天候监测，林业、水利等也有一些类似的应用。随着信息化技术的快速发展，相关领域的试验先行，高分遥感数据的国产化及其使用的公益化，为水土保持监管提供了先进技术保障和良好的信息源。

以往监督检查工作以文件、材料、报告、现场抽查、重点检查等方式为主，耗费人力、物力、财力多，时间周期长，工作时效性不强。对现场情况掌握不及时、不准确，致使监督检查的盲目性强、甚至出现重大事故时被问责。从流域管理机构监督检查实际情况看，即便是由水利部审批的项目每年检查一次都很难做到，更别说在全国范围内开展及时、准确的检查了。国务院印发的《生态环境监测网络建设方案》（国办发〔2015〕56 号）要求，到 2020 年基本实现生态状况、环境质量、重点污染源监测全覆盖。构建水土保持监管平台就是为了监测、评估与预警重要水土保持生态功能区中人为活动对自然生态的干扰、破坏等。监测与监管要联动，监测为监管提供技术支撑和保障（姜德文等，2016）。

综合卫星遥感—无人机遥感和地面实地勘察相结合的"天地一体化"遥感监管具有以下特点：①天地一体，实施空、天、地一体化的监控，并相互协调和补充。②上下协同，平台工作的各级之间要相互协调，协同监管。③信息共享。

（二）"天地一体化"遥感监管主要任务和工作内容

1. "天地一体化"遥感监管主要任务

"天地一体化"遥感监管的主要任务包括 4 个方面：①查明县级行政区内现

有的生产建设扰动情况,使用国产高分遥感影像,对地表扰动图斑(全国统一规定为大于 0.1hm² 的扰动图斑)进行全面解译,查明现有的地表扰动情况。②把县域内各级水行政主管部门审批的水土保持方案文本文件、方案特性表数据等录入监督管理系统,并将水土流失防治责任范围(红线)矢量上图和入库。③通过与批准的水土保持方案红线进行对比,以及实地抽查验证(全国统一规定为大于 1hm² 的扰动地块),辨别扰动图斑中属于生产建设项目的扰动地块,建立生产建设项目跟踪监控本底库。④通过定期或不定期遥感监测,对红线、黄线(实际扰动图斑)进行对比、分析,判断生产建设项目扰动地表的合规性,为水行政主管部门的监督检查提供及时、准确信息。

2."天地一体化"遥感监管工作内容

根据水土保持法赋予水行政主管部门对生产建设项目监督管理的具体职责,水土保持"天地一体化"监管工作内容有 4 个方面:①生产建设项目是否依法依规编报了水土保持方案。通过对地表扰动图斑与审批方案信息进行对比,判别项目建设的合规性(即开工前是否报批了水土保持方案)。②生产建设项目是否在批准的防治责任范围内建设施工。通过批准范围与实际扰动范围的对比,若发现存在超出范围扰动情况,包括项目地点、规模发生的重大变化、水土保持措施发生的重大变更,则要查看是否进行了变更报批,为监督检查提供信息。③弃渣场、取土场的实际数量与位置是否与批准文件一致。根据法律规定,凡未在水土保持方案确定的专门存放场地弃渣的,均为违法弃渣,水行政主管部门应依法进行处罚,并依法要求建设单位限期整改。对弃渣场进行跟踪监控是水土保持监管的一项重要工作。④水土保持措施是否按批准的方案落实。具体内容有工程建设现场各分区是否采取了防治水土流失的措施,是否存在较严重的水土流失,弃渣场、取土场等场地是否存在水土流失危害风险与隐患等。

(三)"天地一体化"遥感监管的相关技术

"天地一体化"遥感监管是现代空间技术、信息技术的深度融合在水土保持行业中的具体应用。在卫星遥感监测技术方面,实现了国产高分辨率遥感影像在生产建设项目水土保持监管中的广泛、深入应用。遥感影像的生产建设项目专题信息增强技术,特别是针对生产建设项目的信息增强、影像融合及影像镶嵌等技术,更加突出生产建设项目的相关信息,可为后续工作的开展提供针对性强的基础信息源。生产建设项目遥感解译标志库的建立，可提高解译的准确率和工作效率，对涉及水土保持的36类生产建设项目分别建立了解译标志，形成了强大的智库。

充分发挥无人机监测所具有的近地表、时效性强、操作简便易行的特点，特别是国产无人机性能强、成本低的特点，为生产建设项目水土保持监测、监督检查等提供及时、快捷的技术支持。

1.生产建设项目水土流失防治责任范围（红线）上图技术

结合以往水土保持方案数据、图件的实际情况，研究红线矢量化的技术方法，最大限度地实现过往项目的红线上图，对今后红线上图提出了标准和方法，为开展生产建设项目水土保持"天地一体化"监管提供了基础信息。

2.水土保持信息集成技术

一是对全国水土保持监督管理系统进行了升级改造，提升了该系统的信息处理和服务能力，增加了矢量数据录入、传输、存贮、共享等功能，通过高分遥感和无人机遥感等取得的信息在该系统中也可运行和进行管理；二是系统的运行环境突破了原来只能在水利防汛专网运行的局限，可在互联网上运行，给各级、各类用户的使用带来了极大的便利；三是通过信息的科学、规范管理，使生产建设项目的水土保持方案信息工程建设信息、水土保持监理和监测信息、技术评估及验收信息等，能够通过网络在系统中快速汇集、流通、互联和共享。

3.多源空间信息快速采集技术

对"天地一体化"监管中使用的高分遥感信息、无人机遥感信息、野外现场视频信息、移动终端采集信息等进行及时、规范采集、入库。基于云服务的生产建设项目现场信息采集技术，利用大数据平台支撑的野外现场终端，快速、准确地调查生产建设项目相关信息，全面服务于野外调查、监督检查、验收评估等工作。

4.野外信息采集移动平台技术

开发了生产建设项目水土保持监督管理信息移动采集终端，在技术支撑单位复核生产建设项目现场信息、水行政主管部门监督检查中，可现场填写信息、定位勾绘扰动地块、采集图片、视频等信息，还可查询生产建设项目基本信息，为复核、监督工作提供支持。现场信息可随时上传信息系统，实现野外工作与大数据平台的信息交换、共享。

5. 生产建设项目合规性自动判别与预警技术

通过对红线、黄线的解译、判别，提出了疑似违规、违规、发生变化等判别方法和标准。建设项目动态跟踪监测技术，借助卫星遥感、无人机遥感等技术，实现监测结果与审批红线的自动定位、对比，对超出红线的扰动图斑进行预警，并在监督管理系统中警示，提示水行政主管部门开展检查。

（四）"天地一体化"水土保持遥感监管应用

生产建设项目水土保持"天地一体化"监管以高分遥感技术，特别是国产高分辨率卫星影像（高分一号、高分二号、高分三号、资源三号等）、无人机遥感数据，以及地面视频监测等空天地数据为基础，对生产建设项目开展水土保持监管，结合已在全国部署的"全国水土保持监督管理信息系统V3.0"，实施上下协同、信息共享的监管，并建立监测与监控联动、监控与监督执法联动机制，全面提高水土保持监督管理的时效性和监管效能（姜德文等，2016）。

受长江水利委员会水土保持局委托，2018年长江科学院对长江流域范围25个部管在建生产建设项目（12个点型工程和13个线型工程）的水土保持重点部位，开展水土保持遥感监管，全面掌握部管在建生产建设项目水土保持方案落实情况。

按照项目扰动范围与防治责任范围相比是否增加30%以上的标准，开展监管的24个项目扰动均合规。点型项目弃土（渣）及取土（料）场选址均较合理，仅两个项目各存在一处新增弃渣场，存在水土流失隐患，需做水土保持变更。线型项目主要是铁路项目存在大量弃土（渣）及取土（料）场选址与水土保持方案设计不一致，需做水土保持变更。较多项目对弃土（渣）及取土（料）场防护措施不到位，无临时排水和拦挡措施，植物措施滞后或存活率不高需要补植。较多项目现场未见表土堆放，存在较多需要改进的地方。

六、监测数据库系统建设

我国水土保持监测工作正在向预防监督动态化、综合治理精细化、监测评价即时化和信息服务全面有效的方向发展。这需要大量的多类型、多层级、长时序监测数据来支撑。在水土保持监测中发展和应用大数据有利于实现这一目标（衣强，2015）。

大数据在其他行业正得到越来越广泛的应用,但在水土保持监测发展大数据的问题上,要冷静对待,在深入研究和科学分析的基础上,制订适合监测工作发展需要的大数据发展计划,才能有计划、有步骤地探索出适合监测工作的大数据解决方案,最终真正实现大数据的应用。发展计划要与水土保持部门制订的监测规划、信息化建设规划相适应。推进监测工作大数据应用,需要加强监测站网建设和信息化建设:①要进一步优化站网布设,开展规范化、现代化建设,全面提升站网监测能力,建成适合经济社会发展的监测网络。②在水土保持监测网络的基础上搭建一个信息数据传输、存储、应用和共享的信息技术平台,建设完善水土保持数据库,构建水土保持数据中心。③提升监测数据采集和信息数据提取能力,提升监测数据采集和信息数据提取能力,才能逐步实现监测数据采集、处理的快速高效。④促进数据共享和综合应用,包括国土、农业、林业、气象、水文水资源等行业、部门的数据共享和综合应用,才能真正实现监测大数据分析和应用。⑤推动水土保持大数据的应用,围绕监测数据快速采集获取、数据集成和大数据综合应用与分析等内容开展探索与研究,有助于找到适合水土保持监测的大数据解决方案,实现大数据应用。

(一)水土保持监测数据库的类型与功能

1.水土保持监测数据库的类型

数据库是水土保持监测信息化建设的信息资源基础。数据库系统分为空间数据库和属性数据库两大类,其中空间数据库包括 DEM 数据库、遥感影像数据库、基础地理数据库;属性数据库包括社会经济属性数据库、自然属性数据库、土地利用属性数据库、监测数据库、水土流失数据库、水土保持工程数据库(朱建平,2014)。

2.水土保持监测数据库的功能

水土保持监测数据库应具有下列功能。

(1)信息管理

提供节点库的数据维护功能,包括数据的录入、转储、更新;信息处理,包括水土流失资料整编及其他水土保持监测信息的加工处理。同时提供应用主题需求信息的组织功能,以及各种目录索引表的维护。信息管理功能为用户提供交互式人机界面。

（2）信息服务

执行信息查询和信息发布功能，满足水土保持从业人员对水土流失数据的查询要求，同时组织信息，通过 Internet 进行发布，满足水土保持监测信息全社会服务的要求。

（3）应用接口

面向多种相关环境与水土保持监测业务的信息处理提供接口，形成统一的软件平台。

（4）容灾备份

具有数据应急容灾及灾难恢复功能，保证监测系统的运行安全和数据安全，提高对地震、火灾等不可抗力因素的应对能力，面对灾难性事件能够迅速恢复应用系统的数据、环境，保证系统的可用性，维持系统运行，将灾难损失降到最低。

（5）信息源组织

信息源组织是在已建的水土保持监测数据库的基础上，依据统一的技术标准，按照不同空间和时间尺度，不断补充和更新数据，逐步建立省级、市级、区县级的多数据源、多比例尺、满足各级行政和技术管理需求的数据库体系，扩充专题矢量图、专题栅格图、试验观测表格、专题声像资料、专题文本等信息。监测分站数据库负责所辖区域的各类水土保持监测信息的收集、入库和组织。

（二）水土保持监测数据库的建设内容

水土保持监测数据库主要包括水土流失动态监测、生产建设项目监督性监测、水土保持监督检查、水土保持监测技术应用与科学研究以及其他相关信息等内容。其中，水土流失动态监测数据库内容包括水土流失试验观测数据、小流域和区域水土流失数据等。

1. 水土保持监测数据库的近期建设内容

（1）升级改造水土保持监测站点

完成基于 GIS 平台的水土保持监测数据库应用软件的研究和开发，并投入生产使用。

（2）监测站点网络建设

以监测站点为基础，由区域水土保持监测总站组织，完成规划期内全区域、各分区水土保持监测信息的组织入库工作，组织进行其他水土保持监测信息数据库的研究、开发与建设。

（3）数据的更新与维护

实现对数据库扩容、删除和修改功能，支持数据库自动采集数据入库，实现数据统一格式转换。

2.水土保持监测数据库的远期建设内容

（1）应用先进监测科学技术

完成小流域—各分区—区域的水土保持监测数据库，按地理坐标对全市水土流失及水土保持要素进行组织和管理，确保耦合分析，动态对比多源、多比例尺数据的一致性，实现对全市水土流失信息以及水土保持要素的全面覆盖和管理，完成基础地理数据库、监测评价数据库、综合治理数据库、预防监督数据库、综合信息数据库等的建设。

（2）推进数据共享与服务

区域、分区两级水务局（部门）要按照国家大数据战略的总体要求，推动建立监测数据资源清单，确定水土保持监测数据共享和开放的范围、深度和方式。推动建立本级水土保持监测数据共享和服务平台，实现监测数据在水务及有关生产建设部门间的互通共享，面向社会公众推送开放数据。

第五节　水土保持信息化平台建设与应用

一、水土保持基础信息平台建设

（一）国家水土保持信息化平台建设的发展情况

1.水土保持信息化顶层设计不断完善

水利部先后印发《全国水土保持信息化发展纲要》《全国水土保持信息化规划（2013—2020年）》《全国水土保持信息化实施方案》以及2015—2016年、2017—2018年信息化实施计划，明确了阶段目标和工作重点，提出了系统软硬件环境建设、数据库建设、应用系统开发完善及监管示范等方面的任务（王连磊等,2018）。近年来陆续制订和颁布的各省（区、市）水土保持信息系统建设基本技术要求、水土保持数据库表结构与标识符、水土保持元数据、小流域划分及编码规范、水土保持遥感监测技术规范等标准规范，有力地推动了水土保持信息化工作的有序开展。

2. 业务系统开发与应用不断深入

水土保持应用系统平台初步建成。依托全国水土保持监测网络和信息系统建设，在开展流域级、省级数据库及应用系统示范建设的基础上，开发了全国水土保持监督管理系统、国家水土保持重点工程项目管理系统、全国水土保持监测信息系统，并在水利部、流域机构、省和大部分重点工程实施县安装并试运用。7 个流域机构以及北京、辽宁、浙江、江西、湖北、广东等省（市）开发了各自的水土保持应用系统，其中北京市系统的业务覆盖率已达 90%，新技术应用逐步扩展。在水土保持监督管理中，应用高分遥感影像结合地面监控开展了"天地一体化"监管，采用监督管理信息移动采集系统，实现了现场监督执法的快捷、高效。在重点工程治理中，利用无人机和高分遥感影像，对"十二五"期间22 个省的 22 个县坡改梯项目进行了辅助检查评估工作，取得较好的效果。在监测工作中，利用无人机、三维激光扫描仪等开展水土流失监测和水土保持普查等工作。信息化技术在监督管理、综合治理、监测评价中的全面应用，有效提升了水土保持管理水平和管理效率（王明浩，2017）。

3. 水土保持数据库不断丰富

监督管理数据库存储了各级水行政主管部门已批的生产建设项目水土保持方案项目的审批、监督检查、监测监理、设施验收等全过程监管数据，包括文本、图片、矢量数据等数据格式，数据量约 130G。综合治理数据库存储了中央预算内和中央财政资金安排实施的国家水土保持重点工程实施规划或方案、项目设计、计划管理、实施进度、工程监理、监督检查、验收等全过程数据，数据量约 85G。监测数据库包括全国 4 次土壤侵蚀普查数据和全国水土流失动态监测与公告项目（2007—2016 年）数据，数据量约 20Tb，其中第四次普查数据包括3 万多个土壤侵蚀野外调查单元、96 万多条土壤侵蚀沟、全国水土流失以及相应遥感数据等。不断丰富的数据库为水土保持信息管理系统运行提供了坚实的基础。

（二）南方典型省份水土保持信息化平台建设

以浙江省为例,浙江省在水土保持信息化平台建设上做了以下工作。

2011年,浙江省按照"全国水土保持监测网络和信息系统建设二期工程"的要求建立了水土保持监测站网,由省水土保持监测中心,杭州、宁波、金华、温州4个水土保持监测分站,以及安吉、丽水、建德、嵊州、兰溪、永康、常山、宁海、天台、苍南、永嘉、余姚、临海、临安等14个水土保持监测站组成,其中14个水土保持监测站分别为1个综合观测场、5个小流域控制站(包括3个水文站)和8个坡面径流场。这些水土保持监测站的主要功能是开展水土流失动态监测、获取长序列监测资料,为研究浙江省坡面侵蚀和沟道泥沙输移规律、开展区域水土流失防治提供数据支撑(钟壬琳等,2019)。2017年,在调研了全省14个监测站管理经验和存在问题的基础上,浙江省制订并印发了《浙江省水土保持监测站管理规程》(王亚红等,2017a),在监测站的管理机构、人员配备、工作任务、运行经费、管理制度、设施设备、监测内容与方法、监测站巡查、监测数据整编、档案管理和信息化建设等方面提出了一些要求。

印发了《浙江省水土保持监测站管理手册(试行)》(王亚红等,2017b)和《浙江省水土保持监测站标准化管理验收办法(试行)》(钟壬琳,2019),编制了《浙江省水土保持监测站维修养护定额标准》,并将其纳入《浙江省水利工程维修养护定额标准》(浙江省水利厅等,2016)。标准已于2018年8月底前由浙江省财政厅和水利厅联合印发(钟壬琳,2019)。

开发建设了全省水土保持监测信息系统。该系统详细展示了全省各水土保持监测站的基本信息,以及降雨、径流、泥沙、土壤含水率、植被信息和管理情况等观测数据,初步实现了全省各水土保持监测站现场监测数据的实时报送,保障浙江全省水土保持监测站网正常运行。

二、水土保持预防监督信息管理系统

（一）区域监管

采用高分辨率遥感影像解译和现场调查等方法,借助无人机、移动采集终端等先进设备,获取区域生产建设项目位置、地表扰动范围及其动态变化情况等信息,对比水土保持方案批复的水土流失防治责任范围和水土保持措施安排,分析判定生产建设项目扰动合规性和水土流失防治状况,掌握区域生产建设项目水土保持方案落实情况。按照管理职责与权限,通报相应水行政主管部门进行处理。将区域动态监管结果按时入库,依托全国水土保持监督管理系统实现相关信息共享,为监督检查和水土保持目标责任制考核提供技术和数据支撑。

区域监管:包括资料准备、遥感监管、成果整编与审核评价3部分。首先开展资料准备,包括收集、整理区域内各级水行政部门审批水土保持方案的生产建设项目资料,收集、处理覆盖区域范围的遥感影像。然后开展遥感监管,结合遥感解译标志,开展生产建设项目扰动图斑遥感解译;通过解译结果和防治责任范围的空间叠加分析初步判断扰动合规性;利用移动采集系统开展现场复核,根据复核结果对遥感监管成果进行修正;最后开展报告编写、成果整理与审核以及录入系统等工作。

区域监管技术路线如图1-10-3所示。

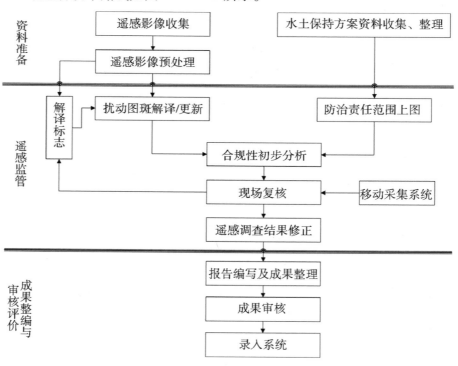

图1-10-3 区域监管技术路线

（二）生产建设项目监管

按照《生产建设项目水土保持"天地一体化"监管技术规定》（水利部水土

保持监测中心等,2016),通过资料收集、高分辨率遥感影像解译、无人机遥测、移动采集终端和现场调查等,获取生产建设项目的位置、类型、扰动面积、水土流失防治责任范围及方案批复、重大变更等情况,对比水土保持方案确定的防治责任范围及措施布局,分析生产建设项目扰动状况的合规性。开展生产建设项目水土保持重点部位调查,全面掌握部管在建生产建设项目水土保持方案落实情况(杨坤等,2018)。

项目监管的内容包括资料准备、遥感监管、监管信息现场采集、成果整编与审核评价4部分。资料准备包括本级审批的生产建设项目水土保持方案、设计资料等的整理,并对防治责任范围图、水土保持措施布局图、水土流失防治分区图等图件资料进行空间矢量化。遥感监管分为高频次遥感普查和高精度遥感详查,分别进行影像资料收集、处理工作,基于遥感影像开展扰动范围图斑、水土保持措施图斑等解译工作,再对解译成果和设计资料进行空间分析,初步判断项目水土保持合规性。利用无人机和移动采集系统开展监管信息采集,并对遥感监管成果进行复核,以便综合分析项目合规性。最后开展成果整理分析、审核以及录入系统等工作。

项目监管技术路线如图1-10-4所示。

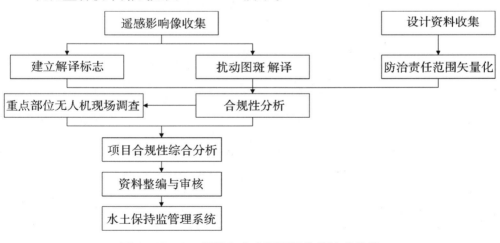

图1-10-4 部管生产建设项目监管技术路线

(三)生产建设项目水土保持主要特性数据库构建

1. 水土保持监测系统构建

与生产建设项目水土保持行政管理系统协调,构建生产建设项目水土保持监测系统。梳理水土保持监测数据上报、融合制度机制,以项目为单位,对项目范围内的扰动土地面积、水土流失灾害隐患、水土流失及其造成的危害、水土保持工程建设情况、水土流失防治效果等数据进行信息化采集、存储、处理、分析，从而为评价建设项目水土保持情况提供数据分析支持、检索支持、存档总结支持。

2. 水土保持监督执法系统构建

按照法律法规、部委及地方政府规章、规范性文件等执法依据，融合生产建设项目水土保持数据库及技术评估系统，构建预防、警示、动态监控、终端反馈一体化的联动监督执法系统。同时肩负对生产建设项目水土保持相关信息、奖惩信息等信息的公开发布、收集重任，搭建"行政主管部门、建设项目建设单位、公众媒体"三方互通的信息化监督执法系统。

3. 建立特性数据库

按照项目逐层管理的需求，建立生产建设项目水土保持特性数据库，为推行生产建设项目"三同时"制度管理打下信息化基础。做到按各种项目特性数据多维度模糊检索、精确检索，为生产建设项目水土保持监测工作开展打下坚实的背景数据基础。结合卫星地图标示，为行政管理系统、咨询工作系统、公众参与平台等提供直观的地理位置信息（李思明，2015）。

三、水土保持监测评价信息管理系统

整合现有的水土保持业务系统，建成水土保持信息管理平台，拟从一体化、便捷化、专用化三个方面进行完善和改进。

（一）将现有系统整合成一个平台

以 GIS 技术为基础，从底层将遥感影像配准、脱密，打通监督、治理、监测等主体业务，形成底核统一、用户管理统一、数据基础统一、业务协同的工作平台。基于统一专用的 GIS 平台，构建空间数据、属性数据、非结构化数据等水土保持基础数据模型；整合现有预防监督、综合治理、监测评价等系统；设计与实现各类用户角色和权限管理功能；设计与实现大量用户集中并发访问情况下的负载均衡方案；设计开发平台总用户界面和各分项功能用户界面等。主要涉及数据库管理功能模块、GIS 地图操作与空间分析功能模块、用户管理功能模块、系统管理功能模块、业务管理功能模块。整理出历年或不同时态的遥感影像，作为不同图层予以选择加载或进行拓扑分析,使几大业务横向联通,方便地实现年度变化监测、地表扰动解译、实施效果后评估和主体业务管理工作。

(二)构建系统与 APP 同步关联的系统机制

开发生产建设项目水土保持监管、重点工程监管、水土保持监测等重点业务的专用 APP,直接关联调用水土保持监管平台相关数据,开发目标位置导航、目标点拍照、指定图斑无人机正射影像摄影和激光量测等功能,构建天地一体化、上下级协同化、内业外业一体化的业务管理平台,提高用户体验水平。在监督管理方面,利用综合监管平台上的高分遥感影像,解译地表扰动范围并与水土保持方案数据库对比,找出疑似未批先建、未批先弃等违法违规行为,利用专用 APP 进行现场核实,可提高监督执法的管理面,起到费省效宏的效果。还可利用高分遥感影像对水土保持方案库中的项目进行识别,粗略找出裸露面积较大、防治不力不及时的项目,再利用专用 APP,赴现场或调用无人机进行专项督查,提高监督执法的准确率和社会效果。在综合治理方面,依据水土保持工程施工规律,利用监管平台随机抽取项目区和检查人员,赴现场进行点状措施、面状措施和线状措施的抽取核验,方便监督检查人员。规划设计人员也可利用专用 APP 进行现场查勘和措施布局等工作。针对涉及的水土保持措施布局图,利用高分遥感影像,进行治理措施信息提取、实施效果分析,初步筛选出可能未完成治理任务、治理目标不达标的项目区,再利用专用 APP 现场复核。

(三)开发智慧管理功能

借助数字地球、智慧地球战略,智慧城市、智能交通已经得到了社会的普遍认可和期待。在水利、林业、交通、电力、环境保护、旅游等行业,也已开始了相应的科学研究和技术储备工作。为了促进水土保持科学与技术发展,亟须开展智慧水土保持方面的研究。须在传统水土保持概念和系统构架的基础上,比较分析智慧水土保持与数字水土保持的异同,研究智慧水土保持建设的关键技术,明确建设的原则、目标、内容和进度。智慧水土保持的目标是建立动态反馈、智能决策的水土保持业务管理新模式。建设内容涉及水土流失监测自动化、数字化,物联网和高速互联网技术,水土流失监测预警和水土流失综合防治决策系统等方面。现阶段,水土保持业务融入智慧水务建设的业务需求中,在智慧感知方面做了一些工作,但模型开发基础并不乐观,除了土壤侵蚀方程外,其他的如管理、调度等方面模型尚未开发,还处于经验管理阶段,未能实现智能化管理的水平。

水土保持监测评价系统结合全国水土保持监测网络建设工程开发,充分考虑了针对性、兼容性、先进性和实用性的特点,建成了互联互通、层次化结构的多流向、单汇集的星形广域网络拓扑结构,设有 1 个中央节点、7 个流域节点、31 个省级节点和 175 个市级节点。数据基础是全国统一的水土保持空间数据库框架,允许各地在此基础上二次开发,形成一个标准一致、格式统一的应用系统。在联通监测点方面,通过自动化监测设备和传输网络,实现气象、径流场、卡口站等信息的自动化采集、传输、处理、存储、显示、报警,以及水土保持监测预报、水土保持效果评价及水土保持信息管理及辅助决策等功能。

水土保持监测普查系统,存储了历次水土保持普查的数据成果和相应的影像数据、土地利用情况、参数空间分布数据库和地面调查单元的详细资料。系统基于 ArcGIS 基础,具备遥感影像解译、图层拓扑计算分析、制图等功能,应用良好。

四、监测网络信息共享和公众服务平台

水土保持公众服务系统是一个"互联网 + 水土保持业务服务"的平台,汇集海量、全面的水土保持行业信息与资源,支持网页端、移动端等多渠道信息查询使用,促进信息资源的高效共享应用。系统分设若干个模块业务,逐步开发成实用的 APP 应用程序。例如,土壤侵蚀本底查询 APP,用户可以在地图上指定或圈定范围,系统会反馈当地的土壤侵蚀类型、侵蚀强度、侵蚀面积等背景情况,可用于水土保持方案编制、综合治理规划设计和科研等。生产建设项目水土保持分类管理咨询服务 APP,用户只需输入生产建设项目基本信息,生产建设单位可远程及时得到水土保持工作全程指导,全面掌握水土保持管理要求;水行政主管部门可及早了解项目信息,开展跟踪服务,规范监督管理,提高水土保持行政履职效能。规划协作 APP,可调用水土保持区划、土壤侵蚀本底数据、主体功能区域信息、以往治理项目安排信息等,使用户可以在此基础上进行水土保持重点业务布局、监督管理示范、预防和治理重点工程布局等业务。类似地,还有生态文明建设示范工程 APP、科技示范园管理 APP、科研协作 APP 等。此外,官方网站也属公众服务系统的有机组成部分。

五、水土保持信息化案例

（一）深圳市水土保持信息化

1995 年深圳市在开展城市水土保持规划调查工作中，就建立了基于 GIS 的城市水土保持信息管理系统，此后定期开展基于遥感调查城市水土保持信息管理的探索（肖卫国等，2003）。以水土保持信息化带动水土保持现代化，是水土保持工作的一项重大战略任务。为了实现水土流失的动态监测、动态管理和信息的动态更新，运用 3S 和 B/W/D 三层体系结构，以标准化、网络化、空间化为主要特征，构建以深圳市水土保持办公室为中心，联结市属各区水土保持部门的管理信息系统，有效地提高了管理效率和质量。

（二）贵州省水土保持信息化建设

按照《全国水土保持信息化发展纲要（2008—2020 年）》（水利部，2013）的要求，到 2020 年要建立完善的水土保持信息化技术标准和工作制度。2017 年贵州省通过公开招标，开展水土保持大数据建设系统设计及软件开发工作（一期），要求建立水土保持基础云平台；收集、整合相关部门水土保持数据，建立水土保持数据库，实现数据集成与共享，建立水土保持一张图，实现水土保持多源数据集成展示；针对具体业务需求，开展基于数据平台的数据分析能力构建与业务应用系统开发，建立水土保持应用平台，实现水土保持现有业务工作的信息化管理，提高支撑政府决策和服务社会公众的能力。

贵州省水土保持信息化建设是在现有的全省水土保持监测网络和信息系统建设的基础上，构建完善的水土保持监测网络，至 2017 年已初步建成由地面观测、遥感监测、科学试验和信息网络等构成的数据采集、处理、传输与发布体系，建成水土保持数据库，构建满足各级水土保持业务应用和信息共享的技术平台，形成基于网络、面向社会的信息服务体系，全面提高水土流失监测预报、水土保持生态建设管理、预防监督、科学研究以及社会公众服务的能力（方启彬等，2013）。

贵州省水土保持信息系统内容主要包括：标准规范体系、信息基础设施、水土保持数据库、应用支撑平台、业务应用和系统安全等 6 个方面。各项内容主要功能如下。

（1）标准规范体系。通过制订相关技术标准，规范水土保持信息化相关建设工作，更好地实现信息资源共享。

（2）信息基础设施。完善水土保持信息化基础设施设备建设，保障所采集基础数据的科学性、真实性和连续性。

（3）水土保持数据库。在获取相关水土保持基础数据后，需要新建或完善现有水土保持数据库，从而更好地保存数据。

（4）应用支撑平台。提供一个供各级水保部门、大专院校、科研机构、社会公众工作交流与信息共享的平台。

（5）业务应用。根据水土保持工作情况，规划设计业务应用系统的总体框架和功能，同时预留各级水土保持部门或其他业务部门进一步开发的接口，以增加和完善具有区域特色的业务功能。

（三）重庆市水土保持信息化

为贯彻落实水利部《关于加强水土保持监测工作的通知》（水保〔2017〕36号）和重庆市水利局《关于印发重庆市水土保持信息化工作2017—2018年实施计划的通知》（渝水办水保〔2017〕7号）要求，重庆市于2018年启动水土保持监测信息化建设工作。

重庆市水土保持监测信息化建设主要涉及全市15个国家级、市级监测站点设备的信息化改造和市级水土保持监测管理信息开发两个方面。通过服务接口的方式，实现水土保持监测点数据与重庆市"水利一张图"底层数据融合、互通、共享。下一步将通过深度测试和应用，逐步完善监测管理系统，并依托系统尽快完成全市水土保持监测管理从粗放向精细、从被动响应到主动发现的转变，提高重庆市水土保持监测工作决策、管理和服务的信息化水平。

附　录

附录一　参考文献

[1]《中国应急管理》编辑部．广东深圳光明新区渣土受纳场"12.20"特别重大事故调查报告[J]．中国应急管理,2016,(7):77-85.

[2]1931年洪水:三分之二中国被淹,重灾区泡了2个月,水深5米．波哥侃历史[EB/OL]. 2018. http://dy.163.com/v2/article/detail/E0602SO905433XSH.html.

[3]艾鹏．苏北沿海防护林造林地土壤理化特性研究[D]．南京:南京林业大学,2012.

[4]安桂香．大型供水工程弃渣场选址及水土保持措施设计——以引洮供水二期工程为例[J]．甘肃水利水电技术,2017,(2):63-65.

[5]包为民,陈耀庭．中大流域水沙耦合模拟物理概念模型[J]．水科学进展,1994,(4):287-292.

[6]鲍淳松．杭州夏季城市热岛特点与绿化覆盖率的关系[J]．杭州科技,2002,(1):32-33.

[7]鲍文,何丙辉,包维凯,等．森林植被对降水的截留效应研究[J]．水土保持研究,2004,11(1):193-197.

[8]鲍玉海,丛佩娟,冯伟,等．西南紫色土区水土流失综合治理技术体系[J]．水土保持通报,2018,38(3):143-150.

[9]北京建筑大学等．海绵城市——低影响开发雨水系统构建[R]．北京:中华人民共和国住房和城乡建设部,2014.

[10]北京市市政工程设计研究总院．给水排水设计手册[M]．北京:中国建筑工业出版社.2002.

[11]毕小刚．生态清洁小流域理论与实践[M]．北京:中国水利水电出版社,2011.

[12]别小勇,秦海兰．填土高边坡悬臂挡墙-双排桩锚索支护设计探讨[J]．勘察科学技术,2018(6):1-4,22.

[13]蔡强国,朱远达,王石英．几种土壤的细沟侵蚀过程及其影响因素[J]．水科学进展,2004,15(1):12-18.

[14]曹文昭,郑俊杰,薛鹏鹏．抗滑桩-加筋土挡墙组合支挡结构开发[J]．中南大学学报(自然科学版),2019,50(1):118-129.

[15]曾大林,王瑞增．从三明市的监督执法看南方水土保持工作[J]．中国水土保持,2001,

(12):10 − 11.

[16]曾华生. 江西省中小河流治理问题与措施研究[J]. 水利规划与设计,2018,177(7):
129 − 131.

[17]曾建民. 赣州市全面推进水土保持监督管理规范化建设[J]. 中国水土保持,2000,
(10):30 − 31.

[18]曾祥坤. 中国城市水土保持研究综述[J]. 地理科学,2010,29(5):586 − 592.

[19]柴增凯,张元波,肖伟华,等. 二元水循环模式下的水生态系统服务功能评价[J]. 长江
流域资源与环境,2011,20(11):1373.

[20]柴卓. 支撑盲沟与抗滑桩联合治理富水滑坡实例分析[J]. 地质灾害与环境保护,2019,
30(1):25 − 29.

[21]柴宗新. 立体农业与水土保持[J]. 国土经济,1996,(8):56 − 59.

[22]常纪元. 科学理解和实践"两山"理论的思考[N]. 中国环境报,2019 − 12 − 23,第 003
版:1 − 3.

[23]车伍,闫攀,赵杨,等. 国际现代雨洪管理体系的发展及剖析[J]. 中国给水排水,2014,
(18):56 − 62.

[24]车伍,赵杨,李俊奇,等. 海绵城市建设指南解读之基本概念与综合目标[J]. 中国给水
排水,2015,(8):1 − 5.

[25]陈波,卢山. 杭州西湖风景区绿地生态服务功能价值评估[J]. 浙江大学学报,2009,35
(6):686 − 690.

[26]陈步峰,林明献,邱坚锐,等. 热带山地雨林生态系统对降雨水质的影响[J]. 林业科学
研究,1999,12(4):333 − 338.

[27]陈步峰,周光益,曾庆波,等. 热带山地雨林生态系统水文动态特征的研究[J]. 植物生
态学报,1998,22(1):68 − 75.

[28]陈琛. 浅析弃渣场的生态恢复[J]. 黑龙江水利科技,2018,(3):76 − 77.

[29]陈晨星,耿雁冰. 2018 年中国城市营商环境评价[R]. 深圳:粤港澳大湾区研究
院,2018.

[30]陈东平,余恒鹏,金洁,等. 低影响开发(LID)透水砖铺装系统的研究进展[J]. 材料导
报,2017,31(A02):423 − 427.

[31]陈刚. 广州市城区暴雨洪涝成因分析及防治对策[J]. 广东水利水电,2010,(7):
38 − 41.

[32]陈海迟,刘卉芳,付宇文. 机场建设项目水土流失特点与防治体系布局[J]. 中国水土保
持,2011,10:21 − 22.

[33]陈济丁. 昆曲高速公路绿化实践和思考[J]. 云南交通科技,1998,(02):3 − 5.

[34]陈建威,张展羽,杨洁,等. 不同生物治理模式下红壤抗蚀性变化特征及其影响因素

[J].中国农村水利水电,2017,(5):129 - 132,138.

[35]陈剑桥.典型小流域水土流失监测技术体系研究[J].人民长江,2017,48(12):22 - 25.

[36]陈金和.浅谈绿化对生态环境的作用[J].现代园艺,2009,(12):41 - 41.

[37]陈娟.厚植绿色发展优势,树立生态文明标杆——桂林国家生态文明建设走在全国前列[N].桂林日报,2016年09月05日.

[38]陈莉莎.杨树根系分泌物的化感作用及其生态效应[D].南京:南京林业大学,2013.

[39]陈良.低山丘陵区水土保持治理与生态环境效应——以江苏省盱眙县为例[J].长江流域资源与环境,2004,13(4):370 - 374.

[40]陈善沐,刘朝太.三明市水土保持执法加入110体系的实践与思考[J].福建水土保持,2002,14(1):36 - 40.

[41]陈绥柱,吴泽鹏.广东省沙质海岸营造防风固沙试验示范林模式研究[J].北华大学学报:自然科学版,2001,2(3):257 - 259.

[42]陈霞,吴长文.城市水土保持中水保方案审批管理探讨[J].水土保持研究,1998,(2):38 - 42.

[43]陈霞,吴长文.房地产开发水土流失防治要点[J].中国水土保持,2002,(1):29 - 30.

[44]陈祥伟,胡海波.林学概论[M].北京:中国林业出版社,2005.

[45]陈晓清,崔鹏,韦方强.良好植被区泥石流防治初探[J].山地学报,2006,24(3):333 - 339.

[46]陈晓清,游勇,崔鹏,等.汶川地震区特大泥石流工程防治新技术探索[J].四川大学学报(工程科学版),2013,45(1):14 - 22.

[47]陈旭晖,周长华,周丕东.生物梯化的水土保持措施效应研究[J].水土保持研究,1998,5(2):163 - 167.

[48]陈学平.湖北沪蓉西高速公路护坡植被重建研究[D].北京:北京林业大学,2009.

[49]陈一兵,林超文,朱钟麟,等.经济植物篱种植模式及其生态经济效益研究[J].水土保持学报,2002,16(2):80 - 83.

[50]陈引珍.三峡库区森林植被水源涵养及其保土功能研究[D].北京:北京林业大学,2007.

[51]陈云明,陈永勤.人工沙棘林水文水土保持作用机理研究[J].西北植物学报,2003,23(8):1357 - 1361.

[52]陈志明,许永明,李翠玲.安溪县崩岗治理模式及实施效果[J].中国水土保持,2007,(3):15 - 17.

[53]谌芸,祝亚军,何丙辉,等.三峡库区狗牙根根系固坡抗蚀效应研究[J].水土保持学报,2010,24(6):42 - 45.

[54]成艳红,黄欠如,钟义军,等.种植苎麻对南方坡耕地土壤抗蚀性的影响[J].水土保持

通报,2014,34(5):1-5.

[55]程冬兵,张平仓,杨洁. 红壤坡地覆盖与敷盖径流调控特征研究[J]. 长江科学院院报,
2012,29(1):30-34.

[56]程积民. 子午岭森林植被控制水土流失的作用[J]. 中国水土保持,1987,(5):8-10.

[57]程谅,郭忠录,秦嘉惠. 长期施肥对小麦—玉米轮作红壤抗蚀性的影响[J]. 长江流域资
源与环境,2019,28(1):212-220.

[58]程三六,邹立波,贺晓鸣,等. 云贵山区陆稻覆膜无灌溉栽培技术及机具设备的研究与
应用[J]. 中国农机化,2001,(1):41-42.

[59]程艳辉,姚娜,蔡崇法. 红壤侵蚀特点及其坡地治理关键技术与模式探讨[J]. 亚热带水
土保持,2012,24(3):32-35.

[60]程艳辉. 红壤区坡面径流调控关键技术与模式的适用性研究[D]. 武汉:华中农业大
学,武汉,2010.

[61]池永宽. 喀斯特石漠化草地建植与生态畜牧业模式及技术研究[D]. 贵阳:贵州大
学,2019.

[62]仇保兴. 海绵城市(LID)的内涵、途径与展望[J]. 建设科技,2015,(1):1-7.

[63]储蒙君. 深圳城市水土保持监督管理工作的思考[J]. 中国水土保持,2018,(6):
12-14.

[64]褚利平,王克勤,白文忠,等. 水平阶影响坡地产流产沙及氮磷流失的试验研究[J]. 水
土保持学报,2010,24(4):1-6.

[65]春雨. 跨入生态文明新时代—关于生态文明建设若干问题的探讨[N]. 光明日报,2008
年07月17日.

[66]崔鹏,王道杰,范建容,等. 长江上游及西南诸河区水土流失现状与综合治理对策[J].
中国水土保持科学,2008,6(1):43-50.

[67]代光伟,陈国伟,邓军. 关于云南甘蔗轻简高效生产技术发展的思考[J]. 中国糖料,
2016,38(4):72-74.

[68]戴金梅. 红壤严重侵蚀退化地马尾松幼苗施肥效应研究[D]. 福州:福建师范大
学,2018

[69]戴全厚,严友进. 西南喀斯特石漠化与水土流失研究进展[J]. 水土保持学报,2018,32
(2):1-10.

[70]戴文远,黄万里. 基于3S的闽江下游湿地景观空间分异研究[J]. 高师理科学刊,
2008,(4):69-73.

[71]党超. 安夹沟特大型泥石流沟特征及治理方案[J]. 四川地质学报,2018,38(3):
469-473.

[72]邓佳. 南方红壤区常见草本根土复合体生物力学抗蚀机理研究[D]. 武汉:华中农业大

学,2015.

[73]丁军,王兆骞,陈欣,等.红壤丘陵区林地根系对土壤抗冲增强效应的研究[J].水土保
　　持学报,2002,16(4):9－12.

[74]丁文峰,张平仓,王一峰.紫色土坡面壤中流形成与坡面侵蚀产沙关系试验研究[J].长
　　江科学院院报,2008,25(3):14－17.

[75]董光前.建设山区"五小水利"工程的重要性[J].云南水力发电,2017,33(5):
　　163－164.

[76]董晓宁.治理崩岗的一种生物新技术[J].亚热带水土保持,2014,26(3):49－50.

[77]杜天真,冼自强.论鄱阳湖区防护林体系建设[J].江西林业科技,1991,(3):27－30.

[78]杜妍,孙永涛,李宗春,等.苏南马尾松林分冠层水文过程对降雨的响应特征[J].北京
　　林业大学学报,2019,41(06):120－128.

[79]段巧甫,鲁胜力.大连市城市水土保持工作起步早、成效好——关于大连市城市水土保
　　持工作的调查报告[J].中国水土保持,1997,(1):8－9.

[80]段文军,李海防,王金叶,等.漓江上游典型森林植被对降水径流的调节作用[J].生态
　　学报,2015,35(03):663－669.

[81]段兴凤,宋维峰,曾洵,等.湖南紫鹊界梯田区森林土壤涵养水源功能初步研究[J].水
　　土保持研究,2011,18(1):157－160.

[82]鄂竟平.中国水土流失与生态安全综合科学考察总结报告[J].中国水土保持,2008,
　　(12):7－11.

[83]范海荣,王洪海.小流域治理综合效益评价指标体系及其评价方法[J].吉林水利,
　　2003,(12):23－25.

[84]范洪杰,黄欠如,秦江涛,等.稻草覆盖和草篱对红壤缓坡旱地水土流失及作物产量的
　　影响.土壤,2014,46(3):550－554.

[85]范金顺,高兆蔚,蔡元晃,等.福建省森林立地分类与立地质量评价[J].林业勘察设计,
　　2012,(01):1－5.

[86]范玉芳,罗友进,魏朝富.西南丘陵山区坡耕地水平梯田工程设计分析[J].山地学报,
　　2010,(05):50－55.

[87]方堃,陈效民,张佳宝,等.红壤地区典型农田土壤水力学特性及土壤水库容研究[J].
　　土壤通报,2010,41(1):23－27.

[88]方启彬,付宇文.贵州省水土保持信息化建设框架初步构想[J].中国水土保持,2013,
　　(05):56－58.

[89]方清忠,胡玉法.长江上中游地区坡耕地综合治理对策[J].中国水土保持,2010,(9):
　　44－48.

[90]方少文,赵小敏,莫明浩.赣南红壤坡面不同措施径流泥沙及氮磷污染输出试验研究

[J]. 中国水利,2012,(18):10 - 13.

[91] 封海宁. 大连市生态城市建设中的城市绿地系统研究[D]. 乌鲁木齐:新疆师范大学,2007.

[92] 冯浩,吴普特,黄占斌. 聚丙烯酰胺(PAM)对黄土坡地降雨产流产沙过程的影响[J]. 农业工程学报,2001,17(5):48 - 51.

[93] 冯志远,罗霄,黄启林. 余泥渣土资源化综合利用探讨[J]. 广东建材,2018,34(2):69 - 71.

[94] 付军. 立体绿化[M]. 北京:化学工业出版社,2011.

[95] 付林池,谢锦升,胥超,等. 不同雨强对杉木和米槠林地表径流和可溶性有机碳的影响[J]. 亚热带资源与环境学报, 2014,(04):9 - 14.

[96] 付梅臣,陈秋计. 矿区生态复垦中表土剥离及其工艺[J]. 金属矿山,2004,338(3):63 - 65.

[97] 傅涛,倪九派,魏朝富,等. 坡耕地土壤侵蚀研究进展[J]. 水土保持学报,2001,15(3):123 - 128.

[98] 高渐飞,熊康宁,吴克华. 典型喀斯特石漠化小流域小型农田水利配套技术与模式[J]. 中国农村水利水电,2012,(8):16 - 19 + 23.

[99] 高军. 海绵城市建设视角下的城市控制性详细规划指标体系研究[D]. 杭州:浙江工业大学,2016.

[100] 高美荣,刘刚才,朱波. 四川紫色土丘陵区不同耕作制的产流过程初步分析[J]. 水土保持学报,2000,14(5):118 - 121.

[101] 高鹏,杨加利. 我国植被恢复中的几个误区及应用生态学原理的植被恢复方法探究[J]. 内蒙古环境科学,2007,19(1):3 - 8.

[102] 高星. 植被混凝土在引水隧洞洞脸边坡防护工程中的应用[J]. 科学技术创新,2018,(34):127 - 128.

[103] 高旭彪,黄成志,刘朝晖. 开发建设项目水土流失防治模式[J]. 中国水土保持科学,2007,5(6):93 - 97.

[104] 高延超,李明辉,王东辉,等. 植被对不同类型泥石流的抑制作用初探[J]. 水土保持研究,2013,20(5):291 - 295,299 - 299.

[105] 高珍萍,徐祥明,邱秀亮,等. 赣南地区不同植被覆盖下红壤抗冲性动态研究[J]. 水土保持研究,2015,22(5):1 - 4.

[106] 郜彦忠,方继有. 地膜玉米连作培肥技术[J]. 河北农业科技,1993,(08):17.

[107] 葛东媛. 重庆四面山森林植物群落水土保持功能研究[D]. 北京:北京林业大学,2011.

[108] 龚建辉,孙晓. 川藏铁路隧道洞口高陡自然边坡加固技术[J]. 四川建筑,2019,39

(03):78 – 80.

[109]关君蔚. 水土保持原理[M]. 北京:中国林业出版社,1996.

[110]贵阳市人民政府. 贵阳市水土保持管理办法(市政府令第 12 号)[Z]. 贵阳:贵阳市人
民政府,2005.

[111]郭百平,王子科,阎晋民,等. 沙棘林郁闭度对产流产沙过程影响的研究[J].山西水土
保持科技,1997,(01):19 – 22.

[112]郭凤台. 土壤水库及其调控[J].华北水利水电学院学报,1996,17(2):72 – 80.

[113]郭继成,顾再柯,苑爽,等. 西南喀斯特地区水土保持措施因子值计算与评价[J].中国
水土保持,2014,(10):50 – 54.

[114]郭建军,陈舜川. 生产建设项目水土流失的特点及防治对策[J].山西水土保持科技,
2004,(3):43 – 44.

[115]郭剑芬,杨玉盛,林鹏,等. 木荷与杉木人工林枯枝落叶层水文生态功能[J].东北林业
大学学报,2006,34(4):49 – 51.

[116]郭索彦,李智广. 我国水土保持监测的发展历程与成就[J].中国水土保持科学,2009,
7(05):19 – 24.

[117]郭索彦,赵永军."十五"期间我国开发建设项目水土保持工作概况[J].中国水利,
2009,(07):12 – 14.

[118]郭天雷. 紫色土坡耕地保护性耕作措施对土壤理化性质及养分流失的影响[D]. 重
庆:西南大学,2016.

[119]郭廷辅,段巧甫. 水土保持径流调控理论与实践[M]. 北京:中国水利水电出版
社,2004.

[120]郭廷辅. 水土保持与生存环境. 水利科技讲座之六,1996.

[121]郭廷辅主编. 长江流域水土保持[M].武汉:长江出版社,2014.

[122]郭新亚,张兴奇,顾礼彬,等. 坡长对黔西北地区坡面产流产沙的影响[J].水土保持学
报,2015,29(2):40 – 44.

[123]水利部,国家财政部. 关于对全国水土保持生态环境建设"十百千"首批示范工程命
名的决定[J].中国水土保持,2000,(6):6 – 7.

[124]水利部、国家财政部. 关于实施全国水土保持生态环境建设"十百千"示范工程的通
知(水保[1999]85 号)[Z].1999.

[125]水利部. 全国水土保持信息化规划(2013—2020 年)[R]. 北京,水利部.2013.

[126]水利部. 全国水土流失动态监测规划(2018 – 2022 年)[EB/OL].http://
swcc. mwr. gov. cn/zcfg/201905/W020190505516924540429. pdf.

[127]水利部. 生产建设项目水土保持监测规程(试行)(办水保[2015]139 号)[Z].2015.

[128]韩冰,吴钦孝,刘向东,等. 林地枯枝落叶层对溅蚀影响的研究[J].防护林科技,1994,

（2）:7 – 10.

[129]韩瑞祥,曹成林,张琛,等.海绵城市之透水砖的发展[J].山东陶瓷,2016,39（06）:10 – 13.

[130]郝天文.城市建设对水系的影响及可持续城市排水系统的应用[J].给水排水,2005,（11）:39 – 42.

[131]何方.中国经济林栽培区划[M].北京:中国林业出版社,2000.

[132]何福红,黄明斌,李景保.土壤水库和森林植被对水资源的调节作用[J].土壤与环境,2001,10（1）:42 – 44.

[133]何乃维,尹晓青.加强水土保持治理洪涝灾害[J].生态农业研究,1999,7（3）:6 – 10.

[134]何乃维.水土保持与持续发展的探讨[M].北京:中国林业出版社,1995,21 – 25.

[135]何长高,尹忠东.紫色土区土壤侵蚀对土地生产潜力的影响研究[J].水土保持学报,2001,15（4）:110 – 114.

[136]贺小说.沿海防护林固沙效应遥感监测技术研究[D].福州:福建农林大学,2012.

[137]侯光炯,谢德体.水田自然免耕技术规范[J].西南农业大学学报,1988,（4）:162 – 165.

[138]侯光炯.中国水土保持应该走自然免耕的道路[J].西南农业大学学报,1987,（4）:29 – 37.

[139]侯杰,叶功富,张立华,等.木麻黄湿地松混交林的根际土壤养分和酶活性研究[J].亚热带水土保持,2006,28（4）:1 – 3.

[140]胡东元.赴巴西阿根廷保护性耕作考察报告[J].农业技术推广,2008,（3）:40 – 45

[141]胡建民,胡欣,左长清.红壤坡地坡改梯水土保持效应分析[J].水土保持研究,2005,12（4）:271 – 273.

[142]胡伦坚.《透水沥青路面技术规程》（CJJ/T190 – 2012）研究与编制[J].建筑技术,2013,44（6）:546 – 549.

[143]胡培兴,白建华,但新球,等.石漠化治理树种选择与模式[M].北京:中国林业出版社,2015.

[144]胡淑萍,余新晓,岳永杰,等.北京百花山森林枯落物层和土壤层水文效应研究[J].水土保持学报,2008,22（1）:146 – 150.

[145]胡廷忠.河道治理中生态护岸工程的应用[J].园林绿化,2017,（7）:92.

[146]胡晓菲,李滨.海绵城市建设应遵循的原则[J].魅力中国,2017,（6）:212.

[147]黄宝林,李绪生.开拓水土保持工作新领域的重要会议—全国城市水土保持工作会议在大连市召开[J].中国水土保持,1997,（1）:2.

[148]黄承建,赵思毅.坡耕地苎麻水土保持机理研究[J].中国水土保持,2012,（4）:44 – 46.

[149]黄国勤,杨滨娟,王淑彬,等.稻田实行保护性耕作对水稻产量、土壤理化及生物学性状的影响[J].生态学报,2015,35(4):1225－1234.

[150]黄海清.植草混凝土试验及其在小河流护坡中的应用[D].南昌:南昌工程学院,2016.

[151]黄进,杨会,张金池.桐庐生态公益林主要林分类型土壤抗蚀性研究[J].水土保持学报,2010,24(1):49－52,64.

[152]黄进.苏南丘陵山区主要森林类型防水蚀功能评价[D].南京:南京林业大学,2011.

[153]黄骏.重庆大部遭受洪涝灾害死亡十人失踪2人[N].南方日报,2010.http://news.eastday.com/c/20100710/u1a5320744.html.

[154]黄明斌,康绍忠,李玉山,等.黄土高原沟壑区森林和草地小流域水文行为的比较研究[J].自然资源学报,1999,14(3):226－231.

[155]黄欠如,章新亮,李清平,等.香根草篱防治红壤坡耕地侵蚀效果的研究[J].江西农业学报,2001,13(2):40－44.

[156]黄荣珍,李凤,谢锦升,等.福建闽江上游不同林地类型土壤水库蓄水量动态变化[J].水土保持学报,2006,20(6):50－53.

[157]黄荣珍,李燕燕,雷梦杨,等.红壤果园土壤水库及其水资源研究[J].南昌工程学报,2011,30(4):1－5.

[158]黄荣珍,杨玉盛,张金池,等.不同林地类型土壤水库蓄水特性研究[J].水土保持通报,2005,25(3):1－5.

[159]黄荣珍,朱丽琴,王赫,等.红壤退化地森林恢复后土壤有机碳对土壤水库库容的影响[J].生态学报,2017,37(1):238－248.

[160]黄荣珍.不同林地类型土壤水库特性的初步研究[D].福州:福建农林大学,2002.

[161]黄胜.圆形抗滑桩与锚索组合在某瓦斯地区滑坡处治中的工程应用[J].公路交通科技(应用技术版),2019,15(2):85－87.

[162]黄添元.现代化城市的水土保持生态环境建设规划蓝图探讨[J].水土保持研究,2000,7(3):13－14.

[163]黄晓鸾,王书耕.城市生存环境绿色量值群的研究(3)——国内外园林绿地功能量化的研究[J].中国园林,1998,14(3):57－59.

[164]黄义德,李金才.水稻地膜覆盖技术研究初报[J].安徽农业科学,1997,25(3):208－210.

[165]黄义雄,查轩.福建植物生物多样性的特点及其生物安全问题[J].生态学杂志,2003,22(6):85－90.

[166]姬红利,颜蓉,李运东,等.施用土壤改良剂对磷素流失的影响研究[J].土壤,2011,43(2):203－209.

[167]江波. 森林生态体系快速构建理论与技术研究[M]. 北京:中国林业出版社,2010.

[168]江辉,刘瑶,黄海清,等. 适于小河流的植草混凝土配合比优化设计及应用[J]. 硅酸盐通报,2019,38(5):1349 – 1355.

[169]江淼华,谢锦升,王维明,等. 闽北不同土地利用方式与不同降雨强度对水土流失的影响[J]. 中国水土保持科学,2012,(04):84 – 89.

[170]江淼华. 不同土地利用方式水土流失与降雨特性的关系[D]. 福州:福建农林大学,2003.

[171]江苏省水土保持公报编委会. 江苏省水土保持公报,2018.

[172]江西省地方标准. 水利枢纽库区抬田工程技术规范 DB36/T 853 – 2015[S]. 江西省质量技术监督局出版,2015.

[173]江泽普,黄绍民,韦广泼,等. 不同连作免耕稻田土壤肥力变化与综合评价[J]. 西南农业学报,2007,20(6):1250 – 1254.

[174]姜德文,亢庆,赵永军,等. 生产建设项目水土保持"天地一体化"监管技术研究[J]. 中国水土保持,2016,(11):1 – 3.

[175]姜德文,田颖超,郝捷,等. 生产建设项目水土保持分类与分类管理对策[J]. 水土保持通报,2015,35(3):116 – 120.

[176]姜德文,赵辉,郑梅云. 基于大数据支持的建设项目水土保持工作指南与应用——互联网 + 水土保持管理[J]. 中国水土保持,2016,(10):36 – 39.

[177]姜德文. 高分遥感和无人机技术在水土保持监管中的应用[J]. 中国水利,2016,(16):45 – 47 + 49.

[178]姜德文. 论生态文明建设中的水土保持监测与公共服务[J]. 中国水土保持科学,2016,14(06):131 – 136.

[179]姜德文. 落实中央生态文明建设意见推进水土保持新发展[J]. 中国水土保持,2016,(02):1 – 5.

[180]姜德文. 弃渣场的水土保持审查与管理[J]. 中国水土保持,2018,(4):4 – 7.

[181]姜德文. 生产建设项目水土保持损益分析研究[M]. 北京:中国水利水电出版社,2018.

[182]姜德文. 生产建设项目水土流失防治十大新理念[J]. 中国水土保持,2011,(7):3 – 6.

[183]蒋定生. 黄土高原竹节形水平沟的断面设计[J]. 水土保持学报,2000,(2):79 – 83.

[184]蒋贤龙,吴明军. 透水混凝土的施工技术及应用探讨[J]. 商品混凝土,2016,(10):1 – 4.

[185]蒋一娜. 唱响众志成城抗洪救灾主旋律——浙江日报创新抗击强台风"菲特"报道[J]. 传媒评论,2013,(12):7 – 9.

[186]蒋志刚. 保护生物学[M]. 杭州:浙江科学技术出版社,1997.

[187]焦居仁,佟伟力. 21 世纪水土保持生态系统建设方略[J]. 水土保持研究,2001,(04):

7 - 9.

[188]焦菊英,李靖.黄土丘陵区不同降雨条件下水平梯田的减水减沙效益分析[J].土壤侵蚀与水土保持学报,1999,5(3):59 - 63.

[189]焦菊英,王万中.黄土高原水平梯田质量及水土保持效果的分析[J].农业工程学报,1999,15(2):59 - 63.

[190]解国荣.SWAT模型在小流域水土保持减流减沙效益评价中的应用研究[J].水资源开发与管理,2018,31(08):25 - 27.

[191]金铭.祁连山水源涵养林林冠层与枯落物层水文机理研究[D].兰州:甘肃农业大学,2006.

[192]康立新,张纪林,季永华,等.沿海防护林体系生态环境效益及评价技术[J].林业科技开发,1998,(02):31 - 32.

[193]康玲玲,程复,王云璋.我国近17年生产建设项目的变化情况分析[J].中国水土保持,2019,(3):1 - 3 + 50.

[194]柯瑞明,王新.三明市城市水土保持试点工作的几点做法[J].中国水土保持,2002,(2):29 - 30.

[195]孔朝晖.南方红壤丘陵区崩岗侵蚀的防治措施探讨[J].广东水利水电,2019,(3):79 - 82.

[196]孔繁杰,汤巧香.浅析构建海绵城市社区的意义[J].住宅科技,2016,(3):10 - 13.

[197]匡水英,黄志刚.水利水电工程中堤防护岸工程施工技术分析[J].广东科技,2013,(24):161 - 162.

[198]昆明市林业科技推广总站.滇池流域石漠化及难造林地植被恢复推广示范[R].云南昆明,2013.

[199]郎俊霞.植物在防治环境污染中的作用及主要抗污染植物[J].现代园艺,2017,(8):178.

[200]雷瑞德.华山松林冠层对降雨动能的影响[J].水土保持学报,1988,2(2):31 - 39.

[201]雷廷武,邵明安,李占斌,等.土壤侵蚀预报模型及其在中国发展的考虑[J].水土保持研究,1999,6(2):163 - 167.

[202]雷廷武,唐泽军,张晴雯,等.聚丙烯酰胺增加土壤降雨入渗减少侵蚀的模拟试验研究Ⅱ.侵蚀[J].土壤学报,2003,(3):401 - 406.

[203]李传文.森林水土涵养水源的效益及评价[J].山西水土保持科技,2006,(06):1 - 3.

[204]李达净,张时煌,刘兵,等."山水林田湖草—人"生命共同体的内涵、问题与创新[J].中国农业资源与区划,2018,39(11):1 - 5,93.

[205]李丹.生物质液态地膜的研制及其应用效果[D].杭州:浙江大学,2011.

[206]李芬兰.南方立地分类若干问题的探讨[J].华东森林经理,1987,(04):36 - 38.

[207]李桂静,崔明,周金星,等. 南方红壤区林下土壤侵蚀控制措施水土保持效益研究[J]. 水土保持学报,2014,28(05):1－5.

[208]李桂静. 南方红壤区马尾松林下土壤侵蚀规律及调控措施研究[D]. 北京:中国林业科学研究院,2015.

[209]李国保,王秀英. 客土喷播技术在水库坝肩石质边坡处理中的应用[J]. 低碳世界,2019,(7):69－70.

[210]李海燕,童雷,黄延,等. 建筑区雨水人工渗蓄利用系统的分析及应用[J]. 给水排水,2008,24(12):11－15.

[211]李宏燏. 河道堤防护岸工程中施工技术的创新标准与研究[J]. 中国标准化,2016,(9X):161－162.

[212]李鸿举,吴奋超. 论可持续发展与有限资源的计量[J]. 陕西师范大学学报(社科版),2001,30(S2):82－83.

[213]李佳佳. 秸秆－膨润土－PAM 对土壤理化性质和作物生长的调控效应[D]. 重庆:西南大学,2011.

[214]李建兴,何丙辉,湛芸,等. 不同护坡草本植物的根系分布特征及其对土壤抗剪强度的影响[J]. 农业工程学报,2013,29(10):144－152.

[215]李建兴. 三峡库区不同护坡草本植物根系的固土抗蚀效应研究[D]. 重庆:西南大学,2013.

[216]李江涛, 张斌, 彭新华,等. 施肥对红壤性水稻土颗粒有机物形成及团聚体稳定性的影响[J]. 土壤学报,2004,41(6):912－917.

[217]李俊奇,王文亮. 基于多目标的城市雨水系统构建与展望[J]. 给水排水,2015,51(04):1－3＋37.

[218]李凯荣,张光灿. 水土保持林学[M]. 北京:科学出版社,2012.

[219]李苗苗,王克勤,陈志中,等. 不同坡度下反坡水平阶的蓄水减沙效益[J]. 水土保持研究,2011,18(6):100－104.

[220]李其昀,贾晓东. 保护性耕作技术现状与发展趋势[J]. 农机化研究,2006,(11):224.

[221]李巧萍,于一汇. 植被覆盖变化对区域气候影响的研究进展[J]. 南京气象学院学报,2004,27(1):131－140.

[222]李秋艳,蔡强国,方海燕,等. 长江上游紫色土地区不同坡度坡耕地水保措施的适宜性分析[J]. 资源科学,2009,31(12):2157－2163.

[223]李荣东. 海绵城市在城市建设中的作用及发展[J]. 治淮,2015,(11):59－60.

[224]李蓉,土小宁. 以苎麻资源开发为突破口加速南方坡耕地水土流失治理[J]. 国际沙棘研究与开发,2010,8(1):21－26＋47.

[225]李润杰. 生态恢复新材料在三江源地区沙化地植被修复中的应用[A]. 中国水土保持

学会水土保持生态修复专业委员会、水土保持与荒漠化防治教育部重点实验室、林业生态工程教育部工程研究中心．全国水土保持生态修复学术研讨会论文集[C]．中国水土保持学会水土保持生态修复专业委员会、水土保持与荒漠化防治教育部重点实验室、林业生态工程教育部工程研究中心：中国水土保持学会,2009:7.

[226]李绍才,孙海龙,张华德．岩石边坡 TBS 植被护坡工程养护原则与方法[J]．路基工程,2003,(01):56－58.

[227]李思明．生产建设项目水土保持信息化管理系统构建探讨[J]．珠江水运,2015,(13):66－67.

[228]李同阳,陈实,罗治平,等．一种丘陵旱地的新耕作法——聚土免耕法[J]．西南农业学报,1988,1(2):44－49.

[229]李文银,王治国,蔡继清．工矿区水土保持[M]．北京：科学出版社,1996.

[230]李文昭．基于微 CT 技术研究长期施肥下红壤性水稻土大孔隙特征及其与水分运动的关系[D]．南京：南京农业大学,2014.

[231]李翔,杨贺菲,吴晓,等．不同水土保持措施对红壤坡耕地土壤物理性质的影响[J]．南方农业学报,2016,47(10):1677－1682.

[232]李小飞．乌鲁木齐河流域湿季水体中稳定同位素特征及其示踪意义[D]．兰州：西北师范大学,2013.

[233]李小林．赣南崩岗治理实践与思考[J]．中国水土保持,2013,(02):36－37.

[234]李晓倩,于波．农田防护林在新华镇旱田防风蓄水保墒中的作用和效果[J]．黑龙江水利科技,2009,37(3):14.

[235]李洋阳,刘思宇,单春艳,等．保护性耕作综合效益评价体系构建及实例分析[J]．农业工程学报,2015,31(15):48－54.

[236]李勇,徐晓琴,朱显谟,等．植物根系与土壤抗冲性[J]．水土保持学报,1993,03:11－18.

[237]李勇美．苏北沿海林农复合经营系统光能利用率研究[D]．南京：南京林业大学,2012.

[238]李友辉．江西省中小河流治理规划研究[J]．江西农业学报,2013,25(5):93－95.

[239]李玉山．土壤水库的功能和作用[J]．水土保持通报,1983,(5):27－30.

[240]李玥．上海市沿海防护林土壤生物活性与防风效能研究[D]．南京：南京林业大学,2010.

[241]李云涛,唐峰．土壤类型与抗冲性关系特性分析[J]．国外建材科技,2006,27(4):117－119,133.

[242]李振生．地膜玉米间种旱稻获高产[J]．农业新技术,2002,(11):15.

[243]李智广,郭索彦．全国水土保持监测网络的总体结构及管理制度[J]．中国水土保持,

2002,(09):25 - 27 +47.

[244]李智广,李锐.小流域治理综合效益评价方法刍议[J].水土保持通报,1998,18(5): 19 - 23.

[245]李智广,王敬贵.生产建设项目"天地一体化"监管示范总体实施方案[J].中国水土保持,2016,(02):14 - 17.

[246]李智广,杨胜天,高云飞,等.土壤侵蚀遥感监测方法及其思考[J].中国水土保持科学,2008,(03):7 - 12.

[247]李智广.《全国水土流失动态监测规划(2018—2022 年)》的编制原则与目标任务[J].中国水土保持,2018,(05):20 - 23 + 68.

[248]李梓辉.森林对人体的医疗保健功能[J].经济林研究,2002,20(3):69 - 70.

[249]梁东.西咸新区海绵城市规划建设实施研究[D].西安:西安建筑科技大学,2016.

[250]梁艳玲,何丙辉,王涛,等.新修坡改梯对土壤水库库容的影响[J].水土保持学报,2016,30(3):324 - 330.

[251]梁音,曹龙熹,祝亚云,等.基于新型 W - OH 材料的崩岗土壤减渗抗蚀技术[A],第十八届中国科协年会——分 15 水土保持与生态服务学术研讨会论文集[C],中国科学技术协会,陕西省人民政府:中国科学技术协会学会学术部,2016:1.

[252]梁音,史学正.长江以南东部丘陵山区土壤可蚀性 K 值研究[J].水土保持研究,1999,6(2):47 - 52.

[253]梁音,田芷源,朱绪超,等.红壤丘陵区水土流失焦点问题分析与治理成效表征.2019 年中国水土保持学会学术大会论文集,2019.

[254]梁音,杨轩,苏春丽,等.基于 EI 的南方红壤区土壤侵蚀县域差异与趋势分析[J].土壤学报,2009,46(1):24 - 29.

[255]梁音,张桃林,史德明.南方丘陵红壤区土壤侵蚀评价,红壤生态系统研究(第三集)[M].北京:中国农业科技出版社,1995.

[256]廖纯艳,畅益锋.长江上游滑坡泥石流预警系统减灾成效及经验[J].中国水土保持,2007,(1):22 - 34.

[257]廖业桂.关于漓江流域生态环境综合整治若干问题的思考[J].中国环境管理丛书,2004,(04):16 - 17.

[258]林福平.构筑沿海绿色屏障,夯实新福建生态基石[J].国土绿化,2017,285(12):30 - 31.

[259]林桂禄,刘伟常,林军,等.深圳市城市水土流失与城市防洪探讨[J].水土保持研究,1997,(1):7 - 10.

[260]林坚,李军洋."两山"理论的哲学思考和实践探索[N].前线,2019,09:4 - 6.

[261]林军.创建全国水土保持生态环境建设示范城市的方略[J].水土保持研究,2000,7

　　(3):21 – 23.

[262]林立金,朱雪梅,邵继荣,等. 紫色土坡耕地横坡垄作的水土流失特征及作物产量效应
　　[J]. 水土保持研究,2007,14(3):254 – 255 + 258.

[263]林明磊. 不同植被类型对流溪河小流域产流——产沙影响的研究[D]. 武汉:华中农
　　业大学,2008.

[264]刘本培,蔡运龙. 地球科学导论[M]. 北京:高等教育出版社,2000.

[265]刘斌涛,宋春风,史展,等. 西南土石山区水平梯田的水土保持措施因子[J]. 中国水土
　　保持,2015,(04):40 – 43.

[266]刘昌明,张永勇,王中根,等. 维护良性水循环的城镇化 LID 模式:海绵城市规划方法
　　与技术初步探讨[J]. 自然资源学报,2016,31(5):719 – 731.

[267]刘畅,王思思,王文亮,等. 中国古代城市规划思想对海绵城市建设的启示——以江苏
　　省宜兴市为例[J]. 中国勘察设计,2015,7:46 – 51.

[268]刘法英,顾慈阳. 生态修复的问题和对策[J]. 环境保护与循环经济,2012,(11):
　　21 – 23.

[269]刘刚才,高美荣,林三益,等. 紫色土两种耕作制的产流产沙过程与水土流失观测准确
　　性分析[J]. 水土保持学报,2002,16(4):108 – 111.

[270]刘刚才. 干热河谷退化生态系统典型恢复模式的生态响应与评价[M]. 北京:科学出
　　版社,2011.

[271]刘海燕. 水土保持监测资料整编工作存在问题及对策探析[J]. 地下水,2018,40(03):
　　228 – 229.

[272]刘怀珍,黄庆,李康活,等. 水稻连续免耕抛秧对土壤理化性状的影响初报[J]. 广东农
　　业科学,2000,(5):8 – 11.

[273]刘卉芳,徐永年. 生产建设项目水土流失特点及减蚀效益分析评价[J]. 水土保持通
　　报,2009,(6):170 – 173.

[274]刘卉芳,朱清科,孙中锋,等. 晋西黄土区森林植被对流域径流及产沙的影响[J]. 干旱
　　区资源与环境,2005,(05):61 – 66.

[275]刘纪根,张平仓,陈展鹏. 聚丙烯酰胺对扰动红壤可蚀性及临界剪切力的影响[J]. 农
　　业工程学报,2010,26(7):45 – 49.

[276]刘纪根,张平仓,陈展鹏. 聚丙烯酰胺(PAM)对扰动红壤侵蚀产沙过程的影响[J]. 水
　　土保持学报,2009,23(6):9 – 13.

[277]刘佳妮. 园林植物降噪功能研究[D]. 杭州:浙江大学,2007.

[278]刘家宏,秦大庸,王浩,等. 海河流域二元水循环模式及其演化规律[J]. 科学通报,
　　2010,55(6):512 – 521.

[279]刘涓,魏朝富. 喀斯特地区黄壤土壤水库蓄存能力及分形估算[J]. 灌溉排水学报,

2012,31(4):99 – 104.

[280]刘梅香,张金平.森林调节气候功能与创建森林城市的几点建议[J].安徽农学通报,2012,18(15):128 – 131.

[281]刘启鹏.柑橘"绿肥 + 自然生草"种植模式及替代化肥效果评价[J].福建农业科技,2018,(12):35 – 37.

[282]刘仁志,倪晋仁.中国滑坡崩塌危险性区划[J].应用基础与工程科学学报,2005,1113(1):9 – 18.

[283]刘世荣,温远光,王兵,等.中国森林生态系统水文生态功能规律[M].北京:中国林业出版社,1996.

[284]刘思华.对建设社会主义生态文明论的若干回忆——兼述我的"马克思主义生态文明观"[J].中国地质大学学报(社会科学版),2008,(4):140 – 145.

[285]刘艇,王继红.不同植被覆盖土壤水库容特征及渗透速率[J].四川农业大学学报,2010,28(4):471 – 474 + 479.

[286]刘伟常,吴长文,等.推进城市水土保持试点工作[J].水土保持研究,1998,5(2):2 – 5.

[287]刘文耀,刘伦辉,郑征,等.滇中常绿阔叶林及云南松林水文作用的初步研究[J].植物生态学与地植物学学报, 1991,15(2):159 – 167.

[288]刘鲜艳.苹果园套种油菜绿肥栽培技术[J].吉林农业,2015,(23):99.

[289]刘湘溶.建设生态文明促进人与自然和谐共生[N].光明日报,2008 年 4 月 15 日.

[290]刘向东,吴钦孝,苏宁虎,等.六盘山林区森林树冠截留、枯枝落叶层和土壤水文特征研究[J].林业科学, 1989,(25):220 – 227.

[291]刘向东,吴钦孝,赵鸿雁,等.森林植被垂直截留作用与水土保持[J].水土保持研究,1994,1(3):8 – 13.

[292]刘学成.浅谈河道治理与护岸工程[J].治淮,2014,(7):22 – 23.

[293]刘艳改,姚娜,程艳辉,等.几种水土保持坡面工程措施效益研究[J].绿色科技,2018,(20):36 – 38.

[294]刘燕.河道护岸工程设计选比[J].内蒙古水利,2018,(1):48 – 49.

[295]刘勇军,彭曙光,肖艳松,等.湖南烟稻轮作区土壤团聚体稳定性及其与碳氮比的关系[J].中国烟草学报,2019,26(1):75 – 83.

[296]刘长伟.关于边坡工程支护形式的选择[J].四川建材,2017,43(12):96 – 97.

[297]刘震.扎实推进水土保持生态清洁小流域建设[J].中国水土保持,2010,(1):5 – 6,13.

[298]刘子壮.工程措施对坡面侵蚀产沙及水动力学过程研究[D].杨凌:西北农林科技大学,2014.

[299]卢雪峰.基于防渗墙、抗滑桩及花管后注浆对高填方场地边坡的加固[J].化工管理,
2019,(9):166 – 167.

[300]鲁长安,赵远风.试论海绵城市的中国智慧[J].特区实践与理论,2017,(4):59 – 62.

[301]陆川.赣州市城市水土保持规划通过专家审查[J].城市规划通讯,1998,(9):13.

[302]陆茜.杨树连栽对根际土壤环境演变的影响及其自毒效应研究[D].南京:南京林业
大学,2016.

[303]陆绍娟,王占礼.土壤改良剂聚丙烯酰胺的研究进展[J].人民黄河,2016,38(07):
73 – 77.

[304]罗林,胡甲均,姚建陆.喀斯特石漠化坡耕地梯田建设的水土保持与粮食增产效益分
析[J].泥沙研究,2007,(06):10 – 15.

[305]罗阳.攀枝花徐家沟矿渣型泥石流起动机理及防治对策研究[D].成都:成都理工大
学,2018.

[306]罗艺伟,罗建军,龙文强.花岗岩的三维网植被护坡技术与工程实践[J].公路工程,
2014,39(03):238 – 240 + 255.

[307]骆承政,乐嘉祥.中国大洪水——灾害性洪水述要[M].北京:中国书店出版社,1996.

[308]雒文生.河流水文学[M].北京:中国水利电力出版社,1992.

[309]吕宗恕,赵盼盼.首份中国城市内涝报告:170 城市不设防 340 城市不达标[J].中州
建设,2013,(15):56 – 57.

[310]马定国,舒晓波,刘影,等.江西省森林生态系统服务功能价值评估[J].江西科学,
2003,21(3):211 – 216.

[311]马芳.裸露坡体植被恢复工程探究[J].中国林业,2007,(14):66.

[312]马红斌,周利军.生产建设项目水土保持监督性监测探讨[J].中国水土保持,2018,
(02):25 – 26.

[313]马骏,杨红明,郑润兰,等.滇池流域石漠化地区植被恢复技术研究及示范.云南省,
昆明市林业科学研究所,2009 – 02 – 25.

[314]马连彬,王晓星,马保明.治河造地工程在达拉特旗世行贷款项目区的作用[J].水土
保持研究,2002,(01):89 – 91.

[315]马媛,丁树文,何溢钧,等.崩岗"五位一体"系统性治理措施探讨[J].中国水土保持,
2016,(4):65 – 68.

[316]马志鹏,范茂攀,陈小强,等.间作模式下作物根系与坡耕地红壤抗蚀性的关系[J].水
土保持学报,2016,30(4):68 – 73.

[317]马中浩.南方红壤区玉米生育期坡地土壤抗侵蚀性特征[D].武汉:华中农业大
学,2016.

[318]毛明芳.生态文明的内涵、特征与地位——态文明理论研究综述[J].中国浦东干部学

院学报,2010,4(5):92 - 96.

[319]毛以伟,谌伟,王珏,等. 湖北省山洪(泥石流)灾害气象条件分析及其预报研究[J]. 地质灾害与环境保护,2005,16(1):9 - 12.

[320]缪德山. 浅析沿海防护林优良适生树种造林效果[J]. 现代园艺,2018,361(13): 115 - 116.

[321]莫明浩,谢颂华,聂小飞,等. 南方红壤区水土流失综合治理模式研究——以江西省为例[J]. 水土保持通报,2019,39(4):207 - 213.

[322]莫雪丽,戴晓琴,王辉民,等. 中亚热带典型人工林常见乔灌木根际效应——以江西泰和千烟洲为例[J]. 植物生态学报, 2018,42(07):25 - 35.

[323]穆再芹. 云南高海拔地区地膜覆盖玉米种植技术[J]. 农技推广,2017,(12):54 - 55.

[324]聂蕾. 不同绿化配置对交通噪声的衰减效果比较[J]. 安徽化工,2019,45(4):96 - 99,103.

[325]牛文元. 可持续发展理论的基本认知[J]. 地理科学进展,2008,27(03):1 - 6.

[326]欧阳曙光,郑勇,朱新武,等. 大别山南麓坡耕地水土保持治理模式研究[J]. 中国水土保持,2016,(8):13 - 15.

[327]欧阳祥,计勇,刘荃,等. 土壤水库及其影响因素研究综述[J]. 水土保持应用技术, 2019,(1):42 - 44.

[328]潘剑君. 利用土壤入渗速率和土壤抗剪力确定土壤侵蚀等级[J]. 水土保持学报, 1995,(02):93 - 96.

[329]潘起来,牛晓君. 土坎水平梯田最优断面设计[J]. 青海大学学报,2005,23(2): 22 - 24.

[330]潘艳斌,朱巧红,彭新华. 有机物料对红壤团聚体稳定性的影响[J]. 水土保持学报, 2017,31(2):209 - 214

[331]潘义国. 不同植被条件下土壤的抗侵蚀研究[D]. 贵阳:贵州大学,2008.

[332]庞革平,刘佳华. 桂林漓江换新颜,发展谱新篇[N]. 人民日报,2018 年 10 月 23 日

[333]彭少麟. 恢复生态学与植被重建[J]. 生态科学,1996,15(2):26 - 30.

[334]彭世琪. 四川省坡耕地的一种聚土改土垄作栽培新形式[J]. 中国水土保持,1990, (09):34 - 35.

[335]彭新华,张斌,赵其国. 红壤侵蚀裸地植被恢复及土壤有机碳对团聚体稳定性的影响[J]. 生态学报,2003,23(10):2176 - 2183

[336]蒲朝勇,高媛. 生态清洁小流域建设现状与展望[J]. 中国水土保持,2015,(6):7 - 10.

[337]齐实. 水土保持可持续发展研究[D]. 北京:北京林业大学,1999.

[338]钱宁,万兆惠. 泥沙运动力学[M]. 北京:科学出版社,1983.

[339]邱陆旸. 浙江省瓯江流域源头区林地土壤抗蚀特性及影响因素研究[D]. 杭州:浙江

大学,2016.

[340]全斌,陈健飞,郭成达.福建赤红壤、红壤旱地土壤水库库容状况及水分问题研究[J].
土壤通报,2002,33(2):96-99.

[341]阚云,龚方泽,张玉乐.新型改性水溶性生态土壤稳定剂的微观特性及固土机理分析
[J].福州大学学报(自然科学版),2017,45(6):919-926.

[342]饶俊成,朱易春,李齐佳,等.福寿沟建设理念对于现代海绵城市建设的启示[J].人民
长江,2016,47(24):32-35.

[343]任伏虎,马蔼乃.北京市水土流失信息系统的研究[J].中国水土保持,1989,(11):
46-47,50,66.

[344]任海,刘庆,李凌浩,等.恢复生态学导论(第3版)[M].北京:科学出版社,2019a.

[345]任海,陆宏芳,李意德,等.植被生态系统恢复及其在华南的研究进展[J].热带亚热带
植物学报,2019b,27(5):469-480.

[346]任海,王俊,陆宏芳.恢复生态学的理论与研究进展[J].生态学报,2014,34(15):
4117-4124.

[347]任宏雷.水土保持种草技术探析[J].农业灾害研究,2016,6(3):53-55.

[348]任立强.河道护岸工程实例论述[A].《建筑科技与管理》组委会.2014年10月建筑
科技与管理学术交流会论文集[C].《建筑科技与管理》组委会:北京恒盛博雅国际文
化交流中心,2014,p136-137.

[349]任文海.花岗岩红壤坡面工程措施的水土保持效应研究[D].武汉:华中农业大
学,2012.

[350]任雪山."生态文明"理论的提出及其当代意义[J].合肥学院学报(社会科学版),
2008,25(3):89-93.

[351]阮伏水.福建省崩岗侵蚀与治理模式探讨[J].山地学报,2003,21(6):675-680.

[352]厦门特大暴雨致5人死亡1.05万人受灾[N].海峡导报,2013.http://
news.weather.com.cn/1878592.shtml.

[353]尚钦,汪继承,周冬妮,等.护岸工程设计基本问题浅析[J].水利水电快报,2017,38
(11):60-63.

[354]深圳市人民政府.深圳市人民政府批转市水务局关于水土保持生态环境建设规
划的通知(深府[2000]145号)[Z].深圳:深圳市人民政府,2000.

[355]沈慧,姜凤岐,杜晓军,等.水土保持林土壤抗蚀性能评价研究[J].应用生态学报,
2000,11(3):345-348.

[356]沈康荣,江晓春.水稻地膜湿润栽培试验示范[J].湖北农业科学,1997,(5):18-24.

[357]沈康荣,江晓春.水稻全程地膜覆盖湿润栽培法增产因子及关键栽培技术的研究[J].
华中农业大学学报,1997,16(6):547-551.

[358] 沈康荣,李家军,汪晓春,等.旱稻地膜覆盖栽培技术研究[J].湖北农业科学,2009,48(4):799-802.

[359] 沈孝强,吴次芳,俞振宁,等.基于环境评价的贵阳市土地开发利用优化[J].水土保持通报,2016,36(4):97-102.

[360] 盛定生,吴长文.建设秀美城市的探索之路[J].水土保持研究,2000,7(3):15-16.

[361] 施蕾蕾,陈宁生,杨成林,等.娃娃沟流域泥石流活动与植被关系探讨[J].水土保持研究,2008,15(3):96-99.

[362] 史德明,梁音.我国脆弱生态环境的评估与保护[J].水土保持学报,2002,16(1):6-10.

[363] 史德明,史学正,梁音,等.我国不同空间尺度土壤侵蚀的动态变化[J].水土保持通报,2005,25(5):85-89.

[364] 史德明,杨艳生,吕喜玺.三峡库周地区土壤侵蚀对库区泥沙来源的影响及其对策[J].长江三峡工程对库区泥沙的影响及其对策研究论文集[C].北京:科学出版社,1987,498-521.

[365] 史东梅,陈晏.紫色丘陵区农林混作模式的土壤抗冲性影响因素[J].中国农业科学,2008,41(5):1400-1409.

[366] 史东梅,蒋光毅,蒋平,等.土壤侵蚀因素对紫色丘陵区坡耕地耕层质量影响[J].农业工程学报,2017,33(13):270-279.

[367] 史明昌,姜德文.3S技术在水土保持中的应用[J].中国水土保持,2002,(05):45-46.

[368] 史学正,梁音,于东升."土壤水库"的合理调用与防洪减灾[J].土壤侵蚀与水土保持学报,1999,5(3):6-10.

[369] 史学正,于东升,邢廷炎,等.用田间实测法研究我国亚热带土壤的可蚀性K值[J].土壤学报,1997,34(4):399-400.

[370] 舒天竹.贵阳市城市绿地水土保持生态效益评价[D].贵阳:贵州大学,2017.

[371] 舒阳,陈银,胡嘉渝.澳大利亚水敏性城市设计实践对中国海绵城市的启示[J].Science Discovery.2019,7(3):182-187.

[372] 水利部,中国科学院,中国工程院.中国水土流失防治与生态安全:生产建设活动卷[M].北京:科学出版社,2010.

[373] 水利部.土壤侵蚀分级分类标准:SL190-2007[M].北京:中国水利水电出版社,2008.

[374] 水利部.中国水土流失防治与生态安全:南方红壤区卷[M].北京:科学出版社,2010.

[375] 水利部水土保持监测中心,珠江水利委员会珠江水利科学研究院.生产建设项目扰动状况水土保持"天地一体化"监管技术规定[R].北京,2016.

[376] 水利部水土保持监测中心.生产建设项目水土保持准入条件研究[M].北京:中国林

业出版社,2010.

[377]水利电力部中小河道治理经验学习调查组.北方中小河道治河造地工作[J].武汉水利电力学院学报,1977,(02):125 – 136.

[378]水土保持规划编制工作小组.全国水土保持规划(2015 – 2030 年)[M].北京:中国水利水电出版社,2015.

[379]宋晓强,张长印,刘洁.生产建设项目水土流失成因和特点分析[J].水土保持通报,2007,27(5):108 – 113.

[380]宋永昌.植被生态学[M].北京:高等教育出版社,2016.

[381]宋月君,黄炎和,杨洁,等.南方典型土壤坡面产流产沙过程对 PAM 的响应[J].农业机械学报,2017,48(08):279 – 287.

[382]宋月君,杨洁,汪邦稳,等.塘背河小流域水土保持生态建设成效分析[J].中国水土保持,2012,(4):63 – 64.

[383]宋月君,郑海金."前埂后沟 + 梯壁植草 + 反坡梯田"坡面工程优化配置技术解析[J].水土保持应用技术,2014,(06):38 – 40.

[384]宋兆民,陈建业,康立新,等.苏州地区护田林带对水稻的增产效果[J].江苏林业科技,1982,(3):2.

[385]苏正安,张建辉,聂小军.紫色土坡耕地土壤物理性质空间变异对土壤侵蚀的响应[J].农业工程学报,2009,25(5):54 – 60.

[386]苏志满.泥石流灾变控制与模型化分析方法[D].长沙:中南大学,2011.

[387]孙阁.森林植被对河流泥沙和水质影响综述[J].水土保持学报,1988,(03):83 – 89 + 96.

[388]孙浩峰,陈天林.半干旱黄土丘陵区水平阶整地规格与降雨量的关系[J].水土保持通报,2013,33(6):28 – 31.

[389]孙宏友.基于正交试验法的透水混凝土配合比设计和试验研究[D].成都:西南交通大学,2016.

[390]孙厚才,赵永军.我国生产建设项目水土保持现状及发展趋势[J].中国水土保持,2007,(1):50 – 51.

[391]孙佳佳,于东升,史学正,等.植被叶面积指数与覆盖度定量表征红壤区土壤侵蚀关系的对比研究[J].土壤学报, 2010,47(06):1060 – 1066.

[392]孙金伟,张冠华,杨贺菲,等.坡耕地水土流失防治新材料 W – OH 固化剂对大豆和玉米生长特性的影响[J].长江科学院院报,2019,36(3):37 – 39 + 45.

[393]孙丽丽,查轩,黄少燕,等.花岗岩红壤区不同治理模式土壤抗冲性因素试验[J].水土保持学报,2019,33(5):34 – 39 + 49.

[394]孙钦花.徐州采石场废弃地生态修复和景观重建[J].中国园艺文摘,2010,(01):88 –

89.

[395]孙仕军,丁跃元,曹波,等. 平原井灌区土壤水库调蓄能力分析[J]. 自然资源学报, 2002,17(1):42 – 47.

[396]孙秀艳,刘洪锋. 水平沟技术的应用[J]. 水利天地,2004,(7):44.

[397]孙艳,李四高,张楠,等. 不同农作处理对西南土石山区坡耕地水土流失特征的影响 [J]. 安徽农业科学,2017,45(33):118 – 120.

[398]孙艳红,张洪江,程金花,等. 重庆缙云山林地枯落物及土壤水文效应研究[J]. 中国水 土保持科学,2006,4(3):31 – 35.

[399]孙瑛,刘呈庆. 可持续发展管理导论[M]. 北京:科学出版社,2003.

[400]覃星铭,何炳辉,沈利娜,等. 漓江流域水土流失特征及其影响因子典型分析[J]. 中国 岩溶,2018,37(3):351 – 360.

[401]汤勇. 加锚悬臂式挡墙理论分析与工程应用研究[D]. 长沙:中南大学,2010.

[402]唐广生. 桂林市完成漓江流域采石场生态整治综述[N]. 广西日报,2017 年 11 月 24 日.

[403]唐加兴. 浅析河道整治护岸工程与景观关系[J]. 科技创新与应用,2015,(8):94.

[404]唐克丽,史立人,史德明,等. 中国水土保持[M]. 北京:科学出版社,2004.

[405]唐寅,代数,蒋光毅,等. 重庆市坡耕地植被覆盖与管理因子 C 值计算与分析[J]. 水土 保持学报,2010,24(6):53 – 59.

[406]滕盛锋. 广西天等县城区河道整治护岸工程设计探讨[J]. 红水河,2012,31(5): 9 – 12.

[407]田后谋. 治河防洪保地造地[A]. 中国土地学会第二次代表大会暨学术讨论会论文选 编[C]. 中国土地学会,1985.

[408]田毅. 贵阳市城市双修规划实践探索[J]. 工程技术研究,2018,(15):171 – 172.

[409]宛志沪. 森林的防洪减灾效益[J]. 安徽林业,2008,(1):13.

[410]万修琦,章文波,魏本勇,等. 中国水土流失的历史演变[J]. 水土保持通报,2008,28 (1):158 – 167.

[411]汪涛,朱波,罗专溪,等. 紫色土坡耕地径流特征试验研究[J]. 水土保持学报,2008,22 (6):30 – 34.

[412]汪有科,吴钦孝,韩冰,等. 森林植被水土保持功能评价[J]. 水土保持研究,1994,1 (3):24 – 30.

[413]汪有科,吴钦孝,赵鸿雁,等. 林地枯落物抗冲机理研究[J]. 水土保持学报,1993,7 (1):75 – 80.

[414]王爱丽,李丽敏. 浅析生态护岸工程——以桐乡为例[J]. 中国水运(下半月),2013, 13(9):131 – 132.

[415]王广月,王银山,杨建顺.土工格室在边坡防护中的应用[J].中国水土保持,2003,
　　　(02):37－38＋48.

[416]王贵平,白迎平,贾志军,等.细沟发育及侵蚀特征初步研究[J].中国水土保持,1988
　　　(5):15－18.

[417]王桂新.城市化基本理论与中国城市化的问题与对策[J].人口研究,2013,(6):
　　　43－51.

[418]王国栋.怎样治河造地[J].新农业,1979,(22):16.

[419]王海雯.水平沟措施水土保持作用机理与适宜性研究[D].成都:西南交通大
　　　学,2008.

[420]王浩,陈敏建,秦大庸,等.西北地区水资源合理配置和承载能力研究[J].郑州:黄河
　　　水利出版社,2003.

[421]王浩,贾仰文.变化中的流域"自然－社会"二元水循环理论与研究方法[J].水利学
　　　报,2016,47(10):1219－1226.

[422]王浩,王建华.中国水资源与可持续发展[J].中国科学院院刊,2012,27(3):
　　　352－358.

[423]王华.亚热带区域几种典型人工林生态系统服务功能研究[D].长沙:湖南农业大
　　　学,2007.

[424]王辉,王全九,邵明安.PAM对黄土坡地水分养分迁移特性影响的室内模拟试验[J].
　　　农业工程学报,2008(06):85－88.

[425]王佳琪,朱易春,章璋,等.福寿沟排水系统建造理念对建设海绵城市的启示[J].中国
　　　给水排水,2017,33(24):7－11.

[426]王建,吴咏,王艳,等.建立小流域坡面水系工程骨架的防灾治理技术[J].中国减灾,
　　　2003,(3):35－38.

[427]王金南,苏洁琼,万军."绿水青山就是金山银山"的理论内涵及其实现机制创新[J].
　　　Environmental Protection,2017,45(11):13－17.

[428]王进鑫,余清珠,高文秀,等.半干旱黄土丘陵沟壑区造林整地工程集流分析[J].西北
　　　林学院学报,1992,7(2):45－49.

[429]王克勤,涂璟.林业生态工程(南方本)[M].北京:中国林业出版社,2018.

[430]王克勤,赵辉,高天天,等.生产建设项目水土流失影响等级划分[J].水土保持通报,
　　　2015,35(3):143－148.

[431]王磊,万欣,江浩,等.江苏徐淮平原农田林网防风效果初探[J].江苏林业科技,2017,
　　　44(6):32－35.

[432]王礼先,解明曙.山地防护林水土保持水文生态效益极其信息系统[M].北京:中国
　　　林业出版社,1998.

[433]王礼先,吴长文.陡坡林地坡面保土作用的机理[J].北京林业大学学报,1994,(4):1 – 7.

[434]王礼先.水土保持工程学[M].北京:中国林业出版社,2000.

[435]王礼先.水土保持学[M].北京:中国林业出版社,2005.

[436]王礼先.小流域综合治理的概念与原则[J].中国水土保持,2006,(2):16 – 17.

[437]王连磊,陈新军.国家水土保持重点工程项目管理系统拐点坐标输入方法——AUTO-CAD 基点坐标转换经纬度[J].中国水土保持,2018,(08):6 – 7 + 22.

[438]王明浩,吴韶波.基于智慧城市建设的 NB – IoT 应用研究[J].物联网技术,2017,7(07):79 – 82.

[439]王宁.基于海绵城市理念的城市道路设计方案探讨[J].给水排水,2016,42(11):27 – 31.

[440]王乾军.贵阳市环城林带建设、保护与城市可持续发展探讨[J].贵州林业科技,2011,39(3):55 – 57.

[441]王强.泥石流威胁区高速公路优化布设与灾害防治研究——以功东高速小白泥沟段路线方案为例[D].重庆交通大学,2017.

[442]王容华,乔朱思远.海绵城市常用透水铺装材料研究[J].建材与装饰,2017,(38):30 – 31.

[443]王深法,王援高,胡珍珍.浙江山地滑坡现状及其成因[J].山地学报,1999,18(4):373 – 376.

[444]王世杰.喀斯特石漠化—中国西南最严重的生态地质环境问题[J].矿物岩石地球化学通报,2003,22(2):120 – 126.

[445]王伟光,张广智,陆大道,等.生态城市绿皮书:中国生态城市建设发展报告(2017)[M].北京:社会科学文献出版社,2017.

[446]王文亮,李俊奇,车伍,等.城市低影响开发雨水控制利用系统设计方法研究[J].中国给水排水,2014,30(24):12 – 17.

[447]王文亮.基于多目标的城市雨水系统构建技术与策略研究[D].北京:中国地质大学,2015.

[448]王玺洋,黄炎和,林金石,等.南方茶园红壤施用 PAM 对土壤理化性质和茶叶安全的影响[J].生态环境学报,2014,23(5):785 – 790.

[449]王相国,王洪刚,王伟.丘陵区梯田优化设计研究[J].水土保持研究,2001,8(3):125 – 127.

[450]王小彬,蔡典雄.土壤调理剂 PAM 的农用研究和应用[J].植物营养与肥料学报,2000(4):457 – 463.

[451]王小龙.捆绑式抗滑桩力学特性的研究[D].重庆:重庆大学,2014.

[452] 王兴. 建筑消防智能报警系统控制及技术应用[J]. 工程技术(引文版), 2015, (15):205.

[453] 王秀茹. 水土保持工程学[M]. 北京:中国林业出版社, 2009.

[454] 王亚红, 郑城, 廖承彬, 等. 浙江省水土保持监测站管理规程[S]. 杭州:浙江省水利厅, 2017a.

[455] 王亚红, 郑城, 廖承彬, 等. 浙江省水土保持监测站管理手册(试行)[R]. 杭州:浙江省水利厅, 2017b.

[456] 王永喜, 吴长文, 何昉. 城市片区开发建设水土保持方案探讨[J]. 亚热带水土保持, 2006, (3):84 – 87.

[457] 王永喜. 深圳城市水土保持的探索与思考[J]. 风景园林, 2013, (5):43 – 48.

[458] 王勇. "两山"理论内涵的经济学思考[J]. 环境与可持续发展, 2019, (6):52 – 55.

[459] 王云琦, 王玉杰, 朱金兆, 等. 森林与坡面产流研究[J]. 水土保持学报, 2004, 18(05):59 – 63.

[460] 王振华, 李青云, 黄茁, 等. 生态清洁小流域建设研究现状及展望[J]. 人民长江(增刊), 2011, 42:115 – 118.

[461] 王正秋. "长治"工程区坡耕地治理技术创新与推广[J]. 人民长江, 2010, 41(13):97 – 101.

[462] 王治国, 张超, 纪强, 等. 全国水土保持区划及其应用[J]. 中国水土保持科学, 2016, 14(6):101 – 106.

[463] 尉全恩, 李海林, 南梅, 等. 涉水交通工程水土保持准入条件[J]. 中国水土保持科学, 2010, 8(3):59 – 63.

[464] 魏玲娜, 陈喜, 程勤波, 等. 红壤丘陵区土壤渗透性及其受植被影响分析[J]. 中国科技论文, 2013, 8(5):377 – 380.

[465] 魏晓华, 孙阁. 流域生态系统过程与管理[J]. 北京:高等教育出版社, 2009.

[466] 魏玉杰, 李华. 花岗片麻岩地区坡耕地改造途径及其效益分析[J]. 水土保持通报, 1997, 12(6):26 – 32.

[467] 文波龙, 任国, 张乃明. 云南元阳哈尼梯田土壤养分垂直变异特征研究[J]. 云南农业大学学报, 2009, 24(1):78 – 81.

[468] 吴发启, 张玉斌, 佘雕, 等. 黄土高原南部梯田土壤水分环境效应研究[J]. 水土保持研究, 2003, 10(4):128 – 130.

[469] 吴发启, 张玉斌, 宋娟丽, 等. 水平梯田环境效应的研究现状及其发展趋势[J]. 水土保持学报, 2003, (5):28 – 31.

[470] 吴发启, 张玉斌, 王健. 黄土高原水平梯田的蓄水保土效益分析[J]. 中国水土保持科学, 2004, 2(1):34 – 37.

[471]吴钢,赵萌,王辰星.山水林田湖草生态保护修复的理论支撑体系研究[J].生态学报,2019,39(23):8685-8691.

[472]吴昊.云南小流域泥石流治理方案研究[J].中国水利,2018,(18):41-42+49.

[473]吴建富,潘晓华,石庆华,等.水稻连续免耕抛栽对土壤理化和生物学性状的影响[J].土壤学报,2009,46(6):1132-1139.

[474]吴良镛.论人居环境科学[M].北京:清华大学出版社,2010.

[475]吴钦孝,刘向东,赵鸿雁,等.森林集水区产流类型和产流临界降水量分析[J].中国水土保持,1997,(04):32-33.

[476]吴钦孝.森林保持水土机理及功能调控技术[M].北京:北京科学技术出版社,2005.

[477]吴曙霞.长江流域水土保持[M].武汉:长江出版社,2013.

[478]吴蔚东,郑诗樟,卢志红,等.百喜草对红黏土性红壤抗冲性的研究[J].江西农业大学学报,1999,21(1):72-76.

[479]吴湘兴.土力学及地基基础(工业与民用建筑专业)第二版[M].武汉:武汉大学出版社,1991.

[480]吴向宁,张玉昌.裸露坡面植被恢复技术原理及在华南地区应用分析[J].农业科技与信息(现代园林),2007,(07):103-106.

[481]吴学强.浅谈贵阳市水土保持策略[J].城市建设,2010,(35):421.

[482]吴训虎.长袋植生带生态护坡复绿技术在陡峭石质高边坡处理上的应用[J].中国花卉园艺,2017,(24):44-46.

[483]吴长文,陈霞,盛定生.借鉴美国经验,进一步提高深圳市水土保持生态环境质量[C].深圳市水务局:中国当代水务2——国外与港澳地区水务专辑[M].北京:中国水利水电出版社,2005.

[484]吴长文,黄翰森,黄琼,等.欧洲城市水土保持考察及其思考[J].中国水土保持,2006,(3):10-12.

[485]吴长文,李财金.深圳市裸露山体缺口生态治理探索[J].亚热带水土保持,2005,17(3):11-13.

[486]吴长文,刘伟常,盛定生.城市水土保持规划的原理与方法[J].中国水土保持,1997,(1):36-38.

[487]吴长文,陆子锋,陈法扬.深圳市水土保持设计监理实践[J].中国水土保持,2003,(6):6-7.

[488]吴长文,罗振,张艺东,等.岩质边坡绿化技术及其应用[C].全国水土流失与江河泥沙灾害及其防治对策学术研讨会会议文摘,2003.

[489]吴长文,欧阳菊根,欧阳毅,等.开发平土区的水土流失等级划分[J].土壤侵蚀与水土保持学报,1996,(3):8-14.

[490]吴长文,王富永,何伟. 城市化开发场平工程沉沙池设计的原理与方法[J]. 水土保持学报,2002,16(4):155－158.

[491]吴长文,王礼先. 林地坡面水动力学特性及其阻延地表径流研究[J]. 水土保持学报,1995,9(2):32－38.

[492]吴长文,姚玉珍. 借鉴香港城市水土保持管理的经验[J]. 特区理论与实践,1999,(12).

[493]吴长文,章梦涛. 裸露山体缺口生态治理[M]. 北京:科学出版社,2007.

[494]吴长文. 城市水土保持的理论与实践[J]. 中国水土保持科学,2004,(3):3－7,23.

[495]吴长文. 城市水土生态的大地格局原理实践探索[J]. 中国城市水土保持学术研讨会,2013.

[496]吴长文. 开发平土区治理措施优化配置研究[J]. 中国水土保持,2001,(4):27－28.

[497]吴长文. 南方水土保持研究会'96年会暨学术交流扩大会议在深圳召开[J]. 中国水土保持,1997,(1):18.

[498]吴长文. 深圳市治理严重影响城市景观的裸露山体缺口的工作思路[J]. 水土保持研究,2002,12(5):5－7.

[499]夏江宝,杨吉华,李红云. 不同外界条件下土壤入渗性能的研究[J]. 水土保持研究,2004,(02):115－117＋191.

[500]向万胜,梁称福,肖润林. 三峡库区坡耕地利用与水土保持种植制[J]. 长江流域资源与环境,1998,7(3):255－259.

[501]肖卫国,陈冬奕,吴长文. 深圳市水土保持管理信息系统 GPS 应用[J]. 人民珠江,2003,(01):41－42.

[502]谢建华. 废弃采石场石质边坡植被重建与关键技术试验研究[J]. 亚热带水土保持,2018,30(03):14－16＋73.

[503]谢建辉. 德庆县崩岗治理及其防治对策[J]. 亚热带水土保持,2006,18(2):52－54.

[504]谢莉,陈三雄,彭庭国,等. 浙江安吉主要植被类型土壤水库库容特性研究[J]. 亚热带水土保持,2012,24(3):14－18.

[505]谢鹏. 福寿沟的建造与赣州城近"千年不涝"的关系探析[J]. 新西部,2016,(15):105－106.

[506]谢颂华,曾建玲,杨洁,等. 南方红壤坡地不同耕作措施的水土保持效应[J]. 农业工程学报,2010,26(09):81－86.

[507]谢小华,朱建平. 基于 DEM 和 WMS 的流域特征提取及应用[J]. 江西水利科技,2014,40(02):135－138.

[508]谢以萍,杨再强. 攀西干旱干热河谷退化生态系统的恢复与重建对策[J]. 四川林勘设计,2004.

[509]辛树帜,蒋德麒.中国水土保持概论[M].北京:中国农业出版社,1982.

[510]熊峰,朱睿婷.水利施工弃渣场水土保持措施[J].黑龙江水利科技,2018,(7):176-178.

[511]熊婕,辛颖,赵雨森.水源涵养林水文生态效应研究进展[J].安徽农业科学,2014,42(2):463-465.

[512]熊康宁,李晋,龙明忠.典型喀斯特石漠化治理区水土流失特征与关键问题[J].地理学报,2012,67(7):878-888.

[513]熊平生.赣州市生态城市建设探讨[J].水土保持研究,2008,(5):198-200.

[514]熊先勤,赵明坤,刘正书.皇草保持水土的效益研究[J].贵州农业科学,2005,(4):63-64.

[515]徐邦栋.滑坡分析与防治[M].北京:中国铁道出版社,2001.

[516]徐玲,张杨珠,周卫军,等.不同施肥结构下稻田产量及土壤有机质和氮素营养的变化[J].农业现代化研究,2006,27(2):153-156.

[517]徐乃民,张金慧.水平梯田蓄水减沙效益计算探讨[J].中国水土保持,1993,(3):36-38.

[518]徐仁扣.酸化红壤的修复原理与技术[M].北京:科学出版社,2013.

[519]徐雯佳,刘琪,马泽清,等.江西千烟洲不同恢复途径下百栎种群生物量[J].应用生态学报,2008,19(3):459-466.

[520]徐阳春,沈其荣,雷宝坤,等.水旱轮作下长期免耕和施用有机肥对土壤某些肥力性状的影响[J].应用生态学报,2000,11(4):549-552.

[521]许琴.水土保持措施对水资源的影响研究[D].南昌:南昌大学,2010.

[522]许文年,王铁桥,叶建军.岩石边坡护坡绿化技术应用研究[J].水利水电技术,2002,(7):35-36.

[523]许亚群,邓海龙.江西省峡江水利枢纽抬田工程关键技术试验研究报告[R].江西,2014,52-82.

[524]薛萐,刘国彬,张超,等.黄土高原丘陵区坡改梯后的土壤质量效应[J].农业工程学报,2011,27(4):310-316.

[525]闫秀平.矿山类项目水土保持方案编制与实践[J].河北水利,2016,(5):13.

[526]严冬春,龙翼,史忠林.长江上游陡坡耕地"大横坡+小顺坡"耕作模式[J].中国水土保持,2010,(10):8-9.

[527]严冬春,文安邦,鲍玉海,等.黔中岩溶坡地的土壤与137Cs的分布[J].地球与环境,2008,36(4):342-346.

[528]严冬春,文安邦,史忠林,等.三峡库区紫色土坡耕地细沟发生的临界坡长[J].长江科学院院报,2010,27(11):58-61+66.

[529]颜春水. 植物纤维毯生态防护技术的工程应用[J]. 公路交通科技(应用技术版),
2013,9(02):217-219.

[530]杨洁,莫明浩,宋月君,等. 红壤坡地水土保持植物措施下柑橘林地水文生态效应[J].
长江流域资源与环境,2012,21(8):994-999.

[531]杨进怀,袁爱萍,刘佳璇. 农民参与生态清洁小流域建设的探索与实践[J]. 中国水土
保持,2016,(2):22-24.

[532]杨进怀. 北京市生态清洁小流域与美丽乡村建设[J]. 中国水利,2014,(20):18-20.

[533]杨进怀. 生态清洁小流域建设技术[M]. 北京:中国水利水电出版社,2018.

[534]杨均科. 沿海沙质海岸防护林抗侵蚀能力及评价研究[D]. 南京:南京林业大
学,2013.

[535]杨坤,孟琳琳,张超,等. 北京市水土保持监测站点运行管护定额标准编制研究[J]. 中
国水土保持,2018,(06):62-64.

[536]杨雷. 岩石边坡 TBS 植被护坡绿化施工施工技术总结[J]. 福建质量管理,2018,(7):
151+146.

[537]杨莉,刘海燕. 习近平"两山理论"的科学内涵及思维能力的分析[J]. 自然辩证法研
究,2019,35(10):107-111.

[538]杨麒麟. 贵州省冲门口泥石流区治理效果研究[J]. 人民长江,2017,48(16):10-
12,24.

[539]杨胜天,朱启疆,李智广. 智能化土壤侵蚀遥感解译系统[J]. 水土保持学报,2002,
(01):54-57.

[540]杨帅. 山地黄壤玉米季坡耕地土壤抗侵蚀能力及侵蚀产沙特征研究[D]. 成都:四川
农业大学,2017.

[541]杨通进,高予远. 现代文明的生态转向[M]. 重庆:重庆出版社,2007.

[542]杨学震,钟炳林,谢小东,等. 丘陵红壤的土壤侵蚀于治理[M]. 北京:中国农业出版
社,2005.

[543]杨雪,吴煜,郑至贤,等. 屋顶绿化研究进展[J]. 绿色科技,2014,(10):118-120.

[544]杨娅双,王金满,万德鹏. 人工堆垫地貌微地形改造及其水土保持效果研究进展[J].
生态学杂志,2018,37(2):569-579.

[545]杨艳敏,刘小京,孙宏勇,等. 旱稻夏季地膜覆盖栽培的生态学效应[J]. 干旱地区农业
研究,2000,18(3):50-54.

[546]杨艳生,徐明. 我国水土保持的持续发展与生物多样性[J]. 福建水土保持,1995,
(2):7-9+60.

[547]杨艳生. 我国南方红壤流失区水土保持技术措施[J]. 水土保持研究,1999,6(2):
117-120.

[548]杨玉梅,郑子成,李廷轩.不同土地利用方式下土壤抗冲性动态变化特征及其影响因素[J].水土保持学报,2010,24:64－68.

[549]杨玉盛,何宗明,陈光水,等.不同生物治理措施对赤红壤抗蚀性影响的研究[J].土壤学报,1999,36(4):528－535.

[550]杨玉盛,何宗明,林光耀,等.不同治理模式对严重退化红壤抗蚀性影响的研究[J].土壤侵蚀与水土保持学报,1996,2(2):32－37.

[551]姚毅臣,李相玺,范明华.花岗岩侵蚀区坡面工程措施的研究[J].水土保持研究,1997,4(1):155－160.

[552]姚云峰,王礼先.水平梯田减蚀作用分析[J].中国水土保持,1992,(12):40－41.

[553]姚珍.保护性耕作对水稻生长和稻田环境质量的影响[D].南昌:江西农业大学,2007.

[554]叶新华.林下套种绿肥油菜栽培技术[J].农村科技,2017,(1):14－15.

[555]衣强.大数据与水土保持监测[J].中国水土保持科学,2015,13(04):123－126.

[556]殷庆元,王章文,谭琼,等.金沙江干热河谷坡改梯及生物地埂对土壤可蚀性的影响[J].水土保持学报,2015,29(1):41－47.

[557]尹利.试论我国水土保持监测的类型与方法[J].中国水运(下半月),2015,15(07):152－153＋155.

[558]尹绍亭.试论当代的刀耕火种——兼论人与自然的关系[J].农业考古,1990,(1):11－19.

[559]尹绍亭.一个充满争议的文化生态体系——云南刀耕火种研究[M].昆明:云南人民出版社,1991.

[560]尹绍亭.云南的山地和民族生业[J].思想战线,1996,(4):45－45.

[561]尹艳伟,王超,张江,等.低碳城市发展规划中的问题与相关措施初步研究[J].中国人口·资源与环境,2012,(S1):122－126.

[562]游进军,王浩,牛存稳,等.多维调控模式下的水资源高效利用概念解析[J].华北水利水单大学学报(自然科学版),2016,(6):1－6.

[563]于东升,史学正,吕喜玺.低丘红壤区不同土地利用方式的 C 值及可持续性评价[J].土壤侵蚀与水土保持学报,1998,4(1):71－76.

[564]余坤勇,刘健,施聪智,等.基于 RS 技术的沿海防护林防风固沙效益研究[J].南京林业大学(自然科学版),2010,34(1):80－84.

[565]余绍武,丁年,任心欣,等.城市下凹式绿地雨水蓄渗利用技术探讨[J].给水排水,2010,36(S1):116－118.

[566]余新晓,毕华兴.水土保持学(第 3 版)[M].北京:中国林业出版社,2013.

[567]余新晓,贾国栋.统筹山水林田湖草系统治理带动水土保持新发展[J].中国水土保

持,2019,(1):5-8.

[568]余新晓,张志强,陈丽华,等.森林生态水文学[M].北京:中国林业出版社,2004.

[569]余新晓.森林植被减弱降雨侵蚀能量的数理分析[J].水土保持学报,1989,3(2):90-95.

[570]俞孔坚,李雷.缓解内涝需营造"海绵城市"[J].中国经济报告,2016,(8):52-55.

[571]喻谦.城市建设项目沉沙池措施设计方法初探[J].浙江水利科技,2017,15:1.

[572]喻荣岗.水土保持措施土壤改良效益研究[D].南昌:江西农业大学,2011.

[573]员学锋,汪有科,吴普特,等.PAM对土壤物理性状影响的试验研究及机理分析[J].水土保持报,2005(2):37-40.

[574]袁希平,雷廷武.水土保持措施及其减水减沙效益分析[J].农业工程学报,2004,20(2):296-300.

[575]袁颖红,黄静,周际海,等.改良剂对旱地红壤水分特征和作物产量的影响[J].水土保持学报,2016,30(1):171-177.

[576]岳境,姜国虎,张元彩.矿山开采引发的地质灾害及其治理方案初探[A].资源环境与工程,2006,20(05):536-538.

[577]岳新建.东南沿海木麻黄防护林优化配置研究——以福建省平潭县为例[D].福州:福建农林大学,2010.

[578]翟龙波,章熙锋,陈靖,等.施肥对坡地土壤团聚体与磷素赋存形态的影响[J].西南大学学报(自然科学版),2019,41(7):105-115.

[579]詹昭宁,邱尧荣.中国森林立地"分类"和"类型"[J].林业资源管理,1996,(1):28-30.

[580]张爱国,马志正,杨勤科,等.中国水土流失土壤因子研究进展[J].山西师范大学学报(自然科学版),2002,16(1):79-85.

[581]张白雪,何福红,朱巧红,等.有机培肥对红壤坡耕地产流产沙的影响[J].土壤,2017,49(6):1237-1242.

[582]张大鹏.川南退耕竹林水土保持功能研究与综合评价[D].北京:中国林业科学研究院,北京,2012.

[583]张冠华,胡甲均.W-OH固化剂对土壤水渗漏及硝态氮淋失的影响[J].中国土壤与肥料,2018(3):168-174.

[584]张光伦.中国西南山地农业产业化示范——构建经济林果菜椒立体农业复合生态系统模式[A],西部大开发科教先行与可持续发展——中国科协2000年学术年会文集[C],中国科学技术协会,2000:882.

[585]张国华,张展羽,左长清,等.红壤坡地不同类型梯田的水土保持效应[J].水利水电科技进展,2007,27(4):77-79.

[586]张海波. 南方丘陵山地带水源涵养与土壤保持功能变化及其区域生态环境响应[D]. 长沙:湖南师范大学,2014.

[587]张海英,于春泳,张艳玲. 水土保持是防治洪涝灾害的有效途径[J]. 水利科技与经济, 2002,8(4):243 – 244.

[588]张洪江,张长印,赵永军,等. 我国小流域综合治理面临的问题与对策[J]. 中国水土保持科学,2016,14(1):131 – 137.

[589]张会茹,郑粉莉,耿晓东. 地面坡度对红壤坡面土壤侵蚀过程的影响研究[J]. 水土保持研究,2009,16(4):52 – 54 + 59.

[590]张建云,王银堂,胡庆芳,等. 海绵城市建设有关问题讨论[J]. 水科学进展,2016,27 (6):793 – 799.

[591]张金池,胡海波. 水土保持与防护林学[M]. 北京:中国林业出版社,2011.

[592]张金池,康立新,卢义山,等. 苏北海堤林带树木根系固土功能研究[J]. 水土保持学报,1994,8(2):43 – 47 + 55.

[593]张进军,郭天伟,廉惠欣,等. 北京市"7·21"暴雨灾害伤亡分析[J]. 中华急诊医学杂志,2013,22(5):545 – 547.

[594]张靖宇. 红壤丘陵区不同类型梯田水土保持效益研究[D]. 南昌:江西农业大学,2011.

[595]张琳,赵辉. 开发建设项目水土流失监测问题的探讨[J]. 湖南水利水电,2001,(05): 35 – 36.

[596]张明泉,张曼志,张鑫,等. 济南"2007 – 7 – 18"暴雨洪水分析[J]. 中国水利,2009, (17):40 – 41.

[597]张平仓,程冬兵. 南方坡耕地水土流失过程与调控研究[J]. 长江科学院院报,2017,34 (3):35 – 39 + 49.

[598]张平仓,郭熙灵,刘晓路. 关于长江中上游水土流失基本问题探讨[J]. 水土保持通报, 2004(5):99 – 104.

[599]张平仓,杨勤科,夏艳华. 长江中上游地区土壤侵蚀机制及过程试验研究[J]. 长江流域资源与环境,2002(4):376 – 382.

[600]张平贵. 内蒙古中西部地区两种主要农田防护林防护效果对比分析[D]. 北京:中国农业科学院,2007.

[601]张珊菊,李彰明. 扶壁式挡墙在建筑土质高边坡中的分析设计与工程应用[J]. 广东土木与建筑,2003,(10):12 – 15.

[602]张胜利,吴祥云. 水土保持工程学[M]. 北京:科学出版社,2012.

[603]张书函,陈建刚,赵飞,等. 透水砖铺装地面的技术指标和设计方法分析[J]. 中国给水排水,2011,27(22):15 – 17.

[604]张帅,丁国栋,高广磊,等.基于数学期望的风向和风速对农田防护林网防风效能的影响[J].厦门大学学报(自然科学版),2018,57(4):510－516.

[605]张松阳.梅坎铁路福建段新线建设工程的水土流失与防治[J].福建水土保持,2002,14(3):37－39.

[606]张同云,叶永毅.宽浅河沟治河造地试验工程[J].内蒙古水利,2002,(04):19－21.

[607]张万儒,盛炜彤,蒋有绪,等.中国森林立地分类系统[J].林业科学研究,1992,(3):251－262.

[608]张文安,徐大地,刘友云,等.黔中黄壤丘陵旱坡地不同耕作栽培技术对水土流失及作物产量的影响[J].贵州农业科学,2000,28(6):18－21.

[609]张喜旺,吴炳方.降雨与植被耦合关系对土壤侵蚀的影响分析—以密云水库上游为例[J].生态环境学报,2010,(06):1290－1294.

[610]张歆,姚赫,高飞.生产建设项目不同水土保持监测方法的比较分析[J].人民长江,2017,48(12):36－41.

[611]张鑫童.农田防护林网内小气候因子的分布与小麦产量关系的研究[D].合肥:安徽农业大学,2012.

[612]张信宝,贺秀斌.长江上游坡耕地整治成效分析[J].人民长江,2010,41(13):21－23.

[613]张信宝,王世杰,曹建华,等.西南喀斯特山地水土流失特点及有关石漠化的几个科学问题[J].中国岩溶,2010,29(3):247－279.

[614]张信宝,王世杰,曹建华.西南喀斯特山地的土壤硅酸盐矿物物质平衡与土壤流失[J].地球与环境,2009,37(2):97－102.

[615]张信宝,王世杰,孟天友,等.农耕驱动西南喀斯特地区坡地石质化的机制[J].地球与环境,2010,38(2):123－128.

[616]张信宝,王世杰,孟天友.石漠化坡耕地治理模式[J].中国水土保持,2012,(9):41－44.

[617]张信宝,王世杰.狠抓路沟池,治理石漠化坡耕地[C].北京:坡耕地水土流失综合治理学术研讨会论文汇编,2011,p110－119.

[618]张永涛,王洪刚,李增印,等.坡改梯的水土保持效益研究[J].水土保持研究,2001,8(3):9－11,21.

[619]张钰娴,臧贵敏,李海林,等.浙闽山地丘陵区水土保持区划及治理模式研究[J].水土保持通报,2013,3(6):112－115.

[620]张长印,陈法杨.坡面水系工程技术应用研究[J].中国水土保持,2004,(10):19－21,49.

[621]张兆福,黄炎和,林金石,等.PAM特性对花岗岩崩岗崩积体径流及产沙的影响[J].水土保持研究,2014,21(3):1－5.

［622］张志宏．昆明市滇池流域石漠化及难造林地植被恢复技术初探［J］．绿色科技，2016，（24）：112－113．

［623］张志强，王礼先，洪惜英．晋西黄土区水土保持林造林整地工程效益的研究［J］．北京林业大学学报，1993，（2）：59－67．

［624］章梦涛，付奇峰，吴长文．岩质坡面喷混植生快速绿化新技术浅析［J］．水土保持研究，2000，7（3）：65－66．

［625］章明奎，韩常灿．浙江省丘陵土壤的抗蚀性［J］．浙江农业学报，2000，12（1）：25－30．

［626］长江水利委员会．长江中下游护岸工程65年［J］．水利水电快报，2017，（11）：4－8．

［627］赵爱军．小流域综合治理模式研究［D］．武汉：华中农业大学，2005．

［628］赵冬莲．江西省中小河流综合治理防洪工程及生态护坡的应用［J］．江西建材，2012，（6）：120－121．

［629］赵方莹，徐邦敬，周连兄，等．采石边坡生态修复技术组合模式研究［J］．中国水土保持，2006，（05）：28－30．

［630］赵鸿雁，吴钦孝，从怀军，等．黄土高原人工油松林枯枝落叶截留动态研究［J］．自然资源学报，2001，16（04）：381－385．

［631］赵辉．试论我国水土保持监测的类型与方法［J］．中国水土保持科学，2013，11（01）：46－50．

［632］赵家明．山区五小水利工程建设中存在的问题及发展对策［J］．工程技术研究，2018，（1）：181－182．

［633］赵建军，杨博．"两山论"是生态文明的理论基石［N］．中国环境报，2016年2月2日：第003版1－2．

［634］赵建民，鲁向晖，王荚文，等．梯田对红壤丘陵区土壤理化性质的影响及生态系统服务价值评价［A］，南方水土保持研究会2018年学术年会论文集［C］，南方水土保持研究会，2017：399－407．

［635］赵其国，黄国勤，马艳芹．中国南方红壤生态系统面临的问题及对策［J］．生态学报，2013，33（24）：7615－7622．

［636］赵其国，周生路，吴绍华，等．中国耕地资源变化及其可持续利用与保护对策［J］．土壤学报，2006，43（4）：662－672．

［637］赵其国主编．中国东部红壤地区土壤退化的时空变化、机理与调控［M］．北京：科学出版社，2002，112－131．

［638］赵小社，毕玉芬，孙涛，等．金沙江流域退耕还草对土壤物理性质的影响［J］．云南农业大学学报，2007，（5）：726－730＋735．

［639］赵晓彦，黄金河，周一文，等．坡面锚索与坡脚抗滑桩联合加固边坡设计方法［J］．西南交通大学学报，2017，52（3）：489－495．

[640] 赵雪莲. 应用遥感技术动态监测土壤侵蚀的研究[J]. 水土保持科技情报, 2003, (01): 27 – 28.

[641] 赵岩, 王治国, 孙保平, 等. 中国水土保持区划方案初步研究[J]. 地理学报, 2013, 68 (3): 307 – 317.

[642] 赵洋毅, 段旭. 滇东石漠化地区不同植被模式土壤渗透性研究[J]. 水土保持研究, 2014, 21(4): 45 – 49.

[643] 赵洋毅, 王玉杰, 王云琦, 等. 渝北水源区水源涵养林构建模式对土壤渗透性的影响 [J]. 生态学报, 2010, 30(15): 4162 – 4172.

[644] 赵永军. 生产建设项目水土保持方案编制技术[M]. 北京: 中国大地出版社, 2007.

[645] 赵永军. 生产建设项目水土流失防治技术综述[J]. 中国水土保持, 2007, (4): 47 – 50.

[646] 赵埠, 谢永生, 景民晓, 等. 生产建设项目弃土堆置体的类型与特征[J]. 中国水土保持 科学, 2013, 11(1): 88 – 94.

[647] 浙江省水利厅, 浙江省财政厅. 浙江省水利工程维修养护定额标准[R]. 杭州: 浙江省 水利厅、浙江省财政厅, 2016.

[648] 郑粉莉. 发生细沟侵蚀的临界坡长与坡度[J]. 中国水土保持, 1989(8): 25 – 26.

[649] 郑海金, 杨洁, 黄鹏飞, 等. 覆盖和草篱对红壤坡耕地花生生长和土壤特性的影响[J]. 农业机械学报, 2016, 47(4): 119 – 126.

[650] 郑海金, 杨洁, 汤崇军, 等. 不同水土保持耕作措施对径流泥沙与土壤碳库的影响[J]. 水土保持通报, 2011, 31(06): 1 – 4 + 10.

[651] 郑晓风. 秦州区梯田土坎稳定性及保护利用研究[J]. 甘肃水利水电技术, 2009, 45 (11): 62 – 63.

[652] 中共中央, 国务院. 关于加快推进生态文明建设的意见(中发[2015]12号). 北 京, 2015.

[653] 中国大百科全书出版社编辑部. 中国大百科全书(水利卷)[M]. 北京: 中国大百科全 书出版社, 1983.

[654] 中国环境报社编译. 迈向21世纪: 联合国环境与发展大会文件汇编[M]. 北京: 中国 环境出版社, 1992.

[655] 中国建筑标准设计研究院. 雨水综合利用(国家建筑标准设计图集, 10SS705)[S]. 北 京: 中国计划出版社, 2010.

[656] 中国水土保持公报编委会. 中国水土保持公报, 2018.

[657] 中国水土保持学会水土保持规划设计专业委员. 生产建设项目水土保持设计指南 [M]. 北京: 中国水利水电出版社, 2011.

[658] 中小河道治理经验学习调查组. 晋、陕、甘、鲁、予、鄂六省治河造地情况的调查[J]. 水 利水电技术, 1978, (01): 16 – 21.

[659]中野秀章著,李云森译. 森林水文学[M]. 北京:中国林业出版社,1983.

[660]钟莉娜. 农用地整理对区域生态系统服务的影响——以福建省建溪流域为例[D]. 北京:中国地质大学(北京),2018.

[661]钟壬琳,李钢. 浙江省水土保持监测站标准化管理实践[J]. 中国水土保持,2019,(03):33 – 35.

[662]钟壬琳. 浙江省水土保持监测站维修养护定额标准编制研究[J]. 中国水土保持,2019,(11):7 – 8 + 9.

[663]钟中,董婕. 防护林气象效应研究的现状[J]. 气象科技,1997,(4):59 – 63.

[664]周国逸. 生态系统水热原理及其应用[M]. 北京:气象出版社,1997.

[665]周航,袁洪洲,张陆军,等. 江淮丘陵及下游平原区水保分区防治途径探讨[J]. 人民长江,2013,44(19):81 – 84.

[666]周航. 沿海港口工程建设方案水土保持评价与防治措施[J]. 中国水土保持科学,2014,12(1):96 – 101.

[667]周继,陈晓燕,谢德体,等. 土壤改良剂聚丙烯酰胺对紫色土物理性质及其空间变异的影响[J]. 水土保持学报,2009,23(6):171 – 177.

[668]周丽丽,蔡丽平,马祥庆,等. 不同发育阶段杉木人工林凋落物的生态水文功能[J]. 水土保持学报,2012,26(05):249 – 253.

[669]周萍,文安邦,贺秀斌,等. 三峡库区生态清洁小流域综合治理模式探讨[J]. 人民长江,2010,41(21):85 – 88.

[670]周清,王翠红,郭朝晖,等. 湖南省丘岗红壤抗冲性能研究[J]. 湖南农业大学学报(自然科学版),2001,27(3):202 – 204.

[671]周涛,谌芸,王润泽,等. 种草和施用聚丙烯酰胺对荒坡紫色土抗剪和抗蚀性能的影响研究[J]. 草业学报,2019,28(3):62 – 73.

[672]周文芳. 严重侵蚀退化马尾松林地植被恢复土壤制约性因子及调控研究[D]. 福州:福建师范大学,2015.

[673]周晓晨,李永梅,王自林,等. 坡耕地红壤农作物根系与团聚体稳定性的关系[J]. 山西农业学报(自然科学版),2017,37(11):818 – 824.

[674]周跃. 高山峡谷区云南松林七壤侵蚀控制的水文效应[J]. 土壤侵蚀与水土保持学报,1998,4(3):31 – 38.

[675]朱波,陈实,游祥,等. 紫色土退化旱地的肥力恢复与重建[J]. 土壤学报,2002,3(95):743 – 749.

[676]朱丽琴,黄荣珍,易志强,等. 红壤侵蚀地不同植被恢复模式"土壤水库"特征研究[J]. 南昌工程学院学报,2016,35(6):29 – 34.

[677]朱林. 项目区梯田工程设计分析[J]. 河南水利与南水北调,2018,47(10):68 – 69.

[678] 朱太芳. 生产建设项目水土保持方案编制要考虑水流失[J]. 中国水土保持,2006, (6):8-10.

[679] 朱显谟. 抢救"土壤水库"实为黄土高原生态环境综合治理与可持续发展的关键——四论黄土高原国土整治28字方略[J]. 水土保持学报,2000,14(1):1-6.

[680] 朱显谟. 重建土壤水库是黄土高原治本之道[J]. 中国科学院院刊,2006,21(4): 320-324.

[681] 朱秀迪,丁文峰,张冠华,等. 新型水溶性聚氨酯对紫色土坡面产流产沙的影响[J]. 长江科学院院报,2018,35(1):47-51.

[682] 朱显谟,田积莹. 强化黄土高原土壤渗透性及抗冲性的研究[J]. 水土保持学报,1993, 7(3):1-10.

[683] 朱学雷,颜超. 生物多样性研究浅述[J]. 江苏林业科技,2006,33(3):45-48.

[684] 邹浩,王章琼,陈金国,等. 花岗岩采石场高陡硬岩壁复绿难点与对策[J]. 资源环境与工程,2019,33(2):237-240.

[685] 邹晓东. 城市绿地系统的空气净化效应研究[D]. 上海:上海交通大学,2007.

[686] 邹长新,王燕,王文林,等. 山水林田湖草系统原理与生态保护修复研究[J]. 生态与农村环境学报,2018,34(1):961-967.

[687] 左其亭,王中根. 现代水文学[M]. 郑州:黄河水利出版社,2002.

[688] Baryla A. Ridged terraces – Functions,construction and use [J]. Journal of Environmental Engineering and Landscape Management,2008,16(2):35-47.

[689] Brodowski S,John B,Flessa H,et al. Aggregate – occluded black carbon in soil [J]. European Journal of Soil Science,2006,57(4):539-546.

[690] Daly KR,Mooney SJ,Bennett MJ,et al. Assessing the influence of the rhizosphere on soil hydraulic properties using X – ray computed tomography and numerical modelling [J]. Journal of Experimental Botany. 2015,66(8):2305-2314.

[691] DB3502/Z 5011-2016. 厦门市海绵城市建设工程材料技术标准(试行)[S]. 厦门:厦门市建设局、质量技术监督局,2016.

[692] DBJ/T 15-118-2016. 建筑余泥渣土受纳场建设技术规范[S]. 广州:广东省住房和城乡建设厅,2016.

[693] Evaristo J,McDonnell JJ. Global analysis of streamflow response to forest management [J]. Nature,2019,570 (7762):455-461.

[694] Fu SH,Liu BY,Liu HP,et al. The effect of slope on interrill erosion at short slopes [J]. Catena,2011,84(1-2):29-34.

[695] Gambolati G,Teatini P,Gonella M. GIS simulations of the inundation risk in the coastal lowlands of the Northern Adriatic Sea [J]. Mathematical and Computer Modelling,2002,35

（9）:963 – 972.

［696］Glaser B, Lehmann J, Zech W. Ameliorating physical and chemical properties of highly weathered soils in the tropics with charcoal: A review ［J］. Biology and Fertility of Soils, 2002,35(4):219 – 230.

［697］Goebes P. Mechanisms of Soil Erosion in Subtropical Forests of China – Effects of Biodiversity, Species identity, Tree architecture and Spatial variability on Erosivity［D］. Eberhard Karls Universit？ t Tübingen,2015.

［698］Hassan G, Khan NU, Munir M. Efficacy of herbicides on weed density and grain yield of no till wheat ［J］. International Journal of Biology and Biotechnology,2006,3(1):209 – 213.

［699］Hedgcock D. Water sensitive residential design: the challenge unfolds［C］. Water Sensitive Urban Design: Proceedings of a Seminar Held at Wanneroo(Western Australian WaterResource Council Publication). Perth, Australia: The Institute, Western Australian Division, 1991:49 – 59.

［700］Jefferies C, Duffy A, Berwick N, et al. Sustainable Urban Drainage Systems (SUDS)treatment train assessment tool ［J］. Water Sci Technol,2009,60(5):1233 – 1240.

［701］Jiang MH, Lin TC, Pei – Jen Lee Shaner, et al. Understory interception contributed to the convergence of surface runoff between a Chinese fir plantation and a secondary broadleaf forest ［J］. Journal of Hydrology,2019,574:862 – 871.

［702］Jiao JY, Tzanopoulos J, Panteleimon Xofis, et al. Can the study of natural vegetation succession assist in the control of soil erosion on abandoned croplands on the Loess Plateau, China? ［J］. Restoration Ecology,2007,15(3):391 – 399.

［703］JTG F40 – 2004. 公路沥青路面施工技术规范［S］. 北京:中华人民共和国交通部,2004.

［704］Karhu K, Mattila T, Bergstrom I, et al. Biochar addition to agricultural soil increased CH_4 uptake and water holding capacity: Results from short – term pilot field study ［J］. Agriculture, Ecosystem and Environment,2011,140(1/2):309 – 313.

［705］Lal R. Conservation tillage for sustainable agriculture: tropics versus temperate environments ［J］. Advances in Agronomy,1989,42:85 – 197.

［706］Lehmann J, Kinyangi J, Solomon D. Organic matter stabilization in soil microaggregates – implications from spatial heterogeneity of OC contents and carbon forms ［J］. Biogeochemistry, 2007,85:45 – 57.

［707］Leys A, Govers G, Gillijns K, et al. Scale effects on runoff and erosion losses from arable land under conservation and conventional tillage: The role of residue cover ［J］. Journal of Hydrology,2010,390(3):143 – 154. Sandal SK, Datt N, Sharma RP, et al. Effect of resource conservation technologies with common weed biomass and fertilizer levels on soil moisture content, productivity and nutrient content and uptake of maize (*Zea mays*) in wet temperate zone of Himachal Pradesh [J]. Indian Journal of Agriculture Science,2009,79(7):545 – 548.

[708]Li P,Li Z,Cheng S. Quantitative studies of the effectiveness of perennial grass on soil and water conservation [J]. Bridges,2014,485:93 – 102.

[709]Moran A,Hunt B,Smith J. Hydrologic and water quality performance from green roofs in Goldsboro and Raleigh,North Carolina[A]. In Proc. of 3rd North American Green Roof Conference[C]. Washington:Greening Rooftops for Sustainable Communities,2005.

[710]Morgna RPC. The European soil erosion model:an update on its structure and research base. In:Riekson R (ed) ,Conservating soil Resources:European perspectives. CAB international,Cambridge,1994,286 – 299.

[711]PJ Coombes, G Kuczera, J Argue,et al. Water Sensitive Urban Redevelopment [C]. Hydra Storm 98,Engineers Australia. 1998.

[712]Putuhena WM,Cordery I. Estimation of interception capacity of the forest floor [J]. Journal of Hydrology,1996,180(1 – 4):283 – 299.

[713]Qu L,Huang YY,Ma K,et al. Effects of plant cover on properties of rhizosphere andinter – plant soil in a semiarid valley, SW China [J]. Soil Biology and Biochemistry, 2016, 94:1 – 9.

[714]Ribolzi O,Patin J,Bresson LM,et al. Impact of slope gradient on soil surface features and infiltration on steep slopes in northern Laos [J]. Geomorphology,2014,127(1 – 2):53 – 63.

[715]Saggar S,Yeates G. W,Shepherd Yeates,et al. Cultivation effects on soil biological properties,microfauna and organic matter dynamics in Eutric Gleysol and Gleyic Luvisol soils in New Zealand [J]. Soil & Tillage Research,2001,58 (1):55 – 68.

[716]Sarah M. Walker,Paul V. Desanker. The impact of land use on soil carbon in Miombo Woodlands of Malawi [J]. Forest Ecology and Management. 2004,203 (1):345 – 360.

[717]Sriprapat W,Boraphech P,Thiravetyan P,et al. Factors affecting xylene – contaminated air removel by the ornamental plant Zamioculcas zamiifolia [J]. Environmental Science and Pollution Research,2014,21(4):2603 – 2610.

[718]Swank WT,Douglass JE. Streamflow Greatly Reduced by Converting Deciduous Hardwood Stands to Pine [J]. Science,1974,185:857 – 859.

[719]Sweetingmm. Karst in China[M]. Springer Berlin Heidelberg,1995.

[720]Valente F,David JS,Gash JHC. Modelling interception loss for two sparse eucalypt and pine forests in central Portugal using reformulated Rutter and Gash analytical models [J]. Journal of Hydrology,1997,190(1):141 – 162.

[721] Wolverton BC, Rebecca C, Mcdonald EA, et al. Foliage Plants for removing indoor airpollutants from energy – efficient homes [J]. Economic Botany, 1984, 38(2):224 – 228.

[722] Xu C, Yang ZJ, Qian W, et al. Runoff and soil erosion responses to rainfall and vegetation cover under various afforestation management regimes in subtropical montane forest [J]. Land Degradation and Development, 2019, 30(14):1711 – 1724.

[723] Yang Y, Wang LX, Yang ZJ, et al. Large ecosystem service benefits of assisted natural regeneration [J]. Journal of Geophysical Research: Biogeosciences, 2018, 123:676 – 687.

[724] GB 3838 – 2002. 地表水环境质量标准[S]. 北京:中华人民共和国环境保护总局、质量监督检验检疫总局, 2002.

[725] GB 50014 – 2006. 室外排水设计规范[S]. 北京:中华人民共和国建设部, 2006.

[726] GB 50318 – 2017. 城市排水工程规划规范[S]. 北京:中华人民共和国住房与城乡建设部、国家质量监督检验检疫总局, 2017.

[727] GB 50400 – 2016. 建筑与小区雨水控制与利用工程技术规范[S]. 北京:中华人民共和国住房与城乡建设部、质量监督检验检疫总局, 2016.

[728] GB 50420 – 2007. 城市绿地设计规范[S]. 北京:中华人民共和国住房与城乡建设部、质量监督检验检疫总局, 2007.

[729] GB 50433 – 2008. 开发建设项目水土保持技术规范[S]. 中华人民共和国建设部、质量监督检验检疫总局, 2008

[730] GB 50433 – 2018. 生产建设项目水土保持技术标准[S]. 北京:中华人民共和国住房和城乡建设部、市场监督管理总局, 2018.

[731] GB 50513 – 2009. 城市水系规划规范[S]. 北京:中华人民共和国住房与城乡建设部、质量监督检验检疫总局, 2009.

[732] GB 51192 – 2016. 公园设计规范[S]. 北京:中华人民共和国住房与城乡建设部、质量监督检验检疫总局, 2016.

[733] GB/T 15782 – 2009. 营造林总体设计规程[S]. 北京:中华人民共和国林业局, 2001.

[734] GB/T 16453.1 – 16453.6 – 2008. 水土保持综合治理技术规范[S].

[735] GB/T 18316—2008. 数字测绘成果质量检查与验收[S]. 北京:中华人民共和国质量监督检验检疫总局、标准化管理委员会, 2008.

[736] GB/T 18337.3 – 2001. 生态公益林建设技术规程[S]. 北京:中华人民共和国林业局, 2001.

[737] GB/T 26903 – 2011. 水源涵养林建设规范[S].

[738] GB/T 51345 – 2018. 海绵城市建设评价标准[S]. 北京:中华人民共和国住房与城乡建设部、质量监督检验检疫总局, 2018.

[739] GB/T50805 – 2012. 城市防洪工程设计[S]. 北京:中国计划出版社, 2012.

［740］GB/T50885 – 2013. 水源涵养林工程设计规范［S］.

［741］GB50180 – 2018. 城市居住区规划设计标准［S］. 北京：中华人民共和国住房和城乡建设部,2018.

［742］GB8076 – 2008. 混凝土外加剂［S］. 北京：中华人民共和国质量监督检验检疫总局、中国国家标准化管理委,2008.

［743］CECS 244:2008. 砂基透水砖工程施工及验收规程［S］. 北京：中国工程建设标准化协会,2008.

［744］CH/Z 3003—2010. 低空数字航空摄影测量内业规范［S］. 北京：中华人民共和国测绘局,2010.

［745］CH/Z 3004—2010. 低空数字航空摄影测量外业规范［S］. 北京：中华人民共和国测绘局,2010.

［746］CH/Z 3005—2010. 低空数字航空摄影规范［S］. 北京：中华人民共和国测绘局,2010.

［747］CJ/T 340 – 2016. 绿化种植土壤［S］. 北京：中华人民共和国住房与城乡建设部,2016.

［748］CJJ 37 – 2012. 城市道路工程设计规划规范［S］. 北京：中华人民共和国住房和城乡建设部,2016.

［749］CJJ 83 – 2016. 城市用地竖向规划规范［S］. 北京：中华人民共和国住房和城乡建设部,2016.

［750］CJJ/T 190 – 2012. 透水沥青路面技术规程［S］. 北京：中华人民共和国住房与城乡建设部,2012.

［751］SL 104 – 1995. 水利工程水利计算规范［S］. 北京：中国人民共和国水利部,1995.

［752］SL 204 – 1998. 生产建设项目水土保持方案技术规范［S］. 北京：中国人民共和国水利部,1998.

［753］SL 269 – 2001. 水利水电工程沉沙池设计规范［S］. 北京：中国人民共和国水利部,2001.

［754］SL 277 – 2017. 水土保持监测技术规程［S］. 北京：中国人民共和国水利部,2017.

［755］SL 336 – 2006. 水土保持工程质量评定规程［S］. 北京：中国人民共和国水利部,2006.

［756］SL 534 – 2013. 生态清洁小流域建设技术导则［S］. 北京：中国人民共和国水利部,2013.

［757］SL 575 – 2012. 水利水电工程水土保持技术规范［S］. 北京：中国人民共和国水利部,2012.

A

阿丁枫 *Altingia chinensis* （Champ.） Oliver ex Hance

桉树 *Eucalyptus robusta* Smith

岸杂狗牙根 *Cynodon dactylon* （L.） Pers.

B

八角 *Illicium verum* Hook. f.

芭茅 *Miscanthus floridulus* （Lab.） Warb. ex Schum et Laut.

白花刺(落懂端) *Rosa cymosa* Tratt.

白桦 *Betula platyphylla* Suk.

白蜡 *Fraxinus chinensis* Roxb.

白栎 *Quercus fabri* Hance

白茅 *Imperata cylindrica* （L.） Beauv.

白三叶 *Trifolium repens* L.

白檀 *Symplocos paniculata* （Thunb.） Miq.

白头树 *Garuga forrestii* W. W. Sm.

白榆 *Ulmus pumila* L.

白玉兰 *Magnolia denudata* Desr.

百喜草 *Paspalum notatum* Flugge

柏木 *Cupressus funebris* Endl.

稗草 *Echinochloa crusgali* （L.） Beauv.

板栗 *Castanea mollissima* Bl.

薄壳山核桃 *Carya illinoensis* （Wangenh.） K. Koch

报春花 *Primula malacoides*

北沙柳 *Salix psammophila* C. Wang et C. Y. Yang

扁豆 *Lablab purpureus* （L.） Sweet

变色牵牛 *Ipomoea indica* （Burm.） Merr.

槟榔 *Areca catechu* L.

冰草 *Agropyron cristatum* （L.） Gaertn.

菠萝 *Cryptanthus aca*

C

草莓 *Fragaria ananassa*

草木犀 *Melilotus officinalis* （L.） Pall.

侧柏 *Platycladus orientalis* （L.） Franco

茶 *Camellia sinensis*

茶杆竹 *Pseudosasa amabilis* （McClure） Keng f.

茶树 *Pistacia chinensis* Bunge

茶条木 *Delavaya toxocarpa* Franch.

檫木 *Sassafras tzumu* （Hemsl.） Hemsl.

常春藤 *Hedera nepalensis* K. Koch var. *sinensis* （Tobl.） Rehd.

车桑子 *Dodonaea viscosa* Jacquem.

柽柳 *Tamarix chinensis* Lour.

橙 *Citrus junos* Siebold ex Tanaka

池杉 *Taxodium ascendens* Brongn

赤桉 *Eucalyptus camaldulensis* Dehnh.

赤杨 *Alniphyllum eberhardtii* Guillaumin

翅荚木 *Zenia insignis* Chun

冲天柏 *Cupressus duclouxiana* Hickel

臭椿 *Ailanthus altissima* （Mill.） Swingle

川滇桤木 *Alnus ferdinandi－coburgii* Schneid

川楝 *Melia azedarach* L.

川西云杉 *Picea likiangensis* （Franch） Pritz var. *balfouriana* （Rehd. et Wils.） Hillier ex Slavin

串叶松香草 *Silphium perfoliatum* L.

垂柳 *Salix babylonica* L.

慈竹 *Neosinocalamus affinis*（Rendle）Keng f.

刺槐 *Robinia pseudoacacia* L.

刺栲 *Castanopsis hystrix* Miq.

刺蔷薇 *Rosa acicularis* Lindl.

刺球花（金合欢）*Acacia farnesiana*（L.）*Willd.*

刺桐 *Erythrina variegata* L.

D

大豆 *Glycine max*（L.）Merr.

大蕉 *Musa sapientum*

大结豆 *Macrotyloma axillare*（E. Mey.）Verdc.

大叶桉 *Eucalyptus robusta* Smith

大叶合欢 *Archidendron turgidum*（Merr.）I. C. Nielsen

大叶栎 *Quercus griffithii* Hook. f. et Thoms. ex Miquel

大叶女贞 *Ligustrum compactum*（Wall. ex G. Don）Hook. f.

大叶千斤拔 *Flemingia macrophylla*（Willd.）Prain

大叶相思 *Acacia auriculiformis* A. Cunn. ex Benth.

大翼豆 *Macroptilium lathyroides*（L.）Urban

淡竹 *Phyllostachys glauca* McClure

灯台树 *Cornus controversa* Hemsl.

迪德式乌檀 *Nauclea diderrichii*

地石榴 *Ficus tikoua* Bur.

滇柏 *Cupressus duclouxiana* Hickel

滇合欢 *Albizia kalkora*（Roxb.）Prain

滇椒 *Capsicum annuum* L.

滇榄仁 *Terminalia franchetii* Gagnep.

滇青冈 *Cyclobalanopsis glaucoides* Schotky

滇杨 *Populus yunnanensis* Dode

吊兰 *Chlorophytum comosum*

吊丝竹 *Dendrocalamus minor*（McClure）Chia et H. L. Fung

吊竹 *B. guangxiensis* Chia rt H. L. Fung

丁香 *Syringa oblata Lindl.*

冬青 *Ilex chinensis* Sims

冬樱花 *Prunus cerasoides* var. *majestica*（Koehne）Ingram

杜鹃 *Rhododendron simsii* Planch.

杜英 *Elaeocarpus decipiens* Hemsl.

杜仲 *Eucommia ulmoides* Oliv.

短命树（山黄麻）*Trema tomentosa*（Roxb.）Hara

多花黑麦草 *Lolium multi – florum*

多花木兰 *Yulania multiflora*（M. C. Wang et C. L. Min）D. L. Fu

E

鹅肠草 *Malachium aquaticum*（L.）Fries

鹅耳枥 *Carpinus turczaninowii* Hance

鹅掌楸 *Liriodendron chinense*（Hemsl.）Sarg.

饿蚂蟥 *Desmodium multiflorum* DC.

耳叶相思 *Acacia auriculiformis* A. Cunn. ex Benth.

F

番木瓜 *Carica papaya* L.

番石榴 *Psidium guajava* L.

番薯 *Ipomoea batatas*（L.）Lam

非洲狗尾草 *Setaria anceps* Stapf cv.

肥田萝卜 *Rapphanus sativus* L.

枫香 *Liquidambar formosana* Hance

枫杨 *Pterocarya stenoptera* C. DC.

凤凰木 *Delonix regia*（Bojer ex Hook.）Raf.

凤梨 *Ananas comosus*（L.）Merr.

G

甘蔗 *Saccharum officinarum*

柑橘 *Citrus reticulata* Blanco

刚竹 *Phyllostachys sulphurea*（Carr.）A. ′Viri-dis′

高粱 *Sorghum bicolor*（L.）Moench

高山栲 *Castanopsis delavayi* Franch.

高山栎 *Quercus semecarpifolia* Smith

高山松 *Pinus densata* Mast.

高羊茅 *Festuca elata* Keng ex E. Alexeev

格木 *Erythrophleum fordii* Oliv.

葛藤 *Argyreia pierreana* Bois

珙桐 *Davidia involucrata* Baill.

狗牙根 *Cynodon dactylon*（L.）Pers.

构树 *Broussonetia papyrifera*

灌木柳 *Salix saposhnikovii* A. K. Skvortsov

光皮桦 *Betula luminifera* H. Wikl.

光叶含羞草 *Mimosa sepiaria* Benth.

光叶苕子 *Vicia villosa* Roth.

光叶紫花苕 *Vicia Sativa* L.

桂林紫薇 *Lagerstroemia guilinensis* S. K. Lee et L. F. Lau

桧柏 *Sabina chinensis*（L.）Ant.

国槐 *Sophora japonica* L.

H

海刀豆 *Canavalia maritima*（Aubl.）Thou.

海杧果 *Cerbera manghas* L.

旱冬瓜 *Alnus nepalensis* D. Don

旱莲 *Magnolia soulangeana*

旱柳 *Salix matsudana* Koidz.

旱茅 *Eremopogon delavayi*（Hack.）A. Camus

蒿柳 *Salix schwerinii* E. L. Wolf

合果宇 *Syngonium podophyllum*

合欢 *Albizia julibrissin* Durazz.

核桃 *Juglans regia*

黑麦草 *Lolium perenne* L.

黑松 *Pinus thunbergii* Parl.

红苞木 *Rhodoleia championii* Hook. f.

红椿 *Toona ciliata* M. Roem.

红果钓樟 *Lindera erythrocarpa* Makino

红荷 *Paeonia suffruticosa*

红桦 *Betula albosinensis* Burk

红李 *Prunus simonii* Carr.

红树 *Rhizophora apiculata* Blume

红树莓 *Rubus idaeus* L.

红锥 *Castanopsis hystrix* A. DC.

厚荚相思（粗果相思）*Acacia crassicarpa* Benth.

厚朴 *Houpoea officinalis* Rehd. et Wils.

狐尾藻 *Myriophyllum verticillatum* L.

胡椒 *Piper nigrum* L.

胡桃 *Juglans regia*

胡枝子 *Lespedeza bicolor* Turcz.

槲栎 *Quercus aliena* Blume

蝴蝶果 *Cleidiocarpon cavaleriei*（Lévl.）Airy – Shaw

花椒 *Zanthoxylum bungeanum* Maxim.

花生 *Arachis hypogaea* L.

华山松 *Pinus armandii* Franch.

化香 *Platycarya strobilacea* Sieb. et Zucc

皇竹草 *Pennisetum sinese* Roxb

黄花菜 *Hemerocallis citrina* Baroni

黄槐 *Senna surattensis* Burm. f.

黄槿 *Hibiscus tiliaceus* L.

黄荆 *Vitex negundo* L.

黄连木 *Pistacia chinensis* Bunge

黄毛青冈 *Cyclobalanopsis delavayi*（Franchet）Schottky

黄茅 *Heteropogon contortus*（L.）P. Beauv. ex Roem. et Schult.

黄皮果 *Clausena lansium*（Lour.）Skeels

黄杞 *Engelhardtia roxburghiana*

黄山栾树 *Koelreuteria bipinnata* Franch. var. *integrifoliola*（Merr.）T. Chen

黄山松 *Pinus taiwanensis* Hayata

黄杉 *Pseudotsuga sinensis* Dode

黄檀 *Dalbergia hupeana* Hance

黄杨 *Buxus sinica*（Rehd. et Wils.）Cheng

黄樟 *Cinnamomum parthenoxylon*（Jack）Ness

黄栀子 *Gardenia jasminoides* Ellis

灰木莲 *Magnolia sumatrana* var. *glauca*（Blume）Figlar & Noot.

火棘 *Pyracantha fortuneana*（Maxim.）H. L. Li

火炬树 *Rhus Typhina* Nutt

火炬松 *Pinus taeda* L.

火力楠 *Michelia macclurei* Dandy

火绒草 *Leontopodium leontopodioides*（Willd.）Beauverd

藿香蓟 *Ageratum conyzoides*

J

鸡脚草 *Dactylis glomerata* L.

加勒比松 *Pinus caribaea* Morelet

加拿大杨树 *Populus* × *canadensis* Moench.

夹竹桃 *Nerium oleander* L.

假杜鹃 *Barleria cristata* L.

假俭草 *Eremochloa ophiuroides*（Munro）Hack.

假鹰爪 *Desmos chinensis* Lour.

坚尼草 *Panicum maximum* Jacq.

菅草 *Themeda japonica*（Willd.）Tanaka

剑麻 *Agave sisalana* Perr. ex Engelm.

箭苦豌豆 *Vicia sativa* L.

箭竹 *Sinarundinaria nitida*（Mitf. ex Stapf）Nakai

茭白 *Zizania latifolia*（Griseb.）Stapf

截叶胡枝子 *Lespedeza cuneata*（Dum. – Cours.）G. Don

金合欢 *Vachellia farnesiana*（L.）Wight & Arn.

金鸡菊 *Coreopsis drummondii* Torr. et Gray

金橘 *Citrus japonica* Thunb.

金钱松 *Pseudolarix amabilis*（Neldon）Rehd.

金荞麦 *Rhizoma Fagopyri* Dibotryis

金丝小枣 *Ziziphus jujuba*

金银花 *Lonicera japonica* Thunb.

金樱子 *Rosa laevigata* Michx.

锦鸡儿 *Caragana sinica*（Buchoz）Rehder

榉树 *Zelkova serrata*（Thunb.）Makino

巨尾桉 *Eucalyptus grandis* W. Hill. ex Maiden

绢毛蔷薇 *Rosa sericea* Lindl.

绢毛相思 *Acacia holosericea* G. Don

咖啡树 *Coffea arabica* L.

K

孔颖草 *Bothriochloa pertusa*（L.）A. Camus

苦草 *Vallisneria natans*（Lour.）Hara

苦刺 *Solanum deflexicarpum* C. Y. Wu et S. C. Huang

苦栎 *Quercus laevis* Walt.

苦楝 *Melia azedarach* L.

苦槠 *Castanopsis sclerophyllus*（Lindl.）Schott.

宽叶雀稗 *Paspalum wetsfeteini* Hackel.

昆明朴 *Celtis tetrandra* Roxb.

L

蓝桉 *Eucalyptus globulus* Labill.

蓝果树 *Nyssa sinensis* Oliv.

榄仁树 *Terminalia catappa* L.

狼尾草 *Pennisetum alopecuroides* （L.）Spreng.

老鼠耳 *Berchemia lineata* （L.）DC.

勒仔树（光荚含羞草）*Mimosa sepiaria*

雷林 1 号桉 *Eucalyptus leizhouensis* No. 1

类芦 *Neyraudia reynaudiana* （Kunth）Keng ex Hitchc.

冷杉 *Abies fabri* （Mast.）Craib

藜蒴 *Castanopsis fissa* （Champ. ex Benth.）Rehd. et Wils.

李 *Prunus salicina* Lindl.

荔枝 *Litchi chinensis* Sonn.

莲藕 *Nelumbo nucifera*

辽东栎 *Quercus liaotungensis*

蓼 *Polygonum* spp.

柳杉 *Cryptomeria fortunei* Hooibrenk ex Otto et Dietr.

柳树 *Salix babylonica*

六月雪 *Serissa japonica* （Thunb.）Thunb.

龙须草 *Eulaliopsis binata* （Retz.）C. E. Hubb.

龙须藤 *Bauhinia championii* Benth.

龙眼 *Dimocarpus longana* Lour.

窿缘桉 *Eucalyptus exserta* F. Muell.

芦苇 *Phragmites australis* （Cav.）Trin. ex Steud.

芦苇 *Phragmites communis*

芦竹 *Arundo donax* L.

露兜 *Pandanus tectorius* Sol.

栾树 *Koelreuteria paniculata* Laxm.

罗望子 *Tamarindus indica* L.

落叶松 *Larix gmelinii* （Ruprecht）Kuzeneva

落羽杉 *Taxodium distichum* （L.）Rich.

绿肥油菜 *Brassica campestris* L.

绿狐尾藻 *Myriophyllum elatinoides* Gaudich

M

麻疯树 *Jatropha curcas* L.

麻栎 *Quercus acutissima* Carr.

马褂木 *Liriodendron chinense* Sarg

马棘 *Indigofera bungeana* Walp.

马铃薯 *Solanum tuberosum* ）

马桑 *Coriaria nepalensis* Wall.

马蹄荷 *Exbucklandia populnea* （R. Br.）R. W. Brown

马尾松 *Pinus massoniana* Lamb.

马占相思 *Acacia mangium* Willd.

芒 *Miscanthus sinensis* Anderss.

芒果 *Mangifera indica* L.

芒萁 *Dicranopteris dichotoma* （Thunb.）Berhn.

芒竹（绵竹）*Bambusa intermedia* Hsueh et Yi

毛白杨 *Populus tomentosa* Carr.

毛花雀稗 *Paspalum dilatatum* Poir

毛桤木 *Alnus lanata* Duthie ex Bean

毛叶苕子 *Vicia villosa* Roth

毛竹 *Phyllostachys heterocycla* （Carr.）Mitford cv. Pubescens Mazel ex H. de leh.

茅栗 *Castanea seguinii* Dode

玫瑰茄 *Hibiscus sabdariffa* L.

美国山核桃 *Carya illinoensis*

美人蕉 *Canna indica* L.

美杨（钻天杨）*Populus nigra* L. var. *italica* （Moench）Koehne

蒙自桤木 *Alnus napalensis* Kali

米碎叶 *Decaspermum gracilentum* （Hance）

Merr. et Perry

米槠 *Castanopsis carlesii*（Hemsl.）Hayata.

密枝杜鹃 *Rhododendron fastigiatum* Franch.

墨西哥柏 *Cupressus lusitanica* Mill.

木菠萝 *Artocarpus heterophyllus* Lam.

木豆 *Cajanus cajan*（L.）Millsp.

木瓜 *Chaenomeles sinensis*（Thouin）Koehne

木荷 *Schima superba* Gardner et Champ.

木蝴蝶 *Oroxylum indicum*（L.）Kurz.

木姜子 *Litsea pungens* Hemsl.

木麻黄 *Casuarina equisetifolia* Forst.

木棉 *Bombax ceiba* L.

苜蓿 *Medicago falcata* L.

N

南瓜 *Cucurbita moschata*（Duch. ex Lam.）Duch. ex Poiret

南华李 *Prunus salicina* Lindl.

南岭黄檀 *Dalbergia balansae* Prain

南酸枣 *Choerospondias axillaris*（Roxb.）Burtt et Hill

南亚松 *Pinus latteri* Mason

楠木 *Phoebe zhennan* S. K. Lee et F. N. Wei

柠檬 *Citrus limon*

柠檬桉 *Eucalyptus citriodora* Hook. f.

牛耳枫 *Daphniphyllum calycinum* Benth.

牛角瓜 *Calotropis gigantea*（L.）W. T. Aiton

牛筋草 *Eleusine indica*

牛筋树 *Aphananthe aspera*（Thunb.）Planch.

牛尾草 *Rabdosia ternifolia*

扭肚藤 *Jasminum elongatum*（Bergius）Willd.

扭黄茅 *Heteropogon contortus*（L.）P. Beauv. ex Roem. et Schult.

女贞 *Ligustrum lucidum* W. T. Aiton

P

爬柳（杯腺柳）*Salix cupularis* Rehd.

爬墙虎 *Parthenocissus tricuspidata*

泡桐 *Paulowinia fortunei*（Seem.）Hemsl.

蟛蜞菊 *Sphagneticola calendulacea*（L.）Pruski

枇杷 *Eriobotrya japonica*（Thunb.）Lindl.

苹果 *Malus pumila* Mill.

铺地木蓝 *Indigofera spicata* Forssk

葡萄 *Vitis vinifera* L.

蒲葵 *Livistona chinensis* R. Br.

朴树 *Celtis sinensis* Pers.

Q

七叶树 *Aesculus chinensis* Bunge

桤木 *Alnus cremastogyne* Burk

漆树 *Toxicodendron vernicifluum*（Stokes）F. A. Barkl.

脐橙 *Citrus sinensis* Osb. var. *brasliliensis* Tanaka

杞柳 *Salix integra* Thunb. in Murray

槭树 *Acer saccharum* Marsh

千斤拔 *Flemingia*

千年桐 *Vernicia montana* Lour.

千屈菜 *Lythrum salicaria* L.

蔷薇 *Rosa multifolora* Thunb

青冈栎 *Cyclobalanopsis glauca*（Thunb.）Oerst.

青檀 *Pteroceltis tatarinowii* Maxim.

青杨 *Populus cathayana* Rehder

青枣 *Drypetes cumingii*（Baill.）Pax et Hoffm.

清香木 *Pistacia weinmannifolia* J. Poiss. ex Franch.

楸树 *Catalpa bungei* C. A. Mey

球花石楠 *Photinia glomerata* Rehder et E-

. H. Wilson in Sarg.

雀稗 *Paspalum thunbergii* Kunth ex Steud.

R

任豆 *Zenia insignis* Chun

绒毛白蜡 *Fraxinus chinensis* Roxb.

肉桂 *Cinnamomum cassia* Presl

S

三角枫 *Urena procumbens* L.

三桠 *Lindera obtusiloba*

三叶草 *Trifolium subterraneum* L.

桑树 *Morus alba* L.

山苍子 *Litsea cubeba*（Lour）Pers.

山茶 *Camellia japonica* L.

山杜英 *Elaeocarpus sylvestris*（Lour.）Poir. in Lamarck

山合欢 *Albizia kalkora*（Roxb.）Prain

山核桃 *Carya cathayensis*

山胡椒 *Lindera glauca*（Sieb. et Zucc.）Bl.

山黄麻 *Trema tomentosa*（Roxb.）H. Hara

山毛豆 *Oxytropis hirta* Bunge

山毛榉 *Fagus longipetiolata*

山石榴 *Catunaregam spinosa*（Thunb.）Tirveng.

山乌桕 *Sapium discolor*（Champ. ex Benth.）Muell. – Arg.

山杨 *Populus davidiana* Dode

山茱萸 *Cornus officinalis*（Sieb. et Zucc.）Nakai

杉木 *Cunninghamia lanceolata*（Lamb.）Hook.

蛇藤 *Colubrina asiatica*（L.）Brongn.

深山含笑 *Michelia maudiae* Dunn

湿地松 *Pinus elliottii* Engelm.

石斑木 *Rhaphiolepis indica*（L.）Lindl.

石栎 *Lithocarpus glaber*（Thunb.）Nakai

石榴 *Punica granatum* L.

石楠 *Photinia serratifolia*（Desf.）Kalkman

石梓 *Gmelina chinensis* Benth.

柿树 *Diospyros kaki* Thunb.

首冠藤 *Bauhinia corymbosa* Roxb. ex DC.

栓皮栎 *Quercus variabilis* Bl.

双穗雀稗 *Paspalum paspaloides*（Michx.）Scribn.

水稻 *Oryza sativa* L.

水冬瓜 *Alnus sibirica* Fisch. ex Turcz

水冬瓜树（尼泊尔桤木）*Alnus nepalensis* D. Don

水浮莲 *Pistia stratiotes* L.

水葫芦（凤眼莲）*Eichhornia crassipes*

水花生（空心莲子草）*Alternanthera philoxeroides*

水马桑 *Coriaria nepalensis* Wall.

水杉 *Metasequoia glyptostroboides* Hu et W. C. Cheng

水松 *Glyptostrobus pensilis*（Staunt.）Koch

水竹 *Phyllostachys heteroclada* Oliver

水烛 *Typha angustifolia* L.

丝栗栲 *Castanopsis fargesii*

丝棉木 *Euonymus bungeana* Maxim.

思茅松 *Pinus kesiya* Royle ex Gordon var. *langbianensis*（A. Chev）Gaussen

松江柳 *Salix sungkianica* Y. L. Chou et Skvortzov in Liou et al.

酸豆树 *Tamarindus indica* L.

酸角 *Tamarindus indica* L.

酸枣 *Ziziphus jujuba* Mill. var. *spinosa*（Bunge）Hu ex H. F. Chow

T

台湾青枣 *Zizyphus mauritians* Lan

台湾相思 *Acacia confusa* Merr.

糖蜜草 *Melinis minutiflora* Beauv.

桃 *Amygdalus persica* L.

田菁 *Sesbania cannabina*（Retz.）Poir.

甜橙 *Citrus sinensis*（L.）Osbeck

甜槠 *Castanopsis eyrei*（Champ. ex Benth.）Tutch.

铁刀木 *Senna siamea*（Lam.）H. S. Irwin et Barneby

铁仔 *Myrsine africana* L.

秃杉 *Taiwania flousiana* Gaussen

土豆 *Solanum tuberosum* L.

W

弯叶画眉草 *Eragrostis curvula*（Schrad.）Nees.

豌豆 *Pisum sativum*

宛田红花油茶 *Camellia polyodonta* How ex Hu

苇状羊茅 *Festuca arundinacea* Schreb.

尾叶桉 *Eucalyptus urophylla* S. T. Blake

畏芝 *Cudrania cochinchinensis*（Lour.）Kudo et Masam

文旦 *Citrus maxima*（Burm.）Merr.

纹荚相思 *Acacia aulacocarpa* Benth.

乌桕 *Triadica sebiferum*（L.）Roxb.

乌药 *Lindera aggregata*（Sims）Kosterm.

无刺含羞草 *Mimosa invisa* Mart. ex Colla var. *inermis* Adelb.

无芒雀麦 *Bromus inermis* Layss.

梧桐 *Firmiana platanifolia*（L.）F. W. Wight

五角枫 *Acer mono* Maxim

五节芒 *Miscanthus floridulus*（Lab.）Warb. ex Schum et Laut.

五色梅 *Lantana camara* L.

X

西瓜 *Citrullus lanatus*

西南桦 *Betula alnoides* Buch. – Ham. ex D. Don

喜树 *Camptotheca acuminata* Decne.

细叶结缕草 *Zoysia tenuifolia* Willd. ex Trin.

细叶楷木 *Pistacia weinmannifolia* J. Poiss. ex Franch.

狭叶山胡椒 *Lindera angustifolia* W. C. Cheng

仙人掌 *Opuntia dillenii*（Ker Gawl.）Haw.

相思（耳叶相思）*Acacia auriculiformis* A. Cunn. ex Benth.

香椿 *Toona sinensis*（A. Juss.）Roem.

香榧 *Torreya grandis* Fort. ex Lindl. cv. Merrillii Hu

香根草 *Vetiveria zizanioides*（L.）Vach

香果树 *Emmenopterys henryi* Oliv.

香蕉 *Musa nana* Lour.

香茅草 *Cymbopogon distans*（Nees）Wats.

香蒲 *Typha orientalis* Presl.

香叶树 *Lindera communis* Hemsl

香樟 *Cinnamomum camphora*（L.）Presl

响叶杨 *Populus adenopoda* Maxim.

象草 *Pennisetum purpureum* Schum.

橡胶 *Hevea brasiliensis*（Willd. ex A. Juss.）Müll. Arg.

小冠花 *Coronilla varia* L.

小果南烛 *Lyonia ovalifolia*（Wall.）Drude var. *elliptica*

小果蔷薇 *Rosa cymosa* Tratt.

小麦 *Triticum aestivum*

小米草 *Euphrasia pectinata*

小桐子 *Jatropha curcas* L.

小叶栎 *Quercus chenii* Nakai

小叶铺地榕 *Ficus tikoua* Bur

小叶杨 *Populus simonii* Carr.

小叶紫薇 *Lagerstroemia indica*

孝顺竹 *Bambusa multiplex*（Lour.）Raeuschel ex J. A. et J. H. Schult.

斜叶榕 *Ficus tinctoria* Forst. f. subsp. *gibbosa*

新银合欢 *Leucaena leucocephala*（Lam.）de Wit cv. Salvador

杏 *Prunus armeniaca* L.

绣线菊 *Spiraea salicifolia* L.

悬钩子 *Rubus corchorifolius* L. f.

悬铃木 *Platanus acerifolia*（Ait.）Willd.

雪铁芋 *Zamioculcas zamiifolia*

Y

鸭脚木 *Schefflera heptaphylla*（L.）D. G. Frodin

鸭茅 *Dactylis glomerata* L.

烟叶 *Nicotiana tabacum*

盐肤木 *Rhus chinensis* Mill.

眼子菜 *Potamogeton distinctus* A. Benn.

羊蹄甲 *Bauhinia purpurea* L.

杨梅 *Myrica rubra* Siebold et Zuccarini

杨树 *Populus*

杨桃 *Averrhoa carambola* L.

洋萝卜 *Raphanus sativus*

腰果 *Anacardium occidentale* L.

药菊（白菊）*Dendranthema morifolium*

椰子 *Cocos nucifera* L.

野艾篙 *Artemisia lavandulaefolia* DC

野核桃 *Juglans cathayensis*

野牡丹 *Paeonia delavayi* Franch.

野蔷薇 *Rosa multiflora* Thunb.

野山楂 *Crataegus cuneata* Siebold et Zucc.

野豌豆 *Vicia sepium* L.

叶下珠 *Phyllanthus urinaria* L.

意大利杨 *Populus euramevicana* cv.'Ⅰ-214'

阴香 *Cinnamomum burmanni*（C. G. et Th. Nees）Bl.

银合欢 *Leucaena latisiliqua*（L.）Gillis

银桦 *Grevillea robusta* A. Cunn. ex R. Br.

银荆 *Acacia dealbata* Link

银杏 *Ginkgo biloba* L.

印楝 *Azadirachta Indica* A. Juss.

印尼豇豆 *Vigna sinesis Sari* Var.

油茶 *Camellia oleifera* Abel

油橄榄 *Olea europaea* L.

油松 *Pinus tabulaeformis* Carr.

油桐 *Vernicia fordii*（Hemsl.）Airy Shaw

油棕 *Elaeis guineensis* Jacq.

柚 *Citrus maxima*（Burm.）Merr.

柚木 *Tectona grandis* L. f.

余甘子 *Phyllanthus emblica* L.

榆树 *Ulmus pumila* L.

羽芒菊 *Tridax procumbens* L.

玉米 *Zea mays*

鸢尾 *Iris tectorum* Maxim.

元江栲 *Castanopsis orthacantha* Franch

圆柏 *Sabina chinensis*（L.）Ant.

月月青 *Itea ilicifolia* Oliv.

越南葛藤 *Pueraria montana*（Lour.）Merr.

云南松 *Pinus yunnanensis* Franch.

云南油杉 *Keteleeria evelyniana* Mast.

云杉 *Picea asperata* Mast.

芸香草 *Cymbopogon distans*（Nees）Wats.

Z

杂交狼尾草 *Pennisetum americanum* ×

P. purpureum CV. 23A × N51

杂三叶 Trifolium hybridum

再力花 Thalia dealbata Fraser

藏柏 Cupressus torulosa D. Don

枣树 Ziziphus jujuba Mill.

柞树 Quercus mongolica Fisch. ex Ledeb.

柞木 Xylosma japonicum（Walp.）A. Gray

柘木 Cudrania tricuspidata

浙江楠 Phoebe chekiangensis P. T. Li

桢楠 Phoebe zhennan S. Lee et F. N. Wei

榛树 Corylus heterophylla Fisch.

知 风 草 Eragrostis ferruginea （Thunb.） Beauv.

直干蓝桉 Eucalyptus maideni F. v. Muell.

中华枸杞 Lycium chinense Mill.

朱樱花 Calliandra haematocephala Hassk.

苎麻 Boehmeria nivea（L.）Gaudich.

柱花草 Stylosanthes guianensias SW.

锥栗 Castanea henryi（Skan）Rehd. et Wils.

紫花扁豆 Lablab purpureus（L.）Sweet

紫花苜蓿 Medicago sativa L.

紫黍 Panicum rurpurascens Raddi.

紫苏 Perilla frutescens

紫穗槐 Amorpha fruticosa L.

紫薇 Lagerstroemia indica L.

紫云英 Astragalus sinicus L.

棕 榈 Trachycarpus fortunei （Hook.） H. Wendl.